住房和城乡建设部"十四五"规划教材
东南大学优秀教材培育项目

U0656351

理 论 力 学

董萼良　　张培伟　　吴邵庆　**主编**

东南大学出版社
SOUTHEAST UNIVERSITY PRESS
·南京·

内 容 提 要

本教材是住房和城乡建设部"十四五"规划教材,也是东南大学优秀教材培育项目(2022年)。其主要特色是将原有理论力学教材章节根据当前大部分国内高等院校土建、交通、机械、能源动力、材料类专业理论力学教学大纲的教学要求进行精简。同时本教材加入了国外优秀教材中的例题和习题,完善了教学起点,对章节体系进行了必要的调整。

本教材内容包括静力学(静力学公理和物体的受力分析、平面汇交力系和平面力偶系、平面任意力系、摩擦、空间力系)、运动学(点的运动学、刚体的基本运动、点的合成运动、刚体的平面运动)、动力学(质点动力学、动量定理、动量矩定理、动能定理、达朗贝尔原理、机械振动基础、虚位移原理),共16章。每章有教学要求、小结。

本教材重视物理概念及工程应用,例题丰富,强调分析,深入浅出。教材还可作为高等院校工科各专业理论力学课程的教学用书,也可供其他类型专业及相关工程技术人员参考。

本教材配有丰富的数字化资源,同时配有《理论力学解题指导及习题集》,供读者参考。

本教材配套的数字化产品——《理论力学数字课程》与本教材教学内容同步设计,紧密配合,内容包括教学视频、教学课件、电子教案、在线作业,并提供公告、答疑、讨论、成绩评定和教学档案管理等功能,可供高校开展混合式教学、线上教学定制等应用。任课教师可扫描书中各章节所附二维码浏览课程主页。

图书在版编目(CIP)数据

理论力学 / 董蓴良,张培伟,吴邵庆主编. -- 南京:
东南大学出版社,2025.1. — ISBN 978-7-5766-1690-3

Ⅰ. O31

中国国家版本馆 CIP 数据核字第 20242AQ458 号

理论力学 Lilun Lixue

主　　编	董蓴良　张培伟　吴邵庆	
策划编辑	陈　跃	
责任编辑	黄　惠　　**封面设计**　顾晓阳　　**责任印制**　周荣虎	
出版发行	东南大学出版社	
出 版 人	白云飞	
社　　址	南京市四牌楼 2 号(邮编:210096)	
经　　销	全国各地新华书店	
印　　刷	南京迅驰彩色印刷有限公司	
开　　本	787 mm×1092 mm　1/16	
印　　张	25.75	
字　　数	666 千字	
版　　次	2025 年 1 月第 1 版	
印　　次	2025 年 1 月第 1 次印刷	
书　　号	ISBN 978-7-5766-1690-3	
定　　价	80.00 元	

本社图书若有印装质量问题,请直接与营销部联系,电话:025-83791830。

前　言

本教材是住房和城乡建设部"十四五"规划教材,也是东南大学优秀教材培育项目(2022 年)教材。其主要特色是将原有理论力学教材章节根据当前大部分国内高等院校土建、交通、机械、能源动力、材料类专业理论力学教学大纲的教学要求进行精简。同时本教材加入了国外优秀教材中的例题和习题,提高了起点,对章节体系进行了必要的调整。

(1)保留了"静力学、运动学、动力学"的理论力学教学体系;国内外多年的教学实践证明,这个体系是符合学生的认识规律的。

(2)对有些已经在物理中讲授的内容,本教材只作简要叙述,侧重于理论力学的基本概念、基本理论与基本方法,以减少教学学时。

(3)吸收国外优秀教材的特点,注重基本功训练和能力培养,注重满足教学需要,引入国外教材的习题,并增加习题量,以供教师选用以及学生练习。

(4)突出工程观念的培养和力学在工程中的应用。编入联系工程实际的例题与习题,以培养学生建立力学模型和解决实际问题的能力。

(5)按照最新的理论力学教学基本要求,对于加深及拓宽的内容加上星号予以区别,以便于使用者根据需要选用。

(6)力求进行启发式教学,在教材中编入一些思考题,尝试用提问的方式进行教学,给读者留下思考的空间。

(7)每章都有教学要求和本章小结,列出主要的知识点,便于读者明确重点,并将所学知识系统化。

(8)编写了与本教材配套的《理论力学数字课程》,与纸质教材教学内容同步设计,紧密配合,内容包括教学视频、教学课件、电子教案、在线作业,并提供公告、答疑、讨论、成绩评定和教学档案管理等功能,可供高校开展混合式教学,线上教学定制应用。

本教材适用于高等院校工科各专业的教与学。教材共 3 篇:静力学、运动学、动力学,分为16章。

本教材由董萼良负责编写第六、七、八、九、十、十一、十二、十四章,以及教材的统稿与校对;张培伟负责编写第一、三、五、十三章;吴邵庆负责编写第二、四、十五、十六章。

本教材承蒙南京航空航天大学陈建平教授详细审阅,并提出了许多宝贵意见,作者谨致深切的感谢。由于作者编写水平有限,教材中存在不当与有误之处在所难免,真诚希望读者指正。

本教材在编写过程中,主要参考了南京工学院(现为东南大学)和西安交通大学编写的《理论力学》(上、下册)以及东南大学理论力学教研室编写的《理论力学》,同时还参考了国内外一些优秀教材,在此谨向这些教材的编著者深表感谢。

编 者

2024 年 6 月于东南大学

主要符号表

a	加速度		k	弹簧刚度系数
a_n	法向加速度		$\boldsymbol{k}$	z 轴的单位矢量
a_t	切向加速度		l	长度
a_a	绝对加速度		$\boldsymbol{L}_O$	质点系对点 O 的动量矩
a_e	牵连加速度		$\boldsymbol{L}_C$	质点系对质心的动量矩
a_r	相对加速度		m	质量
a_C	科氏加速度		$\boldsymbol{M}$	力偶矩,主矩
a_C	质心加速度		$M_z(\boldsymbol{F})$	力 $\boldsymbol{F}$ 对 z 轴的矩
A	面积,自由振动振幅		$\boldsymbol{M}_O(\boldsymbol{F})$	力 $\boldsymbol{F}$ 对点 O 的矩
f	动摩擦因数		$\boldsymbol{M}_I$	惯性力的主矩
f_s	静摩擦因数		n	质点数目
$\boldsymbol{F}$	力		$\boldsymbol{p}$	动量
$\boldsymbol{F}_R'$	主矢		P	重量,功率
$\boldsymbol{F}_R$	合力		q	载荷集度
$\boldsymbol{F}_s$	静滑动摩擦力		r	半径
$\boldsymbol{F}_N$	法向约束力		$\boldsymbol{r}$	矢径
$\boldsymbol{F}_{Ie}$	牵连惯性力		$\boldsymbol{r}_O$	点 O 的矢径
$\boldsymbol{F}_{IC}$	科氏惯性力		$\boldsymbol{r}_C$	质心的矢径
$\boldsymbol{F}_I$	惯性力		R	半径
$\boldsymbol{g}$	重力加速度		s	弧坐标
h	高度		t	时间
$\boldsymbol{i}$	x 轴的单位矢量		T	动能,周期
$\boldsymbol{I}$	冲量		$\boldsymbol{v}$	速度
$\boldsymbol{j}$	y 轴的单位矢量		$\boldsymbol{v}_a$	绝对速度
J_z	刚体对 z 轴的转动惯量		$\boldsymbol{v}_r$	相对速度
J_{yz}	刚体对 y、z 轴的惯性积		$\boldsymbol{v}_e$	牵连速度
J_C	刚体对质心的转动惯量		$\boldsymbol{v}_C$	质心速度

V	势能,体积	ρ	密度,曲率半径
W	力的功	φ_f	摩擦角
α	角加速度	ω	角速度
δ	滚阻系数	ω_0	固有频率
δ	变分符号		

目　录

绪论 ··· 1

第一篇　静力学

第一章　静力学公理和物体的受力分析 ································· 3
　　第一节　静力学公理 ··· 3
　　第二节　约束与约束力 ·· 6
　　第三节　物体的受力分析与受力图 ·································· 11
　　本章小结 ··· 15
　　习题 ·· 15

第二章　平面汇交力系和平面力偶系 ································· 19
　　第一节　平面汇交力系合成与平衡的几何法 ··················· 19
　　第二节　平面汇交力系合成与平衡的解析法 ··················· 21
　　第三节　平面内力对点的矩 ··· 25
　　第四节　平面力偶理论 ··· 26
　　第五节　平面力偶系的合成和平衡条件 ··························· 27
　　本章小结 ··· 29
　　习题 ·· 30

第三章　平面任意力系 ··· 34
　　第一节　力线平移定理 ··· 34
　　第二节　平面力系向一点的简化 ···································· 35
　　第三节　平面任意力系的平衡方程 ·································· 39
　　第四节　物体系统的平衡 ··· 43
　　第五节　平面简单桁架的内力计算 ·································· 48
　　本章小结 ··· 51
　　习题 ·· 52

第四章　摩擦 ··· 62
　　第一节　滑动摩擦 ······································· 62
　　第二节　摩擦角和自锁现象 ····························· 64
　　第三节　考虑摩擦的平衡问题 ··························· 66
　　第四节　滚动摩阻 ······································· 72
　　本章小结 ··· 75
　　习题 ··· 76

第五章　空间力系 ··· 82
　　第一节　空间汇交力系 ··································· 82
　　第二节　力对点之矩矢和力对轴之矩 ····················· 84
　　第三节　空间力偶 ······································· 87
　　第四节　空间任意力系向一点简化 ······················· 89
　　第五节　空间任意力系的平衡 ··························· 93
　　第六节　重心 ··· 97
　　本章小结 ··· 102
　　习题 ··· 103

第二篇　运动学

第六章　点的运动学 ··· 114
　　第一节　矢量法 ··· 114
　　第二节　直角坐标法 ····································· 115
　　第三节　自然法 ··· 120
　　第四节　极坐标法 ······································· 128
　　本章小结 ··· 129
　　习题 ··· 130

第七章　刚体的基本运动 ····································· 135
　　第一节　刚体的平移 ····································· 135
　　第二节　刚体的定轴转动 ································· 136
　　第三节　转动刚体内各点的速度和加速度 ················· 139
　　第四节　角速度矢量和角加速度矢量用矢积表示点的速度和加速度 ··· 142
　　本章小结 ··· 144

习题 ·· 145

第八章　点的合成运动 ··· 149

第一节　相对运动、绝对运动和牵连运动 ······························· 149

第二节　速度合成定理 ··· 152

第三节　加速度合成定理 ·· 156

本章小结 ··· 165

习题 ·· 166

第九章　刚体的平面运动 ··· 174

第一节　刚体平面运动的运动分解 ·· 174

第二节　平面图形上各点的速度分析 ······································· 176

第三节　平面图形上各点的加速度分析 ···································· 186

第四节　运动学综合应用 ·· 191

本章小结 ··· 194

习题 ·· 195

第三篇　动力学

第十章　质点动力学 ·· 205

第一节　动力学的基本定律 ··· 205

第二节　质点的运动微分方程 ·· 206

第三节　质点在非惯性系中的运动 ·· 211

本章小结 ··· 215

习题 ·· 216

第十一章　动量定理 ·· 222

第一节　动力学普遍定理 ·· 222

第二节　动量和冲量 ·· 222

第三节　动量定理 ··· 224

第四节　质心运动定理 ··· 228

*第五节　变质量质点的运动微分方程 ····································· 233

本章小结 ··· 236

习题 ·· 237

第十二章　动量矩定理 ··· 244

第一节　动量矩 ··· 244

第二节　刚体对轴的转动惯量 ·· 246

第三节　动量矩定理 ··· 251

第四节　刚体定轴转动微分方程 ··· 255

第五节　相对于质心的动量矩定理 ··· 258

第六节　刚体平面运动微分方程 ··· 260

第七节　陀螺的近似理论 ··· 264

本章小结 ··· 268

习题 ·· 269

第十三章　动能定理 ··· 278

第一节　力的功 ··· 278

第二节　动能定理 ··· 281

第三节　功率　功率方程　机械效率 ····································· 289

第四节　势力场与势能 ··· 292

第五节　动力学普遍定理的综合应用 ····································· 296

本章小结 ··· 302

习题 ·· 303

第十四章　达朗贝尔原理 ·· 312

第一节　达朗贝尔原理 ··· 312

第二节　刚体惯性力系的简化 ·· 315

第三节　动静法应用举例 ··· 317

第四节　绕定轴转动刚体的轴承动约束力 ······························ 322

本章小结 ··· 324

习题 ·· 324

第十五章　机械振动基础 ·· 331

第一节　概述 ·· 331

第二节　单自由度系统的无阻尼自由振动 ······························ 332

第三节　单自由度系统有阻尼自由振动 ·································· 339

第四节　单自由度系统的受迫振动 ··· 341

第五节　二自由度系统的自由振动 ··· 349

　　第六节　二自由度系统的受迫振动 ……………………………………………… 353

　　本章小结 ………………………………………………………………………… 356

　　习题 …………………………………………………………………………………… 357

第十六章　虚位移原理 ……………………………………………………………… 362

　　第一节　分析力学的基本概念 ………………………………………………… 362

　　第二节　虚位移原理 …………………………………………………………… 364

　　第三节　以广义坐标表示的系统的平衡条件 ………………………………… 368

　　第四节　势力场中质点系的平衡条件与稳定性 ……………………………… 371

　　本章小结 ………………………………………………………………………… 373

　　习题 …………………………………………………………………………………… 374

习题答案(部分) ……………………………………………………………………… 378

参考文献 ……………………………………………………………………………… 400

绪　论

力学是研究物体机械运动与变形的学科,理论力学是研究物体机械运动一般规律的科学。机械运动是指物体之间的相对位置随时间而产生的变化,它是宇宙间物质运动最普遍、最简单的形式。

理论力学和现代工程技术有着极为广泛的联系,现代生产的日益发展和科学技术的日益进步对力学提出了更多更高的要求,力学的内容已渗透到其他科学领域。因此理论力学不仅是一门基础科学,也是现代工程技术的重要理论基础之一。

理论力学研究的内容是以伽利略和牛顿所总结的基本定律为基础的,属于经典力学的范畴,它不适用于速度接近光速的宏观物体的运动,也不适用于微观粒子的运动。但是,在一般的过程问题中,物体都是宏观的,且其运动速度远远小于光速,应用经典力学理论研究这些物体的运动是足够精确的。所以,经典力学在日常生活和各种工程中具有非常重要的实用价值,为学习一系列后续课程提供了理论基础。深入掌握理论力学的基本概念、基本理论及基本方法对提高未来科技人员的素质是十分重要的。

理论力学的分析和研究方法在科学领域中有一定的典型性,有助于培养学生的辩证唯物主义世界观以及分析问题和解决问题的能力,使学生在整个学习过程中,逐步形成科学的逻辑思维和对实际问题的抽象、简化和正确地进行理论分析的能力。

理论力学是一门演绎性较强的课程,对训练逻辑思维颇有好处。学习理论力学时应该善于联系实际、多作分析,特别是定性分析;同时,配套的习题变化多端,亦便于培养灵活运用的能力。

为了便于教学,理论力学通常分为:静力学、运动学和动力学。

静力学研究物体在力系作用下平衡的普遍规律。

运动学研究从几何观点研究点和刚体的运动,而不考虑作用于点和刚体的力。

动力学研究作用于物体上的力与物体运动之间的关系。

第一篇　静力学

静力学研究物体在力系作用下平衡的普遍规律,或者说研究物体平衡时作用在物体上的力所应满足的条件。

所谓平衡就是指物体相对于惯性参考系静止或作匀速直线平移的状态。平衡可看作是物体运动的一种特殊形式。力系是指作用于物体上的一群力。若一个力系作用于物体上并使其保持平衡,则此力系称为平衡力系。

在静力学中,我们把物体视为刚体,因此也称为刚体静力学。

静力学主要研究以下三个问题:

(1) 物体的受力分析

分析某个物体共受几个力,以及每个力的作用线位置、大小和方向。物体的受力分析是静力学问题分析求解的关键。

(2) 力系的等效代换和简化

如果将作用在物体上的一个力系用另一个与它等效的力系来代替,则称这两个力系互为等效力系。用一个简单力系等效地代换一个复杂力系,称为力系的简化。

(3) 力系的平衡条件及其应用

首先研究物体平衡时,作用在物体上的各种力系所需满足的条件。然后根据力系的平衡条件,解决工程实际问题。力系的平衡条件在工程实际中有着十分重要的意义,是进行静力计算的基础。

静力学在工程中有着广泛的应用,在机械设计中,有许多机器的零件和结构构件,如机器的传动轴、机架、机床的主轴、起重机的起重臂等,它们在工作时处于平衡状态或可以近似地看作处于平衡状态;在土木工程中,设计屋架、水坝、桥梁等结构,为了合理地设计这些构件的形状、尺寸,选用适当的材料,往往需要对它们进行强度、刚度和稳定性的分析计算,这些问题的分析和解决,都是以静力学的基本知识作为基础的。

第一章　　　　　第二章　　　　　第三章　　　　　第四章　　　　　第五章

第一章　静力学公理和物体的受力分析

教学要求：

1. 熟练掌握静力学公理及相关概念；

2. 熟悉常见约束的性质；

3. 熟练掌握物体的受力分析。

本章首先讨论作为静力学基础的五个公理，然后介绍约束、约束类型和物体的受力分析。

第一节　静力学公理

人们在长期的生活和生产活动中，经过实践、认识、再实践、再认识的过程，不仅建立了力的概念，而且还总结概括出力的各种性质，这些性质包括在已由无数实践证实了的符合客观规律的几个公理中。静力学的全部理论，就建立在以下五个公理的基础上。

公理一　二力平衡原理

受两力作用的刚体，其平衡的必要和充分条件是：此两力的大小相等、方向相反并且作用在同一直线上（简称此两力等值、反向、共线）。

这是最简单的平衡力系。例如不计重量的拉杆 AB，其两端分别受到两个力 F_A 和 F_B 的作用[图 1-1(a)]，由经验知道，要使拉杆平衡，这两个力必须而且只须大小相等、方向相反且作用在同一直线上。再如钢丝绳提升重物[图 1-1(b)]，重物受到钢丝绳拉力 F_T 和重力 G 的作用，这两个力方向相反，作用在同一直线上。实践证明，要使重物匀速上升、匀速下降或静止（即处于平衡状态），必须且只须使 $F_T = G$。

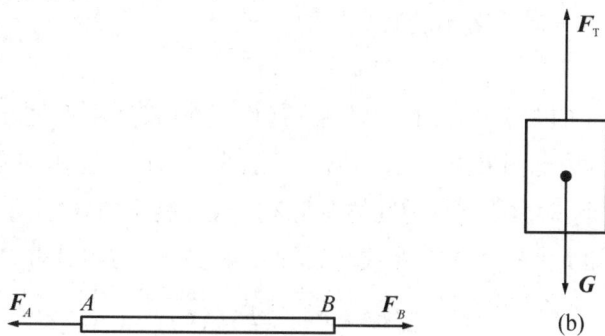

图 1-1　二力平衡

二力平衡原理只适用于刚体。它是论证刚体平衡条件的基础。

在两个力作用下且处于平衡的刚体称为二力体。如果物体是某种杆件或构件,则称为二力杆件或二力构件。

公理二　加减平衡力系原理

在作用于刚体上的任意一个力系上,加上或减去任意一个平衡力系,并不改变原力系对刚体的效应。

此公理只是对刚体而言的,是研究力系等效代换的基础。它不适用于变形体,因为加减平衡力系会影响到物体的变形。

应用本公理可以得出如下重要推论:

推论1　力的可传性

作用在刚体上的一个力,可沿其作用线任意移动作用点而不改变此力对刚体的效应。

必须指出,力的可传性只适用于刚体而不适用于变形体。

根据力的可传性,对于作用于刚体上的力来说,力的三要素为力的大小、方向和作用线,这样,力矢就可以沿其作用线滑动。因此,作用于刚体上的力是滑动矢量。

公理三　力的平行四边形法则

作用于物体上同一点的两个力可以合成为一个合力,合力也作用于该点,其大小和方向由以两分力为邻边所构成的平行四边形的对角线表示。

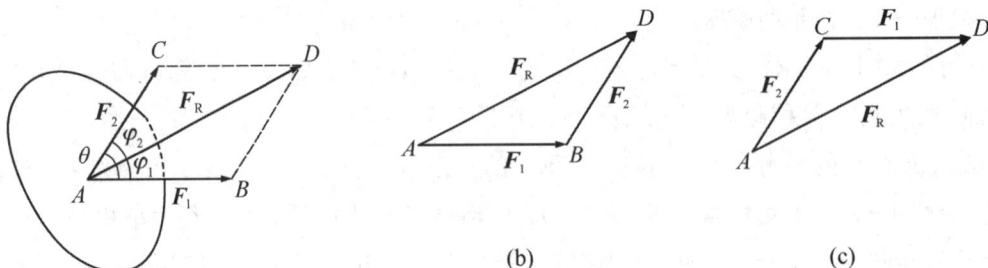

图 1-2　力的平行四边形法则

力的平行四边形法则指出,两个力相加(合成)要用平行四边形法则求几何和,即矢量和。合力可用下列矢量等式来表示[图 1-2(a)]:

$$F_R = F_1 + F_2 \tag{1-1}$$

为了求出合力 F_R 的大小和方向,可以用几何作图法,或利用三角公式计算。用几何作图法时,可选取适当的力比例尺作平行四边形,然后直接从图上量取对角线的长度,它按比例表示合力 F_R 的大小,对角线与分力间的夹角表示合力的方向,可用量角器量出。利用三角公式计算时,若已知 F_1、F_2 和它们的夹角 θ,则由余弦定理可得其合力

$$F_R = \sqrt{F_1^2 + F_2^2 + 2F_1F_2\cos\theta} \tag{1-2}$$

为了求合力 F_R 与分力 F_1、F_2 之间的夹角,可由正弦定理求得

$$\sin\varphi_1=\frac{F_2\sin\theta}{F_R}, \quad \sin\varphi_2=\frac{F_1\sin\theta}{F_R} \tag{1-3}$$

由[图 1-2(b)],也可以用力三角形法则求合力 F_R,从任意点 A 作力矢 F_1,再以力矢 F_1 的末端 B 作为力矢 F_2 的始端画出力矢 F_2(即两分力首尾相连),那么矢量 $\overrightarrow{AD}$ 就代表合力矢 F_R。分力矢和合力矢所构成的三角形 ABD 称为力三角形。如果先画 F_2,后画 F_1[图 1-2(c)],也能得到相同的合力矢 F_R。可见力满足矢量的加法法则,即

$$F_R=F_1+F_2=F_2+F_1$$

根据以上三个公理,可以得出如下推论:

推论 2　三力平衡汇交定理

当刚体受三个力作用而处于平衡时,若其中两个力的作用线相交于一点,则此三力必共面和共点。

公理四　作用和反作用定律

这就是著名牛顿第三定律。其描述为,两个物体间相互作用的一对力,总是大小相等,方向相反,作用线相同,且分别作用于这两个物体上。

必须把作用和反作用定律与二力平衡原理严格地区别开来。作用和反作用定律是表明两个物体相互作用的力学性质,而二力平衡原理则说明一个刚体在两个力作用下处于平衡时两力应满足的条件。

公理五　刚化原理

变形体在力系作用下处于平衡状态时,如假想将变形后的物体换成刚体(刚化),则此刚化后的物体在原力系作用下处于平衡。

例如绳 AB 在等值、反向、共线的两个拉力 F_1 和 F_2 作用下处于平衡[图 1-3(a)],则按刚化原理可知,假想 AB 为刚杆,则此刚杆在原力系作用下仍然处于平衡。这就是说,变形体平衡时力系必须满足刚体平衡时所需满足的平衡条件。但应注意,满足了刚体平衡条件,对变形体来说并不一定平衡。如[图 1-3(b)],刚体 AB 在等值、反向、共线的两个压力 F_1 和 F_2 作用下处于平衡,但若把刚杆 AB 看成柔软的绳索,则就不可能处于平衡了。由此得出结论,刚体平衡的必要与充分条件对变形体的平衡来说,仅是必要条件而不是充分条件。

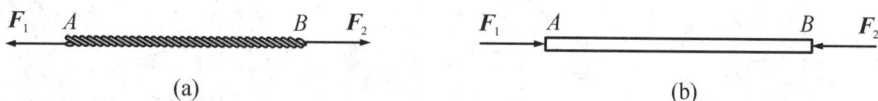

图 1-3　刚化原理

刚化原理建立了刚体静力学和变形体静力学之间的联系。它对于研究变形体静力学具有重要的意义。

第二节　约束与约束力

在空间中运动不受限制的物体称为自由体。例如在空中可以自由运动的气球、飞机等。位移受到限制的物体称为非自由体。例如放在桌面上的物体受到桌面的限制而不能向下运动;机床工作台受到床身导轨的限制只能沿导轨移动等。限制物体运动的条件称为约束。在静力学中所遇到的约束,往往都是由研究对象周围与其直接接触的物体所构成的。例如上面所说的桌面就是桌面上物体的约束,床身导轨就是工作台的约束等。

既然约束能够限制物体沿某些方向的位移,因而当物体沿着约束所限制方向有运动趋势时,约束就与物体之间互相存在着作用力。约束对非自由体的作用力称为约束力。约束力以外的其他力统称为主动力。主动力往往是给定的或可测定的,例如地球引力、电磁力、气体的压力等。而约束力往往是未知的,需要应用静力学的力系平衡条件求得。

工程中大量平衡问题是非自由体的平衡问题。任何非自由体的平衡总可以看成是作用于其上的主动力与约束力的平衡,因此研究约束及其约束力的特征对于解决静力平衡问题具有十分重要的意义。下面介绍工程中常见的几种基本约束类型,并对其约束力进行分析。

1. 柔索

工程中的钢丝绳、皮带、链条都可以简化为**柔索**,其特点是不计自重,不可伸长,只能承受拉力。柔索限制物体上与柔索连接的一点沿着柔索方向离开柔索,而不限制这一点沿其他方向的运动,见图 1-4。因此,柔索给被约束物体的约束力,作用在接触点上,方位一定沿着柔索,其指向则背离物体。例如用铁链吊起减速箱盖,见图 1-5。G 是箱盖的重力,根据约束力的特点,铁链只能承受拉力,因此铁链给箱盖的力为 F'_B、F'_C,铁链给圆环 A 的力为 F_T、F_B、F_C,其方向如[图 1-5(b)]所示。

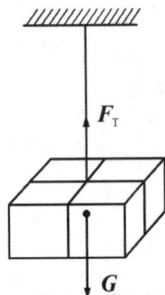

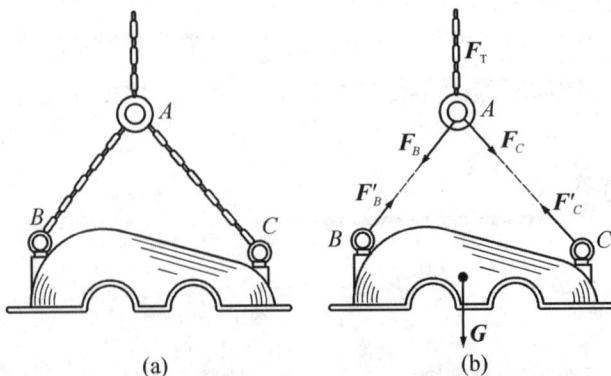

图 1-4　柔索　　　　图 1-5　铁链吊起减速箱盖受力示意图

2. 光滑接触面

若两物体接触面之间的摩擦力很小,可以略去不计时,则认为接触面是"光滑"的。如物体搁置在光滑支承面上,见[图1-6(a)],支承面只能限制接触点沿过该点的接触面公法线向下的位移,而不能限制该点离开支承面或沿其他方向的运动。因此,**光滑接触面**对被约束物体的约束力,作用在接触点上,作用线过接触点的接触面公法线,并指向被约束的物体,即物体受压力。如[图1-6(b)]中直杆搁置在凹槽中,A、B、C 三点受到约束。假定接触面是光滑的,则其约束力分别为 F_{NA}、F_{NB}、F_{NC},而方向垂直于相应的接触面。

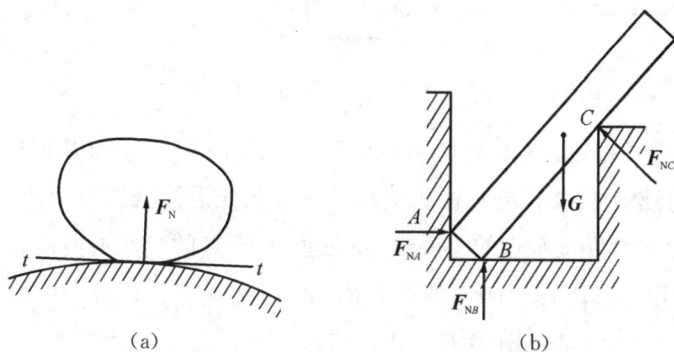

(a)   (b)

图1-6 "光滑"接触面的受力分析图

齿轮传动时,相啮合的一对轮齿以它们的齿廓曲面相接触,如不计摩擦就可以认为是光滑面接触。例如两圆柱直齿齿轮有一对轮齿在啮合点啮合,见图1-7。两轮齿之间的相互作用力一定沿齿廓曲线在啮合点 K 的公法线方向。由齿轮啮合原理知道,齿廓曲线在啮合点的法线就是啮合线(啮合线与齿轮节圆公切线 $t-t$ 所成的夹角 α 称为压力角),也就是说,两轮齿之间的相互作用力一定沿着啮合线。

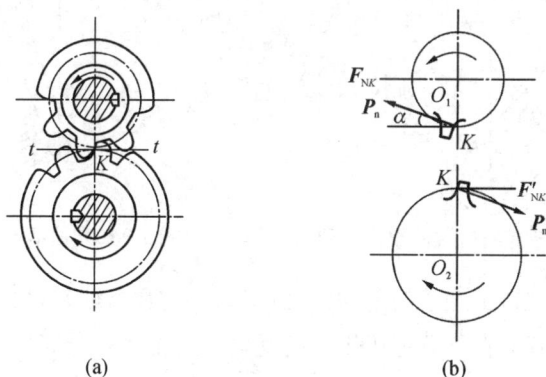

(a)   (b)

图1-7 一对轮齿啮合的两圆柱直齿齿轮

3. 光滑圆柱铰链

光滑圆柱铰链约束是由两个带有圆孔的构件并由圆柱销钉连接构成。它在工程中有多种具体形式。

（1）圆柱铰链

在机器中常用圆柱销钉将两个带销钉孔的构件连接在一起[图1-8(a)、(b)]，并且假定销钉和孔都是光滑的，构成圆柱铰链。这样被约束的两个构件只能绕销钉的轴线作相对转动。

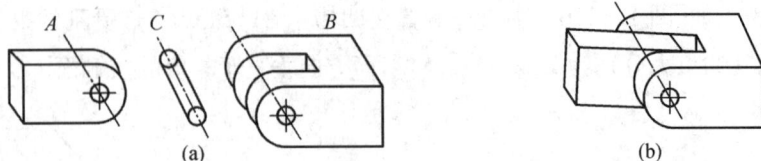

图1-8　圆柱铰链

图1-9是垂直于销钉轴线的结构对称面图。由图1-9可见，如果摩擦较小，可以略去，销钉与构件实际上是与两个光滑圆柱相接触的。按照光滑接触约束力的特点，销钉给构件的约束力 F_A 应沿圆柱在接触点的公法线，即在通过 K 点的半径方向而过圆心。但因接触点 K 不能预先确定，所以约束力 F_A 的方向也不能预先确定。因此，在受力分析中，通常将中间铰链的约束力用两个正交分力 F_{Ax}、F_{Ay} 表示。

工程中采用圆柱铰链连接的实例甚多。图1-10是曲柄连杆机构的简图。曲柄 OA 与连杆 AB，连杆 AB 与滑块 B 都是分别用圆柱铰链 A、B 连接起来的。

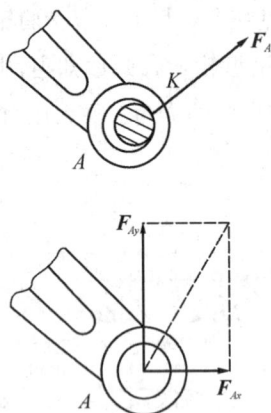

图1-9　垂直于销钉轴线的结构对称面

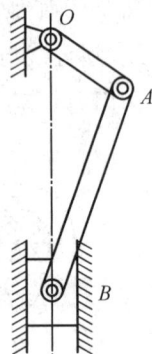

图1-10　曲柄连杆机构的简图

顺便指出，对用圆柱铰链连接的两构件进行受力分析时，通常是把光滑圆柱销钉看成固定在其中一个构件上，只有在需要分析销钉的受力时才把销钉分离出来单独研究。

（2）固定铰链支座

工程上常用铰链将桥梁钢架、起重机的起重臂等构件同支座或机架等连接起来，构成固定铰链支座。[图1-11(a)]表示桥架 A 端用固定铰链支座支承。固定铰链支座的构造如[图1-11(b)]所示。它用圆柱销钉把桥梁钢架同固定支座连接起来。在力学上用

[图 1-11(c)]所示的简化图来表示固定铰链支座。固定铰链支座的约束力方向往往不能预先确定,因此可以用两个正交分力 F_{Ax}、F_{Ay} 来表示。

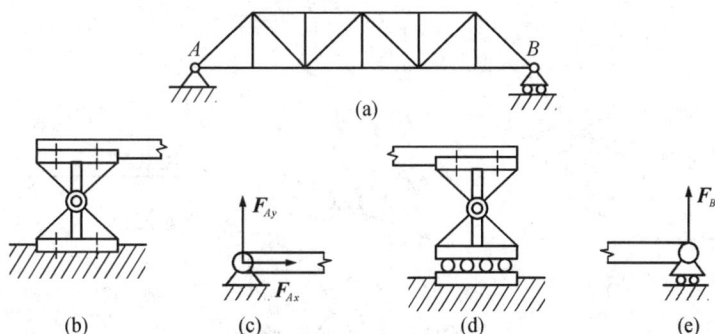

图 1-11　固定铰链支座

（3）滚动铰链支座（辊轴支座）

如果在支座和支承面之间有辊轴,就称为滚动铰链支座或称辊轴支座,[图 1-11(a)]桥架的 B 端为滚动铰链支座。其构造如[图 1-11(d)]所示。

图 1-11(e)是滚动铰链支座的简化图。因为有了辊轴,且支承面可以看作是光滑的,支座对结构沿支承面的运动没有限制,因此,滚动铰链支座的约束力垂直于支承面。当桥梁因热胀冷缩而长度稍有变化时,滚动铰链支座相应地能沿支承面移动,从而避免桥梁产生温度应力。

4. 光滑球铰链

球铰链是固连于物体的球嵌入另一物体上的球窝内而构成的一种约束[图 1-12(a)]。这种铰链在空间问题中用途比较广。例如机床上照明灯具的固定,汽车上变速操纵杆的固定以及照相机与三脚架之间的接头等。在不计摩擦的情况下,构成球铰链的两个物体之间是光滑球面接触,物体只能绕球心相对转动,因而约束力必通过球心且垂直于球面(即沿半径方向)。由于预先不能确定接触点的位置,故约束力在空间的方位未能确定。[图 1-12(b)]是球铰链简图的表示方法。约束力一般以三个正交分力 F_{Ax}、F_{Ay}、F_{Az} 来表示。

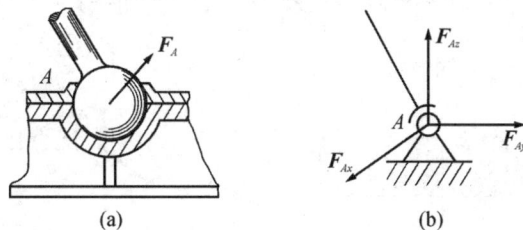

图 1-12　光滑球铰链

5. 轴承

（1）向心轴承（径向轴承）

向心轴承的转轴的轴颈由向心滑动轴承所支承(图 1-13)时,若略去摩擦,则轴颈与轴承以两个光滑圆柱面相接触。在受力分析上与光滑圆柱销钉连接是相同的。径向轴承的约束力的作用线在垂直于轴线的对称平面内,其方向不能预先确定,故可用两个正交分力 F_{Ax}、F_{Ay} 表示。

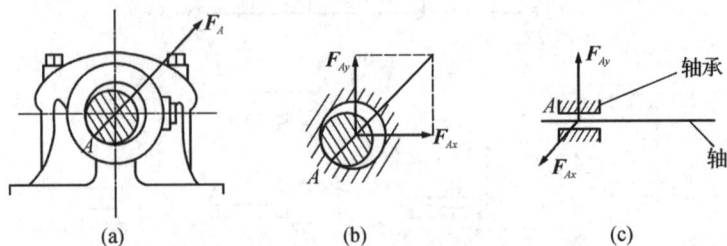

图 1-13 向心轴承

(2) 止推轴承

止推轴承与向心轴承不同,它除了限制轴的径向位移外,还限制轴沿轴向的位移,即比向心轴承多一个沿轴向的约束力。因此,其约束力有 3 个正交分力 F_{Ax}、F_{Ay}、F_{Az},如图 1-14 所示。

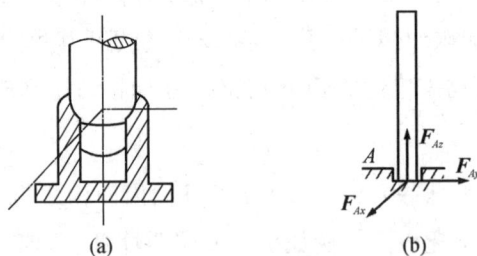

图 1-14 止推轴承

6. 链杆

两端用光滑铰链连接且不计自重的刚杆称为**链杆**,常常用于拉杆或撑杆。由于链杆为二力杆,既能受拉又能受压,故链杆的约束力沿两端铰链的连线,指向不能事先确定,如图 1-15 所示。

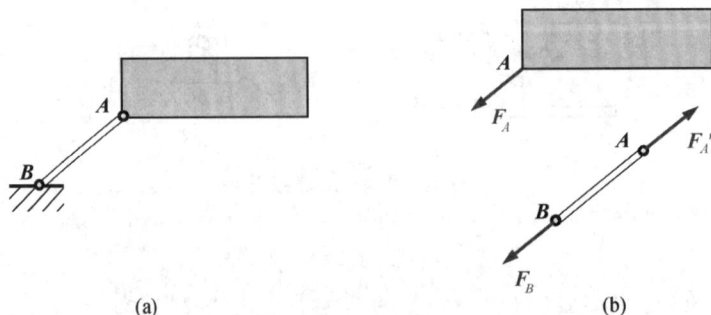

图 1-15 链杆(1)

因此,固定铰链支座可以用两根不相平行的链杆来代替[图 1-16(a)],而滚动铰链支座可以用垂直于支承面的一根链杆来代替[图 1-16(b)]。它们是这两种支座的另一种计算简图。

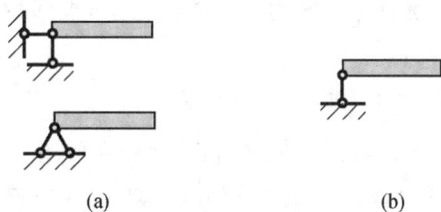

(a)　　　　　　　　　　　　(b)

图 1-16　链杆(2)

除以上几种常见的约束外,我们会不断地遇到新的约束,但只要掌握了"约束力的方向与所阻碍的运动方向相反",是不难掌握各种约束的特性,并给约束力以适当的表达方式。

第三节　物体的受力分析与受力图

在研究静力平衡问题时,首先要确定研究对象,然后要对研究对象进行受力分析。由于研究对象往往是非自由体,因此必须设想把研究对象所受到的约束予以解除,即把所要研究的物体从周围物体的约束中分离出来,单独画出。这样被分离出来的物体称为分离体。然后用约束力代替约束对分离体的作用,并画出其上的所有主动力,这种包括分离体所受的全部作用力(包括约束力和主动力)的图称为受力图。

在静力学的研究中,正确地选择研究对象,进行受力分析和作出完整的受力图是解决问题的关键。

下面举例说明受力分析的步骤和受力图的作法。

例 1-1　冲天炉的加料斗由钢丝绳牵引沿倾斜轨道匀速提升,料斗连同所装炉料共重为 G,重心在点 C,见[图 1-17(a)]。略去料斗小轮与钢轨之间的摩擦,试画出料斗的受力图。

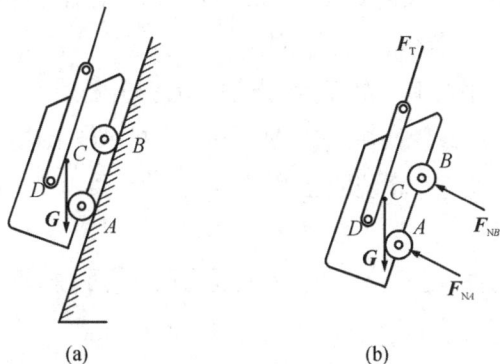

(a)　　　　　　　　　　　　(b)

图 1-17　例 1-1 图

解：取料斗为研究对象，把料斗从与周围物体的联系中分离出来，单独画出[图1-17(b)]。

料斗所受的力有：重力 G，作用在重心 C 上；钢丝绳拉力 F_T，根据柔索约束力的特性，其方向沿钢丝绳，且为拉力；铁轨对车轮的约束力 F_{NA}、F_{NB}，根据光滑接触面约束力的特性，它们应垂直于钢轨，且指向车轮。

料斗的受力图如[图1-17(b)]所示。

对于单个物体和物体系统，也可将受力分析直接画在原图上。

例1-2　梁 AB 的 B 端安装着重力为 P 的电动机，并用直杆 CD 支撑，如[图1-18(a)]所示，若 A、C、D 三处均为光滑圆柱铰链连接，不计梁和直杆的重量，试画出梁 AB（连电动机）的受力图。

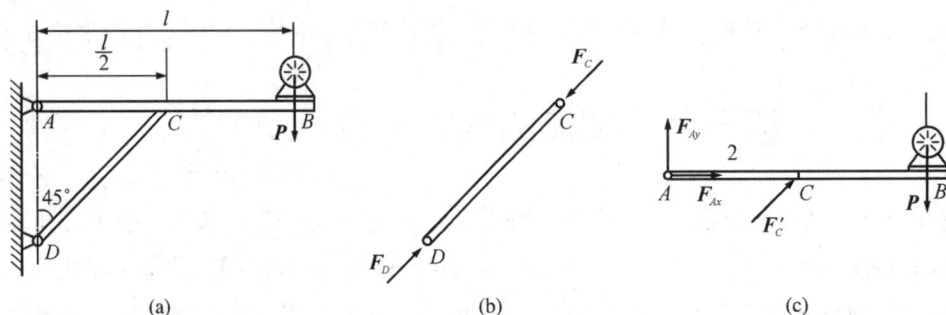

图1-18　例1-2图

解：(1) 杆 CD

因不计 CD 杆的自重，所以杆上只受到两端铰链的约束力 F_C 与 F_D 作用，是二力杆。因此约束力 F_C 与 F_D 等值、反向、共线，其指向可任意假设。根据本题中受载情况，可判断出杆 CD 受压力作用，其受力图如[图1-18(b)]所示。

(2) 梁 AB（连电动机）

将梁 AB 和电动机看成一个整体作为研究对象，解除约束后将其单独画出[图1-18(c)]。B 端电动机所受重力用 P 表示。A 端受到固定铰支座施加的约束力，因方向未知，用两个正交分力 F_{Ax} 和 F_{Ay} 表示。梁在铰链 C 处受到二力杆 CD 施加的约束力 F_C' 的作用，由作用与反作用定律可知，F_C' 与 F_C 等值、反向、共线。

如果对梁 AB 用三力平衡汇交定理，则受力图应怎样画？

例1-3　如[图1-19(a)]所示的三铰拱 ABC，在拱 AC 上作用载荷 F，不计拱的自重。试分别画出拱 AC、CB 以及整个系统的受力图。

解：(1) 拱 CB

判断拱 CB 为二力构件，则 $F_B = -F_C$。其受力图如[图1-19(b)]所示。

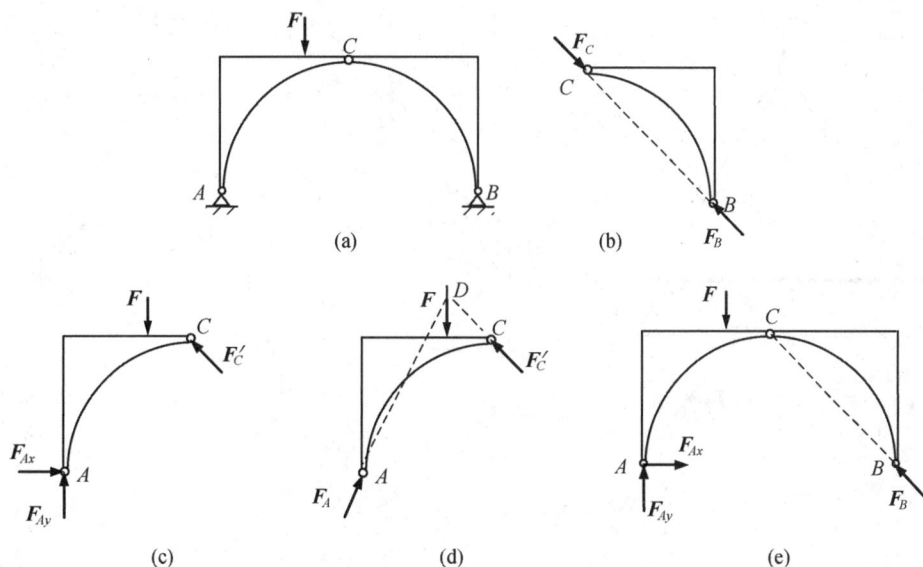

图 1-19　例 1-3 图

(2) 拱 AC

根据作用和反作用定律,在铰链 C 处受有拱 CB 给它的约束力 $\boldsymbol{F}_C'$,且 $\boldsymbol{F}_C' = -\boldsymbol{F}_C$。在 A 处受有固定铰链支座给它的约束力,由于方向未定,可用两个大小未知的正交分力 $\boldsymbol{F}_{Ax}$ 和 $\boldsymbol{F}_{Ay}$ 表示。其受力图如[图 1-19(c)]所示。

进一步分析,由于拱 AC 在 $\boldsymbol{F}$、$\boldsymbol{F}_C'$ 和 $\boldsymbol{F}_A$ 三个力作用下平衡,故可根据三力平衡汇交定理,确定铰链 A 处约束力 $\boldsymbol{F}_A$ 的方位。其受力图如[图 1-19(d)]所示。

(3) 整个系统

由于中间铰链 C 处所受的力是内力,它们成对出现,不影响系统的平衡,因而受力图上只要画出系统以外的物体施加于系统的外力。画出载荷 $\boldsymbol{F}$,根据二力平衡条件确定 $\boldsymbol{F}_B$ 的作用线,A 处约束力用两个正交分力 $\boldsymbol{F}_{Ax}$ 和 $\boldsymbol{F}_{Ay}$ 表示(亦可由三力平衡汇交定理确定 $\boldsymbol{F}_A$ 的方位)。其受力图如[图 1-19(e)]所示。

若考虑左右两拱的自重时,各受力图该如何来画?

例 1-4　杆 AB 和 BC 在 B 处用铰链连接,在 B 处作用一力 F_1,在 H 处作用一力 F_2。DE 杆分别用铰链与杆 AB 和 BC 相连。不计各杆自重和摩擦,如[图 1-20(a)]所示,试分别画出杆 AB 和 BC 的受力图。

解:1. 杆 AB

设 $\boldsymbol{F}_1$ 直接作用在铰链 B 的销钉上,取杆 AB 与销钉 B 一起为研究对象。B 处受到杆 BC 对它的约束力,因方向未知,用两个正交分力 $\boldsymbol{F}_{Bx}$ 和 $\boldsymbol{F}_{By}$ 表示;A 处为光滑接触面,受到 $\boldsymbol{F}_{NA}$ 的作用;杆 DE 是二力杆,受到沿杆轴线方向的力 $\boldsymbol{F}_D$。其受力图如图 1-20(b)所示。

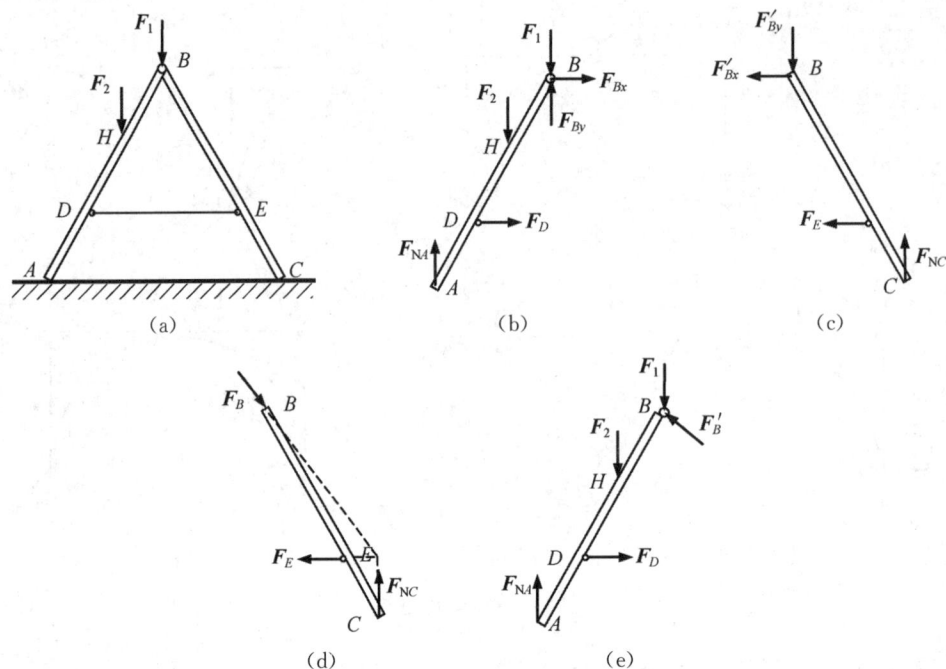

图 1-20 例 1-4 图

2. 杆 BC

取杆 BC 为研究对象,C 处受到光滑接触面约束力 F_{NC} 的作用;E 处受到沿二力杆 DE 轴线方向的力 F_E;B 处的正交分力 F'_{Bx} 和 F'_{By} 是杆 AB 上 F_{Bx} 和 F_{By} 的反作用力。其受力图如[图 1-20(c)]所示。

若考虑对 BC 部分应用三力平衡汇交定理,则 BC 和 AB 的受力图分别如[图 1-20(d)、(e)]所示。

请读者考虑,若 F_1 仍作用在销钉 B 上,但销钉与杆 BC 连接;或分别取 AB、BC 和销钉 B 为研究对象,其受力图又应如何画?

由以上例子可以看出,在研究静力学平衡问题时,首先要正确地选择研究对象,并对研究对象进行受力分析,画出受力图,这是解决静力学问题的关键。进行受力分析时需要注意以下几点:

(1) 选取研究对象。根据问题的已知条件和题意要求明确研究对象,并将其约束解除。研究对象可以是单个物体、几个物体的组合,也可以是整个物体系统。

(2) 正确分析研究对象受到哪些主动力和约束力的作用。力是物体之间的相互机械作用,因此对于研究对象所受的每一个力都应清楚地知道它是哪一个物体作用的。主动力可先行画出。在分析约束力时要严格区别约束类型、分析约束力的作用点、方位和指向。未知指向通常可以任意假定。有时可以根据简单的平衡条件确定约束力的作用线和指向,如利用二力平衡条件可以确定二力构件的约束力方位等。

（3）分析两物体之间的相互作用力。要注意作用力与反作用力的性质。作用力的方向在图上一经确定,则反作用力的方向就应与之相反。

（4）画受力图的几点说明:

① 用字母标明每个力(力偶),其中作用力与反作用力用相同的字母。

② 尽管作用于刚体上的力可沿其作用线滑动,但为增强受力图的直观性,尽可能画在力的作用点上。

③ 分布载荷一般不用合力代替;若用合力代替,则须给出合力的大小及作用线的位置。

④ 在受力图上不必画出内力。

本章小结

1. 静力学公理

公理一　二力平衡原理

公理二　加减平衡力系原理

公理三　力的平行四边形法则

公理四　作用和反作用定律

公理五　刚化原理

2. 约束与约束力

约束是对非自由体施加的限制,约束对非自由体施加的力称为约束力,约束力的方向与该约束所能阻碍的运动方向相反。

3. 物体的受力分析与受力图

对物体进行受力分析时,须首先将研究对象取为分离体,再画出分离体的受力图。画受力图是学习理论力学的基本功,而正确分析约束力是画好受力图的关键,还须注意作用力与反作用力的关系。画物体系统的受力图时,只画外力,不画内力。

习　题

1-1　指出下列各图中的二力构件。

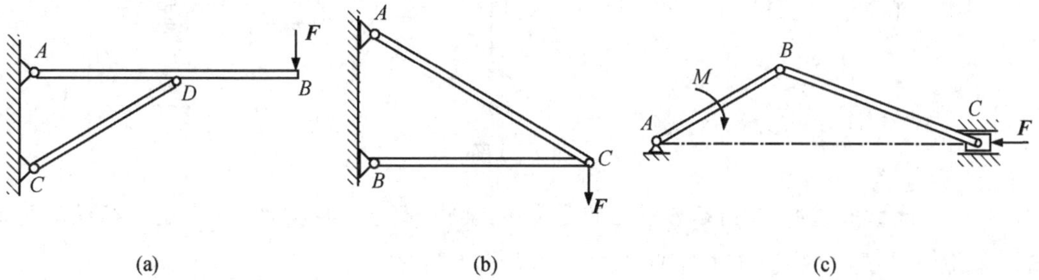

(a) (b) (c)

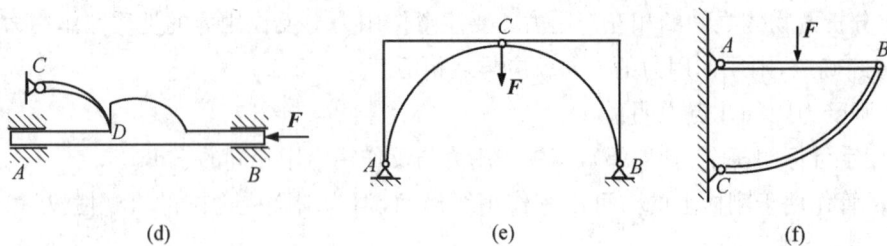

题 1-1 图

1-2 画出题 1-2 图示各物体的受力图,假设各物体都处于平衡状态,所有接触面都是光滑的。

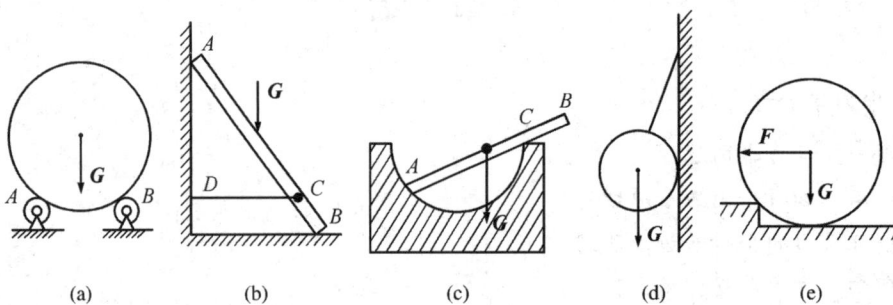

题 1-2 图

1-3 画出题 1-3 图示各物体的受力图,凡未注明者,都不计物体的自重。

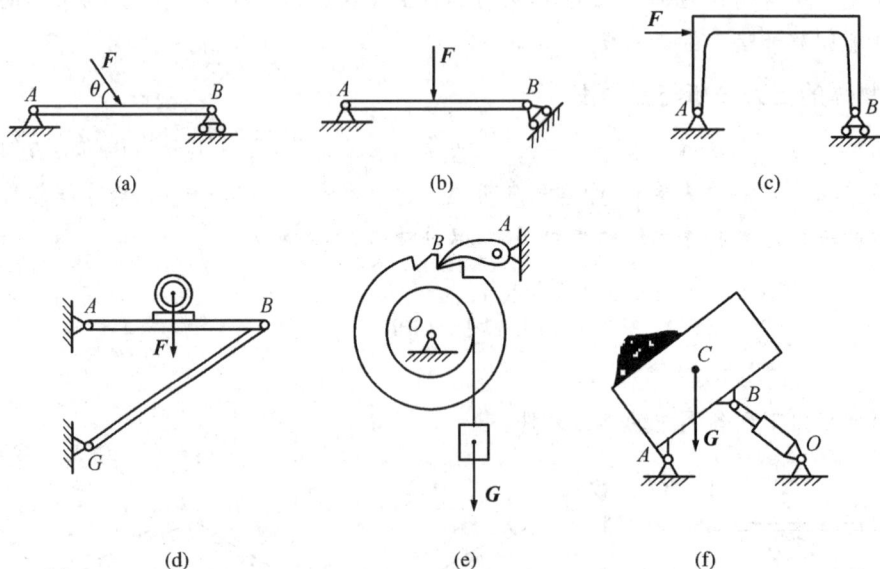

题 1-3 图

1-4 试画出题 1-4 图示各滑轮的受力图,其中[题 1-4(d)图]画出整体框架的受力图,假设滑轮都是光滑的,凡未注明者,都不计物体的自重。

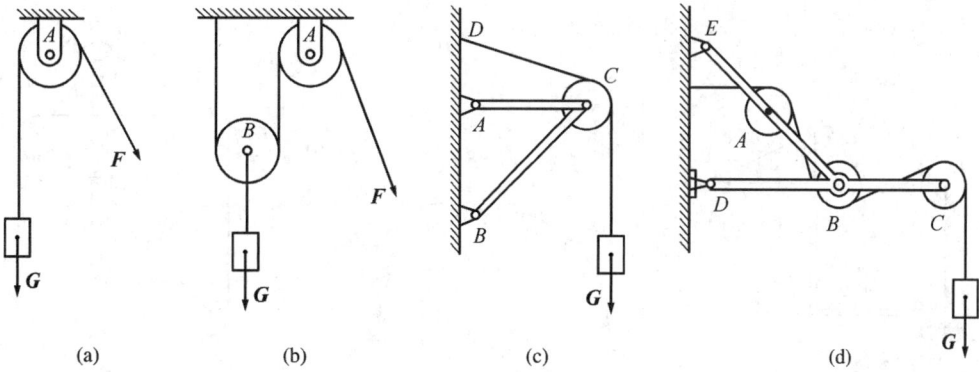

题 1 - 4 图

1-5　分析题 1-5 图示各组合物体中每个物体的受力,并画出其受力图,假设所有接触处都是光滑的,凡未注明者,都不计物体的自重。

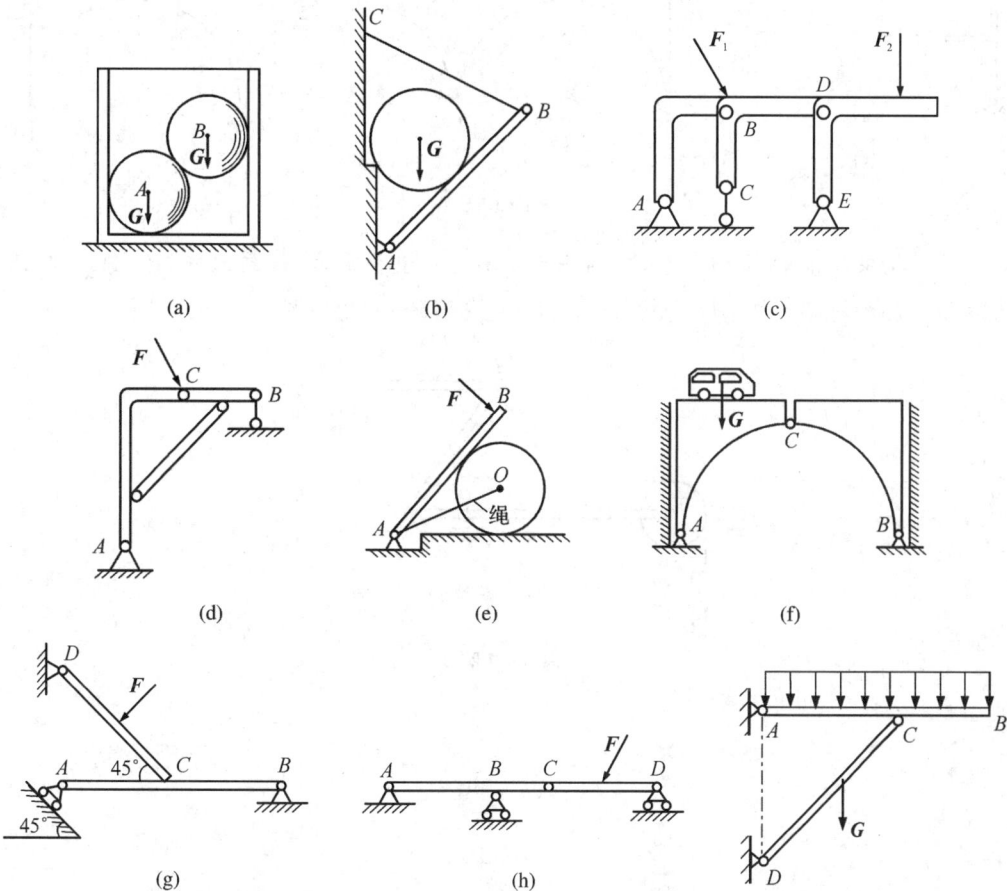

题 1 - 5 图

1-6　画出题 1-6 图每个标注字符的物体的受力图及各题的整体受力图。凡未注明者,都不计物体的自重,所有接触处均为光滑的。

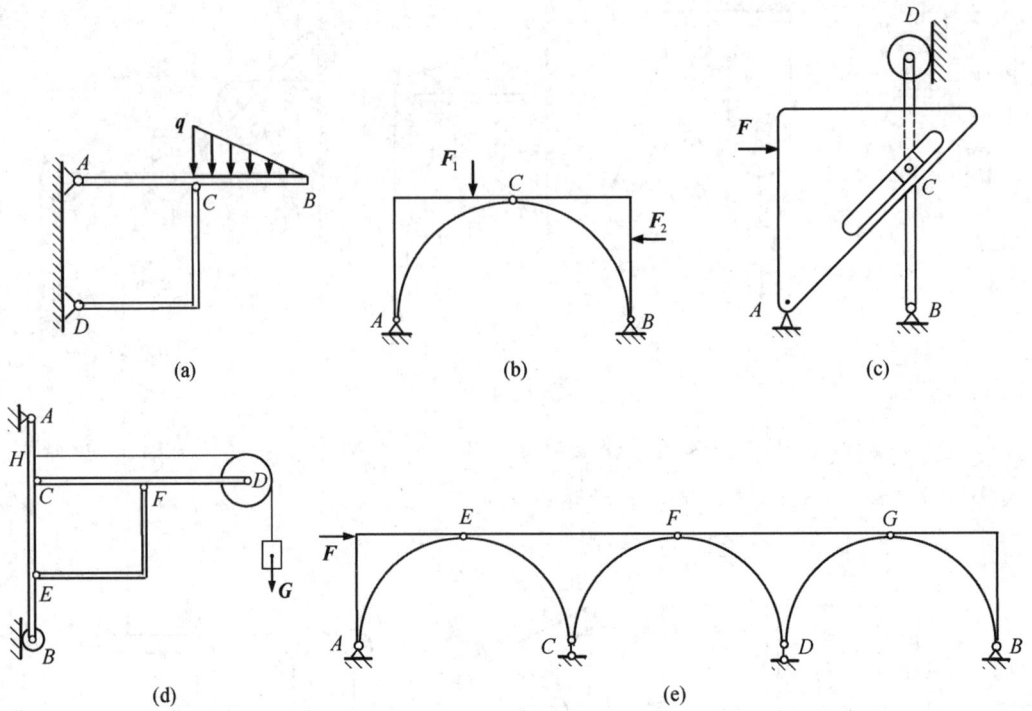

题 1-6 图

1-7　构架如题 1-7 图所示,各构件自重不计。重物重为 G,画出杆 AC(A 处包括及不包括销钉两种情况)、杆 BD 和构架 $ABCD$(包括滑轮)的受力图。

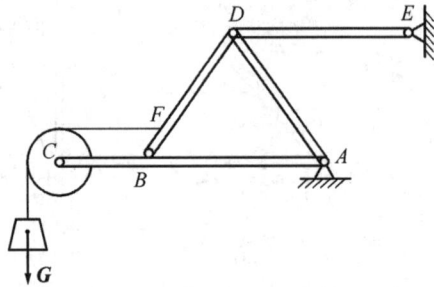

题 1-7 图

第二章　平面汇交力系和平面力偶系

教学要求：

1. 熟练掌握平面汇交力系的合成与平衡条件；
2. 清楚地理解平面力偶矩的概念，掌握平面力偶系的合成与平衡条件。

按照力系中各力的作用线是否在同一平面内来分，可将力系分为平面力系和空间力系两类。平面静力学的研究不但在实际问题中有广泛的应用，而且可以作为空间静力学的研究基础。只要作用于物体上的力分布在一个平面上，或物体的受力情形有一对称面，都可当作平面力系来处理。

本章先研究两种平面特殊力系：平面汇交力系和平面力偶系。

第一节　平面汇交力系合成与平衡的几何法

所谓平面汇交力系是各力的作用线都位于同一平面内且汇交于同一点。

1. 平面汇交力系合成的几何法

现在用几何法来研究平面汇交力系的合成。如[图 2-1(a)]所示，设有一作用于刚体上的平面汇交力系 $F_1,F_2,F_3,\cdots,F_n$，设其作用线共同汇交于同一点 O。显然合力 F_R 的作用线必过点 O，其大小及方向可见[图 2-1(b)]。

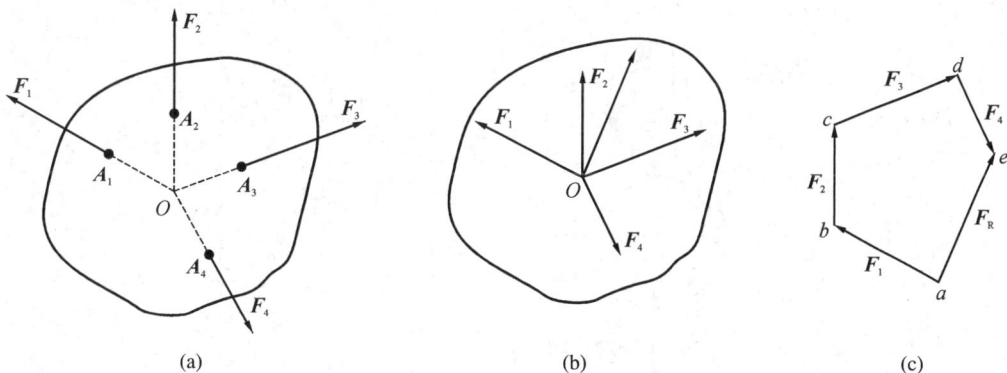

(a)　　　　　　　　　(b)　　　　　　　　　(c)

图 2-1　平面汇交力系合成的几何法

为求该力系的合力，可将各力首尾相连，则连接第一个分力始端与最后一个分力末端的矢量就是合力 F_R，如[图 2-1(c)]所示。这样作出的多边形称为力多边形。合力是力多边形的封闭边。这种用力多边形求合力的几何方法称为力多边形法则。可以证明,任意改变力合成的先后次序,虽然所得到的力多边形形状不同,但合力 F_R 完全相同,即合力 F_R 与各分力的合成次序无关。

上述方法可推广到由 n 个力组成的平面汇交力系的情况。从而可得如下结论:**平面汇交力系一般可合成为一合力,合力作用线通过力系的汇交点,合力矢等于各力的矢量和**。即

$$F_R = F_1 + F_2 + \cdots + F_n = \sum_{i=1}^{n} F \tag{2-1}$$

2. 平面汇交力系平衡的几何条件

由于平面汇交力系可用其合力来代替,因此,平面汇交力系平衡的必要与充分条件是:该力系的合力等于零,即

$$F_R = 0 \quad \text{或} \quad \sum_{i=1}^{n} F_i = 0 \tag{2-2}$$

在平衡情形下,力多边形中最末一力的终点与第一力的起点重合,则该力系的力多边形的封闭边变为一点,即合力等于零。因此,任何两个相邻的力都首尾相接,构成一个封闭的力多边形。由此,**可得平面汇交力系平衡的几何条件**:汇交力系平衡的必要和充分条件是各力矢构成的力多边形自行封闭。

例 2-1 螺栓环眼上套有三根钢丝绳,分别受力 $F_{T1} = 3$ kN、$F_{T2} = 6$ kN、$F_{T3} = 15$ kN,其方向如[图 2-2(a)]所示。欲使合力 F_R 铅垂向下,试求合力 F_R 的大小和 F_{T3} 的方向。

解: 三根钢丝绳都只能受拉力作用,而且三力作用线都通过环心 O,从而构成一平面汇交力系。用几何法求解。

用图 2-2 所示力的比例尺,先画已知力矢:作矢 $\vec{ab} = F_{T1}$,由 b 点作矢 $\vec{bc} = F_{T2}$;由于只知道 F_{T3} 的大小,故以 c 点为圆心,以 F_{T3} 的大小为半径作圆弧。由题意,合力 F_R 的方向铅垂向下,故由 a 点作铅垂线与圆弧交于 d 点,得力多边形 $abcd$。

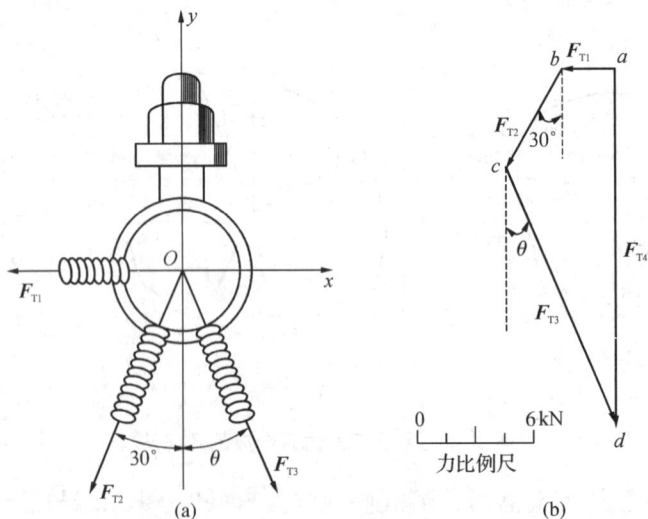

图 2-2 例 2-1 图

力多边形的封闭边 $\overrightarrow{ad}$ 即代表合力 $\boldsymbol{F}_R$，方向铅垂向下。从[图 2-2(b)]中量得 ad 的长，再按比例尺换算可得 $F_R=18.9$ kN。$\overrightarrow{cd}$ 边就是 $\boldsymbol{F}_{T3}$，与铅垂线的夹角 θ 可由[图 2-2(b)]量得，$\theta=23.6°$。

例 2-2　重为 $W=20$ kN 的球置于光滑斜面上，并用无重软绳系在铅直墙面上[图 2-3(a)]。已知斜面与水平面成 $30°$ 角，绳与铅直墙面成 $60°$ 角，求绳的拉力及斜面对于球的约束力。

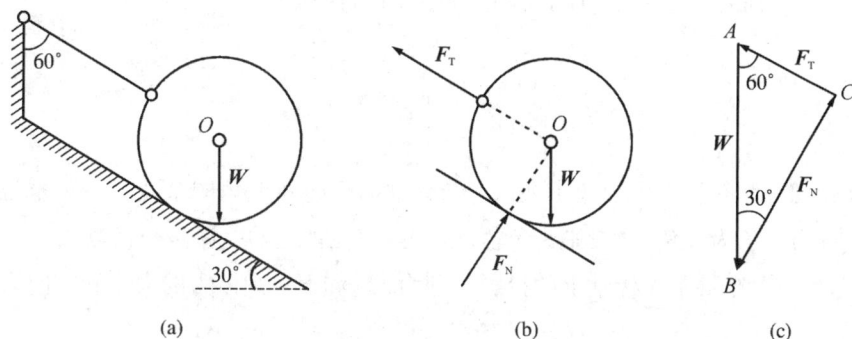

图 2-3　例 2-2图

解：取球为研究对象，作球的受力图。作用于球上的力有：重力 $\boldsymbol{W}$ 铅直向下，绳拉力 $\boldsymbol{F}_T$，光滑斜面的约束力 $\boldsymbol{F}_N$ 垂直于斜面。这三个力的作用线都通过球的中心，因而构成平面汇交力系。因为球处于平衡状态中。故这三个力所构成的力三角形应自行封闭，如[图 2-3(c)]所示。可用三角公式算出要求的未知力：

$$F_T=W\sin30°=10 \text{ kN}$$

$$F_N=W\cos30°=17.3 \text{ kN}$$

通过以上例题，总结出几何法解题的主要步骤为：

(1) 选取研究对象。根据题意，选取合适的物体作为研究对象，并画出简图。

(2) 画受力图。在研究对象上，画出它所受的全部主动力和约束力。

(3) 作出力多边形。选择适当的比例尺，从已知力开始作出该力系的力多边形。根据首尾相连的矢序规则和封闭特点，可以确定未知力的指向。

(4) 求出未知量。量出未知量的大小和方向，或者用三角公式计算未知量的大小和方向。

第二节　平面汇交力系合成与平衡的解析法

1. 力在坐标轴上的投影

汇交力系合成的解析法是以力在坐标轴上的投影为基础的。

设在刚体上 A 点作用一力 F，为求力 F 在 x 轴上的投影，可通过力 F 的两端 A 和 B 分别向 x 轴作垂线，垂足为 a 和 b（图 2-4），线段 ab 的长度冠以适当的正负号就表示这个力在 x 轴上的投影，记为 F_x。如果从 a 到 b 的指向与投影轴 x 的正向一致，则力 F 在 x 轴上的投影 F_x 为正值，反之为负值。

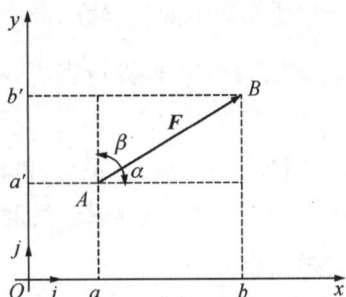

图 2-4　力 F 在轴上的投影

若力 F 与 x 轴之间的夹角为 α，F 与 y 轴之间的夹角为 β，则有

$$\begin{cases} F_x = F\cos\alpha \\ F_y = F\cos\beta \end{cases} \tag{2-3}$$

即力在某轴上的投影，等于力的大小乘以力与该轴的正向间夹角的余弦。当夹角为锐角时，投影为正值；当夹角为钝角时，投影为负值。可见，力在轴上的投影是个代数量。

如果已知一力在直角坐标轴上的投影分别为 F_x 和 F_y，则该力的大小和方向为：

$$\begin{cases} F = \sqrt{F_x^2 + F_y^2} \\ \cos\alpha = \dfrac{F_x}{F}, \quad \cos\beta = \dfrac{F_y}{F} \end{cases} \tag{2-4}$$

则力 F 的解析表达式

$$\boldsymbol{F} = F_x \boldsymbol{i} + F_y \boldsymbol{j} \tag{2-5}$$

2. 平面汇交力系合成的解析法

合力投影定理：合力在任一轴上的投影等于各分力在同一轴上投影的代数和。即

$$F_{Rx} = F_{1x} + F_{2x} + \cdots + F_{nx} = \sum_{i=1}^{n} F_{ix} \tag{2-6}$$

设由 n 个力组成的平面汇交力系作用在刚体上，则合力

$$\boldsymbol{F}_R = F_{Rx} \boldsymbol{i} + F_{Ry} \boldsymbol{j} \tag{2-7}$$

由合力投影定理可得合力在 x、y 轴上的投影为

$$\begin{cases} F_{Rx} = F_{1x} + F_{2x} + \cdots + F_{nx} = \sum F_{ix} \\ F_{Ry} = F_{1y} + F_{2y} + \cdots + F_{ny} = \sum F_{iy} \end{cases} \tag{2-8}$$

由此可按式（2-4）求得合力的大小和方向。

注意，本节所讲述的概念和结论适用于任何矢量。

3. 平面汇交力系的平衡方程

由于平面汇交力系平衡的必要和充分条件是力系的合力等于零。由式（2-8）可知，要合力 $F_R=0$，也只需

$$\sum F_x = 0, \quad \sum F_y = 0 \tag{2-9}$$

由此可得平面汇交力系解析法平衡的必要和充分条件是:各力在作用面内两个任选的坐标轴(不共线)上投影的代数和分别等于零。式(2-9)称为平面汇交力系的平衡方程。这是两个独立的方程,可以求解两个未知量。

例 2-3 用解析法重解例 2-1,见图 2-5。

解: 建立坐标 xOy,根据题意,$F_{Rx}=0$,$F_{Ry}=-F_R$,"—"号表示合力方向铅垂向下,F_R 是合力的大小。由式(2-8)得

$$F_{Rx}=\sum F_{ix}=-F_{T1}-F_{T2}\sin30°+F_{T3}\sin\theta=0$$

$$F_{Ry}=\sum F_{iy}=-F_{T2}\cos30°-F_{T3}\cos\theta=-F_R$$

得

$\sin\theta=0.4,\theta=23.58°(\theta=156.42°$ 不合题意,舍去)是 F_{T3} 与铅垂线的夹角。

合力的大小为 $F_R=18.94\ \text{kN}$。

例 2-4 平面刚架 $ABCD$ 在 B 点受一水平力 $\boldsymbol{F}$ 作用,如图 2-6(a)所示。设 $F=20\ \text{kN}$,不计刚架本身的重量,求 A 与 D 两支座的约束力。

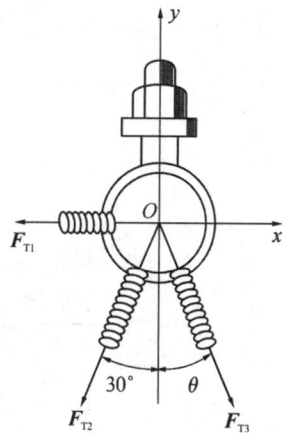

图 2-5 例 2-3 图

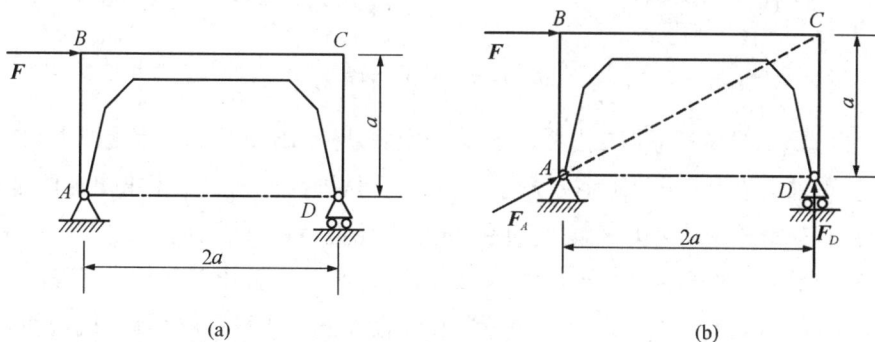

(a)

(b)

图 2-6 例 2-4 图

解: 以刚架为研究对象,其受力图如[图 2-6(b)]所示。根据铰链支座约束的类型,其中力 $\boldsymbol{F}_A$ 的方向本属未定,但因刚架只受三力作用而平衡,且力 $\boldsymbol{F}_D$ 铅垂向上并与力 $\boldsymbol{F}$ 相交于点 C,这样力 $\boldsymbol{F}_A$ 的作用线位置就可由三力平衡汇交定理来确定,见[图 2-6(b)]。用解析法求解时,受力图中力 $\boldsymbol{F}_A$ 的方位是由三力平衡汇交定理确定的,但其指向则是假定的,由此列出平衡方程

$$\sum F_x=0,\quad F+F_A\cos\theta=0$$

$$\sum F_y=0,\quad F_D+F_A\sin\theta=0$$

求得

$$F_A=\frac{-F}{\cos\theta}=-22.4\ \text{kN}$$

"—"号表示 F_A 的真实方向与假设相反。

$$F_D = -F_A \sin\theta = 10 \text{ kN}$$

例 2-5 如[图 2-7(a)]所示,重物 $W = 20$ kN,用钢丝绳挂在支架的滑轮 A 上,钢丝绳的另一端缠绕在铰车 D 上。杆 AB 与 AC 铰接,并以铰 B、C 与墙连接。如两杆和滑轮的自重不计,并忽略摩擦和滑轮的大小,试求平衡时杆 AB 和 AC 所受的力。

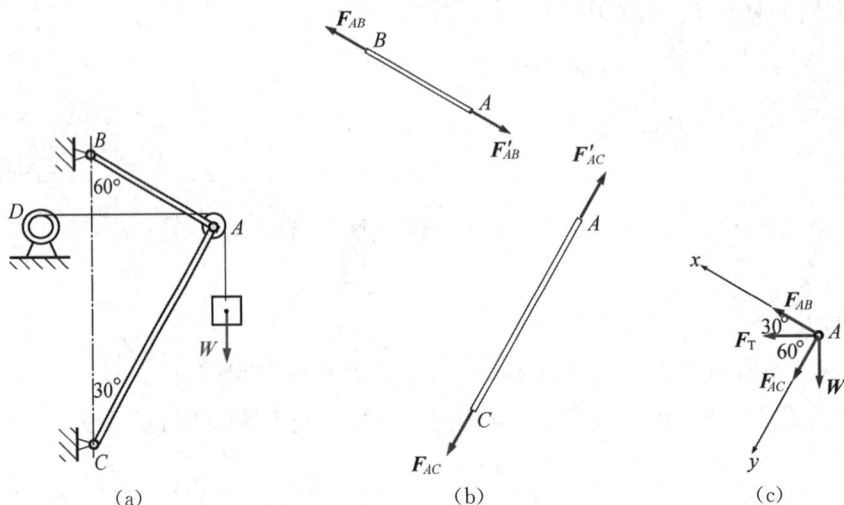

图 2-7 例 2-5 图

解:(1) AB、AC 两杆都是二力杆,按通常习惯假设杆 AB 和杆 AC 都受拉力,如[图 2-7(b)]所示。若求出值为正号,则为拉杆;求出值为负号,即为压杆。为了求出这两个未知力,可通过求两杆对滑轮的约束力来解决。因此选取滑轮上销钉 A 为研究对象。

(2) 滑轮受到钢丝绳的拉力 F_T,如[图 2-7(c)]所示。已知 $F_T = W$。此外,杆 AB 和 AC 对销钉 A 的约束力用 F_{AB} 和 F_{AC} 表示。由于滑轮的大小可忽略不计,故这些力可看作是平面汇交力系。

(3) 选取坐标轴如[图 2-7(c)]所示。为使每个未知力只在一个轴上有投影,在另一轴上的投影为零,坐标轴应尽量取在与未知力作用线相垂直的方向。这样在一个平衡方程中只有一个未知数,不必解联立方程。

(4) 列平衡方程并求解

$$\sum F_x = 0, \quad F_{AB} + F_T \cos30° - W\sin30° = 0$$
$$\sum F_y = 0, \quad F_{AC} + F_T \sin30° + W\cos30° = 0$$

解得

$$F_{AB} = -0.366W = -7.32 \text{ kN}$$
$$F_{AC} = -1.366W = -27.32 \text{ kN}$$

所求结果,F_{AB}、F_{AC} 为负值,表示这两杆受力的假设方向与实际方向相反,即杆 AB 和

杆 AC 都受压,即为压杆。

如果滑轮计尺寸,是否还能得到平面汇交力系?

例 $2-4$、例 $2-5$ 也可用几何法求解。

第三节　平面内力对点的矩

1. 平面内力对点之矩

首先研究平面内力对点之矩的概念。以扳手扳动螺帽为例(图 $2-8$)来说明,设螺帽能绕点 O 转动。由经验知,螺帽能否扳动,不仅取决于作用在扳手上的力 $\boldsymbol{F}$ 的大小,而且还和从点 O 到力 $\boldsymbol{F}$ 的作用线的垂直距离 d 有关。只有乘积 $\boldsymbol{F} \cdot d$ 达到或者超过某值时,才能把给定的螺帽扳动。可

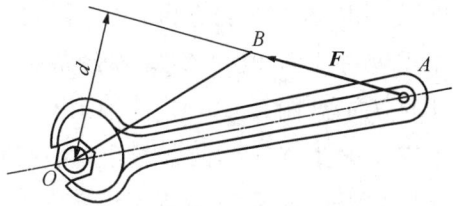

图 $2-8$　扳手扳螺帽受力示意图

见,这个乘积可用来作为力 $\boldsymbol{F}$ 绕点 O 转动效应的度量。由于转动有正反两个可能方向,所以乘积 $\boldsymbol{F} \cdot d$ 也要冠以适当的正负号来表明这两个不同的转向。这个量称为平面内力 $\boldsymbol{F}$ 对点 O 的矩,简称力矩。距离 d 称为力 $\boldsymbol{F}$ 对点 O 的力臂,点 O 称为矩心。用符号 $M_O(\boldsymbol{F})$ 表示力 $\boldsymbol{F}$ 对点 O 的矩,有

$$M_O(\boldsymbol{F}) = \pm Fd \tag{2-10}$$

习惯规定,使物体产生逆时针方向转动效应的力矩取正值;反之取负值。

力矩的单位在国际单位制中是 N·m,或 kN·m。

2. 合力矩定理

合力矩定理:平面汇交力系的合力对于平面内任一点的矩等于力系中所有各力对于该点之矩的代数和。即

$$M_O(\boldsymbol{F}_\mathrm{R}) = \sum_{i=1}^{n} M_O(\boldsymbol{F}_i) \tag{2-11}$$

合力矩定理建立了合力对点之矩与分力对同一点之矩的关系。这个定理也适合于有合力的其他各种力系。它提供了计算力矩的又一方法,此外利用它还可以确定力系的合力作用线位置。

例 $2-6$　某支架 A 点作用一力 F,如图 $2-9$ 所示,图中尺寸 l_1、l_2、l_3 和角 θ 均为已知。试求 $M_O(\boldsymbol{F})$。

解:
$$\boldsymbol{F} = \boldsymbol{F}_x + \boldsymbol{F}_y$$
由式($2-11$)有

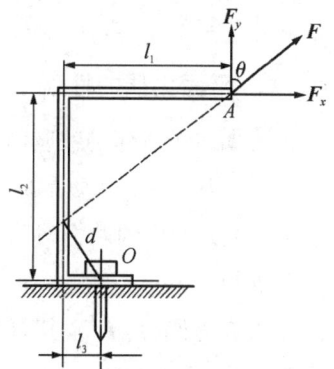

图 $2-9$　例 $2-6$ 图

$$M_O(\boldsymbol{F})=M_O(\boldsymbol{F}_x)+M_O(\boldsymbol{F}_y)$$
$$=-F\sin\theta l_2+F\cos\theta(l_1-l_3)$$

第四节　平面力偶理论

1. 力偶的概念

由等值、反向、平行且不共线的两个力组成的力系称为力偶。力偶不能合成为一个力，也不能用一个力来与它相平衡。因此，力偶和力是静力学两个基本的力学量。力偶能使物体转动，在生活和生产实践中，经常遇到物体受力偶或力偶系作用的情况，例如汽车司机转动的方向盘[图 2-10(a)]，钳工用丝锥在工件上攻螺纹[图 2-10(b)]等。在力学中，力偶常用符号$(\boldsymbol{F},\boldsymbol{F}')$表示，两力作用线所决定的平面称为力偶作用面，两力作用线间的垂直距离称为力偶臂，如图 2-10 所示。

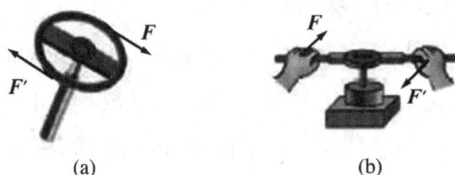

(a)　　　　　　　　(b)

图 2-10　力偶

2. 力偶矩

力偶对于物体作用的效应不仅与组成力偶的力的大小 F 有关，而且与力偶臂的长短 d 有关。因此力偶对于物体的效应可用力偶的任一力的大小与力偶臂长度的乘积再冠以相应的正负号来表示。这个物理量就称为力偶矩，用 M 代表，则

$$M=\pm Fd \qquad\qquad (2-12)$$

力偶矩的正负号通常规定如下：若力偶使物体沿逆时针方向转动，则取正号；反之取负号。力偶矩为代数量，可采用旋转符号来表示。力偶矩在国际制中的单位是 N·m，或 kN·m。

3. 平面力偶的性质

力偶对于刚体的效应，有如下性质：

（1）力偶无合力。因此，力偶只能与力偶平衡。

（2）力偶中的两力对作用面内任一点之矩的代数和等于力偶矩。

设有力偶$(\boldsymbol{F},\boldsymbol{F}')$，其力偶臂为 d（图 2-11）。力偶对点 O 的矩为 $M_O(\boldsymbol{F},\boldsymbol{F}')$，则

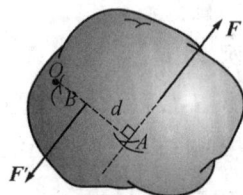

图 2-11　平面力偶平衡的条件

$$M_O(\boldsymbol{F},\boldsymbol{F}')=M_O(\boldsymbol{F})+M_O(\boldsymbol{F}')=F\,\overline{AO}-F'\,\overline{BO}$$
$$=F(\overline{AO}-\overline{BO})=Fd$$

因为矩心 O 是任意选取的,因而力偶对作用面内任一点之矩与矩心无关。因此可用以符号 M 表示力偶矩,而无需标注矩心,如式(2-12)所示。

综上可知,平面力偶对物体的作用效应,决定于两个因素:力偶矩的大小;力偶矩的转向。所以平面力偶矩为代数量。

4. 同平面内力偶的等效定理

既然力偶没有合力,也就不能与力等效,只能与另一个力偶等效。而力偶对物体的转动效应又完全决定于力偶矩,且与矩心的位置无关。所以,在同一平面内的两个力偶,只要它们的力偶矩大小相等、转动方向相同,则两力偶必等效。这就是平面力偶的等效定理。

上述结论,可直接由经验证实。例如[图2-12(a)]中作用在方向盘上的力偶$(\boldsymbol{F}_1,\boldsymbol{F}_1')$,或$(\boldsymbol{F}_2,\boldsymbol{F}_2')$,虽然它们的作用位置不同,但如果它们的力偶矩大小相等、转向相同,则对物体的作用效应就一样;又如作用在丝锥扳手上的力偶$(\boldsymbol{F}_1,\boldsymbol{F}_1')$或$(\boldsymbol{F}_2,\boldsymbol{F}_2')$,见[图2-12(b)],虽然 $F_1\neq F_2,d_1\neq d_2$,但当两个力偶矩相等时,即 $F_1d_1=F_2d_2$,且转向相同,则它们对物体的作用效应就相同。

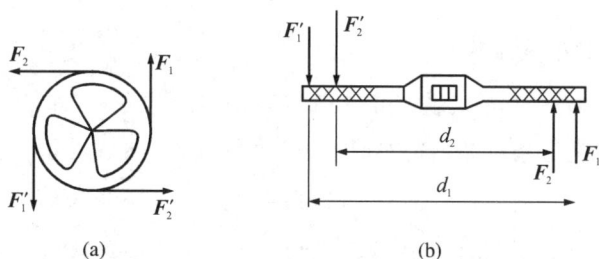

图 2-12　同平面内力偶的等效定理

综上所述,可以得出下列两个推论:

(1) 力偶可以在它的作用面内任意移转,而不改变它对刚体的作用。因此,力偶对刚体的作用与力偶在其作用面内的位置无关。

(2) 只要保持力偶矩的大小和转向不变,可以同时改变力偶中力的大小和力偶臂的长短,而不改变力偶对刚体的作用。由此可见,力偶的臂和力的大小都不是力偶的特征量,只有力偶矩才是力偶作用的唯一度量。

第五节　平面力偶系的合成和平衡条件

1. 平面力偶系的合成

设在同一平面内有两个力偶$(\boldsymbol{F}_1,\boldsymbol{F}_1')$和$(\boldsymbol{F}_2,\boldsymbol{F}_2')$,它们的力偶臂各为 d_1 和 d_2,如

[图 2‐13(a)]所示。这两个力偶的矩分别为 M_1 和 M_2，求它们的合成结果。为此，在保持力偶矩不变的情况下，同时改变这两个力偶的力的大小和力偶臂的长短，使它们具有相同的臂 d，并将它们在平面内移转，使力的作用线重合，如[图 2‐13(b)]所示。可得合力偶为 M_1 和 M_2 的代数和，即

$$M=M_1+M_2$$

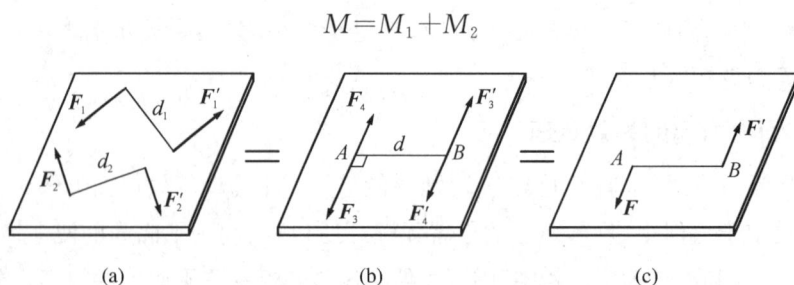

图 2‐13 平面力偶系的合成

根据上述两共面力偶可以合成为一个力偶的性质，对于作用于刚体上的一个平面力偶系，总可以逐一将它们合成为一个合力偶，且该合力偶的力偶矩等于原力偶系各力偶矩的代数和。即合力偶的力偶矩为

$$M=M_1+M_2+\cdots+M_n=\sum_{i=1}^{n}M_i \tag{2-13}$$

2. 平面力偶系的平衡条件

当力偶的力偶矩为零时，不是力偶的力为零就是力偶臂为零，都是平衡力系。因此平面力偶系平衡的必要和充分条件是：各力偶矩的代数和为零。即

$$\sum M_i=0 \tag{2-14}$$

例 2‐7 梁 AB 上作用一个力偶，它的矩的大小 $M=100$ kN·m，如[图 2‐14(a)]，试求 A、B 两处的约束力。$l=5$ m，倾角 $\theta=30°$，梁的重量不计。

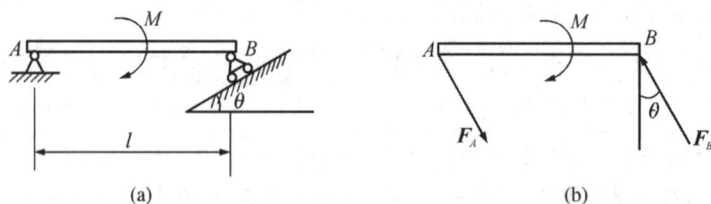

图 2‐14 例 2‐7 图

解：取 AB 梁为研究对象，梁受力偶 m 作用，两支座 A、B 的约束力必构成一力偶与这个力偶相平衡，故 F_A 和 F_B 的作用线相互平行、方向相反，且 $F_A=F_B$，其受力图如[图 2‐14(b)]所示。由平面力偶系的平衡条件有

$$\sum M=0, \quad F_A l\cos\theta-M=0$$

代入数据，有

$$F_A(5\ \mathrm{m})\cos30°-100\ \mathrm{kN·m}=0$$

解得

$$F_A=F_B=23.1\ \mathrm{kN}$$

如图 2-15 所示,在刚体上作用四个大小相等的力,且构成封闭的力多边形,此刚体能否平衡?

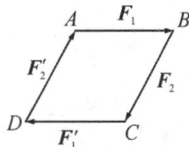

本章小结

图 2-15　四个作用力

1. 平面汇交力系的合成

(1) 几何法:由力多边形法则,其合力矢量是各力矢量构成的力多边形的封闭边,合力作用线通过汇交点。

(2) 解析法:合力矢为

$$F_R=\sum F_i=F_{Rx}\boldsymbol{i}+F_{Ry}\boldsymbol{j}$$

$$F_{Rx}=\sum F_{ix},\quad F_{Ry}=\sum F_{iy}$$

由此可以求得合力的大小与方向。

2. 平面汇交力系的平衡条件

(1) 平衡的几何条件:平面汇交力系的力多边形自行封闭。

(2) 平衡的解析条件(平衡方程)

$$\sum F_x=0,\quad \sum F_y=0$$

3. 平面内的力对点 O 之矩是代数量,记为 $M_O(\boldsymbol{F})$

$$M_O(\boldsymbol{F})=\pm Fh$$

4. 力偶和力偶矩

力偶是由两个等值、反向、平行且不共线的力组成的特殊力系。力偶无合力,也不能用一个力来平衡。

平面力偶对物体的作用效应取决于力偶矩 M 的大小和转向,即

$$M=\pm Fd$$

力偶对平面内任一点的矩等于力偶矩,力偶矩与矩心的位置无关。

5. 同平面内力偶的等效定理

同平面内的两个力偶,如果力偶矩相等,则彼此等效。

6. 平面力偶系的合成与平衡

平面力偶系可以合成为一个合力偶,合力偶的力偶矩等于各力偶的力偶矩代数和。

$$M = \sum_{i=1}^{n} M_i$$

平面力偶系的平衡条件为

$$\sum M_i = 0$$

习 题

2-1 如题 2-1 图所示三种结构，构件自重不计，略去摩擦，$\theta=60°$，B 处都作用有相同的水平力 F，试用几何法求 A 处的约束力。

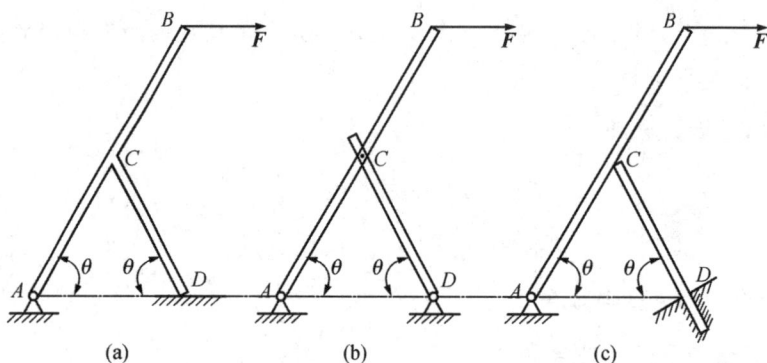

题 2-1 图

2-2 铆接薄板在孔心 A、B 和 C 处受三力作用，如题 2-2 图所示。$F_1=100$ N，沿铅直方向；$F_3=50$ N，沿水平方向，并通过 A；$F_2=50$ N，力的作用线也通过点 A，尺寸如图。求此力系的合力。

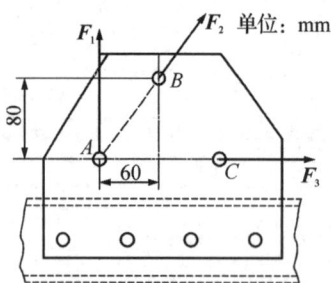

题 2-2 图

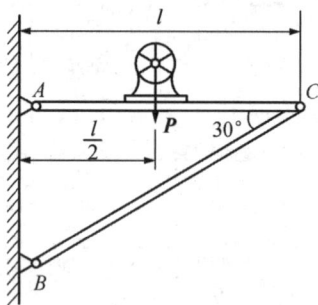

题 2-3 图

2-3 电动机重 $P=5\,000$ N，放在水平梁 AC 的中央，如题 2-3 图所示。梁的 A 端以铰链固定，另一端以撑杆 BC 支持，撑杆与水平梁的交角为 $30°$。如忽略梁和撑杆的重量，求撑杆 BC 的内力及铰支座 A 处的约束力。

2-4 夹具中所用的两种增力机构如题 2-4 图所示。已知推力 F_1 作用于点 A，夹紧平衡时杆与水平线的夹角为 θ，假定滑块和杆重不计，且铰链都是光滑的，试求 $\theta=10°$ 时的增

·30·

力倍数 F_2/F_1。

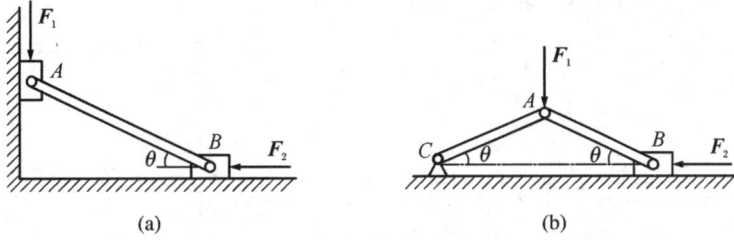

题 2-4 图

2-5　简易起重机用钢丝绳吊起重量 $G=2\ 000$ N 的重物。A、B、C 三处简化为光滑铰链连接,铰链 A 处装有滑轮。设滑轮的大小、各杆自重及摩擦略去不计。试求杆 AB 和 AC 所受的力。

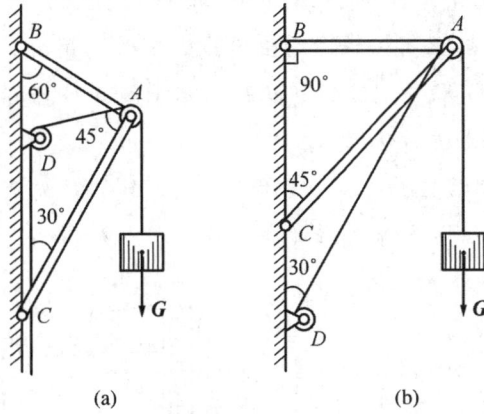

题 2-5 图

2-6　杠杆 ABC 在 A 处用铰链连接,而在 B 处与一曲杆 BD 相连如题 2-6 图所示。已知作用于 C 处的水平力 $P=400$ N,构件自重不计。求 A 处所受的约束力。

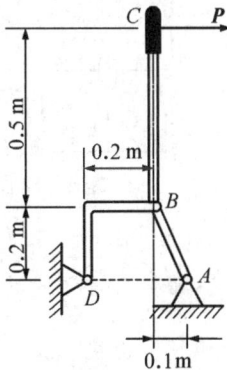

题 2-6 图

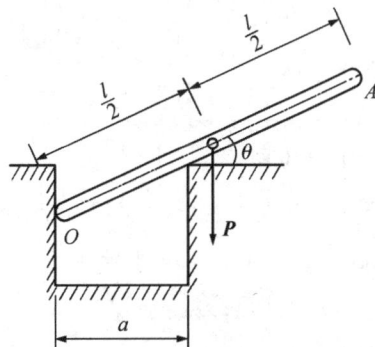

题 2-7 图

2-7　匀质杆 OA 重 P,长为 l,放在宽度为 a 的光滑槽内。求杆在平衡时对水平面的倾角 θ。

2-8 刚架由四部分铰接而成,其尺寸如题2-8图所示。求在水平力 F 作用下各支座 A、B、C、D 的约束力。设刚架各杆自重不计,且铰链是光滑的。

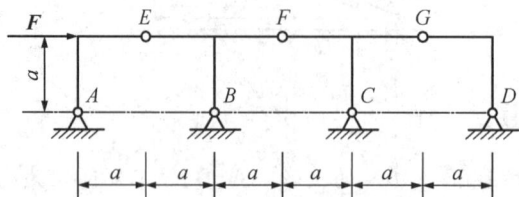

题2-8图

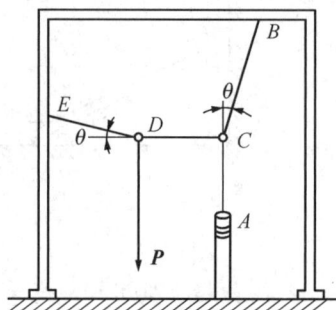

题2-9图

2-9 如题2-9图所示为一拔桩架。在木桩的点 A 上系一绳,将绳的另一端固定在点 B,绳 CDE 的一端系在点 C,另一端固定在点 E。在点 D 用力 P 向下拉,即有比 P 大若干倍的力将桩拔起。若 CD 水平,AC 铅直,DE 与水平线、CB 与铅直线间成等角 $\theta = 4°$,向下的拉力 $P = 400$ N,试求木桩所受拉力。

2-10 四连杆机构 $CABD$ 的 CD 边固定,在铰链 A、B 处有力 F_1、F_2 作用,如题2-10图所示。该机构在图示位置平衡,杆重略去不计。求力 F_1 与 F_2 的关系。

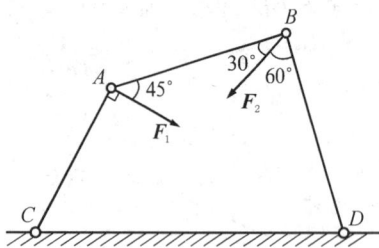

题2-10图

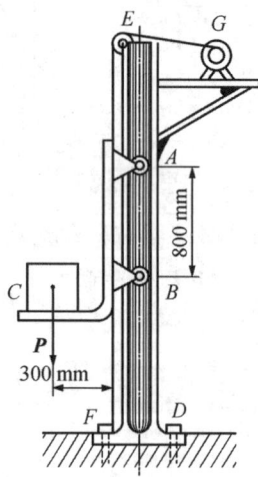

题2-11图

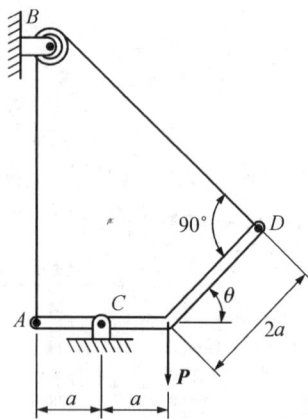

题2-12图

2-11 卷扬机结构如题2-11图所示,重物放在小台车 C 上。小台车装有轮 A、B,可沿垂直导轮 ED 上下运动。已知重物重 $P = 2\,000$ N。不计导轨和滚轮之间的摩擦。试求导轨加给两轮 A、B 的约束力。

2-12 忽略摩擦,求当(1) $\theta = 60°$;(2) $\theta = 45°$ 时绳 ABD 的拉力及 C 处的约束力。

2-13　若(1) $b=60$ mm;(2) $b=120$ mm。试求 B、D 处的约束力。

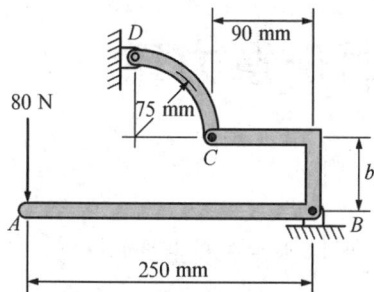

题 2-13 图

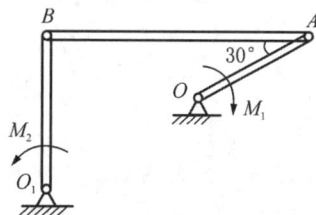

题 2-14 图

2-14　铰接四连杆机构 $OABO_1$ 在题 2-14 图所示位置平衡。已知:$OA=40$ cm,$O_1B=60$ cm,作用在 OA 上的力偶的力偶矩 $M_1=1$ N·m。各杆的重量不计。试求力偶矩 M_2 的大小和杆 AB 所受的力 F。

2-15　杆系由杆 EH、ACB、CD 用铰链 C、A、D、E 连成。在杆 EH 上作用一力偶,其矩 $M=1\,000$ N·m。已知 $CA=CB=CD$,$AB \perp CD$,$BE=1$ m。不计杆重及摩擦。试求支座 A、D、E 的约束力。

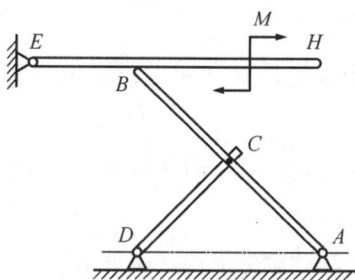

题 2-15 图

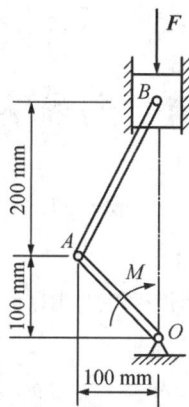

题 2-16 图

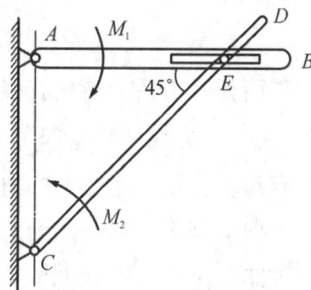

题 2-17 图

2-16　曲柄连杆机构在题 2-16 图所示位置时,活塞上受力 $F=400$ N,如不计摩擦和所有构件的重量。在曲柄上应加多大的力偶方能使机构处于平衡状态(图中长度单位为 mm)。

2-17　题 2-17 图中杆 AB 上有一导槽,套在杆 CD 上的销子 E 上,在杆 AB 和杆 CD 上各有一力偶作用(其转向如图所示)。已知 $M_1=1\,000$ N·m,若不计杆重以及所有接触面的摩擦,当机构平衡时 M_2 应为多大?如果导槽开在杆 CD 上,销子 E 固连在杆 AB 上,则 M_2 应为多大?

2-18　在题 2-18 图所示结构中,各构件的自重不计,在构件 BC 上作用一力偶矩为 M 的力偶,各尺寸如图,求支座 A 处的约束力。

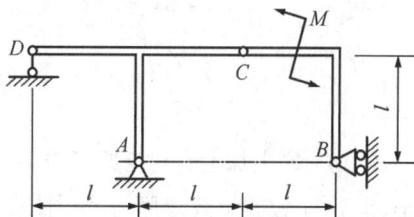

题 2-18 图

第三章　平面任意力系

教学要求：

1. 掌握平面任意力系的简化方法和简化结果，掌握主矢和主矩的概念；

2. 掌握平面任意力系平衡方程的各种形式；

3. 了解静定和超静定的概念；

4. 能熟练求解单个刚体和刚体系统的平衡问题；

5. 掌握求解平面简单桁架内力的节点法和截面法。

前面讨论了两种特殊的平面力系的合成与平衡。在工程上常常遇到作用线在同一平面内，但彼此既不平行、也不汇交于一点的平面力系，这种力系称为平面任意力系。本章讨论平面任意力系的简化和平衡条件。

第一节　力线平移定理

平面任意力系的简化有多种方法，一般采用力系向一点简化的方法。在讲述这个方法之前，先引入力线平移定理。

定理　作用在刚体上的力可以从原来的作用点平行移动到任一点，但须附加一个力偶，附加力偶的矩等于原来的力对平移点的矩。

证明　设在刚体上某点 A 作用一力 F。为了使这个力平移到刚体上任意一点 B[图 3-1(a)]，而不改变对刚体的效应，可进行如下变换。

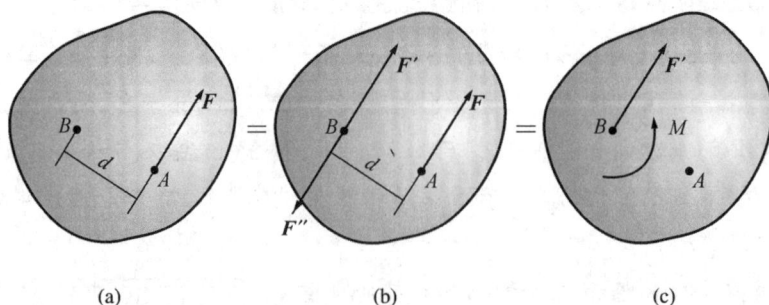

图 3-1　力线平移定理

在点 B 上加上一对与原来力 F 平行的平衡力 F'、F''，且 $F'=-F''=F$，见[图 3-1(b)]。显然，这样做并不改变原力对刚体的作用效应。现在刚体可看成受一个力 F' 和一个力偶

$(\boldsymbol{F}, \boldsymbol{F}'')$ 的作用,力偶 $(\boldsymbol{F}, \boldsymbol{F}'')$ 的矩等于原力 F 对点 B 的矩 $M_B(\boldsymbol{F})$,见[图 3-1(c)],即有

$$M = Fd = M_B(\boldsymbol{F}) \tag{3-1}$$

这个力偶称为附加力偶。

由此可见,可以把作用于刚体上 A 点的力平移到另一点 B,但同时需附加一个力偶。此外,由上述证明的逆过程可知,作用在同一平面内的一个力和力偶,可以用一个力来等效替换。

第二节 平面力系向一点的简化

1. 平面力系向一点的简化

设刚体上作用有平面任意力系 $\boldsymbol{F}_1$、$\boldsymbol{F}_2$、$\cdots$、$\boldsymbol{F}_n$,见[图 3-2(a)],在力系所在平面内任取一点 O 作为简化中心。应用力的平移定理,将各力平移至 O 点并各附加一力偶,于是得到一个作用于 O 点的平面汇交力系 $\boldsymbol{F}_1'$、$\boldsymbol{F}_2'$、$\cdots$、$\boldsymbol{F}_n'$ 和力偶矩为 M_1、M_2、$\cdots$、M_n 的一个平面力偶系[图 3-2(b)]。因此平面任意力系的简化就转化为此平面汇交力系和平面力偶系的合成。然后将汇交力系及力偶系分别合成,就得到一个作用于 O 点的力 $\boldsymbol{F}_R'$ 和力偶矩为 M_O 的一个力偶[图 3-2(c)]。

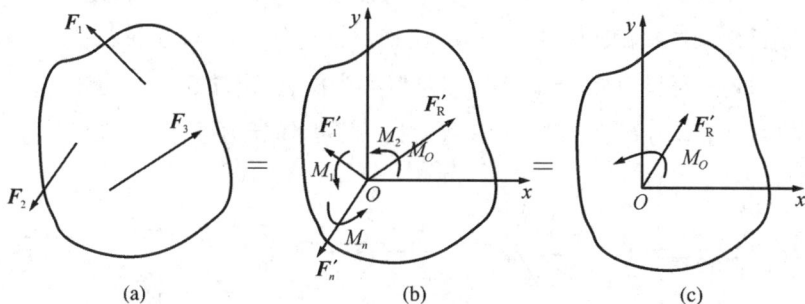

图 3-2 平面力系向一点简化

根据平面汇交力系合成的理论有

$$\boldsymbol{F}_R' = \boldsymbol{F}_1 + \boldsymbol{F}_2 + \cdots + \boldsymbol{F}_n = \sum_{i=1}^{n} \boldsymbol{F}_i \tag{3-2}$$

式中,$\boldsymbol{F}_R'$ 称为该力系的主矢。显然,主矢 $\boldsymbol{F}_R'$ 的大小与方向均与简化中心位置无关。另根据平面力偶系合成的理论有

$$M_O = M_1 + M_2 + \cdots + M_n = \sum_{i=1}^{n} M_O(\boldsymbol{F}_i) \tag{3-3}$$

式中,M_O 称为该力系对于简化中心的主矩。主矩一般与简化中心的位置有关,取不同的点为简化中心,各力的力臂及各力对简化中心的矩也有改变,因而主矩也将改变。

为了求解主矢和主矩,可用解析法来求得。其求解过程为,通过简化中心 O 建立直角坐

标 xOy，将主矢 $\boldsymbol{F}'_{R}$ 及各力分别投影在两个直角坐标轴上，则有

$$F'_{Rx} = \sum F_{ix}, \quad F'_{Ry} = \sum F_{iy} \tag{3-4}$$

可得主矢 $\boldsymbol{F}'_{R}$ 的大小和方向余弦分别为

$$\begin{cases} F'_{R} = \sqrt{\left(\sum F_{ix}\right)^2 + \left(\sum F_{iy}\right)^2} \\ \cos(\boldsymbol{F}'_{R}, \boldsymbol{i}) = \dfrac{\sum F_{ix}}{F'_{R}}, \quad \cos(\boldsymbol{F}'_{R}, \boldsymbol{j}) = \dfrac{\sum F_{iy}}{F'_{R}} \end{cases} \tag{3-5}$$

而力系对简化中心 O 的主矩的解析表达式为

$$M_O = \sum_{i=1}^{n} M_O(\boldsymbol{F}_i) \tag{3-6}$$

由此得结论：平面任意力系可以简化为在任意选定的简化中心上作用的主矢及主矩，主矢与主矩是描述力系的两个特征量。显然，主矢与简化中心的选择无关；而主矩一般与简化中心的选择有关。亦即，选择不同的简化中心时，所得的主矢量的大小和方向相同，主矩一般不同。

何种情况下，主矩与简化中心无关？

2. 固定端约束

本节中将应用力系向一点简化的结论，分析固定端（插入端）约束及其约束力。在工程实际中，经常见到固定端约束[图 3-3(a)]，比如房屋建筑中将阳台砌入墙体就可以简化为固定端约束，又如悬臂梁、刀架、卡盘等。以悬臂梁为例，固定端支座在物体与之接触的面上作用了分布的约束力。在平面问题中，这些力为一平面任意力系[图 3-3(b)]。

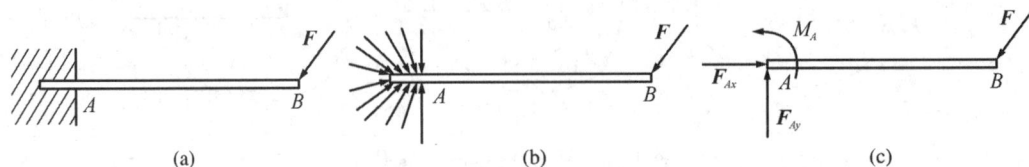

图 3-3　固定端约束

将这些力向作用平面内 A 点简化得到一个主矢和一个主矩。一般情况下这个主矢的大小和方向均为未知量。可用两个正交分力来代替。

因此，在平面力系情况下，固定端 A 处的约束力作用可简化为两个约束力分量 $\boldsymbol{F}_{Ax}$、$\boldsymbol{F}_{Ay}$ 和一个力偶矩为 M_A 的约束力偶，见[图 3-3(c)]。

3. 平面任意力系简化结果的讨论

平面任意力系向一点简化，随着主矢 $\boldsymbol{F}'_{R}$ 和主矩 M_O 的不同，可能出现下列几种不同的情况：

（1）$\boldsymbol{F}'_{R} = \boldsymbol{0}$，$M_O = 0$。力系平衡，将在后面的章节中详细讨论这种情况。

(2) $F'_R=0,M_O\neq0$。力系简化为合力偶,合力偶的力偶矩等于力系对简化中心 O 的主矩。这时,如把原力系向其他点简化,结果一样,即在这一情况下,力系的主矩与简化中心的位置无关。

(3) $F'_R\neq0,M_O=0$。力系简化为合力,合力的作用线一定通过简化中心。

(4) $F'_R\neq0,M_O\neq0$。这时可以做进一步的简化,利用力线平移定理,可将主矢、主矩进一步简化为一个作用于另一点的合力,如图 3-4 所示。

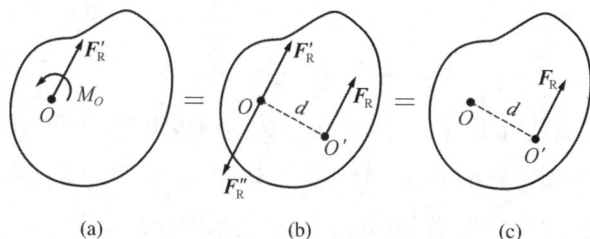

图 3-4 平面任意力系简化

合力作用线与简化中心的距离为

$$d=\left|\frac{M_O}{F'_R}\right| \tag{3-7}$$

由上易得

$$M_O(\boldsymbol{F}_R)=F_Rd=F'_Rd=M_O$$

又因为主矩为

$$M_O=\sum M_O(\boldsymbol{F}_i)$$

所以

$$M_O(\boldsymbol{F}_R)=\sum M_O(\boldsymbol{F}_i) \tag{3-8}$$

式(3-8)即为平面任意力系的合力矩定理。即平面任意力系的合力,对于平面内任一点的矩等于各分力对于同一点之矩的代数和。

4. 分布荷载

结构物的载荷如果作用面积很小,可以简化成一个单个的力,称为集中力或集中载荷,如机车车轮对铁轨的压力、吊车缆绳对货物的提升拉力等。在求解实际的工程问题时还会遇到另一种力——分布力,这种载荷连续地作用在一定范围之内,称为分布力或分布载荷,如结构的自重、风载、水压等。描述分布力的大小用单位作用长度(面积、体积)上的载荷总量表示,称为载荷集度 q。平行的分布力的简化或合成比较容易,如[图 3-5(a)]所示的均布载荷,载荷集度为 q,作用线长度为 l,则其合力为 $F=ql$,作用于长度 l 的中点。[图 3-5(b)]所示为三角形分布载荷,其合力为 $F=\frac{1}{2}ql$,作用点距右端距离为 $l/3$。对集度不均匀的一般载荷,其合力大小及作用位置应通过积分确定(参见第五章第六节重心)。

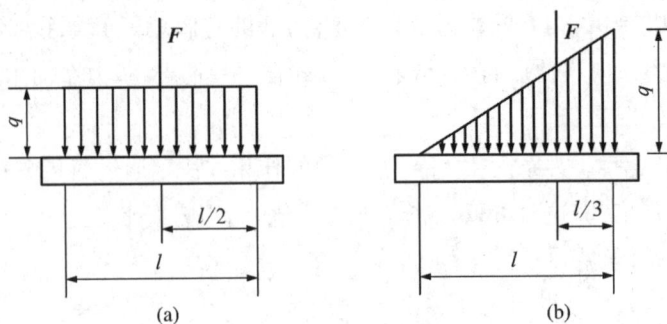

图 3-5 分布荷载

以上结果表明,沿直线且垂直于该直线分布的同向线载荷,其合力的大小等于载荷图。

例 3-1 [图 3-6(a)]所示梁 AB 受外力系作用,$P=75$ N,$F_1=100$ N,$F_2=80$ N,力偶矩 $M=50$ N·m,方向及作用位置如图。求此外力系的简化结果。

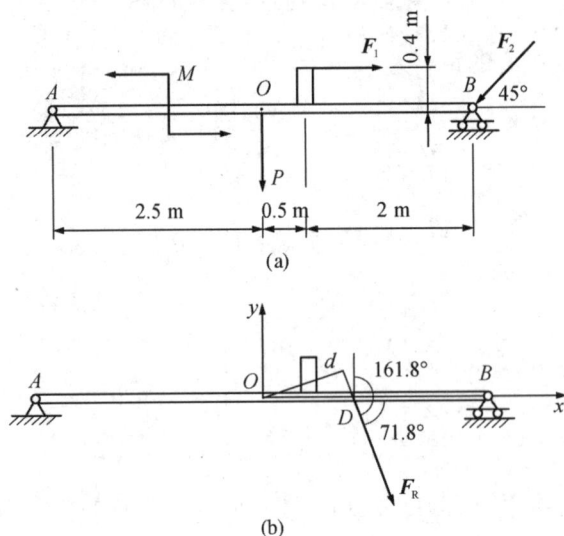

图 3-6 例 3-1 图

解:(1) 求力系向一点简化的结果

取梁的中点 O 为简化中心,选取坐标系 xOy 见[图 3-6(b)],计算此外力系的主矢和对点 O 的主矩。主矢为

$$F'_{Rx}=\sum F_x=F_1-F_2\cos45°=\left(100-80\times\frac{\sqrt{2}}{2}\right)\ N=43.4\ N$$

$$F'_{Ry}=\sum F_y=-P-F_2\sin45°=\left(-75-80\times\frac{\sqrt{2}}{2}\right)\ N=-131.6\ N$$

主矢的大小

$$F'_R=\sqrt{\left(\sum F_x\right)^2+\left(\sum F_y\right)^2}=138.6\ N$$

主矢的方向

$$\cos(\pmb{F}'_R, \pmb{i}) = \frac{F'_{Rx}}{F'_R} = 0.313, 则\angle(\pmb{F}'_R, \pmb{i}) = 71.8°,$$

$$\cos(\pmb{F}'_R, \pmb{j}) = \frac{F'_{Ry}}{F'_R} = -0.950, 则\angle(\pmb{F}'_R, \pmb{j}) = 161.8°$$

对点 O 的主矩

$$M_O = \sum M_O = M - F_1 h - F_2 \sin 45° \cdot OB$$

$$= (50 - 40 - 141.4) \text{ N·m}$$

$$= -131.4 \text{ N·m}(顺时针转向)$$

(2) 求合力 $\pmb{F}_R$ 的大小及作用线位置

因主矢和主矩都不为零,故该力系可以进一步简化为合力,合力的大小为

$$F_R = F'_R = 138.6 \text{ N}$$

由主矩的转向,可得合力 $\pmb{F}_R$ 应在点 O 的右侧,见[图 3-6(b)],且距离 d 为

$$d = \left| \frac{M_O}{F'_R} \right| = \frac{131.4 \text{ N·m}}{138.6 \text{ N}} = 0.948 \text{ m}$$

设合力作用线与 x 轴的交点为 D,则

$$OD = \frac{d}{\sin 71.8°} = \frac{0.948 \text{ m}}{0.95} = 0.998 \text{ m}$$

第三节　平面任意力系的平衡方程

当平面任意力系的主矢和主矩同时等于零时,刚体平衡。由式(3-5)和式(3-3)知,要使 $\pmb{F}'_R = \pmb{0}$, $M_O = 0$, 必须且只需

$$\sum F_x = 0, \quad \sum F_y = 0, \quad \sum M_O = 0 \qquad (3-9)$$

方程(3-9)称为平面任意力系的平衡方程,这是三个独立的代数方程,可以求解三个未知量。方程(3-9)是平面任意力系平衡方程的基本形式,除了这种形式外,还可将平衡方程表示为二力矩形式或三力矩形式。

二力矩形式的平衡方程:

$$\sum F_x = 0, \quad \sum M_A = 0, \quad \sum M_B = 0 \qquad (3-10)$$

即一个投影方程和两个力矩方程,其中 A 和 B 是平面内任意两点,但 A、B 的连线不能与 x 轴垂直。如果不加上 A、B 的连线不能与 x 轴垂直这一附加条件,则方程(3-10)只是平衡的必要条件。

三力矩形式的平衡方程:

$$\sum M_A = 0, \quad \sum M_B = 0, \quad \sum M_C = 0 \qquad (3-11)$$

三力矩形式的平衡方程是任取不在一直线上的三点 A、B、C 为矩心而得到的平衡方程。

尽管平衡方程可以写成不同的形式,但是,平面任意力系的独立平衡方程只有三个,只能求解三个未知数。平衡方程的多种形式给我们列写平衡方程提供了很大的选择余地,为了简化计算,可适当选取投影轴和矩心,尽可能使一个方程只含一个未知数,尽量不解或少解联立方程。如能灵活运用,可使解题过程十分简捷。

例 3-2 起重吊车的简图如[图 3-7(a)]所示,A 端为止推轴承,B 处为向心轴承,自重 P,起吊重物重 W。求吊车平衡时 A、B 处的约束力。

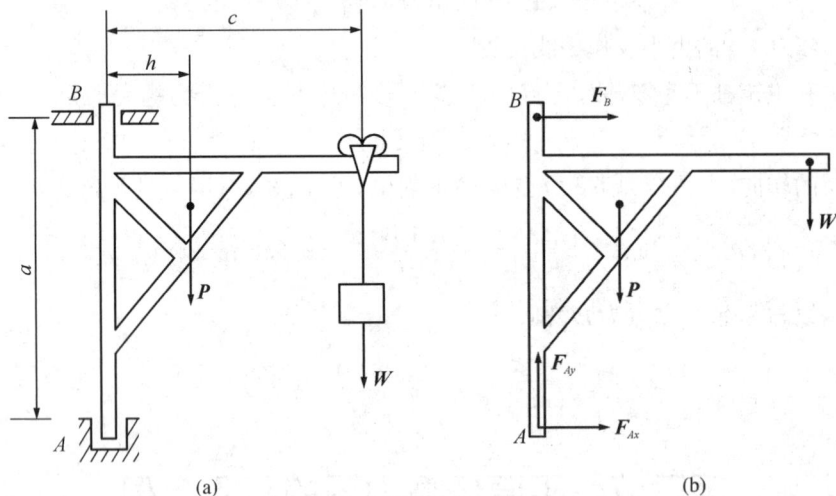

图 3-7 例 3-2 图

解:(1) 考虑吊车的平衡。对吊车进行受力分析,画受力图。

根据止推轴承对物体的限制作用,A 处约束力有 x、y 方向两个分量 F_{Ax}、F_{Ay}。向心轴承 B 可简化为一光滑圆环,因而其约束力 $\boldsymbol{F}_B$ 垂直于支承面,可向左也可向右,此处假设向右,如果计算结果为负数,则表示向左。再画出主动力 $\boldsymbol{W}$、$\boldsymbol{P}$,得吊车的受力图[图 3-7(b)]。

(2) 建立坐标系,列写平衡方程,由已知量求未知量。

$$\sum F_x = 0, \quad F_{Ax} + F_B = 0$$

$$\sum F_y = 0, \quad F_{Ay} - W - P = 0$$

$$\sum M_A = 0, \quad -F_B a - Pb - Wc = 0$$

解得

$$F_B = -\frac{Pb + Wc}{a}, \quad F_{Ax} = \frac{Pb + Wc}{a}, \quad F_{Ay} = P + W$$

例 3-3 在[图 3-8(a)]所示刚架中,已知:$q_m = 3$ kN/m,$F = 6\sqrt{2}$ kN,$M = 10$ kN·m。不计刚架自重,求固定端 A 处的约束力。

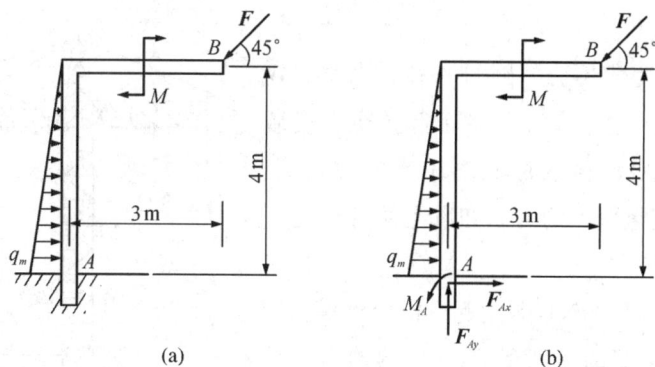

图 3-8 例 3-3 图

解:分析刚架受力,其上所受载荷有集中力 $\boldsymbol{F}$、集中力偶 M、线性分布载荷,约束力有固定端的 $\boldsymbol{F}_{Ax}$、$\boldsymbol{F}_{Ay}$ 和 M_A,刚架的受力图如[图 3-8(b)]所示。

列平衡方程:

$$\sum F_x = 0, \quad F_{Ax} + \frac{1}{2}q_m(4\text{ m}) - F\cos45° = 0$$

$$\sum F_y = 0, \quad F_{Ay} - \frac{\sqrt{2}}{2}F = 0$$

$$\sum M_A = 0, \quad M_A - M - \frac{1}{2}q_m(4\text{ m})\frac{1}{3}(4\text{ m}) + \frac{F}{\sqrt{2}}(4\text{ m} - 3\text{ m}) = 0$$

代入数值,解得

$$F_{Ax} = 0, \quad F_{Ay} = 6\text{ kN}, \quad M_A = 12\text{ kN·m}$$

平面汇交力系、平面力偶系的平衡方程易于从平面任意力系的结果中得到。

各力作用线在同一平面内且相互平行的力系称为平面平行力系。它也是平面任意力系的特例,也应满足平面任意力系平衡方程。若取力系中各力平行于 Oy 轴,则 $\sum F_x \equiv 0$,于是平面平行力系的平衡方程只有两个,即

$$\sum F_y = 0, \quad \sum M_O = 0 \tag{3-12}$$

当然也可将式(3-12)表示为两力矩形式。平面平行力系的独立平衡方程只有两个,只能求解两个未知量。

例 3-4 塔式轨道起重机如图 3-9 所示。机身重 $G = 220$ kN,作用线通过塔架的中心。已知最大起重量 $P = 50$ kN,起重悬臂长 12 m,轨道 AB 的间距为 4 m,平衡重 $\boldsymbol{W}$ 到机身中心线的距离为 6 m。试求:(1) 能保证起重机不会翻倒的平衡重的大小 W;(2)当 $W = 30$ kN、起重机满载时,轮子 A、B 对轨道的压力。

解:取起重机整体为研究对象。起重机在起吊重物时,作用在它上面的力有机身自重 $\boldsymbol{G}$,平衡重 $\boldsymbol{W}$,起重量 $\boldsymbol{P}$,以及轨道对轮子的约束力 $\boldsymbol{F}_A$,$\boldsymbol{F}_B$,这些力组成一平面平行力系如图

所示。

(1) 求保证起重机不会翻倒的平衡重的大小 W

要保证起重机不会翻倒,就是要保证起重机在满载时不绕 B 点向右翻倒;空载时不绕 A 点向左翻倒。这就要求作用在起重机上的力系在以上两种情况下都能满足平衡条件。

① 满载时($P = 50$ kN),假定起重机处于平衡的临界情况(即将翻未翻时),则有 $F_A = 0$,这时可由平衡方程式求出平衡重的最小值 W_{min},再列出平衡方程

$$\sum M_B = 0,$$

$$G(2 \text{ m}) + W_{min}[(6+2) \text{ m}] - P[(12-2) \text{ m}] = 0$$

求得满载时保证起重机不会翻倒的最小平衡重为

$$W_{min} = 7.5 \text{ kN}$$

图 3-9 例 3-4 图

② 空载时($P = 0$),又假定起重机处于平衡的另一临界情况,则有 $F_B = 0$,这时可由平衡方程求出平衡重的最大值 W_{max}。由平衡方程

$$\sum M_A = 0, \quad W_{max}[(6-2) \text{ m}] - G(2 \text{ m}) = 0$$

可得空载时保证起重机不会翻倒的最大平衡重为

$$W_{max} = 110 \text{ kN}$$

W_{min}、W_{max} 是在满载和空载两种极限平衡状态下求得的,起重机实际工作时当然不允许处于这种危险状态。因此要保证起重机不会翻倒,平衡重的大小 W 应在这两者之间,即

$$7.5 \text{ kN} < W < 110 \text{ kN}$$

(2) 取 $W = 30$ kN,求满载时的约束力 F_A 和 F_B

正常工作时,起重机既没有向右,也没有向左倾倒的可能,这时起重机在图 3-9 所示的各力作用下处于平衡状态。由平面平行力系的平衡方程:

$$\sum M_A = 0, \quad W[(6-2) \text{ m}] - G(2 \text{ m}) + F_B(4 \text{ m}) - P[(12+2) \text{ m}] = 0$$

$$\sum F_y = 0, \quad F_A + F_B - W - G - P = 0$$

代入数值,可得

$$F_B = 255 \text{ kN}, \quad F_A = 45 \text{ kN}$$

可见正常工作时,轨道约束力都大于零。轮子 A、B 对轨道的压力的大小就等于轨道对轮子 A、B 的约束力 F_A 和 F_B。

从以上例题可知,求解静力学平衡问题的步骤为:(1) 取研究对象;(2) 画受力图;(3) 选择并建立坐标系;(4) 列平衡方程式;(5)解方程;(6) 校核。

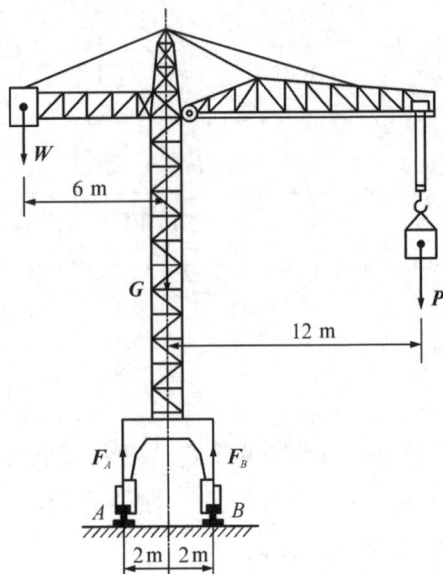

第四节 物体系统的平衡

1. 静定和超静定问题的概念

当系统中的未知量数目等于独立的平衡方程数时,则所有未知量都能由静力学平衡方程求出,这样的问题称为静定问题。显然前面列举的各例都是静定问题。在实际工程中,有时为了提高结构的强度和刚度,常常会增加约束,从而使这些结构的未知量的数目多于独立平衡方程的数目,未知量就不能全部由静力学平衡方程求出,这样的问题称为超静定问题或静不定问题。对于超静定问题,必须考虑物体因受力作用而产生的变形,加上某些补充方程后,才能使方程的数目等于未知量的数目。超静定问题已超出刚体静力学的范围,将在材料力学和结构力学中研究。本节中仅讨论静定问题。

[图3-10(a)]所示的三支承齿轮轴,未知的约束力有3个,而平面平行力系有2个平衡方程,因此是超静定的,且为1次超静定。[图3-10(b)]所示的双铰拱,未知的约束力有4个,而平面任意力系的平衡方程只有3个,因此是1次超静定。[图3-10(c)]所示的平面任意力系有3个平衡方程,而有4个未知数,因此是超静定的。若将 B 端支座换成固定铰支座,则为2次超静定。

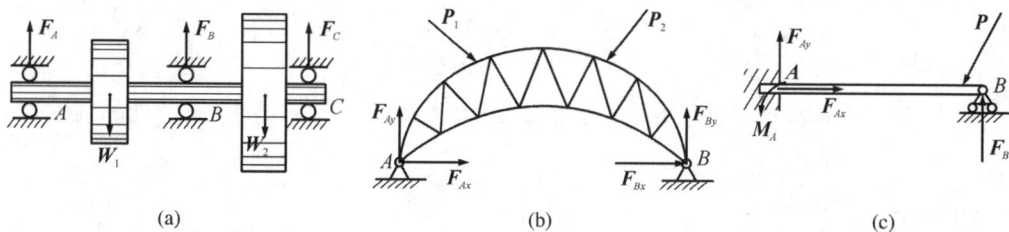

图3-10 超静定

2. 物体系统的平衡

当物体系统平衡时,组成系统的每一个物体都处于平衡状态,因此对于系统中每一个物体,均可写出一定数目的平衡方程。例如平面任意力系有3个独立的平衡方程,平面汇交力系和平面平行力系的独立的平衡方程各有2个,而平面力偶系有1个独立的平衡方程。则**物体系统的独立的平衡方程数等于组成系统各物体的独立平衡方程数之和**。

下面通过实例来说明各种物体系统平衡问题的解法。

例3-5 [图3-11(a)]所示滑道连杆机构,在滑道连杆上作用着水平力 F。已知 $OA=r$,滑道倾角为 β,机构重量和各处摩擦均不计。求当机构平衡时,作用在曲柄 OA 上的力偶矩 M 与角 θ 之间的关系。

解:有一类物体系统,不是每一个物体的运动都被限制住,而是能够实现既定的运动,这样的物体系统称为**运动机构**。对于这类物体系统,只有当作用于其上的主动力之间满足一定关系时，才会平衡。作用于机构上的主动力的传递规律是：沿机构运动传动顺序逐个构件地进行传递，从而引起各构件的约束力。因此，求解机构平衡问题时，通常是由已知到未知，依运动传动顺序，逐个选取研究对象求解。

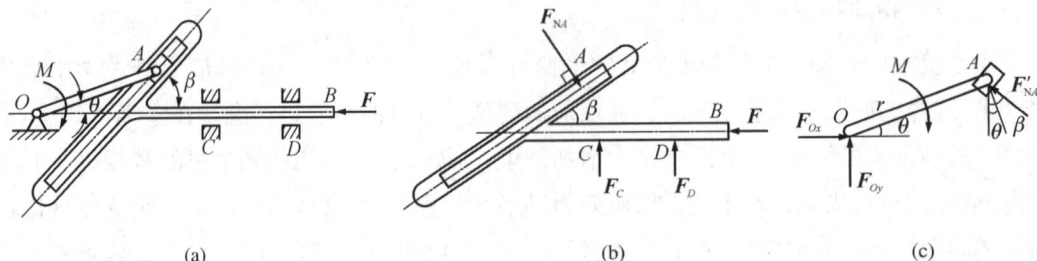

图 3-11　例 3-5 图

研究滑道连杆 AB，受力图如[图 3-11(b)]所示。

$$\sum F_x = 0, \quad F_{NA}\sin\beta - F = 0, \quad F_{NA} = \frac{F}{\sin\beta}$$

研究曲柄 OA 及滑块 A，受力图如[图 3-11(c)]所示。

$$\sum M_O = 0, \quad -M + F_{NA}r\cos(\beta - \theta) = 0$$

可得

$$M = Fr\frac{\cos(\beta-\theta)}{\sin\beta}$$

例 3-6　如[图 3-12(a)]所示组合梁，已知 a、θ、q，$F = qa$。试求 A、C 处的约束力。

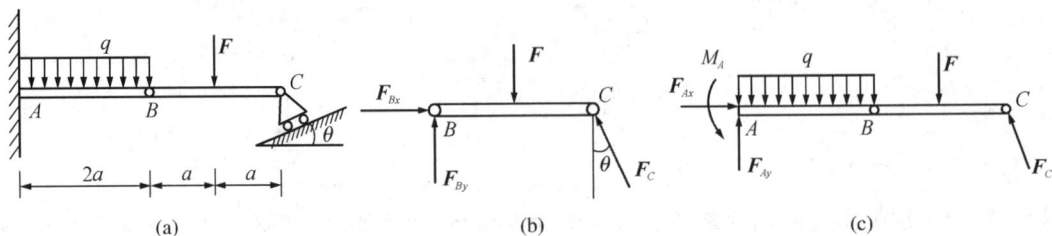

图 3-12　例 3-6 图

解：组合梁的各部分有主次之分，在研究有主次之分的物体系统的平衡时，应先分析次要部分，后分析主要部分或整体。本题 AB 梁是主要部分或基本部分，而 BC 梁是次要部分或附属部分。

先取 BC 梁为研究对象，其受力图如[图 3-12(b)]。由此列出平衡方程为

$$\sum M_B = 0, \quad F_C\cos\theta \cdot 2a - Fa = 0, \quad F_C = qa/(2\cos\theta)$$

再研究整体，见[图 3-12(c)]，此时可列出：

$$\sum F_x = 0, \quad F_{Ax} - F_C\sin\theta = 0, \quad F_{Ax} = qa\tan\theta/2$$

$$\sum F_y = 0, \quad F_{Ay} - 2qa - F + F_C\cos\theta = 0, \quad F_{Ay} = 5qa/2$$

$$\sum M_A = 0, \quad M_A - 2qa \cdot a - F \cdot 3a + F_C\cos\theta \cdot 4a = 0, \quad M_A = 3qa^2$$

例 3-7 由 AC 和 CD 构成的组合梁通过铰链 C 连接。它的支承和受力如[图 3-13(a)]所示。已知 $q=10$ kN/m，$M=40$ kN·m，不计梁的自重。求支座 A、B、D 及铰链 C 处的约束力。

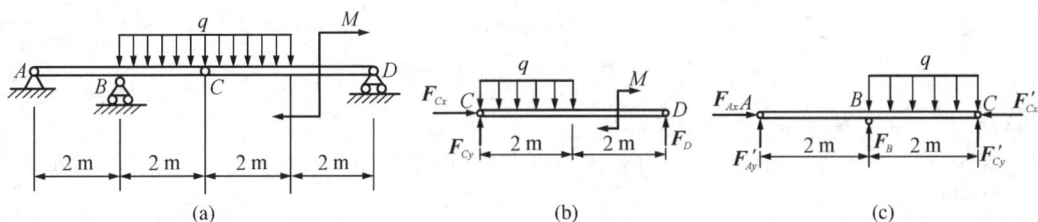

图 3-13 例 3-7 图

解：先取次梁 CD，受力图见[图 3-13(b)]，

$$\sum M_C = 0, \quad F_D(4\text{ m}) - \frac{1}{2}q(2\text{ m})^2 - M = 0, \quad F_D = 15\text{ kN}$$

$$\sum F_x = 0, \quad F_{Cx} = 0$$

$$\sum F_y = 0, \quad F_{Cy} + F_D - q(2\text{ m}) = 0, \quad F_{Cy} = 5\text{ kN}$$

再取主梁 AC，受力图见[图 3-13(c)]，

$$\sum M_A = 0, \quad F_B(2\text{ m}) - F_{Cy}(4\text{ m}) - q(2\text{ m})(3\text{ m}) = 0, \quad F_B = 40\text{ kN}$$

$$\sum F_x = 0, \quad F_{Ax} = 0$$

$$\sum F_y = 0, \quad F_{Ay} + F_B - F_{Cy} - q(2\text{ m}) = 0, \quad F_{Ay} = -15\text{ kN}$$

例 3-8 构架如[图 3-14(a)]所示。已知 A、B、C、O 均为光滑铰链连接，重物重 $\boldsymbol{P}$，滑轮半径 $r=\dfrac{a}{2}$，杆及滑轮的重量不计。求支座 A 和 B 处的约束力。

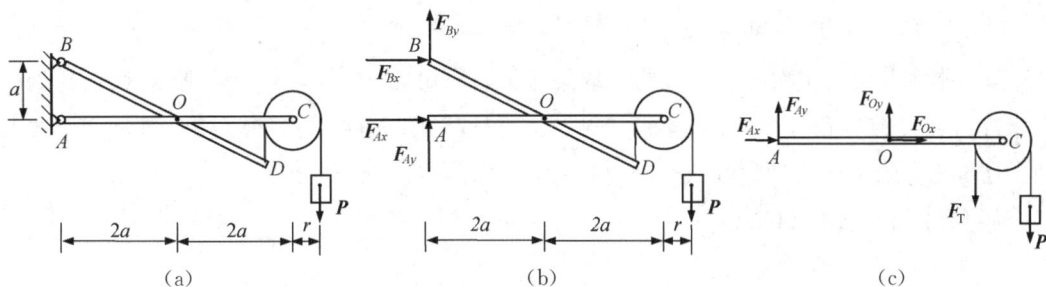

图 3-14 例 3-8 图

解：本系统没有主次之分。先考虑取整体为研究对象[图 3-14(b)]可显示 A、B 处待

求未知力,4 个未知量 3 个方程无法全部解出,但可以求出 F_{Ax} 和 F_{Bx}。为达到全部求出的目的,考虑取分离体补充平衡条件。由于水平杆 AC 及滑轮重物几何关系简单,故可取杆 AC 和滑轮重物一起为研究对象[图 3-14(c)],两个研究对象有 6 个未知量和 6 个独立方程,可以求解。根据题意,杆 AC 和滑轮重物部分只需列一个平衡方程即可求解。

先取整体为研究对象,受力图如[图 3-14(b)]所示。列平衡方程

$$\sum M_B=0, \quad F_{Ax}a-P(4a+r)=0, \quad F_{Ax}=4.5P$$

$$\sum M_A=0, \quad -F_{Bx}a-P(4a+r)=0, \quad F_{Bx}=-4.5P$$

$$\sum F_y=0, \quad F_{Ay}+F_{By}-P=0 \tag{a}$$

方程(a)有 2 个未知量,需要补充方程。

再取 AC 杆、滑轮及重物组成的系统为研究对象,受力图如[图 3-14(c)]所示。列平衡方程

$$\sum M_O=0, \quad -F_{Ay}\cdot 2a-F_T(2a-r)-P(2a+r)=0 \tag{b}$$

利用 $F_T=P$,得

$$F_{Ay}=-2P$$

将 F_{Ay} 代入方程(a),得

$$F_{By}=3P$$

可由 BD 杆的平衡条件校核以上结果。

例 3-9 三铰拱如[图 3-15(a)]所示。已知 $\boldsymbol{F}_1$、$\boldsymbol{F}_2$、l,试求 A、B 处的约束力和铰链 C 所受的力。

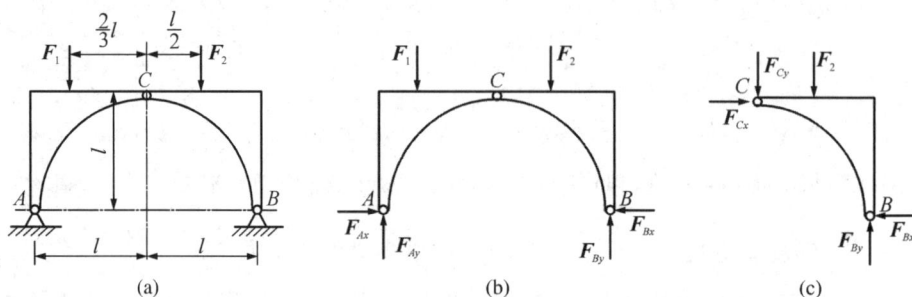

图 3-15 例 3-9 图

解:本系统没有主次之分。考虑先取整体为研究对象[图 3-15(b)],则显示 A、B 处待求未知力,4 个未知量 3 个方程无法全部解出。再取 AC 或 BC 为研究对象[图 3-15(c)],两个研究对象有 6 个未知量和 6 个独立方程,可以求解。

研究整体[图 3-15(b)]:

$$\sum M_A=0, \quad F_{By}2l-F_1\frac{l}{3}-F_2\frac{3l}{2}=0$$

$$\sum M_B=0, \quad F_1\frac{5l}{3}+F_2\frac{l}{2}-F_{Ay}2l=0$$

由上两式,可得

$$F_{By}=\frac{F_1}{6}+\frac{3F_2}{4},\quad F_{Ay}=\frac{5F_1}{6}+\frac{F_2}{4}$$

$$\sum F_x=0,\quad F_{Ax}-F_{Bx}=0 \tag{a}$$

式(a)有 2 个未知量,需要补充方程。

研究 BC 见[图 3-15(c)]:

$$\sum M_C=0,\quad F_{By}l-F_{Bx}l-F_2\frac{l}{2}=0 \tag{b}$$

可得 F_{Bx},代入式(a),可解出 F_{Ax},即

$$F_{Ax}=F_{Bx}=\frac{F_1}{6}+\frac{F_2}{4}$$

又有

$$\sum F_x=0,\quad F_{Cx}=F_{Bx}=\frac{F_1}{6}+\frac{F_2}{4}$$

$$\sum F_y=0,\quad F_{By}-F_{Cy}-F_2=0,\quad F_{Cy}=\frac{F_1}{6}-\frac{F_2}{4}$$

例 3-10　[图 3-16(a)]所示构架 A 端为铰链支座,E 端用光滑斜面支承。B、C、D 处均为光滑销钉。重物 $P=980$ N,各杆及滑轮自重不计。绳子向左绕过滑轮后保持水平。滑轮的半径为 $r=0.1$ m。试求 A、D、E 三处的约束力。

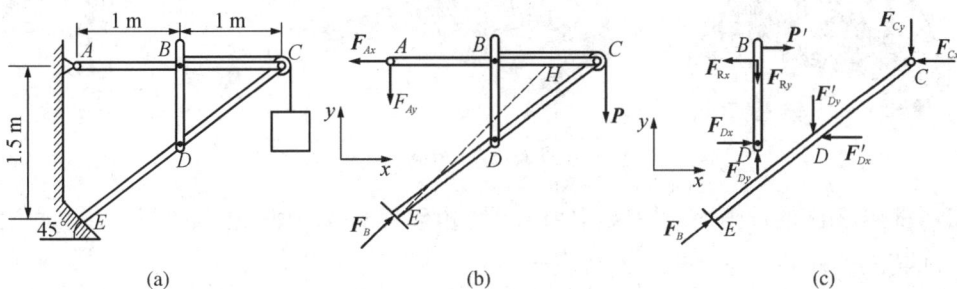

图 3-16　例 3-10 图

解:本系统没有主次之分。可先取整体为研究对象[图 3-16(b)]以显示 A、E 处待求未知力,共有 3 个未知量 3 个独立方程,可将其全部解出。

研究整体见[图 3-16(b)],此时得出:

$$\sum M_A=0,\quad F_E\sin45°(1.5\text{ m})-P(2+0.1)\text{ m}=0,\quad F_E=1\,940\text{ N}$$

$$\sum M_E=0,\quad F_{Ax}(1.5\text{ m})-P(2+0.1)\text{ m}=0,\quad F_{Ax}=1\,372\text{ N}$$

$$\sum M_H=0,\quad F_{Ay}(1.5\text{ m})-P(0.5+0.1)\text{ m}=0,\quad F_{Ay}=392\text{ N}$$

为显示 D 处的待求未知力,必须从 D 处拆开,取杆 BD 为研究对象[图 3-16(c)],对 B

点取矩,可直接求出 F_{Dx}。为避开不需求的未知量,可再取 CE 杆为研究对象,对 C 点取矩可求出。

研究 BD 见[图 3-16(c)]:

$$\sum M_B = 0, \quad F_{Dx}(0.75 \text{ m}) - P(0.1 \text{ m}) = 0, \quad F_{Dx} = 131 \text{ N}$$

研究 CE 见[图 3-16(c)]:

$$\sum M_C = 0, \quad F_E \cos 45°(1.5 \text{ m}) - F_E \sin 45°(2 \text{ m}) - F_{Dx}(0.75 \text{ m}) + F_{Dy}(1 \text{ m}) = 0,$$

$$F_{Dy} = 784 \text{ N}$$

这样,正好用 5 个平衡方程求出 5 个未知量。

第五节　平面简单桁架的内力计算

本节介绍桁架的一些最基本的概念以及桁架内力的计算。桁架是一种常见的工程结构,如桥梁、房屋建筑、起重机、油田井架、电视塔以及其他结构物常用桁架结构。

桁架是由一些直杆彼此在两端连接而成的几何形状不变的工程结构(图 3-17)。桁架的杆件与杆件相结合的点,称为节点。若所有杆件都在同一平面内,且载荷作用在相同的平面内,这种桁架称为平面桁架,否则称为空间桁架。

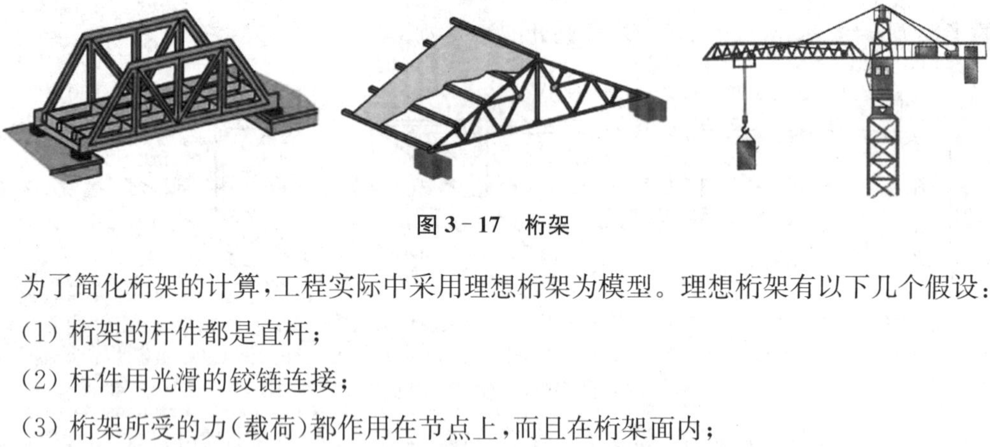

图 3-17　桁架

为了简化桁架的计算,工程实际中采用理想桁架为模型。理想桁架有以下几个假设:

(1) 桁架的杆件都是直杆;

(2) 杆件用光滑的铰链连接;

(3) 桁架所受的力(载荷)都作用在节点上,而且在桁架面内;

(4) 桁架杆件的重量略去不计,或平均分配在杆件两端的节点上。

实际的桁架,当然与上述假设有差别,如桁架的节点不是铰接的,杆件的中心线也不可能是绝对直的。但在实际工程中,上述假设能够简化计算,而且所得的结果能够满足工程实际的要求且偏于安全的一方。根据这些假设,桁架的杆件都看成**二力杆**。因此各杆件所受的力均沿着杆子的轴线方向,只受拉力或压力。

以三杆三节点的三角形框架为基础,每增加两杆和一个节点,就增加一个三角形,这样构成的平面桁架是静定的,称为**平面简单桁架**。本节只讨论平面简单桁架。

计算桁架杆件内力有两种方法:**节点法**和**截面法**。所谓的节点法就是逐个选取节点作为研究对象,从而求出每个杆件的内力的方法。桁架的每个节点都受一个平面汇交力系的作用,在求解平面汇交力系时,可以用解析法,也可以用几何法。

在实际工程中,有时只要求计算桁架内某几个杆件所受的内力,可以适当地选择一假想截面,在需求其内力的杆件处将桁架截成两部分,然后考虑其中任一部分的平衡,用平面任意力系平衡方程求出这些被截断杆件的内力,这就是截面法。应用截面法求桁架内某些杆件内力的步骤和要点与节点法基本相同。

例 3-11　房屋结构如[图 3-18(a)]所示,已知屋架跨度 5 m,铅垂杆沿跨度均匀分布,人字梁与水平面夹角为 30°,屋架之间的间距为 4 m。屋面自重为 500 N/m²,最大雪载荷为 200 N/m²。试求屋架中杆 1、2、3 的内力。

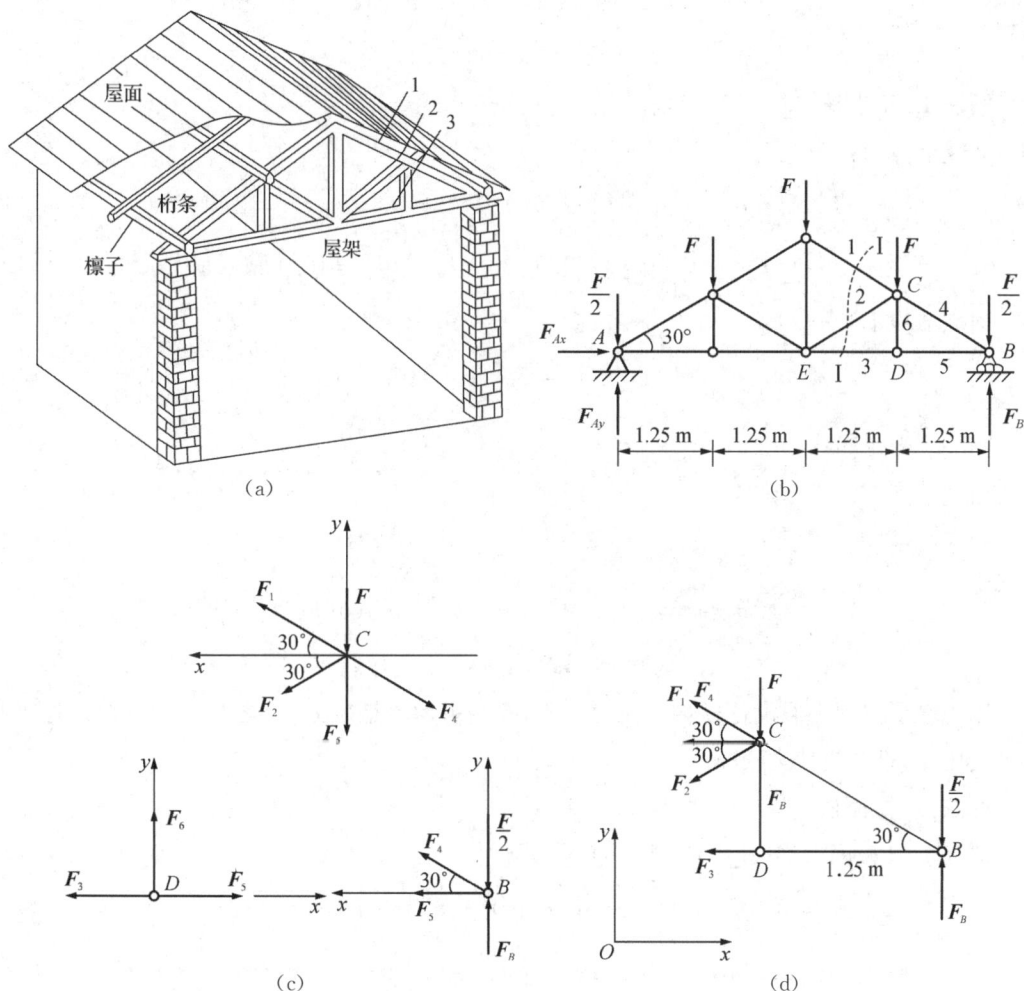

图 3-18　例 3-11 图

解:欲对屋架进行内力计算,需从尺寸、约束和载荷三个方面将实际结构简化为力学模型。因为屋架各杆件横截面尺寸远小于长度,因此可用杆轴线代表杆件;各杆的交点多半是榫接、铆接或焊接,因杆件为细长杆,主要承受拉伸或压缩,忽略弯曲次要因素,可近似看作光滑铰链连接,各杆自重不计,故均可看作二力杆。屋架一端通常可简化为固定铰支座,另一端可简化为滚动铰支座。屋顶载荷由桁条传给檩子,再由檩子传给屋架,非常接近于集中力,其大小等于两屋架之间和两檩子之间屋面的载荷,所有外载荷沿屋架平面作用于节点上。最后画出屋架计算简图[图 3-18(b)]。

计算载荷 F:

$$F = (500 + 200) \text{ N/m}^2 \times 4 \text{ m} \times \frac{1.25 \text{ m}}{\cos 30°} = 4 \text{ kN}$$

研究桁架整体[图 3-18(b)]:

$$\sum M_A = 0, \quad F \times 1.25 \text{ m} + F \times 2.5 \text{ m} + F \times 3.75 \text{ m} + 0.5F \times 5 \text{ m} - F_B \times 5 \text{ m} = 0$$

$$F_B = 2F = 8 \text{ kN}$$

解法 1. 节点法[图 3-18(c)]

研究节点 B:

$$\sum F_y = 0, \quad F_4 \sin 30° + F_B - F/2 = 0, \quad F_4 = -12 \text{ kN}$$

$$\sum F_x = 0, \quad F_5 + F_4 \cos 30° = 0, \quad F_5 = 10.4 \text{ kN}$$

研究节点 D:

$$\sum F_y = 0, \quad F_6 = 0$$

$$\sum F_x = 0, \quad F_5 - F_3 = 0, \quad F_3 = 10.4 \text{ kN}$$

研究节点 C:

$$\sum F_y = 0, \quad (F_1 - F_2 - F_4) \sin 30° - F_6 - F = 0$$

$$\sum F_x = 0, \quad (F_1 - F_4) \cos 30° + F_2 \cos 30° = 0$$

$$F_1 = -8 \text{ kN}, \quad F_2 = -4 \text{ kN}$$

因为在受力图中假设各杆均受拉力,解出的结果为正是拉力,反之是压力。故知杆 1 和杆 2 受压力,杆 3 受拉力。

解法 2. 截面法

研究 Ⅰ-Ⅰ 截面右半段[图 3-18(b)]可得出:

$$\sum M_C = 0, \quad F_3 \times (1.25 \text{ m}) \tan 30° - (F_B - F/2) \times 1.25 \text{ m} = 0$$

$$\sum M_B = 0, \quad F \times 1.25 \text{ m} + F_2 \cos 30° \times (1.25 \text{ m}) \tan 30° + F_2 \sin 30° \times 1.25 \text{ m} = 0$$

$$\sum F_y = 0, \quad F_1 \sin 30° - F - F/2 + F_B - F_2 \sin 30° = 0$$

得: $\quad F_3 = 10.4 \text{ kN}, \quad F_2 = -4 \text{ kN}, \quad F_1 = -8 \text{ kN}$

若还要考虑风载荷 $200\ \mathrm{N/m^2}$ 对屋架的影响,试进行载荷简化,计算杆 1、2、3 的内力。

由于桁架的各个杆件只受轴向拉力或压力,从而充分发挥了材料的承载能力,可以减轻结构自重,节省材料,所以在工程中,尤其是大跨度结构,常采用桁架结构。

由此题可见,需求桁架全部杆件的内力时宜用节点法;若只需求某几根指定杆件的内力时,用截面法可迅速求得结果。对某些复杂的问题,常需综合应用截面法和节点法,才能简便地求出待求杆件的内力。为简化计算,通常根据观察,先找出内力为零的杆件,即**零力杆**。

试找出图 3-19 中的零力杆。

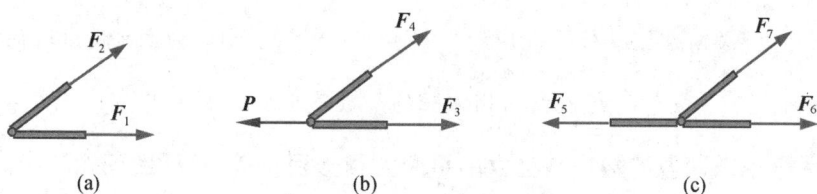

图 3-19 零力杆

本章小结

1. 力的平移定理

平面中一力 F 可以向一点 O 平移而不改变对刚体的作用,但必须附加一力偶,附加力偶的力偶矩等于原力对平移点的力矩,$M = M_O(F)$。

2. 平面任意力系可以向平面上任选的简化中心 O 简化

一般可得一个力和一个力偶。这个力即为力系的主矢,有

$$F'_R = \sum F_i$$

或

$$F'_{Rx} = \sum F_{ix}, \quad F'_{Ry} = \sum F_{iy}$$

与简化中心的选择无关,作用线通过简化中心,这个力偶即为力系的主矩,有

$$M_O = \sum M_O(F_i)$$

一般与简化中心的选择有关。

3. 平面任意力系简化的最后结果有 3 种情况

平衡、合力偶、合力。

4. 平面任意力系的平衡条件

$$\sum F_i = 0, \quad \sum M_O(F_i) = 0$$

独立的平衡方程有 3 个,其基本形式为

$$\sum F_x = 0, \quad \sum F_y = 0, \quad \sum M_O = 0$$

平衡方程还有二矩式 $\sum F_x = 0$，$\sum M_A = 0$，$\sum M_B = 0$，其中 x 轴不得垂直于 A、B 连线；

三矩式 $\sum M_A = 0$，$\sum M_B = 0$，$\sum M_C = 0$，其中 A、B、C 不得共线。

5. 平面任意力系在特殊情况下的平衡方程基本形式

平面汇交力系为 $\sum F_x = 0$，$\sum F_y = 0$，独立平衡方程的个数是 2；

平面平行力系（各力与 y 轴平行）为 $\sum F_y = 0$，$\sum M_O = 0$，独立平衡方程的个数是 2；

平面力偶系为 $\sum M_i = 0$，独立平衡方程的个数是 1。

6. 当系统中未知量的数目与独立的平衡方程数目相等，这样的问题称为静定问题

当未知量数目大于独立平衡方程数目，这样的问题称为超静定问题。

7. 理想桁架中各杆件均为二力杆

求解桁架各杆内力可用节点法或截面法。节点法考虑各节点的平衡，用平面汇交力系平衡方程求解；截面法考虑部分桁架的平衡，用平面任意力系平衡方程求解。

习 题

3-1 试将题 3-1 图所示滑轮上所受的力系 $\boldsymbol{F}_1$、$\boldsymbol{F}_2$、$\boldsymbol{F}_3$ 向其中心简化，其中 $F_1 = 1\ 200$ N，$F_2 = 900$ N，$F_3 = 500$ N，$R = 0.3$ m，$r = 0.2$ m。

3-2 已知 $F_1 = 150$ N，$F_2 = 200$ N，$F_3 = 300$ N，$F = F' = 200$ N。求力系向点 O 简化的结果，并求力系合力的大小及其与原点 O 的距离 d。

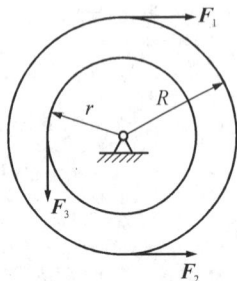
题 3-1 图

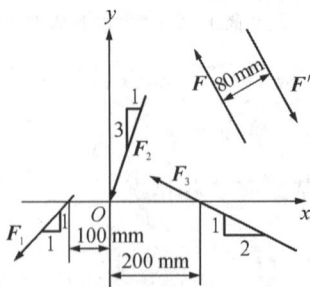
题 3-2 图

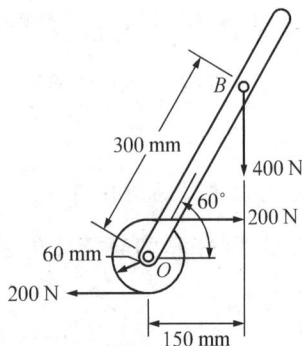
题 3-3 图

3-3 试求题 3-3 图所示力系简化的最后结果，并求等效力的作用点到点 O 的距离。

3-4 题 3-4 图（a）为叉车示意图。起重架具有固定铰链支座 O，在 A、B 之间装有油

缸可用来调节起重架的位置。已知最大起重量 $G=50$ kN，试求倾斜油缸活塞杆的拉力 F
以及支座 O 的约束力。尺寸如图(b)所示。

题 3-4 图

3-5　如题3-5图所示，厂房立柱的根部用混凝土砂浆与基础固连
在一起，已知吊车梁给立柱的铅垂载荷 $P=60$ kN，风的分布载荷集度 $q=$
2 kN/m，立柱自身的重量 $G=40$ kN，长度 $a=0.5$ m，$h=10$ m，试求立柱
根部所受的约束力。

3-6　无重水平梁的支承和载荷如题3-6图所示。已知力 F，力偶矩
为 M 的力偶和载荷集度为 q 的均布载荷。求支座 A 和 B 处的约束力。

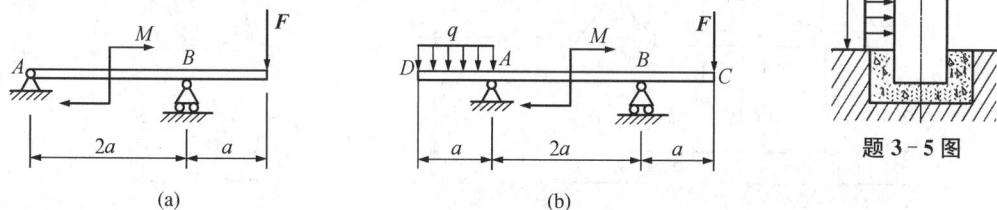

题 3-5 图

题 3-6 图

3-7　悬臂梁 AB 受到均布载荷和力偶的作用，已知载荷集度 $q=2$ kN/m，力偶矩
$M=5$ kN·m，$l=4$ m。求固定端 A 处的约束力。

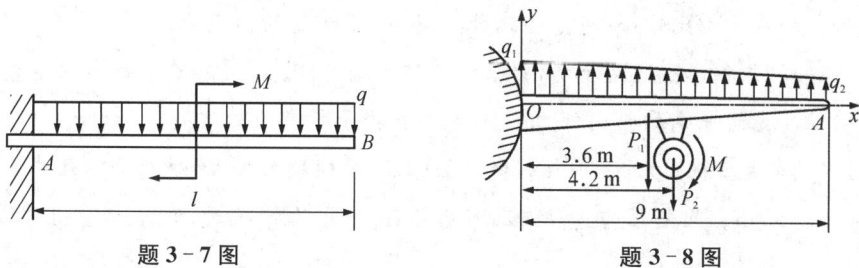

题 3-7 图　　　　　题 3-8 图

3-8　如题3-8图所示，飞机机翼上安装1台发动机，作用在机翼 OA 上的气动力按梯
形分布：$q_1=60$ kN/m，$q_2=40$ kN/m，机翼重 $P_1=45$ kN，发动机重 $P_2=20$ kN，发动机螺
旋桨上作用力偶 $M=18$ kN·m。求机翼处于平衡状态时，机翼根部固定端 O 的受力。

3-9 梁 AB 用 a、b、c 三根链杆支承,其受载情况如题 3-9 图所示。已知 $F=100$ kN,$M=50$ kN·m,试求三根链杆所受的约束力。

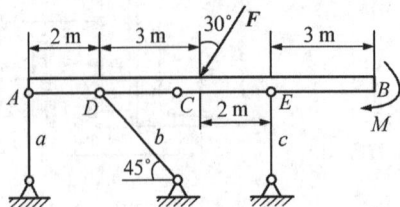

题 3-9 图

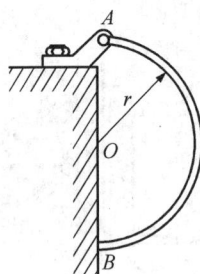

题 3-10 图

3-10 一半径为 r,重量为 W 的均质半圆形杆件,A 端由铰链连接,B 端自由地靠在无摩擦的垂直表面,AB 连线与水平垂直,不计摩擦,试求 A、B 处的约束力。

3-11 题 3-11 图所示框架为一栋小型建筑的屋顶部分的支撑结构。已知绳索张力为 150 kN,求固定端 E 处的约束力。

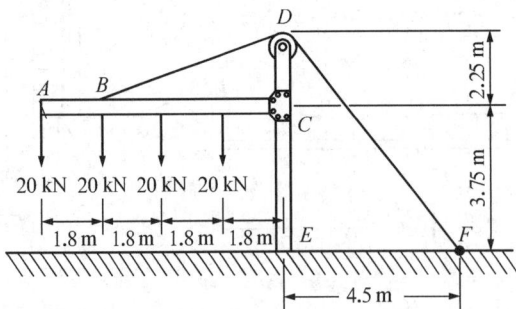

题 3-11 图

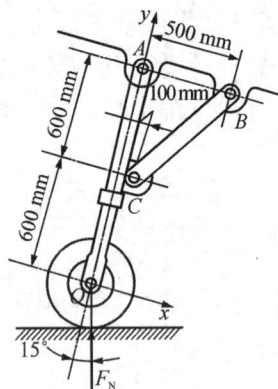

题 3-12 图

3-12 题 3-12 图所示为飞机起落架,尺寸如题 3-12 图所示,A、B、C 均为铰链,杆 OA 垂直于 A、B 连线。设地面作用于轮子的正压力 F_N 为铅直方向,大小 $F_N=30$ kN。水平摩擦力和各杆自重都比较小,可略去不计。求 A、B 两处的约束力。

3-13 一辆手推车搬运两个桶,每个桶的质量均为 40 kg。忽略手推车的质量,试确定当 $\theta=35°$ 时维持系统平衡的竖向外力 P 的大小和轮子所受的约束力。

3-14 汽车起重机重 $P_1=20$ kN,重心在 C 点,平衡块 B 重 $P_2=20$ kN,尺寸如题 3-14 图所示,单位均为 m。问起吊重量 P_3 及前后轮距离 x 为何值时,汽车起重机才能安全地工作?

3-15 题 3-15 图所示为一可沿路轨移动的起重机,机架重 $P=400$ kN,重心在点 C,最大起重量为 $W=250$ kN,最大距离 $l=6$ m。为使起重机安全工作,必须加一平衡重 G,已知 $b=2$ m,$e=1$ m。设平衡重距左轮 A 的距离为 x。

（1）若取 $x＝3$ m，则应如何选取平衡重量？

（2）若取 $x≥24/7$ m，问起重机能否工作？为什么？

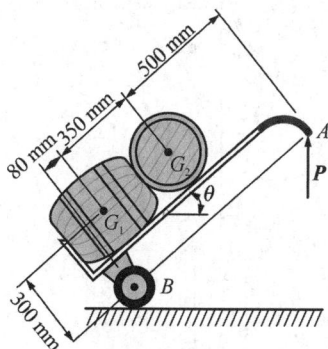

题 3-13 图

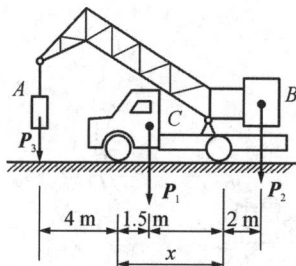

题 3-14 图

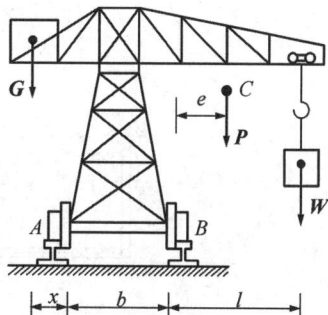

题 3-15 图

3-16　试判断题 3-16 图所示各平衡问题是静定的还是超静定的。载荷如图所示，各构件自重不计。

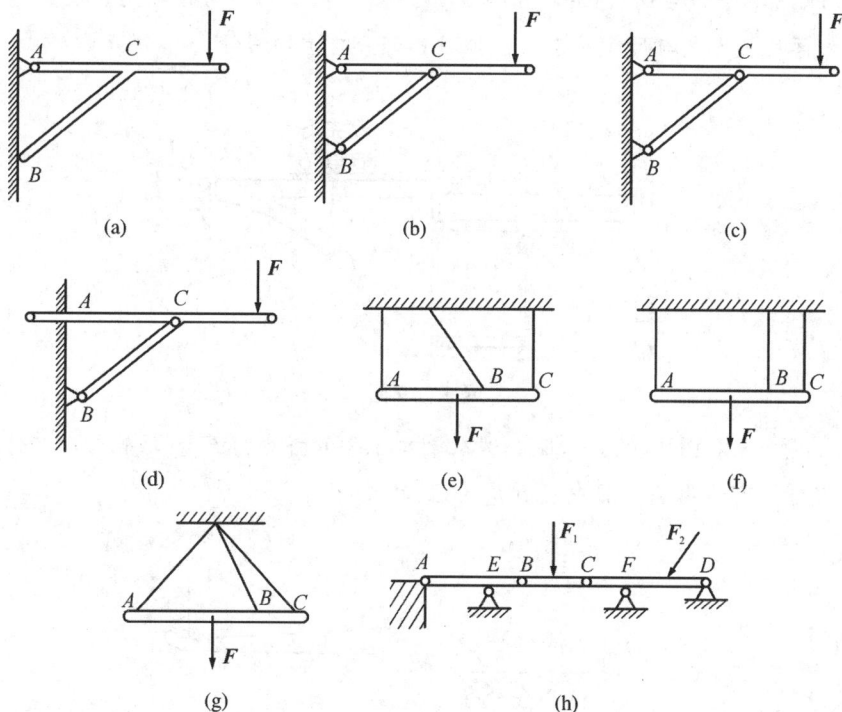

(a)

(b)

(c)

(d)

(e)

(f)

(g)

(h)

题 3-16 图

3-17　轮式拖拉机制动器的操纵机构如图所示。作用在踏板 A 上的力 F 通过杠杆 AOB 和拉杆 BC 传给摇臂 CD，若不计各构件的重量，求平衡时力 F_1 与力 F 的比值。

3-18　在曲柄压力机中，已知曲柄 $OA＝R＝230$ mm，设计要求：当 $θ＝20°$，$φ＝3.2°$ 时达到最大冲压力 $F＝3\,150$ kN，求最大冲压力 F 作用时，导轨对滑块的侧压力和曲柄上所加

的力偶 M，并求此时轴承 O 处的约束力。

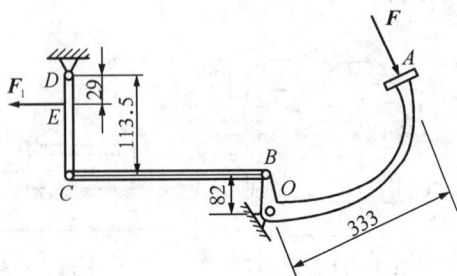

题 3-17 图

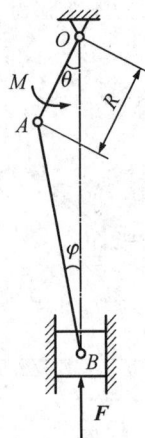

题 3-18 图

3-19　汽车(或飞机)称重用的地秤简化如题 3-19 图所示。其中 AOB 是杠杆，可绕轴 O 转动，BCE 为整体台面。已知 $AO=b$，$BO=a$。试证明平衡时砝码的重量 P 和被称物体重量 G 之间的关系式与尺寸 d 无关。地秤各部分自重均不计。

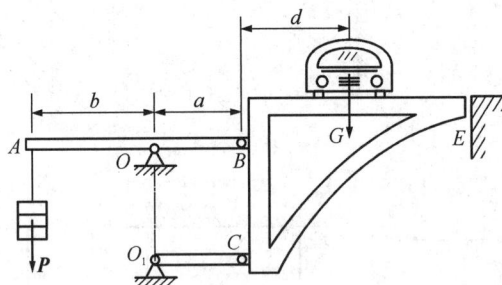

题 3-19 图

3-20　题 3-20 图所示为一轧钳，设轧钳柄上手的握力为 $\boldsymbol{F}_1$。求轧钳对工件的作用力 $\boldsymbol{F}_2$ 并讨论尺寸 c 有无影响。图中 a、b 均为已知。

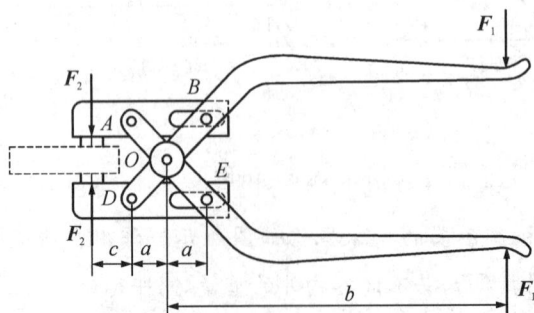

题 3-20 图

3-21　相同的两个均质圆球半径为 r，重为 P，放在半径为 R 的中空且无底无盖的直圆筒内。求圆筒不会因球作用而倾倒的最小重量。

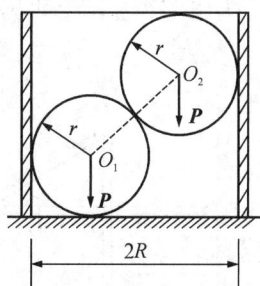

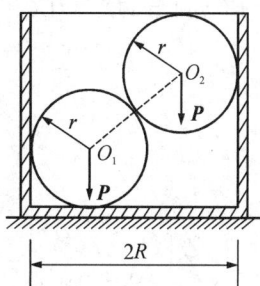

题 3-21 图　　　　　　　　　　题 3-22 图

3-22　题 3-21 图中，若圆筒为有底无盖，则求圆筒不会因球作用而倾倒的最小重量。

3-23　起重机停在水平组合梁上，载有重 $G=10$ kN 的重物，起重机重 $P=50$ kN，重心在铅直线 DC 上，已知尺寸如题 3-23 图所示，如不计梁板自重，求支座 A、B 两处的约束力。

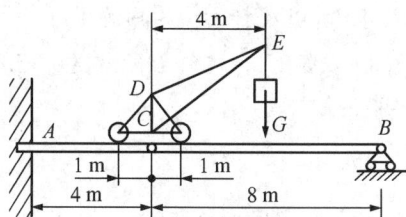

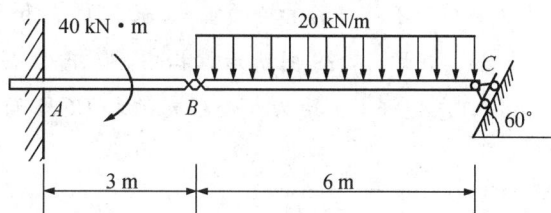

题 3-23 图　　　　　　　　　　题 3-24 图

3-24　组合梁的支座及载荷如图所示，求支座 A、C 处的约束力。

3-25　题 3-25 图所示的起重刚架中，已知物重 P，各部尺寸如图。忽略各部自重及销轴处摩擦，求 A、D 处的约束力。

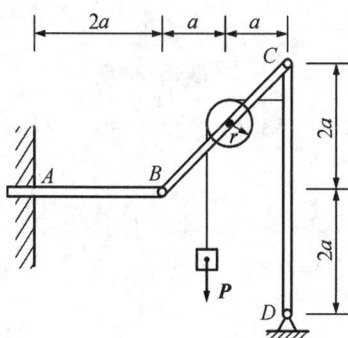

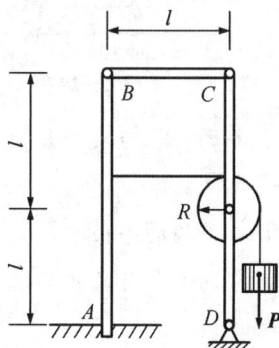

题 3-25 图　　　　　　　　　　题 3-26 图

3-26　结构如题 3-26 图所示，已知 P、l、R，各杆与滑轮自重不计。试求固定端 A 处的约束力。

3-27 折梯由两个相同的部分 AC 和 BC 构成,这两部分各重 100 N,在点 C 用铰链连接,并用绳子在点 D、E 互相连接。梯子放在光滑的水平地板上。销钉 C 上悬挂 $P=500$ N 的重物。已知 $AC=BC=4$ m,$DC=EC=3$ m,$\angle CAB=60°$,求绳子的拉力和杆 AC、BC 作用于销钉 C 的力。

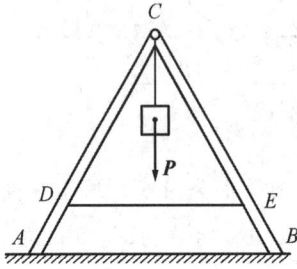

题 3-27 图

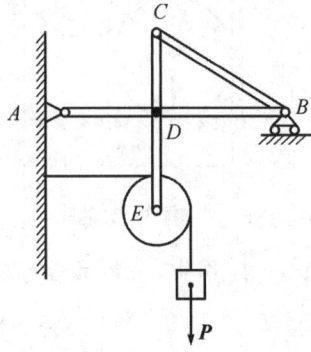

题 3-28 图

3-28 题 3-28 图所示构架中,物体重 $P=1\,200$ N,由细绳跨过滑轮 E 而水平系于墙上,尺寸如图。不计杆和滑轮的重量,求支承 A 和 B 的约束力,以及杆 BC 的内力 $\boldsymbol{F}_{BC}$。

3-29 在题 3-29 图所示结构中,曲杆 ACE 和 BCD 以铰 C 和链杆 DE 相连。已知 $F=480$ N,求链杆 DE 受力和铰 C 对曲杆 BCD 的约束力。

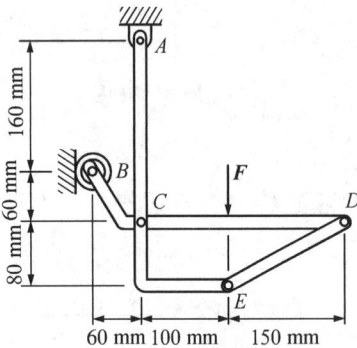

题 3-29 图

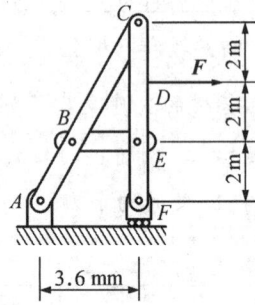

题 3-30 图

3-30 构架的支承与尺寸如题 3-30 图所示,$F=18$ kN。求杆 AC 上铰链 A、B、C 处的约束力。

3-31 已知滑轮的半径为 $r=50$ mm,$P=300$ N,求支座 B 和 E 处的约束力。

3-32 构架的支承与尺寸如题 3-32 图所示,$P=12$ kN。求杆 AE 上铰链 A、B、E 处的约束力。

3-33 构架由杆 AB 和 BC 组成。已知重物 $G=20$ kN,$AD=DB=1$ m,$AC=2$ m,滑轮半径均为 30 cm,不计杆和滑轮的自重。试求 A 和 C 处的约束力。

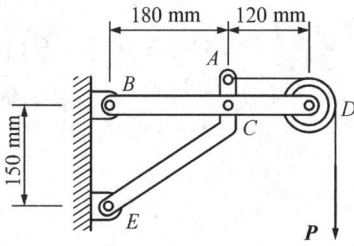

题 3-31 图

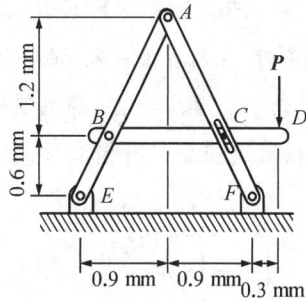

题 3-32 图

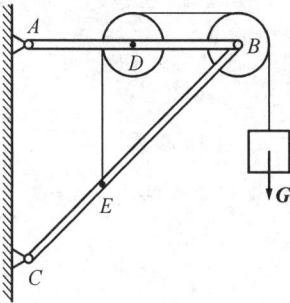

题 3-33 图

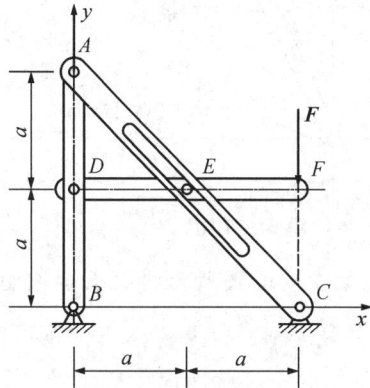

题 3-34 图

3-34　构架由杆 AB、AC 和 DF 组成,如图所示。杆 DF 上的销子 E 可在杆 AC 的光滑槽内滑动,不计各杆的重量。在水平杆 DF 的一端作用铅直力 **F**,求铅直杆 AB 上铰链 A,D 和 B 的受力。

3-35　AB、AC、AD、BC 四杆连接如题 3-35 图所示。在水平杆 AB 上作用一铅垂向下的力 **F**。试证不论力 **F** 作用在杆 AB 上的作用点位置如何变化,竖直杆 AC 总是受到大小等于 F 的压力。A、C、E 为光滑铰链。B、D 处为光滑接触,各杆重量不计。

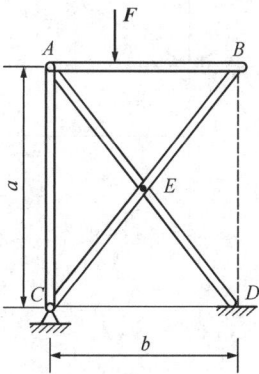

题 3-35 图

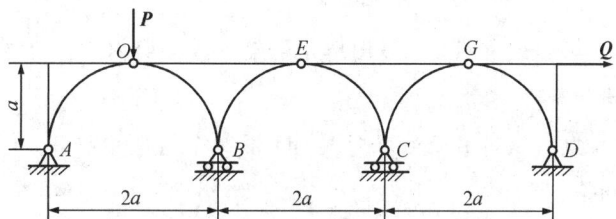

题 3-36 图

3-36　一拱架的支承与载荷如题 3-36 图所示,试求支座 A、B、C、D 的约束力。

3-37 杆 ABC 与套筒 B 铰接,套筒 B 可以沿着水平固定导杆自由运动,不计摩擦,试确定当 $\theta=30°$ 时,保持系统平衡所需的力偶矩 M。

3-38 四根长度均为 $2a$ 的横梁,在其中点处钉在一起,形成如题 3-38 图所示的支撑系统。假设横梁连接处只有竖直方向的力,求:A、D、E 和 H 处的竖直方向的约束力。

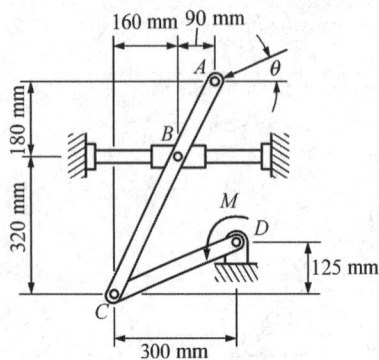

题 3-37 图

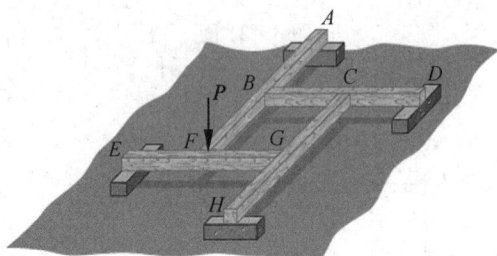

题 3-38 图

3-39 题 3-39 图所示桁架表示输变电铁塔的上部。对于给定的荷载,求:位于 HJ 上面各杆的内力。

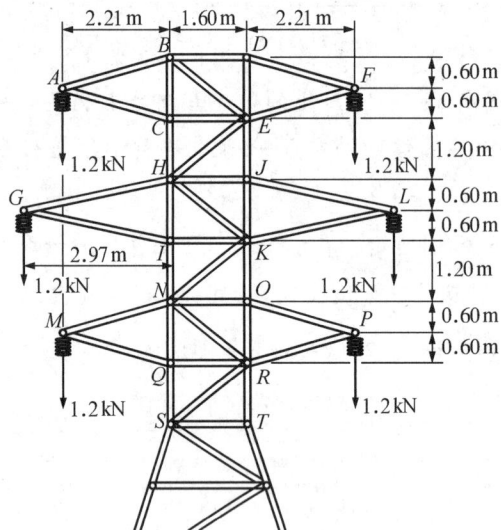

题 3-39 图

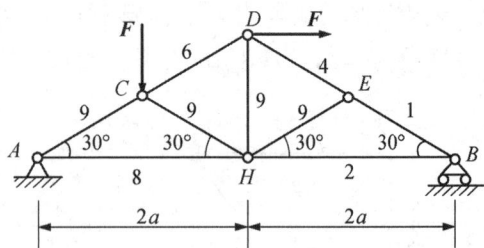

题 3-40 图

3-40 试求题 3-40 图所示桁架中各杆的内力。F 为已知,除杆 2 和杆 8 外,其余各杆长度均相等。

3-41 试用截面法求题 3-41 图所示桁架中杆 1、杆 2 和杆 3 的内力,F 为已知,各杆长度相等。

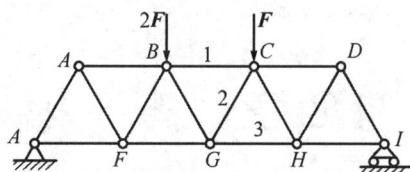

题 3-41 图

3-42　桁架受力如题 3-42 图所示,已知 $F_1=10$ kN,$F_2=F_3=20$ kN。求桁架 4、5、7、10 各杆的内力。

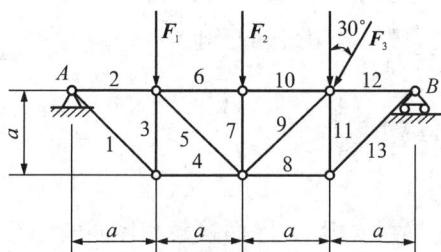

题 3-42 图

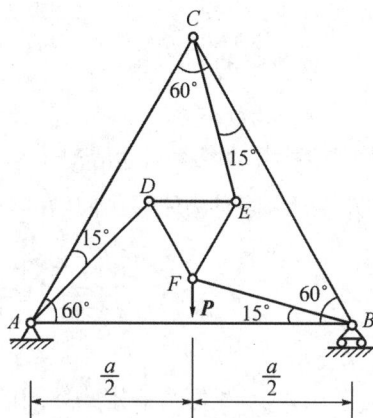

题 3-43 图

3-43　复合桁架如题 3-43 图所示,其载荷为 P。求杆 AB 的内力。

3-44　复合桁架如题 3-44 图所示,求杆 1、2 和 3 的内力。

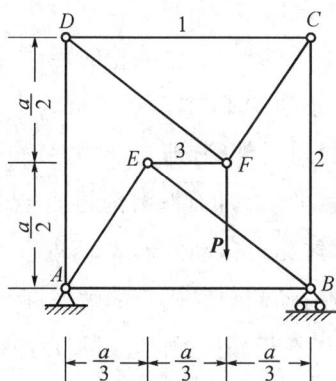

题 3-44 图

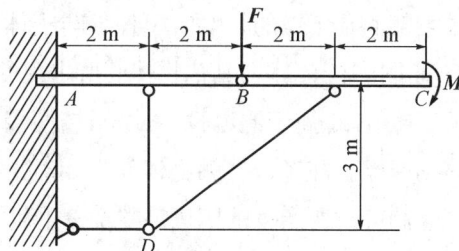

题 3-45 图

3-45　组合梁 ABC 的支承及载荷如题 3-45 图所示。已知 $F=1$ kN,$M=0.5$ kN·m,求固定端 A 的约束力。

第四章 摩 擦

教学要求：

1. 掌握滑动摩擦、摩擦力和摩擦角的概念；
2. 能熟练求解考虑摩擦时简单刚体系的平衡问题；
3. 了解滚动摩阻的概念。

本章阐述静滑动摩擦和动滑动摩擦的性质、摩擦定律以及工程中常用的摩擦角、自锁现象等，说明考虑摩擦时物体平衡问题的分析方法，最后介绍滚动摩阻的概念。

第一节 滑动摩擦

在前面几章中，我们都假定物体间的接触是绝对光滑的，因而接触物体间的相互作用力都是沿着接触面的公法线方向。实际上，绝对光滑的接触面并不存在，任何物体表面总有些凹凸不平。因此，当两个接触物体沿接触面有相对运动或相对运动趋势时，在接触面上就产生阻碍运动的阻力，即摩擦力。在许多问题中摩擦力的作用十分显著，甚至起主要作用。例如，汽车之所以能向前行驶，也是依靠了主动轮与地面间的摩擦力；梯子倚在墙边不倒，就是因为梯脚粗糙地面的摩擦力。其他如人的行走，机床上用的夹具，摩擦轮的传动，都是依靠物体间摩擦力来实现的。根据两物体间接触表面物理本质的不同，摩擦可分为干摩擦和湿摩擦。如果接触面是干燥的，例如，摩擦桩与土体，夹具与工件等，即为干摩擦；如果两物体接触处存在润滑剂，或流体与其他物体间所出现的摩擦，例如，加有润滑剂的轴与轴承、流水与坝面间的摩擦等，都属于湿摩擦。此外，按两接触物体相对运动的形式，摩擦又可分为滑动摩擦和滚动摩擦。前者指接触物体间有相对滑动或滑动趋势时出现的摩擦；后者指有相对滚动或滚动趋势时所产生的摩擦。本章着重研究发生在干燥接触面上的滑动摩擦。

两个表面粗糙的物体，当其接触表面之间有相对滑动趋势或相对滑动时，彼此作用有阻碍相对滑动的阻力，即滑动摩擦力。摩擦力作用在两物体相互接触处，其方向与相对滑动的趋势或相对滑动的方向相反，它的大小根据主动力的不同，可以分为三种情况，即静滑动摩擦力、最大静滑动摩擦力和动滑动摩擦力。

1. 静滑动摩擦力

当物体间仅有相对滑动趋势时，沿公切线的阻力称为**静滑动摩擦力**。

在粗糙的水平面上放置一重为 P 的物体,在重力 P 和法向约束力 F_N 的作用下处于平衡状态。今在该物体上作用一个大小可变化的水平力 F,当力 F 由零逐渐增大但不超过某一值时,物体仍保持静止。由此可见,支承面对物体的作用力,除了法向约束力 F_N 之外,还有一个阻碍物体沿水平面向右滑动的切向约束力,此力即为静滑动摩擦力,简称静摩擦力,以 F_s 表示,方向向左,见图 4-1。因而,静摩擦力是不光滑接触面对物体作用的切向约束力,其方向与物体的相对滑动趋势相反,它的大小可由平衡方程确定,即由 $\sum F_x = 0$,解得静摩擦力的大小 $F_s = F$。由此可知,当主动力 P 的大小在一定的范围内时,静摩擦力的大小随水平力 P 的增大而增大,这是静摩擦力和一般约束力相同的性质。

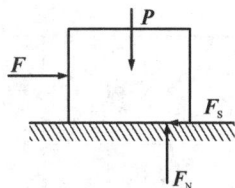
图 4-1　静滑动摩擦力

2. 最大静滑动摩擦力

当力 F 的大小增至某一数值时,物体处于将要滑动,但尚未滑动的临界平衡状态。这时,力 F 再增大一点,物体即开始滑动。当物体处于临界平衡状态时,静摩擦力达到最大值,即为最大静滑动摩擦力,简称**最大静摩擦力**,以 F_{max} 表示。此后,如果 F 再继续增大,物体由静止进入滑动,平衡被破坏。

由上面的讨论可知,静摩擦力的大小随主动力变化而改变,但它有一个确定的范围,即

$$0 \leqslant F_s \leqslant F_{max} \tag{4-1}$$

式(4-1)表明,静摩擦力并不随着力 F 的增大而无限度地增大,这是静摩擦力与其他约束力的根本区别。大量的实验证明:最大静摩擦力的大小与两接触物体间的正压力(即法向约束力)成正比,即

$$F_{max} = f_s F_N \tag{4-2}$$

式中,f_s 称为**静滑动摩擦因数**(简称**静摩擦因数**),它是无量纲的数值,其大小需由实验测定。它与相互接触的物体的材料、表面粗糙度、湿度、温度有关,而与接触面积的大小无关。表 4-1 中列出了部分材料的静摩擦因数,供参考。式(4-2)称为**静摩擦定律**(又称库仑定律),它是静摩擦的近似定律,远不能反映出静滑动摩擦的复杂现象。但由于公式简单,计算方便,且有足够的准确性,所以在工程实际中被广泛地应用。

表 4-1　常用材料的滑动摩擦因数

材料名称	静摩擦因数 f_s		动摩擦因数 f	
	无润滑剂	有润滑剂	无润滑剂	有润滑剂
钢—钢	0.15	0.1~0.12	0.15	0.05~0.10
钢—铸铁	0.30		0.18	0.05~0.15
钢—青铜	0.15	0.1~0.15	0.15	0.1~0.15

材料名称	静摩擦因数 f_s		动摩擦因数 f	
	无润滑剂	有润滑剂	无润滑剂	有润滑剂
钢-软钢			0.2	0.1~0.2
铸铁-铸铁		0.18	0.15	0.07~0.12
皮革-铸铁	0.4	0.15	0.6	0.15
木材-木材	0.4~0.6	0.1	0.2~0.5	0.07~0.15

静摩擦定律给我们指出了利用摩擦和减少摩擦的途径。要增大最大静摩擦力,可以通过加大正压力或增大摩擦因数来实现。例如,汽车一般都用后轮驱动,因为后轮正压力大于前轮,这样可以产生较大的向前推动的摩擦力。又例如,要在下雪后的路面上撒煤渣,以增大汽车行驶时的摩擦因数,避免打滑。

3. 动滑动摩擦力

在图 4-1 中,当摩擦力达到最大值,即为最大静摩擦力时,若主动力 F 再继续增大,两接触物体之间将出现相对滑动。这时在接触面上产生的摩擦力,称为**动滑动摩擦力**,简称**动摩擦力**,以 F_d 表示,F_d 的数值略小于 F_{max}。实验表明,动摩擦力的大小与两接触物体间的正压力(即法向约束力)成正比,即

$$F_d = f F_N \tag{4-3}$$

式中,f 称为**动滑动摩擦因数**(简称动摩擦因数),它与接触物的材料和接触表面情况有关,且略小于静摩擦因数,即 $f < f_s$,见表 4-1。实验表明,通常 f 随两接触物体的相对速度增加而减小,最后达到某一极限值,但在一定的速度范围内,可近似地认为是个常数。在机器中,通常用降低接触面的粗糙度或加入润滑剂等方法,使动摩擦因数 f 降低,以减小摩擦和磨损。

第二节　摩擦角和自锁现象

1. 摩擦角

当考虑摩擦时,支承面对物体的约束力由法向约束力 F_N 和切向约束力 F_s(即静摩擦力)构成。这两个力的矢量和 $F_R = F_s + F_N$ 称为支承面的全约束力,它的作用线与支承面的公法线成一夹角 φ,如图 4-2 所示,即有

$$\tan\varphi = \frac{F_s}{F_N}$$

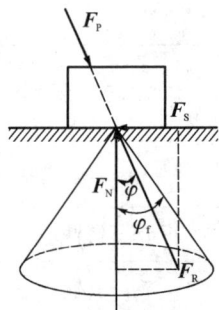

图 4-2　摩擦角

当物体处于临界平衡状态时,静摩擦力 F_s 达到由式(4-2)确定的最大值 F_{max},则由上式可知,夹角 φ 也达到最大值 φ_f。我们把全约束力与支承面法线的夹角的最大值 φ_f 称为摩擦角,即

$$\tan\varphi_f = \frac{F_{max}}{F_N} = \frac{f_s F_N}{F_N} = f_s \tag{4-4}$$

由式(4-4)可见,摩擦角的正切等于静摩擦因数。这说明,摩擦角和静摩擦因数一样,都是表示材料摩擦性质的物理量。当物体的滑动趋势方向改变时,相应的静摩擦力方向也随之改变,因而全约束力作用线的方向也随之改变。如果接触面沿任何方向的静摩擦因数都相同,则在物体的临界平衡状态下,全约束力的作用线将在空间形成一个顶角为 $2\varphi_f$ 的圆锥面,称之为摩擦锥。

2. 自锁现象

物块平衡时,静摩擦力不一定达到最大值,可为确定范围内的任一值,即 $0 \leqslant F_f \leqslant F_{max}$,用摩擦角表示,有

$$0 \leqslant \varphi \leqslant \varphi_f$$

这表明,物体平衡时,全约束力的作用线必在摩擦角之内。由此可知:

(1) 如果作用于物块的全部主动力的合力 F_P 的作用线在摩擦角 φ_f 之内,则无论这个力多么大,物块必保持平衡。这种现象称为**自锁现象**。

因为在这种情况下,主动力的合力 F_P 与法线间的夹角 $\varphi \leqslant \varphi_f$,而由上面的讨论可知,全约束力 F_R 的作用线也在摩擦角之内,因此 F_P 和 F_R 必能满足二力平衡条件,且 $\theta = \varphi$ [图4-3(a)]。

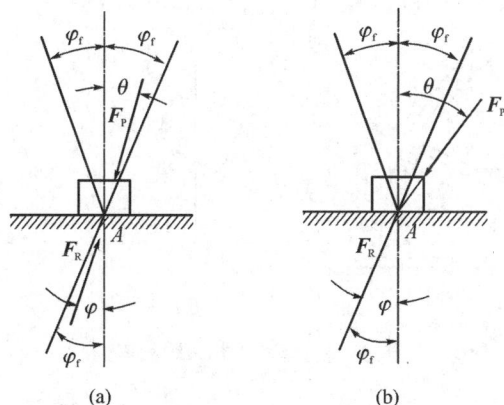

图4-3 自锁现象

实际工程中常应用自锁原理设计一些机构或夹具,如千斤顶、坑道施工中广泛采用的楔连接、电工攀登电线杆的脚套钩等,使它们始终保持在平衡状态下工作。

(2) 如果作用于物块的全部主动力的合力 F_P 的作用线在摩擦角之外,则无论这个力多

么小,物块都不能保持平衡。因为在这种情况下,$\theta>\varphi$,而 $\varphi\leqslant\varphi_f$,支承面的全约束力 $\boldsymbol{F}_R$ 和主动力的合力 $\boldsymbol{F}_P$ 不可能满足二力平衡条件[图 4-3(b)]。在实际工程中应用这个道理,其目的是设法避免发生自锁现象,如工作台在导轨中要求能顺利滑动,不允许发生卡住现象。

3. 摩擦角和自锁现象的应用

应用摩擦角的概念,可采用试验方法测定静摩擦因数。如图 4-4 所示,把要测定的两种材料分别做成斜面和物块,把物块放在斜面上,并逐渐从零起增大斜面的倾角 θ,直至物体刚开始下滑为止。记下斜面倾角 θ,而此 θ 角就是要测定的摩擦角 φ_f,其正切就是要测定的摩擦因数 f_s。这是因为:物块仅受重力 $\boldsymbol{G}$ 和全约束力 $\boldsymbol{F}_R$ 作用而平衡,因而 $\boldsymbol{F}_R$ 与 $\boldsymbol{G}$ 应等值、反向、共线,也即 $\boldsymbol{F}_R$ 的方向为铅垂直方向,$\boldsymbol{F}_R$ 与斜面法线的夹角等于斜面的倾角 θ。当物块处于临界平衡状态时,全约束力 $\boldsymbol{F}_R$ 与法线间的夹角等于摩擦角 φ_f,即 $\theta=\varphi_f$。因而摩擦因数 $f_s=\tan\varphi_f=\tan\theta$。

下面讨论斜面的自锁条件,即讨论物块在铅垂荷载 $\boldsymbol{G}$ 的作用下[图 4-4(c)]不沿斜面下滑的条件。由前面分析可知,只有当 $\theta\leqslant\varphi_f$ 时,物块不下滑,即斜面的自锁条件是斜面的倾角小于或等于摩擦角。斜面的自锁条件就是螺纹的自锁条件。因为螺纹可看成绕在一圆柱体上的斜面[图 4-4(c)],螺纹升角 θ 就是斜面的倾角,螺母相当于斜面上的滑块 B,加于螺母的轴向荷载 $\boldsymbol{G}$,相当于物块 B 的重力,要使螺纹自锁,必须使螺纹的升角 θ 小于或等于摩擦角 φ_f。因此,螺纹的自锁条件是 $\theta\leqslant\varphi_f$,若螺旋千斤顶的螺杆与螺母之间的摩擦因数 $f_s=0.1$,则 $\tan\varphi_f=f_s=0.1$,即 $\varphi_f=5°43'$;为保证螺旋千斤顶自锁,一般取螺纹升角 $\theta=4°\sim4°30'$。利用摩擦角的概念与自锁条件 $\theta\leqslant\varphi_f$,可求解有摩擦的平衡问题,这种方法也称为几何法。

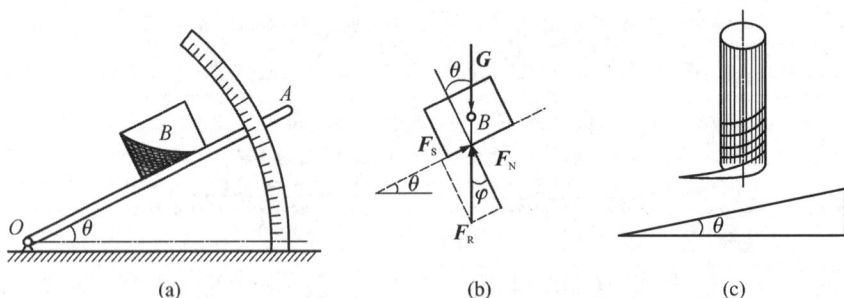

图 4-4 摩擦角和自锁现象

第三节 考虑摩擦的平衡问题

考虑摩擦时物体平衡问题也是用平衡方程来求解的,只是在受力分析中必须考虑摩擦力。这里要严格区分物体是处于一般的平衡状态还是临界的平衡状态。一般平衡状态下,

摩擦力 F_s 由平衡条件确定,大小应满足 $F_s \leqslant F_{max}$ 的条件,方向由相对滑动趋势来确定。临界平衡状态下,摩擦力为最大值,即满足库仑定律 $F_{max} = f_s F_N$。

考虑摩擦力的平衡问题一般可以分为以下三种类型:

(1) 已知作用在物体上的主动力,需要判断物体是否处于平衡状态并计算其所受的摩擦力,也称为不定状态问题。

(2) 已知物体处于临界平衡状态,需要求主动力的大小或物体的平衡位置。

(3) 求物体的平衡范围。由于静摩擦力 F_s 可以随主动力而变化(只要满足 $F_s \leqslant F_{max}$)。因此在考虑摩擦力的平衡问题中,物体所受主动力的大小或平衡位置允许在一定范围内变化。考虑到研究对象的尺寸,因此产生不平衡的原因除了滑动之外还有翻倒。这类问题的解答往往是一个范围值,称为平衡范围。

例 4-1　物块重 $G = 980$ N,放在一倾斜角 $\theta = 30°$ 的斜面上。已知接触面间的静摩擦因数 $f_s = 0.2$。今有一大小为 $F = 588$ N 的力沿斜面作用于物块上[图 4-5(a)]。问物块在斜面上是否处于静止? 若静止,这时摩擦力为多大?

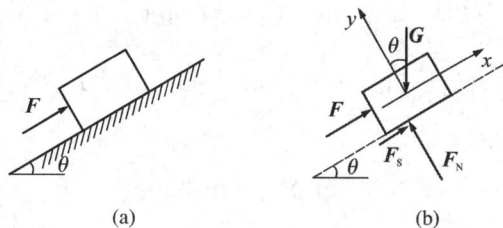

图 4-5　例 4-1 图

解:本题需判断物块是否处于静止状态,并计算摩擦力,属于不定状态问题。先假设物块平衡,然后根据平衡条件计算所需要的摩擦力以及可能的最大静摩擦力 F_{max},进行比较后,就可以确定物块所处的真实状态。

取物块为研究对象。设物块沿斜面有下滑的趋势,静摩擦力 F_s 的指向应与滑动趋势相反,物体的受力图和坐标轴如[图 4-5(b)]所示。由平衡方程,得

$$\sum F_x = 0, \quad F_s - G\sin\theta + F = 0, \quad F_s = -98 \text{ N}$$

$$\sum F_y = 0, \quad F_N - G\cos\theta = 0, \quad F_N = 848.7 \text{ N}$$

根据库仑定律,可能达到的最大静摩擦力为 $F_{max} = f_s F_N = 169.7$ N,由于摩擦力 F_s 的绝对值小于最大静摩擦力的值 F_{max},说明平衡时需要的静摩擦力小于可能的最大值,故假设平衡正确,物块在斜面上保持平衡。这时摩擦力的大小为 98 N,方向与假设相反,是沿斜面向下,物块实际上有上滑的趋势。

例 4-2　斜面上放一重为 G 的物体如[图 4-6(a)]所示。斜面的倾角为 θ,物体与斜面之间的摩擦角为 φ_f,且知 $\theta > \varphi_f$。试求维持物体在斜面上静止时,水平推力 F_A 所容许的范围。

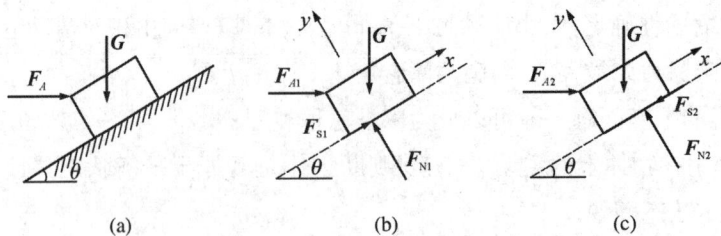

图 4-6 例 4-2 图

解：取物体为研究对象。由题意知 $\theta > \varphi_f$，如果不加水平力 $\mathbf{F}_A$，物体将向下滑动，现在加上水平推力 $\mathbf{F}_A$ 可阻止物体向下滑动。当 $\mathbf{F}_A$ 最小时，物体处于即将向下滑动的临界状态，当 $\mathbf{F}_A$ 最大时，物体处于即将向上滑动的临界状态，所受静摩擦力都达到最大值。故本例为第三种类型的题目。可分为两种临界状态进行分析。

（1）求 F_A 的最小值。设 $F_{A\min} = F_{A1}$，这时静摩擦力 $\mathbf{F}_{s1}$ 的方向应沿斜面向上。物体受力情况示于[图 4-6(b)]。如图取 xy 坐标轴，由此得平衡方程，

$$\sum F_x = 0, \quad F_{A1}\cos\theta - G\sin\theta + F_{s1} = 0$$

$$\sum F_y = 0, \quad -F_{A1}\sin\theta - G\cos\theta + F_{N1} = 0$$

以及关于摩擦力的补充方程

$$F_{s1} = f_s F_{N1} = F_{N1}\tan\varphi_f$$

解得

$$F_{A1} = G\frac{\tan\theta - f_s}{1 + f_s\tan\theta} = G\tan(\theta - \varphi_f)$$

（2）求 F_A 的最大值。设 $F_{A\max} = F_{A2}$，这时静摩擦力的方向应沿斜面向下。物体受力情况示于[图 4-6(c)]，再如图取 xy 坐标轴，由此得平衡方程

$$\sum F_x = 0, \quad F_{A2}\cos\theta - G\sin\theta - F_{s2} = 0$$

$$\sum F_y = 0, \quad -F_{A2}\sin\theta - G\cos\theta + F_{N2} = 0$$

及补充方程

$$F_{s2} = f_s F_{N2} = F_{N2}\tan\varphi_f$$

解得

$$F_{A2} = G\tan(\theta + \varphi_f)$$

本例也可用几何法求解。为此，求 $\mathbf{F}_{A1}$ 时把法向约束力 $\mathbf{F}_{N1}$ 和摩擦力 $\mathbf{F}_{s1}$ 用全约束力 $\mathbf{F}_{R1}$ 表示，作用线按滑动趋势的方向偏在接触面公法线的左侧，与公法线的夹角为 φ_f。这样物体在 $\mathbf{G}$、$\mathbf{F}_{A1}$、$\mathbf{F}_{R1}$ 三力作用下处于平衡[图 4-7(a)]，作用力三角形如图所示，解该力三角形可得

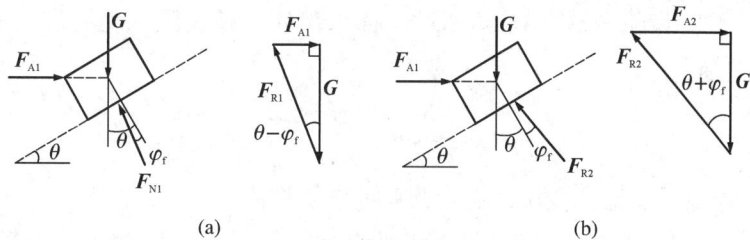

图 4-7 例 4-2 图

$$F_{A1}=G\tan(\theta-\varphi_f)$$

同理,求 F_{A2} 时把法向约束力 F_{N2} 和摩擦力 F_{s2} 用全约束力 F_{R2} 表示,注意作用线按滑动趋势的方向偏在接触面公法线的右侧[图 4-7(b)],解其力三角形可得

$$F_{A2}=G\tan(\theta+\varphi_f)$$

由上可知,当水平推力 F_A 的大小在 $F_{A1}\leqslant F_A\leqslant F_{A2}$ 范围变化时,物体在斜面上总保持静止。这就是它的平衡范围。

例 4-3 某变速机构中滑移齿轮如图 4-8(a)所示。已知 b、d、F、齿轮孔与轴间的静摩擦因数 f_s,轮重不计。试求齿轮在推力 F 作用下不被卡住的距离 a。

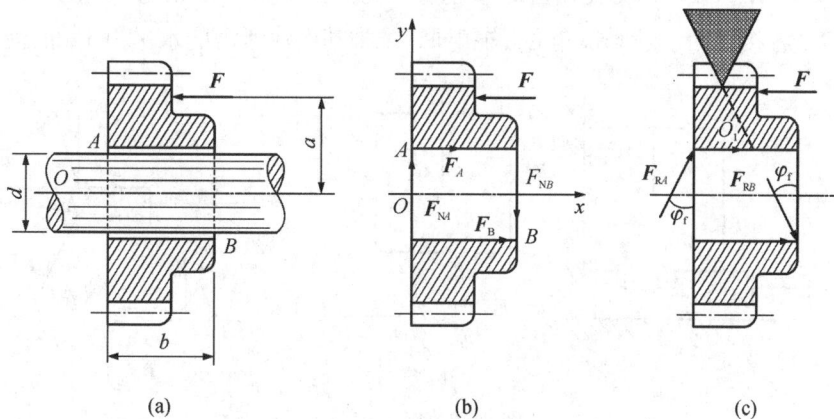

图 4-8 例 4-3 图

解: 本例所要求的距离 a 为不卡住的范围值。我们先求卡住的范围值,此范围之外就是不卡住的范围。故为第三类型的问题。

取齿轮为研究对象。孔与轴间有间隙,在力 F 作用下,齿轮与轴仅在 A、B 两点接触。假设齿轮处于向左滑动临界状态,摩擦力应向右,受力图如[图 4-8(b)]所示。

$$\sum F_y=0,\quad F_{NA}-F_{NB}=0$$

$$\sum F_x=0,\quad f_sF_{NA}+f_sF_{NB}-F=0,\quad F_{NA}=F_{NB}=\frac{F}{2f_s}$$

$$\sum M_O=0,\quad Fa-F_{NB}b=0,\quad a=\frac{b}{2f_s}$$

由观察可知,a 愈小,齿轮愈不会被卡住,故上面求出的 a 值是最大值。齿轮不被卡住的 a 值有一个变化范围:

$$0 \leqslant a < \frac{b}{2f_s}$$

可见,我们是将摩擦平衡范围转化为临界平衡问题来求解。

本题也可用几何法求解。仍考虑上述临界状态,将 A、B 处的约束力用全约束力 F_{RA}、F_{RB} 画出,与法线夹角为摩擦角 φ_f,由三力平衡汇交定理,力 F 的作用线必过汇交点 O_1,由[图 4-8(c)]中的几何关系得

$$\left(a+\frac{l}{2}\right)\tan\varphi_f + \left(a-\frac{l}{2}\right)\tan\varphi_f = b, \quad a = \frac{b}{2\tan\varphi_f} = \frac{b}{2f_s}$$

由[图 4-8(c)]可见,三力汇交点在阴影区时,F_{RA},F_{RB} 均不会超出 φ_f,齿轮自锁。欲使齿轮不被卡住,a 必须小于临界值,即

$$0 \leqslant a < \frac{b}{2f_s}$$

由以上结果可知,当 b 一定时,a 仅取决于摩擦角,与力 F 大小无关。

例 4-4 [图 4-9(a)]为使用楔块举起重物的简单机械。楔角为 θ,楔块自重不计,重物重力为 G。各接触面上的摩擦角 φ_f 均相同。求推动楔块所需的水平力 F_P 的最小值。

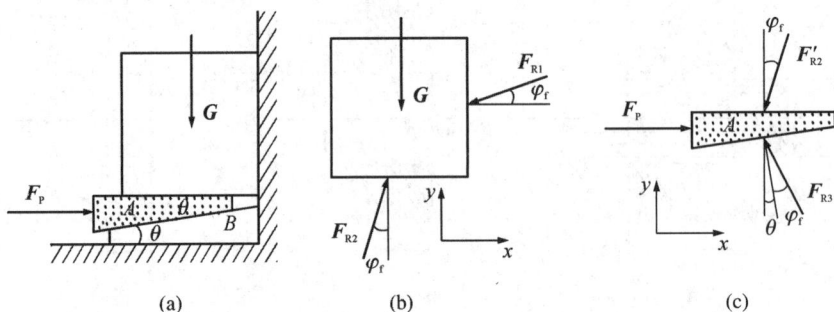

图 4-9 例 4-4 图

解:推动楔块所需的水平力 F_P 的最小值,就是维持楔块及重物平衡所需的水平力 F_P 的最大值,故是滑动临界平衡问题。其摩擦力是最大静摩擦力,属于第二种类型的问题。可先取已知力作用的物体为研究对象,再向待求未知力作用的物体过渡。

先取重物为研究对象。当推动楔块时它有两个接触面在滑动,铅垂面相对于固定面向上滑动,故全约束力 F_{R1} 偏向上,水平面相对于楔块向左滑动,故全约束力 F_{R2} 偏向左,受力图见[图 4-9(b)]。这就是平面汇交力系。全约束力与接触面法线的夹角都等于摩擦角 φ_f,按图示坐标系列出平衡方程:

$$\sum F_x = 0, \quad F_{R2}\sin\varphi_f - F_{R1}\cos\varphi_f = 0$$

$$\sum F_y = 0, \quad F_{R2}\cos\varphi_f - G - F_{R1}\sin\varphi_f = 0$$

可解得

$$F_{R2} = \frac{G/\cos\varphi_f}{1-\tan^2\varphi_f}$$

再取楔块 A 为研究对象。当它移动时也有两个接触面在滑动。分别相对于重物和楔块 B 向右滑动,故全约束力 F'_{R2}(与 F_{R2} 是作用与反作用关系)和 F_{R3} 均偏向右。受力图见[图 4-9(c)],也是平面汇交力系。全约束力与接触面法线的夹角也都等于摩擦角 φ_f。按图示坐标系列平衡方程:

$$\sum F_x = 0, \quad F_P - F_{R2}\sin\varphi_f - F_{R3}\sin(\varphi_f + \theta) = 0$$

$$\sum F_y = 0, \quad F_{R3}\cos(\varphi_f + \theta) - F_{R2}\cos\varphi_f = 0$$

最后解得

$$F_P = \frac{\tan\varphi_f + \tan(\varphi_f + \theta)}{1 - \tan^2\varphi_f}G$$

本例中,若需要求出维持系统平衡时水平推力的取值范围,应如何求解?

在上述例题中,物体的临界平衡状态均属于滑动临界平衡状态。实际上,当主动力作用线与物体的摩擦面相距较远时,物体还可能处于翻倒临界平衡状态。下面通过例题加以说明。

例 4-5　均质箱体重 $P = 200$ kN,宽 $b = 1$ m,高 $h = 2$ m,置于倾角 $\theta = 20°$ 的斜面上[图 4-10(a)],箱体与斜面之间的摩擦因数 $f_s = 0.2$,求使箱体处于平衡状态时点 C 的作用力 F 的大小。设 $AC = a = 1.8$ m。

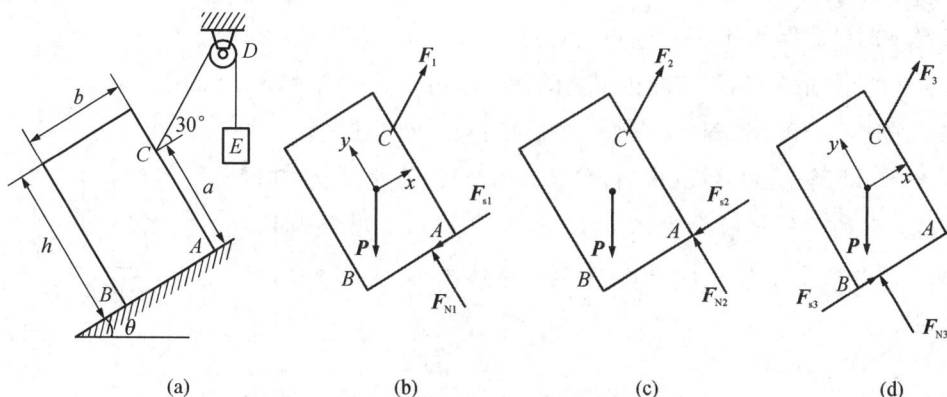

图 4-10　例 4-5 图

解:本题属于平衡范围的问题类型,但箱体的临界平衡状态有可能是滑动临界平衡状态,还可能是翻倒临界平衡状态。即要使箱体保持平衡,必须使作用力 F 的大小满足箱体既不上滑也不下滑;既不绕点 A 向上翻倒,也不绕点 B 向下翻倒。

(1) 考虑箱体处上滑的临界状态,受力图如[图 4-10(b)]所示。

$$\sum F_x = 0, \quad F_1\cos30° - P\sin\theta - F_{s1} = 0$$

$$\sum F_y = 0, \quad F_1\sin30° - P\cos\theta + F_{N1} = 0$$

$$F_{s1} = f_s F_{N1}$$

得
$$F_1 = \frac{\sin20° + f_s\cos20°}{\cos30° + f_s\sin30°}P = 109.7 \text{ kN}$$

(2) 考虑箱体处绕 A 翻倒的临界状态,受力图如[图 4-10(c)]所示。

$$\sum M_A = 0, \quad F_2\cos30°a - P\sin\theta\frac{h}{2} - P\cos\theta\frac{b}{2} = 0$$

得
$$F_2 = \frac{b\cos20° + h\sin20°}{2a\cos30°}P = 104.2 \text{ kN}$$

综合以上两种情况分析,当作用力 F 增大过程中,箱体先行翻倒,故欲使箱体平衡,需
$$F \leqslant \min(F_1, F_2) = F_2 = 104.2 \text{ kN}$$

(3) 考虑箱体处下滑的临界状态,受力图如图 4-10(d)所示。

$$\sum F_x = 0, \quad F_3\cos30° - P\sin\theta + F_{s3} = 0$$

$$\sum F_y = 0, \quad F_3\sin30° - P\cos\theta + F_{N3} = 0$$

$$F_{s3} = f_s F_{N3}$$

得
$$F_3 = \frac{\sin20° - f_s\cos20°}{\cos30° - f_s\sin30°}P = 40.23 \text{ kN}$$

(4) 考虑箱体处绕点 B 翻倒的临界状态。

仔细考察可以发现,作用力 $F_4(>0)$ 和重力 P 对点 B 的力矩是顺时针转向故没有使箱体绕点 B 逆时针翻倒的可能性(若进行计算,可得出 F_4 为负值)。

综合(3)、(4)情况,得欲使箱体平衡的最小作用力 $F = F_3 = 40.23 \text{ kN}$。

综上所述,当 $40.23 \text{ kN} \leqslant F \leqslant 104.2 \text{ kN}$ 时箱体处于平衡。

如图 4-11 所示,用砖夹(未画出)夹住四块砖,每块砖重 10 N,夹子与砖之间的静摩擦因数为 0.70,砖与砖之间的静摩擦因数为 0.32,夹子提供的压力 $F_1 = F_2 = F = 30$ N,请读者判断,夹子能否提起四块砖?

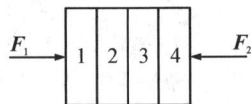

图 4-11

第四节　滚动摩阻

以滚动代替滑动可以省力,这是人们早已知道的事实。在我国殷商时代(约公元前 1300—1046 年)已使用有车轮的车来代替滑动的撬,就是一个实例。

设有半径为 R,重量为 P 的滚子,放置在粗糙的水平地面上,在滚子的中心作用一水平

力 F_P，如[图 4-12(a)]所示。当水平力 F_P 不大时，由经验可知，滚子仍然保持静止不动的状态，但作用水平力 F_P 后，滚子有向右滑动的趋势，地面对滚子将产生向左的静滑动摩擦力 F_s。此外，地面对滚子作用有法向约束力 F_N，由于滚子保持静止，可知 F_N 与 P 等值、反向且共线，F_s 与 F_P 等值、反向，但 F_s 与 F_P 不共线，因此 (F_P, F_s) 组成一个力偶，其力偶矩的大小为 $F_P R$，无论力 F_P 多小，滚子在力偶 (F_P, F_s) 的作用下将发生滚动，即滚子不平衡。然而由经验可知，滚子是静止的，究竟是什么阻碍了滚子的滚动呢？这是因为滚子和地面实际上不是刚体，在力的作用下会产生变形。因而当滚子受水平力及重力的作用后，滚子及地面都将发生微小的变形，滚子与地面的接触，不再是一个点，而是稍偏于滚子滚动前方的一个曲面，地面对滚子的约束力就分布在这一曲面上，也就是说，滚子受到接触地面的分布力的作用[图 4-12(b)]，将这些力向点 B 简化，得到一个主矢 F_R 和一个主矩，主矩的力偶矩为 M_f[图 4-12(c)]。这个力 F_R 可分解为法向约束力 F_N 和摩擦力 F_s，而力偶矩为 M_f 的力偶，其转向与滚动的趋势相反，它与力偶 (F_P, F_s) 平衡[图 4-12(d)]，因而滚子保持静止。我们把矩为 M_f 的力偶称为**滚动摩阻力偶**。

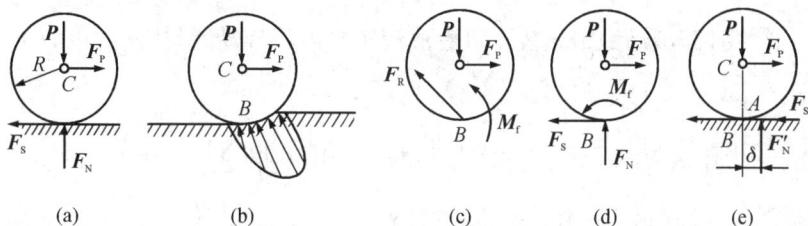

(a)　　　　　(b)　　　　　(c)　　　　　(d)　　　　　(e)

图 4-12　滚动摩阻

当力 F_P 由零逐渐增大时，力偶 (F_P, F_s) 的力偶矩也不断增大，由于滚子不动，因而滚动摩阻力偶的力偶矩也不断地增大。当力 F_P 增大至某个值时，滚子处于将滚未滚的临界平衡状态。这时，滚动摩阻力偶的力偶矩达到最大值，称之为最大滚动摩阻力偶矩，用 M_{max} 表示。若力 F_P 再增大一点，滚子就开始滚动，这一点与静滑动摩擦力相似。在滚动过程中，滚动摩擦力偶矩近似等于 M_{max}。由此可知，滚动摩擦力偶矩 M_f 的值有一个确定的范围，即

$$0 \leqslant M_f \leqslant M_{max} \tag{4-5}$$

由实践证明，最大滚动摩擦力偶矩 M_{max} 与支承面的正压力（法向约束力）F_N 的大小成正比，即

$$M_{max} = \delta F_N \tag{4-6}$$

式中，δ 是比例常数，称为**滚动摩阻系数**。由式（4-6）可知，δ 具有力偶臂的意义，其单位为毫米（mm）。它与支承面的材料性质，硬度和表面状态（粗糙度、湿度和温度）有关，与滚子的半径无关。这个系数可用实验测定，表 4-2 列出常用材料的滚动摩阻系数的值。

表 4-2 常用材料的滚动摩阻系数

材料名称	δ/mm
铸铁与铸铁	0.5
铸铁或钢轮与钢轮	0.5
木材与钢	0.3～0.4
木材与木材	0.5～0.8
表面淬火车轮与钢轨	0.05
软钢与钢	0.5
轮胎与路面	2～10

滚动摩阻系数的物理意义为,滚子在即将滚动的临界平衡状态时,其受力图如[图 4-12 (e)]所示。根据力的平移定理,法向约束力 $\boldsymbol{F}_N$ 与最大滚动摩阻力偶 M_{max} 可合成为一个力 $\boldsymbol{F}'_N$,$F'_N = F_N$,其中力 $\boldsymbol{F}'_N$ 的作用线距 B 点的距离为 d。因而有 $d = \dfrac{M_f}{F_N}$,当 $M_f = M_{max}$ 时, $d = \dfrac{M_{max}}{F_N} = \dfrac{\delta F_N}{F_N} = \delta$,即滚动摩阻系数 δ 可看成滚子在即将滚动时,法向约束力 $\boldsymbol{F}'_N$ 离中心线的最远距离。

现在来讨论为什么使滚子滚动比滑动省力,由平衡方程 $\sum M_B = 0$,可得 $F_P R = M_{max} = \delta F_N = \delta P$,则 $F_{P(滚动)} = \dfrac{\delta}{R} P$;而由平衡方程 $\sum F_x = 0$,可得 $F_{P(滑动)} = F_{max} = f_s P$。通常情况下,有 $\dfrac{\delta}{R} \ll f_s$,因而用滚子滚动比滑动省力得多。

例 4-6 在半径各为 r、重为 G_1 的两个滚柱上放置一设备重为 G_2。在设备底部作用一水平力 $\boldsymbol{F}$[图 4-13(a)]。如滚柱与水平面间的滚阻系数为 δ,而滚柱与设备底面间的滚阻系数为 δ',求能使该设备向右移动的力 $\boldsymbol{F}$ 的最小值。假定所有接触面均无相对滑动。

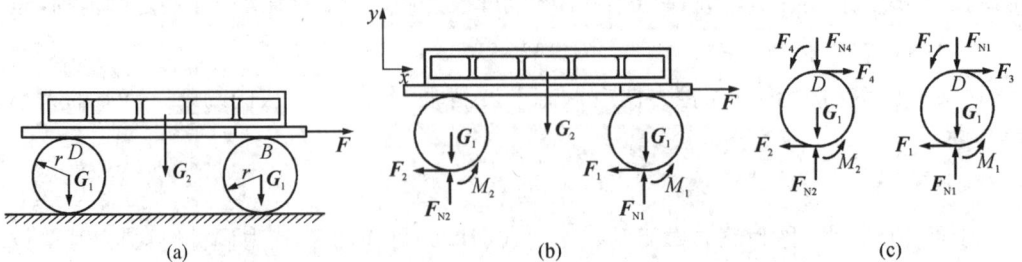

图 4-13 例 4-6图

解:使设备向右运动的力 $\boldsymbol{F}$ 的最小值,亦即维持平衡的最大值。根据题意,设在力 $\boldsymbol{F}$ 作用下设备即将向右运动,所以滚柱对地面和滚柱对设备均处于滚动临界平衡状态。接触面除正压力、静摩擦力外,还有最大滚阻力偶。滚阻力偶的转向与滚柱对接触面的相对滚动方向相反,均为逆时针方向。

先以系统整体为研究对象,受力图如[图 4-13(b)]所示,图中 M_1,M_2 为最大滚阻力偶矩。根据图示坐标系列平衡方程:

$$\sum F_x = 0, \quad F - (F_1 + F_2) = 0$$

$$\sum F_y = 0, \quad F_{N1} + F_{N2} - 2G_1 - G_2 = 0$$

再分别以滚柱为研究对象,受力如[图 4-13(c)]所示,图中 M_3、M_4 为最大滚阻力偶矩。由此,可列出平衡方程为

$$\sum M_B = 0, \quad M_1 + M_3 - 2rF_1 = 0$$

$$\sum F_y = 0, \quad F_{N1} - G_1 - F_{N3} = 0$$

$$\sum M_D = 0, \quad M_2 + M_4 - 2rF_2 = 0$$

$$\sum F_y = 0, \quad F_{N2} - G_1 - F_{N4} = 0$$

再列补充方程

$$M_1 = \delta F_{N1}, \quad M_2 = \delta F_{N2}, \quad M_3 = \delta' F_{N3}, \quad M_4 = \delta' F_{N4}$$

以上 10 个方程共包含 10 个未知量,经过变换可得以下 4 个关系式:

$$F_1 + F_2 = F$$

$$F_{N1} + F_{N2} = 2G_1 + G_2$$

$$F_{N3} + F_{N4} = G_2$$

$$(F_{N1} + F_{N2})\delta + (F_{N3} + F_{N4})\delta' = 2r(F_1 + F_2)$$

将前 3 式代入最后 1 式,得

$$(2G_1 + G_2)\delta + G_2\delta' = 2rF$$

故

$$F = \frac{(2G_1 + G_2)\delta + G_2\delta'}{2r}$$

如取 $G_1 = 100$ N,$G_2 = 10000$ N,$r = 0.075$ m,$\delta = \delta' = 0.002$ m,代入上式可得

$$F = 269 \text{ N}$$

而整个系统沿地面滑动时(取滑动摩擦系数 $f_s = 0.5$),可得

$$F = f_s(F_{N1} + F_{N2}) = f_s(2G_1 + G_2) = 5100 \text{ N}$$

可见以滚代滑省力得多。

本章小结

1. 滑动摩擦力

是在两个物体相互接触的表面之间有相对滑动趋势或相对滑动时出现的切向约束力。

前者即为静滑动摩擦力,后者即为动滑动摩擦力。

静摩擦力 方向与相对滑动趋势相反,大小满足 $0 \leqslant F_s \leqslant F_{max}$,其中 $F_{max} = f_s F_N$。

动摩擦力 方向与相对滑动速度方向相反,大小为 $F_d = f F_N$。

2. 全约束力与法线间夹角 φ 的变化范围

$0 \leqslant \varphi \leqslant \varphi_f$,其中 φ_f 称为摩擦角,且 $\tan \varphi_f = f_s$。当主动力合力的作用线在摩擦角之内时产生自锁现象。

3. 在求解有摩擦的平衡问题

要正确区分问题的类型,应用平衡方程和摩擦条件($F_s \leqslant f_s F_N$),由于不等式的出现,有摩擦的平衡问题的求解结果是一个范围。

4. 物体滚动时会受到阻碍滚动的滚动摩阻力偶作用

物体平衡时,滚阻力偶 M_f 的变化范围为 $0 \leqslant M_f \leqslant M_{max}$,其中 $M_{max} = \delta F_N$。

习　题

4-1　重 $P = 3$ N 的物块,受水平力 $F = 8$ N 作用而静止于铅垂墙上,已知墙面与物块间的摩擦因数 $f_s = 0.5$,试求物块受到的摩擦力。

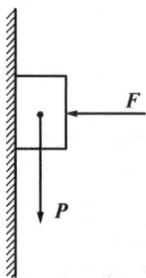
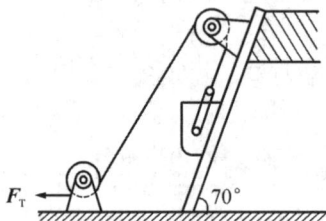
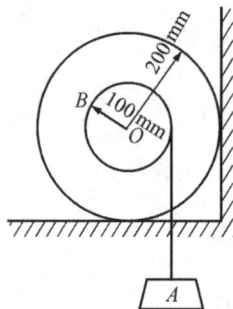

题 4-1 图　　　　　题 4-2 图　　　　　题 4-3 图

4-2　简易升降混凝土吊筒装置如题 4-2 图所示。混凝土和吊筒共重 25 kN,吊筒与滑道间的动摩擦因数为 0.3。试分别求出重物匀速上升和下降时绳子的张力。

4-3　圆柱体 B 重 $P = 50$ N,与水平面间的静摩擦因数 $f_s = 0.25$,而墙面光滑,设绳悬挂重物 $G = 30$ N。试求地面对圆柱的摩擦力,滚阻不计。

4-4　自重 900 N 的滑门放在轨道上如题 4-4 图所示。若两支点 A、B 与轨道之间的静摩擦因数各为 0.2 和 0.3,试分别求出滑门向左和向右滑动时,作用于手把 C 处的水平力 F_C 的大小。

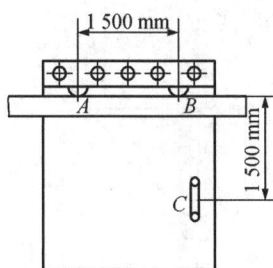

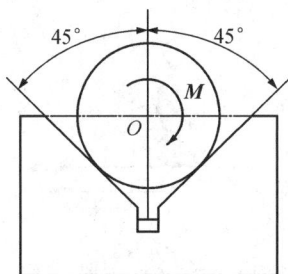

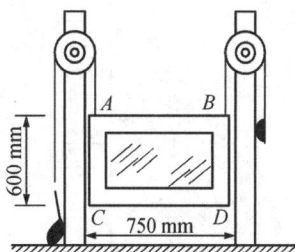

题 4-4 图   题 4-5 图   题 4-6 图

4-5 如题 4-5 图所示,置于 V 形槽中的棒料上作用一力偶,力偶的矩 $M=15$ N·m 时,刚好能转动此棒料。已知棒料重 $W=400$ N,直径 $D=0.25$ m,不计滚动摩阻。试求棒料与 V 形槽间的静摩擦因数 f_s。

4-6 矩形活动木窗重 60 N,可沿导槽上下移动,木窗由细绳跨过滑轮,用两个 30 N 的平衡重吊住。若左边细绳突然被拉断,试问木窗与导槽间的静摩擦因数 f_s 为多大时,木窗才不致滑下(假设木窗与导槽间有微小间隙,当左边细绳被拉断时木窗在 A、D 两点接触)。

4-7 电工攀登电线杆的脚套钩如题 4-7 图所示。设电线杆直径 $d=300$ mm,A、B 间的铅直距离 $b=100$ mm。若套钩与电线杆之间的摩擦因数 $f_s=0.3$。求工人操作时,为了安全,站在套钩上的最小距离 l 应为多大?

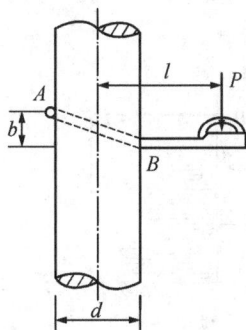

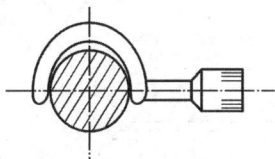

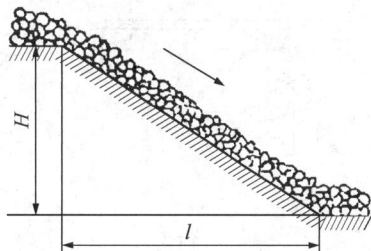

题 4-7 图   题 4-8 图

4-8 题 4-8 图所示为流水线中输送工件的滑道,为了减少建流水线的工作量,要求高度差尽量小。设工件与滑道间的静摩擦因数 $f_s=0.3$,$l=2$ m,试问 H 不能低于何值?

4-9 为了防止 A 顺时针方向转动,将一个可以忽略重量的小圆柱放在轮与墙壁之间。如果接触点 B 和 C 处的静摩擦因数都是 $f_s=0.3$,试求不论在轮 A 上施加多大的力偶矩 M 也不会引起轮子转动的圆柱的最大半径 r。取 $a=225$ mm 和 $R=200$ mm。假定滚阻不计。

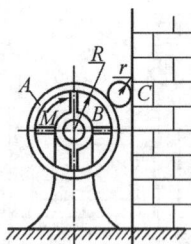

题 4-9 图

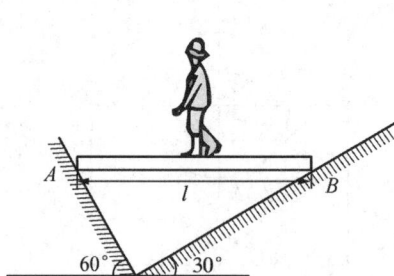

题 4-10 图

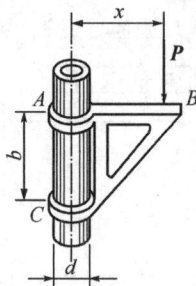

题 4-11 图

4-10 水平板放在直角 V 形槽内,如题 4-10 图所示。板长 l,略去板重,板与两个槽面间的摩擦角均为 φ_f。若有一个人在板上走动,试分析不使板滑动时人的走动范围。

4-11 悬臂架活套在铅垂的圆柱上,可以上下移动。在悬架上作用的铅垂力 P 离开圆柱较远时,架将被圆柱上的摩擦力卡住而不能移动。设套环与圆柱间摩擦角皆为 φ_f,不计架重。试求架不致被卡住时,力 P 离开圆柱的最大距离。

4-12 起重绞车的制动器由带制动块的手柄和制动轮组成。已知制动轮半径 $R=0.5$ m,鼓轮半径 $r=0.3$ m,制动轮和制动块间的摩擦因数 $f=0.4$,提升的重量 $F=1$ kN,手柄长 $l=3$ m,$a=0.6$ m,$b=0.1$ m,不计手柄和制动轮的重量,试求能够制动所需力 F 的最小值。

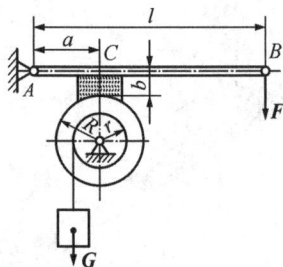

题 4-12 图

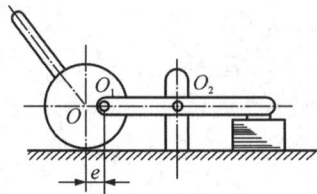

题 4-13 图

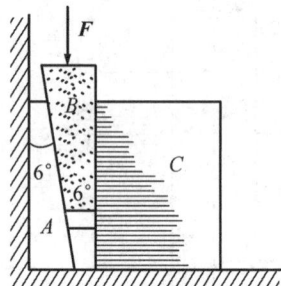

题 4-14 图

4-13 机床上为了迅速装卸工件,常采用如题 4-13 图所示的偏心轮夹具。已知偏心轮半径为 r,偏心轮与台面间的摩擦因数为 f_s。今欲使偏心轮手柄上的外力去掉后,偏心轮不会自动脱落,求偏心距 e 应为多少? 各铰链中的摩擦忽略不计。

4-14 试求使自重 $P=2$ kN 的物块 C 开始向右滑动时,作用于楔块 B 上力 F 的大小。已知各接触面间的摩擦角均为 $\varphi_f=15°$。楔块 A、B 的自重不计。

4-15 在楔块与杠杆联合的增力机构中,由原动力通过楔块和杠杆的作用增大对工件的夹紧力。设楔块接触面间的摩擦角 $\varphi_f,\theta=6°$,原动力 $F=1$ kN,试求对工件的夹紧力大小。设铰链 O 及接触点 B 处的摩擦不计。

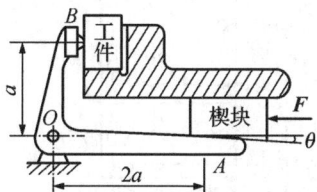
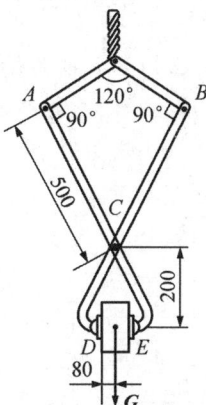
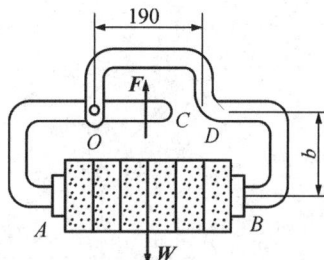

题 4-15 图   题 4-16 图   题 4-17 图

4-16 重为 G 的工件被夹钳依靠 D、E 处的摩擦力夹紧而提起,尺寸如题 4-16 图所示,夹钳的自重不计。试求提升工件时夹钳在 D 和 E 处对工件的压力为多大?又问摩擦因数的最小值应为多少?

4-17 提砖用的砖夹是由曲杆 AOC 与 ODB 铰接而成。设砖总厚 $AB=250$ mm,总重为 W,提起砖的力 F 作用在砖夹的中心线上,砖夹与砖间的摩擦因数 $f_s=0.5$,不计杆重,试求距离 b 为多大才能把砖夹起。

4-18 木板 AO 和 BO 用光滑铰链固定于 O 点,在木板间放一重 W 的均质圆柱,并用大小等于 F 的两个水平力 F_1 和 F_2 维持平衡,如题 4-18 图所示。设圆柱与木板间的摩擦因数为 f_s,不计铰链中的摩擦力以及板的重量,求圆柱平衡时 F 值的范围。

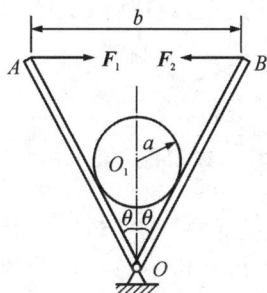
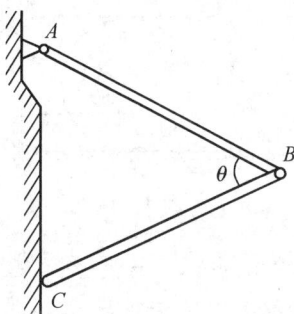
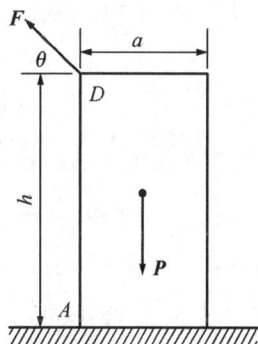

题 4-18 图   题 4-19 图   题 4-20 图

4-19 两长度相等,重量相同的均质杆 AB 和 BC 在 B 端铰接,A 端铰接在墙上,C 端则由墙阻挡,C 端与墙间的摩擦因数为 $f_s=0.5$,不计铰链中的摩擦,试确定平衡时的最大角 θ。

4-20 均质木箱重 $P=5$ kN,其与地面间的静摩擦系数 $f_s=0.4$,题 4-20 图中 $h=2$ m,$a=1$ m,$\theta=30°$。求:(1) 当 D 处的拉力 $F=1$ kN 时,木箱是否平衡?(2) 保持木箱平衡的最大拉力。

4-21 用一个半径 100 mm 的凸轮来控制 CD 盘的运动,已知凸轮和盘之间的静摩擦因数为 0.45,忽略支撑轴的摩擦。(1) 已知盘厚度为 20 mm,求维持盘运动的力 **P**;(2) 当此装置自锁(无论力 **P** 多大,盘均不能移动)时,求盘的最大厚度。

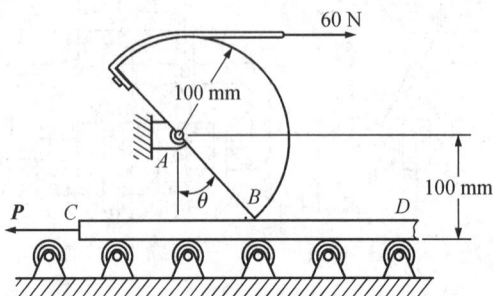
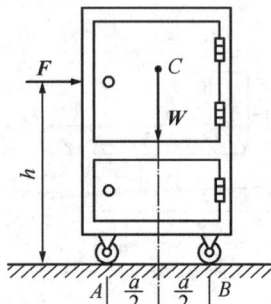

题 4-21 图	题 4-22 图

4-22 立柜重 $W=1$ kN,$h=1.2$ m,$a=0.9$ m。若:(1) 滚轮 A 不能自由转动;(2) 滚轮 B 不能自由转动;(3) 两滚轮都不能自由转动。试求推动该立柜平移的最小水平力 **F**,并校核立柜会不会翻倒。设滚轮与地面的动摩擦因数 $f=0.3$。其他阻力不计。

4-23 一折梯放置于地面上,折梯两脚与地面间的摩擦系数分别为 $f_A=0.2$,$f_B=0.6$,折梯一边 AC 的中点上作用一重 $P=500$ N 的重物。不计折梯自重,问能否平衡? 如果平衡,计算两脚与地面间的摩擦力。

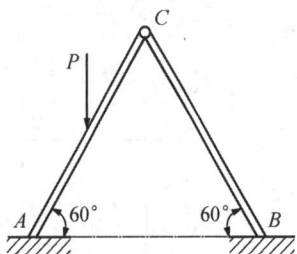
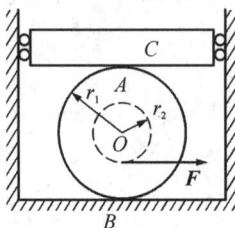
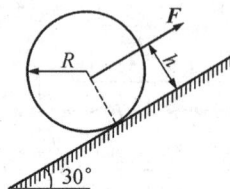

题 4-23 图	题 4-24 图	题 4-25 图

4-24 重 600 N 的物块 C 放置在绕线轮上,物块两端用滚柱约束在两墙之间。已知绕线轮重 500 N,接触处 A、B 的滑动摩擦因数分别是 $f_A=0.3$ 和 $f_B=0.5$,轮子和轴的半径分别为 $r_1=0.4$ m,$r_2=0.2$ m。试求能使绕线轮运动的最小水平拉力 **F**。假定滚阻不计。

4-25 圆柱重 $P=200$ N,半径 $R=100$ mm,置于斜面上,滑动摩擦因数 $f=0.30$,滚阻系数 $\delta=1$ mm,设沿斜面方向作用一离斜面 $h=90$ mm 之力 **F**。试求平衡时力 **F** 的最大值。

4-26 平板车车架重 **P**,已知一水平力 **F** 作用于车架。若车轮沿地面滚动而不滑动,且滚阻系数为 δ,略去车轮重量,试求:(1)拉动平板车的最小水平力 F_{min};(2)此时地面对前后车轮的滚阻力偶矩。

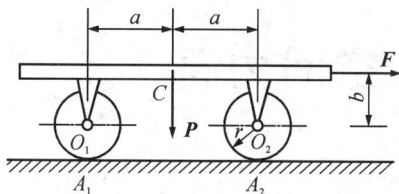

题 4-26 图

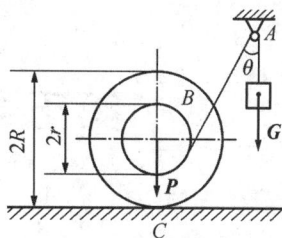

题 4-27 图

4-27　一半径为 R、重为 P 的轮静止在水平面上,如题 4-27 图所示。在轮上半径为 r 的轴上缠有细绳,此细绳跨过滑轮 A,在端部系一重为 G 的物体。绳的 AB 部分与铅直线成 θ 角。求轮与水平面接触点 C 处的滚动摩阻力偶矩、滑动摩擦力和正压力。

4-28　重为 G 半径为 R 的均质圆柱放在倾角为 θ 的斜面上,吊有物块 B 的细绳跨过滑轮 A 系于圆柱轴心 C 上。已知圆柱与斜面间的滚阻系数为 δ。试求:(1)圆柱与斜面的滑动摩擦因数为多少方能保证圆柱滚动而不滑动?(2)维持圆柱在斜面上平衡时物块 B 的最大和最小重量是多少?

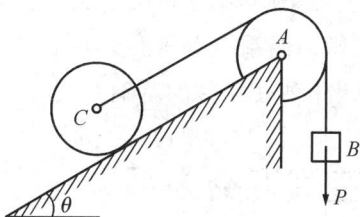

题 4-28 图

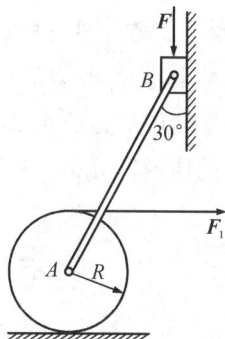

题 4-29 图

4-29　地面放一均质圆轮 A,重 $G=4$ N,半径 $R=60$ mm,以链杆与滑块 B 相连。滑块靠在光滑铅垂墙上,此时受铅垂力 $F=8$ N 作用;而绕在轮上的绳子则受水平力 F_T 作用;轮与地面间的滑动摩擦因数 $f=0.3$,滚阻系数 $\delta=1$ mm,杆与墙成 $30°$ 角,连杆和滑块重量不计。试求:(1)使系统保持平衡时,水平力 F_T 的最大值。(2)此时地面对轮的滑动摩擦力与滚阻力偶矩。

第五章　空间力系

教学要求：

1. 掌握空间力的投影，空间力偶、力矩的概念和性质，能熟练计算力的投影、力对点的矩、力对轴的矩以及力偶矩；

2. 掌握空间力系的简化方法和简化结果；

3. 掌握空间力系的平衡条件；

4. 掌握重心的计算。

前面章节中研究了平面力系的合成与平衡问题，但是在实际问题中，当作用在物体上各力的作用线不在同一平面内，而是分布在空间时，这种力系就不再是平面力系，称为**空间力系**。显然，平面力系是空间力系的特殊情况。

在空间力系中，如果各力的作用线交于一点，则称为**空间汇交力系**。如果空间力系是由几个不在同一平面内的力偶组成，则称为**空间力偶系**。空间汇交力系和空间力偶系是空间力系中最简单的情形，是研究空间力系的简化和平衡条件的基础。

第一节　空间汇交力系

1. 力在直角坐标轴上的投影

根据已知条件的不同，空间力在直角坐标轴上的投影，可以采用下列两种计算方法。

若已知力 F 与空间直角坐标系 $Oxyz$ 的三个轴的正向夹角分别为 α、β 和 γ，如[图 5-1 (a)]所示，则可用**一次(直接)投影法**，力 F 在三个坐标轴上的投影等于力 F 的大小乘以力 F 与各轴夹角的余弦，即

$$\begin{cases} F_x = F\cos\alpha \\ F_y = F\cos\beta \\ F_z = F\cos\gamma \end{cases} \tag{5-1}$$

若已知力 F 与 z 轴的夹角 γ 和力 F 在 Oxy 平面上的分量 F_{xy} 与 x 轴的夹角 φ，如[图 5-1(a)]所示，则可用**二次(间接)投影法**，力 F 在三个坐标轴上的投影，可表示为

$$\begin{cases} F_x = F\sin\gamma\cos\varphi \\ F_y = F\sin\gamma\sin\varphi \\ F_z = F\cos\gamma \end{cases} \tag{5-2}$$

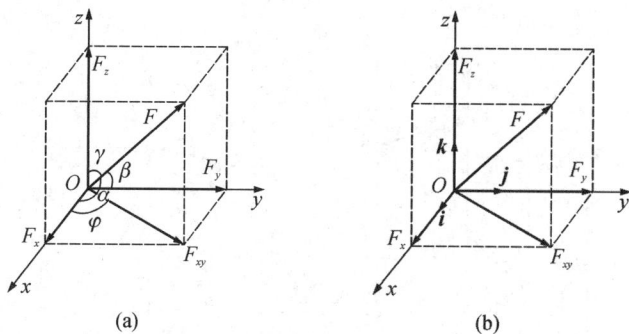

图 5-1 力在直角坐标轴上的投影

这种投影法先将力投影到平面,然后再将力投影到坐标轴上,故称为**二次投影法**。注意,力投影到平面得到的仍是矢量。二次投影法由于所需的两个角度便于测量,故较为常用。

力 **F** 的解析表达式,见[图 5-1(b)]其为

$$\boldsymbol{F} = F_x \boldsymbol{i} + F_y \boldsymbol{j} + F_z \boldsymbol{k} \tag{5-3}$$

2. 空间汇交力系的合成与平衡

将平面汇交力系的合成结果推广至空间,得空间汇交力系的合成结果为:**空间汇交力系的合力等于各个分力的矢量和,合力的作用点为汇交点**。即

$$\boldsymbol{F}_R = \boldsymbol{F}_1 + \boldsymbol{F}_2 + \cdots + \boldsymbol{F}_n = \sum_{i=1}^{n} \boldsymbol{F}_i \tag{5-4}$$

$$\boldsymbol{F}_R = F_{Rx} \boldsymbol{i} + F_{Ry} \boldsymbol{j} + F_{Rz} \boldsymbol{k} \tag{5-5}$$

而合力在任一轴上的投影等于各分力在同一轴上投影的代数和。即

$$F_{Rx} = \sum F_x, \quad F_{Ry} = \sum F_y, \quad F_{Rz} = \sum F_z \tag{5-6}$$

应用式(5-6),可得合力的大小和方向余弦。

由于空间汇交力系合成为一个合力,因此,空间汇交力系平衡的必要和充分条件为:**该力系的合力等于零**,即 $\boldsymbol{F}_R = \sum \boldsymbol{F} = \boldsymbol{0}$,为使合力为零,必须有

$$\sum F_x = 0, \quad \sum F_y = 0, \quad \sum F_z = 0 \tag{5-7}$$

于是,空间汇交力系平衡的必要和充分条件是:力系中所有各力在 3 个坐标轴上的投影的代数和分别等于零。式(5-7)称为空间汇交力系的平衡方程,可以求解 3 个未知量。

例 5-1 简易起吊架如[图 5-2(a)]所示。杆 AB 铰接于墙上,不计自重。绳索 AC 与 AD 在同一水平面内。已知起吊重物的重量 $P = 1\ 000$ N,$CE = DE = 12$ cm,$AE = 24$ cm,$\beta = 45°$,求绳索的拉力及杆 AB 所受的力。

解: 取铰链 A 连同重物为研究对象,作用其上的力有:重力 **P**,绳索拉力 $\boldsymbol{F}_C$ 和 $\boldsymbol{F}_D$,杆 AB 对铰结点 A 的作用力 $\boldsymbol{F}_{AB}$。因为 AB 是二力杆,所以力 $\boldsymbol{F}_{AB}$ 的作用线为沿杆 AB 的轴线。以上 4 个力组成一个空间汇交力系,如[图 5-2(b)]所示。选取坐标轴如图,列出平衡

方程：

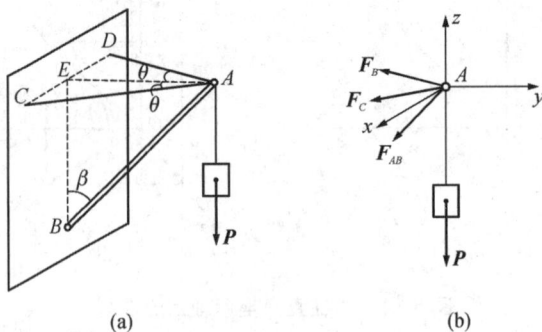

图 5-2 例 5-1 图

$$\sum F_x = 0, \quad F_C \sin\theta - F_D \sin\theta = 0, \quad F_C = F_D$$

$$\sum F_y = 0, \quad -F_C \cos\theta - F_D \cos\theta - F_{AB} \sin\beta = 0$$

$$\sum F_z = 0, \quad -F_{AB} \cos\beta - P = 0$$

其中，$\theta = \arctan \dfrac{1}{2} = 26.57°$。由此解得

$$F_{AB} = -1\,414 \text{ N}, \quad F_C = F_D = 559 \text{ N}$$

第二节　力对点之矩矢和力对轴之矩

1. 力对点之矩

对于平面力系，各力对点之矩具有同一个力矩平面，因而，只要知道力矩的大小及力矩的转向，就可完全表明力使物体绕矩心转动的效应。也就是说在平面力系中，力对点之矩用代数量表示就可以了。但是在空间力系中，各力与同一矩心分别构成不同的力矩平面，力使物体绕矩心的转动效应，不仅取决于力矩的大小和转向，还取决于各力矩平面在空间的方位。显然，力使物体绕 O 点的转动效应，与力矩平面的方位有关。因此，空间力对点之矩应包括三个因素：即力矩的大小，力矩在其平面内的转向，以及力矩平面的方位。这三个因素可用一个矢量来表示，即力对点之矩可用一个矢量来表示，该矢量记作 $\boldsymbol{M}_O(\boldsymbol{F})$。

如图 5-3 所示，r 表示力 $\boldsymbol{F}$ 的作用点 A 对矩心 O 的矢径，则矢积 $r \times \boldsymbol{F}$ 的模等于 $\triangle OAB$ 面积的两倍，其方位垂直于 r 与 $\boldsymbol{F}$ 所组成的平面 OAB，指向同样按右手螺旋法则确定。因此可得

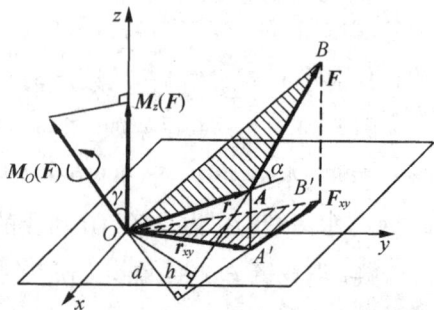

图 5-3 力对点之矩

$$M_O(\boldsymbol{F}) = \boldsymbol{r} \times \boldsymbol{F} \tag{5-8}$$

式(5-8)为力对点之矩的表达式,即:**力对任一点之矩,等于力的作用点对矩心的矢径与该力的矢积**。由数学计算,式(5-8)可得

$$M_O(F) = \boldsymbol{r} \times \boldsymbol{F} = \begin{vmatrix} \boldsymbol{i} & \boldsymbol{j} & \boldsymbol{k} \\ x & y & z \\ F_x & F_y & F_z \end{vmatrix} = (yF_z - zF_y)\boldsymbol{i} + (zF_x - xF_z)\boldsymbol{j} + (xF_y - yF_x)\boldsymbol{k}$$

$$\tag{5-9}$$

式(5-9)为力对点之矩的解析式,再利用投影的应用,可求出 $M_O(\boldsymbol{F})$ 的大小和方向余弦。力对点之矩的单位为 N•m 或 kN•m。

由图 5-3 可见,当矩心的位置改变时,力矩矢 $M_O(\boldsymbol{F})$ 的大小和方向都随之改变,故力矩矢 $M_O(\boldsymbol{F})$ 的始端必须在矩心,这种矢量也称为**定位矢量**。

2. 力对轴之矩

如图 5-4 所示,力 $\boldsymbol{F}$ 对任意轴 z 之矩用 $M_z(\boldsymbol{F})$ 表示。由于力 $\boldsymbol{F}$ 与轴 z 平行的分力 $\boldsymbol{F}_z$ 对轴 z 的矩为零,故将力 $\boldsymbol{F}$ 分解为平行于 z 轴的分力 $\boldsymbol{F}_z$ 和垂直于 z 轴的分力 $\boldsymbol{F}_{xy}$,则 $M_z(\boldsymbol{F})$ 就等于 $\boldsymbol{F}_{xy}$ 对轴 z 与 Oxy 交点 O 之矩, d 为点 O 到力 $\boldsymbol{F}_{xy}$ 作用线的距离,即

$$M_z(\boldsymbol{F}) = M_O(\boldsymbol{F}_{xy}) = \pm F_{xy}d = \pm 2\triangle_{OA'B'} \tag{5-10}$$

式(5-10)表明,力对轴之矩的大小,等于该力在垂直于此轴平面上的分力对此轴与此平面交点之矩。由式(5-10)可知,力对轴之矩是一个代数量,其正负号表示力 $\boldsymbol{F}$ 使物体绕 z 轴转动的方向,通常用右手螺旋法则确定,即以右手四指表示力 $\boldsymbol{F}$ 使物体绕 z 轴转动的方向,若大拇指的指向与 z 轴正向相同,则 $M_z(\boldsymbol{F})$ 取正号;反之为负号。力对轴之矩的单位与力矩的单位相同。当力的作用线与轴平行时($\boldsymbol{F}_{xy} = 0$)或相交时(此时 $d = 0$),亦即力与轴共面时,力对轴之矩为零。

不难看出,在平面力系中力对平面内某点之矩,实际上是力对过此点且与此平面垂直的轴之矩,即为力对轴之矩的特例。

此外力对轴之矩也可用解析式表示。设力 $\boldsymbol{F}$ 在 3 个坐标轴上的投影分别为 F_x、F_y、F_z,力作用点 A 的坐标为 x、y、z,如图 5-4 所示。由式(5-10)得

$$M_z(\boldsymbol{F}) = M_O(\boldsymbol{F}_{xy}) = M_O(\boldsymbol{F}_x) + M_O(\boldsymbol{F}_y) = xF_y - yF_x$$

同理可得其余两式。将三式合写为

$$\begin{cases} M_x(\boldsymbol{F}) = yF_z - zF_y \\ M_y(\boldsymbol{F}) = zF_x - xF_z \\ M_z(\boldsymbol{F}) = xF_y - yF_x \end{cases} \tag{5-11}$$

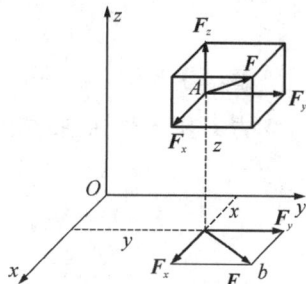

图 5-4　力对轴之矩

上述三式是计算力对轴之矩的解析式。

4500

3. 力对点之矩和力对轴之矩的关系

由式(5-9)可知

$$M_O(F)=(yF_z-zF_y)i+(zF_x-xF_z)j+(xF_y-yF_x)k$$

令$[M_O(F)]_x$，$[M_O(F)]_y$，$[M_O(F)]_z$分别表示$M_O(F)$在x、y、z轴上的投影，得

$$M_O(F)=[M_O(F)]_x i+[M_O(F)]_y j+[M_O(F)]_z k$$

比较上述两式，得

$$\begin{cases}[M_O(F)]_x=yF_z-zF_y\\ [M_O(F)]_y=zF_x-xF_z\\ [M_O(F)]_z=xF_y-yF_x\end{cases} \qquad (5-12)$$

再比较式(5-11)和式(5-12)，可得

$$\begin{cases}[M_O(F)]_x=M_x(F)\\ [M_O(F)]_y=M_y(F)\\ [M_O(F)]_z=M_z(F)\end{cases} \qquad (5-13)$$

式(5-13)说明，力对点的矩矢在过该点的任意轴上的投影，等于力对该轴之矩。式(5-13)阐述了力对点之矩和力对轴之矩的关系。

式(5-9)及式(5-12)给出了计算力对点之矩的两种方法。

例5-2 托架OC套在转轴z上，在点C作用一力$F=2\,000$ N，方向如[图5-5(a)]所示。点C在Oxy平面内。试分别求力F对3个坐标轴的矩以及对点O的矩。

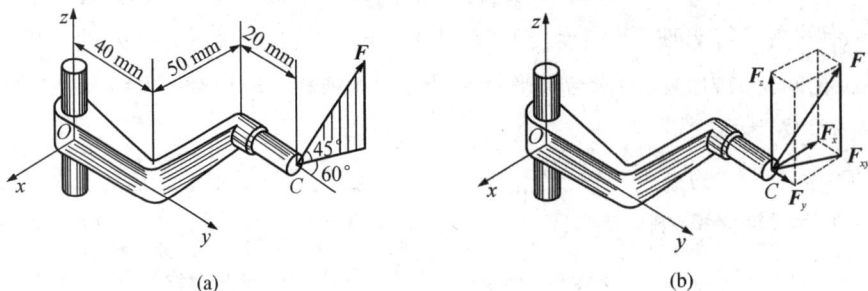

图5-5 例5-2图

解： 力F作用点的坐标是$x=-50$ mm，$y=60$ mm，$z=0$。

力F沿各坐标轴的投影[图5-5(b)]是

$$F_x=-F\cos45°\sin60°=-1\,224.7 \text{ N}$$

$$F_y=F\cos45°\cos60°=707.1 \text{ N}$$

$$F_z=F\sin45°=1\,414.2 \text{ N}$$

将各量代入式(5-11)，可得力F对3个坐标轴的矩分别为

$$M_x(F)=yF_z-zF_y=0.06 \text{ m}\times1\,414.2 \text{ N}=84.9 \text{ N·m}$$

$$M_y(\boldsymbol{F}) = zF_x - xF_z = -(-0.05 \text{ m}) \times 1\,414.2 \text{ N} = 70.7 \text{ N·m}$$

$$M_z(\boldsymbol{F}) = xF_y - yF_x = (-0.05 \text{ m}) \times 707.1 \text{ N} - 0.06 \text{ m} \times (-1\,224.7 \text{ N}) = 38.1 \text{ N·m}$$

则力 $\boldsymbol{F}$ 对 3 个坐标轴的 O 矩为

$$\boldsymbol{M}_O(\boldsymbol{F}) = (84.9\boldsymbol{i} + 70.7\boldsymbol{j} + 38.1\,\boldsymbol{k}) \text{ N·m}$$

例 5-3 刚架受力如图 5-6 所示,已知力 $\boldsymbol{F}$ 的模和 a、b、c、θ、φ。试求:(1) $\boldsymbol{F}$ 对点 O 的矩;(2) $\boldsymbol{F}$ 对轴 OA 的矩。

解:(1) 求 $\boldsymbol{M}_O(\boldsymbol{F})$

写出点 B 的矢径 $\boldsymbol{r}$ 和力 $\boldsymbol{F}$ 在该坐标系中的解析表达式:

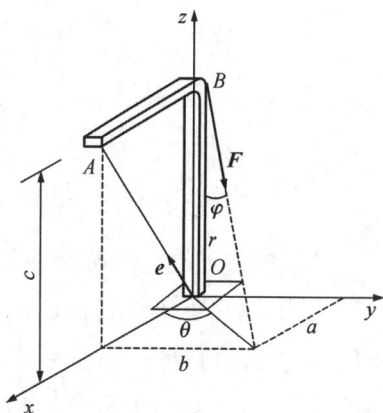

图 5-6 例 5-3 图

$$\boldsymbol{r} = c\boldsymbol{k}$$

$$\boldsymbol{F} = F(\sin\varphi\cos\theta\boldsymbol{i} + \sin\varphi\sin\theta\boldsymbol{j} - \cos\varphi\boldsymbol{k})$$

$$\boldsymbol{M}_O(\boldsymbol{F}) = \begin{vmatrix} \boldsymbol{i} & \boldsymbol{j} & \boldsymbol{k} \\ 0 & 0 & c \\ F\sin\varphi\cos\theta & F\sin\varphi\sin\theta & -F\cos\varphi \end{vmatrix}$$

$$= Fc\sin\varphi(-\sin\theta\boldsymbol{i} + \cos\theta\boldsymbol{j})$$

(2) 求 $M_{OA}(\boldsymbol{F})$

设 $\boldsymbol{e}$ 为 OA 轴的单位矢量,则

$$\boldsymbol{e}_{OA} = \frac{\overrightarrow{OA}}{|\overrightarrow{OA}|} = \frac{a\boldsymbol{i} + c\boldsymbol{k}}{\sqrt{a^2 + c^2}}$$

可得

$$M_{OA}(\boldsymbol{F}) = \boldsymbol{M}_O(\boldsymbol{F}) \cdot \boldsymbol{e}_{OA} = -\frac{Fac\sin\theta\sin\varphi}{\sqrt{a^2 + c^2}}$$

第三节　空间力偶

1. 以矢量表示力偶矩

在平面力偶系中,各力偶具有同一作用面,因而力偶矩被视为代数量,可完全表示其对物体的作用效应。但,在空间力偶系中,各力偶的作用面具有不同的方位,力偶对物体的作用效应,除了取决于力偶矩的大小和力偶在其作用面内的转向外,还与力偶作用面在空间的方位有关。空间力偶对物体的作用效应取决于如下 3 个因素:

(1) 力偶矩的大小;(2) 力偶作用面的方位;(3) 力偶在作用面内的转向。

由此可知,空间力偶的力偶矩可用矢量来表示,即矢量的长度表示力偶矩的大小;矢量的方位表示力偶作用面的法线方位;矢量的指向按右手螺旋法则确定。即右手四指顺着力

偶的转向,则大拇指的指向为力偶矩矢量的指向,如图 5-7 所示。这个矢量称为力偶矩矢,记作 M。力偶矩的单位为 N·m。

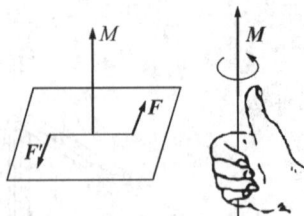

图 5-7 右手螺旋法则   图 5-8 力偶矩矢

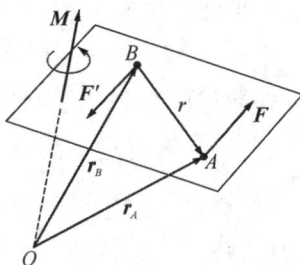

力偶对刚体的作用效果,可用组成力偶的两个力对空间某点之矩的矢量和来度量。

设力偶(F,F'),其力偶矩矢为 M,如图 5-8 所示。在空间任取一点 O 为矩心,以 r_A 和 r_B 分别表示力 F 和 F' 的作用点 A 和 B 对矩心 O 的矢径,而 A 点相对于 B 点的矢径记为 r,因此有

$$M=r_A\times F+r_B\times F'=r_A\times F+r_B\times(-F)=(r_A-r_B)\times F=r\times F$$

由此看出,力偶对空间任一点的矩恒等于力偶矩矢,与矩心无关。也就是说,力偶对物体的作用效应只取决于力偶矩矢。

2. 空间力偶的等效条件

力偶对物体的作用效应只取决于力偶矩矢。**作用在同一刚体上的两个力偶,如果它们的力偶矩矢相等,则彼此等效**。可得出如下推论:

(1) 只要保持力偶矩的大小和转向不变,可以同时改变力与力偶臂的大小或将力偶在其作用面内任意移转,而不改变其对刚体的作用效应。

(2) 只要保持力偶矩的大小和转向不变,力偶可从刚体的一个平面移到同一刚体的另一个平行的平面内,而不改变其对刚体的作用效应。

力偶既可以在其作用面内移转,又可以从一个平面移到另一平行平面内,因而,只要力偶矩矢的大小和方向不变,它可以在空间平行而同向地任意搬移,即力偶矩矢量称为**自由矢量**。

3. 空间力偶系的合成与平衡条件

任意一个空间力偶可合成为一个合力偶,合力偶矩矢等于各分力偶矩矢的矢量和。即

$$M=M_1+M_2+\cdots+M_n=\sum M_i \tag{5-14}$$

由空间力偶系合成的结果,很容易得出空间力偶系平衡的充分和必要条件是:**合力偶矩矢等于零**,亦即力偶系中各力偶矩矢的矢量和等于零,即

$$M=\sum M_i=0 \tag{5-15}$$

由此,可得空间力偶系的平衡方程为

$$\sum M_x = 0, \qquad \sum M_y = 0, \qquad \sum M_z = 0 \qquad (5-16)$$

即空间力偶系平衡的充分和必要条件是:力偶系中所有各力偶矩矢在 3 个坐标轴中每一轴上的投影的代数和等于零。

例 5-4　蜗轮蜗杆减速箱在 A、B 两处用螺栓固定在基座上,蜗杆 C 上输入一个力偶,其矩 $M_1 = 100$ N·m,转向如[图 5-9(a)]所示。蜗轮轴 D 输出一个矩为 $M_2 = 400$ N·m 的力偶。蜗杆和蜗轮作匀速转动。设 A、B 间距离为 200 mm。试求:由于输入力偶 M_1 和输出力偶 M_2 的作用所引起的 A、B 两处螺栓的约束力。假定不考虑螺栓安装时的预紧力。

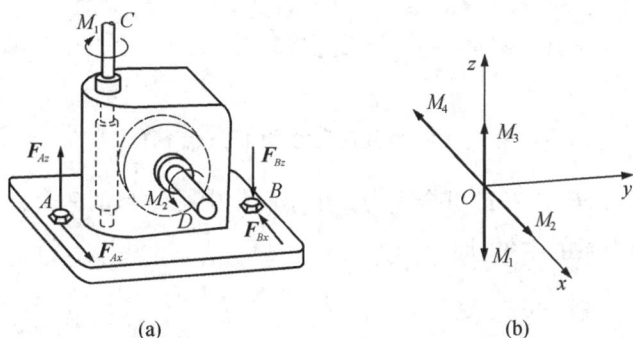

图 5-9　例 5-4 图

解：取减速箱为研究对象。在蜗杆轴上受到输入力偶 $M_1 = 100$ N·m 的作用,转向如[图 5-9(a)]所示。在输出轴 D 上,输出力偶 $M_2 = 400$ N·m,其转向如[图 5-9(a)]中箭头所示。

螺栓 A、B 处的约束力分成两部分:螺栓的侧向约束力 $\boldsymbol{F}_{Ax}$ 和 $\boldsymbol{F}_{Bx}$ 构成力偶;螺栓的轴向约束力 $\boldsymbol{F}_{Az}$ 和 $\boldsymbol{F}_{Bz}$ 构成力偶,其力偶矩分别以 $\boldsymbol{M}_3$ 和 $\boldsymbol{M}_4$ 表示,见[图 5-9(b)]。由平衡条件,可得

$$\sum M_x = 0, \quad M_2 - M_4 = 0, \quad 400 \text{ N·m} - F_{Az}(0.2 \text{ m}) = 0, \quad F_{Az} = F_{Bz} = 2\,000 \text{ N}$$

$$\sum M_z = 0, \quad M_3 - M_1 = 0, \quad F_{Ax}(0.2 \text{ m}) - 100 \text{ N·m} = 0, \quad F_{Ax} = F_{Bx} = 500 \text{ N}$$

第四节　空间任意力系向一点简化

1. 空间任意力系向任一点简化

与平面任意力系的简化方法一样,应用力线平移定理,空间任意力系可以向任一点进行简化,得到一个空间汇交力系和一个空间力偶系,然后再分别求这两个力系的合成结果。

设刚体受空间任意力系 $\boldsymbol{F}_1, \boldsymbol{F}_2, \cdots, \boldsymbol{F}_n$ 的作用,如[图 5-10(a)]所示。

任取一点 O 为简化中心,由力线平移定理,将各力平移到 O 点并附加一个力偶,这样原来的空间任意力系就等效于一个空间汇交力系和一个空间力偶系[图 5-10(b)]。其中

$$\boldsymbol{F}_1' = \boldsymbol{F}_1, \boldsymbol{F}_2' = \boldsymbol{F}_2, \cdots, \boldsymbol{F}_n' = \boldsymbol{F}_n$$

$$\boldsymbol{M}_1 = \boldsymbol{M}_O(\boldsymbol{F}_1), \boldsymbol{M}_2 = \boldsymbol{M}_O(\boldsymbol{F}_2), \cdots, \boldsymbol{M}_n = \boldsymbol{M}_O(\boldsymbol{F}_n)$$

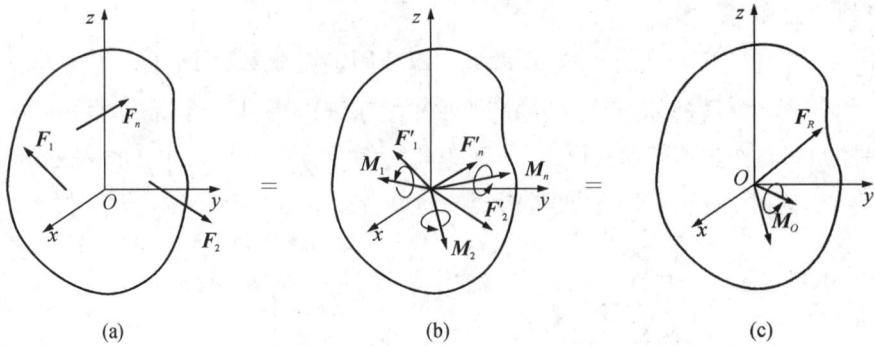

图 5-10　空间任意力系向任一点简化

空间汇交力系 $\boldsymbol{F}_1', \boldsymbol{F}_2', \cdots, \boldsymbol{F}_n'$ 可合成为作用于简化中心 O 点的一个力 $\boldsymbol{F}_R'$ [图 5-10(c)]，这个矢量 $\boldsymbol{F}_R'$ 称为原力系的主矢，即

$$\boldsymbol{F}_R' = \sum \boldsymbol{F}_i' = \sum \boldsymbol{F}_i \tag{5-17}$$

由式(5-17)可知，主矢等于原力系中各力的矢量和。同样，空间力偶系可合成为一个力偶 [图 5-10(c)]，这个力偶的力偶矩矢称为原力系对简化中心的主矩，记为 $\boldsymbol{M}_O$，它等于原力系中各力对简化中心之矩的矢量和，即

$$\boldsymbol{M}_O = \sum \boldsymbol{M}_O(\boldsymbol{F}_i) \tag{5-18}$$

由此得出结论，空间任意力系向任一点 O 简化，可得到一个力与一个力偶。这个力作用在简化中心 O，称之为原力系的主矢，它等于原力系中各力的矢量和，主矢与简化中心位置无关；这个力偶的力偶矩矢称为原力系对简化中心的主矩，它等于原力系中各力对简化中心之矩的矢量和，主矩一般情况下与简化中心的位置有关。

取简化中心 O 为坐标原点，建立直角坐标系 $Oxyz$，则得主矢

$$F_{Rx}' = \sum F_{ix}, \quad F_{Ry}' = \sum F_{iy}, \quad F_{Rz}' = \sum F_{iz} \tag{5-19}$$

主矩有

$$M_{Ox} = \sum M_x(\boldsymbol{F}), \quad M_{Oy} = \sum M_y(\boldsymbol{F}), \quad M_{Oz} = \sum M_z(\boldsymbol{F}) \tag{5-20}$$

由上，亦可求得主矢、主矩的大小和方向。

2. 空间任意力系的简化结果

空间任意力系向一点简化可能出现下列 4 种情况：

(1) 当 $\boldsymbol{F}_R' = \boldsymbol{0}, \boldsymbol{M}_O = \boldsymbol{0}$ 时，这是空间任意力系平衡的情形，将在下节详细讨论。

(2) 当 $\boldsymbol{F}_R' = \boldsymbol{0}, \boldsymbol{M}_O \neq \boldsymbol{0}$ 时，空间任意力系简化为一合力偶，其力偶矩矢为 $\boldsymbol{M}_O$。在这种情况下，主矩与简化中心位置无关。

（3）当 $\boldsymbol{F}'_R \neq \boldsymbol{0}$，$\boldsymbol{M}_O = \boldsymbol{0}$ 时，空间任意力系简化为一合力，合力的作用线通过简化中心，其大小和方向等于原力系的主矢。

（4）当 $\boldsymbol{F}'_R \neq \boldsymbol{0}$，$\boldsymbol{M}_O \neq \boldsymbol{0}$ 时，可以分几种情况讨论：

① 若主矢和主矩正交，即 $\boldsymbol{F}'_R \perp \boldsymbol{M}_O$ 时[图 5-11(a)]，得到的是平面情况[图 5-11(b)]，由力线平移定理可知，$\boldsymbol{F}'_R$ 和 $\boldsymbol{M}_O$ 可进一步简化为一合力 $\boldsymbol{F}_R$，合力 $\boldsymbol{F}_R$ 的大小和方向与主矢 $\boldsymbol{F}'_R$ 相同，其作用线至简化中心的距离为 $d = \left| \dfrac{\boldsymbol{M}_O}{\boldsymbol{F}'_R} \right|$，见[图 5-11(c)]。

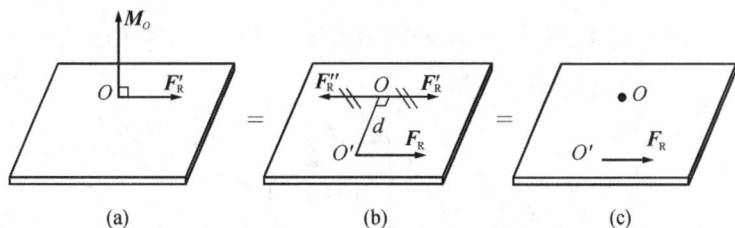

图 5-11　主矢和主矩正交

比较[图 5-11(a)]及[图 5-11(b)]，由力线平移定理可知

$$\boldsymbol{M}_O = \boldsymbol{M}_O(\boldsymbol{F}_R)$$

又根据式(5-18)，$\boldsymbol{M}_O = \sum \boldsymbol{M}_O(\boldsymbol{F}_i)$，比较上述两式，有

$$\boldsymbol{M}_O(\boldsymbol{F}_R) = \sum \boldsymbol{M}_O(\boldsymbol{F}_i) \tag{5-21}$$

即空间力系如能合成为一个合力，则合力对任一点之矩，等于原力系中各力对同一点之矩的矢量和。这就是空间力系的**合力矩定理**。过 O 点任取一轴 z，将式(5-21)两端投影到该轴上，并根据力对点之矩与力对过此点的轴之矩的关系，可得

$$M_z(\boldsymbol{F}_R) = \sum M_z(\boldsymbol{F}_i) \tag{5-22}$$

因此，空间力系的合力矩定理又可描述为：**空间任意力系如能合成为一个合力，则合力对任一轴之矩，等于原力系中各力对同一轴之矩的代数和。**

② 若主矢和主矩平行，即 $\boldsymbol{F}'_R /\!/ \boldsymbol{M}_O$ 时(图 5-12)，原力系不能再简化。这种由一个力和一个力偶所组成的力系，其中力垂直于力偶的作用面，称为**力螺旋**。例如，钻孔时的钻头对工件的作用以及拧螺丝钉时螺丝刀对螺钉的作用都是力螺旋。

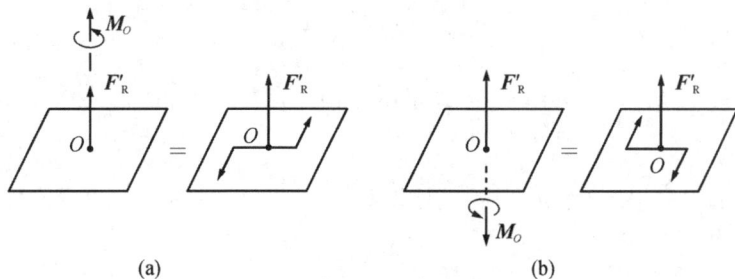

图 5-12　主矢和主矩平行

力螺旋是由静力学的两个基本要素：力和力偶组成的最简单的力系，不能再进一步合成。当力偶的转向和力的指向符合右手螺旋法则时（或力矢的指向与力偶矩矢的指向相同），称为右螺旋[图 5 - 12(a)]，反之称为左螺旋[图 5 - 12(b)]。力螺旋的力作用线称为该力螺旋的中心轴。在上述情况下，中心轴通过简化中心 O。

③ 若主矢与主矩既不垂直，也不平行，$\boldsymbol{F}'_R$ 和 $\boldsymbol{M}_O$ 夹角为任意时[图 5 - 13(a)]。此时将 $\boldsymbol{M}_O$ 分解为 $\boldsymbol{M}'_O$ 和 $\boldsymbol{M}''_O$，其中 $\boldsymbol{M}''_O \perp \boldsymbol{F}'_R$，$\boldsymbol{M}'_O // \boldsymbol{F}'_R$[图 5 - 13(b)]。由力线平移定理可知，$\boldsymbol{M}''_O$ 和 $\boldsymbol{F}'_R$ 可合成为作用于点 O' 的力 $\boldsymbol{F}'_R$，由于力偶矩矢是自由矢量，因而可将 $\boldsymbol{M}'_O$ 平行移至 O' 点，即与 $\boldsymbol{F}'_R$ 共线。这样，最终的简化结果为一个力螺旋，其中心轴不在简化中心 O，而是通过另一点 O'，如[图 5 - 13(c)]所示。

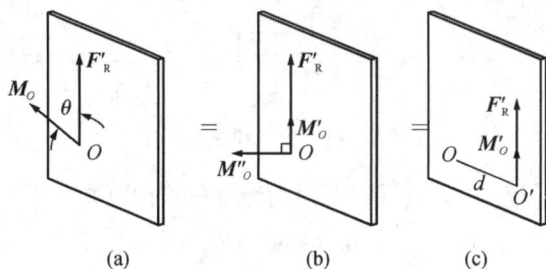

图 5 - 13　主矢与主矩既不垂直也不平行

由此得出结论，空间任意力系简化的最后结果为下列 4 种情况之一：平衡，合力，合力偶，力螺旋。

例 5 - 5　力系中(图 5 - 14)，$F_1 = 100$ N、$F_2 = 300$ N、$F_3 = 200$ N，各力作用线的位置如图所示。试将力系向原点 O 简化。

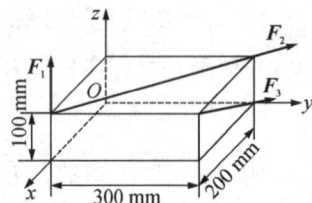

图 5 - 14　例 5 - 5 图

解：直接由公式，得力系的主矢

$$F'_{Rx} = \sum F_x = -F_2 \cdot \frac{2}{\sqrt{13}} - F_3 \cdot \frac{2}{\sqrt{5}} = -345 \text{ N}$$

$$F'_{Ry} = \sum F_y = F_2 \cdot \frac{3}{\sqrt{13}} = 250 \text{ N}$$

$$F'_{Rz} = \sum F_z = F_1 - F_3 \cdot \frac{1}{\sqrt{5}} = 10.6 \text{ N}$$

主矩为

$$M_x = \sum M_x = -F_2 \cdot \frac{3}{\sqrt{13}}(0.1 \text{ m}) - F_3 \cdot \frac{1}{\sqrt{5}}(0.3 \text{ m}) = -51.8 \text{ N·m}$$

$$M_y = \sum M_y = -F_1(0.2 \text{ m}) - F_2 \cdot \frac{2}{\sqrt{13}}(0.1 \text{ m}) = -36.6 \text{ N·m}$$

$$M_z = \sum M_z = F_2 \cdot \frac{3}{\sqrt{13}}(0.2 \text{ m}) + F_3 \cdot \frac{2}{\sqrt{5}}(0.3 \text{ m}) = 103.6 \text{ N·m}$$

即主矢

$$\boldsymbol{F}'_{R}=(-345\boldsymbol{i}+250\boldsymbol{j}+10.6\boldsymbol{k})\,\mathrm{N}$$

主矩

$$\boldsymbol{M}_{O}=(-51.8\boldsymbol{i}-36.6\boldsymbol{j}+103.6\boldsymbol{k})\,\mathrm{N\cdot m}$$

第五节　空间任意力系的平衡

由上节讨论可知,**空间任意力系平衡的必要和充分条件是:力系的主矢和对任一点的主矩都等于零**。即

$$\boldsymbol{F}'_{R}=\boldsymbol{0}, \quad \boldsymbol{M}_{O}=\boldsymbol{0}$$

根据式(5-19)和式(5-20),上述条件可写成空间任意力系的平衡方程

$$\begin{cases} \sum F_x=0, \quad \sum F_y=0, \quad \sum F_z=0 \\ \sum M_x=0, \quad \sum M_y=0, \quad \sum M_z=0 \end{cases} \tag{5-23}$$

因此,空间任意力系平衡的必要和充分条件又可表述为:力系中所有各力在 3 个坐标轴上投影的代数和等于零,以及这些力对每一坐标轴之矩的代数和也等于零。式(5-23)称为空间任意力系的平衡方程。在求解空间任意力系平衡问题时,可应用式(5-23)中 6 个平衡方程求解 6 个未知量。应用空间力系的平衡方程解题时,坐标轴不一定要相互垂直,只要它们不共面且不平行即可。应该说明的是,空间任意力系的平衡方程,与平面任意力系相同,也有其他的形式,即四矩式、五矩式,以及六矩式。这里不再详述。

从空间任意力系的平衡方程式(5-23),可以导出空间特殊力系的平衡方程,如空间汇交力系、空间力偶系、空间平行力系、平面任意力系等平衡方程。现考虑物体受一空间平行力系的作用,取 Oz 轴与力系中各力的作用线平行,如图 5-15 所示,则各力对 z 轴的矩等于零,又由于 x 轴和 y 轴与各力垂直,所以各力在这两轴上的投影也等于零。因而在平衡方程式(5-23)中,第一、第二和第六个方程成了恒等式。于是,空间平行力系的平衡方程为

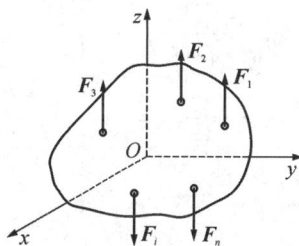

图 5-15　物体受一空间平行力系的作用

$$\sum F_z=0, \quad \sum M_x=0, \quad \sum M_y=0 \tag{5-24}$$

空间力系平衡问题的求解方法与平面力系相同,先确定研究对象,进行受力分析,并作出受力图,选取适当的坐标系,列出平衡方程并求解未知量,我们将在下面例题举例说明。但应强调的是,在进行受力分析时,对于各种类型约束的性质要熟悉,现将常见的约束及相应的约束力归纳并列表,见表 5-1。

表 5-1　空间约束的类型及其约束力举例

约束力未知量	约束类型
1	光滑表面　滚动支座　绳索　二力杆
2	径向轴承　圆柱铰链　铁轨　端铰链
3	球形铰链　止推轴承
4	导向轴承　万向装头
5	带有销子的夹板　导轨
6	空间的固定端支座

　　现举例说明空间力系平衡问题的求解。

　　例 5-6　三轮起重车的简图如图 5-16 所示。已知车自重 $G = 12.5$ kN，重力 G 的作用线通过平面 ABC 内的点 C_1。连线 AC_1 延长后垂直平分线段 BC。起吊物重 $P = 5$ kN。重力 P 的作用线通过平面 ABC 内的点 H。试求静止时地面对起重车各轮的约束力。

　　解：取整个起重车为研究对象。其上所受的力

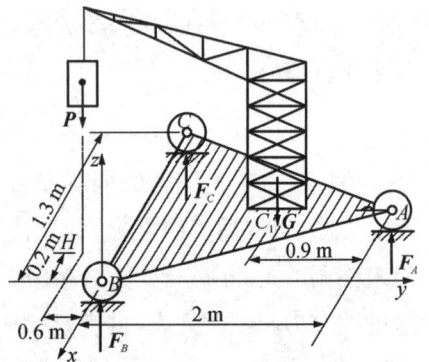

图 5-16　例 5-6 图

有:重力 G 与 P,约束力 F_A,F_B 与 F_C。这 5 个力组成一个空间平行力系。3 个未知力,有 3 个独立的平衡方程,可以求解。取坐标系如图 5-16 所示,可得

$$\sum M_x = 0, \quad F_A(2\text{ m}) - G(1.1\text{ m}) + P(0.6\text{ m}) = 0, \quad F_A = 5.4\text{ kN}$$

$$\sum M_y = 0, \quad F_A\left(\frac{1.3}{2}\text{ m}\right) + F_C(1.3\text{ m}) - G\cdot\left(\frac{1.3}{2}\text{ m}\right) - P(0.2\text{ m}) = 0, \quad F_C = 4.3\text{ kN}$$

$$\sum F_z = 0, \quad F_A + F_B + F_C - G - P = 0, \quad F_B = 7.8\text{ kN}$$

解空间力系平衡问题时,通常选取与所要避开的未知力相交的轴为矩轴,尽量使 1 个方程只含 1 个未知量,从而达到简化计算的目的。

例 5-7　图 5-17 所示车床主轴安装在轴承 A 与 B 上,A 为止推轴承,B 为向心轴承。已知 $a=50$ mm,$b=200$ mm,$c=100$ mm,$r_C=100$ mm,$r_D=50$ mm,压力角 $\theta=20°$。切削力作用在 H 处,各分量大小为 $F_x=470$ N,$F_y=350$ N,$F_z=1\ 400$ N。试求齿轮 C 所受的啮合力 $\boldsymbol{F}_P$ 和两轴承的约束力。部件重量不计。

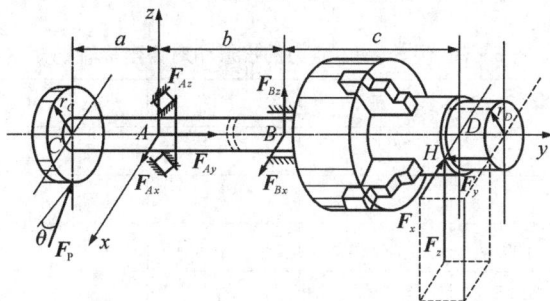

图 5-17　例 5-7 图

解:取系统整体为研究对象,画受力图,建立坐标系 $Axyz$ 如图所示。系统所受的力构成空间任意力系,未知力有 6 个,可由 6 个平衡方程求解。

$$\sum F_y = 0, \quad F_{Ay} - F_y = 0, \quad F_{Ay} = F_y = 350\text{ N}$$

$$\sum M_y = 0, \quad F_P\cos\theta\, r_C - F_z r_D = 0, \quad F_P = 745\text{ N}$$

$$\sum M_x = 0, \quad F_{Bz}b + F_z(b+c) - F_P\sin\theta\, a = 0, \quad F_{Bz} = -2\ 036\text{ N}$$

$$\sum M_z = 0, \quad -F_{Bx}b + F_x(b+c) - F_y r_D - F_P\cos\theta\, a = 0, \quad F_{Bx} = 442\text{ N}$$

$$\sum F_x = 0, \quad F_{Ax} + F_{Bx} - F_x - F_P\cos\theta = 0, \quad F_{Ax} = 728\text{ N}$$

$$\sum F_z = 0, \quad F_{Az} + F_{Bz} + F_z + F_P\sin\theta = 0, \quad F_{Az} = 381\text{ N}$$

F_{Bz} 为负值,表明该力的实际方向与假设方向相反。

例 5-8　图 5-18(a)表示一个宽、高、长各等于 a、b、c 的长方体,由图示六杆件用铰链支承在水平位置。今有一水平力 $\boldsymbol{F}$ 沿 GH 方向作用于点 G。试求各支承杆所受的力,不计长方体及各杆的重量。图中点 M 是线段 AB 的中点,夹角 θ 和 φ 均已知。

解：取长方体为研究对象。设各杆均受拉力，其受力图如图 5-18(b)所示。

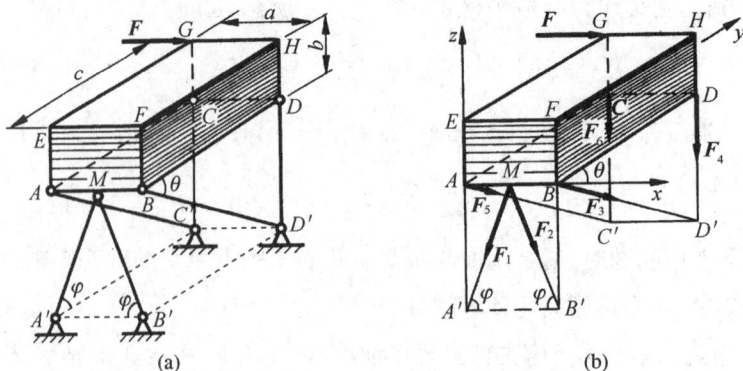

图 5-18 例 5-8 图

考虑采用空间任意力系基本方程。取坐标系 $Axyz$。为了避免遗漏和便于检查，可将各力的投影和对各坐标轴的矩列表，如表 5-2 所示。

表 5-2 例 5-8 中各力的投影和对各坐标轴的矩

项目	F	F_1	F_2	F_3	F_4	F_5	F_6
F_x	F	$-F_1\cos\varphi$	$F_2\cos\varphi$	0	0	0	0
F_y	0	0	0	$F_3\cos\theta$	0	$F_5\cos\theta$	0
F_z	0	$-F_1\sin\varphi$	$-F_2\sin\varphi$	$-F_3\sin\theta$	$-F_4$	$-F_5\sin\theta$	$-F_6$
M_x	0	0	0	0	$-cF_4$	0	$-cF_6$
M_y	bF	$\dfrac{a}{2}F_1\sin\varphi$	$\dfrac{a}{2}F_2\sin\varphi$	$aF_3\sin\theta$	aF_4	0	0
M_z	$-cF$	0	0	$aF_3\cos\theta$	0	0	0

列平衡方程，相当于把表 5-2 中每一行的各项代数和相加并令其等于零，因而可立即写出其如下平衡方程：

$$\sum F_x = 0, \quad F - F_1\cos\varphi + F_2\cos\varphi = 0 \tag{a}$$

$$\sum F_y = 0, \quad F_3\cos\theta + F_5\cos\theta = 0 \tag{b}$$

$$\sum F_z = 0, \quad -F_1\sin\varphi - F_2\sin\varphi - F_3\sin\theta - F_4 - F_5\sin\theta - F_6 = 0 \tag{c}$$

$$\sum M_x = 0, \quad -cF_4 - cF_6 = 0 \tag{d}$$

$$\sum M_y = 0, \quad bF + \frac{a}{2}F_1\sin\varphi + \frac{a}{2}F_2\sin\varphi + aF_3\sin\theta + aF_4 = 0 \tag{e}$$

$$\sum M_z = 0, \quad -cF + aF_3\cos\theta = 0 \tag{f}$$

由式(f)可以解得

$$F_3 = \frac{cF}{a\cos\theta}$$

由式(b)可解得

$$F_5 = -F_3 = -\frac{cF}{a\cos\theta}$$

由式(d)知 $F_4 = -F_6$，把这个关系和已得的 F_3 与 F_5 代入式(a)、式(c)和式(e)，经化简后得

$$F_1 = -F_2 = \frac{F}{2\cos\varphi}$$

$$F_6 = -F_4 = F\frac{b+c\tan\theta}{a}$$

由以上结果可知杆 1、3、6 受拉，杆 2、4、5 受压。

上述解法的特点是程序化，只要将各载荷、约束力对所取坐标轴的投影及矩按顺序计算并列表，把表中每行各项代数相加，一般可得 6 个独立的平衡方程，可求解 6 个未知量，即只要按部就班就可列出方程，缺点是常需解较多的联立方程，计算烦琐。为简化计算，应选取适当的平衡方程，尽量使一个方程只含有一个未知量。因此，应尽量选取与所要避开的其余约束力垂直的坐标轴为投影轴，选取与所要避开的其余约束力平行或相交的轴为矩轴。

第六节　重心

1. 平行力系中心

设在刚体上作用有空间平行力系（F_1，F_2，…，F_n）见图 5-19，先设各力同向。建立坐标系 $Oxyz$，使 z 轴与各力平行。显然力系的合力 F_R 必与 z 轴平行，合力的大小等于各力大小相加，$F_R = \sum F_i$。设合力的作用线为 a，如果保持各力的大小及作用点不变，而将各力向同一方向转过一个角度 θ，则合力作用线为 b。直线 a 与 b 相交于 C 点，C 点即称为平行力系中心。现求其位置，如果各力作用点的矢径为 r_i，C 点的矢径为 r_C，则由合力矩定理，对 x 轴取矩，有

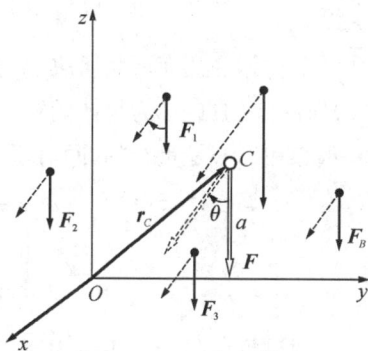

图 5-19　平行力系中心

$$-F_R y_C = -\sum F_i y_i$$

同理，对 y 轴取矩，有

$$F_R x_C = \sum F_i x_i$$

由于平行力系中心相对位置是不变的，可将各力连同坐标系一起绕 x 轴顺时针旋转 90°，使 y 轴向下，这时，各力都与 y 轴平行。这时，再对 x 轴取矩，有

$$-F_{\mathrm{R}}z_C = -\sum F_i z_i$$

由上述三式可得平行力系中心的坐标公式为

$$x_C = \frac{\sum F_i x_i}{\sum F_i}, \quad y_C = \frac{\sum F_i y_i}{\sum F_i}, \quad z_C = \frac{\sum F_i z_i}{\sum F_i} \tag{5-25}$$

2. 重心

如果物体的尺寸相对地球很小,则地球附近物体上各点的重力可以被认为是平行力系。而此空间平行力系的合力,就是物体的重量,这个合力的作用线总是通过一确定的点,此点就是物体的重心。根据式(5-25)可得重心位置的计算公式

$$x_C = \frac{\sum G_i x_i}{\sum G_i}, \quad y_C = \frac{\sum G_i y_i}{\sum G_i}, \quad z_C = \frac{\sum G_i z_i}{\sum G_i} \tag{5-26}$$

式中,G_i 表示物体各微小单元的重力,物体的重力为 $G = \sum G_i$。

如果物体是均质的,其单位体积的重量 γ 为常数,任一微小部分的体积为 V_i,整个物体的体积为 V,则有 $G = \sum V_i \gamma = \gamma V = \gamma \sum V_i$。

代入式(5-26),得物体重心 C 的坐标为

$$x_C = \frac{\sum V_i x_i}{V}, \quad y_C = \frac{\sum V_i y_i}{V}, \quad z_C = \frac{\sum V_i z_i}{V} \tag{5-27}$$

由式(5-27)可见,均质物体的重心位置完全取决于物体的几何形状,而与物体的重量无关。

由物体的几何形状所决定的物体的几何中心,称为该物体的形心。确切地说,由式(5-26)所决定的点,称为物体的重心;由式(5-27)所决定的点,称为物体的形心。对均质物体,其重心和形心是重合的,而对于非均质物体而言,其重心与形心一般不重合。

用于连续体,式(5-27)可写成积分形式,为

$$x_C = \frac{\iiint x\,\mathrm{d}V}{V}, \quad y_C = \frac{\iiint y\,\mathrm{d}V}{V}, \quad z_C = \frac{\iiint z\,\mathrm{d}V}{V} \tag{5-28}$$

如果物体是均质等厚的薄壳,如薄壁容器等,其厚度与其表面积相比很小,采用上述同样的方法可得薄壳重心为

$$x_C = \frac{\sum A_i x_i}{A}, \quad y_C = \frac{\sum A_i y_i}{A}, \quad z_C = \frac{\sum A_i z_i}{A} \tag{5-29}$$

如果物体是均质等厚的平面薄板,其厚度不计时,取薄板的平面为坐标平面 Oxy,在式(5-29)中,$z_C = 0$,而 x_C 和 y_C 仍按式(5-29)的前两式计算。

3. 重心的确定

(1) 规则形状均质物体的重心

如果均质物体具有对称面、对称轴或对称中心,不难证明,该物体的重心就在对称面、对

称轴或对称中心上。例如圆柱体、正圆锥体或正棱锥体的重心都在它们的中心轴线上；圆环、圆面积、球体(面)或平行四边形的重心都与它们的几何中心重合。对于具有简单形状均质物体的重心，一般可用积分形式的重心坐标公式求解，或查阅有关工程手册。表 5-3 列出了几种常见的简单形状均质物体重心的位置。

表 5-3　简单几何形体的形心

图形	重心位置	图形	重心位置
三角形	在中线的交点 $y_C = \dfrac{1}{3}h$	梯形	$y_C = \dfrac{h(2a+b)}{3(a+b)}$
圆弧	$x_C = \dfrac{r\sin\varphi}{\varphi}$	弓形	$x_C = \dfrac{2}{3}\dfrac{r^3\sin^3\varphi}{A}$ 面积 $A = \dfrac{r^2(2\varphi - \sin 2\varphi)}{2}$
扇形	$x_C = \dfrac{2}{3}\dfrac{r\sin\varphi}{\varphi}$ 对于半圆 $x_C = \dfrac{4r}{3\pi}$	部分圆环	$x_C = \dfrac{2}{3}\dfrac{R^2 - r^3}{R^2 - r^2}\dfrac{\sin\varphi}{\varphi}$
二次抛物线面	$x_C = \dfrac{5}{8}a$ $y_C = \dfrac{2}{5}b$	二次抛物线面	$x_C = \dfrac{3}{4}a$ $y_C = \dfrac{3}{10}b$

图形	重心位置	图形	重心位置
正圆锥体	$z_C = \dfrac{1}{4}h$	正角锥体	$z_C = \dfrac{1}{4}h$
半圆球	$z_C = \dfrac{3}{8}r$	锥形筒体	$y_C = \dfrac{4R_1 + 2R_2 - 3t}{6(R_1 + R_2 - t)}L$

（2）组合法

工程上，有些均质物体是由几个规则形状的物体组合而成。求这类物体的重心时，可将其分割成几个简单形状的物体，而各简单形状物体的重心很容易求得，则整个物体的重心可按式（5-28），式（5-27）和式（5-29）中求和形式的重心坐标公式求出。这时，公式中的体积元素、面积元素或长度元素应为所分割的简单形状物体的体积、面积或长度，而 x_i，y_i，z_i 为其相应的重心坐标。这种求重心的方法称为**分割法**。

例 5-9 角钢截面尺寸如图 5-20 所示，试求其形心位置。

解：取坐标系如图所示，用虚线将图形分割为两个矩形，其面积 A_1、A_2 和形心坐标为

$$A_1 = (200 \text{ mm} - 20 \text{ mm}) \times 20 \text{ mm} = 3\,600 \text{ mm}^2$$

$$A_2 = 150 \text{ mm} \times 20 \text{ mm} = 3\,000 \text{ mm}^2$$

$$x_1 = 10 \text{ mm}, \quad y_1 = 20 \text{ mm} + \frac{200 \text{ mm} - 20 \text{ mm}}{2} = 110 \text{ mm}$$

$$x_2 = 75 \text{ mm}, \quad y_2 = 10 \text{ mm}$$

图 5-20 例 5-9 图

将以上数值代入式（5-29），得角钢截面相对于所取坐标系的形心坐标为

$$x_C = \frac{x_1 A_1 + x_2 A_2}{A_1 + A_2} = 39.5 \text{ mm}$$

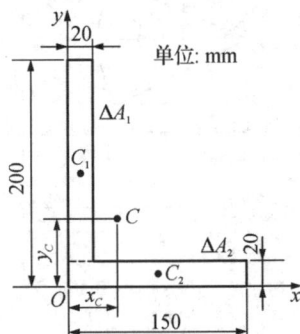

$$y_C = \frac{y_1 A_1 + x_2 A_2}{A_1 + A_2} = 64.5 \text{ mm}$$

有些均质物体,可以看成是从某个简单形状物体中挖去另一个简单形状物体而成,对于这类物体,仍可用上述求和形式的公式求其重心,这时,只需把被挖去的体积(或面积)取为负值。这种方法称**负体积法**(或**负面积法**)。

例 5‑10　振动器的偏心块形如图 5‑21 所示。已知 $R = 100$ mm,$r_1 = 30$ mm,$r_2 = 13$ mm。试求其形心坐标。

解:由对称性可知,形心 C 一定在对称轴 y 上。同时采用分割法和负面积法,将图形看成是由半径为 R 的大半圆、半径为 r_1 的小半圆和半径为 r_2 的负面积小圆组成。以 C_i 和 $A_i(i = 1,2,3)$ 表示各分割图的形心和面积,查表 5‑3 可求得:

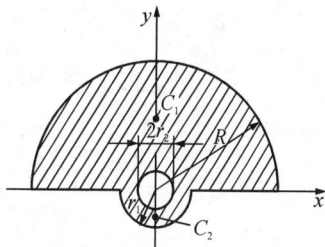

图 5‑21　例 5‑10 图

$$A_1 = \frac{\pi R^2}{2} = 5\,000\pi \text{ mm}^2, \quad y_1 = \frac{4R}{3\pi} = \frac{400}{3\pi} \text{ mm}$$

$$A_2 = \frac{\pi r_1^2}{2} = 450\pi \text{ mm}^2, \quad y_2 = -\frac{4r_1}{3\pi} = -\frac{40}{\pi} \text{ mm}$$

$$A_3 = -\pi r_2^2 = -169\pi \text{ mm}^2, \quad y_3 = 0$$

注意 A_3 为负面积,由形心公式得

$$x_C = 0$$

$$y_C = \frac{A_1 y_1 + A_2 y_2 + A_3 y_3}{A_1 + A_2 + A_3} = 39.1 \text{ mm}$$

(3) 实验法

对形状复杂或质量分布不均的物体,很难计算其重心坐标。此时,可用实验来测定重心位置,最常用的实验方法有悬挂法和称重法两种,这两种方法的理论根据都是物体的平衡条件。

① 悬挂法:这种方法适用于平板或薄片物件。如图 5‑22 所示,先通过物体的任意点 A 将物体悬挂起来。物体在绳索拉力和重力作用下平衡,根据二力平衡公理,重心应在通过悬挂点 A 的直线上。再另选一点 B 将物体悬挂起来,使之处于平衡状态,同理,重心应在通过该点的直线上。实验时,画出两直线,其交点即为物体的重心。

② 称重法:这种方法适用于体积较大的物体,以具有对称轴的连杆为例,如图 5‑23 所示。这种情况下只需要测定重心在对称轴上的位置,首先称出连杆的重量 G,然后将杆的一端 A 放置在刀口上,另一端 B 放在台秤上,并使对称轴线处于水平位置。从台秤上读出支承力 F_B 的大小,量出 A、B 两点的水平距离 l,由平衡可知

$$\sum M_A = 0, \quad F_B l - G x_C = 0$$

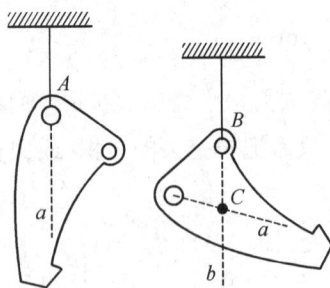

图 5-22 悬挂法

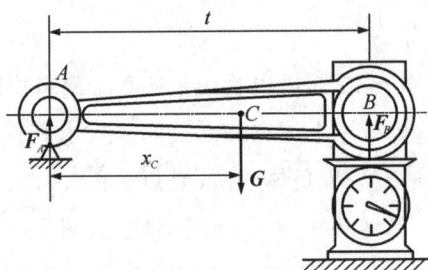

图 5-23 称重法

即

$$x_C = \frac{F_B}{G}l$$

这样,通过两次称重确定了重心在轴线上的位置。

对于非对称的物体,可以在三个方向重复上述作法,从而确定物体重心的位置。

本章小结

1. 空间中的力是三维矢量,力的解析表达式为

$$\boldsymbol{F} = F_x\boldsymbol{i} + F_y\boldsymbol{j} + F_z\boldsymbol{k}$$

求力在坐标轴上的投影 F_x,F_y,F_z 可用直接投影法或间接(二次)投影法。

2. 空间汇交力系可以合成为一个合力,

即 $\boldsymbol{F}_{\mathrm{R}} = \sum \boldsymbol{F}_i$,其平衡条件是 $\sum \boldsymbol{F}_i = 0$,平衡方程为 $\sum F_x = 0, \sum F_y = 0, \sum F_z = 0$,可以求解 3 个未知量。

3. 空间中力对点的力矩是定位矢量,有

$$\boldsymbol{M}_O(\boldsymbol{F}) = \boldsymbol{r} \times \boldsymbol{F} = \begin{vmatrix} \boldsymbol{i} & \boldsymbol{j} & \boldsymbol{k} \\ x & y & z \\ F_x & F_y & F_z \end{vmatrix}$$

空间中力对轴之矩是代数量,可按定义计算:$M_z(\boldsymbol{F}) = M_O(\boldsymbol{F}_{xy}) = \pm F_{xy}h$;也可按公式计算:$M_x(\boldsymbol{F}) = yF_z - zF_y, M_y(\boldsymbol{F}) = zF_x - xF_z, M_z(\boldsymbol{F}) = xF_y - yF_x$。

力对点之矩与力对轴之矩的关系是:力对点之矩在通过该点某轴上的投影等于力对该轴之矩。即 $[\boldsymbol{M}_O(\boldsymbol{F})]_z = M_z(\boldsymbol{F})$。

4. 空间中力偶的力偶矩是矢量,记为 $\boldsymbol{M}$。

力偶的两力对空间中任一点的力矩之矢量和均等于力偶的力偶矩 $\boldsymbol{M}$。

力偶可以在空间中任意移转,或同时改变力及力偶臂的大小,只要保持力偶矩矢量不变,力偶对刚体的作用就不变,所以力偶矩是自由矢量。

多个力偶可以合成为一个力偶,合力偶的力偶矩等于分力偶力偶矩的矢量和。

空间力偶系的平衡方程为 $\sum M_x = 0, \sum M_y = 0, \sum M_z = 0$,可以求解三个未知量。

5. 空间任意力系可以简化

在任意选定的简化中心 O 上作用的一个主矢及一个主矩,主矢为 $\boldsymbol{F}'_R = \sum \boldsymbol{F}_i$,主矩为 $\boldsymbol{M}_O = \boldsymbol{M}_O(\boldsymbol{F}_i)$,分别等价于三个代数式。

6. 空间任意力系的平衡条件

$\sum \boldsymbol{F}_i = 0, \boldsymbol{M}_O(\boldsymbol{F}_i) = 0$。独立的平衡方程有 6 个,其基本形式为

$$\begin{cases} \sum F_x = 0, & \sum F_y = 0, & \sum F_z = 0 \\ \sum M_x = 0, & \sum M_y = 0, & \sum M_z = 0 \end{cases}$$

另外还有四矩式、五矩式、六矩式等形式,在解题时可以灵活选用,使得一个方程中只出现一个未知量,以尽量避免求解联立方程。

7. 物体重心 C 的位置由下式确定

$$x_C = \frac{\sum G_i x_i}{\sum G_i}, \quad y_C = \frac{\sum G_i y_i}{\sum G_i}, \quad z_C = \frac{\sum G_i z_i}{\sum G_i}$$

均质物体的重心与形心重合。

习　题

5-1　题 5-1 图所示空间构架由三根无重直杆组成,在 D 端用球铰链连接,如图所示。A、B 和 C 端则用球铰链固定在水平地板上。如果挂在 D 端的物重 $G = 10$ kN,试求铰链 A、B 和 C 的反力。

5-2　正方形均质平板的重量为 18 kN,其重心在点 G,平板由三根绳子悬挂着并保持水平,试求各绳的拉力。

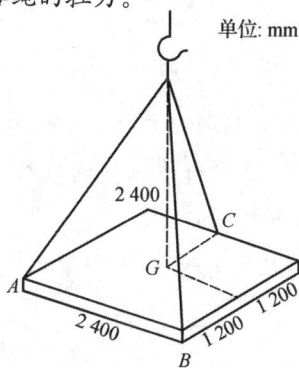

题 5-1 图

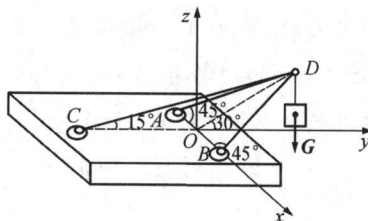

题 5-2 图

5-3 试求三脚架每根杆的内力。设各杆的自重不计,且各杆的受力都是沿各杆的轴向。载荷 **F** 沿 y 轴的正向,其大小 $F = 200$ N。

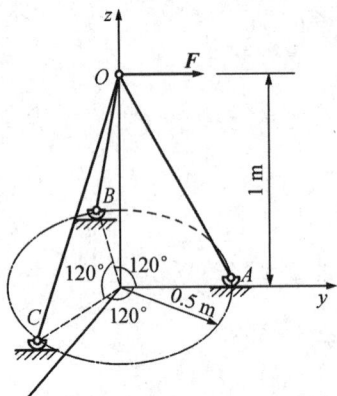

题 5-3 图

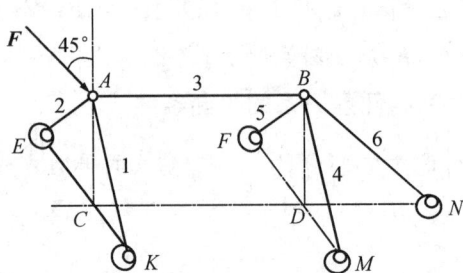

题 5-4 图

5-4 空间桁架由六杆构成,1、2、4、5、6 杆等长,在节点 A 上作用一力 **F**,此力在铅垂对称面 $ABNC$ 内,与铅直线成 45°角,又 $AC = CE = CK = BD = DF = DM = DN$。若 $F = 5$ kN,求各杆的内力。

5-5 撑杆 DE、DF 和钢绳支承着重 $P = 196$ N 的重物如题 5-5 图所示。已知 $a = 0.4$ m, $b = 0.6$ m, $c = 1.2$ m, $d = 1.5$ m, $h = 2$ m。试求二撑杆 DE、DF 所受的力。

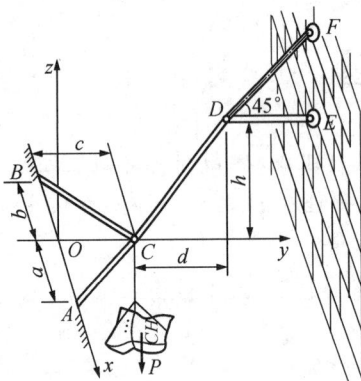

题 5-5 图

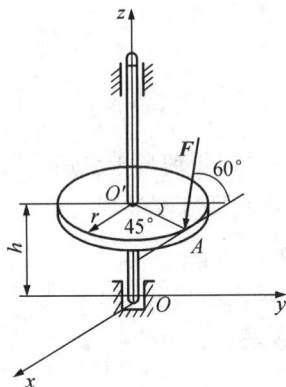

题 5-6 图

5-6 设在题 5-6 图中水平轮上点 A 作用一力 **F**,方向与轮面成 60°角,且在过点 A 与轮缘相切的铅垂面内,而点 A 与轮心 O' 的连线与通过点 O' 平行于轴 y 的直线成 45°角。试求力 **F** 在三坐标轴上的投影与对 3 个坐标轴的矩。设 $F = 1\,000$ N, $h = r = 1$ m。

5-7 作用在手柄上的力 $F = 100$ N,作用线及手柄尺寸如题 5-7 图所示。试求:(1) 力 **F** 对 x 轴的力矩;(2) 力 **F** 对原点 O 的力矩。

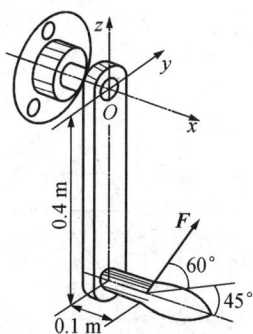

题 5-7 图

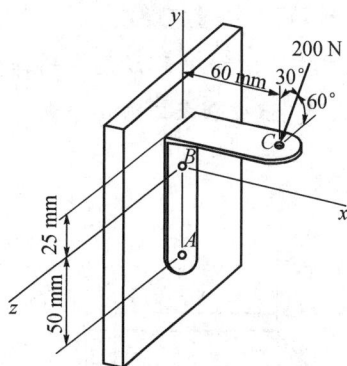

题 5-8 图

5-8 一个 200 N 的力作用在支架 ABC 上的点 C 处,试求此力对 A 点的力矩。

5-9 轴 AB 与铅垂线成 φ 角,轮盘盘面与轴垂直。半径为 a,且与铅垂面 zAB 成 θ 角。如在点 D 作用一铅垂向下的力 F,求此力对轴 AB 的力矩。

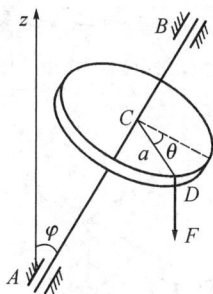

题 5-9 图

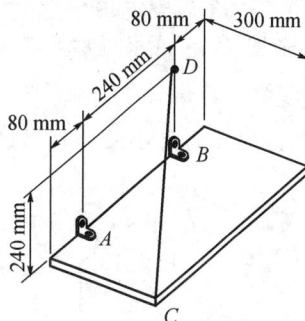

题 5-10 图

5-10 一矩形板由位于 A 和 B 的支架以及绳 CD 固定,已知绳中张力为 200 N,求绳对 A 点的力矩。

5-11 如题 5-11 图所示,一个六条边的边长均为 a 的正四面体,力 P 沿着边 BC 作用,求力 P 对 OA 的力矩。

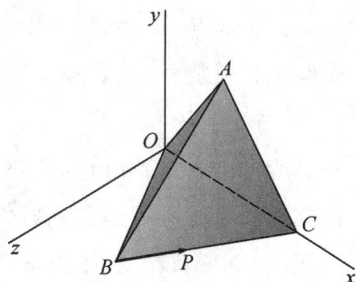

题 5-11 图

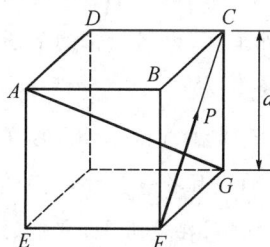

题 5-12 图

5-12 如题 5-12 图所示,力 P 作用在一个边长为 a 的立方体上,试求:(1) 力 P 对 A 点的力矩;(2) 力 P 对边 AB 的力矩;(3) 力 P 对立方体的对角线 AG 的力矩;(4) 利用(3)

的结果，求 AG 到 FC 的垂直距离。

5-13　长方体的顶角 A 和 B 处分别作用有力 $\boldsymbol{F}_1$ 和 $\boldsymbol{F}_2$ 如题5-13图所示。已知 $F_1=500$ N，$F_2=700$ N。试分别求二力对 x、y、z 轴的力矩。

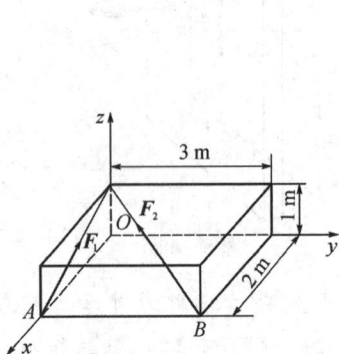

题 5-13 图

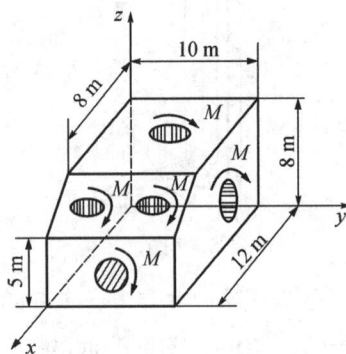

题 5-14 图

5-14　工件如题5-14图所示，它的四个面上要同时钻5个孔，每个孔所受的切削力偶矩为 8 N·m，转向如图所示，试求这些力偶的合力偶矩在 x、y、z 轴上的投影 M_x、M_y、M_z。

5-15　五边形棱柱箱体的3个面上，同时受3个大小相等的力偶矩 M_e 作用如题5-15图所示。试求其合力偶矩的大小及作用面的方位。

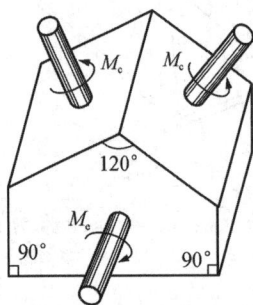

题 5-15 图

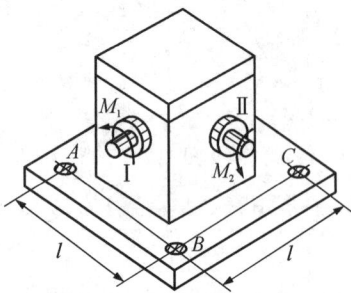

题 5-16 图

5-16　锥齿轮箱如题5-16图。用四个螺栓 A、B、C、D 固定在正方形基座上，若边长 $l=200$ mm，输入轴Ⅰ上的力偶 M_1 与输出轴Ⅱ上力偶 M_2 大小相等，$M_1=M_2=26.5$ N·m，轴Ⅰ和轴Ⅱ相互垂直，力偶矩转向如图所示。如果不计螺栓的预紧力，试求哪个螺栓承受拉力最大？其值为多少？

5-17　三圆盘 A、B 和 C 的直径分别为 0.6 m、0.4 m 和 0.2 mm。三轴 OA、OB 和 OC 在同一平面内且各垂直于刚连的圆盘，$\angle AOB$ 为直角。在这三圆盘上分别作用力偶，组成各力偶的力作用在轮缘上，它们的大小分别等于 5 N、10 N 和 F。不计物系重量，求能使此物系平衡的力 $\boldsymbol{F}$ 的大小和角 θ。

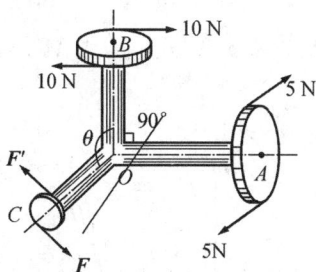

题 5-17 图

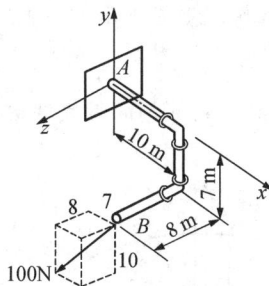

题 5-18 图

5-18　试将作用于题 5-18 图所示构件管端 B 的 100 N 的力向点 A 简化。

5-19　试将题 5-13 图所示力系向原点 O 简化。

5-20　力系如题 5-20 图所示,已知 $F_1=400$ N,$F_2=300$ N,$F_3=500$ N。试将力系向点 O 简化。

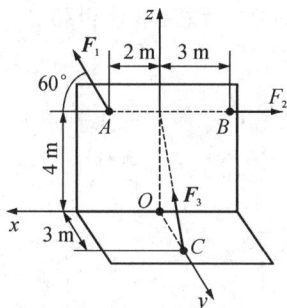

题 5-20 图

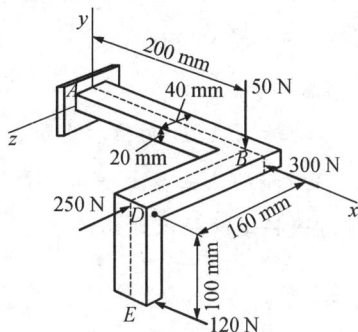

题 5-21 图

5-21　作用在机器部件 $ABDE$ 上的力系如题 5-21 图所示,试求向点 A 简化的结果。

5-22　一重 $P=20$ kN、水平悬挂的长方形平板被匀速提升,如题 5-22 图所示。重心通过点 C。试确定所需三力 F_1、F_2 及 F_3 的大小。不计滑轮中的摩擦。

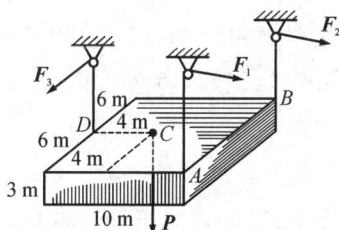

题 5-22 图

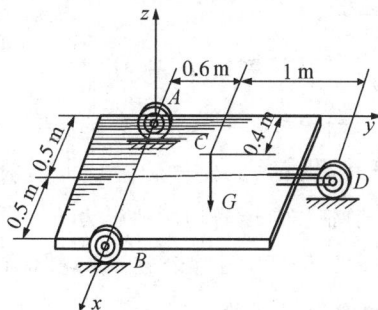

题 5-23 图

5-23　三轮车连同上面的货物共重 $G=3\,000$ N,重心通过点 C。求车子静止时各轮对地面的压力。

5-24 如题 5-24 图所示,三脚圆桌的半径 $r=500$ mm,重 $P=600$ N。圆桌的三脚 A,B 和 C 形成一等边三角形。若在中线 CD 上距圆心距离为 a 的点 M 处作用铅垂力 $F=1\ 500$ N,求使圆桌不致翻倒的最大距离 a。

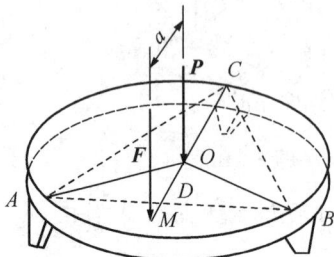

题 5-24 图

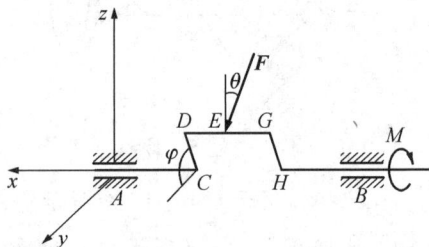

题 5-25 图

5-25 轴在曲柄 E 处作用一力 $F=30$ kN,在曲轴 B 端作用一力偶 M 而平衡。力 F 在垂直于轴线 AB 的平面之内并和铅垂线成夹角 $\theta=10°$。已知 $CDGH$ 平面和水平面成夹角 $\varphi=60°$,$AC=CH=HB=400$ mm,$CD=200$ mm,$DE=EG$,不计曲轴自重,试求力偶矩 M 之值和轴承约束力。

5-26 一传动轴以 A、B 两轴承支承。中间的圆柱直齿齿轮的节圆直径 $d=173$ mm,压力角 $\alpha=20°$,在右端的法兰盘上作用一力偶 $M=1\ 030$ N·m 的力偶。设轮轴自重和摩擦不计,求传动轴匀速转动时轴承处的约束力。

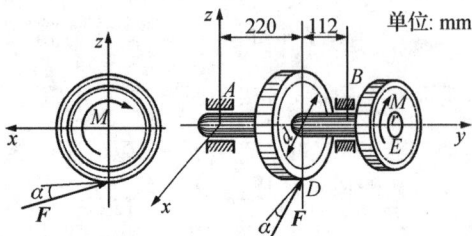

题 5-26 图

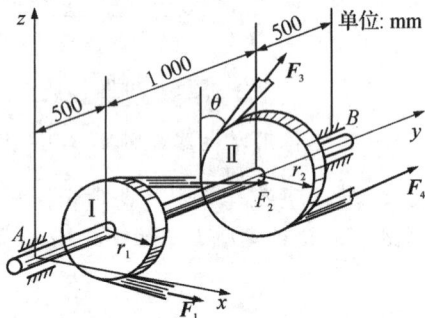

题 5-27 图

5-27 一传动轴上装有两个皮带轮,其半径分别为 $r_1=200$ mm,$r_2=250$ mm,轮 I 的皮带是水平的,其张力 $F_1=2F_2=5$ kN,轮 II 的皮带与铅垂线的夹角 $\theta=30°$,其张力 $F_3=2F_4$。求传动轴作匀速转动时的张力 F_3、F_4 和轴承的约束力。

5-28 题 5-28 图所示为一水轮机简图。叶轮 D 上作用一力偶矩 $M=1\ 200$ N·m 的力偶。锥齿轮 O 所受的力可以分解为 3 个分力,即圆周力 F_t、轴向力 F_z 和径向力 F_r,这些力的比例为 $F_t:F_z:F_r=1:0.32:0.17$。已知叶轮、轴及齿轮等的总重为 $G=10$ kN。锥齿轮的平均半径为 $OB=0.6$ m,其余尺寸如图。试求 F_t、F_z、F_r 以及轴承 A、C 的约束力。

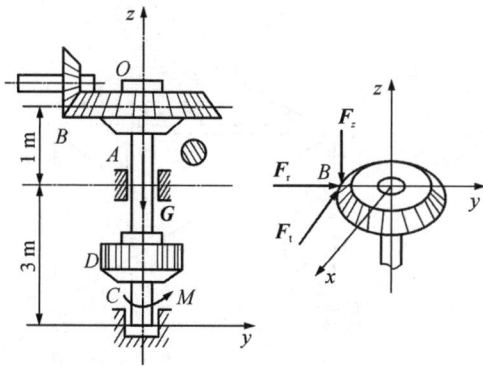

题 5−28 图

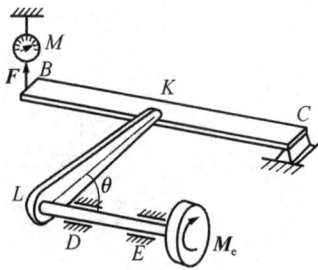

题 5−29 图

5−29　如题 5−29 图所示,在扭转试验机里扭矩 M_e 的大小根据测力计 M 的读数来确定。假定测力计所指示的力大小为 F,杆 BC 与轴 DE 平行。试求扭矩 M_e 的大小以及轴承 D 和 E 的约束力。已知 BK=KC,角 $\theta=90°$,KL=a,LD=b,DE=c。设各零件的重量不计,接触面光滑。

5−30　矩形搁板 ABCD 可绕轴线 AB 转动,用杆 DE 支撑成水平位置。撑杆 DE 两端均为铰链连接。搁板连同其上重物共重 G=800 N,重力作用线通过矩形板几何中心。已知 AB=1.5 m,AD=0.6 m,AK=BM=0.25 m,DE=0.75 m。不计板重,求撑杆 DE 所受的力以及蝶形铰链 K 和 M 的约束力。

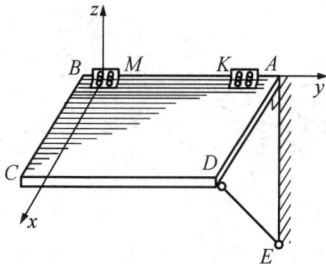

题 5−30 图

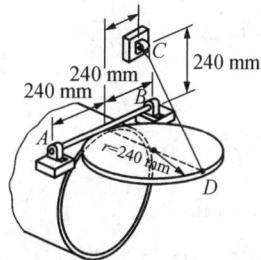

题 5−31 图

5−31　质量均匀的管道盖半径为 r=240 mm,质量为 m=30 kg,由绳 CD 固定在水平位置。轴承 B 不计轴向推力,设为径向轴承,轴承 A 设为止推轴承。试确定绳子的拉力和 A、B 处的约束力。

5−32　均质正方形薄板 ABCD,重 G=50 N,边长 a=300 mm。角 A 用球铰链固定,角 B 用蝶铰链固定。AB 边处于水平位置,板面与水平面成 $\theta=30°$,CD 边的中点 E 搁在尖端支承上。在 BH=100 mm 处作用一力 F,平行于 AB,大小等于 100 N。略去摩擦,试求支座 A、B 和 E 处的约束力。

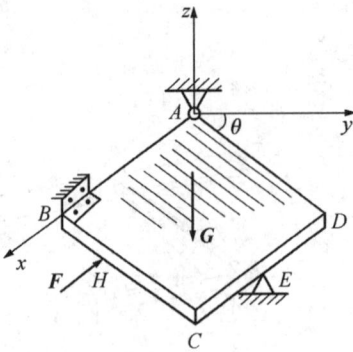

题 5 - 32 图

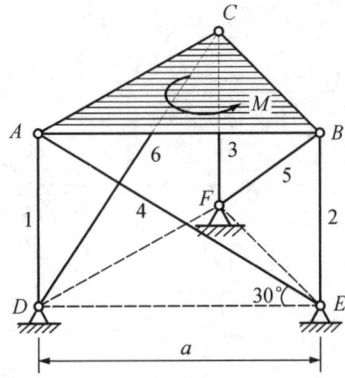

题 5 - 33 图

5-33　边长为 a 的等边三角形板用两端是铰链的 3 根铅直杆 1、2、3 和 3 根与水平面成 30°的斜杆支承在水平位置。若在板内作用一力偶,其矩为 M。设板和杆的自重不计,求各杆的内力。

5-34　题 5-34 图所示矩形板由 6 杆支撑在水平位置,板重不计。试求各杆的受力。

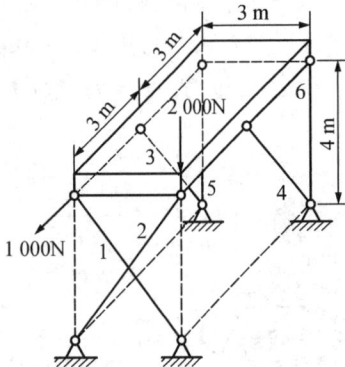

题 5 - 34 图

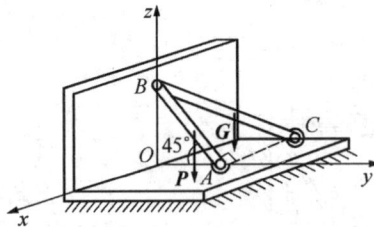

题 5 - 35 图

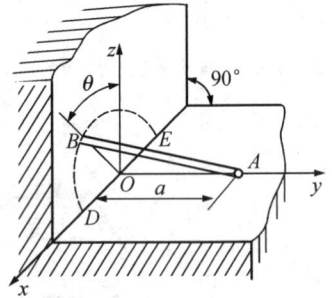

题 5 - 36 图

5-35　两个均质杆 AB 和 BC 分别重 P 和 G,其端点 A 和 C 用球铰链固定在水平面上,另一端 B 由球铰链相连接,靠在光滑的铅直墙上,墙面与 AC 平行,如题 5-35 图所示。如 AB 与水平线交角为 45°,$\angle BAC = 90°$,求 A 和 C 的支座约束力以及墙上点 B 所受的压力。

5-36　题 5-36 图中均质杆 AB 长 l,重 W,A 端由一球形铰链固定在地面上,B 端自由地靠在一铅直墙面上,墙面与铰链 A 的水平距离等于 a,图中平面 AOB 与 Oyz 的交角为 θ。杆 AB 与墙面间的摩擦因数为 f_s,铰链的摩擦阻力可不计。试求杆 AB 将开始沿墙滑动时,θ 角应等于多大?

5-37　试求题 5-37 图所示型材截面形心的位置。

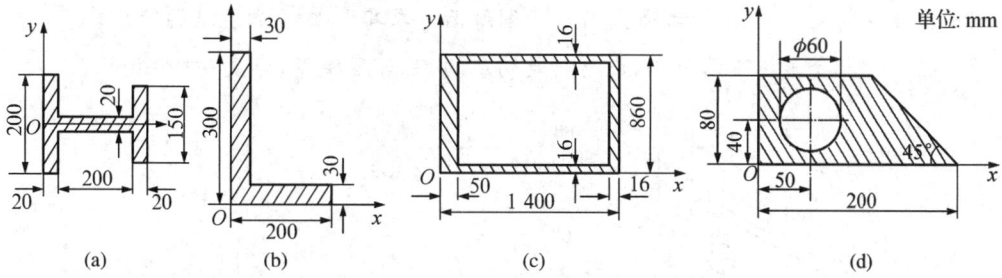

题图 5-37

5-38 题 5-38 图所示半径为 r_1 的圆截面,在距中心 $\dfrac{r_1}{2}$ 处有一半径为 r_2 的小圆孔。试求形心的位置。

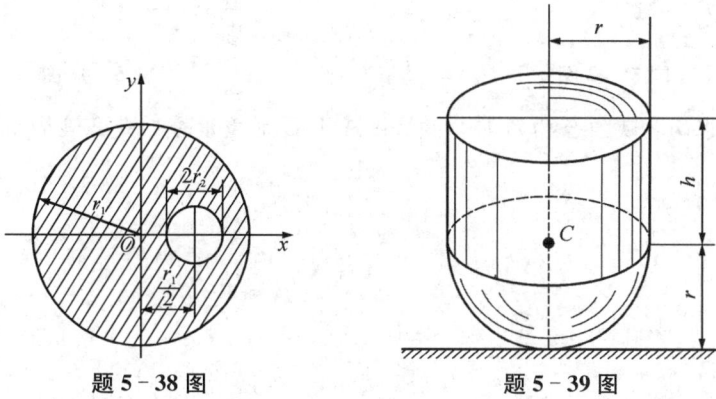

题 5-38 图　　　　　　　　题 5-39 图

5-39 一均质物体由圆柱体和半球体组成,如题 5-39 图所示。要使该物体的重心位于半球体的中心 C 点,试求圆柱体的高 h。

5-40 题 5-40 图所示水箱的自动安全阀门由可绕水平轴 A 转动的高与宽为 150 mm × 150 mm 的方板构成。如果自底部到点 A 的距离 $h = 70$ mm,试求阀门在静水压力下能自动开启时水的深度 d。

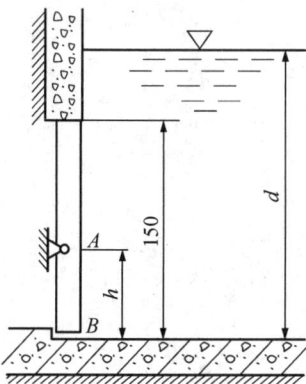

题 5-40 图

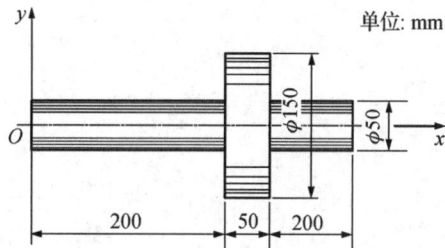

题 5-41 图

5-41 钢轴上套一钢圆盘,如题5-41图所示。求其重心C到左端的距离。

5-42 试求金属托架的重心,设材料是均质的,且厚度相等,厚度$b=6$ mm。

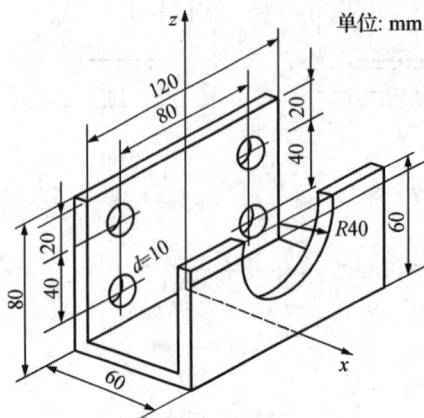

题 5-42 图

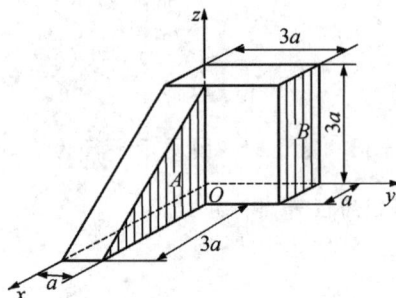

题 5-43 图

5-43 试求两物块组合体的重心。材料A和B的重度分别是20 kg/m^{3}和60 kg/m^3,设$a=100$ mm。

第二篇 运动学

运动学研究物体机械运动的几何性质(运动方程、速度、加速度和轨迹等),而不涉及物体的受力、质量等与运动无关的物理因素。联系这些物理因素来研究物体的运动是动力学的任务。

物体作机械运动是指物体的位置随时间而变化,这种变化依据所选参考物体的不同而不同,这就是运动的相对性。因此,确定一个物体的位置或者描述一个物体的运动,必须相对于另一个物体才有意义。这另一个物体称为**参考体**,固连在参考体上的坐标系称为**参考坐标系**,或简称为**参考系**。我们所描述的物体的运动,都是指相对于所选取的参考系的运动。在运动学中,参考系可以任意选取,但同一物体相对于不同的参考系所表现的运动是不同的。对一般工程问题,如不作特别说明,参考坐标系与地球相固结。

运动学的研究对象是质点、质点系、刚体及刚体系。由于运动学中只研究位置变化,不需要考虑力和质量等物理因素,因此质点与点、刚体与几何形体是同一概念。还应指出,实际物体抽象成为质点或刚体的结论并不是绝对的,而是取决于所研究的问题。在描述物体的运动时,如果它的形状、大小在所讨论的问题中不起决定作用,则该物体就可以抽象为一个点;否则就应该将它看成是刚体。因此,运动学的内容包括点的运动学和刚体的运动学两个部分。点的运动学是研究刚体运动学的基础,同时点的运动学本身也有其独立的意义。

第六章

第七章

第八章

第九章

第六章 点的运动学

教学要求：

1. 掌握描述点的运动的矢量法、直角坐标法和自然法；
2. 会求点的轨迹；
3. 能熟练求解点的速度和加速度的问题。

第一节 矢量法

设动点 M 在空间作曲线运动，任选一固定点 O 作为参考点，则点 M 在任一瞬时的位置可用其位置矢量，即点 O 到点 M 的矢径 $\boldsymbol{r} = \overrightarrow{OM}$ 唯一地确定，见图 6-1。点 M 运动时，矢径 $\boldsymbol{r}$ 的大小和方向随时间 t 而变化，是时间 t 的单值连续的矢量函数，即

$$\boldsymbol{r} = \boldsymbol{r}(t) \tag{6-1}$$

上式称为点的**矢量形式的运动方程**。

点 M 运动时，其矢径端点在空间描绘出的一条曲线称为**矢径端图**。显然，矢径端图就是点的**轨迹**，见图 6-1。

动点 M 的**速度**等于其矢径对时间的一阶导数，即

$$\boldsymbol{v} = \frac{\mathrm{d}\boldsymbol{r}}{\mathrm{d}t} = \dot{\boldsymbol{r}} \tag{6-2}$$

速度是一矢量，其大小等于 $\left| \dfrac{\mathrm{d}\boldsymbol{r}}{\mathrm{d}t} \right|$，方向沿动点的矢径端图（即轨迹曲线）在对应点的切线，并指向动点运动的方向，见图 6-1。

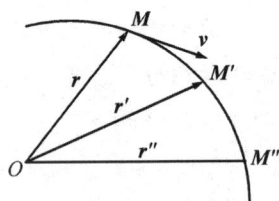

图 6-1 矢径端图

在国际单位制中，速度的单位为米/秒(m/s)。

动点 M 的**加速度**等于其速度（矢量）对时间的一阶导数，或等于其矢径对时间的二阶导数，即

$$\boldsymbol{a} = \frac{\mathrm{d}\boldsymbol{v}}{\mathrm{d}t} = \dot{\boldsymbol{v}} = \ddot{\boldsymbol{r}} \tag{6-3}$$

加速度也是一个矢量，其大小为 $\left| \dfrac{\mathrm{d}\boldsymbol{v}}{\mathrm{d}t} \right|$，方向则应沿其速度**矢端图**（由同一原点 O 画出动点在连续各瞬时速度矢量端点的曲线）的切线，见图 6-2。

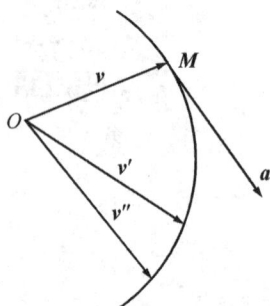

图 6-2 动点 M 的加速度

在国际单位制中，加速度的单位为米/秒²(m/s²)。

第二节　直角坐标法

通过固定点 O 建立一直角坐标系 $Oxyz$(图 6-3),则点 M 在任一瞬时的位置可以用它的坐标 x、y、z 唯一地确定。点 M 运动时,其坐标 x、y、z 都随时间 t 而变化,是时间 t 的单值连续函数,即

$$x=f_1(t), \quad y=f_2(t), \quad z=f_3(t) \tag{6-4}$$

方程组(6-4)称为**点的直角坐标形式的运动方程**。

消去式(6-4)中的时间 t,可得点 M 的轨迹方程。

由图 6-3 可见,点 M 的坐标 (x,y,z) 是其矢径 r 在相应的坐标轴上的投影。若以 i,j,k 分别表示沿坐标轴 Ox、Oy、Oz 的单位矢量,则矢径 r 的解析式表示为

$$r=xi+yj+zk \tag{6-5}$$

动点 M 的速度

$$v=\frac{\mathrm{d}r}{\mathrm{d}t}=\frac{\mathrm{d}x}{\mathrm{d}t}i+\frac{\mathrm{d}y}{\mathrm{d}t}j+\frac{\mathrm{d}z}{\mathrm{d}t}k=\dot{x}i+\dot{y}j+\dot{z}k \tag{6-6}$$

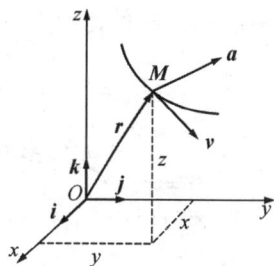

图 6-3　直角坐标法

直接写出速度 v 的解析式

$$v=v_x i+v_y j+v_z k \tag{6-7}$$

比较以上两式,得

$$v_x=\frac{\mathrm{d}x}{\mathrm{d}t}=\dot{x}, \quad v_y=\frac{\mathrm{d}y}{\mathrm{d}t}=\dot{y}, \quad v_z=\frac{\mathrm{d}z}{\mathrm{d}t}=\dot{z}, \tag{6-8}$$

即动点的速度在固定直角坐标轴上的投影,等于该点相应的坐标对时间的一阶导数。若已知动点直角坐标形式的运动方程,则由式(6-8)可求得动点的速度在各坐标轴上的投影,从而可求得速度的大小和方向余弦

$$\begin{cases} v=\sqrt{v_x^2+v_y^2+v_z^2}=\sqrt{\dot{x}^2+\dot{y}^2+\dot{z}^2} \\ \cos\langle v,i\rangle=\frac{v_x}{v}, \cos\langle v,j\rangle=\frac{v_y}{v}, \cos\langle v,k\rangle=\frac{v_z}{v} \end{cases} \tag{6-9}$$

动点 M 的加速度

$$a=\frac{\mathrm{d}v_x}{\mathrm{d}t}i+\frac{\mathrm{d}v_y}{\mathrm{d}t}j+\frac{\mathrm{d}v_z}{\mathrm{d}t}k=\dot{v}_x i+\dot{v}_y j+\dot{v}_z k \tag{6-10}$$

直接写出加速度 a 的解析式

$$a=a_x i+a_y j+a_z k \tag{6-11}$$

比较以上两式,得

$$a_x=\frac{\mathrm{d}v_x}{\mathrm{d}t}=\dot{v}_x=\ddot{x}, \quad a_y=\frac{\mathrm{d}v_y}{\mathrm{d}t}=\dot{v}_y=\ddot{y}, \quad a_z=\frac{\mathrm{d}v_z}{\mathrm{d}t}=\dot{v}_z=\ddot{z} \tag{6-12}$$

即动点的加速度在固定直角坐标轴上的投影,等于该点速度的相应的投影对时间的一阶导数,或等于该点相应的坐标对时间的二阶导数。若已知加速度 a 的投影,则加速度的大小和方向余弦为

$$\begin{cases} a=\sqrt{a_x^2+a_y^2+a_z^2}=\sqrt{\ddot{x}^2+\ddot{y}^2+\ddot{z}^2} \\ \cos\langle a,i \rangle=\dfrac{a_x}{a},\cos\langle a,j \rangle=\dfrac{a_y}{a},\cos\langle a,k \rangle=\dfrac{a_z}{a} \end{cases} \tag{6-13}$$

例 6-1 曲柄连杆机构的曲柄 O_1A 绕固定轴 O_1 转动,A 端用销钉与连杆 AB 相连,通过 B 端的销钉带动滑块在水平导槽内作直线运动[图 6-4(a)]。已知 $O_1A=r,AB=l$,且 $l>r$。曲柄与水平线的夹角随时间变化的关系为 $\varphi=\omega t$ 弧度(rad),其中 ω 为常数。试确定滑块 B 的运动方程、速度和加速度。

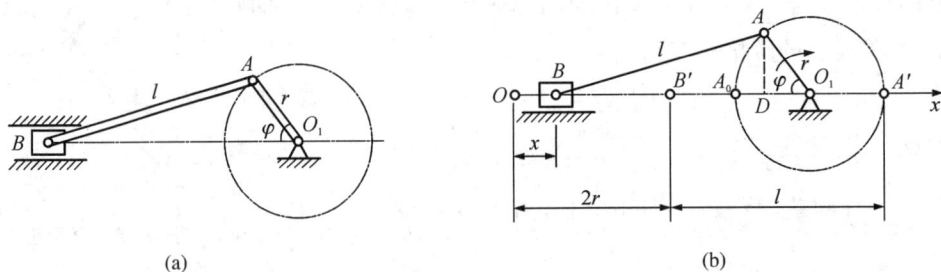

图 6-4 例 6-1 图

解:曲柄连杆机构广泛地应用在内燃机、冲床、往复式水泵和空气压缩机等设备上,它能将移动和转动相互转换。

在机构中,滑块 B 作直线运动,轨迹为直线 O_1B,可用直角坐标法建立起运动方程。根据已知条件,运动开始时$(t=0)\varphi=0,A$ 在 A_0 处,B 在点 O 处[图 6-4(b)]。显然 $OA_0+A_0O_1=l+r$。取 O 为坐标原点,由 O 向右为坐标轴 x 的正方向。由[图 6-4(b)]可见,在任意瞬时 t,滑块 B 的坐标为

$$\begin{aligned} x=OB&=OO_1-(BD+DO_1) \\ &=(r+l)-[\sqrt{l^2-(r\sin\varphi)^2}+r\cos\varphi] \\ &=r(1-\cos\varphi)+l\left[1-\sqrt{1-\left(\frac{r}{l}\right)^2\sin^2\varphi}\right] \end{aligned}$$

令 $\dfrac{r}{l}=\lambda$,并以 $\varphi=\omega t$ 代入,得

$$x=r(1-\cos\omega t)+l(1-\sqrt{1-\lambda^2\sin^2\omega t}\,)$$

上式就是滑块 B 的运动方程。由上式可知,当 $\varphi=\omega t=\pi$ 时,滑块 B 向右运动到 B' 位置,且 $x=x_{\max}=2r$,OB' 称为滑块的冲程,滑块 B 只在此范围内作往复运动。

将运动方程分别对时间 t 求一阶和二阶导数,就得到滑块 B 的速度和加速度。但滑块

B 的运动方程比较复杂,进行求导运算很烦琐。考虑到实际中的曲柄连杆机构,其 λ 值一般在 $\frac{1}{4}\sim\frac{1}{6}$ 之间,所以 $\lambda^2\sin^2\omega t$ 远小于 1。因此在工程中常采用近似计算。具体做法是,将 $\sqrt{1-\lambda^2\sin^2\omega t}$ 按二项式定理展开,有

$$\sqrt{1-\lambda^2\sin^2\omega t}=1-\frac{1}{2}\lambda^2\sin^2\omega t-\frac{1}{8}\lambda^4\sin^4\omega t-\cdots$$

上式从第三项起以后各项数值都很微小$\left(例如当\ \lambda=\frac{1}{4}\ 时,\frac{1}{8}\lambda^4=\frac{1}{2\ 048}\right)$,故皆可略去不计。于是上式可写为

$$\sqrt{1-\lambda^2\sin^2\omega t}\approx1-\frac{1}{2}\lambda^2\sin^2\omega t$$

则滑块 B 的运动方程可近似地写成

$$x=r\left(1-\cos\omega t+\frac{1}{2}\lambda\sin^2\omega t\right)$$

从而求得滑块 B 的速度的近似表达式

$$v=\frac{\mathrm{d}x}{\mathrm{d}t}=r\omega\left(\sin\omega t+\frac{1}{2}\lambda\sin2\omega t\right)$$

滑块 B 的加速度的近似表达式

$$a=\frac{\mathrm{d}v}{\mathrm{d}t}=r\omega^2\left(\cos\omega t+\lambda\cos2\omega t\right)$$

例 6-2　椭圆规的曲柄 OC 可绕轴 O 转动,其端点 C 与规尺 AB 的中点用销钉连接。AB 的两端铰接两滑块,分别在相互垂直的导槽中运动[图 6-5(a)]。试求规尺上点 M 的轨迹。已知 $OC=AC=BC=l,CM=b$,角 $\varphi=\omega t$,其中 ω 为常量。

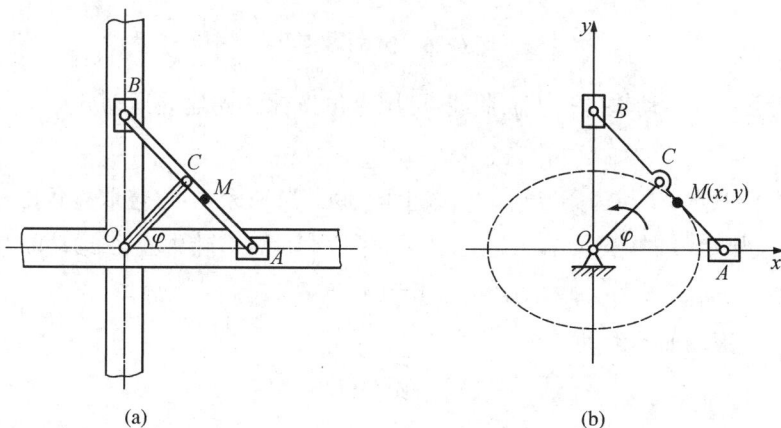

图 6-5　例 6-2 图

解: 先用直角坐标法建立点 M 的运动方程,再从运动方程中消去时间 t 即得轨迹方程。以点 O 为坐标原点,作坐标系 xOy 如[图 6-5(b)]所示。由题意知,在任一瞬时 t 曲柄

理论力学

OC 与 Ox 轴的夹角 $\varphi = \omega t$,由于 $\triangle OAC$ 是等腰三角形,故点 M 的坐标为

$$x = OC\cos\varphi + CM\cos\varphi = (l+b)\cos\varphi$$
$$y = OC\sin\varphi - CM\sin\varphi = (l-b)\sin\varphi$$

以 $\varphi = \omega t$ 代入上式,得点 M 的运动方程为

$$x = (l+b)\cos\omega t$$
$$y = (l-b)\sin\omega t$$

从运动方程中消去时间 t,即得点 M 的轨迹方程

$$\frac{x^2}{(l+b)^2} + \frac{y^2}{(l-b)^2} = 1$$

这是标准形式的椭圆方程,表示以坐标原点 O 为中心,长半轴为 $l+b$,短半轴为 $l-b$ 的椭圆,如[图 6-5(b)]中的虚线所示。

同理可以证明规尺 AB 其延长线上除 A、B、C 三点外,其他各点的轨迹都是长短轴不同的椭圆曲线。因此这个机构称为椭圆规。

有了运动方程,就可以通过求导得到点 M 的速度和加速度。读者可自行求解。

例 6-3 节圆半径为 R 的齿轮在水平固定齿条上滚动[图 6-6(a)]。已知齿轮中心 A 点作水平匀速直线运动,速度大小为 v_0。试求节圆上任意一点 M 的运动方程、轨迹、速度及加速度的表达式。

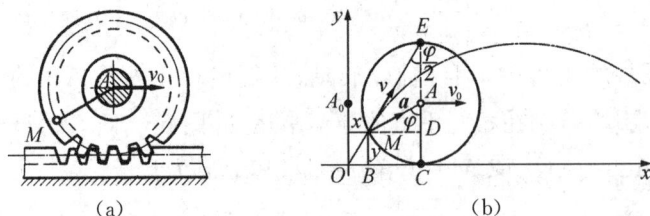

(a)　　　　　　　　(b)

图 6-6　例 6-3 图

解:节圆上点的运动轨迹是平面曲线,可用直角坐标法先建立运动方程,再求速度和加速度。

以节圆上任意点 M 与齿条啮合时节线上的点 O 为坐标原点,选取直角坐标系 xOy 如[图 6-6(b)],当 $t=0$ 时,点 A 在 A_0 处,经过时间 $t(\mathrm{s})$ 后,齿轮中心 A 运动的路程

$$s = A_0A = OC = v_0 t$$

因为齿轮只滚动而不滑动,故

$$OC = \widehat{MC} = R\varphi$$

所以

$$\varphi = \frac{v_0 t}{R}$$

于是在瞬时 t 点 M 的坐标为

· 118 ·

$$x = OB = OC - BC = v_0 t - R\sin\varphi$$

$$x = OB = OC - BC = v_0 t - R\sin\varphi$$

$$y = BM = AC - AD = R - R\cos\varphi$$

即

$$\begin{cases} x = v_0 t - R\sin\dfrac{v_0 t}{R} \\[3mm] y = R - R\cos\dfrac{v_0 t}{R} \end{cases}$$

这就是点 M 的运动方程,也是其轨迹的参数方程,该轨迹称为旋轮线或摆线,如[图 6-6 (b)]所示。

点 M 的速度在坐标轴上的投影

$$v_x = \frac{\mathrm{d}x}{\mathrm{d}t} = v_0 - v_0\cos\frac{v_0 t}{R} = v_0\left(1 - \cos\frac{v_0 t}{R}\right)$$

$$v_y = \frac{\mathrm{d}y}{\mathrm{d}t} = v_0\sin\frac{v_0 t}{R}$$

故速度 v 的大小及方向余弦

$$v = \sqrt{v_x^2 + v^2 + v_y^2} = v_0\sqrt{\left(1 - \cos\frac{v_0 t}{R}\right)^2 + \sin^2\left(\frac{v_0 t}{R}\right)}$$

$$= v_0\sqrt{2\left(1 - \cos\frac{v_0 t}{R}\right)} = 2v_0\sin\frac{v_0 t}{2R}$$

$$\cos(\boldsymbol{v},\boldsymbol{i}) = \frac{v_x}{v} = \frac{v_0\left(1 - \cos\dfrac{v_0 t}{R}\right)}{2\,v_0\sin\dfrac{v_0 t}{R}} = \frac{2v_0\sin^2\left(\dfrac{v_0 t}{2R}\right)}{2\,v_0\sin\dfrac{v_0 t}{2R}} = \sin\frac{v_0 t}{2R} = \sin\frac{\varphi}{2}$$

$$\cos(\boldsymbol{v},\boldsymbol{j}) = \frac{v_y}{v} = \frac{v_0\sin\dfrac{v_0 t}{R}}{2v_0\sin\dfrac{v_0 t}{2R}} = \cos\frac{v_0 t}{2R} = \cos\frac{\varphi}{2}$$

可见 $\angle(\boldsymbol{v},\boldsymbol{i}) = \dfrac{\pi}{2} - \dfrac{\varphi}{2}$,而 $\angle(\boldsymbol{v},\boldsymbol{j}) = \dfrac{\varphi}{2}$,即点 M 的速度方向与 x 轴正向间的夹角为 $\dfrac{\pi}{2} - \dfrac{\varphi}{2}$,与 y 轴正向间的夹角为 $\dfrac{\varphi}{2}$。如过节圆的最高点 E 作连线 ME,则 $\angle MEC = \dfrac{\varphi}{2}$,$\angle EMD = \dfrac{\pi}{2} - \dfrac{\varphi}{2}$。这说明速度 v 由 M 指向点 E。

点 M 的加速度在坐标轴上的投影

$$a_x = \frac{\mathrm{d}v_x}{\mathrm{d}t} = \frac{v_0^2}{R}\sin\frac{v_0 t}{R}$$

$$a_y = \frac{\mathrm{d}v_y}{\mathrm{d}t} = \frac{v_0^2}{R}\cos\frac{v_0 t}{R}$$

故加速度 a 的大小及方向余弦

$$a = \sqrt{a_x^2 + a_y^2} = \frac{v_0^2}{R}\sqrt{\sin^2\left(\frac{v_0 t}{R}\right) + \cos^2\left(\frac{v_0 t}{R}\right)} = \frac{v_0^2}{R}$$

$$\cos(\alpha, \boldsymbol{i}) = \frac{a_x}{a} = \sin\frac{v_0 t}{R} = \sin\varphi, \quad \cos(\alpha, \boldsymbol{j}) = \frac{a_y}{a} = \cos\frac{v_0 t}{R} = \cos\varphi$$

可见 $\angle(\boldsymbol{a}, \boldsymbol{i}) = \frac{\pi}{2} - \varphi$，$\angle(\boldsymbol{a}, \boldsymbol{j}) = \varphi$。即点 M 的加速度方向与 x 轴正向间的夹角为 $\frac{\pi}{2} - \varphi$，与 y 轴正向间的夹角为 φ。由图 6-6 可见，$\angle MAC = \varphi$，$\angle AMD = \frac{\pi}{2} - \varphi$。这说明当轮心 A 以匀速 v_0 运动时，加速度 a 由 M 指向 A 点。

上述点 M 的速度方向通过点 E 和加速度方向通过点 A 的特性与时间 t 无关，因此点 M 运动至任何位置时均保持这两个特性。

第三节　自然法

当点的运动轨迹为已知时，利用轨迹曲线本身作为参考系来确定动点位置的方法称为**自然法**。

设动点 M 沿已知轨迹曲线运动，见图 6-7，在轨迹曲线上任取一点 O 为参考点（原点），并沿轨迹定出正负方向，则点 M 在某瞬时的位置，可由参考点 O 到 M 的一段弧长 $\overset{\frown}{OM}$ 确定，并根据动点在参考点 O 的哪一边加上相应的正负号。这种带有正或负号的弧长，称为动点 M 的**弧坐标**，用 s 表示。当点 M 运动时，其弧坐标 s 随时间 t 而变化，是时间 t 的单值连续函数，即

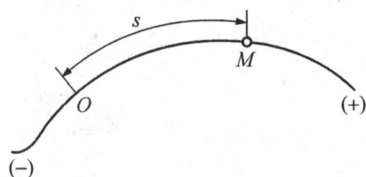

图 6-7　自然法

$$s = f(t) \tag{6-14}$$

式（6-14）称为点的**弧坐标形式的运动方程**。

例 6-4　摇杆机构由摇杆 BC、（滑块）套筒 A 和曲柄 OA 组成 [图 6-8(a)]已知 $OA = OB = 100$ mm，摇杆 BC 在一定范围内以 $\varphi = \frac{\pi}{10}t$ 的规律绕轴 B 摆动，并通过套在其上的（滑块）套筒 A 带动曲柄 OA 绕轴 O 转动。试求曲柄 OA 上点 A 的运动方程。

解：由 [图 6-8(a)] 可以看出 A 的轨迹是以 OA 为半径的圆，故可用自然法建立运动方程。

设曲柄 OA 与水平线的夹角为 θ，取开始时（$t=0$）点 A 的位置 A_0 为弧坐标的原点，由

A_0 向左定为弧坐标的正方向。在任一瞬时 t，摇杆 BC 的转角 $\varphi=\dfrac{\pi}{10}t$，动点由 A_0 运动到位置 A，其弧坐标

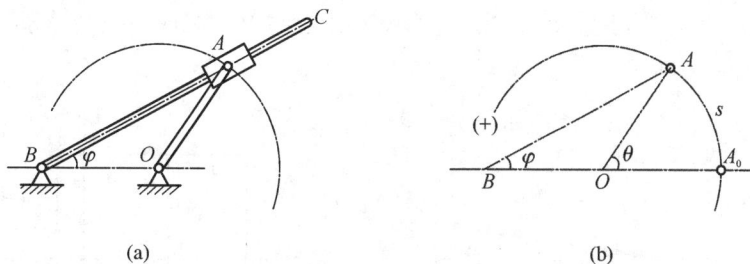

(a)　　　　　　　　　　(b)

图 6-8　例 6-4 图

$$s=\overset{\frown}{A_0A}=OA\cdot\theta$$

由于 $\triangle OAB$ 是等腰三角形，所以

$$\theta=2\varphi=2\frac{\pi}{10}t=0.628t\ \text{rad}$$

于是，点 A 的弧坐标形式的运动方程

$$s=OA\cdot\theta=0.1\times0.628t=62.8\times10^{-3}t\ \text{m}$$

　　动点沿曲线运动时，曲线的几何性质会直接影响动点的运动学要素。曲线各处的弯曲程度不同，动点速度的方向随时间的变化率也就不同。为了用自然法描述点的速度和加速度，先来介绍自然轴系。

　　设点的运动轨迹为一空间曲线 AB，见图 6-9。令点 M 和 M' 是曲线上对应于弧坐标 s 和 $s+\Delta s$ 的相邻两点，两点间的弧长为 Δs。曲线上作点 M 和 M' 处的切线 MT 和 $M'T'$（这两条切线一般并不在同一平面内）。自点 M 作平行于 $M'T'$ 的直线 MT_1，通过点 M 作一个包含切线 MT 和直线 MT_1 的平面。当点 M' 向点 M 趋近时，直线 MT_1 的方位将不断改变，因而所作的平面亦将绕切线 MT 连续地转动，而当点 M' 无限趋近于点 M，即当 Δs 趋近于零时，该平面就转到一个极限位置，这个处于极限位置的平面，称为曲线在点 M 处的**密切面**。曲线在点 M 附近无限小的弧段可以看成是在其密切面内的平面曲线。空间曲线上各点处密切面的方位随各点在曲线上的位置而改变；而平面曲线的密切面就是整个曲线所在的平面。

　　由以上讨论可知，曲线在点 M 处的切线 MT 位于该点的密切面内。现在通过点 M 作垂直于切线 MT 的平面，该平面称为曲线在点 M 处的**法面**，见图 6-10。由于法面内通过点 M 的任何一条直线都和切线 MT 相垂直，因而这些直线都是曲线在点 M 处的**法线**。但是在密切面上的法线只有一条，就是法面和密切面的相交线 MN。为区别其他法线，我们把 MN 称为曲线在点 M 处的**主法线**。而法面上与主法线相垂直的法线 MB 则称为曲线在点 M 处的**副法线**。

　　切线单位矢量 $\boldsymbol{\tau}$ 沿切线 MT，指向弧坐标 s 的正向；主法线单位矢量 $\boldsymbol{n}$ 沿主法线 MB，指

向曲线内凹的一边,即指向曲率中心;副法线单位矢量 b 沿副法线 MB,指向按右手法则确定,即

$$b=\tau\times n$$

这样,曲线上点 M 处的切线 MT,主法线 MN 和副法线 MB 组成一正交轴系,称为曲线的自然轴系,如图 6-10 所示。

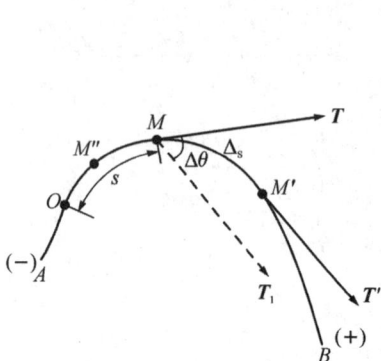

图 6-9　空间曲线 AB　　　　图 6-10　曲线的自然轴系

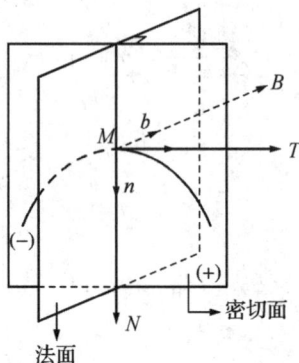

应该指出,由于曲线上各点的切线、主法线和副法线皆不相同,因此曲线上每一点都有它自己的**自然轴系**。随着动点在轨迹曲线上位置的变化,其自然轴系在空间的方位也随之而改变。因此沿各自然轴的单位矢量 τ、n、b 都是变矢量。

设由瞬时 t 到瞬时 $t+\Delta t$,动点沿已知轨迹由 M 运动到 M' 位置,动点在 Δt 时间内的位移为 Δr,而对应的弧坐标的增量为 Δs。于是,动点的速度

$$v=\frac{\mathrm{d}r}{\mathrm{d}t}=\frac{\mathrm{d}r}{\mathrm{d}s}\cdot\frac{\mathrm{d}s}{\mathrm{d}t}$$

由物理学知,$\frac{\mathrm{d}r}{\mathrm{d}s}=\tau$,于是点的速度又可写为

$$v=\frac{\mathrm{d}s}{\mathrm{d}t}\tau=v\tau \tag{6-15}$$

式(6-15)表明动点速度 v 总是沿轨迹的切线方向,其中 v 可理解为动点的速度 v 在轨迹曲线上的投影,是一代数量,它等于动点的弧坐标 s 对时间 t 的一阶导数,即

$$v=\frac{\mathrm{d}s}{\mathrm{d}t}=\dot{s} \tag{6-16}$$

将速度公式(6-15)代入点的加速度公式(6-3)得

$$a=\frac{\mathrm{d}v}{\mathrm{d}t}=\frac{\mathrm{d}}{\mathrm{d}t}(v\tau)=\frac{\mathrm{d}v}{\mathrm{d}t}\tau+v\frac{\mathrm{d}\tau}{\mathrm{d}t}$$

将动点的加速度 a 分为两项。其中一项 $\frac{\mathrm{d}v}{\mathrm{d}t}\tau$ 反映速度大小对时间的变化率,方向沿轨迹的切线,称为**切向加速度**,以 a_t 表示,即

$$a_t = \frac{\mathrm{d}v}{\mathrm{d}t}\boldsymbol{\tau} \qquad (6-17)$$

另一项 $v\dfrac{\mathrm{d}\boldsymbol{\tau}}{\mathrm{d}t}$ 反映动点速度的方向对时间的变化率。因为

$$v\frac{\mathrm{d}\boldsymbol{\tau}}{\mathrm{d}t} = v\frac{\mathrm{d}\boldsymbol{\tau}}{\mathrm{d}s} \cdot \frac{\mathrm{d}s}{\mathrm{d}t} = v^2\frac{\mathrm{d}\boldsymbol{\tau}}{\mathrm{d}s}$$

由物理学知，$\dfrac{\mathrm{d}\boldsymbol{\tau}}{\mathrm{d}s} = \dfrac{1}{\rho}\boldsymbol{n}$，因而矢量

$$v\frac{\mathrm{d}\boldsymbol{\tau}}{\mathrm{d}t} = \frac{v^2}{\rho}\boldsymbol{n}$$

又因此项加速度始终沿轨迹在点 M 处的主法线方向，并指向曲率中心，故称为**法向加速度**，以 $\boldsymbol{a}_n$ 表示，即

$$\boldsymbol{a}_n = \frac{v^2}{\rho}\boldsymbol{n} \qquad (6-18)$$

于是，动点的加速度可表示为

$$\boldsymbol{a} = \frac{\mathrm{d}v}{\mathrm{d}t}\boldsymbol{\tau} + \frac{v^2}{\rho}\boldsymbol{n} = \boldsymbol{a}_t + \boldsymbol{a}_n \qquad (6-19)$$

从式(6-18)看出 $\boldsymbol{\tau}$、$\boldsymbol{n}$ 都在密切面内，故加速度 $\boldsymbol{a}$ 也在密切面内。若以 a_t、a_n、a_b 分别表示加速度 $\boldsymbol{a}$ 在切线、主法线和副法线(3 个自然轴)上的投影，则加速度 $\boldsymbol{a}$ 的分解式为

$$\boldsymbol{a} = a_t\boldsymbol{\tau} + a_n\boldsymbol{n} + a_b\boldsymbol{b} \qquad (6-20)$$

比较式(6-19)和式(6-20)的两端，得

$$a_t = \frac{\mathrm{d}v}{\mathrm{d}t} = \frac{\mathrm{d}^2 s}{\mathrm{d}t^2}, \quad a_n = \frac{v^2}{\rho}, \quad a_b = 0 \qquad (6-21)$$

式(6-21)即动点的加速度在自然轴系上的投影公式，即动点的加速度在切线上的投影等于其速度在切线上的投影对时间的一阶导数，或等于其弧坐标对时间的二阶导数；加速度在主法线上的投影等于其速度的平方除以轨迹曲线在该点的曲率半径；加速度在副法线上的投影恒等于零。

于是，动点加速度 $\boldsymbol{a}$ 的大小和方向(图 6-11)为

$$\begin{cases} a = \sqrt{a_t^2 + a_n^2} = \sqrt{\left(\dfrac{\mathrm{d}v}{\mathrm{d}t}\right)^2 + \left(\dfrac{v^2}{\rho}\right)^2} \\ \tan\theta = \dfrac{|a_t|}{a_n} \end{cases} \qquad (6-22)$$

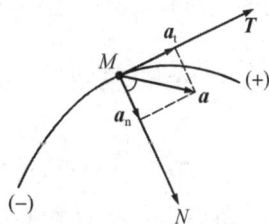

图 6-11 动点加速度的大小和方向

例 6-5 [图 6-12(a)]所示为正弦机构，曲柄 $OA = r$，以 $\varphi = \omega t$ 弧度(rad)的规律绕轴 O 转动。ω 为常量。滑块 A 可以在滑槽 BD 内滑动，带动槽杆 BDM 沿水平导轨运动。设 r、l、ω 都是已知量，试求槽杆端点 M 的运动方程、速度和加速度。

解：由简[图 6-12(b)]看出点 M 作水平直线运动。为建立点 M 的运动方程，可沿点

M 的轨迹以 O 为原点作坐标轴 Ox,在任意瞬时 t,曲柄 OA 与铅垂线之间的夹角为 $\varphi = \omega t$,则点 M 的坐标为

$$x = OA_1 + l = OA\sin\varphi + l$$

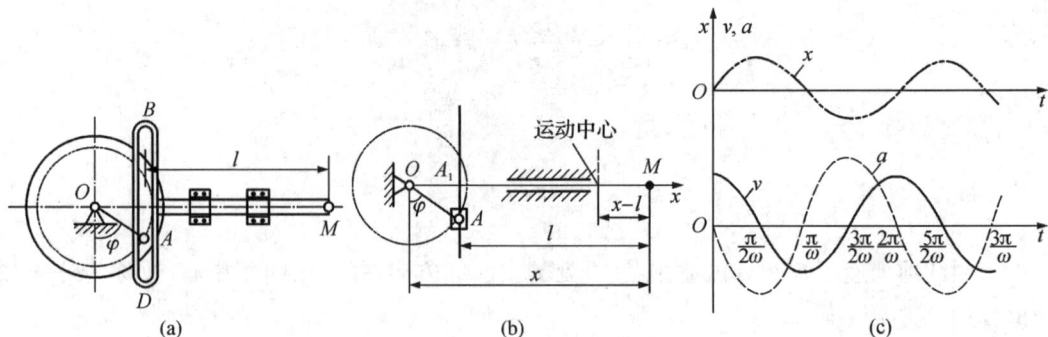

图 6-12　例 6-5 图

即

$$x = r\sin\omega t + l \tag{1}$$

式(1)即点 M 的运动方程。显然,点 M 作直线简谐运动。而点 M 的速度和加速度分别为

$$v = \frac{\mathrm{d}x}{\mathrm{d}t} = r\omega\cos\omega t \tag{2}$$

$$a = \frac{\mathrm{d}v}{\mathrm{d}t} = -r\omega^2\sin\omega t \tag{3}$$

可见点 M 的速度和加速度也按时间 t 的余弦函数或正弦函数的规律变化。

若以时间 t 为横坐标,分别以 x、v 及 a 为纵坐标,可作出方程(1)、(2)和(3)的函数图形,分别称为 x-t 图、v-t 图和 a-t 图,如[图 6-12(c)]所示。由这些曲线图可以看出点 M 运动的全过程具有下述特点:

(1) 运动是往复性的　点 M 由位置 $x = l(\varphi = 0$ 时)开始运动,往返于 $x = l + r\left(\varphi = \dfrac{\pi}{2},\right.$ $\dfrac{5}{2}\pi,\cdots$ 时$\bigg)$ 及 $x = l - r\left(\varphi = \dfrac{3}{2}\pi, \dfrac{7}{2}\pi,\cdots\right.$ 时$\bigg)$ 这两个极限位置之间。$x = l$ 这一位置称为点 M 的简谐运动中心。点 M 离开运动中心的最大距离 r 称为简谐运动的振幅。振幅大小取决于曲柄 OA 的长度。

(2) 运动是周期性的　它往复运动一次的时间是 $T = \dfrac{2\pi}{\omega}$ 秒(s),称为简谐运动的**周期**。周期长短与常数 ω 有关。周期的倒数 $\dfrac{\omega}{2\pi}$ 称为**频率**,表示每秒钟内点 M 往复运动的次数。

(3) 运动是变速的　点 M 经过运动中心时速度最大,加速度为零;经过两极限位置时加

速度最大，速度为零。点 M 从运动中心向两边运动时是减速运动，而从两边向中心运动时是加速运动。因此，简谐运动的加速度始终是指向简谐运动中心的。

例 6 - 6　动点在平面上运动，在任意时刻 t 其加速度矢量见下式

$$\boldsymbol{a}=(-Aq^2\cos qt)\boldsymbol{i}+(-Bq^2\sin qt)\boldsymbol{j}$$

式中，A、B 和 q 皆为已知的正常数，且 $A>B$。质点运动的初始条件是 $t=0$，$\boldsymbol{r}_0=A\boldsymbol{i}$，$\boldsymbol{v}_0=Bq\boldsymbol{j}$。

（1）求出在任一瞬时 t，$\boldsymbol{v}$ 和 $\boldsymbol{r}$ 的表达式，并证明由动点所在位置画出的加速度矢量 $\boldsymbol{a}$ 总是通过坐标原点。

（2）求出动点的轨迹方程。

解：（1）对加速度矢量式进行积分，得

$$\boldsymbol{v}=\int a\,\mathrm{d}t+\boldsymbol{C}=\int\left[(-Aq^2\cos qt)\boldsymbol{i}+(-Bq^2\sin qt)\boldsymbol{j}\right]\mathrm{d}t+\boldsymbol{C}$$
$$=(-Aq\sin qt)\boldsymbol{i}+(Bq\cos qt)\boldsymbol{j}+\boldsymbol{C}$$

将初始条件 $t=0$，$\boldsymbol{v}_0=Bq\boldsymbol{j}$ 代入上式，得积分常矢量 $\boldsymbol{C}=0$。于是，在任一瞬时 t 动点的速度 $\boldsymbol{v}$ 的表达式为

$$\boldsymbol{v}=(-Aq\sin qt)\boldsymbol{i}+(Bq\cos qt)\boldsymbol{j}$$

对速度矢量式进行积分得

$$\boldsymbol{r}=\int v\,\mathrm{d}t+\boldsymbol{D}=\int\left[(-Aq\sin qt)\boldsymbol{i}+(Bq\cos qt)\boldsymbol{j}\right]\mathrm{d}t+\boldsymbol{D}$$
$$=(A\cos qt)\boldsymbol{i}+(B\sin qt)\boldsymbol{j}+\boldsymbol{D}$$

将初始条件 $t=0$，$\boldsymbol{r}_0=A\boldsymbol{i}$ 代入上式，得积分常矢量 $\boldsymbol{D}=0$。于是在任一瞬时 t 动点的矢径 $\boldsymbol{r}$ 的表达式为

$$\boldsymbol{r}=(A\cos qt)\boldsymbol{i}+(B\sin qt)\boldsymbol{j}$$

将上式与加速度 $\boldsymbol{a}$ 的矢量表达式相比较，有

$$\boldsymbol{a}=-q^2\boldsymbol{r}$$

由此可见，动点的加速度矢量 $\boldsymbol{a}$ 总是与动点的矢径 $\boldsymbol{r}$ 共线并反向，故加速度矢量 $\boldsymbol{a}$ 总是通过坐标原点。

（2）由矢径 $\boldsymbol{r}$ 的表达式知，在任一瞬时 t，动点的运动方程为

$$x=A\cos qt，\quad y=B\sin qt$$

从以上两式中消去时间 t，得动点的轨迹方程

$$\frac{x^2}{A^2}+\frac{y^2}{B^2}=1$$

即动点在平面上运动的轨迹为具有半轴 A 和 B 的椭圆，如图 6 - 13 所示。

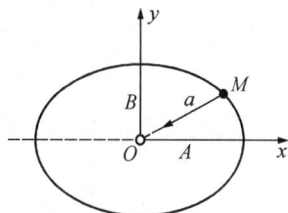

图 6 - 13　例 6 - 6 图

例 6-7 动点 M 沿半径 $r=0.1$ m 的圆轨迹运动,已知其运动规律为 $s=0.4t^2$,其中 s 以米计,t 以秒计。试求当 $t=0.5$ s 时,动点 M 的位置、速度和加速度。

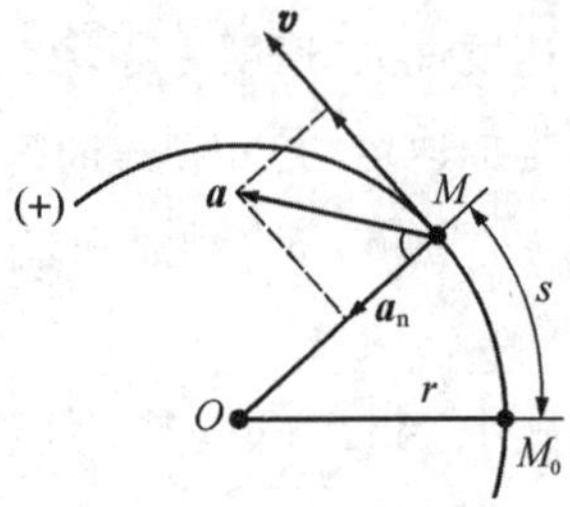

图 6-14 例 6-7 图

解:以 M_0 为弧坐标的原点,轨迹曲线的正向如图 6-14 所示。由题意知动点沿轨迹的运动方程为

$$s=0.4t^2$$

$$v=\frac{\mathrm{d}s}{\mathrm{d}t}=0.8t \text{ m/s}$$

$$a_t=\frac{\mathrm{d}v}{\mathrm{d}t}=0.8 \text{ m/s}^2$$

$$a_n=\frac{v^2}{\rho}=\frac{(0.8t)^2}{r}=\frac{0.64t^2}{0.1}=0.64t^2 \text{ m/s}^2$$

将 $t=0.5$ s 代入以上诸式,得该瞬时点 M 的弧坐标

$$s=0.4\times0.5^2=0.1 \text{ m}$$

点 M 的速度

$$v=0.8\times0.5=0.4 \text{ m/s}$$

沿轨迹上点 M 处的切线方向,见图 6-14。此时,

点 M 的切向与法向加速度

$$a_t=0.8 \text{ m/s}^2, \quad a_n=6.4\times0.5^2=1.6 \text{ m/s}^2$$

点 M 的全加速度

$$a=\sqrt{a_t^2+a_n^2}=\sqrt{0.8^2+1.6^2}=1.79 \text{ m/s}^2$$

θ 与主法线正向间的夹角见图 6-14,其求解表达式

$$\theta=\arctan\frac{a_t}{a_n}=\arctan\frac{0.8}{1.6}=26.57°$$

由于 v 和 l 皆为正值,故在 $t=0.5$ s 时,点 $OC=x$ 沿弧坐标的正向作加速运动。

例 6-8 动点 M 在铅垂平面内沿双曲线轨迹 $xy=36$ 运动,其中 x、y 皆以米计。试就下列条件分别求当动点运动到 $x=6$ m 处时的加速度。(1)动点具有匀速 $v=10$ m/s,方向如[图 6-15(a)]所示;(2)动点速度沿铅直方向的投影为常值 $v_y=-10$ m/s。

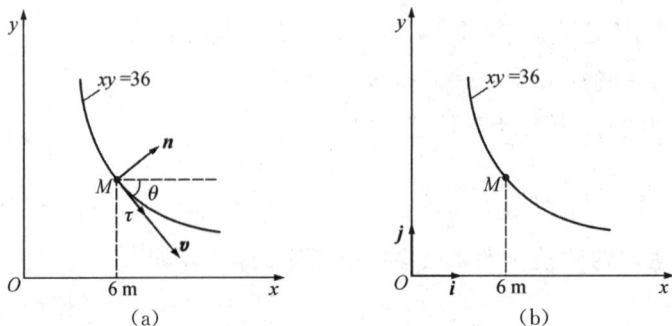

图 6-15 例 6-8 图

解：在本题的两个问题中，已知运动轨迹要求点的加速度。在问题(1)中，因点的速度为已知，故用自然法求解；而在问题(2)中，因已知速度沿直角坐标的投影，故用直角坐标法求解。

(1) 已知 $xy=36$，$v=10$ m/s，求 $x=6$ m 时的 $\boldsymbol{a}$，见[图 6-15(a)]。

动点 M 的加速度

$$\boldsymbol{a}=\frac{\mathrm{d}v}{\mathrm{d}t}\boldsymbol{\tau}+\frac{v^2}{\rho}\boldsymbol{n}$$

因为 $v=10$ m/s＝常量，所以 $\dfrac{\mathrm{d}v}{\mathrm{d}t}=0$。为此还需求出轨迹在 $x=6$ m 处的曲率 $\dfrac{1}{\rho}$。由于动点的轨迹是平面曲线，故由高等数学知

$$\frac{1}{\rho}=\frac{|\mathrm{d}^2y/\mathrm{d}x^2|}{\left[1+\left(\dfrac{\mathrm{d}y}{\mathrm{d}x}\right)^2\right]^{3/2}}$$

因为

$$y=\frac{36}{x}$$

所以

$$\frac{\mathrm{d}y}{\mathrm{d}x}=-\frac{36}{x^2},\quad \frac{\mathrm{d}^2y}{\mathrm{d}x^2}=\frac{72}{x^3}$$

于是，在 $x=6$ m 处

$$\frac{1}{\rho}=\frac{|72/6^3|}{\left[1+\left(-\dfrac{36}{6^2}\right)^2\right]^{3/2}}=0.118 \text{ m}^{-1}$$

则求得

$$a_{\mathrm{t}}=0,\quad a_{\mathrm{n}}=10^2\times0.118=11.8 \text{ m/s}^2$$

$$\theta=\arctan\left|\frac{\mathrm{d}y}{\mathrm{d}x}\right|=\arctan\left|\frac{36}{6^2}\right|=45°$$

(2) 已知 $xy=36$，$v_y=-10$ m/s，求 $x=6$ m 时的 $\boldsymbol{a}$[图 6-15(b)]。

动点 M 的加速度

$$\boldsymbol{a}=\ddot{x}\boldsymbol{i}+\ddot{y}\boldsymbol{j}$$

因为 $v_y=\dot{y}=-10$ m/s＝常值，所以 $\ddot{y}=0$；又由题意知，当

$$x=\frac{36}{y}$$

所以

$$\dot{x}=-\frac{36}{y^2}\dot{y},\quad \ddot{x}=\frac{72}{y^3}\dot{y}^2-\frac{36}{y^2}\ddot{y}$$

当 $x=6$ m 时, $y=36/6=6$ m, 则

$$\ddot{x}=\frac{72}{6^3}(-10)^2-0=33.3 \text{ m/s}^2=a$$

注意：虽然两个问题的已知条件看起来颇为相似，但两者的结果差别是很显著的。

由例 6-4，已得到了点 A 的弧坐标形式的运动方程，请读者自行求出其速度和加速度。

第四节　极坐标法

当动点沿平面曲线运动时候，用极坐标确定动点的位置有时也很方便，如图 6-16 所示，在点的运动平面内选取极点 O 和极轴 Ox。由极点 O 到点 M 的距离 ρ 称为**动径**；由极轴 Ox 到动径 ρ 所成的角 φ 称为**幅角**，则点 M 的位置可由极坐标 (ρ,φ) 确定。当点 M 运动时，其极坐标 ρ 和 φ 都是时间 t 的单值连续函数，即

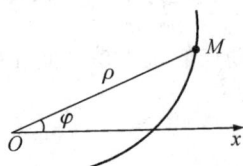
图 6-16　极坐标法

$$\rho=\rho(t),\quad \varphi=\varphi(t) \tag{6-23}$$

式 (6-23) 称为点的**极坐标形式的运动方程**。

从式 (6-23) 中消去时间 t，可得出用极坐标表示的点的轨迹方程。

$$F(\rho,\varphi)=0 \tag{6-24}$$

在实际问题中描述点的运动时，除了应用以上各种形式的运动方程以外，根据问题的不同特点，还可采用其他形式的运动方程。这里就不一一介绍了。

点 M 的速度和加速度在径向及横向的投影分别为

$$v_\rho=\frac{d\rho}{dt},\quad v_\varphi=\rho\frac{d\varphi}{dt} \tag{6-25}$$

$$a_\rho=\frac{d^2\rho}{dt^2}-\rho\left(\frac{d\varphi}{dt}\right)^2,\quad a_\varphi=2\frac{d\rho}{dt}\frac{d\varphi}{dt}+\rho\frac{d^2\varphi}{dt^2} \tag{6-26}$$

试导出柱坐标形式的运动方程、速度和加速度。

例 6-9　试用极坐标法建立例 6-4（图 6-8）中点 A 的运动方程。

解：以 B 为极点，以 BA_0 为极轴，则动径 $\rho=BA=2BO\cos\varphi$，幅角 $\varphi=\frac{\pi}{10}t$ [图 6-8(b)]，得点 A 的运动方程为

$$\rho=0.2\cos\frac{\pi}{10}t \text{ m},\quad \varphi=\frac{\pi}{10}t \text{ rad}$$

请读者自行求解速度和加速度。

本章小结

描述动点在空间的几何位置随时间变化的规律,常用的方法有矢量法、直角坐标法和自然法。

1. 矢量法

运动方程:$r=r(t)$,速度:$v=\dfrac{\mathrm{d}r}{\mathrm{d}t}$,加速度:$a=\dfrac{\mathrm{d}v}{\mathrm{d}t}=\dfrac{\mathrm{d}^2r}{\mathrm{d}t^2}$,轨迹:矢径端图。

2. 直角坐标法

运动方程:

$$x=f_1(t), \quad y=f_2(t), \quad z=f_3(t)$$

速度:

$$v=v_x i+v_y j+v_z k, \quad v_x=\frac{\mathrm{d}x}{\mathrm{d}t}, \quad v_y=\frac{\mathrm{d}y}{\mathrm{d}t}, \quad v_z=\frac{\mathrm{d}z}{\mathrm{d}t}$$

加速度:

$$a=a_x i+a_y j+a_z k, \quad a_x=\frac{\mathrm{d}v_x}{\mathrm{d}t}=\frac{\mathrm{d}^2x}{\mathrm{d}t}, \quad a_y=\frac{\mathrm{d}v_y}{\mathrm{d}t}=\frac{\mathrm{d}^2y}{\mathrm{d}t}, \quad a_z=\frac{\mathrm{d}v_z}{\mathrm{d}t}=\frac{\mathrm{d}^2z}{\mathrm{d}t}$$

运动方程中消去时间 t,得轨迹。

3. 自然法

弧坐标形式的运动方程:

$$s=f(t)$$

速度:

$$v=v\boldsymbol{\tau}=\frac{\mathrm{d}s}{\mathrm{d}t}\boldsymbol{\tau}$$

加速度:

$$a=a_t+a_n+a_b=a_t\boldsymbol{\tau}+a_n\boldsymbol{n}$$

$$a_t=\frac{\mathrm{d}v}{\mathrm{d}t}=\frac{\mathrm{d}^2s}{\mathrm{d}t^2}, \quad a_n=\frac{v^2}{\rho}, \quad a_b=0$$

点的切向加速度只反映速度大小的变化,法向加速度只反映速度方向的变化。

4. 极坐标法

极坐标形式的运动方程:

$$\rho=\rho(t), \quad \varphi=\varphi(t)$$

速度:

$$v_\rho=\dot{\rho}, \quad v_\varphi=\rho\dot{\varphi}$$

加速度：

$$a_\rho = \ddot{\rho} - -\rho\dot{\varphi}^2, \quad a_\varphi = 2\dot{\rho}\dot{\varphi} + \rho\ddot{\varphi}$$

习 题

6-1 点 M 沿曲线运动时，试就下列各图中所设的速度 v 和加速度 a 的情况，指出哪些是加速运动？哪些是减速运动？哪些是不可能的？

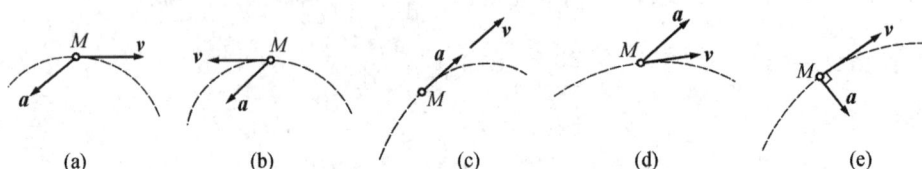

题 6-1 图

6-2 已知点的运动方程，求其轨迹方程，并从点的起始位置计算弧长。写出点沿轨迹的运动方程。

(1) $\boldsymbol{r} = (4t - 2t^2)\boldsymbol{i} + (3t - 1.5t^2)\boldsymbol{j}$

(2) $\boldsymbol{r} = t^2\boldsymbol{i} + 2t\boldsymbol{j}$

(3) $\boldsymbol{r} = (a\sin\omega t)\boldsymbol{i} + (b - a\sin\omega t)\boldsymbol{j}$

(4) $\boldsymbol{r} = (2a\cos^2\omega t)\boldsymbol{i} + (a\sin 2\omega t)\boldsymbol{j}$

(5) $\boldsymbol{r} = a(\omega t - \sin\omega t)\boldsymbol{i} + a(1 - \cos\omega t)\boldsymbol{j}$

[以上各题中，r 以 m 计，t 以 s 计。在(3)、(4)、(5)题中 a、b、ω 皆为正值常数]

6-3 杆 AB 长 l，铰接于滑块 B 上，并按 $\varphi = \omega t$ 的规律绕滑块 B 转动，而滑块 B 在水平面上按 $s = a + b\sin\omega t$ 的规律沿直线作谐运动，其中 a, b, ω 皆为常量。试求点 A 的轨迹方程。

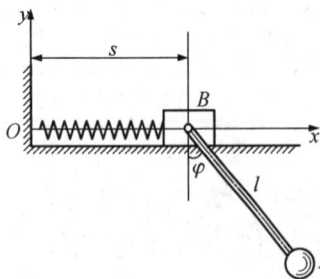
题 6-3 图

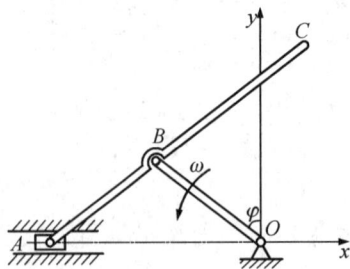
题 6-4 图

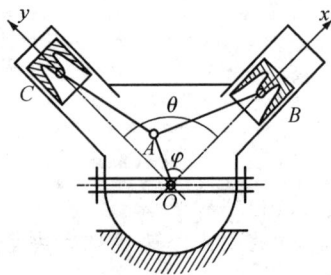
题 6-5 图

6-4 曲柄连杆机构的曲柄 OB 绕轴 O 逆时针转动，转角 $\varphi = \omega t$，其中 ω 为常量。已知 $AB = OB = R$，$BC = l$，且 $l > R$。试确定连杆 AB 的延长线上点 C 的运动方程和轨迹方程。又问：若 $l = R$，则点 C 的运动方程和轨迹方程如何？

6-5 V 形发动机两排汽缸的轴线之间的夹角 $\theta = 90°$。曲柄 OA 绕轴 O 转动，转角

$\varphi = \omega t$，其中 ω 为常量。已知曲柄长 $OA = r$，连杆长 $AB = AC = l$，试分别建立活塞 B 和 C 的运动方程。

6-6　题 6-6 图所示为一曲线规，当杆 OA 绕点 O 转动时，点 M 就画出一条曲线，已知 $OA = AB = l$，$CM = DM = AC = AD = b$，试求当角 $\varphi = \omega t$ 时，点 M 的运动方程和轨迹方程。

6-7　半径为 r 的圆环固定在竖直平面内，杆 AB 由水平位置以匀速 u 向下运动。试求套在杆 AB 和固定圆环上的小圈 M 的自然形式的运动方程。设在初瞬时，小圈 M 处于固定圆环的最高点 M_0，随后则沿圆环向右运动。

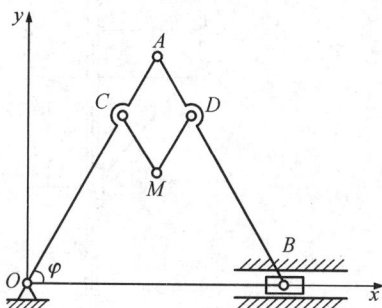

题 6-6 图

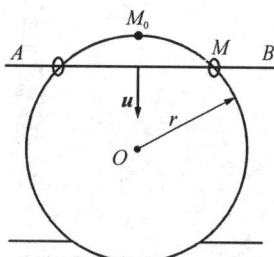

题 6-7 图

6-8　已知点的加速度 $\boldsymbol{a} = -9.81\boldsymbol{j}$ m/s^2，而在 $t = 0$ 时，$\boldsymbol{v}_0 = 10\boldsymbol{i}$ m/s 和 $\boldsymbol{r}_0 = 100\boldsymbol{j}$ m。试求：(1) 在任一瞬时 t 动点的矢径 $\boldsymbol{r}$，(2) 动点轨迹的直角坐标方程。

6-9　在题 6-9 图所示四连杆机构中，曲柄长 $O_1A = O_2B = r$ mm，连杆长 $AB = O_1O_2$，设 $AM = c$ mm，且已知曲柄 O_1A 每 4 s 转一周，试求连杆上点 M 的轨迹、速度和加速度。

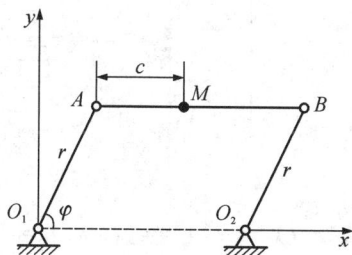

题 6-9 图

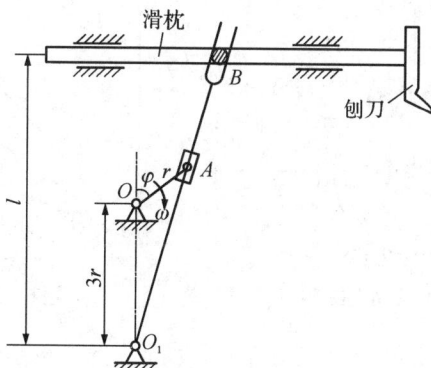

题 6-10 图

6-10　题 6-10 图所示为牛头刨床中的摇杆机构，电动机带动曲柄 OA 顺时针转动，转角 $\varphi = \omega t$，其中 ω 为常量。滑块 A 可沿摇杆 O_1B 滑动，并同时带动摇杆绕轴 O_1 摆动；摇杆又带动安装刨刀的滑枕作水平往复运动。已知曲柄长 $OA = r$，滑枕到轴 O_1 的距离为 l，$OO_1 = 3r$。试求任一瞬时刨刀的运动方程、速度和加速度。

6-11 雷达在距离火箭发射台 l 处观察铅垂上升的火箭发射,测得角 θ 的规律为 $\theta = kt$,其中 k 为常数。试列出火箭的运动方程,并求出当 $\theta = \dfrac{\pi}{6}$ 和 $\theta = \dfrac{\pi}{3}$ 时,火箭的速度和加速度。

6-12 滑块 C 由绕过定滑轮 A 的绳索牵引而沿竖直导轨上升,滑轮中心到导轨间的水平距离 $AO = b$。设将绳索的自由端以匀速 u 拉动,试求滑块 C 的速度和加速度与距离 $OC = y$ 的关系(滑轮 A 的尺寸不计)。

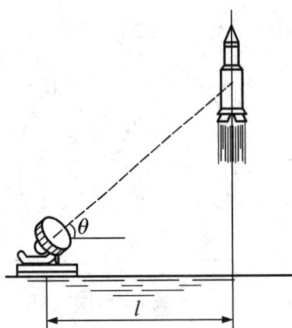

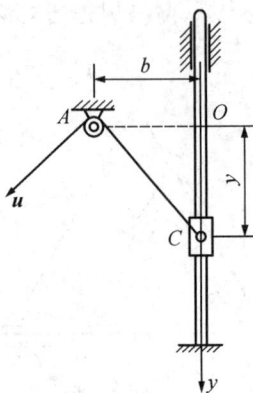

题 6-11 图　　　　　　题 6-12 图

6-13 半径 $r = 0.1$ m 的小齿轮由曲柄 OA 带动,在半径 $R = 0.2$ m 的固定大齿轮上滚动。设曲柄转动时的转角 $\varphi = 4t$,试求在 $t = 0$ 时小齿轮上与大齿轮上点 M_0 接触的点 M 的运动方程、速度和加速度。

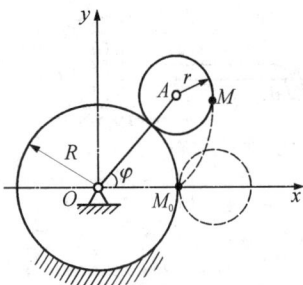

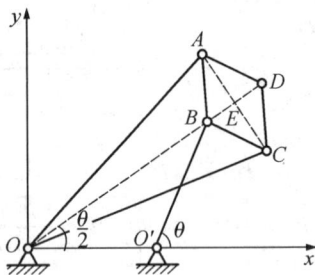

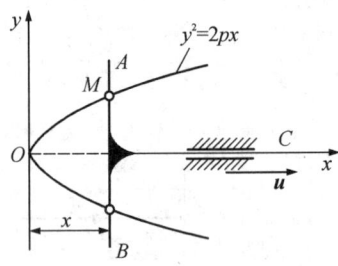

题 6-13 图　　　　　题 6-14 图　　　　　题 6-15 图

6-14 题 6-14 图所示为一直线运动机构,其中 $OA = OC = b$,$AB = BC = CD = DA = c$,$OO' = O'B = R$,当杆 $O'B$ 绕轴 O' 转动时,点 D 的运动轨迹为一直线。设 $O'B$ 的转角 $\theta = \omega t$,其中 ω 为常数。试对图示 xOy 坐标系列机构中点 D 的运动方程中,按下列数据计算点 D 的速度和加速度。$b = 0.7$ m,$c = 0.2$ m,$r = 0.3$ m,$\omega = 0.1$ rad/s,$\theta = 60°$。

6-15 丁字形杆 ABC 以匀速 u 沿 x 轴正向运动,带动套在抛物线 $y^2 = 2px$ 的导轨上的小圆环 M 运动,其中 p 为常数,试求小圆环 M 的速度和加速度的大小(表示为杆 ABC 位

移 x 的函数)。

6-16　摇杆机构的导杆 AB 在某段时间内以匀速 u 向上运动。试用自然法建立摇杆 OC 上点 C 的运动方程,并求点 C 在 $\varphi=\dfrac{\pi}{4}$ 时速度的大小。假设摇杆长 $OC=b$,距离 $OB=l$ 在初瞬时 $\varphi=0$。

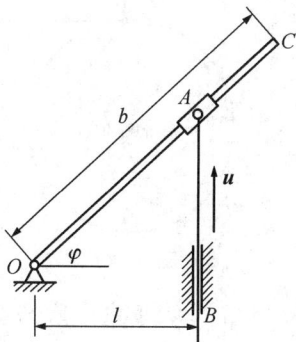

题 6-16 图

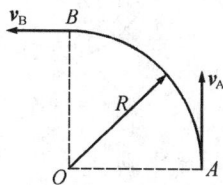

题 6-17 图

6-17　一点沿半径为 R 的圆周由静止开始作匀加速运动,走完第一圈用了 T 秒,试求该点在 T 秒瞬时的速度和加速度。

6-18　一竞赛汽车的速度匀速增加,在半径 $R=250$ m 的弯道上行驶 150 m 后,其速度由 90 km/h 增加到 126 km/h。试求当汽车沿该弯道驶过 100 m 时其全加速度的大小和方向。

6-19　A、B 两点沿半径 $R=1$ m 的圆环自同一处出发,朝同一方向运动,初速度皆为零。在运动过程中,点 A 的切向加速度恒为 $a_{tA}=60$ mm/s^2,点 B 的切向加速度为 $a_{tB}=6t$ mm/s^2。试求运动后两点第一次相遇的时间以及在第一次相遇的瞬时,两点的速度和加速度的大小。

6-20　一动点由静止开始作匀加速圆周运动。试证明该点的全加速度和切向加速度的夹角 θ 与其经过的那段圆弧相对应的圆心角 φ 之间存在如下关系:$\tan\theta=2\varphi$。

6-21　如题 6-21 图所示,OA 和 O_1B 两杆分别绕 O 和 O_1 轴转动,用十字形滑块 D 将两杆连接。在运动过程中,两杆保持相交成直角。已知:$OO_1=a$;$\varphi=kt$,其中 k 为常数。求滑块 D 的速度和相对于 OA 的速度。

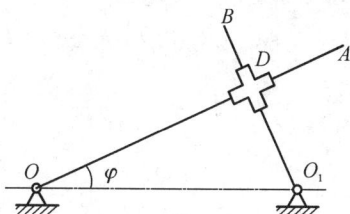

题 6-21 图

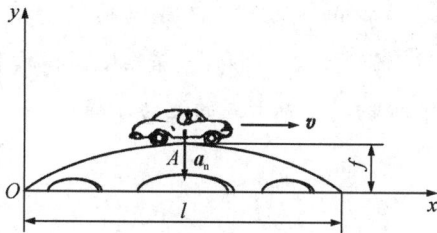

题 6-22 图

6-22　汽车以 $v=36$ km/h 的匀速驶过一拱桥。拱桥的桥面为抛物线 $y=\dfrac{4f}{l^2}x(l-$

x),其中 x、y 皆以 m 计,且 $f=1$ m,$l=32$ m。试求该汽车驶至桥面最高点 A 时的加速度。

6-23　一汽车在点 A 由静止开始沿水平轨道 ABC 运动如题 6-23 图所示。在运动中其切向加速度 $a_{\mathrm{t}}=0.2t(\mathrm{m/s^2})$,其中 t 以秒计。试求该汽车运动到点 B 时的加速度 a_B。

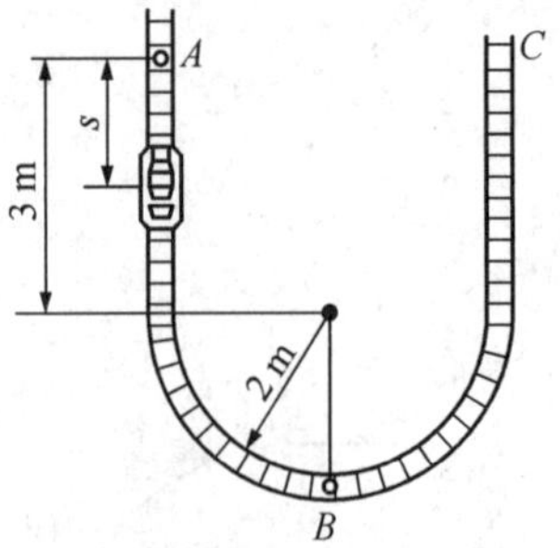

题 6-23 图 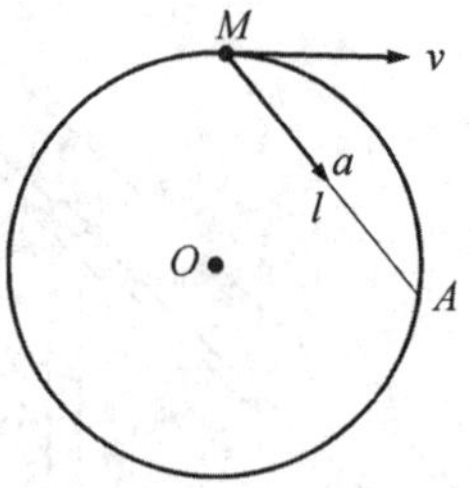　　　　　　　题 6-24 图

6-24　点 M 沿平面曲线运动,其加速度 a 的作用线与曲率圆相割得弦 $MA=l$,如题 6-24 图所示。试以点 M 的速度的大小 v 及弦长 l 表示该加速度的值。

6-25　螺线画规由一根铰接于曲柄 OA 并穿过定轴套管 B 的直杆 QQ' 组成,杆上有一点 M,距离 $AM=b$。设以点 B 为极坐标的极点,直线 BO 为极轴,且已知幅角 $\varphi=\omega t$,其中 ω 为常量,$BO=AO=c$,求点 M 的极坐标形式的运动方程和轨迹方程。

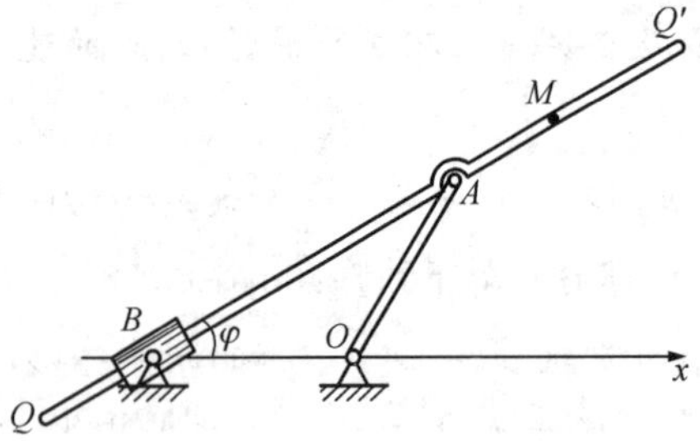

题 6-25 图 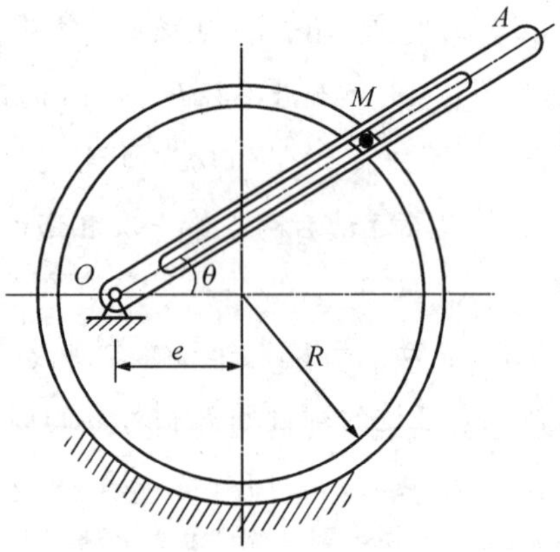　　　　　　　题 6-26 图

6-26　销钉 M 可在转臂 OA 与固定圆槽中滑动,设转臂 OA 绕偏心轴 O 的转角 $\theta=200t$,其中 θ 以弧度计,t 以秒计。若固定圆槽的半径 $R=0.64$ m,轴 O 的偏心距 $e=0.38$ m。试列出销钉 M 的极坐标形式的运动方程。

第七章 刚体的基本运动

教学要求：

1. 掌握刚体平移和定轴转动的概念及其特征；
2. 熟练求解定轴转动刚体的角速度、角加速度以及刚体上各点的速度和加速度；
3. 掌握角速度和角加速度矢量以及用矢积表示点的速度和加速度。

第一节 刚体的平移

刚体在运动过程中，若其上任一直线始终保持与原来的位置平行，亦即该直线在空间的方位保持不变。具有这种特征的刚体运动称为平行移动，简称**平移**。刚体平移在工程实际中是常见的，例如内燃机汽缸中活塞的运动、液压升降台中台面 AB 的运动[图 7 - 1(a)]、蒸汽机车平行杆 AB 的运动[图 7 - 1(b)]以及机床工作台的运动等。这些构件的运动都具有上述共同特征，因而都是平移。

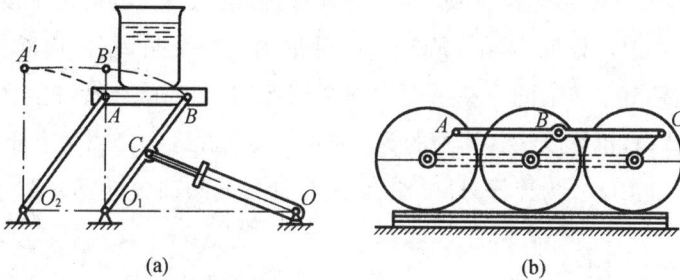

(a)　　　　　　　　(b)

图 7 - 1 刚体平移

现就一般情形，研究刚体内各点的运动轨迹、速度和加速度。

设图 7 - 2 所示为刚体作平移。在刚体上任取一线段 AB，该刚体的运动可由 AB 在空间的位置确定。为研究刚体内各点的运动，可以 O 为参考点，向两点 A、B 分别引矢径 r_A 和 r_B，则点 A 和点 B 的运动方程分别为

$$r_A = r_A(t), \quad r_B = r_B(t)$$

而且两者之间有下列关系：

$$r_B = r_A + \overrightarrow{AB} \qquad (7 - 1)$$

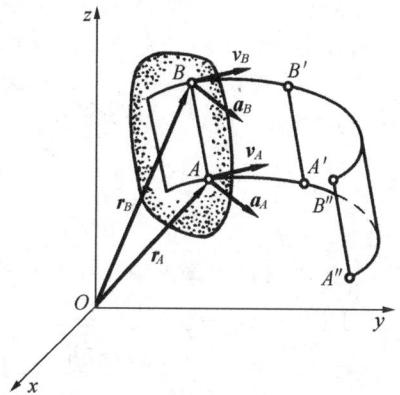

图 7 - 2 刚体作平移运动轨迹

由于刚体作平移,在运动中矢量$\overrightarrow{AB}$的大小和方向都不改变,所以$\overrightarrow{AB}$为一常矢量。由式(7-1)可见,点A和点B的运动方程之间只相差一个常矢量。这说明点A和点B不仅运动轨迹形状相同,而且运动规律也相同。在上面列举的各例中,见图7-1,活塞上各点的轨迹是相互平行的直线;升降台上各点的轨迹都是半径等于O_1B长度的圆弧;平行杆ABC上各点的轨迹是相同的短幅摆线。

将式(7-1)对时间t取一阶和二阶导数,同时注意到常矢量$\overrightarrow{AB}$的导数等于零,于是有$v_B = v_A$及$a_B = a_A$,这说明刚体内任意两点的速度、加速度也相等。

综上分析,可得如下结论:**刚体平移时,其上各点的轨迹形状相同;同一瞬时各点的速度彼此相等,各点的加速度也彼此相等**。因此,在研究刚体平移时,只要知道刚体上某一个点的运动,就能知道所有点的运动。或者说,平移刚体内任一点的运动,都可以代表刚体的运动。所以,刚体平移可归结为点的运动。这样,前一章所介绍的研究点的运动的方法,在这里都可以应用。

第二节　刚体的定轴转动

刚体在运动时,若体内(或其延伸部分)有一条直线固定不动,则这种运动称为刚体绕固定轴转动,简称**定轴转动**。这条不动的直线称为**转轴**或**轴线**。

定轴转动在工程实际中经常见到,例如飞轮、皮带轮、齿轮、电机转子以及机床主轴等,都在轴承的约束下,绕一根固定轴线旋转。这种运动的特征是,刚体内除转轴上的点不动外,其余各点都在垂直于转轴的一些平面内作圆周运动,圆心就在转轴上。根据这一特征,转轴既可以在刚体内,也可以在其体外的延伸部分。如[图7-3(a)]为连杆AB绕其体内的轴A转动,而[图7-3(b)]为连杆AB绕其体外延伸部分的轴O转动。

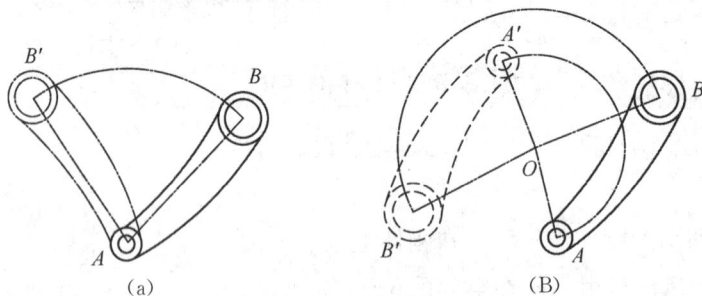

图7-3　刚体的定轴转动

定轴转动刚体内除转轴上的点不动外,其余各点的轨迹都是圆。那么各点的轨迹是圆的刚体运动就一定是定轴转动?

图7-4是一个绕固定轴Oz转动的刚体。为确定其任一瞬时的位置,过Oz作一固定平面Ⅰ和另一与刚体固连,随刚体一起转动的动平面Ⅱ,见图7-4。刚体相对于固定平面转

动的位置,可用动平面Ⅱ与固定平面Ⅰ之间的夹角 φ 来确定。因为转动时刚体上各点的位移显然由于与转轴的距离不同而不同,但在同一时间间隔内,刚体上垂直于转轴的任一条直线转过的角度却都相同。所以角 φ 给定后,整个刚体的位置也就给定了。夹角 φ 称为转动刚体的**转角**。

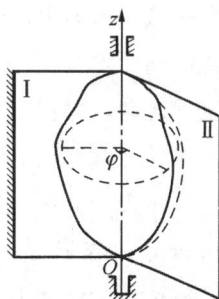

图 7-4　绕固定轴 Oz
转动的刚体

刚体绕固定轴 Oz 既可以顺时针转动,也可以逆时针转动。为了区别,习惯上规定从轴 Oz 的正端看去,由固定平面Ⅰ逆时针量得的角 φ 为正;顺时针量得的角 φ 为负。故转角 φ 是代数量,转角 φ 的常用单位是弧度(rad)。

当刚体转动时,转角 φ 随时间 t 而改变,是时间 t 的单值连续函数,即

$$\varphi = f(t) \tag{7-2}$$

这一函数关系反映了整个刚体转动的规律,称为刚体绕定轴的**转动方程**。必须指出,转角 φ 既然是相对于固定平面来确定的,那么由转动方程确定的运动,就是相对于固定平面固结的参考体而言的。

刚体定轴转动有快慢和转向不同之分。我们用转角 φ 对于时间 t 的变化率来度量刚体转动的快慢和转向,称为刚体在瞬时 t 的**瞬时角速度**,简称**角速度**,用 ω 表示,即

$$\omega = \frac{\mathrm{d}\varphi}{\mathrm{d}t} = \dot{\varphi} \tag{7-3}$$

即刚体转动的瞬时角速度等于转角对时间的一阶导数。单位为弧度/秒(rad/s)。

当刚体逆时针转动时,$\mathrm{d}\varphi > 0$,ω 为正;当刚体顺时针转动时,$\mathrm{d}\varphi < 0$,ω 为负。因此,由式(7-3)求得的角速度 t 也是代数量。这样,由角速度的正负号,可确定刚体转动的方向。

若角速度在刚体转动中保持不变,则这种转动称为**匀速转动**。旋转机械在正常工作时大都是匀速转动或可近似地看成是匀速转动。此时,刚体转动的快慢常用**转速**来度量,以 n 表示,单位为转/分(r/min)。例如各种型号电机的标牌上都注明每分钟的转数;机床的标牌上也注明主轴转速可能实现多少档变换等。n 与 ω 的关系可由下式决定,

$$\omega = \frac{2\pi n}{60} = \frac{\pi n}{30} \tag{7-4}$$

旋转机械在启动或停车的过程中,角速度是随时间变化的,这种转动称为**变速转动**。我们用角速度对时间的变化率来度量角速度的变化,称为**瞬时角加速度**,简称**角加速度**,用 α 表示

$$\alpha = \frac{\mathrm{d}\omega}{\mathrm{d}t} = \frac{\mathrm{d}^2\varphi}{\mathrm{d}t^2} = \ddot{\varphi} \tag{7-5}$$

即刚体转动的瞬时角加速度等于角速度对时间的一阶导数或转角对时间的二阶导数。单位为弧度/秒²(rad/s²)。

由式(7-5)求得的角加速度也是代数量。若 α 为正，ω 的代数值随时间而增大，若 α 为负 ω 的代数值随时间而减小。所以刚体的角加速度表示角速度变化的快慢和方向。

请读者考虑，刚体作定轴转动时，定轴是否一定通过刚体本身？若一汽车由西开来，经过十字路口转弯向北开去如图7-5所示，在转弯时由 A 至 B 这一段路程中，车厢的运动是平移还是转动？

刚体内除转轴上的点不动外，其余各点都在垂直于转轴的平面内作圆周运动。

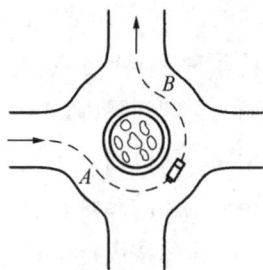

图7-5

例7-1 用曲柄压力机冲压工件，见图7-6。冲压开始时曲柄的转速 $n_0=20$ r/min，经过 0.5 s冲压完毕，曲柄转速降低了一半。在冲压过程中曲柄的运动可近似地看成是匀减速的。试求曲柄在冲压过程中的转动方程及角位移的大小。

解：曲柄作匀减速转动，由其转速的变化及经过的时间，可求出其角加速度。由角加速度及运动的初始条件通过积分便可得转动方程。

已知曲柄的初角速度

$$\omega_0=\frac{\pi n_0}{30}=\frac{(\pi\ \text{rad/r})\times(20\ \text{r/min})}{30\ \text{s/min}}=2.1\ \text{rad/s}$$

末角速度

$$\omega=\frac{\pi n}{30}=\frac{(\pi\ \text{rad/r})\times(20\ \text{r/min})\times\frac{1}{2}}{30\ \text{s/min}}=1.05\ \text{rad/s}$$

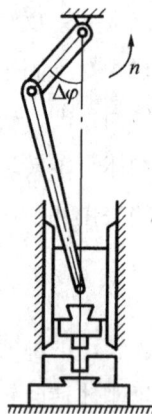

图7-6 例7-1图

由式(7-5)积分得

$$\omega=\omega_0+\alpha t$$

解得

$$\alpha=\frac{\omega-\omega_0}{t}=\frac{(1.05-2.1)\ \text{rad/s}}{0.5\ \text{s}}=-2.1\ \text{rad/s}^2$$

这里 α 为负值，而 ω 为正值，与题设减速转动一致。

由 $\dfrac{\mathrm{d}\varphi}{\mathrm{d}t}=\omega_0+\alpha t$ 积分得

$$\varphi=\varphi_0+\omega_0 t+\frac{1}{2}\alpha t^2$$

将 α 及 ω_0 的值代入得

$$\varphi=\varphi_0+2.1t+\frac{1}{2}(-2.1)t^2=\varphi_0+2.1t-1.05t^2\ (\text{rad})$$

这就是冲压过程中曲柄的转动方程。

设当 $t=0$ 时 $\varphi_0=0$，则 $t=0.5$ s时曲柄的角位移为

$$\Delta \varphi = \varphi - \varphi_0 = 2.1t - 1.05t^2$$
$$= (2.1 \text{ rad/s}) \times (0.5 \text{ s}) - (1.05 \text{ rad/s}^2) \times (0.5 \text{ s})^2$$
$$= 0.79 \text{ rad} \approx 45.8°$$

第三节　转动刚体内各点的速度和加速度

设在刚体内任取一点 M，该点到转轴的距离为 R。由于转动刚体内除转轴上的点以外，各个点都在垂直于转轴的平面内作圆周运动，圆心在转轴上。所以点 M 在通过该点并垂直于转轴的平面内运动，它的运动轨迹是以转轴与平面的交点 O 为圆心，以 R 为半径的圆周。当刚体转动角 φ 时，由[图 7-7(a)]可见，若以 $\varphi = 0$ 时点 M 的初始位置 M_0 为原点，则由自然法可得点 M 的弧坐标 s 与角 φ 的关系为

$$s = \overset{\frown}{M_0 M} = R\varphi$$

式中，角 φ 是时间 t 的函数，因此上式表示点 M 沿已知轨迹的运动方程。所以可用它来求点 M 的速度和加速度。

在任一瞬时，点 M 速度的代数值为

$$v = \frac{\mathrm{d}s}{\mathrm{d}t} = \frac{\mathrm{d}}{\mathrm{d}t}(R\varphi) = R\frac{\mathrm{d}\varphi}{\mathrm{d}t} = R\omega \tag{7-6}$$

方向沿轨迹的切线，即垂直于半径 OM，指向可由 ω 的转向确定，如[图 7-7(a)]所示。

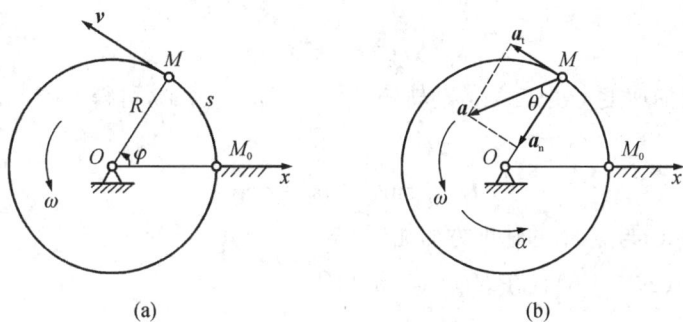

图 7-7　转动刚体内各点的速度和加速度

在任一瞬时，点 M 的切向加速度 a_t 和法向加速度 a_n 的大小为

$$a_t = \frac{\mathrm{d}v}{\mathrm{d}t} = \frac{\mathrm{d}}{\mathrm{d}t}(R\omega) = R\alpha, \quad a_n = \frac{v^2}{\rho} = \frac{(R\omega)^2}{R} = R\omega^2 \tag{7-7}$$

a_t 的方向垂直于 OM，指向可由 α 的转向确定，a_n 的方向沿 OM，始终指向转轴 O，点 M 的全加速度的大小及方向[图 7-7(b)]为

$$\begin{cases} a = \sqrt{a_t^2 + a_n^2} = R\sqrt{\alpha^2 + \omega^4} \\ \tan\theta = \dfrac{|a_t|}{a_n} = \dfrac{|\alpha|}{\omega^2} \end{cases} \tag{7-8}$$

由式(7-6)和(7-8)可知,在任意瞬时,转动刚体内任一点的速度和加速度与该点到转轴的距离 R 成正比;刚体内任一点的全加速度的方向与半径 R 的夹角 θ 都相同,且小于 90°。

因此,转动刚体内通过转轴的任一直线上的各个点在同一瞬时的速度和加速度按线性规律分布,如图 7-8 所示。

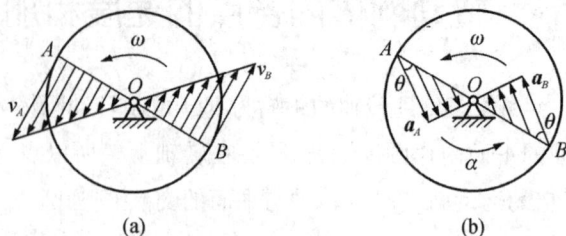

图 7-8 转动刚体内通过转轴的任一直线上的各个点的速度和加速度

例 7-2 飞轮作匀减速顺时针转动,见图 7-9。已知 $t=1$ s 时轮缘上点 A 的全加速度 $a=24.6$ m/s²,a 与半径的夹角 $\theta=6°$。飞轮的半径 $R=500$ mm。若 $t=0$ 时初转角为 $\varphi_0=0$,试求此飞轮的转动方程及停车所需要的时间。

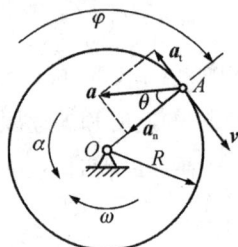

图 7-9 例 7-2 图

解:由匀变速转动知

$$\varphi=\varphi_0+\omega_0 t+\frac{1}{2}\alpha t^2 \tag{1}$$

及

$$\omega=\omega_0+\alpha t \tag{2}$$

将点 A 的全加速度 a 沿点 A 运动轨迹的切向和法向分解,可得 $t=1$ s 时的切向加速度及法向加速度为

$$a_t=a\sin\theta, \quad a_n=a\cos\theta$$

由于是减速运动,a_t 与点 A 的速度方向相反。

由式(7-7)及式(7-8)且在 $R=0.5$ m,可得

$$\omega=-\sqrt{\frac{a_n}{R}}=-\sqrt{\frac{a\cos\theta}{R}}=-7 \text{ rad/s}$$

$$\alpha=\frac{a_t}{R}=\frac{a\sin\theta}{R}=5 \text{ rad/s}^2$$

由于是匀减速转动,故 α 为常量。α 为正值而 ω 为负值,表示转动是匀减速顺时针的。由式(2)得

$$\omega_0=\omega-\alpha t=-12 \text{ rad/s}$$

因此,飞轮的转动方程为

$$\varphi=(-12t+2.5t^2) \text{ rad}$$

停车时飞轮的角速度为零,即

$$\omega_0 + \alpha t = 0$$

故得停车需要的时间

$$t = -\frac{\omega_0}{\alpha} = 2.4 \text{ s}$$

例 7-3　[图 7-10(a)、(b)]分别表示一对外啮合和内啮合的圆柱齿轮。两齿轮的节圆半径分别为 45° 和 r_2；齿数分别为 z_1 和 z_2。已知主动轮 Ⅰ 的角速度为 ω_1，角加速度为 α_1，试求从动轮 Ⅱ 的角速度 ω_2 和角加速度 α_2。

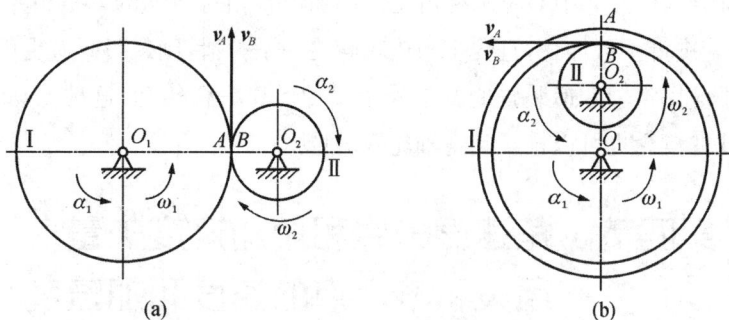

图 7-10　例 7-3 图

解：齿轮传动时相当于两轮的节圆相切作纯滚动运动，两节圆的切点 A 和 B 称为啮合点，在每一瞬时可以认为啮合点之间没有相对滑动。因此，啮合点的速度和切向加速度的大小和方向相同，即

$$\boldsymbol{v}_A = \boldsymbol{v}_B, \quad \boldsymbol{a}_A^t = \boldsymbol{a}_B^t$$

因 $v_A = r_1\omega_1$，$v_B = r_2\omega_2$；$a_A^t = r_1\alpha_1$，$a_B^t = r_2\alpha_2$。故有

$$r_1\omega_1 = r_2\omega_2, \quad r_1\alpha_1 = r_2\alpha_2$$

从而求得

$$\omega_2 = \frac{r_1}{r_2}\omega_1, \quad \alpha_2 = \frac{r_1}{r_2}\alpha_1$$

由于一对啮合齿轮在节圆上的齿距相等，它们的齿数与节圆半径成正比，所以上面的解答也可表示为

$$\omega_2 = \frac{r_1}{r_2}\omega_1 = \frac{z_1}{z_2}\omega_1 \tag{1}$$

$$\alpha_2 = \frac{r_1}{r_2}\alpha_1 = \frac{z_1}{z_2}\alpha_1 \tag{2}$$

转向如图 7-10 所示。

把式(1)和(2)联系起来，可得

$$\frac{\omega_1}{\omega_2} = \frac{\alpha_1}{\alpha_2} = \frac{r_2}{r_1} = \frac{z_2}{z_1}$$

由此可见,一对啮合齿轮的角速度(或角加速度)的大小与两齿轮的节圆半径或齿数成反比。

在机械工程中,把主动轮与从动轮的角速度的比值称为**传动比**,并用带有角标的符号表示为

$$i_{12}=\pm\frac{\omega_1}{\omega_2}=\pm\frac{r_2}{r_1}=\pm\frac{z_2}{z_1} \tag{7-9}$$

式中,正号表示两轮的转向相同[图7-10(b)内啮合],负号表示转向相反[图7-10(a)外啮合]。

传动比的计算式(7-9)中对于圆柱齿轮传动和没有相对滑动的摩擦轮传动都适用。对于皮带轮传动,若皮带不可伸长,且皮带与皮带轮之间不打滑,则式(7-9)也仍然适用。

工程实际中应用定轴变速装置通常是采用多种形式联合传动,这种传动装置统称为定轴轮系。传动比的概念也可以推广到定轴轮系的情形。

第四节　角速度矢量和角加速度矢量
用矢积表示点的速度和加速度

角速度的矢量表示法规定,表示刚体转动的**角速度矢量 ω** 应画在刚体的转动轴上,见图7-11,方向由角速度的转向按右手法则决定,大小等于角速度的绝对值,即

$$|\boldsymbol{\omega}|=\left|\frac{\mathrm{d}\varphi}{\mathrm{d}t}\right| \tag{7-10}$$

角速度矢量的起点不是固定的,但必须画在转动轴线上,即角速度矢量是滑动矢量。

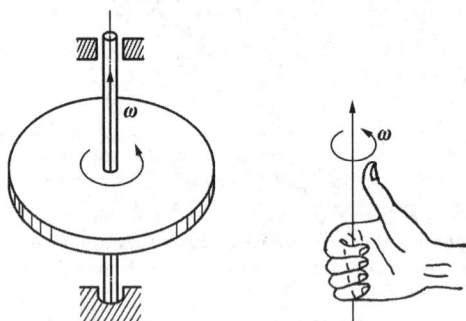

图7-11　角速度的矢量表示法

同样,刚体转动的角加速度也可以用矢量表示。角速度矢量对时间的一阶导数称为**角加速度矢量**,即

$$\boldsymbol{\alpha}=\frac{\mathrm{d}\boldsymbol{\omega}}{\mathrm{d}t} \tag{7-11}$$

其方位仍沿转轴。如以 $\boldsymbol{k}$ 表示沿转轴 z 的单位矢量,则

$$\boldsymbol{\omega}=\omega\boldsymbol{k}$$

式中,ω 表示 $\boldsymbol{\omega}$ 沿 $\boldsymbol{k}$ 方向的投影。

因而在转轴固定的情况下,有角加速度矢量

$$\boldsymbol{\alpha}=\frac{\mathrm{d}\boldsymbol{\omega}}{\mathrm{d}t}=\frac{\mathrm{d}\omega}{\mathrm{d}t}\boldsymbol{k}=\alpha\boldsymbol{k} \tag{7-12}$$

因 $\boldsymbol{k}$ 是单位常矢量,所以它对时间 t 的导数为零。

角速度用矢量表示后,刚体内任一点的速度就可以用矢积表示。如图 7-12 所示,在转轴上任意取一点 O 作矢量 $\boldsymbol{\omega}$,并过点 O 作刚体内点 M(到转轴的距离为 R)的矢径 $\boldsymbol{r}$,用 γ 表示 $\boldsymbol{r}$ 与转轴正向之间的夹角,则点 M 的速度大小为

$$v=R\omega=r\omega\sin\gamma$$

方向垂直于 $\boldsymbol{\omega}$ 与 $\boldsymbol{r}$ 所成的平面,并与 $\boldsymbol{\omega}$ 的转向一致。

由式看出,此时按矢积定义有

$$|\boldsymbol{\omega}\times\boldsymbol{r}|=\omega r\sin\gamma=R\omega$$

结果恰好与点 M 的速度大小相等,方向也与点 M 的速度方向相同。

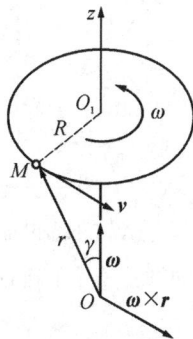

图 7-12　矢积表示刚体内任一点的速度

所以有

$$\boldsymbol{v}=\boldsymbol{\omega}\times\boldsymbol{r} \tag{7-13}$$

即定轴转动刚体内任意一点的速度矢量等于刚体的角速度矢量与该点矢径的矢积。

与点的速度一样,点的切向加速度和法向加速度也可以用矢积表示。为此,将式(7-13)对时间求导数得

$$\frac{\mathrm{d}\boldsymbol{v}}{\mathrm{d}t}=\frac{\mathrm{d}}{\mathrm{d}t}(\boldsymbol{\omega}\times\boldsymbol{r})=\frac{\mathrm{d}\boldsymbol{\omega}}{\mathrm{d}t}\times\boldsymbol{r}+\boldsymbol{\omega}\times\frac{\mathrm{d}\boldsymbol{r}}{\mathrm{d}t}$$

由于

$$\frac{\mathrm{d}\boldsymbol{v}}{\mathrm{d}t}=\boldsymbol{a},\quad \frac{\mathrm{d}\boldsymbol{\omega}}{\mathrm{d}t}=\boldsymbol{\alpha},\quad \frac{\mathrm{d}\boldsymbol{r}}{\mathrm{d}t}=\boldsymbol{v}$$

故

$$\boldsymbol{a}=\boldsymbol{\alpha}\times\boldsymbol{r}+\boldsymbol{\omega}\times\boldsymbol{v} \tag{7-14}$$

即点的加速度由两部分组成,这两部分分别代表点的切向加速度和法向加速度。设转动刚体的角速度矢量和角加速度矢量如[图 7-13(a)]所示,其上任意一点 M(到转轴的距离为 R)的矢径为 $\boldsymbol{r}$,$\boldsymbol{r}$ 与角加速度矢量 $\boldsymbol{\alpha}$ 之间的夹角为 γ,显然点 M 的切向加速度大小为

$$|\boldsymbol{a}_{\mathrm{t}}|=R\alpha=r\alpha\sin\gamma$$

方向垂直于 $\boldsymbol{\alpha}$ 与 $\boldsymbol{r}$ 所成的平面,并与 $\boldsymbol{\alpha}$ 的转向一致。同时矢积大小为

$$|\boldsymbol{\alpha}\times\boldsymbol{r}|=\alpha r\sin\gamma=R\alpha$$

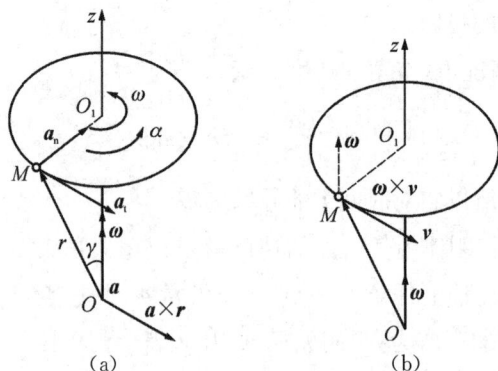

图 7-13　转动刚体的各矢量图

恰好与点 M 的切向加速度大小相同,方向也与点 M 的切向加速度相同。如 $\boldsymbol{\alpha}$ 指向与图示相反同样成立。因而有

$$\boldsymbol{a}_t = \boldsymbol{\alpha} \times \boldsymbol{r} \tag{7-15}$$

点 M 的法向加速度大小为

$$|\boldsymbol{a}_n| = R\omega^2$$

方向由 M 指向 O_1[图 7-13(a)]。

此时矢积大小为

$$|\boldsymbol{\omega} \times \boldsymbol{v}| = \omega v \sin 90° = R\omega^2$$

方向垂直于 $\boldsymbol{\omega}$(想象将 $\boldsymbol{\omega}$ 平移到点 M 处)与 $\boldsymbol{v}$ 所成的平面,亦即沿 MO_1 指向 O_1[图 7-13(b)]。

因而有

$$\boldsymbol{a}_n = \boldsymbol{\omega} \times \boldsymbol{v} \tag{7-16}$$

故式(7-15)、(7-16)表明,定轴转动刚体内任意一点的切向加速度等于刚体的角速度矢量与该点的矢径的矢积;法向加速度等于刚体的角速度矢量与速度矢量的矢积。

本章小结

1. 刚体运动的最简单形式

刚体运动的最简单形式为平移和定轴转动。

2. 刚体平移

(1) 刚体内任一直线在运动过程中,始终与它的最初位置平行,此种运动称为刚体平行移动或平移。

(2) 刚体作平移时,刚体内各点的轨迹形状完全相同,各点的轨迹可能是直线,也可能是空间曲线。

（3）刚体作平移时,在同一瞬时刚体内各点的速度和加速度大小、方向都相同。

3. 刚体绕定轴转动

（1）刚体运动时,其上有一条直线固定不动,此种运动称为刚体绕定轴转动。

（2）刚体的转动方程 $\varphi = f(t)$ 表示刚体的位置随时间的变化规律。

（3）角速度 ω 表示刚体转动的快慢程度和转向,是代数量。

$$\omega = \frac{d\varphi}{dt}$$

角速度也可用矢量表示

$$\boldsymbol{\omega} = \omega \boldsymbol{k}$$

（4）角加速度表示角速度对时间的变化率,是代数量。

$$\alpha = \frac{d\omega}{dt} = \frac{d^2\varphi}{dt^2}$$

角加速度也可用矢量表示

$$\boldsymbol{\alpha} = \frac{d\boldsymbol{\omega}}{dt} = \alpha \boldsymbol{k}$$

（5）定轴转动刚体上点的速度、加速度与角速度、角加速度的关系

$$v = \omega R, \quad a_t = \alpha R, \quad a_n = \omega^2 R$$

以矢积表示点的速度、加速度为：

$$\boldsymbol{v} = \boldsymbol{\omega} \times \boldsymbol{r}, \quad \boldsymbol{a}_t = \boldsymbol{\alpha} \times \boldsymbol{r}, \quad \boldsymbol{a}_n = \boldsymbol{\omega} \times \boldsymbol{v}$$

（6）传动比

$$i_{12} = \frac{\omega_1}{\omega_2} = \frac{r_2}{r_1} = \frac{z_2}{z_1}$$

习　题

7-1　齿条 A 由两个节圆半径 $r = 250$ mm 的齿轮带动。在某一瞬时,齿条具有向右的加速度 $a_A = 0.5$ m/s^2,齿轮节圆上任一点的全加速度 $a = 3$ m/s^2。试求该瞬时齿条的速度 v_A。

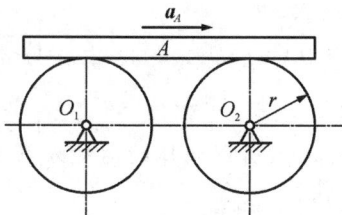

题 7-1 图

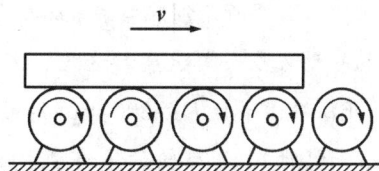

题 7-2 图

7-2　钢材放在滚子式传动带上运输,滚子直径均为 200 mm,由电机驱动。若要使钢

材在30 s内匀速移动50 m,滚子转速应为多少?设钢材与滚子间无相对滑动。

7-3 题7-3图所示机构尺寸 $O_1A=O_2B=AM=r=0.2$ m, $O_1O_2=AB$。已知轮 O_1 按 $\varphi=15\pi t$ rad 的规律转动。求当 $t=0.5$ s 时,AB 杆上点 M 的速度和加速度的大小及方向。

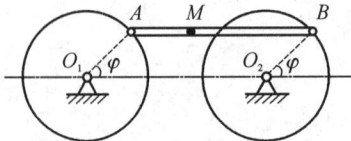

题7-3图

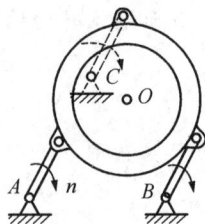

题7-4图

7-4 揉茶机的揉桶由三个曲柄支持,曲柄的支座 A、B、C 构成一等边三角形。各曲柄均长 $l=150$ mm,互相保持平行并以相同的转速 $n=45$ r/min 绕其支座转动。试求揉桶中心点 O 的速度和加速度。

7-5 飞机的高度为 h,以匀速度 v 沿水平直线飞行。一雷达与飞机在同一铅垂平面内,雷达发射的电波与铅垂线成 θ 角,如题7-5图所示。求雷达跟踪时转动的角速度 ω 和角加速度 α 与 h、v、θ 的关系。

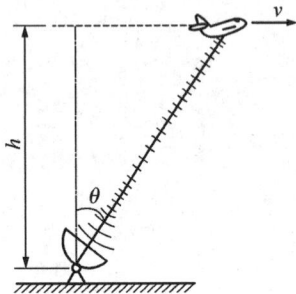

题7-5图

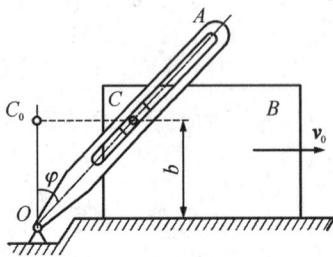

题7-6图

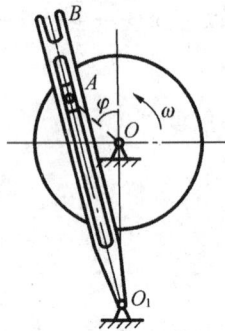

题7-7图

7-6 滑座 B 沿水平面以匀速 v_0 向右移动,由其上固连的销钉 C 固定的滑块带动槽杆 OA 绕轴 O 转动。当开始时槽杆 OA 恰在铅垂位置,即 $\varphi_0=0$;销钉 C 位于 C_0,$OC_0=b$。试求槽杆的转动方程、角速度的角加速度。

7-7 题7-7图所示刨床摇杆机构,已知 $OA=r$,$OO_1=b$。$\varphi=\omega t$ 中 ω 为常量。试求摇杆 O_1B 的转动方程及角速度表达式。

7-8 升降机由半径 $R=500$ mm 的鼓轮带动,已知被升降物体的运动方程 $x=50t^2$(t 以 s 计,x 以 mm 计)。求鼓轮的角速度和角加速度。

7-9 有一直径 $D=500$ mm 的飞轮绕轴 O 作加速转动。某瞬时轮缘上一点 A 的加速度的大小 $a_A=1.5$ m/s²,它与半径的夹角 $\theta=60°$ 如题7-9图所示。试求该瞬时距轴 O 为

200 mm 处点 B 的加速度 a_B 以及飞轮的角速度 ω 和角加速度 α。

7-10　长均为 $2r$ 的两平行曲柄 O_1A 和 O_2B 以匀角速度 ω_0 分别绕轴 O_1 和 O_2 转动。固连于连杆 AB 上的齿轮 Ⅱ 带动同样大小的齿轮 Ⅰ 作定轴转动。试求齿轮 Ⅰ 节圆上任一点的加速度的大小。

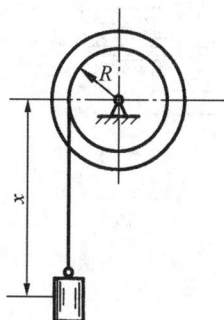
题7-8图

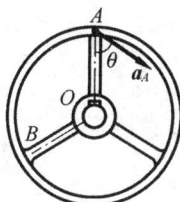
题7-9图

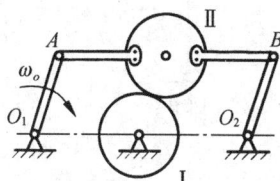
题7-10图

7-11　某电机转子由静止开始作匀加速转动,5 s 后转速增加到 1 450 r/min,求电机转子的角加速度以及在这 5 s 内转过的圈数。

7-12　飞轮半径 $r=0.5$ m,由静止开始转动。其角加速度

$$\alpha=\frac{C}{t+5}\ \text{rad/s}^2$$

式中,C 为常数,t 以 s 计。已知 $t=5$ s 时,轮缘上一点的速度为 20 m/s。求当 $t=10$ s 时该点的速度与加速度。

7-13　搅拌机由主动轮 O_1 同时带动齿轮 O_2、O_3 转动,搅杆 BAC 用销钉 A、B 与 O_2、O_3 轮相连。设主动轮的转速 $n_1=950$ r/min,$AB=O_2O_3$,$O_2A=O_3B=250$ mm,各轮的齿数 $z_1=20$,$z_2=z_3=50$。试求搅杆端点 C 的速度和轨迹。

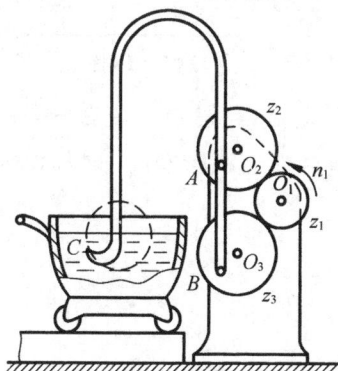
题7-13图

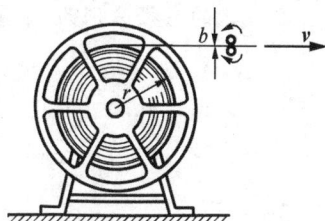
题7-14图

7-14　题 7-14 图所示是连续印刷过程中使用的纸盘。纸厚为 b,以匀速度 v 水平输送,试以纸盘半径 r 表示纸盘的角加速度。

7-15 提升重物的绞车是通过主动轴 I 上小齿轮和从动轴 II 上大齿轮相互啮合,使鼓轮转动而提升重物。设小齿轮的齿数为 z_1,大齿轮的齿数为 z_2,鼓轮半径为 R,并已知主动轴 I 的转动方程 $\varphi_1 = 2\pi t^2$ rad,试求重物 P 的运动方程、速度和加速度。

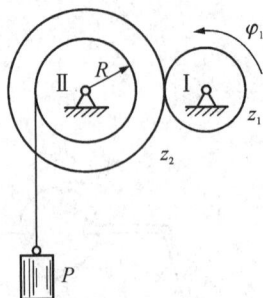

题 7-15 图

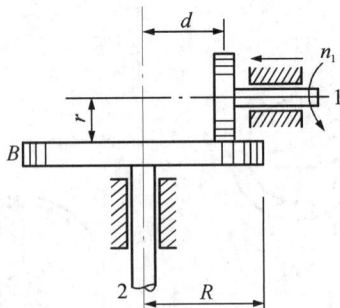

题 7-16 图

7-16 摩擦传动机构的主动轮 1 以匀转速 $n_1 = 600$ r/min 转动,并同时沿轴向向左按规律 $d = 100 - 5t$(t 以 s 计,d 以 mm 计)移动。已知轮 1 半径 $r = 50$ mm,轮 2 半径 $R = 150$ mm。求轮 2 的角加速度和 $d = r$ 时轮缘上点 B 的全加速度。

7-17 摩擦轮系由轮 A、B 组成。初始时轮 B 具有顺钟向的转速 500 r/min,轮 A 静止。欲使两轮相接时不打滑,其接点的速度必须相等。两轮相接经过 60 s 后轮 B 才停止。两轮接触后,轮 A 以匀角速度 3 rad/s² 加速。问两轮接触经过多少时间后接合,并求接合时两轮的角速度。已知两轮的半径分别为 $r_1 = 100$ mm,$r_2 = 60$ mm。

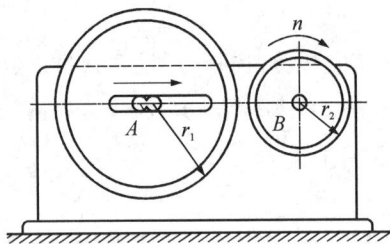

题 7-17 图

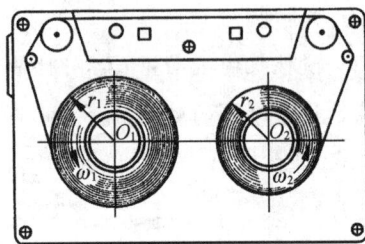

题 7-18 图

7-18 盒式录音磁带的主动轮以匀角速度 ω_1 绕轴 O_1 转动。在某一瞬时,主动轮 O_1 和从动轮 O_2 上磁带盘的半径分别为 r_1 和 r_2,已知磁带的厚度为 b。试求从动轮的角加速度 α_2。

第八章 点的合成运动

教学要求：

1. 掌握运动合成与分解的基本概念，掌握动系与定系，相对运动、绝对运动和牵连运动等概念；

2. 掌握点的速度合成定理及应用；

3. 掌握点的加速度合成定理及其应用；

4. 掌握科氏加速度的概念和分析。

第一节 相对运动、绝对运动和牵连运动

前面章节中已经指出，对物体机械运动的描述都是相对的。描述一个物体的运动，首先要选定一个参考系，同一个物体相对于不同的参考系所表现的运动一般是不相同的。例如无风时，在与地面相连的参考系上看到的雨滴是铅直下落的；而在与行驶的车辆相连的参考系上看到的雨滴则是倾斜的。又如车床车削螺纹时，见图8-1，车刀刀尖 M 相对于与车床床身相连的参考系作直线运动；而相对于与旋转工件相连的参考系则作螺旋线运动，此时在工件表面上出现螺纹。

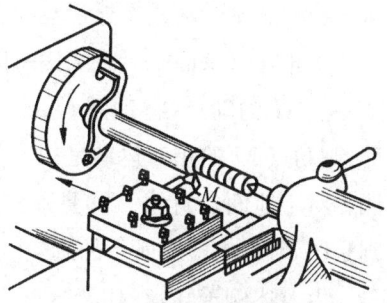

图 8-1 车床车削螺纹

为研究动点相对于两个不同参考系（其中一个参考系对另一个参考系有相对于运动）的运动之间的关系，通常把固连于地面（或对地面相对静止的物体）上的参考系称为**固定参考系**，简称**定系**，并以坐标系 $Oxyz$ 表示。把固连于对定系运动的其他物体上的参考系称为**动参考系**，简称**动系**，并以坐标系 $O'x'y'z'$ 表示。动点相对于动系和相对于定系的运动之间的关系，显然和动系对定系的运动有关。

图8-2所示为工厂车间内常见的桥式起重机，亦称行车。当起吊重物时，横梁 AB 在图示位置保持不动，而卷扬小车在横梁上作水平直线运动，并同时将吊钩上的重物 M 向上提升，从而将重物运送到位置 M_1 处。若取重物 M 为研究的动点，将动系 $O'x'y'$ 固连于卷扬小车上，定

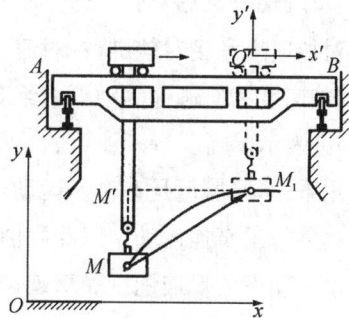

图 8-2 桥式起重机

系 Oxy 固连于地面(或不动的横梁)上,则动点 M 相对于动系的运动是铅直直线运动,动点 M 相对于定系的运动是在铅垂平面内的曲线运动。这两种运动之所以不同,是因为动系对定系在作水平直线平移。显然,如果动系不运动,则动点相对于动系的运动就等于它相对于定系的运动;如果动点相对于动系没有运动,则它将随动系一起相对定系运动。因此在本例中,动点对定系的平面曲线运动可以看成是相对于动系的铅直直线运动和随同动系一起的水平直线运动的合成运动。

为了区别上述各种运动,我们将动点相对于动系的运动称为**相对运动**;动点相对于定系的运动称为**绝对运动**;动系相对于定系的运动称为**牵连运动**。就上面桥式起重机的例子来说,重物 M(动点)相对于卷扬小车(动系)的铅直直线运动是相对运动;卷扬小车相对于地面(定系)的水平直线平移是牵连运动;重物 M 相对于地面的平面曲线运动则是绝对运动。

在分析点的复杂运动时,上述三种运动的概念极为重要。为了加深理解,我们再分析两个实例。

车床车削螺纹时(图 8-1),若选取车刀的刀尖 M 为动点,将动系连于旋转的工件上,定系连于车床床身,则动点 M 相对于旋转工件的空间螺旋线运动是相对运动;工件相对于车床床身的定轴转动是牵连运动;动点 M 相对于车床床身的直线运动是绝对运动。

车轮在水平面上沿直线滚动时(图 8-3),若选取车轮轮缘上一点 M 为动点,将动系 $O'x'y'$ 连于车厢,定系 Oxy 连于地面,则动点 M 的相对运动是以车轮轮心为中心的圆周运动;车厢相对于地面的直线平移是牵连运动;而动点 M 的绝对运动则是图 8-3 中虚线所示的旋轮线运动。

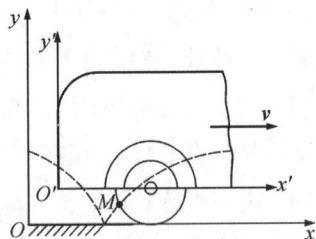

图 8-3 车轮在水平面上沿直线滚动

由上述例子知,在用合成运动理论分析点的运动时,须选定一个动点,两个参考系,分析三种运动。需要指出的是,绝对运动和相对运动都是指动点的运动,它可能作直线运动,也可能作曲线运动;而牵连运动则是指与动系固连的刚体的运动,它可能作平移,也可能是绕定轴转动或作其他较复杂的运动。

在点的合成运动中,动点相对于动系运动的速度、加速度和轨迹称为动点的**相对速度**、**相对加速度**和**相对轨迹**,相对速度和相对加速度用 v_r 和 a_r 表示。动点相对于定系运动的速度、加速度和轨迹称为动点的**绝对速度**、**绝对加速度**和**绝对轨迹**,**绝对速度**、**绝对加速度**用 v_a 和 a_a 表示。需要特别注意的是动点的牵连速度和牵连加速度的概念,虽然牵连运动是动系对定系的运动,但是在牵连运动中动系却牵载着动点一起运动。可见,由于动系的牵载,动点也参与了牵连运动。因此我们定义,**动系上与动点相重合的点**(称为**牵连点**)的速度和加速度为动点的**牵连速度和牵连加速度**,并用 v_e 和 a_e 表示。

例如图 8-4 所示的摇杆机构中,小环 M 套在摇杆 OA 和固定的大圆圈上。已知摇杆 OA 以匀角速度 ω 绕轴 O 转动。若取小环 M 为动点,动系固连于摇杆 OA,定系固连于大圆

圈上,则在图示瞬时,动点 M 的牵连速度即为 OA 杆上点 M' 的速度,即

$$v_e = OM'\omega$$

则可知 v_e 方向垂直于 OA,如图 8-4 所示。动点 M 的牵连加速度即为 OA 杆上点 M' 的加速度,即

$$a_e = OM'\omega^2$$

则可知 a_e 方向沿 OA 指向 O。

图 8-4 摇杆机构

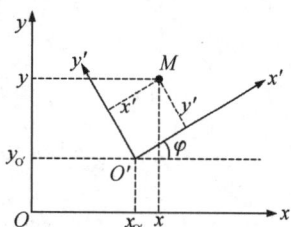

现在研究点 M 的相对运动和绝对运动的运动方程以及它们之间的关系。为简单起见,仅讨论平面问题。

设定系 Oxy,动系 $O'x'y'$ 如图 8-5 所示。动点 M 的 **绝对运动方程** 为

$$x = x(t), \quad y = y(t)$$

动点 M 的相对运动方程为

$$x' = x'(t), \quad y' = y'(t)$$

而动系相对于定系的位置可用动系原点 O' 的两个坐标 $x_{O'}$、$y_{O'}$ 和动坐标轴 $O'x'$ 的转角 φ 表示。显然它们都是时间 t 的单值连续函数,即

图 8-5 定系 Oxy 和动系 $O'x'y'$

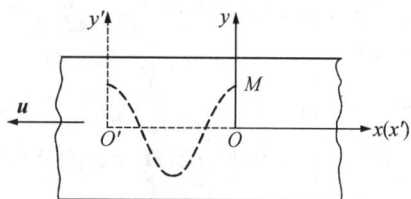

$$x_{O'} = x_{O'}(t), \quad y_{O'} = y_{O'}(t), \quad \varphi = \varphi(t)$$

这组方程是动坐标系的运动方程,又称为 **牵连运动方程**。

根据坐标变换的关系,有

$$\begin{cases} x = x_{O'} + x'\cos\varphi - y'\sin\varphi \\ y = y_{O'} + x'\sin\varphi + y'\cos\varphi \end{cases} \tag{8-1}$$

由这组方程就可以通过牵连运动方程来建立动点相对运动方程和绝对运动方程之间的关系。

从动点绝对运动方程中消去时间 t,就得到动点相对定系运动的轨迹,即动点的 **绝对运动轨迹**;同理,从动点相对运动方程中消去时间 t,就得到动点相对动系运动的轨迹,即动点的 **相对运动轨迹**。

例 8-1 动点 M 沿 Oy 轴作谐振动,其运动方程为 $x = 0, y = A\cos(\omega t + \theta)$,若将动点投影到记录纸带上,且纸带以匀速 u 向左运动,见图 8-6。试求动点 M 在记录纸带上的运动轨迹。

图 8-6 例 8-1 图

解:将动系 $O'x'y'$ 固连于记录纸带上,定系 Oxy 固连于地面。由题意求动点 M 的相对轨迹。

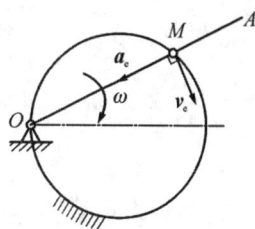

设开始时点 O' 与点 O 相重合。动点 M 的绝对运动方程为

$$x=0, \quad y=A\cos(\omega t+\theta)$$

因动系(纸带)作平移,故牵连运动方程为

$$x_{O'}=-ut, \quad y_{O'}=0, \quad \varphi=0$$

将以上诸式代入式(8-1),得

$$0=-ut+x', \quad A\cos(\omega t+\theta)=y'$$

则动点 M 的相对运动方程为

$$x'=ut, \quad y'=A\cos(\omega t+\theta)$$

从以上两式中消去时间 t,得动点 M 的相对轨迹方程为

$$y'=A\cos\left(\frac{\omega}{u}x'+\theta\right)$$

第二节　速度合成定理

首先分析当动系为定轴转动时,单位矢量 i'、j'、k' 对时间的导数。

设单位矢量 i' 的端点 A 的矢径为 r_A(图 8-7),则点 A 的速度可表示为

$$v_A=\frac{\mathrm{d}r_A}{\mathrm{d}t}=\boldsymbol{\omega}\times r_A \tag{1}$$

由图 8-7 中的矢量三角形 $OO'A$ 可得

$$i'=r_A-r_{O'} \tag{2}$$

式中,$r_{O'}$ 是动系原点 O' 对定系的矢径。于是,有

$$\frac{\mathrm{d}i'}{\mathrm{d}t}=\frac{\mathrm{d}r_A}{\mathrm{d}t}-\frac{\mathrm{d}r_{O'}}{\mathrm{d}t}=\boldsymbol{\omega}\times r_A-\boldsymbol{\omega}\times r_{O'}=\boldsymbol{\omega}\times(r_A-r_{O}')$$

将式(2)代入得

$$\frac{\mathrm{d}i'}{\mathrm{d}t}=\boldsymbol{\omega}\times i'$$

同理可得 $\frac{\mathrm{d}j'}{\mathrm{d}t}=\boldsymbol{\omega}\times j'$,$\frac{\mathrm{d}k'}{\mathrm{d}t}=\boldsymbol{\omega}\times k'$,即

$$\frac{\mathrm{d}i'}{\mathrm{d}t}=\boldsymbol{\omega}\times i', \quad \frac{\mathrm{d}j'}{\mathrm{d}t}=\boldsymbol{\omega}\times j', \quad \frac{\mathrm{d}k'}{\mathrm{d}t}=\boldsymbol{\omega}\times k' \tag{8-2}$$

图 8-7　速度合成

以上三个单位矢量导数的公式,通常称为**泊桑公式**。可以证明,当动系作任意运动时,式(8-2)仍成立。

对于变矢量 A,在定系中观察,对时间的绝对导数 $\frac{\mathrm{d}A}{\mathrm{d}t}$;在动系中观察时,对时间的导数

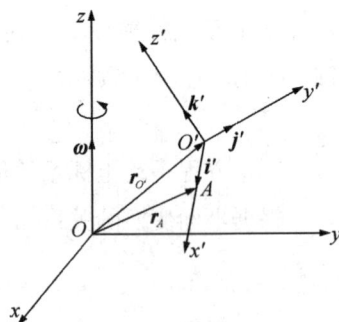

为相对导数 $\dfrac{\tilde{\mathrm{d}}A}{\mathrm{d}t}$，以区别于定系中观察到的绝对导数。有

$$\frac{\mathrm{d}A}{\mathrm{d}t}=\frac{\tilde{\mathrm{d}}A}{\mathrm{d}t}+\boldsymbol{\omega}\times A \tag{8-3}$$

下面推证动点的相对速度、牵连速度和绝对速度三者之间的关系。

由图 8-8 分析出 $Oxyz$ 为定系，$O'x'y'z'$ 为动系，沿动系三轴的单位矢量 $\boldsymbol{i}'$、$\boldsymbol{j}'$、$\boldsymbol{k}'$ 为变矢量。动点 M 在定系中的矢径（描述绝对运动）为 $\boldsymbol{r}$，在动系中的矢径（描述相对运动）为 $\boldsymbol{r}'$。动系上与动点 M 重合之点（牵连点）记为 M'，它在定系中的矢径为 $\boldsymbol{r}_{M'}$，在动系中的矢径为 $\boldsymbol{r}'_{M'}$。在图示瞬时有，$\boldsymbol{r}=\boldsymbol{r}_{M'}$，$\boldsymbol{r}'=\boldsymbol{r}'_{M'}$。由图 8-8 知

$$\boldsymbol{r}=\boldsymbol{r}_{O'}+\boldsymbol{r}'=\boldsymbol{r}_{O'}+x'\boldsymbol{i}'+y'\boldsymbol{j}'+z'\boldsymbol{k}' \tag{8-4}$$

动点的绝对速度为

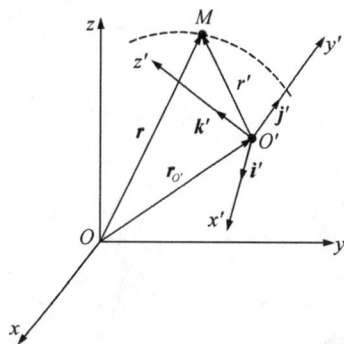

图 8-8　动点的动系和定系

$$\boldsymbol{v}_{\mathrm{a}}=\frac{\mathrm{d}\boldsymbol{r}}{\mathrm{d}t}=\dot{\boldsymbol{r}} \tag{8-5}$$

相对运动是在动系中观察矢径 $\boldsymbol{r}'$ 的变化，因而在对 $\boldsymbol{r}'$ 求导时 $\boldsymbol{i}'$、$\boldsymbol{j}'$、$\boldsymbol{k}'$ 应认为是不变的，所得导数应为相对导数，有

$$\boldsymbol{v}_{\mathrm{r}}=\frac{\tilde{\mathrm{d}}\boldsymbol{r}'}{\mathrm{d}t}=\dot{x}'\boldsymbol{i}'+\dot{y}'\boldsymbol{j}'+\dot{z}'\boldsymbol{k}' \tag{8-6}$$

牵连点 M' 是动系上的一个确定点，因而 $\boldsymbol{r}'_{M'}$ 的三个坐标 x'、y'、z' 是常量，在所讨论瞬时 $\boldsymbol{r}'=\boldsymbol{r}'_{M'}$，牵连速度为

$$\boldsymbol{v}_{\mathrm{e}}=\frac{\mathrm{d}\boldsymbol{r}_{M'}}{\mathrm{d}t}=\frac{\mathrm{d}}{\mathrm{d}t}(\boldsymbol{r}_{O'}+\boldsymbol{r}'_{M'})=\frac{\mathrm{d}\boldsymbol{r}_{O'}}{\mathrm{d}t}+x'\frac{\mathrm{d}\boldsymbol{i}'}{\mathrm{d}t}+y'\frac{\mathrm{d}\boldsymbol{j}'}{\mathrm{d}t}+z'\frac{\mathrm{d}\boldsymbol{k}'}{\mathrm{d}t} \tag{8-7}$$

将式(8-4)对时间求导

$$\dot{\boldsymbol{r}}=\frac{\mathrm{d}\boldsymbol{r}_{O'}}{\mathrm{d}t}+x'\frac{\mathrm{d}\boldsymbol{i}'}{\mathrm{d}t}+y'\frac{\mathrm{d}\boldsymbol{j}'}{\mathrm{d}t}+z'\frac{\mathrm{d}\boldsymbol{k}'}{\mathrm{d}t}+\dot{x}'\boldsymbol{i}'+\dot{y}'\boldsymbol{j}'+\dot{z}'\boldsymbol{k}'$$

将式(8-5)、(8-6)、(8-7)代入上式，即得

$$\boldsymbol{v}_{\mathrm{a}}=\boldsymbol{v}_{\mathrm{e}}+\boldsymbol{v}_{\mathrm{r}} \tag{8-8}$$

所得关系式即称为点的**速度合成定理**，即在任一瞬时，动点的绝对速度等于其牵连速度和相对速度的矢量和。

在速度合成定理的表达式中，包含有 $\boldsymbol{v}_{\mathrm{a}}$、$\boldsymbol{v}_{\mathrm{e}}$ 和 $\boldsymbol{v}_{\mathrm{r}}$ 三者的大小和方向共六个因素，若已知其中任意四个因素，就能作出速度平行四边形或速度三角形求出其余两个未知因素。

必须指出，在推证速度合成定理时，对动系的运动并未加任何限制。因此，速度合成定理对任何形式的牵连运动都是适用的。

例 8-2　正弦机构如[图 8-9(a)]所示，曲柄长 $OA=r$，以匀角速度 ω 绕轴 O 转动。

导槽 BC 与齿条 EF 固连且相互垂直,齿条 EF 可沿水平导轨左右平移。试求曲柄与水平线的夹角为 θ 时,齿条 EF 的速度。

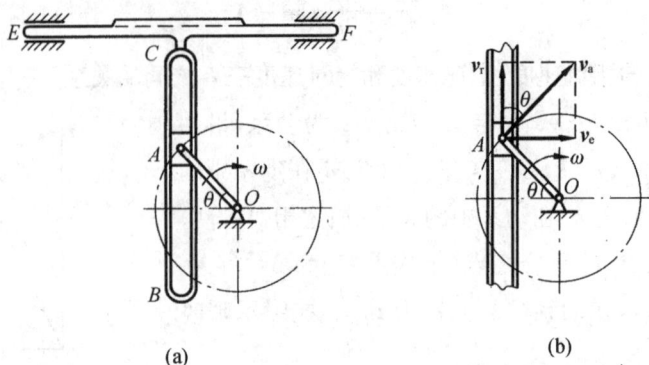

图 8‑9　例 8‑2 图

解:齿条 EF 与导槽 BC 组成一体,由曲柄上的滑块 A 带动在水平方向作直线平移,而滑块 A 绕轴 O 作圆周运动。

取曲柄上的滑块 A 为动点,将动系固连于齿条和导槽,定系固连于机架。则动点 A 的绝对运动是绕轴 O 的圆周运动,绝对速度

$$v_a = v_A = OA \cdot \omega = r\omega$$

方向垂直于 OA,指向可由 ω 的转向确定。动点 A 的相对运动是沿导槽 BC 的直线运动,相对速度 $\boldsymbol{v}_r$ 沿 BC 方向。牵连运动是齿条和导槽的水平直线平移,动点 A 的牵连速度 $\boldsymbol{v}_e$ 即导槽上 A' 点的速度,也就是齿条 EF 的速度,方向水平。在 $\boldsymbol{v}_a$、$\boldsymbol{v}_e$ 和 $\boldsymbol{v}_r$ 中,只有 v_e 和 v_r 的大小共两个未知因素。

因此,根据速度合成定理

$$\boldsymbol{v}_a = \boldsymbol{v}_e + \boldsymbol{v}_r$$

可作出速度平行四边形如图[8‑9(b)]所示。由图中的几何关系得

$$v_e = v_a \sin\theta = r\omega\sin\theta$$

因为齿条和导槽作平移,故齿条 EF 的速度

$$v_{EF} = v_e = r\omega\sin\theta$$

方向水平向右。

例 8‑3　[图 8‑10(a)]所示为牛头刨床的结构简图。小齿轮由电动机带动,大齿轮与小齿轮啮合而绕轴 O 转动。滑块 A 用销钉连接在大齿轮上随大齿轮一起运动,并通过滑槽使摇杆 O_1B 绕轴 O_1 摆动,摇杆 O_1B 又拨动滑块 B 使刨枕作往复直线平移,从而带动刨刀进行刨削加工。设大齿轮中心 O 与滑块 A 之间的距离 $OA = r$,轴 O 与轴 O_1 之间的距离 $OO_1 = l$,大齿轮的角速度为 ω。试求当 $\varphi = 90°$ 时摇杆 O_1B 的角速度 ω_1。

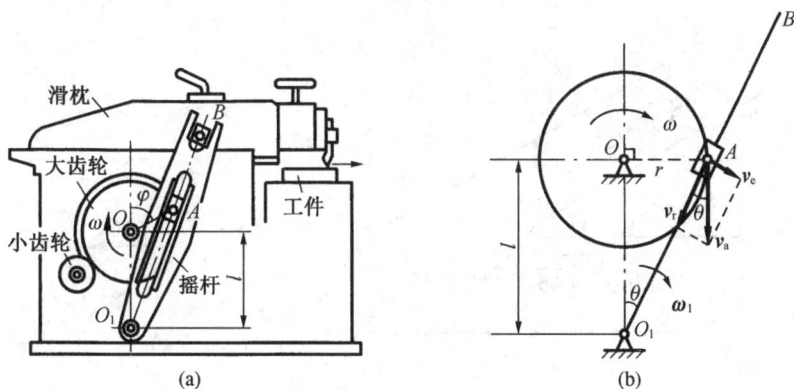

图 8-10　例 8-3 图

解：大齿轮转动时，通过其上的滑块 A 带动摇杆 O_1B 绕轴 O_1 摆动，滑块 A 与摇杆 O_1B 之间有相对运动。故取滑块 A 为动点，将动系连于摇杆 O_1B，定系连于刨床床身，则动点 A 的绝对运动是绕轴 O 的圆周运动，绝对速度 $v_a=v_A=OA\omega=r\omega$，方向垂直于 OA，指向由 ω 的转向确定。动点 A 的相对运动是沿滑槽的直线运动，相对速度 v_r 沿 AO_1 方向。牵连运动是摇杆 O_1B 绕轴 O_1 的摆动，牵连速度 v_e 为摆杆 O_1B 上与动点 A 相重合的点的速度，其大小为 $v_e=O_1A\omega_1$，方向垂直于 O_1A。

由以上分析知，动点 A 的 3 种速度的大小、方向共 6 个因素中，只有 v_r 和 v_e 的大小共两个未知因素。因此，根据速度合成定理

$$v_a=v_e+v_r$$

作出速度平行四边形如[图 8-10(b)]所示。

由图中的几何关系得

$$v_e=v_a\sin\theta=r\omega\sin\theta$$

而

$$\sin\theta=\frac{r}{\sqrt{l^2+r^2}}$$

所以

$$v_e=\frac{r^2\omega}{\sqrt{l^2+r^2}}$$

于是，在图示瞬时，摇杆 O_1B 的角速度

$$\omega_1=\frac{v_e}{O_1A}=\frac{r^2\omega}{l^2+r^2}$$

其转向可由 v_e 的指向确定，即为顺时针转向。

例 8-4　汽车 A 以 $v_A=40$ km/h 的速度沿直线道路行驶，汽车 B 以 $v_B=56.6$ km/h 的速度沿另一岔道行驶[图 8-11(a)]。试求在汽车 B 上观察到的汽车 A 的速度。

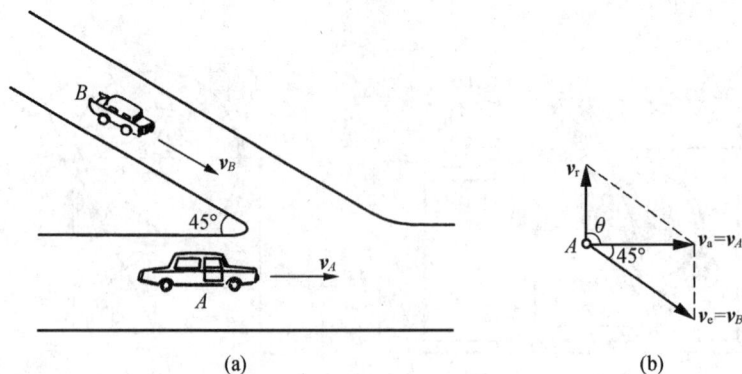

图 8-11 例 8-4 图

解：在汽车 B 上观察到的汽车 A 的速度，即汽车 A 相对于汽车 B 的速度。为此取汽车 A 为动点，将动系连于汽车 B，定系连于地面。则动点 A 的绝对速度 $v_a = v_A = 40$ km/h，牵连速度 $v_e = v_B = 56.6$ km/h，而在汽车 B 上观察到的汽车 A 的速度，即为动点 A 的相对速度 v_r。由速度合成定理

$$v_a = v_e + v_r$$

作出速度平行四边形如[图 10-11(b)]所示。由余弦定理得

$$v_r = \sqrt{v_a^2 + v_e^2 - 2v_a v_e \cos 45°} = 40 \text{ km/h}$$

v_r 与 v_a 间的夹角 θ 可由正弦定理求得，即

$$\sin\theta = \frac{v_e}{v_r}\sin 45° = 1$$

所以

$$\theta = 90°$$

第三节 加速度合成定理

上节已经指出，点的合成运动中速度之间的关系（即速度合成定理），对于任何形式的牵连运动都是适用的。但是加速度合成问题则比较复杂，各加速度之间的关系（即加速度合成定理）与牵连运动的形式有关。下面推证加速度合成定理。

相对运动中，将动系的 3 个单位矢量时 i'、j'、k' 看成是常矢量，则相对加速度为

$$a_r = \frac{\tilde{d}v_r}{dt} = \ddot{x}'i' + \ddot{y}'j' + \ddot{z}'k' \tag{8-9}$$

牵连点 M' 的速度和加速度是动点的牵连速度和牵连加速度，且 $r'_{M'}$ 的 3 个坐标 x'、y'、z' 是常量，得

$$a_e = \frac{d^2 r_{M'}}{dt^2} = \frac{d^2 r_{O'}}{dt^2} + x'\frac{d^2 i'}{dt^2} + y'\frac{d^2 j'}{dt^2} + z'\frac{d^2 k'}{dt^2} \tag{8-10}$$

将速度合成定理(8-8)对时间求导,得

$$\boldsymbol{a}_a = \frac{\mathrm{d}\boldsymbol{v}_a}{\mathrm{d}t} = \frac{\mathrm{d}\boldsymbol{v}_r}{\mathrm{d}t} + \frac{\mathrm{d}\boldsymbol{v}_e}{\mathrm{d}t} \tag{8-11}$$

下面分别计算上式右边两项导数。注意到式(8-3),可得

$$\frac{\mathrm{d}\boldsymbol{v}_r}{\mathrm{d}t} = \frac{\tilde{\mathrm{d}}\boldsymbol{v}_r}{\mathrm{d}t} + \boldsymbol{\omega} \times \boldsymbol{v}_r = \boldsymbol{a}_r + \boldsymbol{\omega} \times \boldsymbol{v}_r \tag{8-12}$$

$$\frac{\mathrm{d}\boldsymbol{v}_e}{\mathrm{d}t} = \frac{\mathrm{d}^2\boldsymbol{r}_{O'}}{\mathrm{d}t^2} + \dot{x}'\frac{\mathrm{d}\boldsymbol{i}'}{\mathrm{d}t} + \dot{y}'\frac{\mathrm{d}\boldsymbol{j}'}{\mathrm{d}t} + \dot{z}'\frac{\mathrm{d}\boldsymbol{k}'}{\mathrm{d}t} + x'\frac{\mathrm{d}^2\boldsymbol{i}'}{\mathrm{d}t^2} + y'\frac{\mathrm{d}^2\boldsymbol{j}'}{\mathrm{d}t^2} + z'\frac{\mathrm{d}^2\boldsymbol{k}'}{\mathrm{d}t^2} = \boldsymbol{a}_e + \boldsymbol{\omega} \times \boldsymbol{v}_r \tag{8-13}$$

式(8-12)、(8-13)代入式(8-11),动点的绝对加速度为

$$\boldsymbol{a}_a = \boldsymbol{a}_e + \boldsymbol{a}_r + 2\boldsymbol{\omega} \times \boldsymbol{v}_r$$

令

$$\boldsymbol{a}_C = 2\boldsymbol{\omega} \times \boldsymbol{v}_r \tag{8-14}$$

式中的 $\boldsymbol{a}_C$ 称为**科里奥利加速度**,简称**科氏加速度**。于是有

$$\boldsymbol{a}_a = \boldsymbol{a}_e + \boldsymbol{a}_r + \boldsymbol{a}_C \tag{8-15}$$

式(8-15)称为**点的加速度合成定理**,即**动点在任一瞬时的绝对加速度等于其牵连加速度、相对加速度和科氏加速度三者的矢量和**。科氏加速度等于牵连运动的角速度与动点相对速度的矢量积的两倍。

按照矢量积的运算规则,科氏加速度 $\boldsymbol{a}_C$ 的大小为

$$a_C = 2\omega v_r \sin\theta$$

式中,θ 为 $\boldsymbol{\omega}$ 与 $\boldsymbol{v}_r$ 两矢量间小于180°的夹角,$\boldsymbol{a}_C$ 的方位应与 $\boldsymbol{\omega}$ 和 $\boldsymbol{v}_r$ 相垂直,即垂直于矢量 $\boldsymbol{\omega}$ 和 $\boldsymbol{v}_r$ 所决定的平面,指向由 $\boldsymbol{\omega}$ 到 $\boldsymbol{v}_r$ 按右手规则确定,如图8-12所示。当 $\boldsymbol{\omega}$ 与 $\boldsymbol{v}_r$ 平行时,$a_C = 0$;当 $\boldsymbol{\omega}$ 与 $\boldsymbol{v}_r$ 垂直时,即为平面问题,则科氏加速度的大小为 $a_C = 2\omega v_r$,将 $\boldsymbol{v}_r$ 顺 $\boldsymbol{\omega}$ 的转向转过90°即得 $\boldsymbol{a}_C$ 的方向。

在地球上运动的物体,由于地球本身绕地轴转动,因此只要物体的速度方向不与地轴平行,则对其他恒星而言,该物体就有科氏加速度。例如沿地球经线或纬线运动的物体(或水流)的科氏加速度 $\boldsymbol{a}_C$ 如图8-13所示。但是,由于地球自转的角速度很小,所以在一般工程问题中可以不予考虑。

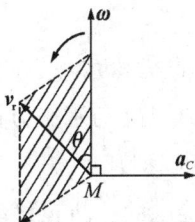

图8-12　$\boldsymbol{a}_C$ 的方向按
　　　　右手规则确定

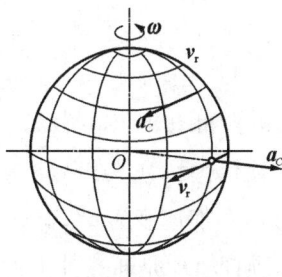

图8-13　沿地球经线或纬线运动的
　　　　物体的科氏加速度

当牵连运动为平移时,$\boldsymbol{\omega}=\mathbf{0}$,则 $\boldsymbol{a}_C=\mathbf{0}$,于是有

$$a_a=a_e+a_r \tag{8-16}$$

即当牵连运动为平移时,动点在每一瞬时的绝对加速度等于其牵连加速度与相对加速度的矢量和。这个关系式称为牵连运动为平移时点的加速度合成定理。

例8-5 曲柄滑槽机构如图8-14所示。曲柄 OA 绕轴 O 转动,滑块 A 可在水平杆 BC 的滑槽 DE 内滑动。曲柄通过滑块 A 带动杆 BC 在水平方向作往复运动。设曲柄长 $OA=r=0.40$ m,且以转速 $n=120$ r/min 按顺时针方向作匀速转动,滑槽 DE 与水平线间夹角为45°,试求曲柄与水平线夹角为 $\theta=45°$ 时杆 BC 的加速度。

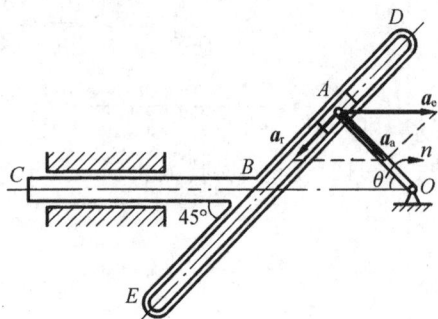

图8-14 例8-5图

解: 曲柄上的滑块 A 为动点,动系连于水平槽杆 BC,定系连于机架,则动点 A 的绝对运动是绕轴 O 的匀速圆周运动;牵连运动是槽杆 BC 在水平方向的往复平移;动点 A 的相对运动是沿滑槽 DE 的直线运动。当 $\theta=45°$ 时,由题设条件可知,动点 A 的绝对加速度

$$a_a=OA\cdot\omega^2=r\left(\frac{\pi n}{30}\right)^2=63.2\text{ m/s}^2$$

方向沿 AO。动点 A 的相对加速度 $\boldsymbol{a}_r$ 方向沿 AE;因为牵连运动为平移,故动点 A 的牵连加速度 $\boldsymbol{a}_e$ 即为槽杆 BC 的加速度,且沿水平方向。在动点 A 的3种加速度中,只有 $\boldsymbol{a}_r$ 和 $\boldsymbol{a}_e$ 的大小共2个未知因素。

因此,根据牵连运动为平移时的加速度合成定理

$$a_a=a_e+a_r$$

作出加速度平行四边形如图8-14所示。由图8-14中的几何关系得

$$a_e=\frac{a_a}{\cos\theta}=\frac{63.2\text{ m/s}^2}{\cos45°}=89.4\text{ m/s}^2$$

因为杆 BC 作平移运动,故当 $\theta=45°$ 时,杆 BC 的加速度

$$a_{BC}=a_e=89.4\text{ m/s}^2$$

方向水平向右。

例8-6 凸轮机构如图8-15所示。半径为 R 的半圆形凸轮沿水平方向向右移动,使顶杆 AB 沿铅直导槽上下运动。在凸轮中心 O 和点 A 的连线 AO 与水平方向的夹角 $\varphi=60°$ 时,凸轮的速度为 $\boldsymbol{v}_0$,加速度为 $\boldsymbol{a}_0$,试求该瞬时顶杆 AB 的加速度。

解: 由图可见,顶杆 AB 是通过其上的端点 A 与凸轮相接触的。凸轮移动时推动顶杆使其沿铅直导槽上下平移,顶杆上的点 A 与凸轮之间有相对运动。取顶杆 AB 上的点 A 为动点,将动系固连于凸轮,定系固连于机架。则动点 A 的绝对运动是沿导槽的铅直运动,绝

对速度 v_a 和绝对加速度 a_a 皆为铅垂方向；由于动点 A 始终与凸轮表面相接触，可以看出动点 A 的相对轨迹就是凸轮的轮廓线，因此相对速度 v_r 沿凸轮在点 A 的切线方向[图 8-15(a)]，而相对加速度 a_r 应有切向和法向两个分量：切向分量 a_r^t 沿凸轮在点 A 的切线方向；法向分量 $a_r^n = v_r^2/R$，方向由点 A 指向点 O[图 8-15(b)]。牵连运动为凸轮的水平直线平移，动点 A 的牵连速度 v_e 和牵连加速度 a_e 皆已知，为 $v_e = v_O$，$a_e = a_O$。由速度合成定理

$$v_a = v_e + v_r$$

作出速度平行四边形如[图 8-15(a)]所示。由图中的几何关系得

$$v_r = \frac{v_e}{\sin\varphi} = \frac{v_O}{\sin\varphi}$$

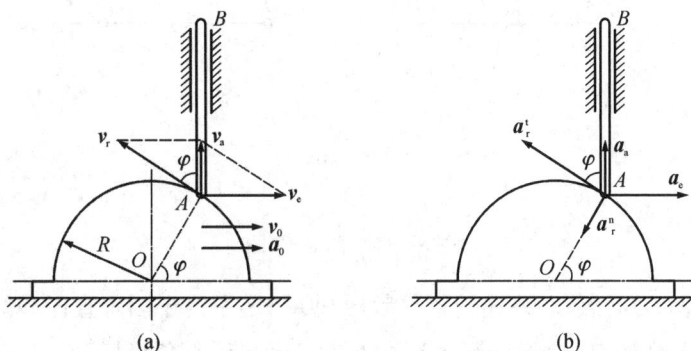

图 8-15 例 8-6 图

当 $\varphi = 60°$ 时，有

$$v_r = \frac{v_0}{\sin 60°} = \frac{2}{\sqrt{3}} v_0$$

再由牵连运动为平移时的加速度合成定理

$$a_a = a_e + a_r = a_e + a_r^t + a_r^n$$

画出各加速度矢量如[图 8-15(b)]所示。上式中只有 a_a 和 a_r^t 的大小共 2 个未知因素，而题意只要求顶杆 AB 的加速度 a_{AB}，因顶杆 AB 作平移运动，故 $a_{AB} = a_a$，为计算 a_a 的大小，可将上式投影到 OA 线上，得

$$a_a \sin\varphi = a_e \cos\varphi - a_r^n = a_0 \cos\varphi - \frac{v_r^2}{R}$$

解得

$$a_a = \frac{1}{\sin\varphi}\left(a_0 \cos\varphi - \frac{v_r^2}{R}\right)$$

当 $\varphi = 60°$ 时，顶杆 AB 的加速度

$$a_{AB} = a_a = \frac{1}{\sin 60°}\left[a_0 \cos 60° - \frac{\left(\dfrac{2}{\sqrt{3}} v_0\right)^2}{R}\right]$$

$$= \frac{\sqrt{3}}{3} \left(a_0 - \frac{8v_0^2}{3R} \right)$$

则 $\boldsymbol{a}_{AB}$ 方向铅直向上。

例 8 - 7 直角形曲柄 OBC 绕垂直于图面的轴 O 在一定范围内以匀角速度 ω 转动,带动套在固定直杆 OA 上的小环 M 沿直杆滑动。已知:$OB = 100$ mm,$\omega = 0.5$ rad/s。试求当 $\varphi = 60°$ 时,小环 M 的速度和加速度。

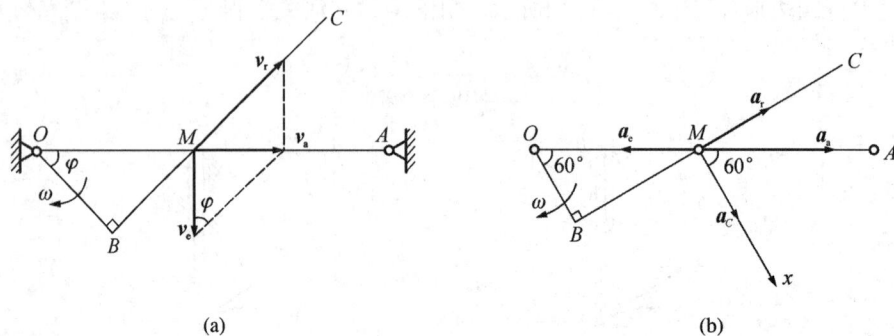

图 8 - 16 例 8 - 7 图

解:取小环 M 为动点,动系连于直角形杆 OBC,定系连于固定直杆 OA。则动点 M 的绝对运动是沿 OA 杆的直线运动;动点 M 的相对运动是沿直角形杆 BC 边的运动;牵连运动是直角形杆绕轴 O 的转动。

(1) 求小环 M 的速度

由上面的分析知,动点 M 的牵连速度

$$v_e = OM\omega = \frac{OB}{\cos\varphi}\omega = \frac{0.10\ \text{m}}{\cos 60°}(0.5\ \text{rad/s}) = 0.10\ \text{m/s}$$

方向垂直于 OM。

动点 M 的相对速度 v_r 沿 MC 方向;绝对速度 v_a 沿 MA 方向,两者的大小皆待求。根据点的速度合成定理

$$\boldsymbol{v}_a = \boldsymbol{v}_e + \boldsymbol{v}_r$$

作速度平行四边形如[图 8 - 16(a)]所示。由图中的几何关系得

$$v_r = \frac{v_e}{\cos\varphi} = \frac{0.10\ \text{m/s}}{\cos 60°} = 0.20\ \text{m/s}$$

$$v_a = v_e \tan\varphi = (0.10\ \text{m/s})\tan 60° = 0.173\ \text{m/s}$$

故 $\varphi = 60°$ 时,小环 M 的速度 $v_M = v_a = 0.173$ m/s,方向沿 MA。

(2) 求小环 M 的加速度

由牵连运动为定轴转动时点的加速度合成定理

$$\boldsymbol{a}_a = \boldsymbol{a}_e + \boldsymbol{a}_r + \boldsymbol{a}_C$$

在 $\varphi = 60°$ 时,动点 M 的牵连加速度

$$a_e = a_e^n = OM \cdot \omega^2 = \frac{0.10 \text{ m}}{\cos 60°} \times (0.5^2 \text{ rad/s}) = 0.05 \text{ m/s}^2$$

方向由 M 指向 O 点。动点 M 的相对加速度 $\boldsymbol{a}_r$ 沿 MC 方向,绝对加速度 $\boldsymbol{a}_a$ 沿 MA 方向,两者的大小皆待求。科氏加速度

$$a_C = 2\omega v_r \sin 90° = 2 \times (0.5 \text{ rad/s}) \times (0.2 \text{ m/s}) = 0.20 \text{ m/s}^2$$

方向垂直于 $\boldsymbol{v}_r$。各加速度矢量如[图 8-16(b)]所示。将各加速度按矢量式依次投影到 x 轴上,得

$$a_a \cos 60° = a_C - a_e \cos 60°$$

可解得

$$a_a = \frac{a_C - a_e \cos 60°}{\cos 60°} = \frac{(0.20 - 0.05\cos 60°) \text{ m/s}^2}{\cos 60°} = 0.35 \text{ m/s}^2$$

故当 $\varphi = 60°$ 时,小环 M 的加速度 $a_M = a_a = 0.35 \text{ m/s}^2$,方向沿 MA。

例 8-8 汽阀凸轮机构如[图 8-17(a)]所示。顶杆 AB 的端点 A 由弹簧压紧的凸轮表面上,当凸轮绕轴 O 转动时,推动顶杆沿铅垂导槽上下平移。设凸轮以匀角速度 ω 转动,已知在图示位置,$OA = r$,凸轮轮廓曲线在点 A 处的法线 An 与 AO 的夹角为 θ,曲率半径为 ρ。试求该瞬时顶杆 AB 的加速度。

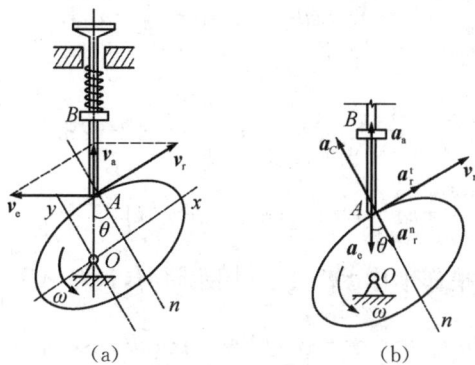

图 8-17 例 8-8 图

解: 取顶杆的端点 A 为动点,动系固连于凸轮,定系固连于机架。动点 A 的绝对运动是沿铅垂导槽的直线运动,动点 A 的相对运动是沿凸轮轮廓曲线的运动,凸轮轮廓曲线就是动点 A 的相对轨迹。牵连运动是凸轮绕定轴 O 的转动。由牵连运动为定轴转动时点的加速度合成定理

$$\boldsymbol{a}_a = \boldsymbol{a}_e + \boldsymbol{a}_r + \boldsymbol{a}_C$$

在图示位置,动点 A 的绝对速度 $\boldsymbol{v}_a$ 和绝对加速度 $\boldsymbol{a}_a$ 都沿铅垂方向,大小皆待求;动点 A 的相对速度 $\boldsymbol{v}_r$ 和相对加速度的切向分量 $\boldsymbol{a}_r^t$ 都沿凸轮轮廓线在点 A 处的切线方向,两者的大小皆待求;相对加速度的法向分量 $\boldsymbol{a}_r^n$ 沿凸轮轮廓线在点 A 处的法线方向,并指向其曲率中

心,而其大小为 $a_r^n = \dfrac{v_r^2}{\rho}$;动点 A 的牵连速度 v_e 的方向垂直于 OA,大小为 $v_e = OA\omega = r\omega$,牵连加速度的大小为

$$a_e = a_e^n = r\omega^2$$

方向沿 AO 并指向 O 点;还有科氏加速度

$$a_C = 2\omega v_r \sin 90° = 2\omega v_r$$

方向垂直于 v_r,指向由 ω 的转向确定,显然 a_C 与 a_r^n 的指向相反。各速度和加速度矢量分别如[图 8-17(a)、(b)]所示。

为了求出 a_r^n 和 a_C 的大小,需先求出相对速度 v_r,根据速度合成定理 $v_a = v_e + v_r$,由[图 8-17(a)]得

$$v_r = \frac{v_e}{\cos\theta} = r\omega \sec\theta$$

从而得出

$$a_r^n = \frac{v_r^2}{\rho} = \frac{r^2\omega^2}{\rho}\sec^2\theta$$

$$a_C = 2\omega v_r = 2r\omega^2 \sec\theta$$

将各加速度按矢量式投影到 An 轴上,得

$$-a_a\cos\theta = a_e\cos\theta + a_r^n - a_C$$

可解得

$$a_a = -\frac{1}{\cos\theta}\left(r\omega^2\cos\theta + \frac{r^2\omega^2}{\rho}\sec^2\theta - 2r\omega^2\sec\theta\right)$$

$$= -r\omega^2\left(1 + \frac{r}{\rho}\sec^3\theta - 2\sec^2\theta\right)$$

因顶杆 AB 沿竖直导槽作平移运动,故在图示瞬时,顶杆 AB 的加速度

$$a_{AB} = a_a = -r\omega^2\left(1 + \frac{r}{\rho}\sec^3\theta - 2\sec^2\theta\right)$$

在设计顶杆 AB 的压紧弹簧时,必须考虑其加速度。

顺便指出,如果我们取凸轮上的点 A 为动点,将动系固连于顶杆 AB,定系固连于机架,那么动点的相对轨迹就不能直观地判定,因而其相对加速度的方向也就无法预先确定。可见,这样来选取动点和动系是不方便的。因此,求解点的合成运动的问题,尤其是分析机构的运动,一定要注意动点、动系的选取,动点的相对轨迹要易于判定。

例 8-9 具有直线气道的压气机,以匀角速度 ω 绕轴 O 转动,空气以不变的相对速度 v_r 顺着气道通过。若气道 AB 与半径间的夹角 $\theta = 45°$,见图 8-18,$OC = 0.5$ m,$\omega_r = 4\pi$ rad/s,$v_r = 2$ m/s。试求气道内点 C 处空气分子的绝对加速度。

解:取气道内点 C 处空气分子为动点,动系固连于压气机气道,定系固连于机架。因为

牵连运动为绕定轴转动,故加速度合成定理为

$$a_a = a_e + a_r + a_C$$

由题意知,动点的相对运动为沿气道 AB 的直线运动,且相对速度 v_r 为常量,故相对加速度 $a_r = 0$。

因为压气机以匀角速度 ω 转动,故动点的牵连加速度

$$a_e = a_e^n = OC\omega^2 = (0.5 \text{ m}) \times (4\pi \text{ rad/s})^2 = 8\pi^2 \text{ m/s}^2$$

则 a_e 方向沿 CO。

科氏加速度

$$a_C = 2\omega v_r \sin 90° = 2 \times (4\pi \text{ rad/s}) \times (2 \text{ m/s}) = 16\pi \text{ m/s}^2$$

a_C 方向垂直于 v_r。

各加速度矢量如图 8-18 所示。于是动点的绝对加速度

$$a_a = a_e + a_r + a_C = a_e + a_C$$
$$= -a_e j + a_C \cos\theta i - a_C \sin\theta j$$
$$= a_C \cos\theta i - (a_e + a_C \sin\theta) j$$

代入已知数值,得气道内点 C 处空气分子的绝对加速度

$$a_a = (35.5i - 114j) \text{ m/s}^2$$

式中,i 和 j 分别为沿坐标轴 Ox 和 Oy 的单位矢量。

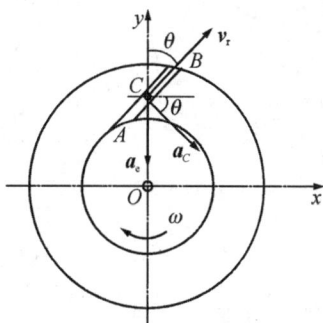

图 8-18　题 8-9 图

例 8-10　点 M 按方程 $CM = s = 0.36\sin\dfrac{t}{3}$ m 沿矩形平板的对角线 AB 运动,矩形平板以 $\omega = \dfrac{1}{3}$ rad/s 的角速度绕轴 Oz 转动。已知 $AC = CB = BD$,且当 $t = \dfrac{\pi}{2}$ s 时,矩形平板恰位于 Oyz 平面内,见图 8-19。试求该瞬时点 M 的绝对加速度。

解: 取点 M 为动点,动系固连于矩形平板,定系 $Oxyz$ 固连于机架。由题意知,动点 M 的相对运动方程

$$s = CM = 0.36\sin\frac{t}{3} \text{ m}$$

相对速度

$$v_r = \dot{s} = 0.12\cos\frac{t}{3} \text{ m/s}$$

相对加速度

$$a_r = \ddot{s} = -0.04\sin\frac{t}{3} \text{ m/s}^2$$

当 $t = \dfrac{\pi}{2}$ s 时

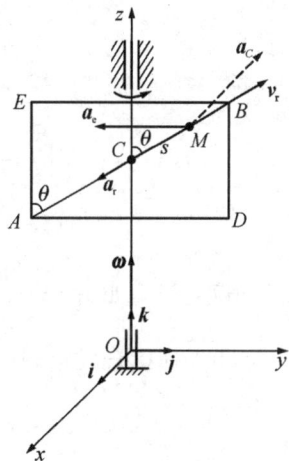

图 8-19　题 8-10 图

$$s=(0.36 \text{ m})\sin\left(\frac{1}{3}\times\frac{\pi}{2}\right)=0.18 \text{ m}$$

$$v_r=0.12\cos\left(\frac{1}{3}\times\frac{\pi}{2}\right) \text{ m/s}=0.104 \text{ m/s}$$

则 $\boldsymbol{v}_r$ 方向沿 MB。

$$a_r=-0.04\sin\left(\frac{1}{3}\times\frac{\pi}{2}\right) \text{ m/s}^2=-0.02 \text{ m/s}^2$$

则 $\boldsymbol{a}_r$ 方向沿 MA。

由图 8-18 可见

$$\cos\theta=\frac{BD}{AB}=\frac{1}{2}$$

故 $\theta=60°$。

于是

$$\begin{aligned}
\boldsymbol{a}_r &=(-0.002\sin\theta)\boldsymbol{j}(\text{m/s}^2)+(-0.02\cos\theta)\boldsymbol{k}(\text{m/s}^2)\\
&=(-0.02\sin60°)\boldsymbol{j}(\text{m/s}^2)+(-0.02\cos60°)\boldsymbol{k}(\text{m/s}^2)\\
&=(-0.0173\boldsymbol{j}-0.01\boldsymbol{k})\text{m/s}^2
\end{aligned}$$

动点 M 在该瞬时的牵连加速度

$$\begin{aligned}
\boldsymbol{a}_e &=\boldsymbol{a}_e^n=-(s\sin\theta\omega^2)\boldsymbol{j}\\
&=-\left[0.18\sin60°\left(\frac{1}{3}\right)^2\right]\boldsymbol{j}(\text{m/s}^2)=-0.0173 \ \boldsymbol{j} \ \text{m/s}^2
\end{aligned}$$

科氏加速度

$$\begin{aligned}
\boldsymbol{a}_C &=-(2\omega v_r\sin\theta)\boldsymbol{i}\\
&=-\left(2\times\frac{1}{3}\times0.104\sin60°\right)\boldsymbol{i}(\text{m/s}^2)=-0.06\boldsymbol{i} \ \text{m/s}^2
\end{aligned}$$

各加速度矢量如图 8-19 所示。

由加速度合成定理可得,在 $t=\frac{\pi}{2}$ s 时动点 M 的绝对加速度

$$\begin{aligned}
\boldsymbol{a}_a &=\boldsymbol{a}_e+\boldsymbol{a}_r+\boldsymbol{a}_C\\
&=(-0.0173\boldsymbol{j}-0.0173\boldsymbol{j}-0.01\boldsymbol{k}-0.06\boldsymbol{i})(\text{m/s}^2)\\
&=(-0.06\boldsymbol{i}-0.0346\boldsymbol{j}-0.01\boldsymbol{k}) \ \text{m/s}^2
\end{aligned}$$

通过本章的讨论,可将求解点的合成运动问题的要点和步骤归纳如下:

(1) 根据题意恰当地选取动点、动系。选取时要注意,动点对动系要有相对运动,动点对动系的相对运动轨迹要明显、直观和易于判定。在机构的运动分析中,对于主动构件和从动构件之间有相对滑动的机构,通常都选取二构件的连接点或接触点(在其中一个构件上)为动点,而动系则取在动点对它有相对运动的另一构件上。

（2）分清相对、绝对和牵连运动，并分析相应的 3 种速度和加速度的大小和方向。弄清哪些元素是已知的，哪些因素是未知的。需要注意的是，动点的牵连速度和牵连加速度是动系上与动点瞬时相重合的点的速度和加速度，应根据动系的运动来确定。

（3）应用速度合成定理 $v_a = v_e + v_r$ 作出速度矢量的平行四边形，在 3 种速度的大小和方向共 6 个元素中，只要知道其中的 4 个元素，就可以用几何法或解析法解出其余的 2 个未知元素。

（4）根据牵连运动是平移还是绕定轴转动，应用加速度合成定理 $a_a = a_e + a_r$ 或 $a_a = a_e + a_r + a_C$，画出各加速度矢量图，由于加速度合成定理中矢量较多，因此对于加速度问题一般都用解析法求解。

本章小结

1. 点的绝对运动

点的绝对运动为点的牵连运动和相对运动的合成结果。

绝对运动：动点相对于定参考系的运动；

相对运动：动点相对于动参考系的运动；

牵连运动：动参考系相对于定参考系的运动。

2. 点的速度合成定理

$$v_a = v_e + v_r$$

绝对速度 v_a：动点相对于定参考系运动的速度；

相对速度 v_r：动点相对于动参考系运动的速度；

牵连速度 v_e：动参考系上与动点相重合的那一点相对于定参考系运动的速度。

3. 点的加速度合成定理

$$a_a = a_e + a_r + a_C$$

绝对加速度 a_a：动点相对于定参考系运动的加速度；

相对加速度 a_r：动点相对于动参考系运动的加速度；

牵连加速度 a_e：动参考系上与动点相重合的那一点相对于定参考系运动的加速度；

科氏加速度 a_C：牵连运动为转动时，牵连运动和相对运动相互影响而出现的一项附加的加速度。

$$a_C = 2\boldsymbol{\omega}_e \times v_r$$

当动参考系作平移或 $v_r = 0$，或 $\boldsymbol{\omega}_e$ 与 v_r 平行时，$a_C = 0$。

习 题

8-1 动点 M 沿圆盘直径 AB 以匀速 v 运动，开始时动点在圆盘中心，且圆盘直径 AB 与 x 轴相重合。若圆盘以匀角速度 ω 绕通过点 O 并垂直于圆盘的轴转动，试求动点 M 的绝对轨迹。

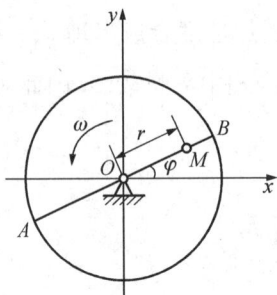

题 8-1 图

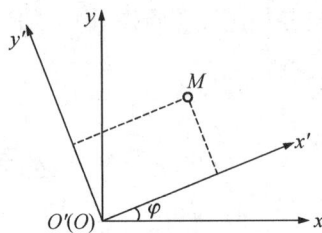

题 8-2 图

8-2 动点 M 在 $O'x'y'$ 平面中运动，如题 8-2 图所示。其运动方程为 $x'=40(1-\cos t)$，$y'=40\sin t$，式中 t 以 s 计，x' 和 y' 以 mm 计。而 $O'x'y'$ 平面又绕垂直于该平面的轴 O 转动，转动方程为 $\varphi=t$ rad。式中 φ 为动坐标轴 $O'x'$ 与定坐标轴 Ox 间的夹角。试求动点 M 的相对轨迹和绝对轨迹。

8-3 如题 8-3 图所示牛头刨床摇杆机构中，曲柄长 $OA=r$，以匀角速度 ω 绕轴 O 转动，通过滑块 A 带动摇杆 O_1B 绕轴 O_1 摆动。已知轴 O 与 O_1 之间的距离 $OO_1=l$。试求滑块 A 在摇杆的导槽中作相对运动的方程和摇杆 O_1B 的转动方程。

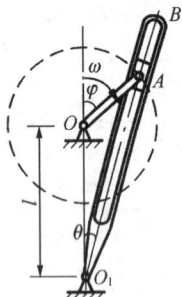

题 8-3 图

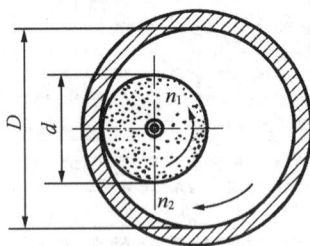

题 8-4 图

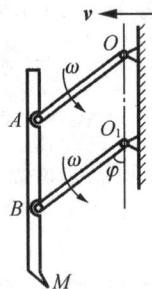

题 8-5 图

8-4 内圆磨床砂轮直径 $d=60$ mm，转速 $n_1=10\,000$ r/min；工件孔径 $D=80$ mm，转速 $n_2=500$ r/min，转向与 n_1 相反，求磨削时，砂轮相对工件的速度。

8-5 某自走式谷物联合收割机的拔禾轮传动机构在铅垂面的投影为平行四连杆机构，如题 8-5 图所示。曲柄 $OA=O_1B=570$ mm，OA 转速 $n=36$ r/min，收割机前进速度 $v=2$ km/h。试求 $\varphi=60°$ 时，AB 杆端点 M 的水平速度和铅垂速度。

8-6 砂石料从传送带 A 落到另一传送带 B 的绝对速度 $v_1=4$ m/s，其方向与铅直线成 30°角。设传送带 B 与水平面成 15°角,其速度 $v_2=2$ m/s。求此时砂石料对传送带 B 的相对速度。又问当传送带 B 的速度为多大时,砂石料的相对速度才能与传送带 B 相垂直。

8-7　塔式起重机如题 8-7 图所示,其行走速度为 23.5 m/min,起重速度为 22.8 m/min,回转角速度为 0.64 r/min,起重幅度 $L=15$ m。试计算:

(1) 超重机不回转,向前行走并铅垂向上起重时,重物的绝对速度;

(2) 起重机不行走,回转并铅垂向上起重时,重物的绝对速度。

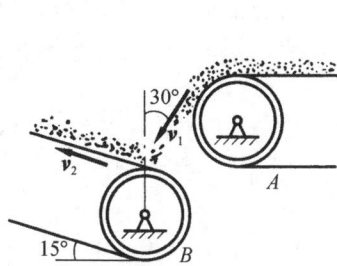 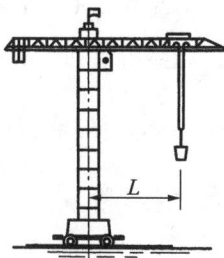 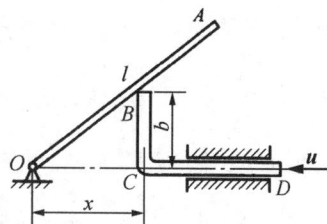

题 8-6 图　　　　　题 8-7 图　　　　　题 8-8 图

8-8　直杆 OA 长 l,由推杆 BCD 推动而在图面内绕轴 O 转动。假定推杆的速度为 u,其弯头长 $BC=b$。试求在 $OC=x$ 的瞬时,直杆 A 端的速度的大小(表示为 x 的函数)。

8-9　滑块 A 由一绕定轴 O 转动的摇杆 OB 带动沿直线导轨运动,设摇杆的瞬时角速度是 ω,轴 O 至直线导轨的距离为 h,试求滑块 A 的速度的大小(表示为摇杆的转角 φ 的函数)。

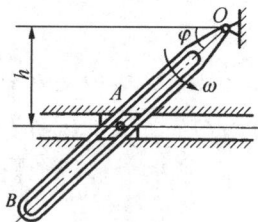　　　　　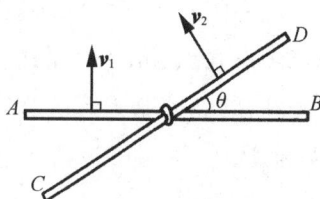

题 8-9 图　　　　　　　题 8-10 图

8-10　直杆 AB 以速度 v_1 沿垂直于 AB 的方向向上移动,直杆 CD 在同一平面内以速度 v_2 沿垂直于 CD 的方向向左上方移动。如两直杆的交角为 θ,试求套在该两直杆交点处的小环 M 的速度的大小。

8-11　如题 8-11 图所示为具有圆弧形滑道的曲柄滑道机构,圆弧的半径 $R=OA=0.10$(m),曲柄 OA 以匀转速 $n=120$ r/min 绕轴 O 转动,试求当 $\varphi=30°$ 时,滑道 BCD 的速度和加速度。

8-12　如题 8-12 图所示的铰接平行四连机构中,$O_1A=O_2B=0.10$ m,$O_1O_2=AB$。杆 O_1A 以匀角速度 $\omega=2$ rad/s 绕轴 O_1 转动。杆 AB 上有一套筒 C 与杆 CD 铰接,机构各部分均在同一平面内,试求 $\varphi=60°$ 时,杆 CD 的速度和加速度。

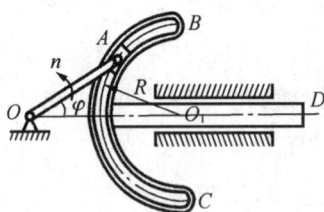
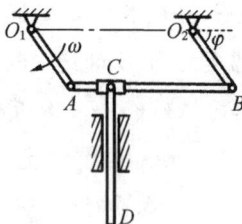

题 8-11 图   题 8-12 图

8-13 导槽 BC 和 EF 之间放一小圆柱销 M，导槽 BC 运动时带动小圆柱销 M 在固定导槽 EF 中运动，如题 8-13 图所示。已知曲柄 AB 以 $\varphi=\varphi_0\sin\omega t$ 的规律绕轴 A 左右摆动，式中，$\varphi_0=\dfrac{\pi}{3}=60°$，$\omega=1$ rad/s，且 $AD=BC$，$AB=CD=r=0.20$ m。试求当 $\varphi=30°$ 时，小圆柱销 M 在导槽 EF 及 BC 中的速度和加速度。

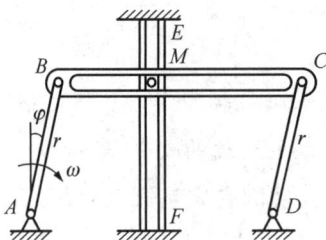
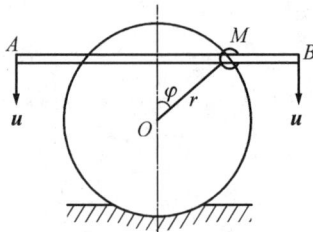

题 8-13 图   题 8-14 图

8-14 水平直杆 AB 在半径为 r 的固定圆圈上以匀速 u 铅直向下平移。试求套在该直杆和圆圈上交点处的小环 M 的速度和加速度（表示为 φ 的函数）。

8-15 曲柄 OA 长 0.40 m，以匀角速度 $\omega=0.50$ rad/s 绕轴 O 逆时针方向转动，通过曲柄的 A 端推动滑杆 BC 沿铅垂方向运动。试求当曲柄 OA 与水平线的夹角 $\varphi=30°$ 时，滑杆 BC 的速度和加速度。

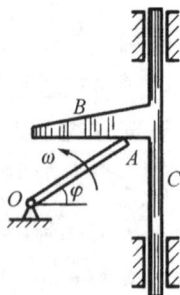
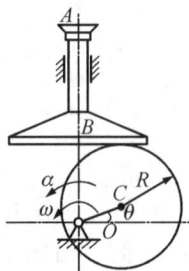

题 8-15 图   题 8-16 图

8-16 如题 8-16 图所示平底顶杆凸轮机构，顶杆 AB 可沿铅直导轨上下平移，偏心凸轮绕轴 O 转动，轴 O 位于顶杆的轴线上。工作时顶杆的平底始终接触凸轮表面。设凸轮的半径为 R，偏心距 $OC=e$，在 OC 与水平线的夹角为 θ 时，凸轮的角速度为 ω，角加速度为

α。试求在该瞬时,顶杆 AB 的速度和加速度。

8-17　在[题 8-17 图(a)和(b)]所示的两种机构中,已知 $O_1O_2=a=200$ mm,$\omega_1=3$ rad/s,$\alpha_1=0$。求图示位置时杆 O_2A 的角速度和角加速度。

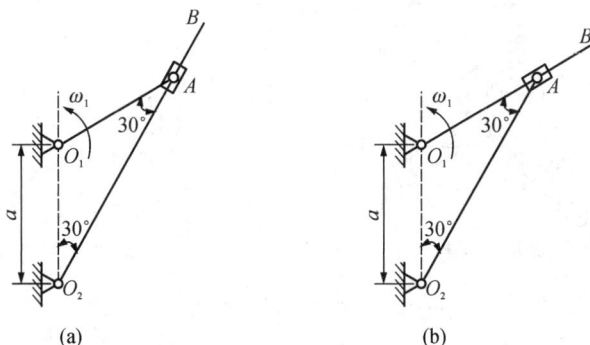

(a)　　　　　　　　(b)

题 8-17 图

8-18　在插床急回机构中,曲柄 OA 以匀转速 $n=90$ r/min 转动。通过滑块 A 带动扇形齿轮的导杆 O_1C 绕 O_1 轴摆动,从而带动齿条 B 作铅垂的上下往复运动。设 O、O_1 轴在同一水平线上,曲柄长 $OA=r=76$ mm,其余尺寸如题 8-18 图所示。试求当 $\theta=30°$ 时,齿条 B 的速度和加速度。(图中尺寸单位为 mm)。

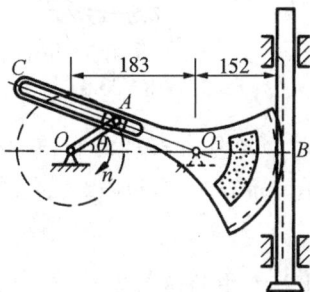

题 8-18 图

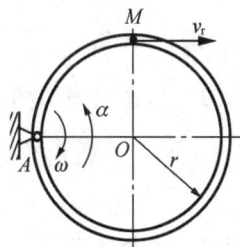

题 8-19 图

8-19　一半径 $r=0.20$ m 的圆盘,绕通过点 A 垂直于图面的轴转动。动点 M 以匀速 $v_r=0.40$ m/s 沿圆盘边缘运动。在题 8-19 图所示位置,圆盘的角速度 $\omega=2$ rad/s,角加速度 $\alpha=4$ rad/s²。试求在该瞬时动点 M 的绝对加速度。

8-20　杆 CD 以匀角速度 $\omega=2$ rad/s 绕垂直图面的轴 C 转动,并通过其上的销钉 A 带动槽杆 OBE 绕轴 O 转动。试求在题 8-20 图所示瞬时槽杆 OBE 的角速度和角加速度(图中尺寸单位为 mm)。

8-21　偏心凸轮的偏心距 $OC=e$、半径为 $R=\sqrt{3}e$,以匀角速度 ω 绕 O 轴转动,杆 AB 能在滑槽中上下平动,杆的端点 A 始终与凸轮接触,且 OAB 成一直线。求在 OC 与 CA 垂直时从动杆 AB 的速度和加速度。

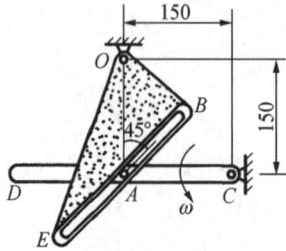

题 8-20 图

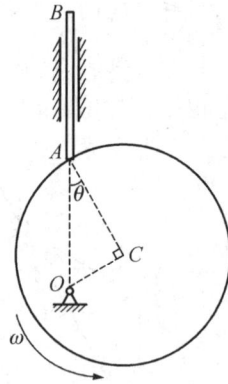

题 8-21 图

8-22 在题 8-22 图所示的偏心轮摇杆机构中,摇杆 O_1A 借助弹簧压在半径为 R 的偏心轮 C 上,偏心轮 C 绕轴 O 往复摆动,从而带动摇杆绕轴 O_1 摆动。设 $OC \perp OO_1$ 时,轮 C 的角速度为 ω,角加速度为零,$\theta = 60°$,求此时摇杆 O_1A 的角速度和角加速度。

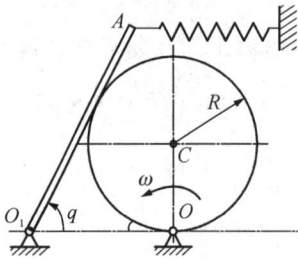

题 8-22 图

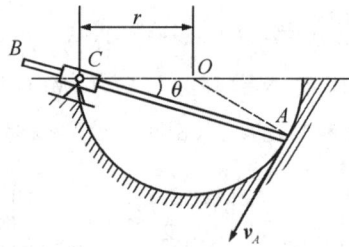

题 8-23 图

8-23 半径为 r 的固定半圆槽的边缘装有一可绕点 C 转动的导管,其内插有直杆 AB,杆的 A 端以匀速 v_A 沿半圆槽运动。求题 8-23 图所示瞬时杆 AB 上与点 C 重合一点 C' 的速度和加速度。

8-24 已知一动点作平面曲线运动时,在极坐标系中的运动方程为 $\rho = \rho(t)$,$\varphi = \varphi(t)$。写出动点的速度和加速度的极坐标表达式。

8-25 半径为 r 的两圆相交如题 8-25 图所示,圆 O_2 固定,圆 O_1 绕其圆周上一点 A 以匀角速度 ω 转动。求当 A、O_1、O_2 位于同一直线时两圆的交点 M 的速度和加速度。

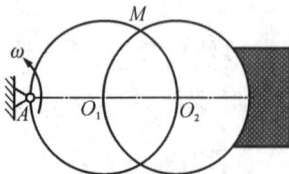

题 8-25 图

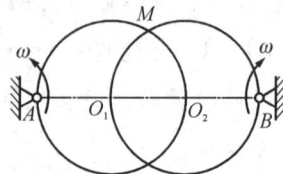

题 8-26 图

8-26 题 8-25 图中的两圆分别绕其圆周上点 A 和点 B 以大小相同、转向相反的角速度 ω 转动。求当 A、O_1、O_2、B 位于同一直线时两圆的交点 M 的速度和加速度。

8-27　连接直杆 AC 和 BD 的小环 M 以匀速 v 沿与铰链支座 A 和 B 等距离的直线 LN 运动,杆 AC 和 BD 相应地绕点 A 和 B 转动如题 8-27 图所示。试求当 $AM=AB=bm$ 时,小环 M 相对于 AC 杆的速度和加速度。

8-28　如题 8-28 图所示机构中,圆盘以匀角速度 $\omega_1=3$ rad/s 绕其中心轴 O_1 转动。当圆盘转动时,通过圆盘上的销钉 M_1 带动与导槽 AB 相固连的水平杆 CD 作往复直线平移。同时,杆 CD 上的销钉 M_2 又带动摇杆 O_2E 绕轴 O_2 摆动。已知:$r=0.20$ m,$l=0.30$ m,并设当 $\theta=30°$ 时,$\varphi=30°$。试求该瞬时摇杆 O_2E 的角速度和角加速度。

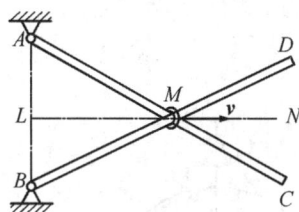

题 8-27 图

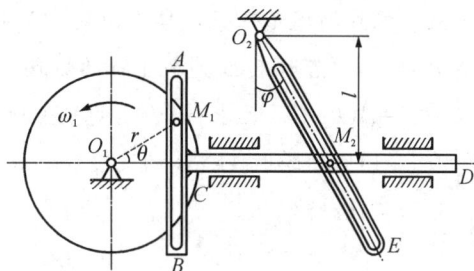

题 8-28 图

8-29　在具有摆动式汽缸的曲柄机构中,曲柄长 $OA=0.1$ m,以 $\omega=10\pi$ rad/s 的匀角速度转动,若在摆动式汽缸上固连一动坐标系,试求在题 8-29 图所示位置时,活塞 B 的科氏加速度。

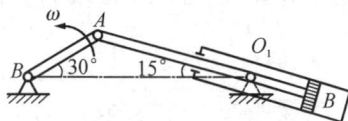

题 8-29 图

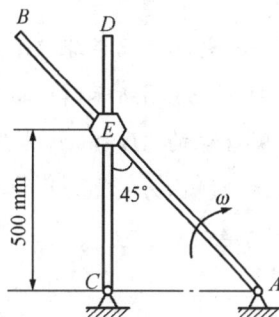

题 8-30 图

8-30　杆 AB 和 CD 分别穿过滑块 E 上的两孔,在运动过程中,两杆之间的夹角始终保持成 $45°$ 角。已知杆 AB 以 $\omega=10$ rad/s 的匀角速度转动,试求在题 8-30 图所示位置时,滑块 E 的速度、加速度和轨迹的曲率半径(图中尺寸单位为 mm)。

8-31　两架喷气飞机 A 和 B 在同一高度飞行如题 8-31 图所示。飞机 A 沿直线轨道飞行,飞机 B 沿半径 $R=400$ km 的圆弧轨道飞行。在图示瞬时,$v_A=700$ km/h,$a_A=50$ km/h^2;$v_B=600$ km/h,$a_B^t=100$ km/h^2,方向如图示。两飞机间的距离 $r=4$ km。试求在该瞬时,飞机 A 相对于飞机 B 的速度和加速度。

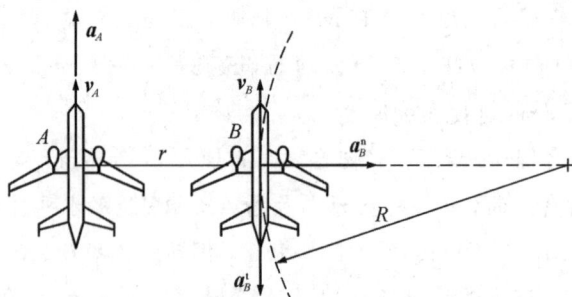

题 8-31 图

8-32 螺线画规是一根铰接于曲柄 OA 并穿过定轴套管 B 的直杆 QQ'。杆上有一点 M,距离 $AM=b$。若取点 B 为极坐标的极点,直线 BO 为极轴,已知幅角 $\varphi=\omega t$,其中 ω 为常数,又 $BO=AO=C$。已求得点 M 的极坐标形式的运动方程为 $\varphi=\omega t$,$\rho=b+2c\cos\omega t$ 试求在题 8-32 图所示瞬时,点 M 的速度和加速度。

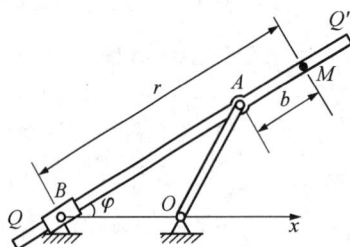

题 8-32 图

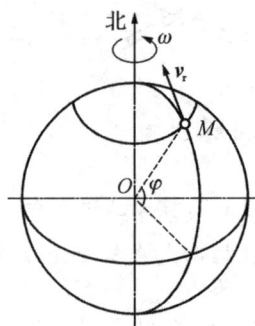

题 8-33 图

8-33 一列火车在北半球纬度为 φ 处沿经线自南向北以匀速 v_r 行驶,考虑地球自转的影响,试求在题 8-33 图所示瞬时这列火车的加速度。

8-34 圆盘绕轴 AB 转动,其角速度 $\omega=2t$ rad/s,动点 M 沿圆盘半径离开中心点 O 向外运动,其运动规律为 $s=OM=40t^2$ mm,半径线 OM 与轴 AB 成 $60°$ 夹角。试求当 $t=1$ s 时,动点 M 的绝对加速度。

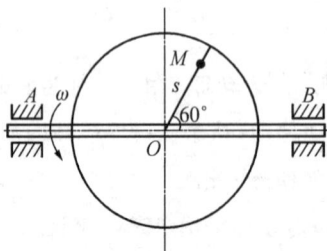

题 8-34 图

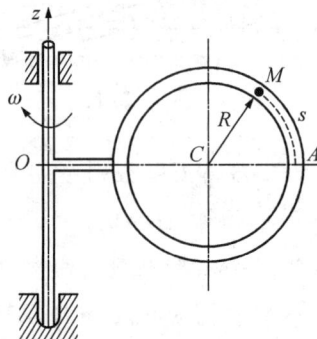

题 8-35 图

8-35 在半径 $R=180$ mm 的环形管内,流体质点按方程 $s=AM=60t$ mm 相对于环形管运动。环形管以匀角速度 $\omega=\dfrac{1}{3}$ rad/s 绕同平面内的定轴 Oz 转动,距离 $OC=270$ mm。试求在 $t=\pi$ s 时,流体质点 M 的绝对速度和绝对加速度。

8-36　可变摆长的数学摆在铅垂平面内按简谐规律 $\varphi=\varphi_0\sin\omega t$ 振动,式中 φ_0 和 ω 皆为常数。而摆长 OA 按规律 $l=l_0-ct$ 变化,式中 l_0 和 c 亦为常数。试求摆球 A 的速度和加速度。

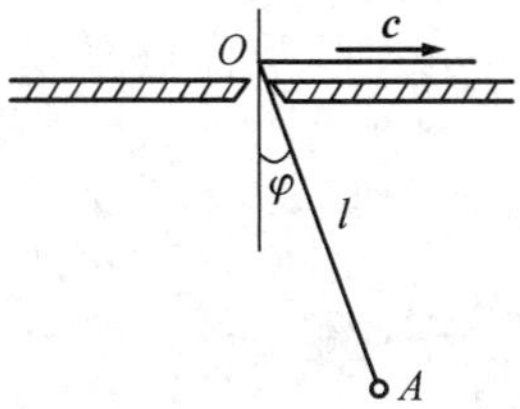

题 8-36 图 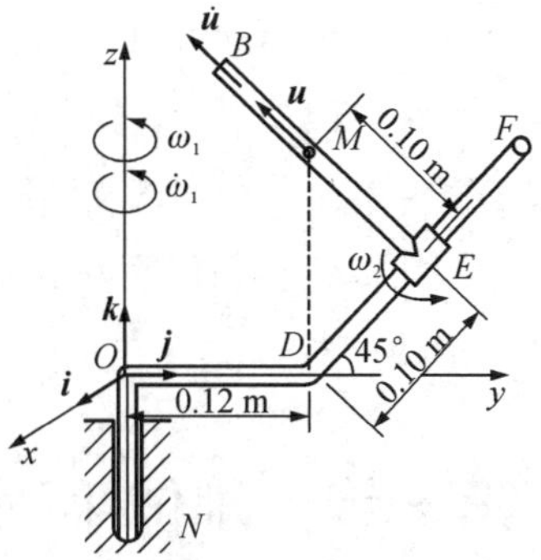　　　　　　　　题 8-37 图

8-37　小球 M 以相对于臂杆 EB 的已知速度 $\pmb{u}$(m/s)和加速度 $\dot{\pmb{u}}$(m/s^2)沿臂杆运动。臂杆 EB 垂直于 DF 并以匀角速度 ω_2(rad/s)绕 DF 转动。$NODF$ 是一个以已知角速度 ω_1(rad/s)和角加速度 $\dot{\omega}_1$(rad/s^2)绕固定轴 O_2 转动的刚体。已知 $OD=0.12$ m,$DE=0.10$ m,且在题 8-37 图所示瞬时(此时 BE 和 $NODF$ 都在 yOz 平面内),$EM=0.10$ m。试求在该瞬时小球 M 的绝对速度 $\pmb{v}_M$ 和绝对加速度 $\pmb{a}_M$,并用直角坐标系 $Oxyz$ 的单位矢量 $\pmb{i}$、$\pmb{j}$、$\pmb{k}$ 表示。

第九章 刚体的平面运动

教学要求：

1. 掌握刚体平面运动的概念及其特征；

2. 能熟练应用基点法、投影法和速度瞬心法求解平面图形内各点的速度；

3. 能熟练求解平面运动刚体的角速度、角加速度以及其上各点的加速度；

4. 能综合判定平面机构各构件的运动特征，能对其进行与角速度、角加速度以及各点的速度、加速度有关问题的分析。

第一节 刚体平面运动的运动分解

工程中某些机械构件的运动，例如曲柄连杆机构中连杆 AB 的运动，见图 9-1；行星齿轮机构中行星轮 B 的运动，见图 9-2；沿固定齿条滚动的齿轮以及沿直线轨道滚动车轮的运动等，既不是平移也不是定轴转动，其运动具有一个共同的特征，即**在运动过程中，刚体内所有各点至某一固定平面的距离始终保持不变**，刚体的这种运动称为**平面运动**。平面运动刚体内所有各点都在平行于某一固定平面的一些平面内运动。用一个平行于该固定平面的平面截割刚体，得到一个平面图形，当刚体运动时，图形内任意一点始终在自身平面内运动。若通过图形上任一点作垂直于图形的直线，则当刚体作平面运动时该直线作平移运动，因此平面图形上的点与直线上各点运动完全相同。由此可知，平面图形上各点的运动可以代表刚体内所有点的运动，刚体的平面运动可简化为平面图形在其自身平面内的运动。

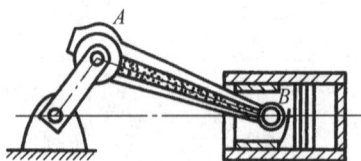

图 9-1 曲柄连杆机构

图 9-2 行星齿轮机构

又因平面图形内各点相对于线段 $O'M$ 的位置是一定的，故平面图形 S 在其平面上的位置完全可由图形内任意线段 $O'M$ 的位置来确定，见图 9-3。而要确定此线段在平面内的位置，只需确定线段上任一点 O' 的位置和线段 $O'M$ 与固定坐标轴 Ox 间的夹角 φ 即可。即

$$x_{O'}=f_1(t), \quad y_{O'}=f_2(t), \quad \varphi=f_3(t) \tag{9-1}$$

式(9-1)是平面图形 S 的运动方程,也就是**刚体平面运动的运动方程**。点 O' 称为图形的**基点**。若已知方程(9-1),则对应于任一瞬时 t,图形在该瞬时的位置也就完全确定了。

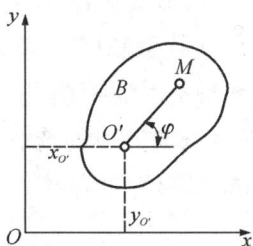

图 9-3　运动分解图

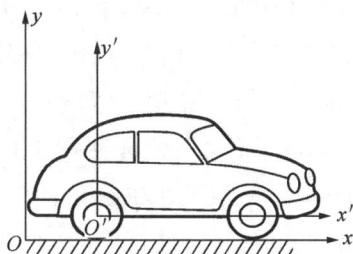

图 9-4　直线路面滚动的车轮

进一步分析图9-3可以看出:若平面图形上的点 O' 固定不动,亦即当 $x_{O'}$ 和 $y_{O'}$ 都为常量时,则图形绕点 O' 作定轴转动运动;若图形不转动,亦即当角 φ 为常量时,则线段 $O'M$ 的方向始终保持不变,图形在平面内平移,这是图形运动的两种特殊情形。可见,在一般情形下,图形的运动可看成是平移和转动的合成运动。

下面讨论以沿直线路面滚动的车轮为例进行分析。车轮相对于地面作平面运动,见图9-4。若在车厢里观察,则车轮相对于车厢作定轴转动,而车厢相对于地面作平移运动。根据合成运动的概念,若以地面为定系 Oxy,并取动系 $O'x'y'$ 与车厢固结在一起并随车厢作平移运动,其原点取在车厢与轮心的连接点 O' 处。这样,$O'x'y'$ 为平移坐标系。在任意瞬时,车轮相对于定系的平面运动(绝对运动)便可分解为随动系的平移(牵连运动)和相对于动系的转动(相对运动)。反之,车轮的平面运动也可看成为随动系的平移和相对于动系的转动合成运动。显然,即使这里没有车厢,轮子作平面运动时,只要以轮心 O' 为原点想象地安上一个平移动系 $O'x'y'$,或者明确以 O' 为基点,其运动同样可以用上述方法进行分解。

必须指出,平移动系 $O'x'y'$ 的运动由基点 O' 的运动决定,以后在分析具体问题时,可不画出动系,只要明确了基点,也就意味着明确了平移动系。

设在时间间隔 Δt 内,平面图形由位置 I 运动到位置 II,如图9-5所示。分别取图形上任意两点 A 和 B 来分解运动。若取 A 为基点,则图形的运动可看成为随同 A 作平移位移 Δr_1 到位置 A_1B_2,再加上绕基点 A_1 转过角 $\Delta\varphi_1$ 到 A_1B_1 位置。同样,若取 B 为基点,则图形的运动可看成为随同 B 作平移位移 Δr_2 到位置 A_2B_1,再加上绕基点 B_1 转过角 $\Delta\varphi_2$ 到 A_1B_1 位置。两种分解方法都不改变图形原来的运动情况。当然,实际上平移与转动两者是同时进行的,只有当 Δt 取得愈小时,这种分解才愈符合图形的运动情况。

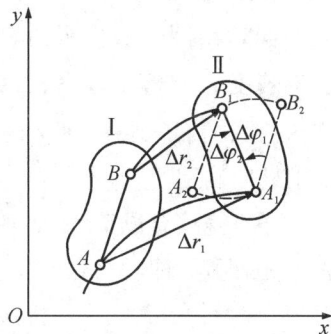

图 9-5　平面图形由位置 I 运动到位置 II

上述对平面图形运动的分解清楚地表明,平面运动的分解对基点的选取未加任何限制,即基点可以任意选取,但由于图形上各点的运动规律不同,因此选取不同的基点,其平移规律也不同。然而,由图 9-5 可见,由于 $A_1B_2 /\!/ AB /\!/ A_2B_1$,故图形绕基点 A_1 的转角 $\Delta\varphi_1$ 与绕基点 B_1 的转角 $\Delta\varphi_2$ 大小相等,且转向相同,即 $\Delta\varphi_1 = \Delta\varphi_2$。因而在同一瞬时图形绕不同基点转动的角速度 ω 和角加速度 α 都相同,故图形的相对转动不因基点不同而异。

综上可得,**刚体平面运动分解为平移和转动时,其牵连平移与基点的选取有关;而相对转动与基点的选取无关**。正因为基点可以任意选取,在具体应用时,常选取运动已知的点为基点,以利于运动分析。

应当指出,平面图形绕基点转动的角速度 ω 和角加速度 α 是相对于平移坐标系而言的。由于平移动系与定系相应的坐标轴始终保持平行,故图形相对于平移动系转动的 ω 和 α 与相对于定系转动的角速度和角加速度是一样的,亦即对于这两个坐标系来说,图形的 ω 和 α 既是相对的也是绝对的。而且图形的 ω 和 α 不随基点的不同而改变,因此也没有必要指明是对哪一点的 ω 和 α,而统称为平面图形的角速度 ω 和角加速度 α。

第二节　平面图形上各点的速度分析

1. 平面图形上各点的速度分析——基点法

由上节的分析已经知道,平面图形的平面运动可分解为随同基点的平移和绕基点的转动。因而图形上任一点的速度可应用速度合成定理来分析。

设已知平面图形在某瞬时的角速度 ω 及图形上点 A 的速度 v_A,要求图形上任一点 B 的速度,如图 9-6 所示。

又因平面图形上点 A 的运动已知,可以取 A 为基点,这样,图形的牵连运动是随同基点 A 的平移,因此点 B 的牵连速度 v_e 应等于基点 A 的速度 v_A,即 $v_e = v_A$。

图 9-6　基点法

同时,因为平面图形的相对运动是绕基点 A 的转动,所以点 B 的相对速度 v_r 应等于点 B 以 AB 为半径绕点 A 作圆周运动时的速度。用 v_{BA} 表示这个速度,即 $v_r = v_{BA}$。其大小 $v_{BA} = AB\omega$,方向垂直于连线 AB,指向由角速度 ω 的转向确定。

根据速度合成定理,点 B 的绝对速度 v_B 等于牵连速度 v_A 与相对速度 v_{BA} 的矢量和,如图 9-6 所示,即

$$v_B = v_A + v_{BA} \tag{9-2}$$

由此可得结论:刚体作平面运动时,在任一瞬时,其上任一点的速度等于基点的速度与该点相对于基点作圆周运动的速度的矢量和。

用速度合成定理所求得公式(9-2)分析平面图形上一点的速度的方法称为基点法。它

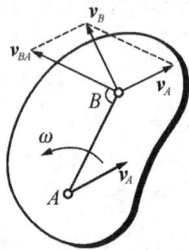

是刚体平面运动速度分析的基本方法。在应用时,与前一章点的合成运动的分析方法相同。这里 v_A、v_B 和 v_{BA} 各有大小和方向 2 个因素,共有 6 个因素,要使问题有解,应已知其中任意 4 个因素。然而,点的相对速度 v_{BA} 的方向总是已知的,它在任何时刻都垂直于线段 AB。这样,只须再确定其他任何 3 个因素,便可作出速度平行四边形或速度三角形进行求解。

2. 平面图形上各点的速度分析——投影法

矢量方程式(9-2)表明了平面图形上任意两点 A、B 速度之间的关系。因为相对速度 v_{BA} 总是垂直于连线 AB,所以它在连线 AB 上的投影等于零。因此,若把式(9-2)向连线 AB 上投影,则可得到

$$[v_B]_{AB} = [v_A]_{AB} \tag{9-3}$$

即点 B 的速度 v_B 和点 A 的速度 v_A 在连线 AB 上的投影相等。因为当刚体运动时,其上任意两点之间的距离保持不变,所以这两点的速度必须满足式(9-3)的关系,否则便意味着距离 AB 将要伸长或缩短。于是可得**速度投影定理**:平面图形上任意两点的速度在这两点连线上的投影相等。刚体上点与点之间的这种约束关系,不仅对于刚体作平面运动,而且对于刚体作其他形式的运动都普遍适用。

若已知平面图形上一点速度的大小和方向,又知道第二点的速度方向,则应用此定理,可方便地求出第二点速度的大小。

下面通过实例来说明基点法和投影法的应用。

例 9-1 曲柄连杆机构如图 9-7 所示。已知曲柄长 $OA=r$,连杆长 $AB=l$,曲柄以匀角速度 ω 转动。当曲柄的转角 $\varphi=\omega t$ 时,试求滑块 B 的速度 v_B 和连杆 AB 的角速度 ω_{AB}。

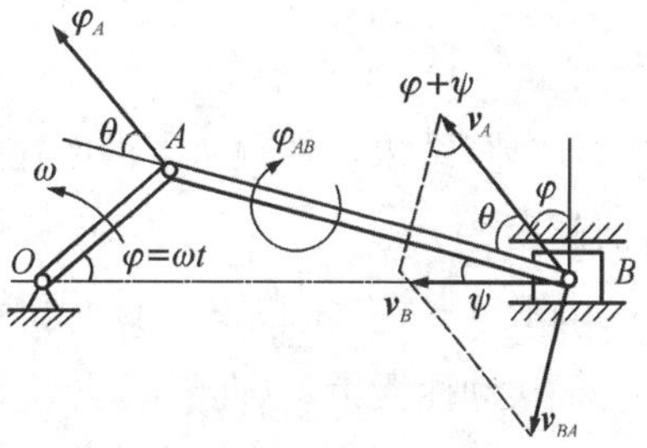

解:在此机构中连杆 AB 作平面运动。取连杆为研究对象。点 A 的运动已知,其速度大小 $v_A=r\omega$,方向垂直于曲柄 OA,指向与 ω 的转向一致。取点 A 为基点,由式(9-2)有

图 9-7　例 9-1 图

$$v_B = v_A + v_{BA}$$

式中,点 B 速度 v_B 的方位已知,应沿直线 OB;v_A 为已知量,点 B 相对于点 A 的速度 v_{BA} 的大小 $v_{BA}=l\omega_{AB}$ 是未知量,但方位已知,垂直于杆 AB。按矢量方程作速度平行四边形,由 v_A 的指向确定 v_B 和 v_{BA} 的指向,如图 9-7 所示。

根据几何关系可直接计算速度平行四边形,由正弦定理有

$$\frac{v_{BA}}{\sin(90°-\varphi)} = \frac{v_B}{\sin(\varphi+\psi)} = \frac{v_A}{\sin(90°-\psi)}$$

计算可得

$$v_B = \frac{\sin(\varphi+\psi)}{\sin(90°-\psi)}v_A = r\omega\,\frac{\sin(\varphi+\psi)}{\cos\psi}$$

$$v_{BA} = \frac{\sin(90°-\varphi)}{\sin(90°-\psi)}v_A = r\omega\,\frac{\cos\varphi}{\cos\psi}$$

式中,角 ψ 为连杆 AB 与水平线间的夹角, ψ 与 φ 存在以下关系

$$\sin\psi = \frac{r}{l}\sin\varphi$$

连杆 AB 的角速度

$$\omega_{AB} = \omega\,\frac{r}{l}\frac{\cos\varphi}{\cos\psi}$$

其转向可由 v_{AB} 的指向确定,为顺时针转向。此结果表明,虽然曲柄作匀速转动运动,即 $\varphi=\omega t$,但连杆却作变速转动运动。

本例若应用速度投影法求解也可以很简便地求出点 B 的速度 v_B。设 v_A 与线 AB 的夹角为 θ,由几何关系,见图 $9-7$ 知,

$$\theta = 90°-(\varphi+\psi)$$

由式($9-3$)有

$$v_B\cos\psi = v_A\cos[90°-(\varphi+\psi)]$$

考虑到 $v_A=r\omega$,于是可得

$$v_B = r\omega\,\frac{\sin(\varphi+\psi)}{\cos\psi}$$

计算结果与基点法求得的完全相同。但是如果要求刚体的角速度 ω_{AB},则无法用投影法解出。

例 9-2 如[图 $9-8$(a)]所示,半径为 $r=750$ mm 的车轮,以转速 $n=60$ r/min 沿直线路面滚动而无滑动(即纯滚动)。求轮心 O 和轮缘上两点 A、B 的速度。

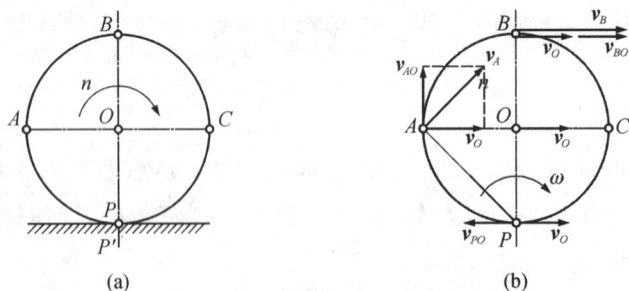

图 $9-8$ 例 $9-2$ 图

解:车轮作平面运动。由于它在地面上无滑动,所以轮缘上的点 P 与地面的接触点 P' 的速度相等。因此,轮缘上的点 P 的速度也一定为零,见[图 $9-8$(b)]。这样,轮心 O 的速度可通过点 P 求出。

取点 O 为基点,由式(9-2)有

$$v_P = v_O + v_{PO}$$

式中,相对速度 v_{PO} 是点 P 相对于基点 O 作圆周运动的速度,其大小为

$$v_{PO} = PO\omega = r\left(\frac{\pi n}{30}\right)$$

方向垂直于 PO,指向由 ω 的转向确定,如图9-8所示。

因为 $v_P = 0$,由矢量方程知 $v_O = -v_{PO}$,所以轮心 O 的速度

$$v_O = v_{PO} = r\frac{\pi n}{30} = (0.75 \text{ m})\left(\frac{60\pi}{30} \text{ rad/s}\right) = 4.71 \text{ m/s}$$

方向水平向右。

同理,欲求轮缘上点 A 的速度 v_A,仍取点 O 为基点,由式(9-2)有

$$v_A = v_O + v_{AO}$$

式中,v_O 的大小和方向均已知,v_{AO} 的大小为

$$v_{AO} = AO\omega = r\omega$$

方向垂直于 AO,指向由 ω 的转向确定。

在点 A 处作速度平行四边形,由 v_O 和 v_{AO} 决定 v_A 的大小及方向

$$v_A = \sqrt{v_O^2 + v_{AO}^2} = \sqrt{2}\,v_O = 6.66 \text{ m/s}$$

其方向与水平线 AO 成45°角,指向右上方,如[图9-8(b)]所示。

至于轮缘上最高点 B 的速度,由于 v_{BO} 与 v_O 平行且指向相同,故

$$v_B = v_O + v_{BO} = 9.42 \text{ m/s}$$

方向垂直于 BO,如图9-8(b)所示。

请读者用基点法求出轮缘上点 C 的速度。

例9-3　钢材剪床机构如图9-9所示。已知飞轮以匀角速度 $\omega = 2\pi$ rad/s 绕轴 O 转动,$OA = 200$ mm,$AB = BC = BD = 600$ mm。当 OA 与水平线成30°角时,连杆 AB 处于水平位置,摇杆 BD 与铅垂线成30°角。求图示位置时连杆 AB、BC 的角速度及剪刀 C 的速度。

解: 飞轮可简化为曲柄 OA 作定轴转动;摇杆 BD 也作定轴转动;连杆 AB、BC 作平面运动。此机构可看成由四连杆机构 $OABD$ 和曲柄连杆机构 DBC 的组合。

首先研究连杆 AB 的运动。点 A 的速度大小为

$$v_A = OA\omega = 400\pi \text{ mm/s}$$

方向如图9-9所示。取 A 为基点求点 B 的速度 v_B,由基点法有

$$v_B = v_A + v_{BA}$$

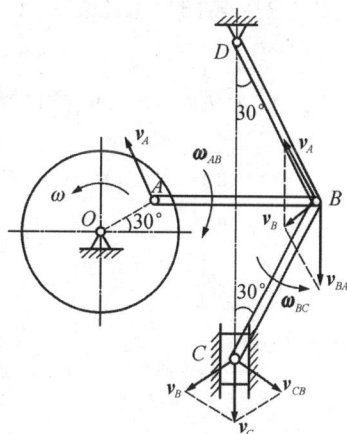

图9-9　例9-3图

式中，v_B 的方向垂直于 BD；v_{BA} 的方向垂直于 AB。

于是可作速度平行四边形决定 v_B 和 v_{BA} 的指向。由几何关系求得

$$v_B = v_A \tan 30° = 726 \text{ mm/s}$$

$$v_{BA} = \frac{v_A}{\cos 30°}$$

则连杆 AB 的角速度大小为

$$\omega_{AB} = \frac{v_{BA}}{AB} = \frac{v_A}{AB\cos 30°} = \frac{400\pi \text{ mm/s}}{(600 \text{ mm})\cos 30°} = 2.42 \text{ rad/s}$$

由 v_{BA} 指向确定 ω_{AB} 应是顺时针转向。

其次，研究连杆 BC 的运动。因点 B 的速度已知，故取 B 为基点，由 B、C 两点的速度关系有

$$v_C = v_B + v_{CB}$$

式中，v_C 沿铅垂方向；v_{CB} 的方向垂直于 BC。于是可作速度平行四边形决定 v_C 和 v_{CB} 的指向。由几何关系知

$$v_C = v_{CB} = v_B = 726 \text{ mm/s}$$

连杆 BC 的角速度大小为

$$\omega_{CB} = \frac{v_{CB}}{BC} = \frac{726 \text{ mm/s}}{600 \text{ mm}} = 1.21 \text{ rad/s}$$

其转向应为逆时针方向，如图 9-9 所示。

3. 平面图形上各点的速度分析——瞬心法

平面图形上（或图形的延伸部分）在某一瞬时速度等于零的点称为图形在该瞬时的**瞬时速度中心**，简称为**速度瞬心**或**瞬心**。

设在某一瞬时，已知平面图形的角速度为 ω，其上一点 O 的速度为 v_O，见[图 9-10(a)]。于是，图形上任意一点 P 的速度为

$$v_P = v_O + v_{PO}$$

式中，$v_{PO} = OP\omega$，方向垂直于线段 OP。若点 P 就是速度等于零的点，则有

$$v_O + v_{PO} = \mathbf{0}$$

或

$$v_{PO} = -v_O$$

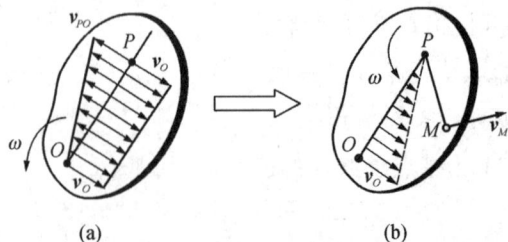

(a)   (b)

图 9-10　瞬心法

可见,点 P 的速度等于零的条件是,它的相对速度与牵连速度相等且反向。满足此条件时,点 P 必在 v_O 按 ω 的转向绕点 O 转过 $90°$ 的半直线上,见[图 9-10(a)],且点 P 与点 O 的距离为

$$OP = \frac{v_O}{\omega}$$

由此式确定的点 P 即为图形在该瞬时的速度瞬心。

若取速度瞬心 P 为基点,则平面图形上任一点 M 的速度为

$$v_M = v_P + v_{MP} = v_{MP}$$

或改写为

$$v_M = v_{MP} = OP\omega, \quad v_M \perp OP \tag{9-4}$$

这与计算定轴转动刚体上点的速度相同,见[图 9-10(b)]。

由此确定,平面图形上各点的速度大小与该点至速度瞬心的距离成正比,方向与该点和速度瞬心的连线相垂直。图形上各点的速度分布情况与图形在该瞬时以角速度 ω 绕速度瞬心 P 转动时相同。由于在不同瞬时,瞬心的位置不同,故这种情形称为瞬时转动。

应用速度瞬心求平面图形上各点的速度的方法,称为速度瞬心法,简称**瞬心法**。应用瞬心法的关键是确定瞬时速度中心在图形上的位置。确定速度瞬心位置的方法有下列几种:

(1)平面图形沿一固定曲面作无滑动的滚动,如图 9-11 所示,图形与固定曲面的接触点 P 就是图形的速度瞬心。由例 9-2 可见,在这一瞬时,点 P 相对于固定面的速度为零,所以它的绝对速度等于零。车轮滚动的过程中,轮缘上的各点相继与地面接触而成为车轮在不同时刻的速度瞬心。

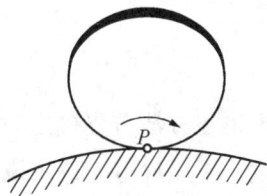

图 9-11　速度瞬心一　　　　　　　图 9-12　速度瞬心二

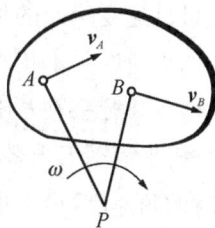

(2)已知图形内任意两点 A 和 B 的速度的方向,如图 9-12 所示,速度瞬心的位置必在每一点速度的垂线上。因此,在图 9-12 中通过点 A 作垂直于 v_A 方向的直线,再通过点 B 作垂直于 v_B 方向的直线,设两条直线交于点 P,则点 P 就是平面图形的速度瞬心。

(3)已知平面图形上 A、B 两点的速度矢量 v_A 和 v_B 相互平行,且同时垂直于这两点的连线,见图 9-13,则瞬心必定在连线 AB 与速度矢量 v_A 和 v_B 端点连线的交点上。只要知道 v_A 和 v_B 的大小,就可求出图形的瞬时角速度 ω 的大小

$$\omega = \frac{v_A}{AP} = \frac{v_B}{BP}$$

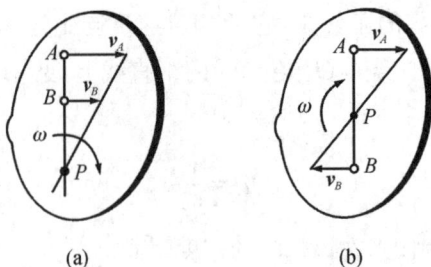

图 9－13　速度瞬心三

（4）当 A、B 两点速度方向相同，见图 9－14，且过这两点所作的速度的两条垂线相互平行时，此时瞬心 P 在无穷远处。由上式可知图形的角速度 ω 等于零。应用速度投影定理，容易证明此时 A、B 两点的速度相等。实际上该瞬时图形上各点的速度都相同，这种情形称为**瞬时平移**。

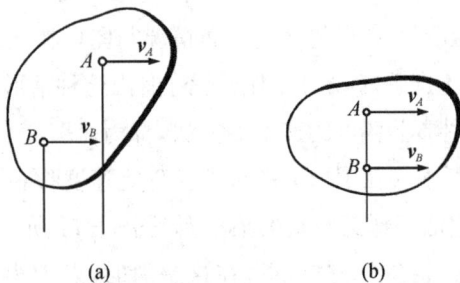

图 9－14　速度瞬心四

应当指出，速度瞬心在刚体上的位置不是固定的，而是随时间改变的。由于速度瞬心的位置在不断改变，可见速度瞬心的加速度并不等于零。同样，刚体作瞬时平移时，虽然各点速度相同，但各点的加速度并不相同。

请读者考虑，刚体瞬时平移与刚体平移有何区别？

在用瞬心法分析平面图形上各点的速度时，可根据上述方法首先确定瞬心的位置，其次求出图形在该瞬时的角速度，最后求图形上各点的速度。下面通过实例来说明。

例 9－4　用瞬心法求例 9－1 中滑块 B 的速度 v_B 和连杆 AB 的角速度 ω_{AB}。

解：连杆 AB 作平面运动。点 A 的速度 v_A 大小方向已知，点 B 的速度 v_B 方向沿连线 OB。过点 A、B 分别作 v_A 和 v_B 的垂线，其交点 P 就是连杆 AB 在图示位置的速度瞬心，见图 9－15。

点 A 是曲柄 OA 和连杆 AB 的铰接点，点 A 的速度 v_A 应同时满足这两构件的运动情况，这就是使

$$v_A = OA\omega = AP\omega_{AB}$$

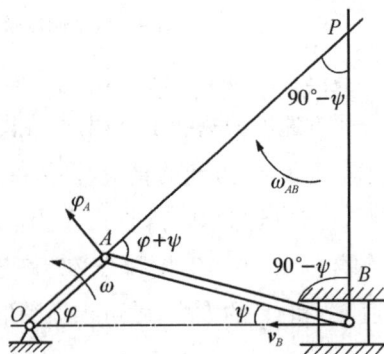

图 9－15　例 9－4 图

因此

$$\omega_{AB} = \omega \frac{OA}{AP} = \omega \frac{r}{AP} \tag{1}$$

点 B 是连杆与滑块的连接点，因而点 B 的速度

$$v_B = BP \cdot \omega_{AB} = r\omega \frac{BP}{AP} \tag{2}$$

现求 AP 和 BP。由$\triangle ABP$，按正弦定理有

$$\frac{AB}{\sin(90°-\varphi)} = \frac{AP}{\sin(90°-\psi)} = \frac{BP}{\sin(\varphi+\psi)}$$

求得

$$AP = AB\frac{\sin(90°-\psi)}{\sin(90°-\varphi)} = l\frac{\cos\psi}{\cos\varphi}$$

$$BP = AB\frac{\sin(\varphi+\psi)}{\sin(90°-\varphi)} = l\frac{\sin(\varphi+\psi)}{\cos\varphi}$$

把 AP 代入式（1）得

$$\omega_{AB} = \omega\frac{r}{AP} = \omega\frac{r}{l}\frac{\cos\varphi}{\cos\psi}$$

其转向由 v_A 的指向确定，应是顺时针转向。

把 AP 及 BP 代入式（2），得滑块 B 的速度

$$v_B = r\omega\frac{BP}{AP} = r\omega\frac{\sin(\varphi+\psi)}{\cos\psi}$$

其指向由 ω_{AB} 的转向确定，水平向左。

可见，所求结果与用基点法得到的结果相同。

例 9-5　行星齿轮减速机构（图 9-16）的太阳轮 1 绕轴 O_1 转动，带动行星轮 2 沿固定齿圈 3 滚动，行星轮 2 又带动其轴架 H（称为系杆）绕轴 O_H 转动。因轴 O_1 与轴 O_H 的转速不同，从而实现变速要求。已知各齿轮的节圆半径 r_1、r_2、r_3，求传动比 i_{1H}（即 ω_1/ω_H）。

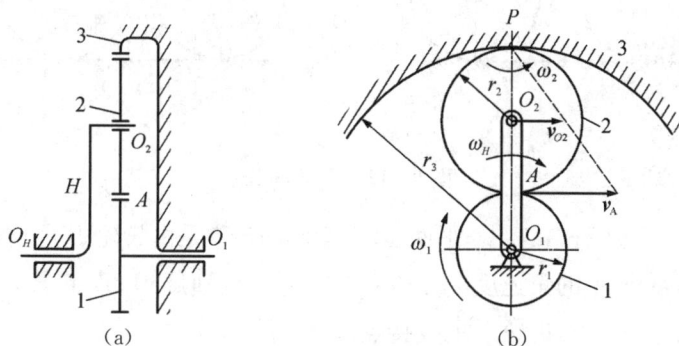

图 9-16　例 9-5 图

解：在机构中，轮 1 和系杆 H 作定轴转动，而行星轮 2 作平面运动。由于行星轮 2 沿固定齿圈 3 滚动（无相对滑动），故两齿轮的啮合点 P 就是行星轮 2 的速度瞬心。

轮 1 与轮 2 的啮合点 A 的速度 v_A 的大小应满足下列关系：

$$v_A = O_1 A \omega_1 = AP \omega_2$$

即

$$r_1 \omega_1 = 2 r_2 \omega_2 \tag{1}$$

设 ω_1 为顺时针转向，则由 v_A 的指向，ω_2 应是逆时针转向。

轮 2 与系杆 H 的连接点 O_2 的速度 v_{O_2} 的大小应满足下列关系

$$v_{O_2} = O_2 P \omega_2 = O_1 O_2 \omega_H$$

即

$$r_2 \omega_2 = (r_1 + r_2) \omega_H \tag{2}$$

则 v_{O_2} 的指向确定 ω_H 应是顺时针转向。

联立式（1）和（2）消去 ω_2，得

$$r_1 \omega_1 = 2(r_1 + r_2) \omega_H \tag{3}$$

考虑到

$$2(r_1 + r_2) = r_1 + r_3$$

且在齿轮传动中相啮合齿轮的齿数与半径成正比，故由式（3）可得传动比

$$i_{1H} = \frac{\omega_1}{\omega_H} = \frac{r_1 + r_3}{r_1} = \frac{z_1 + z_3}{z_1}$$

式中，z_1、z_3 分别为齿轮 1 和齿圈 3 的齿数。

例 9-6 两个齿轮 A 和 B 由连杆 AC 连接，可在固定齿条上滚动，见[图 9-17(a)]。当 $\varphi = 0$ 时，齿轮 B 的中心的速度 $v_B = 200$ mm/s，求此时齿轮 A 的角速度。已知 $r = 50$ mm，$e = 30$ mm。

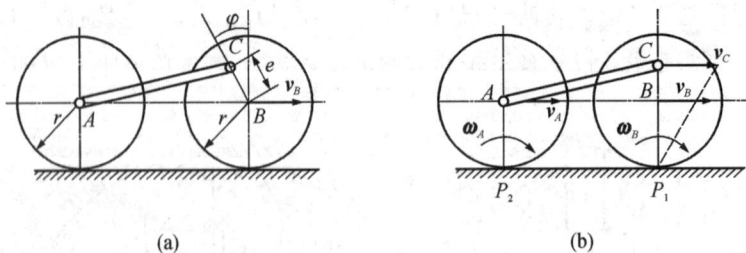

图 9-17 例 9-6 图

解：齿轮 A、B 及连杆 AC 均作平面运动，运动的传递是由齿轮 B 经连杆 AC 带动齿轮 A 作滚动。因此，欲求 A 的角速度 ω_A，必须先求点 A 的速度 v_A；而欲求 v_A，则必须先求点 C 的速度 v_C，点 C 为连杆与齿轮 B 的铰接点。

首先，研究齿轮 B 的运动。因它沿固定齿条作纯滚动，故瞬心在接触点 P_1 处。于是，

其角速度为

$$\omega_B = \frac{v_B}{BP_1} = \frac{v_B}{r}$$

其转向由 v_B 的方向决定,应为顺时针转向。当 $\varphi=0$ 时,点 C 在最高位置,如[图 9-17(b)]所示。因此,其角速度大小为

$$v_C = CP_1\, \omega_B = \frac{r+e}{r} v_B$$

方向水平向右。

其次,研究连杆 AC 的运动。其上点 A 的速度 v_A 的方向由齿轮 A 决定,为沿水平方向。这样,点 A 和 C 的速度 v_A 和 v_C 都沿水平方向,互相平行。因此,此时连杆 AC 为瞬时平移,其角速度 $\omega_{AC}=0$。于是有

$$v_A = v_C = \frac{r+e}{r} v_B$$

最后,由于齿轮 A 作纯滚动,故其速度瞬心在接触点 P_2 处,因而可求得其角速度为

$$\omega_A = \frac{v_A}{AP_2} = \frac{r+e}{r^2} v_B = \frac{(50+30)\ \mathrm{mm}}{(50\ \mathrm{mm})^2} \times (200\ \mathrm{mm/s}) = 6.4\ \mathrm{rad/s}$$

为顺时针转向。

例 9-7　用瞬心法求例 9-3 中机构在图示位置剪刀 C 的速度。

解:已经知道,这是一个组合机构,运动的传递是通过各构件的连接点由 A 经 B 一直传到 C。连杆 AB 及 BC 作平面运动。只要根据已知条件,分别确定它们的瞬心位置,并求出它们各自的角速度,最后便可求出剪刀 C 的速度。

连杆 AB 上点 A 及 B 的速度方向均已知,故过 A、B 两点分别作出 v_A、v_B 的垂线,则两垂线的交点 P_1 就是连杆 AB 的瞬心,见图 9-18。于是,连杆的角速度为

$$\omega_{AB} = \frac{v_A}{AP_1} = \frac{OA\omega}{AB\cos 30°}$$

因此,点 B 的速度大小为

图 9-18　例 9-7 图

$$v_B = BP_1\, \omega_{AB} = AB\omega_{AB}\sin 30° = OA\omega\tan 30°$$
$$= (200\ \mathrm{mm})(2\pi\ \mathrm{rad/s})\tan 30° = 726\ \mathrm{mm/s}$$

方向如图所示。

连杆 BC 上点 B 的速度 v_B 已知,点 C 的速度 v_C 的方向沿滑道中心的铅垂线。同理可确定连杆 BC 的瞬心 P_2。由几何关系知,$\triangle BP_2C$ 为等边三角形,见图 9-18,故 $BP_2 = CP_2 = BC$。于是连杆的角速度为

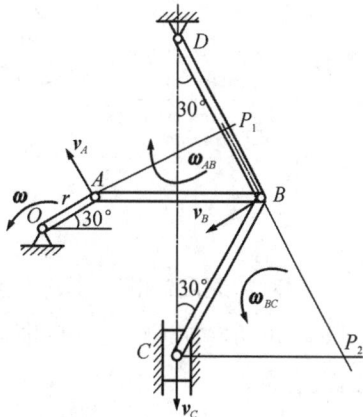

$$\omega_{BC} = \frac{v_B}{BP_2}$$

点 C 的速度大小为

$$v_C = CP_2\, \omega_{BC} = CP_2 \frac{v_B}{BP_2} = v_B = 726 \text{ mm/s}$$

方向铅垂向下。

请读者用投影法求解,并与基点法和瞬心法比较。

第三节　平面图形上各点的加速度分析

取图形上任一点 A 为基点,则图形上一点 B 的加速度可以用加速度合成定理来分析。因为动坐标系随基点 A 作平移,所以点 B 的绝对加速度等于牵连加速度与相对加速度的矢量和。在下节中我们再分别进行分析和讨论。

牵连加速度:因为牵连运动是随基点 A 的平移,所以点 B 的牵连加速度等于基点 A 的加速度 $\boldsymbol{a}_A$,如[图 9-19(a)]所示。

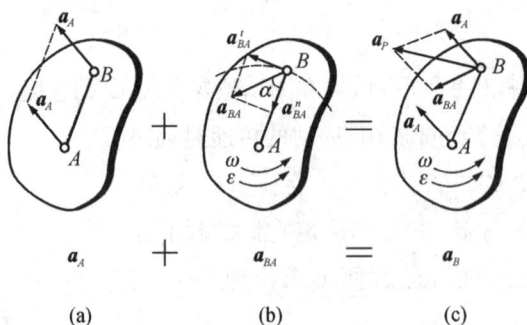

图 9-19　牵连加速度

相对加速度:相对运动是点 B 相对于基点 A 的圆周运动,所以点 B 对点 A 的相对加速度 $\boldsymbol{a}_{BA}$ 由切向加速度 $\boldsymbol{a}_{BA}^t$ 与法向加速度 $\boldsymbol{a}_{BA}^n$ 两个分量组成,如[图 9-19(b)]所示。其中 a_{BA}^t 的大小为

$$a_{BA}^t = AB\alpha$$

方向垂直于连线 AB,指向由角加速度 α 的转向确定;a_{BA}^n 的大小为

$$a_{BA}^n = AB\omega^2$$

方向沿连线 AB 并指向基点 A。

绝对加速度:由牵连平移时点的加速度合成定理可得如下公式:

$$\boldsymbol{a}_B = \boldsymbol{a}_A + \boldsymbol{a}_{BA}^t + \boldsymbol{a}_{BA}^n \tag{9-5}$$

即平面图形上任一点的加速度等于基点的加速度与该点相对于基点作圆周运动的切向加速度和法向加速度的矢量和,见[图 9-19(c)]。

平面图形上各点的加速度分析,其步骤与速度分析的基点法相似。矢量方程式(9-5)中的 4 个加速度矢量共有大小、方向 8 个元素,要使问题有解,其中 6 个应已知。因为 a_{BA}^t 和 a_{BA}^n 的方向总是已知的,所以只须再确定其他任何 4 个元素。为此,通常在分析加速度之前,应首先分析有关点的速度和有关构件的角速度,以便求得有关点的法向加速度及相对法向加速度的大小,即 a_B^n 及 a_{BA}^n。最后通过矢量方程的投影式求解未知量(解析法),或通过作矢量多边形求解(几何法)。

例 9-8　车轮在地面上滚动无滑动,已知轮心 O 在图示瞬时的速度为 v_O,加速度为 a_O,轮子的半径为 r,见图 9-20。试求轮缘与地面接触点 P 的加速度。

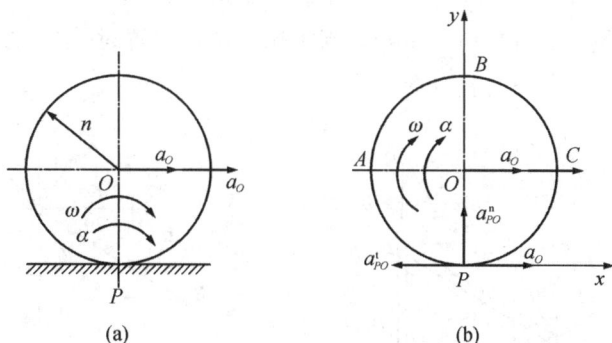

图 9-20　例 9-8 图

解:车轮作平面运动,轮心 O 的加速度已知。取点 O 为基点,则点 P 的加速度为

$$a_P = a_O + a_{PO}^t + a_{PO}^n \tag{1}$$

式中,a_O 的大小及方向已知,a_{PO}^t 及 a_{PO}^n 的方向也已知,为求它们的大小,需先求出轮子的角速度 ω 与角加速度 α。因为轮子作无滑动滚动,轮子的速度瞬心为点 P,其角速度为

$$\omega = \frac{v_O}{r}$$

当 v_O 随时间 t 改变时,ω 也随之改变。因此,上式是 ω 和 v_O 的函数关系式;又由于点 O 的轨迹是直线,故轮子的角加速度为

$$\alpha = \frac{d\omega}{dt} = \frac{1}{r}\frac{dv_O}{dt} = \frac{a_O}{r}$$

ω 和 α 的转向分别由 v_O 和 a_O 的指向决定,均为顺时针转向,见[图 9-20(a)]。这样,a_{PO}^t 和 a_{PO}^n 的大小应分别为

$$a_{PO}^t = r\alpha = r\left(\frac{a_O}{r}\right) = a_O, \quad a_{PO}^n = r\omega^2 = r\left(\frac{v_O}{r}\right)^2 = \frac{v_O^2}{r}$$

各加速度分量的方向如[图 9-20(b)]所示。

现用解析法来求 a_P 的大小与方向。取直角坐标系 Pxy 如[图 9-20(b)]所示,把式(1)分别向两坐标轴上投影得

$$a_{Px} = a_O - a_{PO}^t = a_O - a_O = 0$$

$$a_{Py} = a_{PO}^n = \frac{v_O^2}{r}$$

于是可得

$$a_P = \frac{v_O^2}{r}$$

方向沿 PO 并指向点 O。可见速度瞬心 P 的加速度并不等于零。

请读者依照上述分析法，求出点 A、B 及 C 的加速度。

例9-9 四连杆机构如[图9-21(a)]所示。已知曲柄长 $AB = 200$ mm，以 $n = 50$ r/min 作匀速转动运动。摇杆长 $CD = 400$ mm。当机构在图示位置时，求连杆 BC 和摇杆 CD 的角加速度。

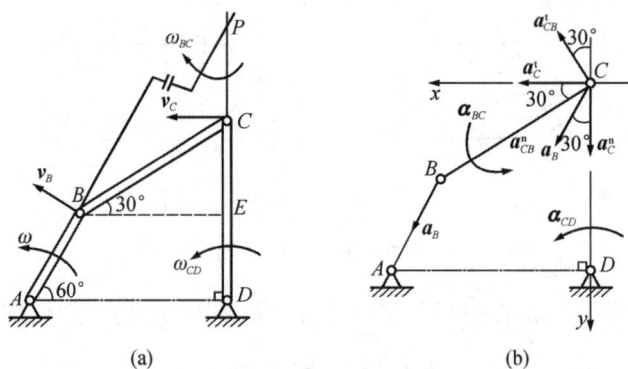

图9-21 例9-9图

解：曲柄 AB 及摇杆 CD 作定轴转动运动，连杆 BC 作平面运动。AD 可看成为一根固结在机架上不动的连杆，故称为四连杆机构。因点 B 和点 C 是三根运动构件的连接点，机构运动的传递是由点 B 和点 C 来实现的，故以连杆 BC 为研究对象。

（1）用瞬心法分析速度，求连杆 BC 和摇杆 CD 的角速度 ω_{BC} 和 ω_{CD}。

曲柄 AB 的运动已知，故点 B 的速度大小为 $v_B = AB\omega$，方向垂直于 AB，指向如图所示；点 C 的速度方向垂直于摇杆 CD。由此可确定连杆 BC 的速度瞬心 P 的位置，如[图9-21(a)]所示。由几何关系知

$$CP = BC = 2CE = 2(CD - ED) = 2(CD - AB\sin 60°) = 454 \text{ mm}$$

$$BP = 2CP\cos 30° = 786 \text{ mm}$$

于是点 B、C 的速度可分别表示为

$$v_B = AB\omega = BP\omega_{BC}$$

$$v_C = CP\omega_{BC} = CD\omega_{CD}$$

从而分别求得

$$\omega_{BC} = \frac{AB}{BP}\omega = \frac{200 \text{ mm}}{786 \text{ mm}} \times \frac{(50 \text{ r/min}) \times (\pi \text{ rad/r})}{30 \text{ s/min}} = 1.33 \text{ rad/s}$$

$$\omega_{CD} = \frac{CP}{CD}\omega_{BC} = \frac{454 \text{ mm}}{400 \text{ mm}} \times (1.33 \text{ rad/s}) = 1.51 \text{ rad/s}$$

由 $\boldsymbol{v}_B$ 及 $\boldsymbol{v}_C$ 的指向分别确定 ω_{BC} 及 ω_{CD} 的转向,前者为顺时针,后者为逆时针,如[图 9 - 21 (a)]所示。

(2) 用基点法分析加速度,求连杆 BC 和摇杆 CD 的角加速度 α_{BC} 和 α_{CD}。

因曲柄 AB 作匀速转动,故点 B 作速圆周运动,其加速度大小为

$$a_B = a_B^n = AB\omega^2 = (200 \text{ mm}) \times \left(\frac{50\pi}{30} \text{ rad/s}\right)^2 = 5\,480 \text{ mm/s}^2 = 5.48 \text{ m/s}^2$$

方向由点 B 指向点 A。点 C 作圆周运动,其加速度一般有 $\boldsymbol{a}_C^t$ 和 $\boldsymbol{a}_C^n$ 两个分量。因此,若取 B 为基点,则点 C 的加速度为

$$\boldsymbol{a}_C^t + \boldsymbol{a}_C^n = \boldsymbol{a}_B + \boldsymbol{a}_{CB}^t + \boldsymbol{a}_{CB}^n \tag{2}$$

式中,各加速度矢的方位均已知,除 $\boldsymbol{a}_C^t$ 和 $\boldsymbol{a}_{CB}^t$ 的指向待定外,其余的指向也都已知;a_B 的大小已求出,a_C^n 和 a_{CB}^n 的大小分别为

$$a_C^n = CD\omega_{CD}^2 = (400 \text{ mm})(1.51 \text{ rad/s})^2 = 912 \text{ mm/s}^2$$

$$a_{CB}^n = BC\omega_{BC}^2 = (454 \text{ mm})(1.33 \text{ rad/s})^2 = 803 \text{ mm/s}^2$$

因此,只剩下 $\boldsymbol{a}_C^t$ 和 $\boldsymbol{a}_{CB}^t$ 的大小 2 个未知量,故可由式(2)解出。

用投影法求解。首先假设 $\boldsymbol{a}_C^t$ 和 $\boldsymbol{a}_{CB}^t$ 的指向,并取投影轴 x 和 y,如[图 9 - 21(b)]所示。将式(2)分别向轴 x 和轴 y 投影可得

$$a_C^t = a_B\sin30° + a_{CB}^t\sin30° + a_{CB}^n\cos30° \tag{3}$$

$$a_C^n = a_B\cos30° - a_{CB}^t\cos30° + a_{CB}^n\sin30° \tag{4}$$

由式(4)解得

$$a_{CB}^t = a_B - \frac{a_C^n - a_{CB}^n\sin30°}{\cos30°}$$

$$= 5\,480 \text{ mm/s}^2 - \frac{(912 - 803\sin30°) \text{ mm/s}^2}{\cos30°}$$

$$= 4\,890 \text{ mm/s}^2 = 4.89 \text{ m/s}^2$$

代入式(3)解得

$$a_C^t = (a_B + a_{CB}^t)\sin30° + a_{CB}^n\cos30°$$

$$= (5\,480 + 4\,890) \text{ mm/s}^2 \sin30° + 803 \text{ mm/s}^2 \cos30°$$

$$= 5\,880 \text{ mm/s} = 5.88 \text{ m/s}^2$$

所求得的 a_{CB}^t 和 a_C^t 都是正值,说明图上假设的指向就是实际指向。

在求出 a_{CB}^t 和 a_C^t 后,可进一步求得

$$\alpha_{BC} = \frac{a_{CB}^t}{BC} = \frac{4\ 890\ \text{mm/s}^2}{454\ \text{mm}} = 10.8\ \text{rad/s}^2$$

$$\alpha_{CD} = \frac{a_C^t}{CD} = \frac{5\ 880\ \text{mm/s}^2}{400\ \text{mm}} = 14.7\ \text{rad/s}^2$$

α_{BC} 和 α_{CD} 的转向分别由 $\boldsymbol{a}_{CB}^t$ 和 $\boldsymbol{a}_C^t$ 的指向确定,均为逆时针转向。

例 9-10 在例 9-6 的[图 9-17(a)]所示的机构中,齿轮 B 的中心作加速直线运动,当 $\varphi=0$ 时,其速度和加速度分别为 $v_B = 200\ \text{mm/s}$, $a_B = 100\ \text{mm/s}^2$。求此时连杆 AC 和齿轮 A 的角加速度。已知连杆长 $AC=150\ \text{mm}$,其他尺寸与例 9-6 相同。

解:由例 9-6 中的速度分析知

$$\omega_B = \frac{v_B}{r} = \frac{200\ \text{mm/s}}{50\ \text{mm}} = 4\ \text{rad/s},$$

$$\omega_{AC} = 0, \quad \omega_A = 6.4\ \text{rad/s}$$

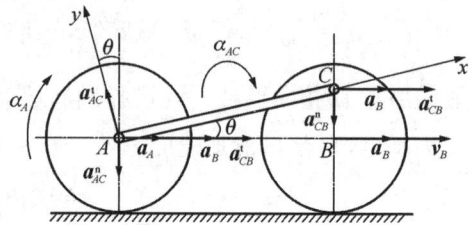

图 9-22 例 9-10 图

齿轮 B 的角加速度与其轮心的加速度之间存在如下关系:

$$\alpha_B = \frac{a_B}{r} = \frac{100\ \text{mm/s}^2}{50\ \text{mm}} = 2\ \text{rad/s}^2$$

首先,取点 B 为基点,分析齿轮 B 的运动,则点 C 的加速度为

$$\boldsymbol{a}_C = \boldsymbol{a}_B + \boldsymbol{a}_{CB}^t + \boldsymbol{a}_{CB}^n \tag{1}$$

式中,右边各加速度分量均为已知,大小分别为

$$a_{CB}^t = e\alpha_B = (30\ \text{mm})(2\ \text{rad/s}^2) = 60\ \text{mm/s}^2$$

$$a_{CB}^n = e\omega_B^2 = (30\ \text{mm})(4\ \text{rad/s})^2 = 480\ \text{mm/s}^2$$

方向如图 9-22 所示。根据式(1)便可求得 a_C。

其次,取点 C 为基点分析连杆 AC 的运动,则点 A 的加速度为

$$\boldsymbol{a}_A = \boldsymbol{a}_C + \boldsymbol{a}_{AC}^t + \boldsymbol{a}_{AC}^n \tag{2}$$

式中,$\boldsymbol{a}_{AC}^n$ 的大小为

$$a_{AC}^n = AC\omega_{AC}^2 = 0$$

现将式(1)及 $a_{AC}^n = 0$ 代入式(2)得

$$\boldsymbol{a}_A = \boldsymbol{a}_B + \boldsymbol{a}_{CB}^t + \boldsymbol{a}_{CB}^n + \boldsymbol{a}_{AC}^t \tag{3}$$

式中,只有 $\boldsymbol{a}_A$ 和 $\boldsymbol{a}_{AC}^t$ 的大小未知,因此可解。

假设 $\boldsymbol{a}_A$ 和 $\boldsymbol{a}_{AC}^t$ 的指向,并取投影轴 x、y 如图 9-22 所示。于是矢量方程式(3)的两个投影式分别为

$$a_A \cos\theta = (a_B + a_{CB}^t)\cos\theta - a_{CB}^n \sin\theta \tag{4}$$

$$-a_A \sin\theta = -(a_B + a_{CB}^t)\sin\theta - a_{CB}^n \cos\theta + a_{AC}^t \tag{5}$$

由几何关系求得式中的 $\sin\theta = 0.20$, $\cos\theta = 0.98$。将已知数据代入,由式(4)解得

$$a_A = a_B + a_{CB}^t - a_{CB}^n \tan\theta$$

$$= 100 \text{ mm/s}^2 + 60 \text{ mm/s}^2 - 480 \text{ mm/s}^2 \times \frac{0.20}{0.98}$$

$$= 62 \text{ mm/s}^2$$

代入式(5)解得

$$a_{AC}^t = a_{CB}^n \cos\theta + (a_B + a_{CB}^t - a_A)\sin\theta$$

$$= 480 \text{ mm/s}^2 \times 0.98 + (100 + 60 - 62) \text{ mm/s}^2 \times 0.20$$

$$= 490 \text{ mm/s}^2$$

最后可求得连杆 AC 及齿轮 A 的角加速度分别为

$$\alpha_{AC} = \frac{a_{AC}^t}{AC} = \frac{490 \text{ mm/s}}{150 \text{ mm}} = 3.27 \text{ rad/s}^2$$

$$\alpha_A = \frac{a_A}{r} = \frac{62 \text{ mm/s}^2}{50 \text{ mm}} = 1.24 \text{ rad/s}^2$$

α_{AC} 和 α_A 的转向与图示假设的 $\boldsymbol{a}_{AC}^t$ 和 $\boldsymbol{a}_A$ 的指向一致,均为顺时针转向。

第四节　运动学综合应用

刚体平面运动的理论分析方法可以建立同一平面运动刚体上两个不同点间的速度之间和加速度之间的关系。当两个刚体相接触且有相对运动时,则需应用点的合成运动理论和分析方法。在许多实际的工程机构中,可能既有刚体的平面运动,又有点的合成运动,这就需要综合应用有关理论和方法径向分析和求解。

下面我们通过例题说明这些方法的综合应用。

例 9-11　如[图 9-23(a)]所示平面机构,杆 AB 的 A 端用销钉 A 与圆轮铰接,B 端插入绕轴 O_1 转动的套筒中。已知半径为 r 的圆轮 O 沿直线轨道作纯滚动,轮心 O 的速度和加速度分别为 v_O 和 $\boldsymbol{a}_O$。试求当 $\varphi = 45°$ 时杆 AB 的角速度和角加速度。

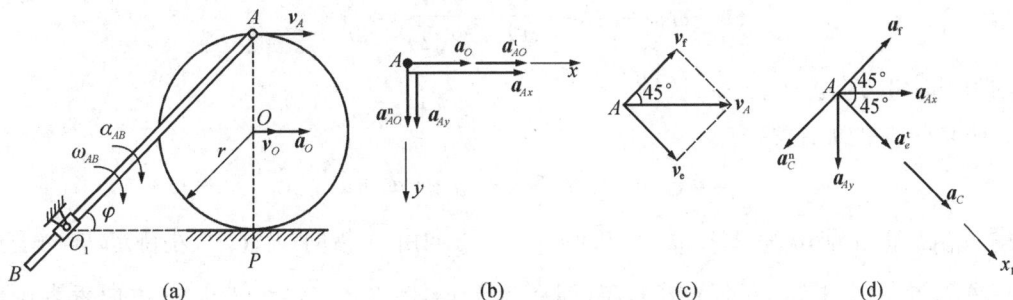

图 9-23　例 9-11 图

解:圆轮 O 作平面运动,由已知条件用平面运动的方法可求出点 A 的速度和加速度。

杆 AB 与套筒 O_1 有相对滑动,可用点的合成运动方法求出杆 AB 的角速度和角加速度。

(1) 求点 A 的速度和加速度

圆轮 O 的速度瞬心为点 P,则其角速度和角加速度分别为 $\omega_O=v_O/r$ 和 $\alpha_O=a_O/r$。点 A 的速度为

$$v_A=2r\omega_O=2v_O$$

方向水平向右[图 9-23(a)]。

以 O 为基点,点 A 的加速度为

$$\boldsymbol{a}_A=\boldsymbol{a}_O+\boldsymbol{a}_{AO}^{\mathrm{t}}+\boldsymbol{a}_{AO}^{\mathrm{n}}$$

式中,$\boldsymbol{a}_O$ 的大小、方向均已知;$a_{AO}^{\mathrm{t}}=r\alpha_O=a_O$,方向水平向右;$a_{AO}^{\mathrm{n}}=r\omega_O^2=v_O^2/r$,方向由点 A 指向 O。只有 $\boldsymbol{a}_A$ 的大小、方向两个未知量,可以求解。画出点 A 的加速度矢量图,如[图 9-23(b)]所示,可得

$$a_{Ax}=a_O+a_{AO}^{\mathrm{t}}=2a_O, \quad a_{Ay}=a_{AO}^{\mathrm{n}}=\frac{v_O^2}{r}$$

(2) 求杆 AB 的角速度和角加速度

以 A 为动点,套筒 O_1 为动系。相对运动是点 A 沿套筒方向(即 AB 方向)的直线运动,牵连运动为套筒绕轴 O_1 的转动,点 A 的绝对运动为以平面曲线运动,各速度矢如[图 9-23(c)]所示。由

$$\boldsymbol{v}_A=\boldsymbol{v}_{\mathrm{e}}+\boldsymbol{v}_{\mathrm{r}}$$

式中,$v_A=2v_O$,方向水平向右;v_{e} 大小待定,方向垂直于杆 AB;v_{r} 大小未知,方向沿着套筒(即杆 AB)。两个未知量,可以求解。画出点 A 的速度矢量图,如[图 9-23(c)]所示。由几何关系可得

$$v_{\mathrm{e}}=v_A\cos45°=\sqrt{2}\,v_O, \quad v_{\mathrm{r}}=v_A\sin45°=\sqrt{2}\,v_O$$

由于杆 AB 在套筒中滑动,因此杆 AB 与套筒 O_1 具有相同的转角与角速度(角加速度也相同)。其角速度为

$$\omega_{AB}=\omega_{O_1}=\frac{v_{\mathrm{e}}}{AO_1}=\frac{\sqrt{2}\,v_O}{2\sqrt{2}\,r}=\frac{v_O}{2r}$$

转向为顺时针方向。

研究点 A 的加速度,有

$$\boldsymbol{a}_A=\boldsymbol{a}_{Ax}+\boldsymbol{a}_{Ay}=\boldsymbol{a}_{\mathrm{e}}^{\mathrm{n}}+\boldsymbol{a}_{\mathrm{e}}^{\mathrm{t}}+\boldsymbol{a}_{\mathrm{r}}+\boldsymbol{a}_C$$

式中,$\boldsymbol{a}_A$ 已知,见前;$a_{\mathrm{e}}^{\mathrm{n}}=AO_1\,\omega_{O_1}^2=\sqrt{2}\,v_O^2/(2r)$,方向由 A 指向 O_1;$a_{\mathrm{e}}^{\mathrm{t}}$ 大小待定,方向垂直于杆 AB;a_{r} 大小未知,方向沿着套筒(即杆 AB);$a_C=2v_{\mathrm{r}}\omega_{O_1}=\sqrt{2}\,v_O^2/r$,方向垂直于杆 AB。两个未知量,可以求解。画出点 A 的加速度矢量图,如[图 9-23(d)]所示。为避开 $\boldsymbol{a}_{\mathrm{r}}$,将上式向轴 x_1 投影,得

$$a_{Ax}\cos45°+a_{Ay}\sin45°=a_{\mathrm{e}}^{\mathrm{t}}+a_C$$

解得

$$\alpha_{AB}=\alpha_{O_1}=\frac{a_{\mathrm{e}}^{\mathrm{t}}}{AO_1}=\frac{2ra_O-v_O^2}{4r^2}$$

若 $2ra_O-v_O^2>0$，则转向为顺时针；反之为逆时针。

能否用刚体平面运动方法求解杆 AB 的角速度？又能否用刚体平面运动方法求解杆 AB 的角加速度？

由于本题并不需要求解点 A 的速度和加速度，因此（1）、（2）两个步骤可以合并。请读者自行求解。

例 9 - 12　图 9 - 24 所示平面机构，已知滑块 C 的速度为常数，$u=0.2$ m/s，$CD=0.4$ m。求当 $AC=AD$，$\theta=30°$ 时杆 AB 的速度和加速度。

解：杆 CD 作平面运动。以 AB 上的 A 为动点，杆 CD 为动系。相对运动是点 A 沿 CD 方向的直线运动，牵连运动为杆 CD 作平面运动，点 A 的绝对运动为铅垂直线运动。

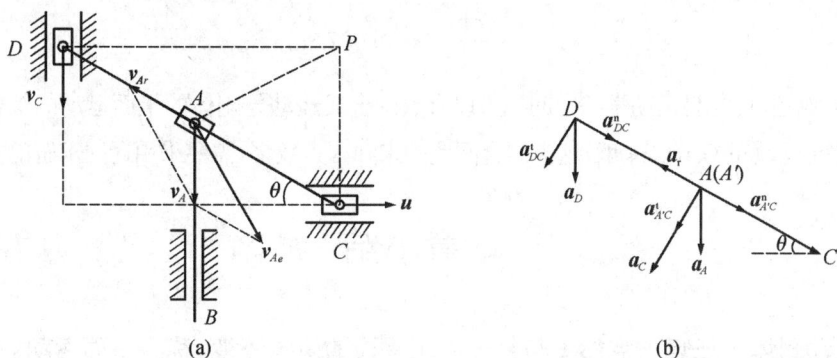

图 9 - 24　例 9 - 12 图

（1）速度分析

由于牵连运动为平面运动，因而牵连速度为杆 CD 上与 A 重合一点 A'（即牵连点 A'）的速度，CD 杆的速度瞬心在点 P，由此可得出牵连速度。各速度矢量如[图 9 - 24（a）]所示，有

$$v_A=v_{Ae}+v_{Ar}$$

式中，$\omega_{CD}=\dfrac{u}{PC}=\dfrac{0.2}{0.2}=1$ rad/s，$v_{Ae}=v_{A'}=PA\omega_{CD}=0.2$ m/s，方向垂直于 PA；v_{Ar} 大小待定，方向沿着杆 CD；v_A 大小未定，方向为铅直。两个未知量，可以求解。由图解得

$$v_A\cos30°=v_{Ae}\cos60°,\quad v_{Ar}=\sqrt{v_A^2+v_{Ae}^2-2v_Av_{Ae}\cos30°}$$

$$v_A=\frac{\cos60°}{\cos30°}v_{Ae}=\frac{v_{Ae}}{\sqrt3}=0.115\,5\text{ m/s},\ v_{Ar}=0.115\,5\text{ m/s}$$

（2）加速度分析

牵连加速度为牵连点 A' 的加速度，各加速度矢量见[图 9-24(b)]，有

$$\boldsymbol{a}_A = \boldsymbol{a}_e + \boldsymbol{a}_r + \boldsymbol{a}_C = \boldsymbol{a}_{A'} + \boldsymbol{a}_r + \boldsymbol{a}_C \tag{1}$$

由平面运动方法，先以 C 为基点（$a_C = 0$），研究点 D 的加速

$$\boldsymbol{a}_D = \boldsymbol{a}_{DC}^n + \boldsymbol{a}_{DC}^t$$

式中，$a_{DC}^n = CD \cdot \omega_{CD}^2 = 0.4 \ \text{m/s}^2$，由几何关系得

$$a_{DC}^t = \sqrt{3} a_{DC}^n = 0.692\ 8 \ \text{m/s}^2, \quad \alpha_{CD} = \frac{a_{CD}^t}{CD} = \sqrt{3} = 1.732 \ \text{rad/s}^2$$

再以 C 为基点，研究牵连点 A' 的加速度

$$\boldsymbol{a}_e = \boldsymbol{a}_{A'} = \boldsymbol{a}_{A'C}^n + \boldsymbol{a}_{A'C}^t \tag{2}$$

式中，$a_{A'C}^t = AC \cdot \alpha_{CD} = 0.346 \ \text{m/s}^2$。将式（2）代入式（1），且 $a_C = 2\omega_{CD}v_{Ar} = 0.231 \ \text{m/s}^2$，将式（1）向 $\boldsymbol{a}_C$ 方向投影，得

$$a_A \cos 30° = a_{A'C}^t + a_C$$

$$a_A = \frac{a_{A'C}^t + a_C}{\cos 30°} = 0.667 \ \text{m/s}^2$$

从以上例题可看出，运动学综合问题可以有点的合成运动与刚体的平面运动的综合，也有牵连运动为平面运动的综合。一般，这类综合问题的未知因素较多，需要采用迂回求解的方法。

本章小结

1. 运动刚体内任意一点始终与某一固定平面的距离不变，称为平面运动。

平行于该固定平面的平面图形可以代表此刚体的运动。

2. 平面运动可分解为随基点的平移和绕基点的定轴转动。

牵连平移与基点的选择有关，相对转动与基点的选择无关。

3. 速度分析有 3 种方法

（1）基点法：以 A 为基点，则

$$\boldsymbol{v}_B = \boldsymbol{v}_A + \boldsymbol{v}_{BA}$$

（2）速度投影法：

$$[\boldsymbol{v}_B]_{AB} = [\boldsymbol{v}_A]_{AB}$$

（3）瞬心法：图形上速度为零的点称为图形在该瞬时的速度瞬心；在此瞬时，图形上各点速度的分布就像绕速度瞬心作定轴转动一样。

4. 加速度分析一般使用基点法

即以 A 为基点，则

$$a_B = a_A + a_{BA}^t + a_{BA}^n$$

习　题

9-1　杆 AB 的 A 端沿水平线以等速 v_0 运动,运动时杆恒与一固定圆周相切,圆周的半径为 r,如题 9-1 图所示。如杆与水平线间的交角为 θ,试以角 θ 表示杆的角速度。

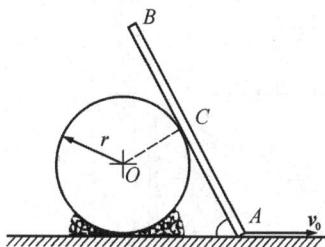

题 9-1 图

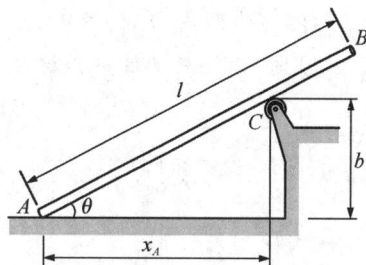

题 9-2 图

9-2　杆 AB 搁置如题 9-2 图所示,试用点 A 的速度、加速度表示杆 AB 的角速度和角加速度。

9-3　滑块 B 以匀速 $v_B = 8$ m/s 沿水平导槽向右滑动,通过连杆 AB 带动滑块 A 沿铅垂导槽滑动。已知 $AB = 0.4$ m,试求 $\theta = 30°$ 时滑块 A 的速度和连杆的角速度。

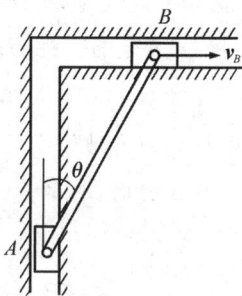

题 9-3 图

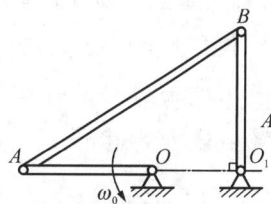

题 9-4 图

9-4　在四连杆机构中,曲柄 OA 的角速度 $\omega_0 = 3$ rad/s,当它在题 9-4 图所示水平位置时,曲柄 O_1B 恰好在铅垂位置。已知 $OA = O_1B = \frac{1}{2}AB = l$,试求此时连杆 AB 和曲柄 O_1B 的角速度。

9-5　伞齿轮刨床中,创刀的运动传递机构如题 9-5 图所示。曲柄 OA 以匀角速度 ω_0 绕轴 O 转动,通过齿条 AB 带动齿轮 I 绕轴 O_1 摆动。当 $\theta = 60°$、$O_1C \perp AB$ 时,求此时齿轮 I 的角速度。设 $OA = R$,$O_1C = \frac{1}{2}R$。

9-6　筛子由曲柄 OA 通过连杆 AB 带动。已知 $OA = 50$ mm,转速 $n = 400$ r/min,

$O_1C = O_2D = 600$ mm。求题 9-6 图示位置时筛子的速度和 O_1C 的角速度。

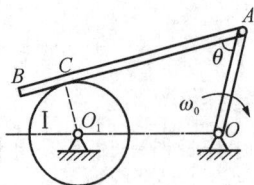

题 9-5 图

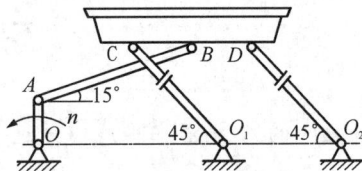

题 9-6 图

9-7 某柴油机的曲柄 $OA = 0.8$ m,连杆 $AB = 1.6$ m,额定转速 $n = 116$ r/min。当 θ 分别为 0°和 90°时,求连杆 AB 的角速度以及活塞 B 的速度。

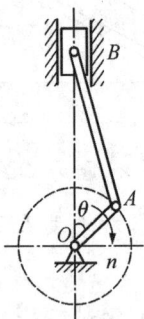

题 9-7 图

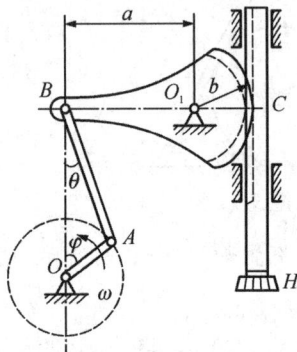

题 9-8 图

9-8 插齿机传动机构简图如题 9-8 图所示。曲柄 OA 通过连杆 AB 带动摆杆 BC 绕轴 O_1 摆动,与摆杆连成一体的扇齿轮带动齿条使插刀 H 上下运动。设曲柄 OA 长为 r,其角速度为 ω。求在图示位置时插刀的速度。

9-9 在题 9-9 图所示机构中,杆 AB 一端连接滚子 A,以匀速 $v_A = 160$ mm/s 沿水平向右运动,杆活套于可绕轴 O 转动的套管内。求当 $x = 60$ mm 时,杆的角速度和端点 B 的速度。设 $AB = 200$ mm,$h = 80$ mm。

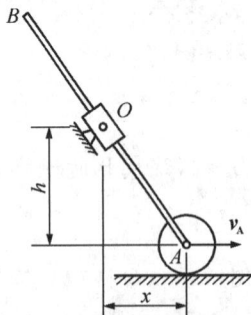

题 9-9 图

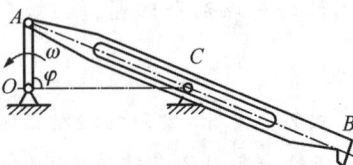

题 9-10 图

9-10 在题 9-10 图所示曲柄槽杆机构中,曲柄 OA 以匀角速度 $\omega = 50$ rad/s 绕轴 O 转动,带动槽杆 AB 在固定销子 C 上滑动。求当 $\varphi = 90°$ 时槽杆的角速度和点 B 的速度。设

$OA=30$ mm，$AB=175$ mm，$OC=75$ mm。

9-11　节圆半径 $r=200$ mm 的齿轮以匀角速度 $\omega=2$ rad/s 沿齿条作纯滚动，带动连杆 AB 及滑块 B 运动。求题9-11图所示瞬时（OA 水平）滑块 B 的速度和连杆 AB 的角速度。设 $OA=100$ mm，$AB=400$ mm。

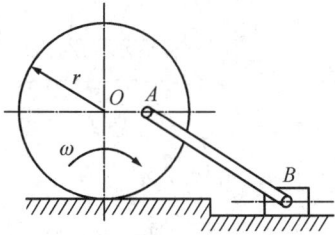
题9-11图

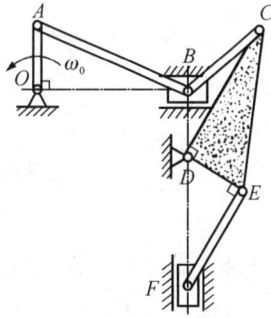
题9-12图

9-12　题9-12图所示机构中，已知：$OA=0.1$ m，$BD=0.1$ m，$DE=0.1$ m，$EF=0.1\sqrt{3}$ m；曲柄 OA 的角速度 $\omega=4$ rad/s。在图示位置时，曲柄 OA 与水平线 OB 垂直，且 B、D 和 F 在同一铅直线上，又 DE 垂直于 EF。求杆 EF 的角速度和点 F 的速度。

9-13　在瓦特行星传动机构中，平衡杆 O_1A 绕轴 O_1 转动，并借连杆 AB 带动曲柄 OB；而曲柄 OB 活动地装置在轴 O 上，如题9-13图所示。在轴 O 上装有齿轮Ⅰ，齿轮Ⅱ与连杆 AB 固连于一体。已知：$r_1=r_2=0.3\sqrt{3}$ m，$O_1A=0.75$ m，$AB=1.5$ m；又平衡杆的角速度 $\omega=6$ rad/s。求：当 $\theta=60°$ 且 $\varphi=90°$ 时，曲柄 OB 和齿轮Ⅰ的角速度。

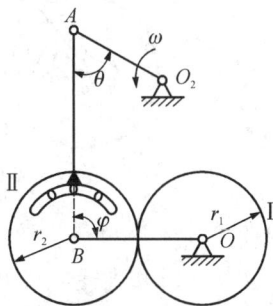
题9-13图

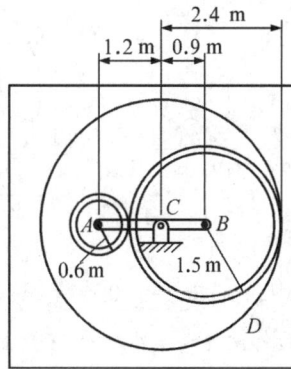
题9-14图

9-14　臂 ACB 绕点 C 以角速度 $\omega_C=40$ rad/s 递时针转动，两个摩擦轮 A 和 B 的中心铰接在臂 ACB 上，已知各接触点在运动中没有滑动，求轮 A 和 B 的角速度。

9-15　在题9-15图所示行星机构中，半径 $r_1=300$ mm 的大齿轮 A 以匀角速度 $\omega_1=2$ rad/s 顺时针转动，带动半径 $r_2=150$ mm 的小齿轮 B 及摇杆 CD 运动。齿轮间无相对滑动，点 C 处为铰接。已知：$BC=100$ mm，$CD=400$ mm。求当小齿轮中心 B 与 CD 共线时，

点 C 的速度和小齿轮及摇杆的角速度。

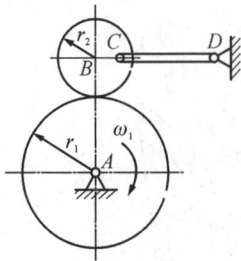
题 9-15 图

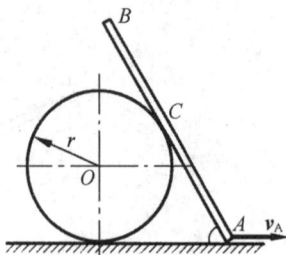
题 9-16 图

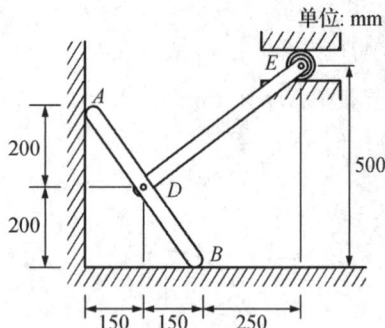
题 9-17 图

9-16　杆 AB 靠在一半径 $r=0.5$ m 的滚子 O 上，当其一端 A 以匀速 $v_A=0.6$ m/s 沿水平面运动时，带动滚子在平面上滚动。设滚子与杆及水平面之间均无相对滑动，求当 $\theta=60°$ 时滚子及杆的角速度。

9-17　两根长 500 mm 的细杆由铰链 D 连接。已知 B 以 360 mm/s 的速度向左运动，求在题 9-17 图所示瞬间两杆的角速度和点 E 的速度。

9-18　曲柄长 $OA=0.2$ m，以匀角速度 $\omega_0=10$ rad/s 绕轴 O 转动，连杆长 $AB=1$ m。当曲柄与连杆相互垂直并与水平线各成 $\theta=\varphi=45°$ 时，求此时连杆的角速度和角加速度以及滑块 B 的加速度。

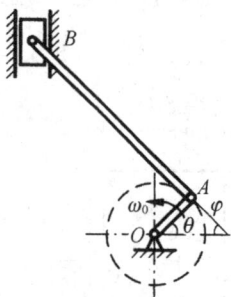
题 9-18 图

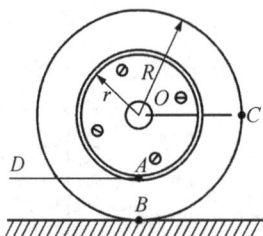
题 9-19 图

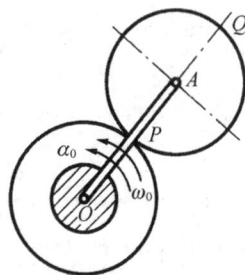
题 9-20 图

9-19　半径分别为 $r=60$ mm 和 $R=100$ mm 的两个轮子固结在一起，其中一个轮子沿水平直线路面作纯滚动，另一个轮子上缠绕有绳索。题 9-19 图所示瞬时时，绳索 D 端的速度和加速度分别为 $v_D=160$ mm/s 和 $a_D=60$ mm/s^2，皆指向左方。求此时轮子上点 A、B、C 的加速度。

9-20　在行星齿轮机构中，系杆 OA 以匀角加速度 $\alpha_0=8$ rad/s^2 绕轴 O 转动，固定中心轮与行星轮的半径同为 $R=120$ mm。当系杆的角速度 $\omega_0=2$ rad/s 时，求此时行星轮的速度瞬心 P 的加速度和点 A、B、C 的加速度。

9-21　内齿轮圈Ⅱ以匀角速度 $\omega_2=100$ rad/s 在固定齿轮Ⅰ的周围作无滑动的滚动。

已知两轮的节圆半径分别为 $r_1＝70$ mm，$r_2＝105$ mm。求齿轮圈 Ⅱ 的中心 C 和它与齿轮 Ⅰ 的啮合点 C' 的加速度。

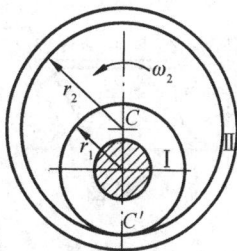

题 9－21 图

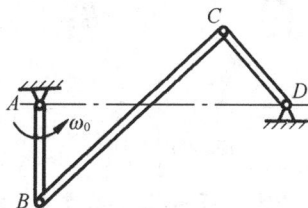

题 9－22 图

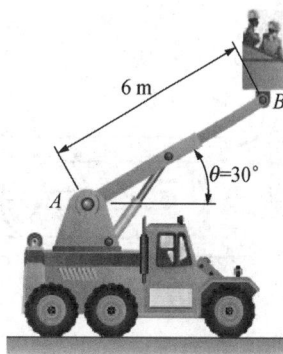

题 9－23 图

9－22　在题 9－22 图所示四连杆机构中，曲柄 AB 以匀角速度 ω_0 绕轴 A 转动，且 $AB＝CD＝r$。当 $\angle BAD＝90°$，$\angle ABC＝\angle ADC＝45°$ 时，求此时点 C 的加速度和杆 CD 的角加速度。

9－23　在题 9－23 图所示瞬时，吊杆 AB 以 0.2 m/s 匀速缩短，同时以 0.08 rad/s 匀角速度下降。求点 B 的速度和加速度。

9－24　上题中，若吊杆 AB 以 0.2 m/s 匀速伸长，求点 B 的速度和加速度。

9－25　在题 9－25 图所示瞬时，杆 AB 以匀角速度 ω_0 顺时针转动，求杆 BD 和 ED 的角加速度。

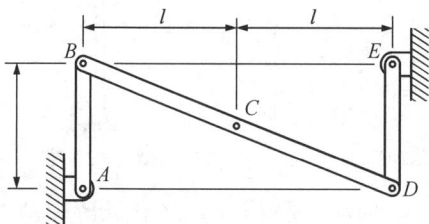

题 9－25 图

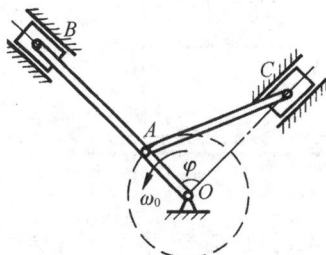

题 9－27 图

9－26　上题中，已知杆 AB 以匀角速度 8 rad/s 顺时针转动，$l＝0.3$ m，求杆 BD 中点 C 的加速度。

9－27　V 形汽缸轴线夹角为 $90°$，曲柄 OA 以匀角速度 $\omega_0＝10$ rad/s 绕轴 O 转动。求 $\varphi＝90°$ 时活塞 B、C 的速度和加速度。设 $OA＝100$ mm，$AB＝AC＝100\sqrt{2}$ mm。

9－28　通过曲柄连杆机构，使平台Ⅰ作往复直线运动。已知曲柄 OA 转速 $n＝60$ r/min，$OA＝100$ mm，$AB＝300$ mm，齿轮 C、D 上下均与齿条啮合。求当 $\varphi＝90°$ 时平台Ⅰ的速度和加速度。

9－29　在题 9－29 图所示石油唧筒中，曲柄 OA 以 $n＝20$ r/min 绕轴 O 转动。设某瞬

时 BC 与 OA 处于水平,点 B 在点 O 铅垂线上。求此时点 C 的速度和加速度。已知 $O_1C=2$ m, $O_1B=3$ m, $AB=2.5$ m, $OA=0.6$ m。

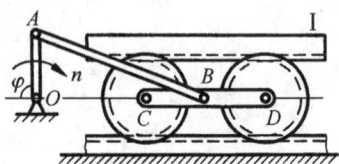
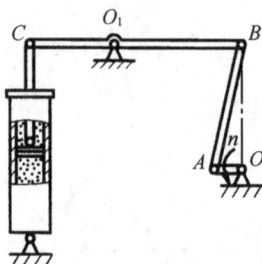
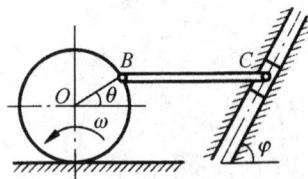

题 9-28 图　　　　　　题 9-29 图　　　　　　题 9-30 图

9-30　直径为 $60\sqrt{3}$ mm 的滚子在水平面上作纯滚动,杆 BC 一端与滚子铰接,另一端与滑块 C 铰接。设杆 BC 在水平位置时,滚子的角速度 $\omega_O=12$ rad/s, $\alpha_O=0$, $\theta=30°$, $\varphi=60°$, $BC=270$ mm。试求该瞬时杆 BC 的角速度、角加速度和点 C 的速度、加速度。

9-31　题 9-31 图所示位置,导杆 AB 具有向下的速度 $v=2$ m/s 和向下的加速度 $a=6$ m/s^2,设齿扇和固定齿条的啮合点 C 无相对滑动。求此时连杆 BO 的角加速度、点 O 的加速度和齿扇的角加速度。已知 $r=300$ mm, $OB=\sqrt{2}r$, $\varphi=45°$。

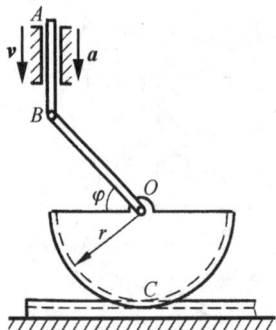
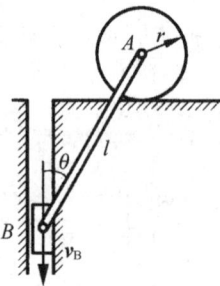
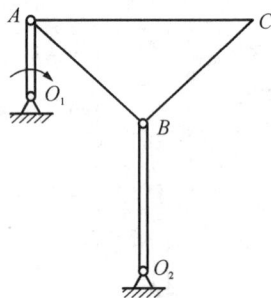

题 9-31 图　　　　　　题 9-32 图　　　　　　题 9-33 图

9-32　滑块 B 以匀速度 $v_B=2$ m/s 沿铅垂槽向下滑动,通过连杆 AB 带动滚子 A 沿水平面作纯滚动。设连杆长 $l=800$ mm,滚子半径 $r=200$ mm。当 AB 与铅垂线成角 $\theta=30°$ 时,求此时点 A 的加速度及连杆、滚子的角加速度。

9-33　题 9-33 图所示机构中,直角三角形板 ABC 在 A、B 两点分别与杆 AO_1 和 BO_2 铰接。已知杆 AO_1 以匀角速度绕 O_1 轴转动,$AO_1=r$,$AB=BC=BO_2=2r$,$\angle ABC=90°$。在图示瞬时杆 AO_1 和 BO_2 铅直,AC 水平,试求该瞬时 C 点的速度和加速度。

9-34　半径为 r 的轮子沿水平轨道滚动而不滑动,在轮缘上铰接一长 l 的杆 AB。已知轮心的速度是 $v_O=0.2$ m/s,加速度是 $a_O=0.1$ m/s,$r=0.3$ m,$l=0.7$ m。求 AB 杆的角速度和角加速度。

9-35　半径为 r 的轮 B 由曲柄 OA 与连杆 AB 带动,在半径为 $R=40$ cm 的固定轮上作纯滚动,设 OA 匀速转动,$OA=r=10$ cm,$\omega_0=10$ rad/s,求在题 $9-35$ 图所示位置轮 B 的角速度和角加速度。

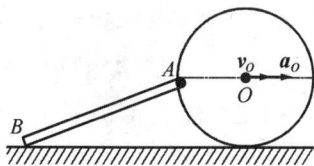

题 $9-34$ 图

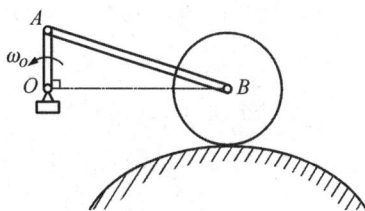

题 $9-35$ 图

9-36　在题 $9-36$ 图所示四连杆机构中,曲柄 OA 以 $n=150$ r/min 作匀速转动。当曲柄和摇杆在图示铅垂位置时,求此时点 P 的速度和加速度。设 $OA=40$ mm,$AB=160$ mm,$BP=80$ mm,$h=100$ mm。

9-37　在题 $9-37$ 图所示机构中,曲柄 OA 以角速度 ω_0 绕轴 O 转动。已知 $OA=OC=a$,$BC=AB=BD=b$。当曲柄 OA 处于图示水平位置时,摇杆 MN 与水平线成倾角 θ;$CD\perp CO$;$AM\perp OA$。求此时摇杆 MN 的角速度。

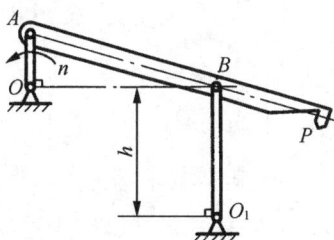

题 $9-36$ 图

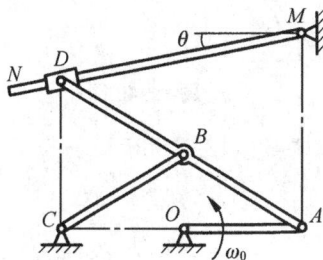

题 $9-37$ 图

9-38　汽缸 C 与飞轮 O 在点 A 处铰接,活塞杆的末端 B 铰支,如题 $9-38$ 图所示。由于飞轮绕中心轴 O 转动,通过汽缸而带动活塞摆动。已知飞轮的转角为 φ,角速度为 $\dot{\varphi}$;尺寸 $OA=e$,$OB=l$。求活塞 P 相对于汽缸的速度。

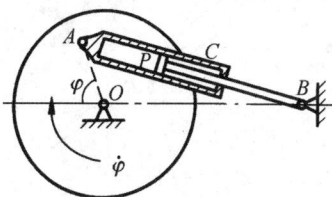

题 $9-38$ 图

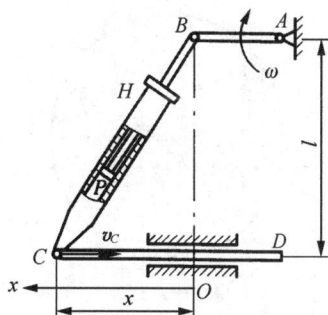

题 $9-39$ 图

9-39　在题 $9-39$ 图所示机构中,曲柄 AB 以匀角速度 $\omega=1.5$ rad/s 绕轴 A 转动,控制杆 CD 可沿水平方向移动,其端点 C 位置由坐标 x 决定。当曲柄 AB 处于图示水平位置时,点 C 的坐标 $x=150$ mm;速度 $v_C=100$ mm/s,方向水平指向右方。求此时活塞 P 相对于唧筒 H 的速度和唧筒的角速度。设 $AB=100$ mm,$l=250$ mm。

9-40　平面机构的曲柄 OA 长为 $2b$,以角速度 ω_0 绕轴 O 转动。在题 9-40 图所示位置时,$AB=BO$,且 $\angle OAD=90°$,求此时套筒 D 相对于杆 BC 的速度。

9-41　牛头刨床机构的曲柄 OA 以匀角速度 ω_0 绕轴 O 转动。当曲柄 OA 和摇杆 O_1B 处于图示水平位置时,连杆 BC 与铅垂线的夹角 $\varphi=30°$。求此时滑块 C 的速度和摇杆 O_1B 的角速度。设 $OA=R$,$O_1B=r$,$BC=\dfrac{4\sqrt{3}}{3}h$,其他尺寸如题 9-41 图所示。

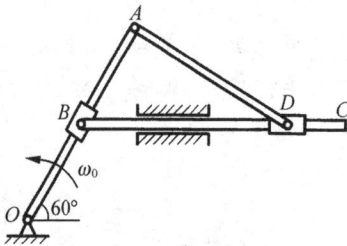

题 9-40 图

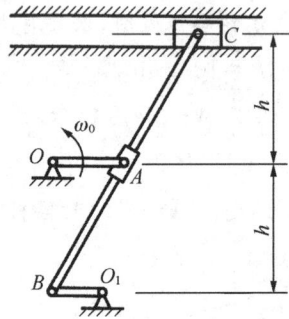

题 9-41 图

9-42　题 9-42 图所示为一研磨工件端面的装置。曲柄 OA 以匀角速度 ω_0 绕轴 O 转动,并经过连杆 AB 带动摆杆 BO_1C 绕轴 O_1 摆动。工件装在摆杆末端 C 上,随摆杆运动,研磨盘则以角速度 ω_{O_2} 绕轴 O_2 转动。已知:$\omega_0=5$ rad/s,$OA=30$ mm,$O_1B=O_1C$。在某瞬时 A、O、O_2 三点同在一直线上。$BC\parallel AO_2$,$O_2C=100$ mm,$\theta=60°$,$\omega_{O_2}=10$ rad/s。求该瞬时点 C 相对于研磨盘的速度。

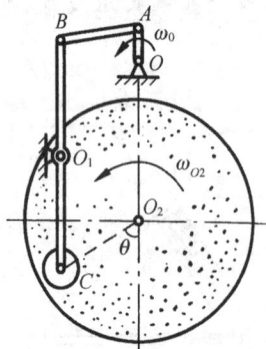

题 9-42 图

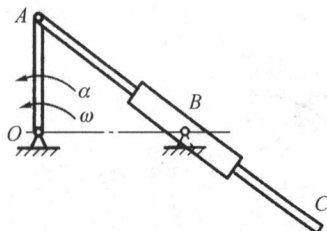

题 9-43 图

9-43　曲柄导杆机构的曲柄长 $OA=120$ mm,在题 9-43 图所示位置 $\angle AOB=90°$ 时,曲柄的角速度 $\omega=4$ rad/s,角加速度 $\alpha=2$ rad/s^2。试求此时导杆 AC 的角加速度及导杆相对于套筒 B 的加速度。设 $OB=160$ mm。

9-44　题 9-44 图所示曲柄连杆机构带动摇杆 O_1C 绕 O_1 轴摆动。在连杆 AB 上装有两个滑块，滑块 B 在水平槽内滑动，而滑块 D 则在摇杆 O_1C 的槽内滑动。已知：曲柄长 $OA=50$ mm，绕 O 轴转动的匀角速度 $\omega=10$ rad/s。在图示位置时，曲柄与水平线间 $90°$ 角，$\angle OAB=60°$，摇杆与水平线间成 $\theta=60°$ 角；距离 $O_1D=70$ mm。求摇杆的角速度和角加速度。

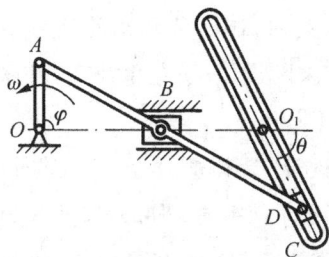

题 9-44 图

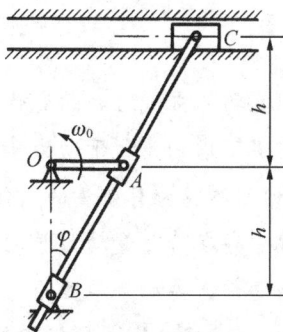

题 9-45 图

9-45　牛头刨床机构的曲柄长 $OA=r$，以匀角速度 ω_0 绕轴 O 转动。当曲柄 OA 处于题 9-45 图所示位置时，连杆 BC 与铅垂线的夹角 $\varphi=30°$。求此时滑块 C 的速度和加速度。

9-46　齿轮 O 在水平齿条上往复滚动，通过连杆 AB 推动颈套 A 沿立轴上下滑动，A、B 处均为铰接。当颈套 A 到达 $y=175$ mm 的位置时，轮心 O 与点 B 的连线位于水平，此时轮心速度 $v_O=120$ mm/s，指向右方，且加速度等于零。试求此时颈套 A 的加速度。设齿轮节圆半径 $r=100$ mm，连杆长 $l=125$ mm，$OB=75$ mm。

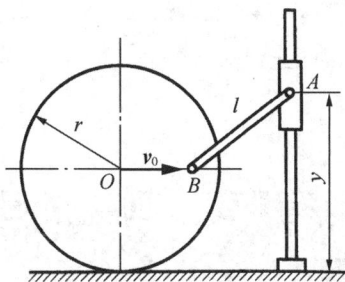

题 9-46 图

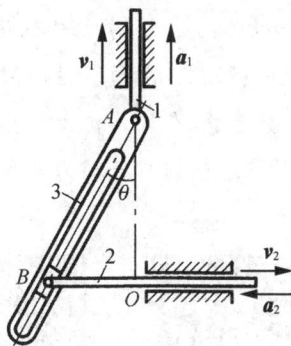

题 9-47 图

9-47　在题 9-47 图所示机构中，导杆 1 向上作加速运动，当 $\theta=30°$ 时，具有速度 $v_1=10\sqrt{3}$ mm/s 和加速度 $a_1=10\sqrt{3}$（mm/s²）。此时控制杆 2 的一端 B 与杆 1 的导轨相距 $BO=30$ mm，且杆 2 具有向右的速度 $v_2=50$ mm/s 和减速度 $a_2=10$ mm/s²。求此时槽杆 3 的角加速度和滑块 B 相对于槽杆 3 的加速度。

第三篇　动力学

动力学研究物体机械运动的变化与受力之间的关系,前面所研究的静力学与运动学为研究动力学提供了基础。由于动力学中研究的质点、刚体都必须考虑惯性,所以点成为有质量的质点,几何形体成为有质量的刚体。

工程实际中存在着大量动力学问题,动力机械设计、结构动力分析、火箭和卫星的轨道计算等工程问题都需要动力学理论为基础。这些动力学问题可以用大家熟知的动力学基本定律来研究,也可以用从基本定律推导出来的动力学普遍定理来研究,还可以像静力学那样用平衡方程来研究。对于具体问题,应根据问题的特点及其复杂程度进行具体分析,选择适当的方法。

根据由实际工程中简化抽象出的物理模型建立动力学方程及其他有关方程(数学模型)的过程,简称**建模**。动力学方程指物体运动与其受力之间的数学关系,又称运动微分方程;对离散系统,得到的是常微分方程,对连续系统,得到的是偏微分方程。求解这些运动微分方程涉及**动力学的两类基本问题**:

(1)已知物体的运动规律,求作用于物体上的力;

(2)已知物体的受力,求物体的运动规律。

有时还会遇到混合问题。运动微分方程有时有解析解;但它们在多数情况下是非线性的,必须寻求数值解,在计算机上计算才能获得物体的运动特性。

动力学的内容包括质点动力学和质点系动力学。

第十章　　　　第十一章　　　　第十二章　　　　第十三章

第十四章　　　　第十五章　　　　第十六章

第十章　质点动力学

教学要求:

1. 掌握建立质点运动微分方程的方法,掌握求解质点动力学两类基本问题的方法;

2. 了解非惯性参考系下惯性力的概念,会应用非惯性系下质点动力学基本方程。

第一节　动力学的基本定律

在动力学中经常用到的理想力学模型是质点和质点系(包括刚体)。质点是具有一定质量而形状和大小可以忽略不计的物体。有限个或无限个质点的集合称为**质点系**。刚体是任意两质点间的距离不变的质点系。

动力学的基本定律是牛顿在总结前人特别是伽利略的研究成果的基础上,在 1687 年发表的名著《自然哲学的数学原理》中提出的三个定律,通常称为**牛顿运动三定律**。其内容为:

第一定律(惯性定律)　质点如不受外力作用,则始终保持静止或匀速直线运动状态。

定律表明质点具有保持静止或匀速直线运动状态的特性,这个特性称为惯性,所以此定律又称为惯性定律。惯性是质点的重要特性。定律还表明,如果质点的运动状态发生改变,则质点必然受其他物体的作用力。

第二定律(力与加速度关系定律)　质点因受力作用而产生的加速度,其大小与力成正比,与质量成反比。或质点的质量与质点加速度的乘积等于作用在质点上的力。

如果质量为 m 的质点上受力系 $F_1, F_2, \cdots, F_i, \cdots, F_n$ 作用,则其加速度 a 和质量及作用力的关系可表示为

$$ma = \sum F_i \tag{10-1}$$

根据式(10-1),如果对两个质点作用相同的合力,则质量较大的质点产生较小的加速度。这表明质点的质量越大就越难改变它的原有运动状态。因此,质量是质点惯性的度量。

物体仅受重力作用而自由降落的加速度 g 称为重力加速度。按照上式可以确定物体的重量 P 和质量 m 关系:

$$P = mg \tag{10-2}$$

物体质量认为是不变的,但是在不同的地方重力加速度的大小略有差异,即物体的重量在地面上略有差异。一般工程问题中可以认为 g 是不变的,并取 $g = 9.80665 \text{ m/s}^2$。

第三定律(作用与反作用定律)　两物体相互作用的力,总是大小相等,方向相反,沿同

一直线同时分别作用于这两个物体上。这个定律对于静力学和动力学都是普遍适用的。

牛顿运动三定律构成动力学的基础，在此基础上建立的力学体系称为**经典力学**。在宏观（物体远大于微观粒子）、低速（速度远小于光速）的情况下，经典力学的分析结果是相当精确的。

由运动学可知运动的描述与选择的参考系有关。因此，牛顿运动三定律只适用于某特定的参考系，这种参考系称为**惯性参考系**。天文学上采用日心参考系，它以太阳（地球）中心为坐标原点，三坐标轴分别指向三个相对遥远的恒星保持不变，是精确的惯性参考系。当日心参考系的坐标原点换为地球中心则为地心参考系。地心参考系相当于略去了地球绕太阳公转的影响。对于一般工程问题，地心参考系可以认为是足够精确的惯性参考系。

第二节　质点的运动微分方程

牛顿第二定律建立了质点的加速度和作用力的关系。如质点的位置矢量用 r 表示，则式(10-1)可以写为

$$m\ddot{r} = \sum F_i \tag{10-3}$$

这就是**质点运动微分方程**的矢量表达式。

将上式两侧同时投影于直角坐标系上则得

$$m\ddot{x} = \sum F_x, \quad m\ddot{y} = \sum F_y, \quad m\ddot{z} = \sum F_z \tag{10-4}$$

式中，x、y、z 为质点在直角坐标系下的运动方程。式(10-4)称为直角坐标系的质点运动微分方程。

在质点轨迹已知的前提下，将上式两侧同时投影于自然轴系上则得

$$m\ddot{s} = \sum F_t, \quad m\frac{\dot{s}^2}{\rho} = \sum F_n, \quad 0 = \sum F_b \tag{10-5}$$

式中，s 为质点弧坐标形式的运动方程，ρ 为曲率半径。式(10-5)称为弧坐标形式的质点运动微分方程。

一般动力学问题可分为两类基本问题：

(1) 已知物体的运动规律，求作用于物体上的力；

(2) 已知作用于物体上的力，求物体的运动规律。

对于第一类问题（已知运动方程求力），通常是将物体的运动方程对时间求导后代入质点运动微分方程便可求解，数学上是一个微分问题。而对于第二类问题（已知受力求运动），通常是将已知力代入运动微分方程后进行积分运算，结合初始条件可求出运动方程，数学上是一个积分问题。

例 10-1　离心式转速计小球的质量为 m，固连在质量可略去不计的杆 AB 的 A 端，而

杆的 B 端则铰接在转动着的铅垂轴 BE 上，见[图 $10-1$(a)]。小球受弹性细绳 ACD 的支持，细绳穿过套管 CD，其末端固结在 D 处，弹性细绳的原长（未受力时的长度）为 CD，弹性刚度系数（使细绳产生单位变形所需的力）为 k，设 $AB=BC=l$。试求转速计稳定匀速转动时其转轴的角速度 ω 与偏角 θ 的关系以及杆 AB 所受的力。

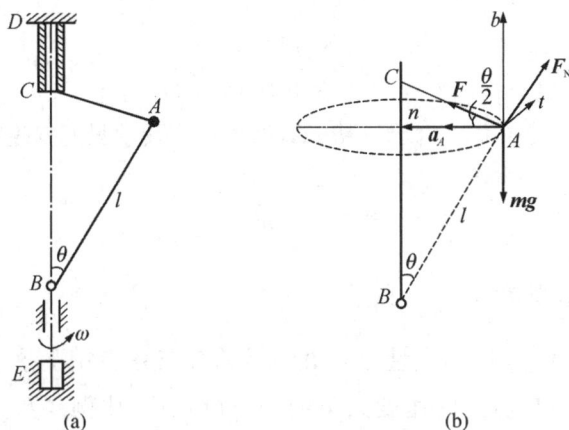

图 $10-1$　例 $10-1$ 图

解：取小球 A 为研究对象，它受到重力 mg、细绳的弹性力 F 和杆的约束力 F_N 的作用，见[图 $10-1$(b)]。

转速计稳定转动时，可认为 ω 与 θ 均为常数，因此杆的角加速度 $\alpha=0$，小球 A 的加速度大小为

$$a_A=a_A^n=AB\sin\theta\omega^2=l\sin\theta\omega^2$$

方向垂直于转轴[图 $10-1$(b)]。

细绳的弹性力 F 沿绳 AC，其大小为

$$F=kCA=k2l\sin\frac{\theta}{2}$$

以点 A 为坐标原点，取自然轴系如[图 $10-1$(b)]所示。根据弧坐标形式的质点运动微分方程，得小球 A 的运动微分方程在主法线和副法线方向的投影分别为

$$ma_A=F\cos\frac{\theta}{2}-F_N\sin\theta$$

$$0=F\sin\frac{\theta}{2}+F_N\cos\theta-mg$$

将 a_A 及 F 的值代入上两式，得

$$ml\omega^2\sin\theta=2kl\sin\frac{\theta}{2}\cos\frac{\theta}{2}-F_N\sin\theta$$

$$0=2kl\sin^2\frac{\theta}{2}+F_N\cos\theta-mg$$

若 $\sin\theta\neq0$，则由上述第一式可得

$$F_N=l(k-m\omega^2)$$

故杆 AB 所受的压力大小为 $l(k-m\omega^2)$。

将 F_N 值代入第二式，由于 $\sin^2\dfrac{\theta}{2}=\dfrac{1}{2}(1-\cos\theta)$，于是得

$$\omega=\sqrt{\frac{kl-mg}{ml\cos\theta}}$$

这就是所求 ω 与偏角 θ 的关系。由于 $\cos\theta\leqslant1$，所以稳定转动只能发生在

$$\omega\geqslant\sqrt{\frac{kl-mg}{ml}}$$

若 $\omega\leqslant\sqrt{\dfrac{kl-mg}{ml}}$，则 $\theta\equiv0$。

例 10-2　如图 10-2 所示，质量为 m 的质点在空气中自由下落，初速度为零，假设任意时刻空气阻力的大小与质点的速度大小的平方成正比，比例系数为 k。求质点的运动规律。

解：这是动力学第二类问题。

质点作直线运动，以初始下落点为坐标原点 O 建立坐标轴 Oy，用坐标 y 描述质点的运动，如图 10-2 所示。

质点受重力 $\boldsymbol{P}$ 和空气阻力 $\boldsymbol{F}$ 的作用。画出质点在任意位置的受力图，且有

$$P=mg，\quad F=kv^2=k\dot{y}^2$$

建立质点的运动微分方程为

$$m\ddot{y}=mg-k\dot{y}^2$$

或

$$m\dot{v}=mg-kv^2$$

图 10-2　例 10-2 图

随着下落速度的增加，加速度将变小，当加速度为零后，速度和加速度都不再变化，此时的速度称为极限速度，用 c 表示，根据上式可解出为

$$v_{极限}=\sqrt{\frac{mg}{k}}=c$$

运动微分方程可改写为

$$\frac{\mathrm{d}v}{\mathrm{d}t}=\frac{g}{c^2}(c^2-v^2)$$

运动微分方程是速度的非线性函数，采用分离变量法积分，并考虑初始条件有

$$\int_0^v\frac{\mathrm{d}v}{c^2-v^2}=\int_0^t\frac{g\,\mathrm{d}t}{c^2}$$

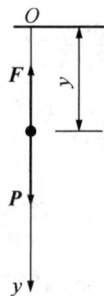

积分得

$$\frac{1}{2c}\ln\frac{c+v}{c-v}=\frac{gt}{c^2}$$

解得

$$v=c\,\frac{\mathrm{e}^{\frac{2gt}{c}}-1}{\mathrm{e}^{\frac{2gt}{c}}+1}$$

或

$$v=c\tanh\left(\frac{gt}{c}\right)$$

对上式定积分可得物体运动方程为

$$y=\frac{c^2}{g}\ln\left[\cosh\left(\frac{gt}{c}\right)\right]$$

高空跳伞时,跳伞员马上张开降落伞后在空气阻力的作用下能较快达到极限速度,大约为 5 m/s,能安全落地。延迟张开降落伞,由于比例系数 k 和物体的最大横截面面积成正比,将使比例系数更小,极限速度更大,大约能达到 70 m/s。

例 10-3　一振动筛以 $y=A\sin\omega t$ 的规律振动,要使其上的质量为 m 的颗粒离开筛面,试求圆频率 ω 的最小值。

解：这是动力学第一类问题。分析在离开筛面前时的颗粒,将随着振动筛以同样规律振动,受筛面支持力 F_N 和重力 mg 的作用,如图 10-3 所示。

列出运动微分方程为

$$m\ddot{y}=F_N-mg$$

或

$$-mA\omega^2\sin\omega t=F_N-mg$$

颗粒离开筛面的条件是:不受筛面支持力作用即 $F_N=0$。

图 10-3　例 10-3 图

代入上式得

$$\omega^2\sin\omega t=\frac{g}{A}$$

当 $\sin\omega t=1$ 时,圆频率 ω 取得最小值 $\omega_{\min}$ 为

$$\omega_{\min}=\sqrt{\frac{g}{A}}$$

例 10-4　一圆锥摆,如图 10-4 所示,质量为 m 的质点系于长为 l 的不可伸长的绳上,绳的另一端系于固定点 O,夹角为 θ。如质点在水平面内作匀速圆周运动,求质点的速度 v 和绳的拉力 F。

解：这是动力学混合问题。分析质点受力，有重力 mg 和绳的拉力 F，如图 10-4 所示。

选取在自然轴上投影的运动微分方程，得

$$m\frac{v^2}{\rho}=F\sin\theta$$

$$0=F\cos\theta-mg$$

因有 $\rho=l\sin\theta$，解得

$$v=\sqrt{\frac{Fl}{m}}\sin\theta, \quad F=mg\sec\theta$$

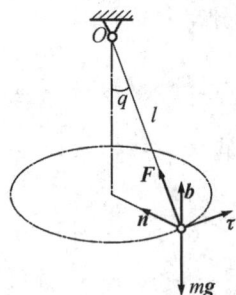

图 10-4　例 10-4 图

此例表明某些动力学混合问题，使用自然轴上的运动微分方程可使混合问题分开求解。

例 10-5　由地面铅直向上发射火箭，不考虑空气阻力。试求火箭能飞出地球引力场作星际飞行所需的最小初速度。已知地球半径 $R=6\,371$ km。

解：将火箭当作质点，只考虑地球的引力。根据万有引力定律，地球对火箭的引力大小为

$$F=k\frac{m_0m}{r^2} \tag{a}$$

式中，m_0 是地球的质量；m 是火箭的质量；r 是火箭到地心的距离；k 是引力常数。因火箭在地面附近，$r\approx R=6\,371$ km，受到的引力等于重力，故

$$mg=k\frac{m_0m}{r^2}$$

代入式(a)得

$$F=\frac{mgR^2}{r^2} \tag{b}$$

设火箭在引力作用下铅直上升，以地心为坐标原点 O，沿火箭直线运动轨迹作 Ox 轴，见图 10-5。显然有 $r=x$，可得火箭的运动微分方程为

$$m\frac{\mathrm{d}v}{\mathrm{d}t}=-\frac{mgR^2}{x^2} \tag{c}$$

因为

$$\frac{\mathrm{d}v}{\mathrm{d}t}=\frac{\mathrm{d}v}{\mathrm{d}x}\frac{\mathrm{d}x}{\mathrm{d}t}=v\frac{\mathrm{d}v}{\mathrm{d}x}$$

代入式(c)并分离变量得

$$v\mathrm{d}v=-gR^2\frac{\mathrm{d}x}{x^2}$$

设火箭点火完成时的速度为 v_0，将上式两边定积分，得

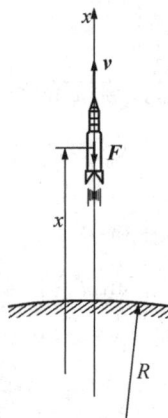

图 10-5　例 10-5 图

$$\int_{v_0}^{v} v\,\mathrm{d}v = \int_{R}^{x} -gR^2 \frac{\mathrm{d}x}{x^2}$$

积分后可得

$$v^2 - v_0^2 = 2gR^2 \left(\frac{1}{R} - \frac{1}{x} \right)$$

火箭要脱离地球引力场即意味着火箭的位置可达 $x \to \infty$，且 $v \geqslant 0$。取 $v = 0$ 可得最小初速度

$$v_0 = \sqrt{2gR} = 11.2 \ \mathrm{km/s}$$

这个速度称为第二宇宙速度。

第三节　质点在非惯性系中的运动

牛顿运动定律只适用于惯性参考系，但工程中有时需要解决物体相对非惯性参考系的运动问题。例如人在超重或失重的条件下，人体的血液相对于人体的运动，此时固连于人体的参考系已不是惯性参考系。

以质点为研究对象，非惯性参考系为动系，惯性参考系为定系。设运动质点的质量为 m，绝对加速度为 $\boldsymbol{a}_a$，相对加速度为 $\boldsymbol{a}_r$，牵连加速度为 $\boldsymbol{a}_e$，科氏加速度为 $\boldsymbol{a}_C$。由点的合成运动知识得

$$\boldsymbol{a}_a = \boldsymbol{a}_e + \boldsymbol{a}_r + \boldsymbol{a}_C \tag{10-6}$$

在惯性系中按照牛顿第二定律有

$$m\boldsymbol{a}_a = \sum \boldsymbol{F} \tag{10-7}$$

将前式代入，可得

$$m\boldsymbol{a}_r = \sum \boldsymbol{F} - m\boldsymbol{a}_e - m\boldsymbol{a}_C \tag{10-8}$$

引入记号，**牵连惯性力** $\boldsymbol{F}_{\mathrm{Ie}}$，**科氏惯性力** $\boldsymbol{F}_{\mathrm{IC}}$，且有

$$\boldsymbol{F}_{\mathrm{Ie}} = -m\boldsymbol{a}_e, \quad \boldsymbol{F}_{\mathrm{IC}} = -m\boldsymbol{a}_C = -2m\boldsymbol{\omega} \times \boldsymbol{v}_r \tag{10-9}$$

则得

$$m\boldsymbol{a}_r = \sum \boldsymbol{F} + \boldsymbol{F}_{\mathrm{Ie}} + \boldsymbol{F}_{\mathrm{IC}} \tag{10-10}$$

式(10-10)建立了质点相对非惯性参考系的运动和力的关系，称为**非惯性系中质点的相对运动动力学基本方程**。其中 $\boldsymbol{F}_{\mathrm{Ie}}$ 称为牵连惯性力，$\boldsymbol{F}_{\mathrm{IC}}$ 称为科氏惯性力。$\boldsymbol{F}_{\mathrm{Ie}}$ 和 $\boldsymbol{F}_{\mathrm{IC}}$ 都具有力的量纲，且与质点的质量有关。

但是，牵连惯性力及科氏惯性力既不存在施力物体，也不存在反作用力，因此它们都不是真实力。但在非惯性系中它们都真实存在，例如在车辆加速前进时，我们确实感到有力量将我们的脊背紧压在座椅的靠背上。

下面讨论几种特殊情况。

1. 相对平衡与相对静止

质点相对于动系作匀速直线运动称为**相对平衡**。这时 $a_r = 0$，于是式（10-10）成为

$$\sum F + F_{Ie} + F_{IC} = 0 \tag{10-11}$$

这表示作用于质点的诸力与牵连惯性力、科氏惯性力构成平衡力系。

质点在动系中的位置不变，称为**相对静止**，它是相对平衡的特例，这时 $v_r = 0$，即 $F_{IC} = 0$，上式变成

$$\sum F + F_{Ie} = 0 \tag{10-112}$$

这就是说，在相对静止的情况下，作用于质点的诸力与牵连惯性力构成平衡力系。

2. 动系作平移时的相对运动

当动系作平移时，$a_C = 0$，即 $F_{IC} = 0$，式（10-10）成为

$$m a_r = \sum F + F_{Ie} \tag{10-13}$$

3. 动系作匀速直线平移时的相对运动

这时，$a_C = 0$，$a_e = 0$，即 $F_{IC} = 0$，$F_{Ie} = 0$，于是式（10-10）成为

$$m a_r = \sum F \tag{10-14}$$

式（10-14）与质点在惯性系中的动力学方程完全相同，换句话说，质点在定系中和在作匀速直线平移的动系中的运动规律是相同的。因此，相对于惯性系作匀速直线平移的参考系都是惯性参考系。因而，发生在惯性参考系中的任何力学现象，都无法判定该参考系本身是静止还是在作匀速直线平移。这就是古典力学的**相对性原理**。

例 10-6 磅秤在电梯中，电梯以不变的加速度 a 上升，见图 10-6，问质量为 m 的物体在磅秤上称重为多少？

解： 取物体为研究对象，动系固连于电梯上。由于牵连运动为平移，不存在科氏加速度，科氏惯性力为零。物体由电梯带动一起上升，故相对加速度 a_r 为零，牵连加速度 a_e 等于 a，在非惯性参考系中存在牵连惯性力 F_{Ie}，其方向与牵连加速度的方向相反，即方向向下。物体还受重力 mg 和磅秤的约束力 F_N 作用，见图 10-6。

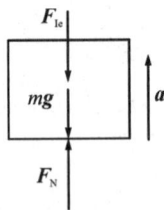

图 10-6 例 10-6 图

由质点的相对运动微分方程得

$$0 = F_N - mg - ma$$

磅秤对物体的约束力为

$$F_N = m(g + a)$$

按作用与反作用定律可知物体对磅秤的压力大小与上式相同。它大于物体的重量，这种现象称为非惯性参考系中的超重现象。加速度 a 反向时，则产生失重现象。

当飞行员在处于超重状态时,以某粒血液为研究对象,动系固连于人体上,则在牵连惯性力的作用下,血液加速向下流动,容易造成脑部缺血,出现黑视现象甚至有生命危险。人采用站姿时,普通人能够耐受的超重状态是加速度 a 的大小不超过 $2g$,采用卧姿时可以耐受 $5g$ 左右。因此,运载火箭发射时宇航员采用卧姿。

例 10-7　已知地球赤道半径 $R=6\,370$ km,自转角速度 $\omega=7.292\times10^{-5}$ rad/s,赤道处重力加速度 $g_0=9.780\,3$ m/s²。若将地球视为圆球,试求由于地球自转的影响所产生的铅垂线的偏差角和重力加速度随纬度的变化关系式。

解:设在纬度 φ 处近地面上空用细绳悬挂一质量为 m 的小球 M,以小球 M 为原点选取固定于地球的非惯性参考系 $Mx'y'z'$,轴 x' 切于经线指向南方,轴 z' 沿地球径向,通过地心指向向上,如图 10-7 所示。当小球相对地球处于静止时,作用在小球上的力有地球引力 $\boldsymbol{F}$ 和细绳的拉力 $\boldsymbol{F}_T$。由于小球随地球以匀角速度 ω 绕地轴 Oz 转动,应再加上牵连惯性力 $\boldsymbol{F}_{Ie}$,其大小为 $m\omega^2R\cos\varphi$,方向背离地轴,则

$$\boldsymbol{F}_T+\boldsymbol{F}+\boldsymbol{F}_{Ie}=0 \tag{a}$$

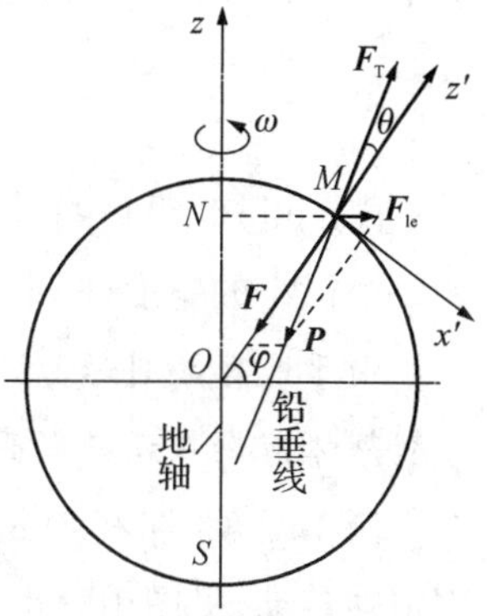

通常所说的重力,是指沿悬线方向与绳子拉力 $\boldsymbol{F}_T$ 大小相等而方向相反的力 $\boldsymbol{P}$,由式(a)知

$$\boldsymbol{P}=-\boldsymbol{F}_T=\boldsymbol{F}+\boldsymbol{F}_{Ie} \tag{b}$$

这表明在地面上量得的重力等于地心引力与牵连惯性力的矢量和,并非只是地球引力。由于 $\boldsymbol{F}_{Ie}$ 的大小以及与 $\boldsymbol{F}$ 间的夹角都随纬度 φ 而变化,故重力 $\boldsymbol{P}$ 的大小也随纬度 φ 而变化,且其方向不是指向地心 O,而与 OM 有一夹角 θ。通常所说的铅垂线事实上是指重力 $\boldsymbol{P}$ 的方向。

为了确定重力加速度 g 随纬度变化的规律,将式(a)投影到轴 z' 上,得

$$F=F_T\cos\theta+F_{Ie}\cos\varphi=mg\cos\theta+mR\omega^2\cos^2\varphi$$

因

$$\cos\theta\approx1$$

故

$$F\approx mg+mR\omega^2\cos^2\varphi \tag{c}$$

令赤道处($\varphi=0$)的重力加速度为 g_0,由上式得

$$F_0=mg_0+mR\omega^2 \tag{d}$$

式(c)与式(d)左边都是把地球视为圆球时对物体的引力,应该相等,故得

$$g=g_0\left(1+\frac{R\omega^2}{g_0}\sin^2\varphi\right)$$

故由于地球自转引起的重力加速度的修正项是

图 10-7　例 10-7 图

$$\frac{R\omega^2}{g_0}\sin^2\varphi = \frac{(6\ 370\times10^3\ \text{m})\times(7.\ 292\times10^{-5}\ \text{rad/s})^2}{9.\ 780\ 3\ \text{m/s}^2}\sin^2\varphi$$

$$\approx 0.\ 003\ 46\sin^2\varphi$$

可得

$$g \approx g_0(1+0.\ 003\ 46\sin^2\varphi)$$

为了确定铅垂线与地球半径的夹角,可将式(b)投影到轴 x' 上,得

$$P\sin\theta = F_{\text{Ie}}\sin\varphi = mR\omega^2\cos\varphi\sin\varphi$$

因 $P=mg$,所以从上式得到

$$\sin\theta = \frac{R\omega^2}{2g}\sin^2 2\varphi$$

由此可知,铅垂线对地球半径的最大偏斜是在纬度 $\varphi=45°$ 处,计算可得 $\theta_{\max}=0.1°$。这是一个很小的角度(图中为了显示清楚,把角 θ 放大了),因而通常认为铅垂线指向地心。

由于地球的自转,物体在地球表面附近自由下落时不是沿铅垂方向,而是稍有偏离。试分析落体应向东还是向西偏离?

例 10‐8 半径为 R 的环形玻璃管以匀角速度绕铅垂固定轴转动,见图 10‐8。管内有一质量为 m 的小球,因受扰动,由静止开始从最高位置 M_0 沿管下降,求小球运动至任意位置 $M(\angle M_0OM=\theta)$ 时的相对速度和玻璃管对小球的约束力。摩擦不计。

解:取小球 M 为研究对象,动系 $Ox'y'z'$ 与玻璃管相固连,玻璃管的轴线平面为 $Oy'z'$,转轴为轴 z'。小球在任意位置时所受的力有重力 P 和玻璃管的约束力 F(分解为指向点 O 的法向分力 F_1 和垂直与 $Oy'z'$ 平面并与轴 x' 相反方向的分力 F_2),由于动系作匀速转动,故牵连切向惯性

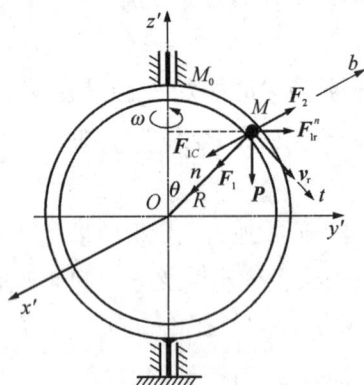

图 10‐8 例 10‐8 图

力 $F_{\text{Ie}}^t=0$,牵连法向惯性力 F_{Ie}^n 沿轴 y' 方向,$F_{\text{Ie}}^n=mR\omega^2\sin\theta$,科氏惯性力 F_{IC} 沿轴 x' 方向,大小为 $2m\omega v_r\cos\theta$。可得

$$ma_r^t=m\frac{\text{d}v_r}{\text{d}t}=mg\sin\theta+mR\omega^2\sin\theta\cos\theta \tag{a}$$

$$ma_r^n=m\frac{v_r^2}{R}=F_1+mg\cos\theta-mR\omega^2\sin^2\theta \tag{b}$$

$$0=F_2-2m\omega v_r\cos\theta \tag{c}$$

为求相对速度 v_r,可对式(a)积分,为此引入变换

$$\frac{\text{d}v_r}{\text{d}t}=\frac{\text{d}v_r}{\text{d}\theta}\frac{\text{d}\theta}{\text{d}t}=\frac{v_r}{R}\frac{\text{d}v_r}{\text{d}\theta}=\frac{1}{2R}\frac{\text{d}v_r^2}{\text{d}\theta}$$

由小球运动的初始条件:当 $t=0$ 时,$\theta=0$ 和 $v_r=0$,可得

$$\frac{m}{2R}\int_0^{v_r}\mathrm{d}v_r^2 = mg\int_0^\theta \sin\theta\,\mathrm{d}\theta + \frac{mr\omega^2}{2}\int_0^\theta \sin2\theta\,\mathrm{d}\theta$$

$$\frac{m}{2R}v_r^2 = mg(1-\cos\theta) + \frac{mr\omega^2}{2}\sin^2\theta$$

解得

$$v_r = \sqrt{2gR(1-\cos\theta) + (R\omega\sin\theta)^2} \tag{d}$$

将式(d)代入式(b),可得

$$F_1 = mg\left(2-3\cos\theta + \frac{2R\omega^2}{g}\sin^2\theta\right)$$

将式(d)代入式(c),解得

$$F_2 = 2m\omega\cos\theta\sqrt{2gR(1-\cos\theta)+(R\omega\sin\theta)^2}$$

试利用上述例题的结果,分析地球上南北方向河流的左岸还是右岸受冲刷更厉害?

本章小结

1. 牛顿运动三定律构成动力学的基础,适用于惯性参考系

2. 质点在惯性参考系下的质点运动微分方程

矢量形式

$$m\ddot{\boldsymbol{r}} = \sum \boldsymbol{F}_i$$

直角坐标形式

$$m\ddot{x} = \sum F_x, \quad m\ddot{y} = \sum F_y, \quad m\ddot{z} = \sum F_z$$

弧坐标形式

$$m\ddot{s} = \sum F_t, \quad m\frac{\dot{s}^2}{\rho} = \sum F_n, \quad 0 = \sum F_b$$

3. 质点动力学可分为两类问题

第一类问题:已知运动方程求力,数学上主要是微分问题;第二类问题:已知受力求运动,对运动微分方程进行积分运算,结合初始条件可求出运动方程,数学上是一个积分问题。

4. 质点在非惯性参考系下的质点相对运动微分方程

$$m\boldsymbol{a}_r = \sum \boldsymbol{F} + \boldsymbol{F}_{Ie} + \boldsymbol{F}_{IC}$$

牵连惯性力 $\boldsymbol{F}_{Ie}$,科氏惯性力 $\boldsymbol{F}_{IC}$,且有

$$\boldsymbol{F}_{Ie} = -m\boldsymbol{a}_e, \quad \boldsymbol{F}_{IC} = -m\boldsymbol{a}_C = -2m\boldsymbol{\omega}\times\boldsymbol{v}_r$$

习 题

10-1 用铰车沿斜面提升质量 m 的重物 M，已知斜面的倾角为 θ，斜面与重物间的动滑动摩擦因数为 f。若铰车的鼓轮半径为 r，且鼓轮按 $\varphi = \dfrac{1}{2}\alpha t^2$ 规律作匀加速转动，试求钢索的拉力。

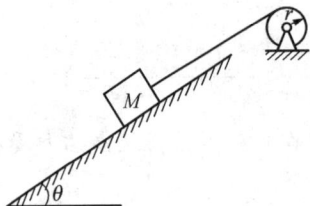

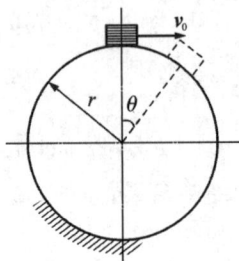

题 10-1 图   题 10-2 图

10-2 质量 $m = 2$ kg 的小物块放置在半径 $r = 0.5$ m 的光滑圆柱的顶点，如题 10-2 图所示。设给物块以水平初速度 $v_0 = 1$ m/s 使其沿圆柱表面运动，试求物块开始离开圆柱表面时的角度 $\theta_{\max}$。

10-3 单摆的摆长为 l，摆锤 A 的质量为 m，按 $\varphi = \varphi_0 \sin\sqrt{\dfrac{g}{l}} t$（$t$ 以 s 计，φ 以 rad 计）的规律作微幅摆动，式中 φ_0 为常量，g 为重力加速度。求摆锤经过最高位置和最低位置的瞬时绳中的拉力。

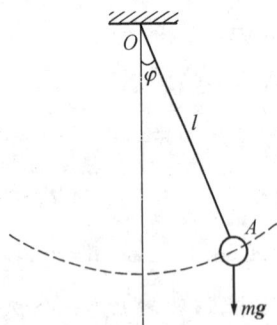

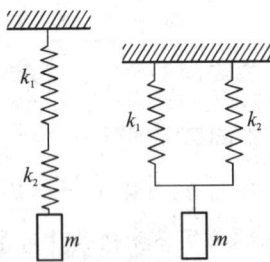

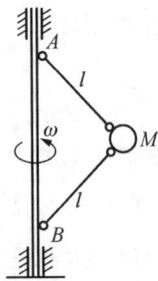

题 10-3 图   题 10-4 图   题 10-5 图

10-4 质量为 m 的重物挂在弹簧刚度系数分别为 k_1、k_2 的两弹簧下面，如题 10-4 图所示。试求两种情况下系统的固有频率：(a) 两弹簧串联；(b) 两弹簧并联。

10-5 质量为 m 的球 M 用两根各长 l 的杆支持如题 10-5 图所示。球和杆一起以匀角速度 ω 绕铅垂轴 AB 转动。如果 $AB = 2b$，杆的两端均为铰接，杆重忽略不计，求各杆所受的力。

10-6　调速器内有两重块 A、B,质量各为 30 kg,可沿调速器的直径方向 MN 滑动。两重块分别用弹簧连接在 M、N 两点,其重心分别同弹簧的末端重合。弹簧的刚度 $k=$ 19 600 N/m,弹簧在没有变形时其末端到轴 O 的距离等于 0.05 m。当调速器以 $n=$ 120 r/min 绕铅垂轴 O 匀速转动时,求重块的重心到轴 O 的距离。

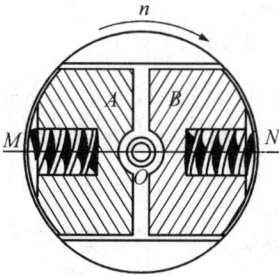
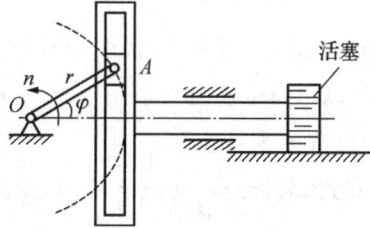

题 10-6 图　　　　　题 10-7 图

10-7　在曲柄滑槽机构中,活塞和滑槽的质量共为 50 kg。曲柄 OA 长 $r=0.30$ m,绕轴 O 匀速转动,转速 $n=120$ r/min。求当曲柄在以下两位置时,滑块作用在滑槽上的水平约束力(各处摩擦不计):(1) $\varphi=0°$;(2) $\varphi=90°$。

10-8　一质量为 m 的物块放在匀速转动的水平转台上,它与转轴的距离为 r,如物块与台面之间的摩擦因数为 f_s,求物块不致因转台旋转而滑出的最大速度。

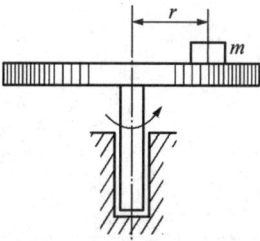
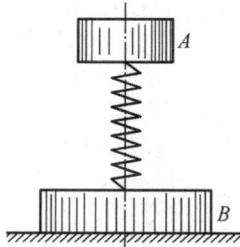
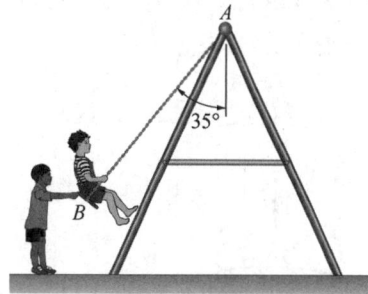

题 10-8 图　　　　题 10-9 图　　　　题 10-10 图

10-9　物块 A、B 质量分别为 $m_A=100$ kg,$m_B=200$ kg,并与质量不计的弹簧连接如题 10-9 图所示。设物块 A 沿铅垂线按规律 $y=0.02\sin10t$ 作简谐运动,y 轴以物块 A 静平衡位置为坐标原点,向上为正。试求水平支承面所受压力的最大值和最小值。

10-10　一个质量为 22 kg 的儿童坐在秋千上并由另一个儿童固定在如题 10-10 图所示位置。忽略秋千质量,试求:(1) 当第二个儿童用水平伸直的手臂固定秋千时,绳索 AB 中的拉力;(2) 秋千被放开的瞬间,绳索 AB 中的拉力。

10-11　在倾角 $\theta=30°$ 的光滑斜面上有一质量 $m_B=5$ kg 的楔块 B,在 B 上放一质量 $m_A=10$ kg 的物块 A,如题 10-11 图所示。(1) 当 B 在斜面上滑下时,问 A、B 之间应有多大的摩擦因数才能防止 A 在 B 上滑动?(2) 如果 A、B 之间的摩擦因数为零,求 B 开始下滑时,A 和 B 的加速度。

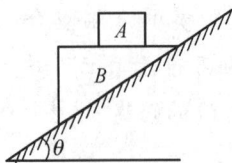

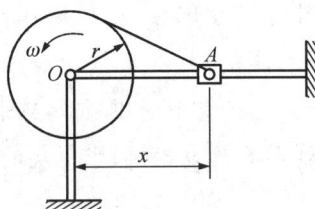

题 10-11 图   题 10-12 图

10-12　质量为 m 的滑块 A,因绳子的牵引沿水平导轨滑动,绳子的另一端缠在半径为 r 的鼓轮上,鼓轮以匀角速度 ω 绕轴 O 转动,如题 10-12 图所示。不计导轨的摩擦,试求绳子的拉力 F_T 和距离 x 的关系。

10-13　一物体从地面以初速度 v_0 铅直上抛。假设重力不变,空气阻力的大小与物体速度的平方成比例,即 $F_1 = kmv^2$,其中 k 为比例常数,m 为物体的质量,试求该物体返回地面时的速度。

10-14　质量为 m、初速度为 v_0 的自由质点作直线运动。在此质点上作用着唯一的阻力 $\boldsymbol{F}_1$,其方向与速度相反,大小为 $F_1 = k\sqrt[3]{v}$(k 为常数)。试求该质点从运动开始到停止所经历的时间 t_1,以及在此时间内该质点所经历的路程 s。

10-15　一重物自离地 $h = 3\ 200$ km 的高度无初速度地下落到地面,可不计空气阻力,但要考虑地球对重物引力的变化,试求重物到达地面时的速度以及所需的时间。已知地球的半径 $R = 6\ 371$ km。

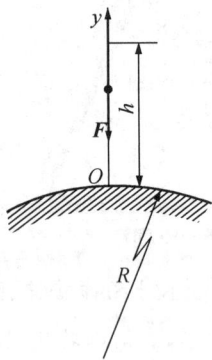

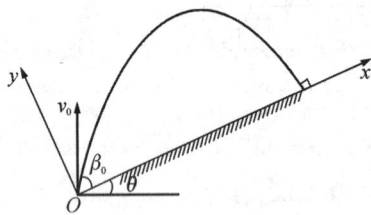

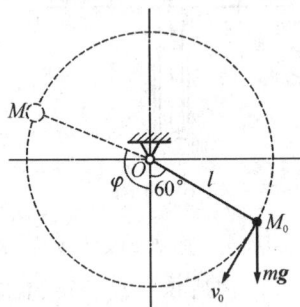

题 10-15 图   题 10-16 图   题 10-17 图

10-16　题 10-16 图所示一斜面与水平方向成 θ 角,从斜面上的点 O 在铅垂平面内以初速度 v_0 抛射一物体。v_0 的方向与斜面成 β_0 角,物体落在斜面上时其方向与斜面相垂直。试证明角 β_0 与角 θ 之间的关系为 $2\tan\theta\tan\beta_0 = 1$ 以及物体落到斜面上所需的时间 $t = \dfrac{2v_0}{g\sqrt{1+3\sin^2\theta}}$。

10-17　质量 $m = 1$ kg 的小球由上 $l = 0.5$m 的细绳悬挂于固定点 O,M_0 为小球的初始位置,细绳 OM_0 与铅垂线成 $60°$ 角。设小球在铅垂平面内有一初速度 $v_0 = 3.5$ m/s,方向如题 10-17 图所示。(1)求细绳的拉力为零时小球的位置 M 以及在该位置时小球的速度 v_0。(2)求此后小球的运动轨迹。

10-18　质量为 m 的质点带有电荷 e,以初速度 v_0 进入电场运动。电场强度按 $E=A\cos kt$(其中 A、k 均为常量)变化,是均匀的,不受电荷的影响。质点在电场中受力 $\boldsymbol{F}=-e\boldsymbol{E}$ 的作用,初速度的方向与电场方向垂直。若不计重力,坐标轴选取如题 10-18 图所示,求质点的运动轨迹。

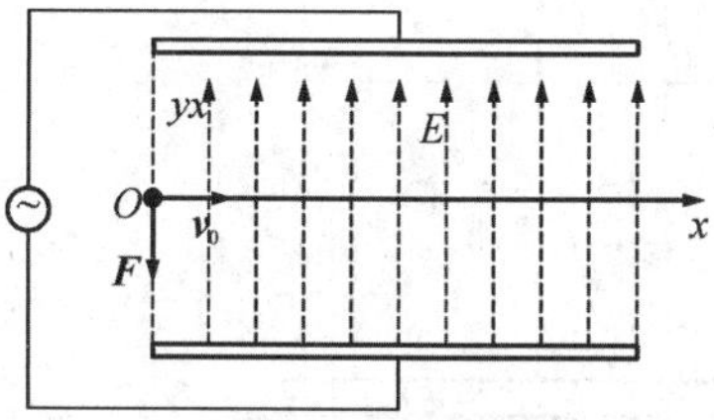

题 10-18 图　　　　題 10-19 图　　　　題 10-20 图

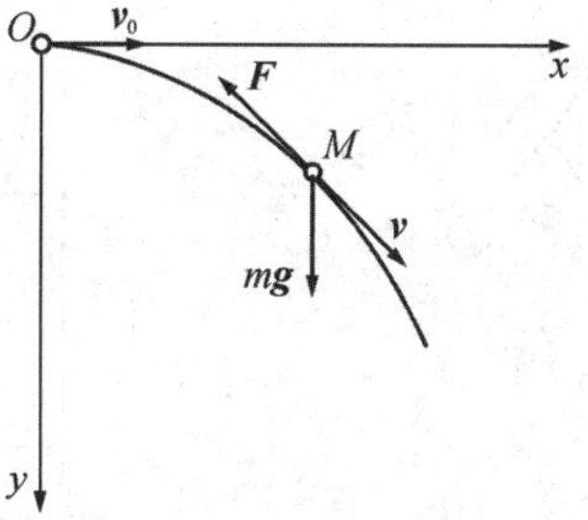

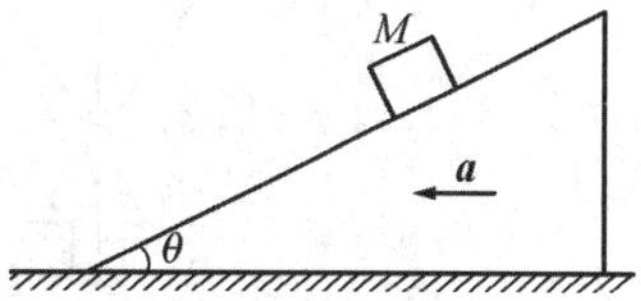

10-19　质量为 m 的质点 M 在均匀重力场中以速度 v_0 水平抛出,如题 10-19 图所示。设空气阻力 $\boldsymbol{F}$ 与速度成正比,即 $\boldsymbol{F}=-k\boldsymbol{v}$,式中 k 为比例常数。试求该质点的运动方程。

10-20　楔块从静止开始以匀加速度 $\boldsymbol{a}$ 沿光滑水平面向左运动。楔块斜面上放一质量为 m 的小物块 M。略去物体与斜面间的摩擦,欲使 M 对楔块保持相对静止,问楔块的加速度应为多大?若物块 M 与斜面间的摩擦因数为 f_s,当楔块以匀加速速度 $\boldsymbol{a}$ 向左运动时,欲使物体保持相对静止,楔块的楔角 θ 最大可为多少?

10-21　质量为 m 的单摆的悬挂点 A 随构件以匀角速度 ω 绕 Oz 轴转动,当单摆处于相对静止时,求摆角 φ 所满足的关系式和悬线的拉力。

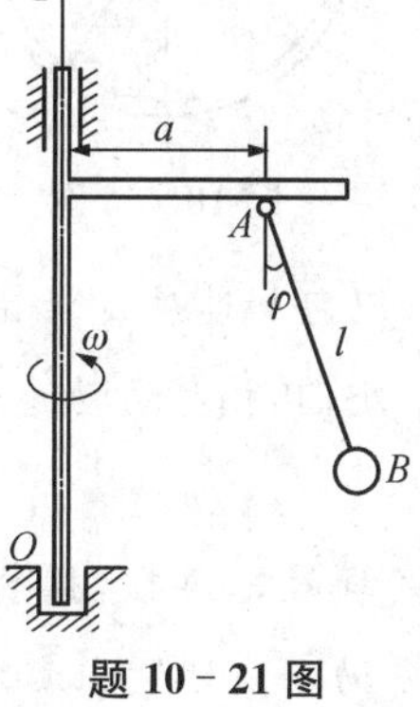

题 10-21 图　　　　題 10-22 图

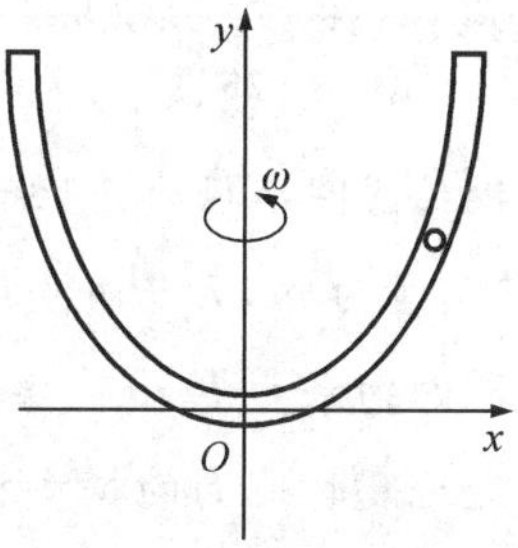

10-22　小球质量为 m,置于曲线 $y=f(x)$ 形状的光滑钢管中,此曲线通过坐标原点,并绕铅垂轴 Oy 以匀角速度 ω 转动。如欲使小球在此曲线上的任何位置皆能处于相对静止状态,求此曲线的形状及管子的约束力 F_N。

10-23 离心调速器构造简图如题10-23图所示。在铅垂轴 AB 的上端 A，用铰链连接着两根长度都是 l 的细杆;杆的下端装有重球,靠近下端又用铰链与另外两根等长的细杆相连,下端带有可以沿转轴上下滑动的套筒 S。设调速器以匀角速 ω 转动,求球杆的偏角 θ 与调速器的角速度之间的关系(视重球为质点,机构其他部分质量略去不计)。

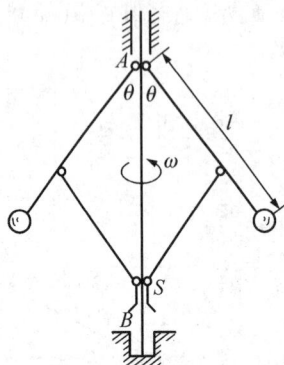

题 10-23 图

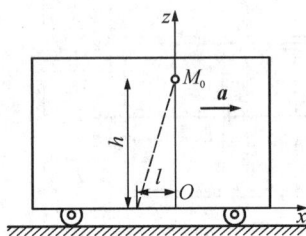

题 10-24 图

10-24 在以匀加速度 a 水平向右运动的车厢中,一质点自高为 h 的 M_0 点相对于车厢无初速自由落下。求质点相对于车厢的运动规律及质点落下后的偏移距离 l。

10-25 小球 A 的质量为 1 kg,可在平板的光滑斜槽中运动,初始运动位置在 O 点,初速度为零。平板的水平加速度为常量 $a=8$ m/s^2。求小球相对于斜槽的运动规律、加速度和斜槽对小球的约束力。

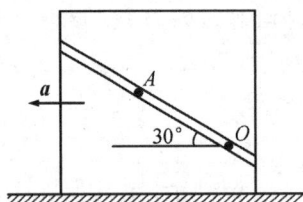

题 10-25 图

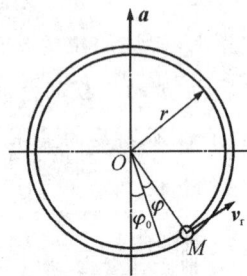

题 10-26 图

10-26 光滑钢丝圆圈半径为 r,位于铅垂平面内,以匀加速度 a 沿铅垂方向向上移动,圆圈上套一小环,其质量为 m,开始时小环位于偏角 φ_0 处,其相对运动速度为 v_{r0},试求此后小环的相对速度及圈的约束力 F_N。

10-27 为测定地震时地面的横向振动,在地下室装置一单摆,摆长为 l,摆锤质量为 m,摆原处于静止状态,地震时摆产生相对于地下室的振动。设地震引起地面的横向振动规律为 $x_1=A\sin pt$。试求摆相对于地下室的微振动规律。

10-28 水平面内弯成任意形状的细管以匀角速度 ω 绕点 O 转动。光滑小球 M 在管内可自由运动。设初瞬时小球在 M_0 处,$OM_0=\rho_0$,相对初速度 $v_0=0$,求小球相对速度大小

v_r 与极径 ρ 间的关系。

10-29 一圆盘在水平面 Oxy 内以匀角速度 ω 绕其中心轴 Oz 转动,沿盘的直径刻有一槽,有质量为 m 的质点 M 在槽内运动。运动初始时,质点 M 与盘心 O 相距 a,其初速度等于零。求质点沿槽的相对运动规律及所受的水平约束力。如果直径为 $4a$,求质点逸出槽的时间 t_1。

10-30 题 10-30 图所示质量 $m=0.02$ kg 的质点在圆盘的直槽中运动,圆盘以匀角速度 $\omega=\pi$ rad/s 绕水平轴 x_0 转动,且 $\varphi=\omega t$。设初始时质点在圆盘中心 O 处,即 $x_0=0$,初速度 $x_0=0.4$ m/s。试求:(1) 质点的相对运动方程;(2) 当 $t=0.5$ s 时质点的位置和槽对质点的约束力。

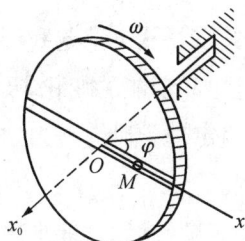
题 10-30 图

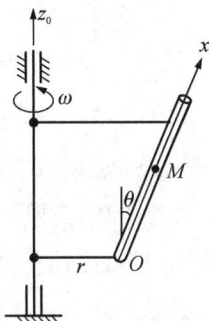
题 10-31 图

10-31 质量 $m=0.01$ kg 的质点在直管中运动,直管又绕铅垂轴 z_0 以匀角速度 ω 转动(如题 10-31 图所示)。质点在直管中受弹簧的拉力作用,弹簧的刚度系数 $k=1$ N/m,原长 $l_0=0.2$ m。若已知 $\theta=30°$,$\omega=\pi$ rad/s,$r=0.2$ m。试求质点相对于管子的相对运动微分方程。

10-32 某河流自北向南流动,在北纬 $30°$ 处,河面宽 1 000 m,流速为 5 m/s。问东西两岸的水面高度相差多少?

提示:水面应垂直于重力和科氏惯性力矢量和的方向。

第十一章　动量定理

教学要求：

1. 能熟练计算动量、冲量；

2. 熟练掌握动量定理、质心运动定理及相应的守恒定律。

第一节　动力学普遍定理

质点动力学基本方程反映了质点受力和运动的关系。从本章起我们将从其他角度来研究这种关系，即研究质点、质点系或刚体的动量、动量矩和动能的变化，及其与力的作用量之间的关系。这种关系被称为质点或质点系动力学普遍定理。研究普遍定理不仅可以深化对力与运动关系的认识，而且可以简化分析与计算过程。

用牛顿定律求解第二类动力学问题时，要先求加速度，然后才能求质点在任一瞬时的速度和位置；而应用动量定理或动量矩定理，则不需要求出质点的加速度就可将力、质量、速度与时间或位移直接联系起来。

在研究质点系时，一些实际问题并不需要了解每一个质点的运动，而只需了解质点系总的运动情况，此时质点系动力学普遍定理将使问题大为简化。根据这些定理，质点系的动量、动量矩或动能的变化，与质点系所受力的主矢、主矩或功有关。

另外，质点系总的运动情况还可以方便地用其质心的运动和相对于质心的运动来表示，故质心是一个十分重要的概念。

本章及其后两章从牛顿定律出发推导动力学普遍定理，故所用参考系是惯性系。其做法均是先由质点运动微分方程导出质点动力学普遍方程，再推广到质点系和刚体。

第二节　动量和冲量

1. 动量

质点的质量与速度的乘积称为质点的**动量**，即

$$\boldsymbol{p} = m\boldsymbol{v} \qquad\qquad (11-1)$$

质点的动量是矢量，它的方向与质点速度的方向一致。动量的单位在国际单位制中为 $\mathrm{kg \cdot m/s}$。

质点的动量是度量质点运动强弱的基本特征量之一。例如枪弹质量虽小但速度很大，当它遇到障碍物时产生很大的冲击力。轮船靠岸时速度虽小但质量很大，操纵稍有疏忽足以将船撞坏。据此可以用质点的质量与速度的乘积来度量质点的这种运动量。

质点系内各质点动量的矢量和称为质点系的动量即

$$\boldsymbol{p} = \sum m_i \boldsymbol{v}_i \tag{11-2}$$

式中，m_i 为质点系内第 i 个质点的质量；$\boldsymbol{v}_i$ 为该点的速度。

由计算物体系统的质心坐标（与重心坐标相似）公式

$$x_C = \frac{\sum m_i x_i}{m}, \quad y_C = \frac{\sum m_i y_i}{m}, \quad z_C = \frac{\sum m_i z_i}{m}$$

式中，$m = \sum m_i$ 为质点系总的质量。以 $\boldsymbol{r}_C$ 表示质点系质心的矢径，$\boldsymbol{r}_i$ 表示各物体的位置矢径，则上式可以写为矢量式，即

$$\boldsymbol{r}_C = x_C \boldsymbol{i} + y_C \boldsymbol{j} + z_C \boldsymbol{k} = \frac{\sum m_i \boldsymbol{r}_i}{m} \tag{11-3}$$

将此式两边同乘以系统的总质量 m，再对时间求一阶导数，有

$$m\boldsymbol{v}_C = \sum m_i \boldsymbol{v}_i$$

于是，得

$$\boldsymbol{p} = \sum m_i \boldsymbol{v}_i = m\boldsymbol{v}_C \tag{11-4}$$

该式表明质点系的动量等于质心速度与其全部质量的乘积，这样就为计算质点系的动量提供了一个简单公式，特别是对刚体及刚体系提供了动量计算的简便公式。

必须注意，与力系的合成矢量有主矢、主矩一样，质点系动量的合成矢量包括主矢和主矩（质点系的动量矩），因此，式（11-4）只是说明质点系动量的主矢等于质点系质心速度与其全部质量的乘积，不能将 $m\boldsymbol{v}_C$ 画在质心 C 上作为质点系动量的合成矢量。

例 11-1 行星轮系由均质的系杆 OA、中心齿轮 1、行星齿轮 2 及固定的内齿圈 3 组成，见图 11-1。已知齿轮 1、2 的半径分别为 r_1 和 r_2，质量分别为 m_1 和 m_2；系杆的质量为 m，以角速度 ω 绕轴 O 转动，求轮系的动量。

解：轮系的动量等于齿轮 1、2 及系杆 OA 的动量的矢量和，即

$$\boldsymbol{p} = \boldsymbol{p}_1 + \boldsymbol{p}_2 + \boldsymbol{p}_{OA}$$

齿轮 1 的质心通过转轴 O，其质心的速度 $v_O = 0$，故动量

$$\boldsymbol{p}_1 = m_1 \boldsymbol{v}_O = 0$$

齿轮 2 的质心为轮心 A，其动量

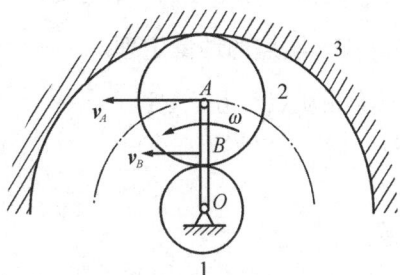

图 11-1 例 11-1 图

$$p_2 = m_2 \boldsymbol{v}_A$$

系杆 OA 的质心在中点 B，其动量

$$\boldsymbol{p}_{OA} = m\boldsymbol{v}_B$$

因 $\boldsymbol{v}_A$ 和 $\boldsymbol{v}_B$ 均垂直于系杆 OA，且

$$v_A = OA\omega = (r_1 + r_2)\omega$$

$$v_B = OB\omega = \frac{r_1 + r_2}{2}\omega = \frac{1}{2}v_A$$

故 $\boldsymbol{p}_2$ 和 $\boldsymbol{p}_{OA}$ 也垂直于系杆 OA，指向与 $\boldsymbol{v}_A$ 和 $\boldsymbol{v}_B$ 一致。因此，轮系的动量 $\boldsymbol{p}$ 的方向与 $\boldsymbol{v}_A$ 相同，其大小为

$$p = p_2 + p_{OA} = \frac{2m_2 + m}{2}v_A = \frac{1}{2}(2m_2 + m)(r_1 + r_2)\omega$$

2. 冲量

在一段时间内，力对物体作用的积累效应用冲量来度量。

若作用力是常量，我们用力与作用时间的乘积来衡量力在这段时间内积累的作用，作用力与作用时间的乘积称为**常力的冲量**。冲量是矢量，它的方向与力的方向一致。以 $\boldsymbol{F}$ 表示此常力，作用的时间为 t，则此力的冲量为

$$\boldsymbol{I} = \boldsymbol{F}t \tag{11-5}$$

如果作用力 $\boldsymbol{F}$ 是变量，在微小时间间隔 $\mathrm{d}t$ 内，力 $\boldsymbol{F}$ 的冲量称为元冲量，即

$$\mathrm{d}\boldsymbol{I} = \boldsymbol{F}\mathrm{d}t$$

而力在作用时间内的冲量是矢量积分

$$\boldsymbol{I} = \int_{t_1}^{t_2} \boldsymbol{F}\mathrm{d}t \tag{11-6}$$

冲量的单位在国际单位制中为 N·s，可见冲量与动量的量纲是相同的。

第三节　动量定理

动量定理建立了动量的变化与作用力或其冲量之间的关系。

1. 质点的动量定理

由质点动力学方程

$$\frac{\mathrm{d}}{\mathrm{d}t}(m\boldsymbol{v}) = \boldsymbol{F}$$

或

$$\mathrm{d}(m\boldsymbol{v}) = \boldsymbol{F}\mathrm{d}t \tag{11-7}$$

式(11-7)为**质点动量定理的微分形式**，即质点动量的增量等于作用于质点上作用力的元

冲量。

对上式积分,得

$$mv_2 - mv_1 = \int_{t_1}^{t_2} \boldsymbol{F} \mathrm{d}t = \boldsymbol{I} \tag{11-8}$$

式(11-8)为质点动量定理的积分形式,又称为**质点的冲量定理**,即质点动量在某一时间间隔内的变化,等于它所受力在这一时间间隔内的冲量。

2. 质点系的动量定理

考察由 n 个质点组成的质点系,设第 i 个质点的质量为 m_i,速度为 v_i;外界物体对该质点作用力的合力为 $\boldsymbol{F}_i^{(\mathrm{e})}$,称为**外力**,质点系内其他质点对该质点作用力的合力为 $\boldsymbol{F}_i^{(\mathrm{i})}$,称为内力。对每一个质点应用质点的动量定理,有

$$\frac{\mathrm{d}}{\mathrm{d}t}(m_i v_i) = \boldsymbol{F}_i^{(\mathrm{e})} + \boldsymbol{F}_i^{(\mathrm{i})} \quad (i = 1, 2, \cdots, n)$$

这样的方程共有 n 个,将这些矢量方程求矢量和,得

$$\sum_{i=1}^{n} \frac{\mathrm{d}}{\mathrm{d}t}(m_i v_i) = \sum_{i=1}^{n} \boldsymbol{F}_i^{(\mathrm{e})} + \sum_{i=1}^{n} \boldsymbol{F}_i^{(\mathrm{i})}$$

因为质点系内质点相互作用的内力总是大小相等,方向相反,且成对出现,因此内力系的主矢量等于零,即

$$\sum_{i=1}^{n} \boldsymbol{F}_i^{(\mathrm{i})} = \boldsymbol{0}$$

又因求和符号与求导符号可以互换,且 $\sum\limits_{i=1}^{n} m_i v_i = \boldsymbol{p}$,是质点系的动量。于是得

$$\frac{\mathrm{d}}{\mathrm{d}t}\boldsymbol{p} = \sum_{i=1}^{n} \boldsymbol{F}_i^{(\mathrm{e})} \tag{11-9}$$

即质点系的动量对时间的导数等于作用于质点系的外力系的主矢,称之为**质点系的动量定理**。式(11-9)也可写成

$$\mathrm{d}\boldsymbol{p} = \sum_{i=1}^{n} \boldsymbol{F}_i^{(\mathrm{e})} \mathrm{d}t = \sum_{i=1}^{n} \mathrm{d}\boldsymbol{I}_i^{(\mathrm{e})} \tag{11-10}$$

即质点系动量的增量等于作用于质点系的外力元冲量的矢量和,称之为质点系动量定理的微分形式。

对上式积分得

$$\boldsymbol{p}_2 - \boldsymbol{p}_1 = \sum_{i=1}^{n} \boldsymbol{I}_i^{(\mathrm{e})} \tag{11-11}$$

即在某一时间间隔内质点系动量的改变量等于在这段时间内作用于质点系外力冲量的矢量和,称之为**质点系动量定理的积分形式**,也称为**冲量定理**。

动量定理是矢量式,在应用时应取投影形式,如式(11-9)和式(11-11)在直角坐标系的投影式分别为

$$\frac{\mathrm{d}p_x}{\mathrm{d}t} = \sum_{i=1}^{n} \boldsymbol{F}_x^{(e)}, \quad \frac{\mathrm{d}p_y}{\mathrm{d}t} = \sum_{i=1}^{n} \boldsymbol{F}_y^{(e)}, \quad \frac{\mathrm{d}p_z}{\mathrm{d}t} = \sum_{i=1}^{n} \boldsymbol{F}_z^{(e)} \tag{11-12}$$

$$p_{2x} - p_{1x} = \sum_{i=1}^{n} I_x^{(e)}, \quad p_{2y} - p_{1y} = \sum_{i=1}^{n} I_y^{(e)}, \quad p_{2z} - p_{1z} = \sum_{i=1}^{n} I_z^{(e)} \tag{11-13}$$

3. 动量守恒

由质点系动量定理可推出**动量守恒定理**：

（1）若作用在质点系上的外力系的主矢等于零，该质点系的动量保持不变，即

$$\boldsymbol{p}_2 = \boldsymbol{p}_1 = 常矢量$$

（2）若作用在质点系上的外力系的主矢在某轴上的投影等于零，该质点系的动量在该轴上的投影保持不变，即

$$p_{2x} = p_{1x} = 常量$$

例 11-2 人造地球卫星与末级运载火箭在运行中燃料燃烧完毕后，其共同速度 $v = 8 \text{ km/s}$，见[图 11-2(a)]，此时从火箭头部自动弹射出卫星，使它获得速度 $v_2 = 8.1 \text{ km/s}$，求分离时火箭的速度 v_1 如[图 11-2(b)]所示。设火箭的质量 $m_1 = 150 \text{ kg}$，卫星的质量 $m_2 = 100 \text{ kg}$。由于弹射分离的时间很短，地球引力的影响可略去。

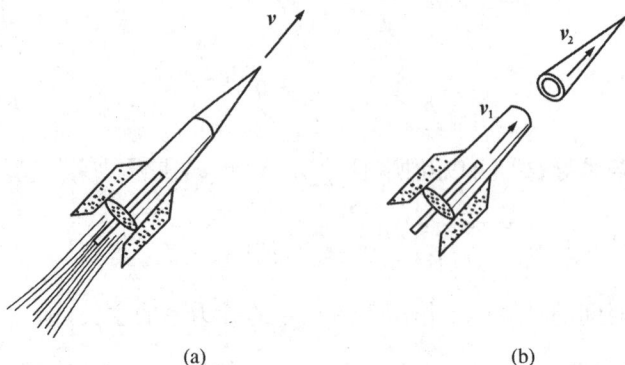

(a)   (b)

图 11-2 例 11-2 图

解：以火箭和卫星为研究的质点系。它们之间的弹射力是内力。若忽略地球引力和运动中的阻力等外力，则在弹射分离的一段时间内，质点系的动量守恒。设分离后火箭速度与卫星速度同方向，于是有

$$(m_1 + m_2)v = m_1 v_1 + m_2 v_2$$

解得

$$v_1 = \frac{(m_1 + m_2)v - m_2 v_2}{m_1} = 7.93 \text{ km/s}$$

4. 动量定理在流体中的应用

理想流体的假设：

(1) 流动是稳定(定常)的,即各点的速度、压强不随时间而变化。

(2) 流体是不可压缩的,即流量是常数。即有**连续流方程**

$$\frac{\mathrm{d}m}{\mathrm{d}t} = \rho A_1 v_1 = \rho A_2 v_2 = q_\mathrm{m} \tag{11-14}$$

即流入边界和流出边界的质量流量相等。式中,v_1、v_2 为流入和流出的速度;A_1、A_2 为入口和出口处的横截面积;ρ 表示密度;q_m 表示质量流量。

现在我们考察截面 1～2 间流体,见图 11-3。

(1) 1～2 之间为 t 瞬时流体所在位置,而 $1'\sim 2'$ 为 $t+\Delta t$ 瞬时流体所在位置。这段流体所受的外力有:体积力 $\boldsymbol{W}$,即重力,以及面积力 $\boldsymbol{F}_\mathrm{N}$、$\boldsymbol{F}_1$、$\boldsymbol{F}_2$,其中 $\boldsymbol{F}_\mathrm{N}$ 为管壁对这段流体的约束力,$\boldsymbol{F}_1$、$\boldsymbol{F}_1$ 为截面 1、2 上受到相邻流体的压力。

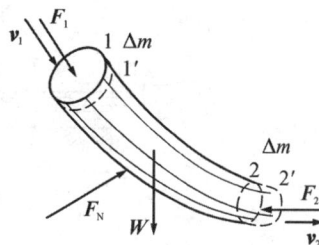

图 11-3　截面 1～2 间流体示意图

(2) Δt 时间间隔内动量的改变量为

$$\Delta p = \left(\sum_{1'\sim 2} m_i \boldsymbol{v}_i' + \sum_{2\sim 2'} m_i \boldsymbol{v}_i'\right) - \left(\sum_{1\sim 1'} m_i \boldsymbol{v}_i + \sum_{1'\sim 2} m_i \boldsymbol{v}_i\right)$$

由于流动是稳定的,有 $\sum\limits_{1'\sim 2} m_i \boldsymbol{v}_i' = \sum\limits_{1'\sim 2} m_i \boldsymbol{v}_i$,则

$$\Delta p = \sum_{2\sim 2'} m_i \boldsymbol{v}_i' - \sum_{1\sim 1'} m_i \boldsymbol{v}_i = \Delta m \boldsymbol{v}_2 - \Delta m \boldsymbol{v}_1 = \Delta m (\boldsymbol{v}_2 - \boldsymbol{v}_1)$$

两边同除以 Δt,并取极限,得

$$\frac{\mathrm{d}}{\mathrm{d}t} \boldsymbol{p} = \frac{\mathrm{d}m}{\mathrm{d}t}(\boldsymbol{v}_2 - \boldsymbol{v}_1) = q_\mathrm{m}(\boldsymbol{v}_2 - \boldsymbol{v}_1)$$

由动量定理,得

$$q_\mathrm{m}(\boldsymbol{v}_2 - \boldsymbol{v}_1) = \boldsymbol{W} + \boldsymbol{F}_\mathrm{N} + \boldsymbol{F}_1 + \boldsymbol{F}_2$$

若将管壁对流体的约束力 $\boldsymbol{F}_\mathrm{N}$ 分成为 $\boldsymbol{F}_\mathrm{N}'$ 和 $\boldsymbol{F}_\mathrm{N}''$ 两部分:$\boldsymbol{F}_\mathrm{N}'$ 称为**静约束力**,它与 $\boldsymbol{W}$、$\boldsymbol{F}_1$、$\boldsymbol{F}_2$ 相平衡;$\boldsymbol{F}_\mathrm{N}''$ 称为**附加动约束力**,而它则是由于流体动量的变化而产生的。$\boldsymbol{F}_\mathrm{N}'$ 满足平衡方程

$$\boldsymbol{W} + \boldsymbol{F}_\mathrm{N}' + \boldsymbol{F}_1 + \boldsymbol{F}_2 = 0$$

而附加动约束力为

$$\boldsymbol{F}_\mathrm{N}'' = q_\mathrm{m}(\boldsymbol{v}_2 - \boldsymbol{v}_1) = Q\rho(\boldsymbol{v}_2 - \boldsymbol{v}_1) \tag{11-15}$$

式中,Q 为流体的体积流量(即单位时间流过的体积);ρ 为流体的密度。

例 11-3　一喷射水流以速度 $v_1 = 4.5$ m/s 沿水平方向射入一光滑固定叶板[图 11-4(a)]。设水流的体积流量 $Q = 0.05$ m³/s,离开叶板的折射角为 135°,试求流体作用于叶板的动压力。

解: 截取 AB 段流体为研究的质点系。流体对于叶板的动压力可通过叶板对于流体的动约束力求得。动约束力分布在流体 AB 段的下部液面,用 $\boldsymbol{F}_x$ 和 $\boldsymbol{F}_y$ 表示其合力分量,见

[图 11-4(b)]。流体流入截面 A 的速度为 v_1 及流出截面 B 的速度为 v_2，若忽略损耗，它们的大小应相等，即

$$v_1 = v_2 = 4.5 \text{ m/s}$$

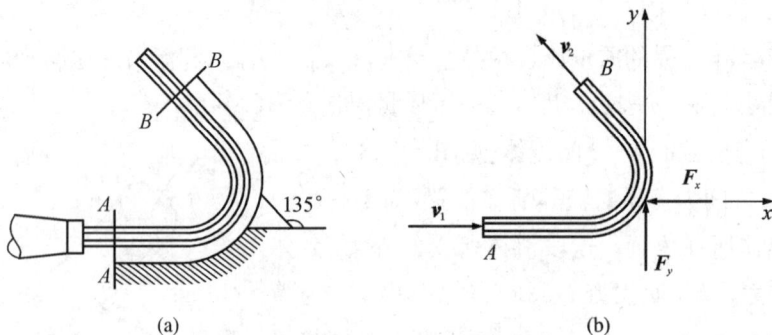

图 11-4 例 11-3 图

已知水的密度 $\rho = 1\,000 \text{ kg/m}^3$，流量 $Q = 0.05 \text{ m}^3/\text{s}$。取图示坐标系，见[图 11-4(b)]，再应用式(11-15)对所选定的坐标轴的投影式，则可表达为

$$-F_x = \rho Q(v_2\cos135° - v_1)$$
$$F_y = \rho Q(v_2\sin135° - 0)$$

将已知数据代入后解得

$$F_x = (1\,000 \text{ kg/m}^3) \times (0.05 \text{ m}^3/\text{s}) \times [4.5 \text{ m/s} - (4.5 \text{ m/s})\cos135°] \text{ m/s} = 384 \text{ N}$$
$$F_y = (1\,000 \text{ kg/m}^3) \times (0.05 \text{ m}^3/\text{s}) \times (4.5 \text{ m/s})\sin135° = 159 \text{ N}$$

此时，液体对叶板的动压力与上述结果大小相等，而方向相反。

第四节　质心运动定理

质点系的运动常可与质点系质心的运动联系起来，因而研究质点系的运动，可简化为研究其质心的运动。

各质点的位置确定了质心的位置。当各质点运动时，质心的位置也在改变。由于质点系的动量等于质点系的质量与质心速度的乘积，即 $\boldsymbol{p} = \sum m_i\boldsymbol{v}_i = m\boldsymbol{v}_C$，代入动量定理得

$$\frac{\text{d}}{\text{d}t}(m\boldsymbol{v}_C) = \sum \boldsymbol{F}_i^{(e)}$$

对于质量不改变的质点系，上式可写为

$$m\boldsymbol{a}_C = \sum \boldsymbol{F}_i^{(e)} \tag{11-16}$$

式中，$\boldsymbol{a}_C$ 为质心的加速度。式(11-16)表明，质点系的质量与质心加速度的乘积等于作用于质点系外力的矢量和，即等于外力系的主矢。这个结论称为**质心运动定理**。

式(11-16)表明，质点系质心的运动是一个具有质点系总质量的质点的运动，在此质点

上作用有质点系的全部外力。形式上,质心运动定理与质点动力学基本方程完全相似。例如,炮弹是有大小的物体,其射出炮口时高速绕自身对称轴旋转。如果忽略空气阻力,则炮弹质心的运动就是只受重力作用的抛物线运动;如果中途爆炸成许多碎片,碎片的运动各不相同,但全部碎片的质心仍然继续作抛物线运动,直到有一个碎片着地。

又如在汽车发动机中气体的压力是内力,虽然这个力是汽车行驶的原动力,但是它不能使汽车的质心运动,那么汽车依靠什么外力启动呢? 原来汽车发动机中的气体压力推动气缸内的活塞往复运动,再经过系统的机构转动至主动轮,若车轮与地面的接触面足够粗糙,那么地面对主动轮作用的静滑动摩擦力就是使汽车的质心改变运动状态的外力。如果地面光滑或克服不了汽车前进的阻力,那么后轮将在原地打转,汽车则不能前进。

质心运动定理是矢量式,具体计算时一般取投影形式。质心运动定理在直角坐标轴上的投影式为

$$ma_{Cx}=\sum F_x^{(e)}, \quad ma_{Cy}=\sum F_y^{(e)}, \quad ma_{Cz}=\sum F_z^{(e)} \tag{11-17}$$

或写成微分方程的形式,这就是质心运动微分方程,即

$$m\ddot{x}_C=\sum F_x^{(e)}, \quad m\ddot{y}_C=\sum F_y^{(e)}, \quad m\ddot{z}_C=\sum F_z^{(e)} \tag{11-18}$$

质心运动定理在自然轴上的投影式为

$$m\frac{dv_C}{dt}=\sum F_t^{(e)}, \quad m\frac{v_C^2}{\rho}=\sum F_n^{(e)}, \quad 0=\sum F_b^{(e)} \tag{11-19}$$

力偶只能影响刚体的转动,而不能影响质心的运动。

下面我们再讨论质心运动定理的特殊情况,即**质心运动守恒定律**:

(1) 当外力系的主矢 $\sum \boldsymbol{F}_i^{(e)}=\boldsymbol{0}$,则

$$\boldsymbol{v}_C=常矢量 \tag{11-20}$$

此时质心则作惯性运动。若质心原为静止,则仍保持静止;若质心原有某一速度,则质心以此速度作匀速直线运动。这就是前述的动量守恒

$$\sum m_i \boldsymbol{v}_{i2}=\sum m_i \boldsymbol{v}_{i1}=常矢量 \tag{11-21}$$

(2) 当外力系的主矢在某轴上的投影等于零,如 $\sum F_x^{(e)}=0$,则

$$v_{Cx}=常量 \tag{11-22}$$

则质心速度在该轴上的投影保持不变。或改写成

$$\sum m_i \boldsymbol{v}_{ix2}=\sum m_i \boldsymbol{v}_{ix1}=常量 \tag{11-23}$$

(3) 当 $\sum F_x^{(e)}=0$,且 $v_{Cx}|_{t=0}=0$,则质心在 x 轴上的坐标保持不变,即

$$x_C=\sum m_i x_{i2}=\sum m_i x_{i1}=常量 \tag{11-24}$$

如图 11-5 所示,两物块 A 和 B 的质量分别为 m_A 和 m_B,初始静止。若物块 A 沿斜面下滑的相对速度为 v_r,物块 B 向左

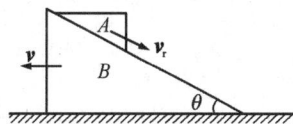

图 11-5　动量守恒

的速度为v,由水平方向动量守恒(或质心运动守恒)定律可得

$$m_A v_r \cos\theta = m_B v$$

请读者考虑是否正确?

例 11-4 电动机外壳和定子[图 11-6(a)]的质量为 m_1,转子的质量为 m_2,转子的轴线通过定子的质心,转子质心的偏心距为 r。已知转子以角速度 ω 匀速转动,若电动机用螺栓固定在水平底座上,试求底座的水平和铅垂约束力。

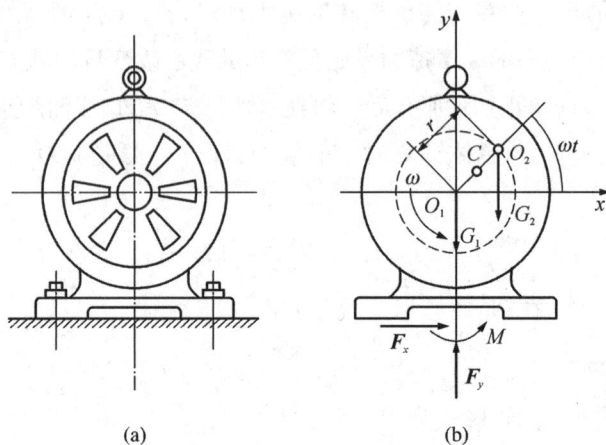

图 11-6　例 11-4 图

解:取电动机整体为研究的质点系,所受外力有 $G_1 = m_1 g$,$G_2 = m_2 g$,底座的约束力为 F_x、F_y 和约束力偶 M,不考虑螺栓的预紧力,见[图 11-6(b)]。

取固定于基础的定系 $O_1 xy$,其原点与定子质心重合,故有 $x_1 = 0$,$y_1 = 0$;转子质心 O_2 的坐标为 $x_2 = r\cos\omega t$,$y_2 = r\sin\omega t$。由质心的坐标公式,可得系统质心 C 的坐标为

$$x_C = \frac{m_2 x_2}{m_1 + m_2}, \quad y_C = \frac{m_2 y_2}{m_1 + m_2}$$

应用质心运动定理,得

$$\begin{cases} (m_1 + m_2)\ddot{x}_C = F_x \\ (m_1 + m_2)\ddot{y}_C = F_y - G_1 - G_2 \end{cases}$$

解得

$$F_x = m_2 \ddot{x}_2 = -m_2 r\omega^2 \cos\omega t$$

$$F_y = G_1 + G_2 + m_2 \ddot{y}_2 = (m_1 + m_2)g - m_2 r\omega^2 \sin\omega t$$

式中,$(G_1 + G_2)$ 是电动机的重力引起的**静约束力**;而由于转子偏心使电动机的质心作加速运动所引起的**动约束力**为

$$F_x'' = -m_2 r\omega^2 \cos\omega t$$

$$F_y'' = -m_2 r\omega^2 \sin\omega t$$

若 $F_y > 0$,则螺钉不受力,只有底座受压力;若 $F_y < 0$,则螺钉受拉力,可见螺钉在铅垂

方向的受力是变化的,选择螺钉时必须考虑这一因素;若电动机未用螺栓固定,当 $\omega >$

$\sqrt{\dfrac{m_1+m_2}{m_2 r}}g$ 时,有 $F_{y\max}=(m_1+m_2)g-m_2 r\omega^2<0$,则电动机会离地跳起来。

例 11-5　浮吊举起重物的质量为 $m_1=2\times10^3\ \text{kg}$,吊臂 OA 与铅垂线的夹角为 $60°$,如图 11-7 所示。设浮吊质量为 $m_2=20\times10^3\ \text{kg}$,水的阻力及杆 OA 的质量略去不计。杆 OA 长 $l=8\ \text{m}$。试求杆 OA 转到与铅垂线成 $30°$ 角时浮吊的水平位移。

解:以重物和浮吊为研究的质点系,略去水的阻力,则所有外力都是铅垂方向的。由质心运动定理知 $a_{Cx}=0$,又因为初始时系统的质心是静止的,即 $v_{Cx}=0$,故在运动过程中,系统质心的水平坐标 x_C 始终保持不变。

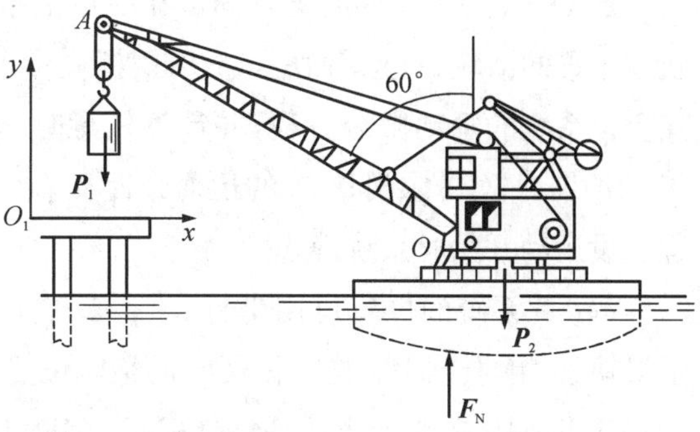

图 11-7　例 11-5 图

设举起重物前,重物的重力 $\boldsymbol{P}_1$ 和浮吊的重力 $\boldsymbol{P}_2$ 的水平坐标分别为 x_1、x_2;举起后它们的坐标变为 $x_1+\Delta x_1$、$x_2+\Delta x_2$,其中 Δx_1、Δx_2 分别为 $\boldsymbol{P}_1$、$\boldsymbol{P}_2$ 的绝对位移。由质心坐标公式可知,举起重物前系统质心 C 的水平坐标为

$$x_{C1}=\frac{m_1 x_1+m_2 x_2}{m_1+m_2}=\frac{2x_1+20x_2}{22}$$

举起重物后系统质心的水平坐标为

$$x_{C2}=\frac{2(x_1+\Delta x_1)+20(x_2+\Delta x_2)}{22}$$

由于系统质心的水平位置在举起重物的过程中始终保持静止不变,即

$$x_{C1}=x_{C2}$$

故化简后得

$$\Delta x_1+10\Delta x_2=0 \qquad\qquad (\text{a})$$

由运动学知,点的绝对位移等于牵连位移与相对位移的矢量和。以重物为动点,浮吊为动系,杆 OA 从角 $60°$ 转至 $30°$ 时,重物相对于浮吊的位移以 Δx_{1r} 表示,则有

$$\Delta x_1=\Delta x_{1r}+\Delta x_2$$

代入式(a),得

$$\Delta x_{1r}+11\Delta x_2=0$$

于是

$$\Delta x_2=-\frac{1}{11}\Delta x_{1r} \qquad\qquad (\text{b})$$

由已知条件可知

$$\Delta x_{1r}=l\sin60°-l\sin30°=2.93 \text{ m}$$

代入式(b),得浮吊的水平位移为

$$\Delta x_2=-\frac{2.93 \text{ m}}{11}=-0.266 \text{ m}$$

负号表示浮吊的位移方向与重物的相对位移的方向相反。

例 11-6 一单摆的支点固定在一可沿水平光滑直线轨道平移的滑块 A 上,见图 11-8,摆杆质量不计。(1) 试建立该系统的运动微分方程,并计算任意时刻轨道对滑块 A 的约束力;(2) 求滑块 A 的运动方程及单摆 B 的轨迹方程。设运动开始时系统静止。

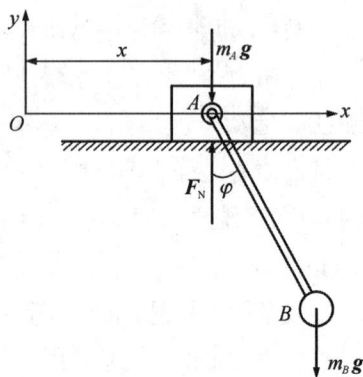

图 11-8 例 11-6 图

解: 此系统的位置可用坐标 x、φ 来确定。其中 x 表示滑块 A 相对于惯性坐标系 xOy 的绝对位置,φ 表示单摆相对于以滑块 A 为原点的平移坐标系的相对位置。

(1) 系统的质心 C 的坐标,亦即质心 C 的运动方程为

$$x_C=\frac{m_A x+m_B(x+l\sin\varphi)}{m_A+m_B}, \quad y_C=\frac{0+m_B(-l\cos\varphi)}{m_A+m_B}$$

对上式求二阶导数,可得质心 C 的加速度

$$\ddot{x}_C=\frac{m_A\ddot{x}+m_B[\ddot{x}+l(\ddot{\varphi}\cos\varphi-\dot{\varphi}^2\sin\varphi)]}{m_A+m_B}, \quad \ddot{y}_C=\frac{m_B l(\ddot{\varphi}\sin\varphi+\dot{\varphi}^2\cos\varphi)}{m_A+m_B}$$

将上式代入质心运动定理 $(m_A+m_B)\ddot{x}_C=0$,$(m_A+m_B)\ddot{y}_C=F_N-(m_A+m_B)g$,得

$$(m_A+m_B)\ddot{x}+m_B l(\ddot{\varphi}\cos\varphi-\dot{\varphi}^2\sin\varphi)=0 \tag{a}$$

$$m_B l(\ddot{\varphi}\sin\varphi+\dot{\varphi}^2\cos\varphi)=F_N-(m_A+m_B)g \tag{b}$$

再取单摆 B 为研究对象,在垂直于 AB 的方向,由牛顿第二定律,有

$$m_B(l\ddot{\varphi}+\ddot{x}\cos\varphi)=-m_B g\sin\varphi \tag{c}$$

则式(a)、(c)就是系统的运动微分方程。由式(b)得轨道对滑块 A 的约束力

$$F_N=(m_A+m_B)g+m_B l(\ddot{\varphi}\sin\varphi+\dot{\varphi}^2\cos\varphi)$$

(2) 以系统为研究对象。因为水平方向不受力,即 $\sum F_x^{(e)}=0$,由质心运动定理可知 $\ddot{x}_C=0$;又因为系统开始时静止,即 $\dot{x}_C=0$,则质心坐标 $x_C=$ 常量,即

$$x_C=\frac{m_A x+m_B(x+l\sin\varphi)}{m_A+m_B}=C(\text{常数})$$

可得滑块 A 的运动方程为

$$x_A=x=C_1-\frac{m_B}{m_A+m_B}l\sin\varphi$$

C_1 为常数,由初始条件确定。

单摆 B 的运动方程为

$$x_B = x + l\sin\varphi = C_1 + \frac{m_A}{m_A + m_B}l\sin\varphi$$

$$y_B = -l\cos\varphi$$

消去 φ,即得单摆 B 的轨迹方程

$$\left(1 + \frac{m_B}{m_A}\right)^2 (x_B - C_1)^2 + y_B^2 = l^2$$

这是以 $x_B = C_1$, $y_B = 0$ 为中心的椭圆方程,这种摆称为椭圆摆。

*第五节　变质量质点的运动微分方程

在日常生活和工程实际中,常会遇到不断地分出、并入或一边分出同时又一边并入物质的运动物体,因而物体本身的质量便不断地发生变化,这种由于质量流而引起的质量不断减少或增加的物体,称为变质量物体。例如,煤、水逐渐消耗的机车;因冻结而使质量增加或因溶解而使质量逐渐减少的浮冰;向外喷射燃气的火箭;吸入空气同时又喷出燃气的喷气式飞机等都是变质量物体。由于物体的质量连续不断地分出或并入,故该物体本身的质量 m 随时间 t 而连续变化,是时间的连续函数,即

$$m = m(t) \tag{11-25}$$

若用 $\dfrac{\mathrm{d}m}{\mathrm{d}t}$ 表示 $m(t)$ 对时间的变化率,则当质量分出时 $\dfrac{\mathrm{d}m}{\mathrm{d}t} < 0$;而当质量由外界并入时 $\dfrac{\mathrm{d}m}{\mathrm{d}t} > 0$。

在一般情况下,变质量物体的运动是很复杂的,这里只讨论变质量物体作平移,或物体的形状、尺寸及质量在体内的分布不影响其运动的简单情形,亦即可以将它抽象为质量可变的质点,称为**变质量质点**。

现以变质量质点(下面简称原质点)及将要分出的物质作为一个质点系来研究。显然这个系统的质量是不变的。首先考察其动量的变化,然后应用质点系动量定理来导出原质点的运动微分方程。

设在某瞬时 t,原质点的质量 m,速度为 $\boldsymbol{v}$,见[图 11-9(a)],则其动量为

$$\boldsymbol{p}_1 = m\boldsymbol{v}$$

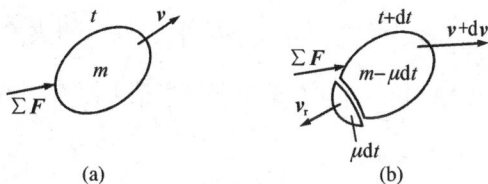

(a)　　　　　　　(b)

图 11-9　变质量质点的运动

经过无限小的时间 dt 后,由于原质点分出段小质量 dm,它本身的质量减小了。令 $\mu=\left|\dfrac{dm}{dt}\right|$ 为单位时间内分出质量的绝对值,于是原质点的质量减小为 $m-\mu dt$,速度变为 $v+dv$,见[图 11-9(b)],故在瞬时 $t+dt$ 其动量为 $(m-\mu dt)(v+dv)$。同时,质量为 μdt 的物质以相对速度 v_r 从原质点分出,其牵连速度为原质点的速度 $v+dv$,于是分出物质的绝对速度为 $(v+dv)+v_r$。故其动量为 $\mu dt(v+dv+v_r)$,因此,在瞬时 $t+dt$ 质点系的动量为

$$p_2=(m-\mu dt)(v+dv)+\mu dt(v+dv+v_r)=mv+m\,dv+\mu dt\,v_r$$

故在时间 dt 内质点系动量的变化为

$$dp=p_2-p_1=mv+m\,dv+\mu dt\,v_r-mv=m\,dv+\mu dt\,v_r$$

质点系的动量对时间的变化率为

$$\frac{dp}{dt}=m\frac{dv}{dt}+\mu v_r$$

设作用于质点系的外力的主矢为 $\sum F^{(e)}$。于是,由质点系动量定理有

$$m\frac{dv}{dt}+\mu v_r=\sum F^{(e)}$$

改写为

$$m\frac{dv}{dt}=\sum F^{(e)}-\mu v_r \qquad (11-26)$$

式(11-26)是原质点在分出微小质量 dm 时导出的,在这种情形下,原质点的质量对时间的变化率 $\dfrac{dm}{dt}<0$,即 $\mu=\left|\dfrac{dm}{dt}\right|=-\dfrac{dm}{dt}$,代入式(11-26)后得

$$m\frac{dv}{dt}=\sum F^{(e)}+\frac{dm}{dt}v_r \qquad (11-27)$$

式(11-27)称为**变质量质点的运动微分方程**。

当微小质量 dm 由外界并入时,在这种情形下 $\dfrac{dm}{dt}>0$,即 $\mu=\left|\dfrac{dm}{dt}\right|=\dfrac{dm}{dt}$,用同样的分析方法也可得到与式(11-26)相同的结论。令矢量

$$F_\Phi=\frac{dm}{dt}v_r \qquad (11-28)$$

显然 F_Φ 具有力的量纲,称为分出(或并入)质量对质点的附加推力,其方向由代数量 $\dfrac{dm}{dt}$ 确定。当质量由外界并入时,$\dfrac{dm}{dt}>0$,故 F_Φ 与 v_r 反方向。由于分出质量对原质点的附加推力 F_Φ 的方向与其相对速度 v_r 的方向相反,因而在此情况下也把 F_Φ 称为**反推力**。将式(11-28)代入式(11-27)得

$$m\frac{dv}{dt}=\sum F^{(e)}+F_\Phi \qquad (11-29)$$

这表示,**变质量质点的质量与加速度的乘积,等于作用在其上的外力和附加推力的矢量和。**式(11-29)的形式与常质量质点的运动微分方程相似。但必须注意它们的区别:(1)这里的质量 m 是随时间而变的变量;(2)这里除外力外,还多了一项附加推力。

变质量质点运动的理论对研究火箭的运动有重要意义。式(11-29)的重要应用之一是描写火箭的运动。由于它不断地喷射出大量的燃气而产生很大的反推力,借助于反推力在完全没有空气的条件下也能飞行,而且还可以获得很大的速度,这正是远程轰击、地球外层空间和宇宙航行必需的。当然,要实现星际航行,靠单级火箭是不够的,必须利用多级火箭,这就牵涉到控制等其他复杂的专门技术问题。

例 11-7 一小型气垫船沿水平方向行驶,见图 11-10。初始质量为 m_0(kg),气体以 c(kg/s)的速率均匀喷出,喷射相对速度的大小 v_r(m/s)为一常量,阻力近似地与速度成正比,即 $\boldsymbol{F}_R = -f\boldsymbol{v}$(N)。设初始时船静止,求气垫船的速度随时间而变化的规律。

解:气垫船作平移,运动时有质量分出,可视为变质量质点。若时间从船静止算起,则在瞬时 t,船的质量 m 随时间变化的规律为

$$m = m_0 - ct \qquad (a)$$

当 $\dfrac{dm}{dt} = -c$,反推力 $\boldsymbol{F}_\Phi$ 的大小应为

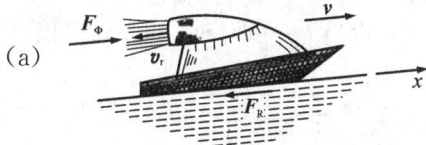

图 11-10 例 11-7 图

$$F_\Phi = \left|\frac{dm}{dt}\right| v_r = cv_r \qquad (b)$$

方向与 v_r 相反。船受水平阻力 $\boldsymbol{F}_R$ 的大小为

$$F_R = fv \qquad (c)$$

方向如图 11-10 所示。

取船行驶方向为坐标轴 x 的正向,将式(11-28)向 x 轴投影,得

$$m\frac{dv}{dt} = F_\Phi - F_R$$

将式(a)、(b)、(c)代入上式,得

$$(m_0 - ct)\frac{dv}{dt} = cv_r - fv$$

分离变量,代入初始条件

$$\int_0^v \frac{dv}{cv_r - fv} = \int_0^t \frac{dt}{m_0 - ct}$$

解得

$$v = \frac{cv_r}{f}\left[1 - \left(\frac{m_0 - ct}{m_0}\right)^{\frac{f}{c}}\right]$$

例 11-8 火箭在均匀重力场中以匀加速度 $a = 3g$ 铅垂上升(图 11-11)。已知燃气喷出的相对速度 $v_r = 2\,000$ m/s,求经过多少时间火箭的质量减少一半。其中 g 为重力加

速度。

解：火箭沿铅垂方向作平移，有质量分出，可视为变质量质点。火箭在均匀重力场中运动，重力加速度 g 不随高度而改变；在求火箭的质量时，应注意它的质量是逐渐减小的，因此 $\mathrm{d}m/\mathrm{d}t$ 本身具有负号。取坐标轴 y 如图 11-11 所示，将式(11-29)向此轴投影得

$$m\frac{\mathrm{d}v}{\mathrm{d}t} = -mg - \frac{\mathrm{d}m}{\mathrm{d}t}v_r$$

将 $a = 3g = \mathrm{d}v/\mathrm{d}t$ 代入上式，分离变量后得

$$v_r\frac{\mathrm{d}m}{m} = -4g\,\mathrm{d}t$$

积分得

$$v_r\ln m = -4gt + C$$

设当 $t = 0$ 时，$m = m_0$，确定积分常数 C，再代入上式得

$$C = v_r\ln m_0, \quad 4gt = v_r\ln m_0 - v_r\ln m = v_r\ln\frac{m_0}{m}$$

解得

$$t = \frac{v_r}{4g}\ln\frac{m_0}{m} = \frac{2\ 000\ \mathrm{m/s}}{4\times 9.8\ \mathrm{m/s}^2}\ln 2 = 35.4\ \mathrm{s}$$

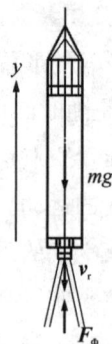

图 11-11　例 11-8 图

本章小结

1. 质点系的动量

$$\boldsymbol{p} = \sum m_i\boldsymbol{v}_i = m\boldsymbol{v}_C$$

2. 质点系的动量定理

$$\frac{\mathrm{d}}{\mathrm{d}t}\boldsymbol{p} = \sum_{i=1}^{n}\boldsymbol{F}_i^{(e)}$$

$$\boldsymbol{p}_2 - \boldsymbol{p}_1 = \sum_{i=1}^{n}\boldsymbol{I}_i^{(e)}$$

3. 质心运动定理

$$m\boldsymbol{a}_C = \sum\boldsymbol{F}_i^{(e)}$$

4. 质心运动(动量)守恒定律

当 $\sum\boldsymbol{F}_i^{(e)} = \boldsymbol{0}$，$\boldsymbol{v}_C = $ 常矢量，即 $\sum m_i\boldsymbol{v}_{i2} = \sum m_i\boldsymbol{v}_{i1} = $ 常矢量；

当 $\sum F_x^{(e)}=0$，$v_{Cx}=$ 常量，即 $\sum m_i v_{i2x}=\sum m_i v_{i1x}=$ 常量；

当 $\sum F_x^{(e)}=0$，且 $v_{Cx}|_{t=0}=0$，则 $x_C=$ 常量，即 $\sum m_i x_{i2}=\sum m_i x_{i1}=$ 常量。

5. 变质量质点的运动微分方程

$$m\frac{\mathrm{d}\boldsymbol{v}}{\mathrm{d}t}=\sum \boldsymbol{F}^{(e)}+\boldsymbol{F}_\Phi$$

习 题

11-1 求题11-1图所示各均质物体的动量。设各物体的质量均为 m。

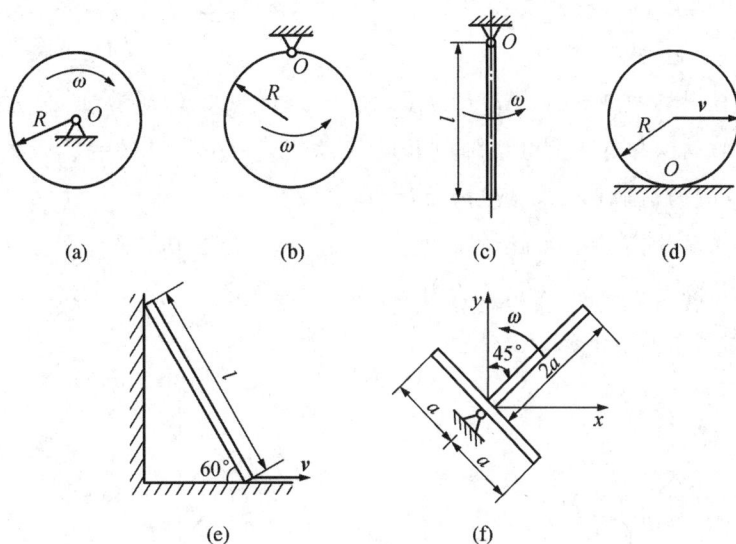

题 11-1 图

11-2 试计算下列各系统在题11-2图所示瞬时的动量：

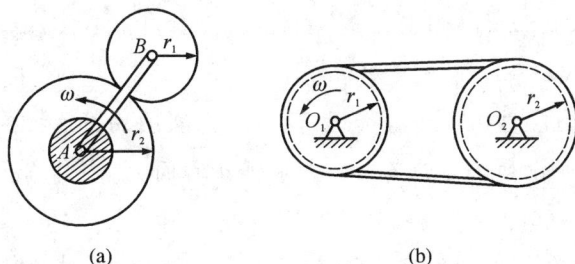

题 11-2 图

(1) 系杆 AB 以匀角速度 ω 绕轴 A 转动，带动行星轮 B 在固定中心轮上作纯滚动。系杆和行星轮均为均质，质量分别为 m_1 和 m_2，尺寸如[题11-2图(a)]所示；

(2) 均质胶带及带轮的质量分别为 m、m_1 和 m_2，尺寸如[题11-2图(b)]所示。轮 O_1

以匀角速度 ω 绕轴 O_1 转动。

11-3 在曲柄滑道机构中,均质曲柄 OA 长为 l;,质量为 m_1,以匀角速度 ω 绕轴 O 转动,初始在水平位置 OA_0。滑块 A 的质量为 m_2,滑道 BDE 的质量为 m_3,其质心 C_3 到滑槽 BD 的距离为 l。试求机构质心的运动方程及质点系动量。

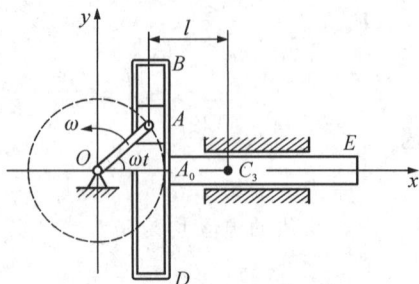

题 11-3 图

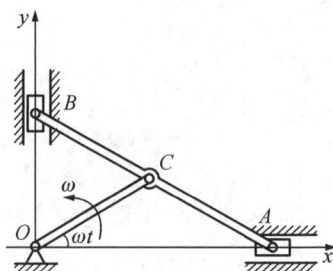

题 11-4 图

11-4 在椭圆机构中,规尺 AB 的质量为 $2m_1$,曲柄 OC 的质量为 m_1,滑块 A 和 B 的质量均为 m_2。曲柄以匀角速度 ω 绕轴 O 转动,已知 $OC=AC=BC=l$。设各物体为均质,试求下列机构质心的运动方程及系统的动量。

11-5 棒球质量 $m=0.14$ kg,以速度 $v_0=50$ m/s 向右沿水平方向运动,在棒击后速度发生改变,其值降至 $v=40$ m/s,方向与 v_0 成角 $\theta=135°$,指向左上方,如题 11-5 图所示。试求棒作用于球的水平和铅垂分量。

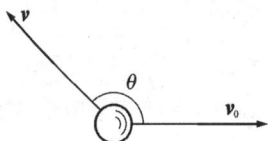

题 11-5 图

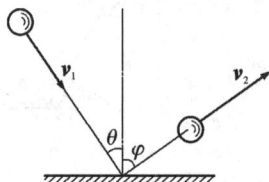

题 11-6 图

11-6 小球质量 $m=1$ kg,以 $v_1=4$ m/s 的速度沿斜方向与固定水平面相撞。设小球反弹的速度 v_2 大小不变,方向与铅垂线成 φ 角。试求作用于小球的总冲量的大小和方向。设 $\theta+\varphi=90°$(θ 称为入射角,φ 称为反射角)。

11-7 锤的质量 $m=3\,000$ kg,自高度 $h=1.5$ m 处自由下落打在工件上,使工件发生变形,历时 $\Delta t=0.01$ s,设撞击时锤不回跳。求锤在时间 Δt 内作用于工件的冲量及平均压力。

11-8 机车质量为 60 t,以倒车速度 160 km/h 与一静止于水平轨道的货车碰钩挂接。已知货车质量为 10 t,忽略轨道阻力。试求挂接后的共同速度。

11-9 子弹质量为 2 g,以速度 500 m/s 射入一木块并穿透了它。穿透后子弹速度降为 100 m/s。木块质量为 1 kg,原静止于光滑的水平面上,求木块被穿透后的速度。

11-10 口径为 75 mm 的炮,以出口速度为 900 m/s 发射质量为 7 kg 的炮弹。此炮弹装置在质量为 15 t 的飞机上。问将炮弹向前直射时,飞机的前进速度要减少多少?

11-11　一人的质量为 m_1,手上拿着一质量为 m_2 的物体,以与地面成角 θ 的速度 v_0 向前跳去,当他达到最高点时将物体以相对速度 u 水平向后抛出。问由于物体的抛出,跳的距离增加了多少?

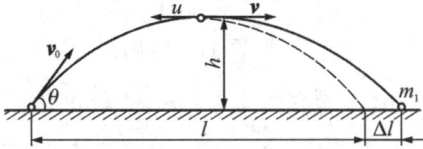
题 11-11 图

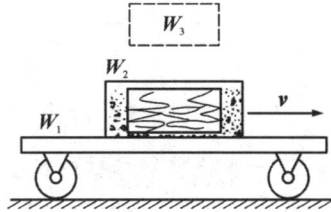
题 11-12 图

11-12　一小车重 $W_1=2$ kN,车上有装着砂子的箱子,共重 $W_1=1$ kN,小车沿光滑水平轨道以匀速度 $v=3.5$ km/h 行驶。今有一重 $W_3=0.5$ kN 的物体,沿铅垂方向落入砂箱,求此后小车的速度。又设重物落入后,砂箱在小车上滑动了 0.2 s 后才与它相对静止,求车面与箱底相互作用的摩擦力的平均值。

11-13　质量为 m_1 的物体 A,借助于滑轮装置和质量为 m_2 的物体 B 来提升。滑轮 D 和 E 的质量分别为 m_3 和 m_4,质心与形心重合。B 物体以加速度 a 下降,试求定滑轮 E 的轴承 O 处的约束力。绳索质量略去不计。

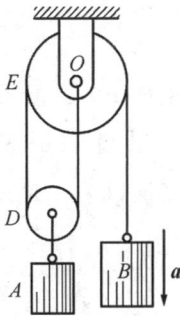
题 11-13 图

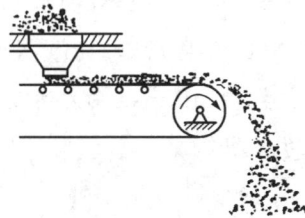
题 11-14 图

11-14　胶带输送机沿水平方向输送煤炭,质量流量为 72 t/h,胶带速度为 1.5 m/s,求匀速传动时,胶带作用于煤炭上的水平推力。

11-15　一条水管有一个 $45°$ 的缩小弯头,其进口直径 $d_1=450$ mm,出口直径 $d_2=250$ mm,水的体积流量 $q_V=0.28$ m³/s,试求弯头的动约束力。

11-16　已知:水的体积流量为 q_V m³/s,密度为 ρ kg/m³;水冲击叶片的速度为 v_1 m/s,方向沿水平向左;水流出叶片的速度为 v_2 m/s,与水平线成 θ 角。求题 11-16 图所示水柱对涡轮固定叶片作用力的水平分量。

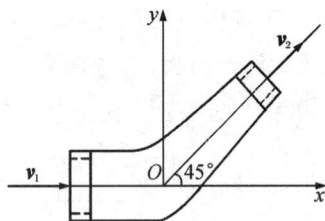

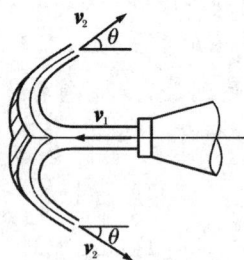

题 11-15 图   题 11-16 图

11-17　一水枪喷射水柱的流量为 $5.2 \text{ m}^3/\text{h}$,喷嘴直径为 4 mm,喷射在光滑的铅垂平面上,如图所示。不计重力对水柱形状的影响,并设水柱在碰到平面后,其速度方向即沿着铅垂面。当(1) 水柱与铅垂面垂直,见[题 11-17 图(a)];(2) 水柱与水平线成角 $\theta=30°$,见[题 11-17 图(b)]时。试分别求水柱对铅垂面的压力。

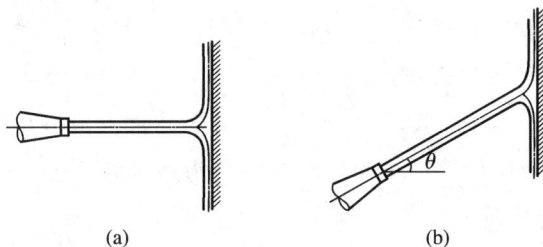

(a)   (b)

题 11-17 图

11-18　一出口直径 $d=25$ mm 的水管,喷出水柱以速度 $v=20$ m/s 沿水平方向射入一成角 90°的光滑叶片上,如图所示。(1) 若叶片固定不动,见[题 11-18 图(a)];(2) 若叶片沿水平方向以匀速度 $u=10$ m/s 向左运动,见[题 11-18 图(b)]。试分别求上述两种情形水柱对叶片的动约束力。

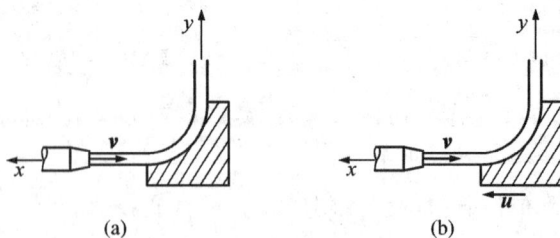

(a)   (b)

题 11-18 图

11-19　质量为 m 的驳船静止于水面上,船上有一辆汽车带拖车,质量分别为 m_1 和 m_2。若汽车拉拖车向船头移动距离 a,不计水的阻力,求驳船移动的距离。

11-20　质量为 m_1 的小车 A,下悬挂一质量为 m_2 长为 l 的单摆 B,按 $\varphi=\varphi_0 \sin kt$ 规律摆动,其中 k 为常数。不计摩擦及绳索 AB 的质量,求小车的运动方程。

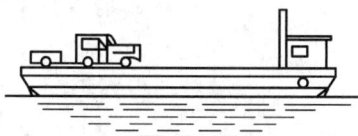

题 11-19 图

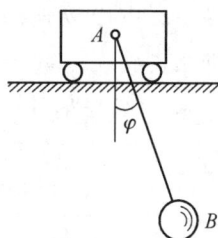

题 11-20 图

11-21　质量 M 的大三棱柱放在光滑的水平面上,在其斜面上又放一与它相似的小三棱柱,其质量为 m。已知两三棱柱的横截面均为直角三角形,水平边长分别为 a 和 b。设各处摩擦不计,初始时系统静止,求当小三棱柱由题 11-21 图所示位置滑下到底时,大三棱柱的位移。

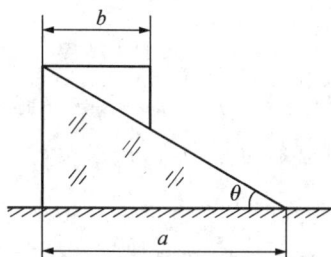

题 11-21 图

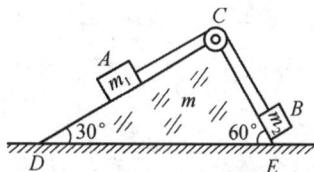

题 11-22 图

11-22　质量为 m 的直角三棱柱放在光滑的水平面上,物体 A 和 B 的质量分别为 m_1 和 m_2,借一根绕过滑轮 C 的不可伸长的绳索相连,可在棱柱体的光滑斜面上滑动。当物体 A 下滑高度 $h=100$ mm 时,求三棱柱沿水平面的位移。设 $m=4m_1=16m_2$,不计绳索和滑轮的质量,系统初始为静止。

11-23　均质杆 AB 长 $2l$,B 端置于光滑的水平面上。当杆与水平面成角 φ_0 时自由倒下,求点 A 的轨迹。

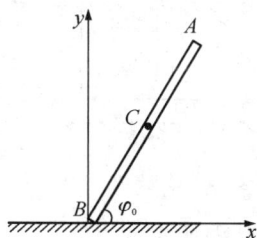

题 11-23 图

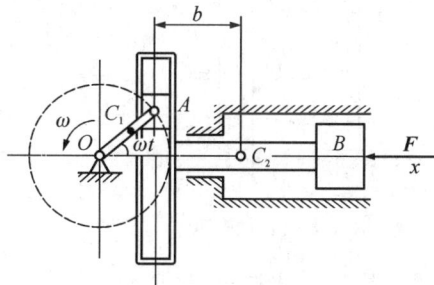

题 11-24 图

11-24　均质曲柄 OA 的质量为 m_1,以匀角速度 ω 绕 O 轴转动,并带动总质量为 m_2 的滑道及活塞 B 作水平往复运动。已知机构在铅垂平面内,活塞上作用着水平力 F,滑块 A 的质量不计,$OA=r$,试求曲柄轴 O 的最大水平约束力。

11-25 题11-25图所示凸轮机构中,凸轮以匀角速度ω绕轴O转动。重为P的夹板借右端弹簧的推压而顶在凸轮上,当凸轮转动时,推动夹板作往复运动。设凸轮为一均质圆盘,重为Q,半径为r,偏心距为e,不考虑螺钉的预紧力。求任一瞬时基础和地脚螺钉的总附加动约束力。

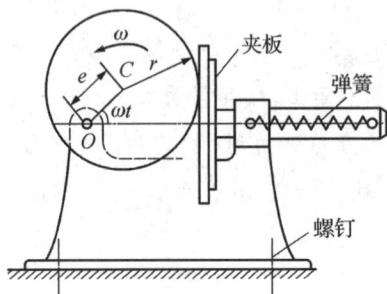

题 11-25 图

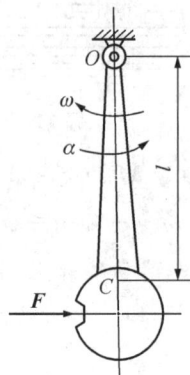

题 11-26 图

11-26 质量为m的冲击摆,质心C至转轴O的距离为l,其自一高度下摆至铅垂位置时,受冲击反作用力F,此时摆的角速度和角加速度分别为ω及α,试求此时转轴O的约束力。

11-27 金属剪床由曲柄连杆机构OAB组成。已知均质曲柄OA长为r,重为G_1,以匀角速度ω绕轴O转动;滑道B和可动刀片共重为G_2;机壳重为G_3。试求剪床工作时对基础的铅垂压力。连杆重为AB的长为l,其重量忽略不计。

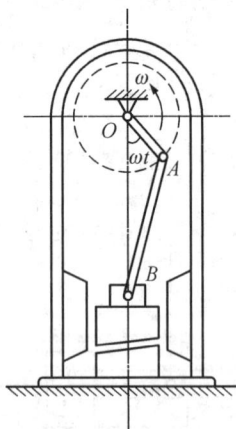

题 11-27 图

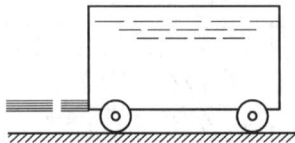

题 11-29 图

11-28 题11-21图中,试求大三棱柱运动的加速度及地面的支持力。

*11-29 一小车原静止于水平轨道上,车上装有水箱和水泵,泵将箱中的水打出,从一直径$d=50$ mm的喷口向车后水平方向喷出,流量$Q=85\times10^6$ mm³/s,小车的原质量$m=6.8$ t,不计轨道阻力,求1 min后的车速。

*11-30 链条全长为 l,放在地板上。用力 P 以匀速 v 铅垂向上拉起,已知链条单位长度的质量为 γ,求所需力 P 的大小及当链条被拉起过程中地板的约束力。

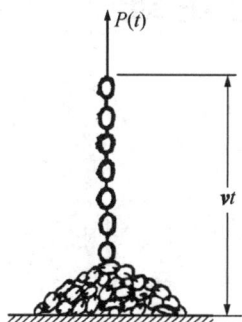

题 11-30 图

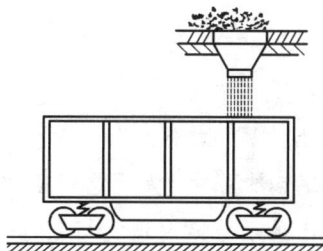

题 11-31 图

*11-31 矿砂由固定漏斗铅垂落入行驶中的车辆内,设单位时间内落入的矿砂的质量为 q。车辆空载时的质量为 m_0,初速度的大小为 v_0。不计轨道阻力。求加载后车辆在任一瞬时的速度和加速度。

*11-32 一火箭以匀加速度 a 沿水平方向飞行。已知火箭的起始质量为 m_0,燃气喷射的相对速度 u 等于常数,空气阻力不计,求火箭质量的变化规律。

*11-33 在水平滑道上运行的小型火箭,内装质量 2 kg 的推进剂,火箭连同推进剂质量为 22 kg,推进剂按均匀速率在 1 s 内烧完。每秒烧 1 kg 推进剂可得 1 882 N 的推进力。设发射前火箭静止,略去滑道与空气阻力,求推进剂烧完时火箭的速度。

*11-34 火箭在均匀重力场(g 等于常数)内沿铅垂方向上升,喷射气体的相对速度 $v_r=2$ km/s,火箭质量随时间而变化的规律为 $m=m_0(1-\mu t)$,其中 $\mu=0.01(1/s)$。火箭在地面时速度为零,空气阻力不计,求火箭上升时的运动方程及 $t=10$ s 时达到的高度。

第十二章　动量矩定理

教学要求：

1. 理解和熟练计算动量矩；

2. 掌握对固定点的动量矩定理及相应的守恒定律，能求解定轴转动刚体的动力学问题；

3. 掌握对质心的动量矩定理及相应的守恒定律，掌握平面运动微分方程。

作用在质点系上的外力系，可以通过对某点简化，得一主矢和主矩。上一章阐述的动量定理以及质心运动定理建立了外力系的主矢与动量变化以及质心运动之间的关系，揭示了质点系机械运动规律的一个侧面而不是全貌，例如圆轮绕质心转动时，无论它怎样转动，圆轮的动量都是零，动量定理不能解释这种运动规律。本章阐述的动量矩定理则讨论了外力系的主矩引起质点系相对于某一定点或质心的运动规律。

第一节　动量矩

1. 质点的动量矩

设某质点的质量为 m，在某一瞬时其速度为 v，则其动量为 mv，见图 12-1。若质点相对于某一点 O 的位置用 r 表示，则如同力对点的矩一样，有动量 mv 对点 O 的矩矢量，称为质点对点 O 的**动量矩**或**角动量**，即

$$M_O(mv) = r \times mv \tag{12-1}$$

在国际单位制中，动量矩的单位用 $\mathrm{kg \cdot m^2/s}$。

对比静力学中，力对点的矩与力对轴的矩的概念，同样动量也是矢量，也可以对点、对轴取矩。力矩与动量矩虽然物理意义不同，但在数学描述上完全一样。

质点动量 mv 在平面内的投影 $(mv)_{xy}$ 对于点 O 的矩，定义为质点动量对于轴 z 的矩，简称对于轴 z 的动量矩。对轴的动量矩是代数量，由图 12-1 可见，质点对点 O 的动量矩与对轴 z 的动量矩两者的关系可仿照力对点的矩与力对轴的矩的关系建立，即质点对点 O 的动量矩矢在轴 z 上的投影等于对轴 z 的动量矩，即

$$[M_O(mv)]_z = M_z(mv) \tag{12-2}$$

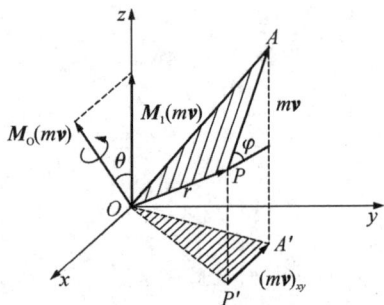

图 12-1　质点的动量矩

2. 质点系的动量矩

质点系对某点 O 的动量矩等于各质点对同一点的动量矩的矢量和，或称为质点系动量对点 O 的主矩，见图 12-2，即

$$\boldsymbol{L}_O = \sum_{i=1}^{n} \boldsymbol{M}_O(m_i\boldsymbol{v}_i) = \sum_{i=1}^{n} (\boldsymbol{r}_i \times m_i\boldsymbol{v}_i) \qquad (12-3)$$

质点系对某轴 z 的动量矩等于各质点对同一轴动量矩的代数和，即

$$L_z = \sum_{i=1}^{n} M_z(m_i\boldsymbol{v}_i) \qquad (12-4)$$

同理，质点系对某点 O 的动量矩矢在通过该点的 z 轴上的投影等于质点系对于同一轴的动量矩，即

$$[\boldsymbol{L}_O]_z = L_z \qquad (12-5)$$

刚体也是一个质点系，下面推导刚体平移与定轴转动时的动量矩的计算公式。

刚体平移时，由于其上各点的速度相等，$\boldsymbol{v}_i = \boldsymbol{v}$，则

$$\boldsymbol{L}_O = \sum_{i=1}^{n} (\boldsymbol{r}_i \times m_i)\boldsymbol{v} = \sum_{i=1}^{n} (m_i\boldsymbol{r}_i) \times \boldsymbol{v} = \boldsymbol{r}_C \times m\boldsymbol{v} \qquad (12-6)$$

由此可见，刚体平移时可将全部质量集中于质心，作为一个质点计算其动量矩。

刚体定轴转动时，其上各点的速度可用角速度描述，即为 $v_i = r_i\omega$，则刚体对转轴的动量矩为

$$L_z = \sum_{i=1}^{n} M_z(m_i\boldsymbol{v}_i) = \sum_{i=1}^{n} m_i r_i \omega r_i = \omega \sum_{i=1}^{n} m_i r_i^2$$

令 $\sum_{i=1}^{n} m_i r_i^2 = J_z$，称为刚体对 z 轴的**转动惯量**。于是有

$$L_z = J_z\omega \qquad (12-7)$$

即绕定轴转动刚体对其转轴的动量矩等于刚体对转轴的转动惯量与转动角速度的乘积。关于转动惯量的概念和计算，我们将在第十二章第二节进一步讨论。

例 12-1　两质点 A、B 质量各为 m，用长为 $2l$ 的细杆连接，位于铅垂平面内（图 12-3），与水平面的夹角为 θ。当杆绕通过其中点的铅垂轴 z 以角速度 ω 转动时，求此质点系对 O 点及 z 轴的动量矩。不计杆的质量。

解：考虑当杆转动到纸平面内时的情况。取坐标系如图，x 轴垂直于纸面向外。质点系只有两个质点，且到转轴的距离不变，可视为刚体，故其对转轴 z 的转动惯量为

$$J_z = 2m(l\sin\theta)^2$$

由式（12-7）得，其对 z 轴的动量矩为

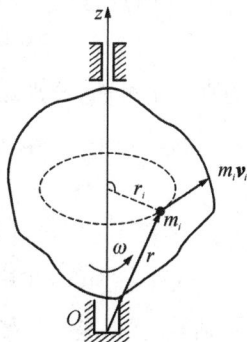

图 12-2　质点系的动量矩

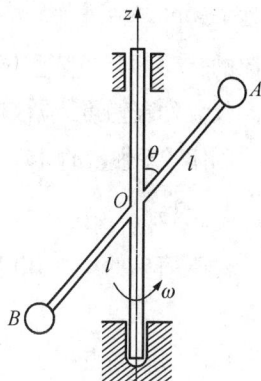

图 12-3　例 12-1 图

$$L_z = J_z \omega = 2m\omega l^2 \sin^2\theta$$

A、B 两点速度为

$$v_A = v_B = l\sin\theta\omega$$

方向垂直于纸面,分别与 x 轴反向或同向。

因动量 $m\boldsymbol{v}_A$ 与 $m\boldsymbol{v}_B$ 大小相等,方向相反,故其对 O 点或任一点的动量矩大小均为

$$L_O = 2m\omega l^2 \sin\theta$$

方向垂直于 AB,与水平面成 θ 角。

应该注意到,当杆转动时,若 $\boldsymbol{\omega}$ 为常矢量,则 L_z 为常量,而 $\boldsymbol{L}_O$ 不是常矢量,它的方向在绕 z 轴转动,但是 L_O 在 z 轴上的投影不变,即有

$$L_z = L_O \sin\theta$$

值得强调,虽然本例因质心速度 $v_O = 0$,质点系的动量为零,但其动量矩却不为零。

第二节　刚体对轴的转动惯量

刚体对轴的**转动惯量**是刚体转动时惯性的度量,它等于刚体内各质点的质量与质点到轴的垂直距离平方的乘积之和,即

$$J_z = \sum_{i=1}^{n} m_i r_i^2 \tag{12-7}$$

如果刚体的质量是连续分布的,则式(12-7)可以写成积分形式

$$J_z = \int_M r^2 \mathrm{d}m \tag{12-8}$$

由式(12-8)可见,与转动惯量的大小有关的因素有:(1) 质量大小;(2) 质量的分布状况;(3) 转轴的位置。转动惯量永远是一个正的标量,在国际单位制中,它的单位为 kg·m²。

转动惯量在工程中是一个很重要的量。由转动惯量的基本公式可知,刚体中各质点离转轴越远,转动惯量就越大,反之就越小。因此,在设计飞轮时,为了获得较大的转动惯量以保持运转的稳定性,除必要的轮辐(指轮盘半径)外,应着重加厚轮缘;与此相反,在设计高速车床的转动部分或某些仪表的转动元件时,为了使转动惯量尽可能小些,以提高测量的准确度和仪表的灵敏度,应该用轻金属制成或使质量尽可能靠近转轴。

刚体转动惯量的计算,原则上是根据式(12-7)。下面介绍求解转动惯量的一些计算方法。

1. 积分法

对于简单的规则几何形状刚体可以用式(12-8)求得其转动惯量。

(1)均质细直杆

如图 12-4 所示,设均质细直杆杆长为 l,质量为 m,取杆上

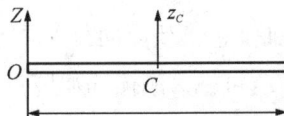

图 12-4　均质细直杆

一微段 $\mathrm{d}x$，其质量为 $\mathrm{d}m = \dfrac{m}{l}\mathrm{d}x$，则此杆对于 z 轴的转动惯量为

$$J_z = \int_0^l x^2 \mathrm{d}m = \int_0^l \frac{m}{l} x^2 \mathrm{d}x = \frac{1}{3}ml^2$$

如求对质心 C 轴的转动惯量，则有

$$J_C = \int_{-\frac{l}{2}}^{\frac{l}{2}} \frac{m}{l} x^2 \mathrm{d}x = \frac{1}{12}ml^2$$

（2）均质圆盘

如图 12-5 所示，设均质圆盘的质量为 m，半径为 R，将圆盘分为无数同心的薄圆环，任一圆环的半径为 r，宽度为 $\mathrm{d}r$，则圆环的质量为 $\mathrm{d}m = \dfrac{m}{\pi R^2} 2\pi r \mathrm{d}r = \dfrac{2m}{R^2} r \mathrm{d}r$，则均质圆盘对于中心轴 O 的转动惯量为

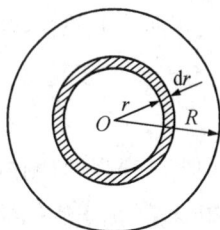

图 12-5　均质圆盘

$$J_O = \int_0^R r^2 \mathrm{d}m = \frac{2m}{R^2} \int_0^R r^3 \mathrm{d}r = \frac{1}{2}mR^2$$

（3）均质圆环

如图 12-6 所示，设均质圆环的质量为 m，半径为 R，将圆环沿圆周分成许多微段，若任意段的质量为 Δm_i，由于这些微段到中心轴 O 的距离都等于半径 R，所以均质圆环对于中心轴 O 的转动惯量为

$$J_O = \sum \Delta m_i R^2 = mR^2$$

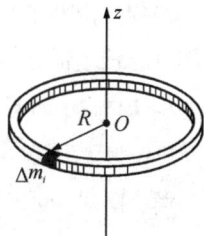

图 12-6　均质圆环

2. 惯性半径（回转半径）

由于转动惯量的重要性，在机械工程手册中有一定的篇幅列出了常见几何形状或几何形状已标准化的零件的转动惯量，其中有一栏一般均给出了零件的惯性半径（回转半径）。**惯性半径（回转半径）**的定义为

$$\rho_z = \sqrt{\frac{J_z}{m}} \qquad\qquad (12-9)$$

或

$$J_z = m\rho_z^2 \qquad\qquad (12-10)$$

即物体的转动惯量等于该物体的质量与惯性半径平方的乘积。由式（12-9）、（12-10）分析，若已知物体的惯性半径，则转动惯量可按式（12-10）计算。

为什么刚体对某轴的惯性半径总大于质心到该转轴的垂直距离？

3. 平行移轴定理

设点 C 为刚体的质心，取两组直角坐标系 $Oxyz$ 和 $O'x'y'z'$，如图 12-7 所示。其中轴 z 通过质心 C，轴 z' 平行于轴 z，两轴相距为 d。刚体对于通过质心的 z 轴的转动惯量为

J_{zC}，刚体对于平行于该轴的另一轴 z' 的转动惯量为 $J_{z'}$，则

$$J_{zC} = \sum m_i r_i^2 = \sum m_i (x_i^2 + y_i^2)$$

$$J_{z'} = \sum m_i r_i'^2 = \sum m_i [x_i^2 + (y_i - d)^2]$$

$$= \sum m_i (x_i^2 + y_i^2 - 2y_i d + d^2)$$

$$= \sum m_i (x_i^2 + y_i^2) - 2d \sum m_i y_i + d^2 \sum m_i$$

由质心的坐标公式 $\sum m_i y_i = m y_C$，且轴 z 通过质心 C，有 $y_C = 0$，于是得

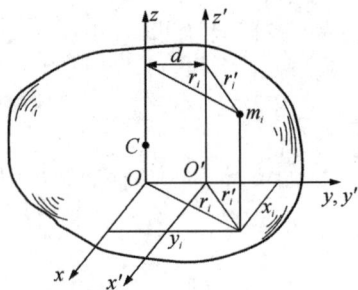

图 12-7　平行移轴定理

$$J_z' = J_{zC} + md^2 \tag{12-11}$$

式(12-11)表明，**刚体对于任一轴的转动惯量，等于刚体对于通过质心并与该轴平行的轴的转动惯量，加上刚体的质量与两轴间距离平方的乘积。这就是转动惯量的平行移轴公式。**在刚体对各平行轴的转动惯量中，以通过质心的轴的转动惯量为最小。

4. 组合法

当物体由几个几何形状简单的物体组成时，计算整体物体系的转动惯量，可先分别计算每一部分的转动惯量，然后再合起来，如果物体有空心的部分，可把这部分质量视为负值处理。

例 12-2　钟摆简化如图 12-8 所示。已知均质细杆和均质圆盘的质量分别为 m_1 和 m_2，杆长为 l，圆盘半径为 r。求摆对于通过悬挂点 O 的水平轴的转动惯量。

解：摆对于水平轴 O 的转动惯量

$$J_O = J_{O1} + J_{O2}$$

式中，J_{O1} 为杆对轴 O 的转动惯量，J_{O2} 为盘对轴 O 的转动惯量。

$$J_{O1} = \frac{1}{3} m_1 l^2,$$

$$J_{O2} = \frac{1}{2} m_2 r^2 + m_2 (l+r)^2 = m_2 \left(\frac{3}{2} r^2 + l^2 + 2lr \right)$$

于是得

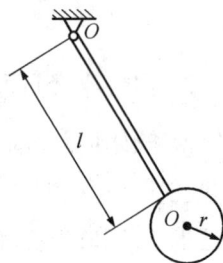

图 12-8　例 12-2 图

$$J_O = \frac{1}{3} m_1 l^2 + m_2 \left(\frac{3}{2} r^2 + l^2 + 2lr \right)$$

5. 实验法

在很多转动惯量的实例计算中，会假设研究对象为均质的，但实际的构件往往不是这种情形。同样，工程中常有一些几何形状很复杂的物体，并不能用上述几种方法计算其转动惯量，这时可采用实验法。

例如，欲求一不规则的物体对任意轴 O 的转动惯量，则把此物体在轴 O 处悬挂起来，使其产生微幅摆动，通过测得物体摆振周期则可求得物体的转动惯量（见例 12-7 的摆振法）。

例如,习题 12-14 所示的落体观察法,可用题中介绍的方法,通过实验而求出形状复杂的飞轮对转轴的转动惯量,具体求解略。

又如,欲求图 12-9 所示圆轮对于中心轴的转动惯量,就可用单轴扭振见[图 12-9(a)]、三线悬挂扭振见[图 12-9(b)]等方法测定扭振周期,根据周期与转动惯量之间的关系计算转动惯量。

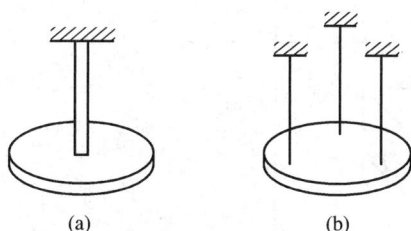

图 12-9　单轴扭振和三线悬挂扭振

在实际应用中也可查阅相关的手册得到大多数零件的转动惯量。表 12-1 列出一些常见均质物体的转动惯量。

表 12-1　均质物体的转动惯量

物体种类	简　图	转运惯量 J_s	回转半径 ρ_s
细直杆		$\dfrac{1}{12}ml^2$	$0.289l$
三角形		$\dfrac{1}{18}m(a^2+b^2-ab)$	$0.236(a^2+b^2-ab)^{1/2}$
矩形板		$\dfrac{1}{12}ma^2$	$0.289a$
薄圆板		$\dfrac{1}{4}mR^2$	$0.5R$

物体种类	简　图	转运惯量 J_s	回转半径 ρ_s
半圆板		$\dfrac{1}{4}mR^2$	$0.5R$
立方体		$\dfrac{1}{12}m(a^2+b^2)$	$0.289(a^2+b^2)^{1/2}$
薄壁空心球		$\dfrac{2}{3}mR^2$	$0.816R$
实心球		$\dfrac{2}{5}mR^2$	$0.632R$
圆柱体		$\dfrac{1}{2}mR^2$	$0.707R$
		$\dfrac{1}{12}m(l^2+3R^2)$	$0.289(l^2+3R^2)^{1/2}$
空心圆柱		$\dfrac{1}{2}m(r^2+R^2)$	$0.707(r^2+R^2)^{1/2}$
圆环		$m\left(R^2+\dfrac{3}{4}r^2\right)$	$0.5(4R^2+3r^2)^{1/2}$

第三节　动量矩定理

1. 质点的动量矩定理

设质点对定点的动量矩以 $M_O(mv)$ 表示,作用力对同一点的矩以 $M_O(F)$ 表示。将动量矩对时间取一次导数,得

$$\frac{\mathrm{d}}{\mathrm{d}t}M_O(mv) = \frac{\mathrm{d}}{\mathrm{d}t}(r \times mv) = \frac{\mathrm{d}r}{\mathrm{d}t} \times mv + r \times \frac{\mathrm{d}}{\mathrm{d}t}(mv) = v \times mv + r \times F = M_O(F)$$

即得

$$\frac{\mathrm{d}}{\mathrm{d}t}M_O(mv) = r \times F = M_O(F) \tag{12-12}$$

式(12-12)即意为**质点动量矩定理**,质点对某定点的动量矩对时间的一阶导数等于作用力对同一点的矩。

式(12-12)在使用时常采用投影方程。动量矩定理在直角坐标轴上的投影式为

$$\frac{\mathrm{d}}{\mathrm{d}t}M_x(mv) = M_x(F), \quad \frac{\mathrm{d}}{\mathrm{d}t}M_y(mv) = M_y(F), \quad \frac{\mathrm{d}}{\mathrm{d}t}M_z(mv) = M_z(F) \tag{12-13}$$

即质点对某定轴的动量矩对时间的一阶导数等于作用力对于同一轴的矩。

2. 质点系的动量矩定理

设质点系内有 n 个质点,作用于每个质点的力分为内力 $F_i^{(\mathrm{i})}$ 和外力 $F_i^{(\mathrm{e})}$,根据质点的动量矩定理有

$$\frac{\mathrm{d}}{\mathrm{d}t}M_O(m_iv_i) = M_O(F_i^{(\mathrm{i})}) + M_O(F_i^{(\mathrm{e})})$$

这样的方程共有 n 个,相加后得

$$\sum_{i=1}^{n}\frac{\mathrm{d}}{\mathrm{d}t}M_O(m_iv_i) = \sum_{i=1}^{n}M_O(F_i^{(\mathrm{i})}) + \sum_{i=1}^{n}M_O(F_i^{(\mathrm{e})})$$

由于内力总是大小相等,方向相反,成对出现,因此内力系的主矩恒等于零,即上式右端的第一项恒等于零,上式左端的求和与求导可以调换运算次序,而 $L_O = \sum_{i=1}^{n}M_O(m_iv_i)$,于是得

$$\frac{\mathrm{d}}{\mathrm{d}t}L_O = \sum_{i=1}^{n}M_O(F_i^{(\mathrm{e})}) \tag{12-14}$$

式(12-14)也示为**质点系动量矩定理**,质点系对于某定点 O 的动量矩对时间的一阶导数等于作用于质点系的外力对于同一点之矩的矢量和(外力系对 O 点的主矩)。

实际计算时,一般采用投影式

$$\frac{\mathrm{d}}{\mathrm{d}t}L_x = \sum_{i=1}^{n}M_x(F_i^{(\mathrm{e})}), \quad \frac{\mathrm{d}}{\mathrm{d}t}L_y = \sum_{i=1}^{n}M_y(F_i^{(\mathrm{e})}), \quad \frac{\mathrm{d}}{\mathrm{d}t}L_z = \sum_{i=1}^{n}M_z(F_i^{(\mathrm{e})})$$

$$\tag{12-15}$$

即质点系对于某定轴的动量矩对时间的一阶导数等于作用于质点系的外力对同一轴之矩的代数和。

应当指出,上述质点或质点系的动量矩定理都是相对于固定参考系(或惯性参考系)而言,对之取动量矩和力矩的点或轴应是该参考系上的点和轴。

3. 动量矩守恒定律

当作用于质点系的外力对于某定点或某定轴的主矩或力矩的代数和等于零时,质点系对于该点或该轴的动量矩保持不变,这就是质点系**动量矩守恒定律**。

当 $\sum_{i=1}^{n} \boldsymbol{M}_O(\boldsymbol{F}_i^{(e)}) = \boldsymbol{0}$ 时,则 $\boldsymbol{L}_O =$ 常矢量;

当 $\sum_{i=1}^{n} M_z(\boldsymbol{F}_i^{(e)}) = 0$ 时,则 $L_z =$ 常量。

如果作用于质点的力的作用线恒通过某固定点 O,这种力称为**有心力**,该固定点 O 称为**力心**。例如太阳对于行星的引力以及地球对于人造卫星的引力等。如果质点在力心为 O 的有心力作用下运动,则由质点的动量矩守恒定律得

$$\boldsymbol{M}_O(m\boldsymbol{v}) = \boldsymbol{r} \times m\boldsymbol{v} = 常矢量$$

上式表明,(1) 矢积 $\boldsymbol{r} \times m\boldsymbol{v}$ 方向不变,即质点在经过 O 点的平面内运动;(2) 质点对 O 点的动量矩大小不变,即

$$|\boldsymbol{M}_O(m\boldsymbol{v})| = mvd = 常量$$

式中,d 为 O 点至矢量 $m\boldsymbol{v}$ 的垂直距离。

例 12-3 人造卫星沿椭圆轨道运行时,地心 S 处于椭圆的一个焦点,见图 12-10。我国发射的第一颗人造地球卫星,近地点高度为 $h_A = 439$ km,远地点高度为 $h_C = 2\ 384$ km。若卫星通过近地点 A 的速度为 8.1 km/s。求卫星通过轨道与椭圆短轴的交点 B 和远地点 C 时的速度。

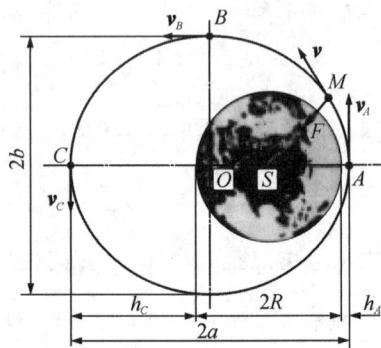

图 12-10 例 12-3 图

解:根据地球平均半径 $R = 6\ 371$ km、近地点高度和远地点高度,就可将椭圆轨道的一些几何参数算出:

长半轴 $OA = a = \dfrac{1}{2}(2R + h_A + h_C)$

$$= \frac{1}{2}(2 \times 6\ 371 + 439 + 2\ 384)\ \text{km} \approx 7\ 783\ \text{km}$$

半焦距 $OS = c = a - (R + h_A) = 7\ 783\ \text{km} - (6\ 371 + 439)\ \text{km} = 973\ \text{km}$

短半轴 $OB = b = \sqrt{a^2 - c^2} = \sqrt{(7\ 783\ \text{km})^2 - (973\ \text{km})^2} = 7\ 722\ \text{km}$

作用于卫星的地球引力 $\boldsymbol{F}$ 恒通过地心 S,故卫星对地心 S 的动量矩大小保持不变,即有

$$mv_A(a-c)=mv_Bb=mv_C(a+c)$$

所以

$$v_B=\frac{a-c}{b}v_A=\frac{7\ 783\ \text{km}-973\ \text{km}}{7\ 722\ \text{km}}\times8.1\ \text{km/s}=7.14\ \text{km/s}$$

$$v_C=\frac{a-c}{a+c}v_A=\frac{7\ 783\ \text{km}-973\ \text{km}}{7\ 783\ \text{km}+973\ \text{km}}\times8.1\ \text{km/s}=6.30\ \text{km/s}$$

由以上结果可知,卫星离地心近时速度大,离地心远时速度小。

例 12-4 铰车机构如[图 12-11(a)]所示,在手柄 AB 上施加转矩 M_O,通过鼓轮 D 使物体 C 移动。已知鼓轮可视为匀质圆柱体,半径为 r,质量为 m_1,对转轴的转动惯量为 $\frac{1}{2}m_1r^2$;物体 C 质量为 m_2,它与水平面的动摩擦因数为 f,手柄、转轴及绳索的质量以及轴承摩擦均略去不计。试求物体 C 的加速度。

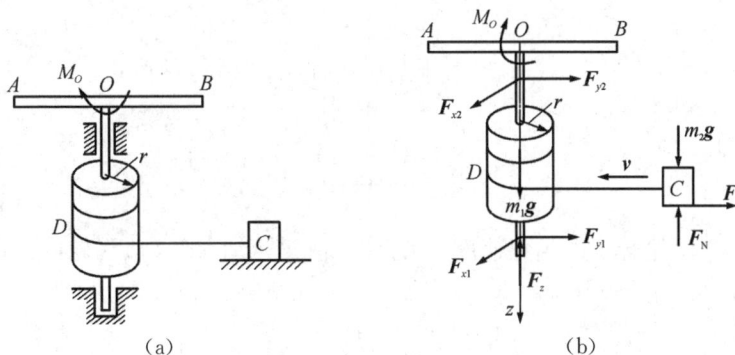

图 12-11 例 12-4 图

解: 取鼓轮 D、绳索及物体 C 组成的系统为研究对象,作受力图如[图 12-11(b)]所示。

鼓轮 D 绕铅垂轴 Oz 作定轴转动,设其角速度为 ω,物体 C 沿水平面作直线平移,其速度 $v=r\omega$。

系统绕轴 z 的动量矩为

$$L_z=J_{Dz}\omega+m_2vr=\frac{1}{2}m_1r^2\frac{v}{r}+m_2vr=\left(\frac{1}{2}m_1+m_2\right)rv$$

系统所受外力对转轴 z 的矩为

$$M_z=M_O-Fr=M_O-fm_2gr$$

应用质点系对转轴 z 的动量矩定理

$$\frac{\mathrm{d}L_z}{\mathrm{d}t}=M_z$$

得

$$\frac{\mathrm{d}}{\mathrm{d}t}\left[\left(\frac{1}{2}m_1+m_2\right)rv\right]=M_O-fm_2gr$$

由于 $\dfrac{\mathrm{d}v}{\mathrm{d}t}=a$，于是物块 C 的加速度

$$a=\frac{\mathrm{d}v}{\mathrm{d}t}=\frac{2(M_O-fm_2gr)}{(m_1+2m_2r)}$$

例 12-5 转子 A 原来静止，而转子 B 具有角速度 ω_B。现用离合器 C 将转子 A、B 突然连接在一起，求连接后转子 A、B 的共同角速度 ω（图 12-12）。已知转子 A 和 B 对转轴的转动惯量分别为 J_A 和 J_B，轴承摩擦不计。

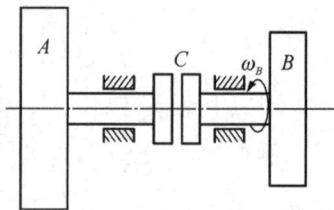

解： 以转子 A 和 B 作为研究的质点系，离合器 C 将两个转子接合部分之间的作用力是内力，不影响系统的动量矩。

图 12-12　例 12-5 图

系统所受的外力有重力和轴承约束力，它们对转轴的矩都等于零，系统对转轴的动量矩守恒。按式(12-7)，系统在接合前对转轴的动量矩为 $J_B\omega_B$，接合后对转轴的动量矩为 $(J_A+J_B)\omega$，所以

$$(J_A+J_B)\omega=J_B\omega_B$$

故

$$\omega=\frac{J_B}{J_A+J_B}\omega_B$$

例 12-6 水涡轮转子以匀角速度 ω 绕铅垂轴 z 转动，试求从涡轮叶片间流过的水流给涡轮转子的转动力矩，见图 12-13。

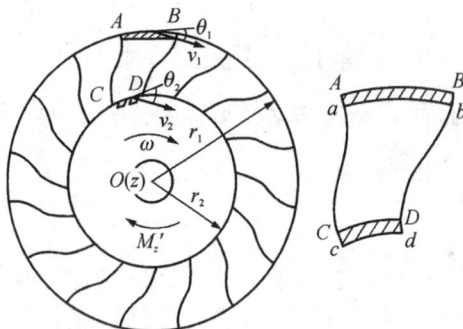

图 12-13　例 12-6 图

解： 水流给涡轮转子的转矩与转子给水流的力矩大小相等转向相反。因此，我们以流经两叶片 AC 与 BD 之间的水流为对象，用动量矩定理来研究这段水流的流动。

先求这段水流在 $\mathrm{d}t$ 时间内对轴 z 动量矩的改变量 $\mathrm{d}h_z$。设在瞬时 t 水流占有容积 $ABCD$，在瞬时 $(t+\mathrm{d}t)$ 水流流至 $abcd$；设流动是定常的，即水流各点速度的分布不随时间而改变，那么在公共容积 $abCD$ 内水流的动量矩 $[h_z]_{abCD}$ 保持不变，因此

$$\mathrm{d}h_z=[h_z]_{abcd}-[h_z]_{ABCD}=\{[h_z]_{abCD}+[h_z]_{CDcd}\}-\{[h_z]_{ABab}+[h_z]_{abCD}\}$$
$$=[h_z]_{CDcd}-[h_z]_{ABab}$$

设 q 是单位时间内流过两叶片之间的水的体积，ρ 是水的密度，r_1、r_2 分别为进口和出口处的半径，v_1、v_2 分别为进口和出口处水流的绝对速度，θ_1、θ_2 分别为速度 v_1、v_2 对转子圆周切线方向的偏角，则

$$\mathrm{d}h_z = (\rho q\,\mathrm{d}t)(v_2 r_2\cos\theta_2) - (\rho q\,\mathrm{d}t)(v_1 r_1\cos\theta_1)$$

在 $\mathrm{d}t$ 时间内流过整个转子的水的动量矩的改变量为

$$\mathrm{d}L_z = \sum \mathrm{d}h_z = \rho\left(\sum q\right)\mathrm{d}t(v_2 r_2\cos\theta_2 - v_1 r_1\cos\theta_1) = \rho Q\,\mathrm{d}t(v_2 r_2\cos\theta_2 - v_1 r_1\cos\theta_1)$$

式中，$Q = \sum q$ 为单位时间内流经整个转子的水的体积，即流量。水流受到的外力有重力和叶片的约束力，其中重力与轴 z 平行，力矩为零，故只有叶片给予水流的约束力对轴 z 有矩 M_z，根据质点系动量矩定理有

$$M_z = \frac{\mathrm{d}L_z}{\mathrm{d}t} = \rho Q(v_2 r_2\cos\theta_2 - v_1 r_1\cos\theta_1)$$

此时转子获得的转矩与之大小相等转向相反，即

$$M_z' = \rho Q(v_1 r_1\cos\theta_1 - v_2 r_2\cos\theta_2)$$

上式称为**欧拉涡轮方程**。它表明，在流量恒定时，转矩只和进口与出口处水流的绝对速度有关。

第四节　刚体定轴转动微分方程

将质点系的动量矩定理应用于刚体绕定轴转动的情形中。

设刚体上作用有主动力和轴承约束力，如图 12-14 所示，这些力都是外力。如果不计轴承中的摩擦，轴承约束力对于轴的力矩等于零。由式(12-7)，绕定轴转动的刚体对转轴的动量矩为 $L_z = J_z\omega$。根据质点系对于轴 z 的动量矩定理，有

$$J_z\alpha = \sum M_z(\boldsymbol{F}_i) \quad \text{或} \quad J_z\ddot{\varphi} = \sum M_z(\boldsymbol{F}_i) \quad (12-16)$$

式(12-16)称为**刚体绕定轴的转动微分方程**，即刚体对定轴的转动惯量与角加速度的乘积等于作用于刚体上的外力对该轴之矩的代数和。

应用上式解题时，应注意力矩的正负号。可先规定转角 φ 的正向，力矩的转向与转角正向相同时取正号，反之为负号。

例 12-7　一刚体可绕水平轴 O 摆动，见图 12-15。设其质量为 m，质心在 C 点，$OC = a$，对 O 轴的转动惯量为 J_O，在角 φ 保持甚小的情况下，求刚体的摆动规律。略去空气阻力及轴承摩擦。

解：刚体所受外力有重力 mg 及轴承约束力 $\boldsymbol{F}_{Ox}$、$\boldsymbol{F}_{Oy}$。由刚体定轴转动微分方程

$$J_O\ddot{\varphi} = -mga\sin\varphi$$

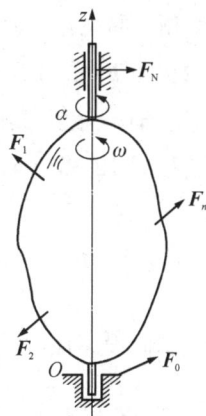
图 12-14　主动力和轴承约束力

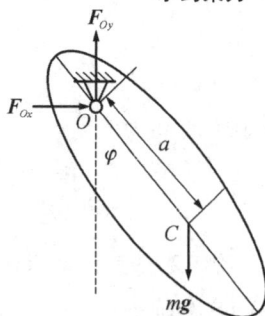
图 12-15　例 12-7 图

因 φ 值甚小,$\sin\varphi\approx\varphi$($\varphi$ 单位为弧度),故上式可写为

$$J_O\ddot{\varphi}+mga\varphi=0 \quad 或 \quad \ddot{\varphi}+\frac{mga}{J_O}\varphi=0$$

上式为常系数二阶微分方程,其解为 $\varphi=A\sin(\omega_0 t+\theta)$,式中 A、θ 为积分常数,可由运动的初始条件确定,$\omega_0=\sqrt{\dfrac{mga}{J_O}}$ 为固有频率。可见,刚体绕悬挂轴 O 作周期性摆动。这一装置称为复摆(或物理摆)。它的运动周期为 $T=\dfrac{2\pi}{\omega_0}=2\pi\sqrt{\dfrac{J_O}{mga}}$。如果通过测定复摆的运动周期 T,称出刚体的重量 mg,并用实验法测出重心的位置而得到 a,则刚体绕轴 O 的转动惯量为

$$J_O=\frac{T^2 mga}{4\pi^2}$$

对于形状不规则或非均质的物体,计算其转动惯量是困难的。本题是用复摆摆动法测定转动惯量。

例 12-8 飞轮重为 G,半径为 R,对转轴 Oz 的转动惯量为 J_z,以角速度 ω_0 转动,见图 12-16,制动时闸块对轮缘的法向压力为 F_N。设闸块与轮缘间的滑动摩擦因数 f 保持不变,轴承的摩擦可以略去,求制动所需的时间 t。

解:取飞轮为研究对象。所受的外力有法向压力 F_N,滑动摩擦力 F,重力 G 和轴承约束力 F_{Ox}、F_{Oy},其中只有摩擦力 F 对转轴 z 有矩,其他各力对轴 z 的矩都等于零。假设 α 的转向如图 12-16 所示。写出飞轮的定轴转动微分方程得

$$J_z\alpha=-FR=-fF_N$$

$$\alpha=-\frac{fF_N R}{J_z}$$

因假设摩擦因数 f 保持不变,故 $\alpha=$ 常量,即飞轮作匀减速转动,以末速 $\omega=0$,$\alpha=-\dfrac{fF_N R}{J_z}$ 代入运动学公式 $\omega=\omega_0+\alpha t$,得

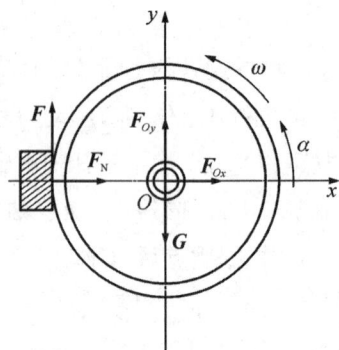

图 12-16 例 12-8 图

$$0=\omega_0+\left(-\frac{fF_N R}{J_z}\right)t$$

故制动时间为

$$t=\frac{J_z\omega_0}{fF_N R}$$

例 12-9 传动机构如[图 12-17(a)]所示,其中轴 Ⅰ、Ⅱ(包括齿轮)对各自转轴的转动惯量分别为 $J_1=0.10$ kg·m²,$J_2=0.15$ kg·m²,轴 Ⅰ 受到不变的力偶 M 作用,通过传动

比 $i=\dfrac{z_1}{z_2}=\dfrac{1}{2}$ 的一对齿轮,将动力传给轴 Ⅱ。设轴 Ⅰ 从静止开始匀加速度转动,经过 10 s 后达到转速 $n=1\,500$ r/min。已知齿轮 Ⅰ 的节圆半径 $r_1=0.10$ m,略去轴承的摩擦,试求力偶 M 和齿轮间的圆周力 F。

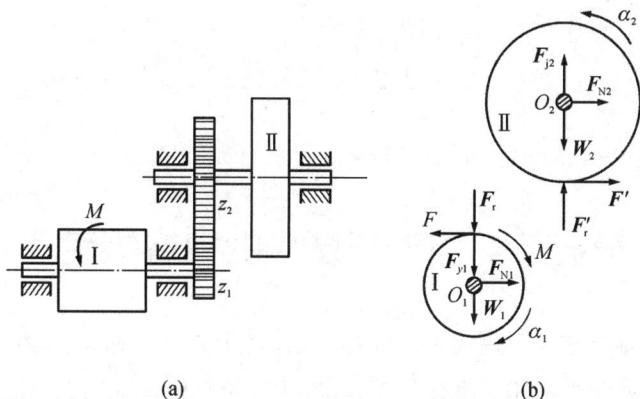

图 12‑17　例 12‑9 图

解:系统在不变力矩的作用下作匀加速度转动,根据已知条件可求出系统内各轴的角加速度。

系统由两根转轴组成,若取系统为研究对象,对任一轴应用动量矩定理时,方程中均要出现未知的轴承约束力,因此考虑将物体系拆开后,分为轴 Ⅰ、轴 Ⅱ 两部分,对两轴分别建立定轴转动微分方程。

(1) 求轴 Ⅰ、Ⅱ 的角加速度

对于轴 Ⅰ,初始角速度 $\omega_0=0$,$t=10$ s 时,$\omega=\dfrac{\pi}{30}n=50\pi$ rad/s。按匀加速公式可知

$$\omega=\omega_0+\alpha t$$

故轴 Ⅰ 的角加速度为

$$\alpha_1=\frac{\omega}{t}=\frac{50\pi}{10}=5\pi \ \text{rad/s}^2$$

由运动学关系可知

$$\frac{\alpha_2}{\alpha_1}=\frac{r_1}{r_2}=\frac{z_1}{z_2}=\frac{1}{2}$$

故

$$\alpha_2=\frac{1}{2}\alpha_1=2.5\pi \ \text{rad/s}^2$$

$$r_2=2r_1=0.20 \ \text{m}$$

(2) 求力偶 M 和齿轮圆周力 F

分别作出轴 Ⅰ 和轴 Ⅱ 的受力图并分析运动情况[图 12‑17(b)]。F 和 F_r 分别是齿轮的

圆周力和径向力。重力和轴承约束力都通过各自的转轴,它们对轴的矩均为零。由此可分别列出两轴的定轴转动微分方程:

$$J_1\alpha_1 = M - Fr_1$$

$$J_2\alpha_2 = Fr_2$$

由上述两式可求得

$$F = \frac{J_2\alpha_2}{r_2} = \frac{(0.15 \text{ kg·m}^2) \times (2.5\pi \text{ rad/s})}{0.20 \text{ m}} = 5.89 \text{ N}$$

$$M = J_1\alpha_1 + Fr_1 = (0.1 \text{ kg·m}^2) \times (5\pi \text{ rad/s}) + (5.89 \text{ N}) \times (0.10 \text{ m}) = 2.16 \text{ N·m}$$

第五节　相对于质心的动量矩定理

前节推导的动量矩定理只适用于惯性参考系,因此我们强调矩心(或轴)必须是固定的。如果矩心(或轴)相对于惯性坐标系作任意运动,则动量矩定理式(12-12)及其投影式,一般有修正项,只是在特殊情况下动量矩定理才在形式上与式(12-12)相同。

如图12-18所示,在研究质系的运动时,常通过质心 C 作平移坐标系 $Cx'y'z'$,将质系的运动分解为随质心的运动(牵连运动)及相对质心的运动(相对运动)。在此平移坐标系中,任一质点 m_i 的相对矢径为 r_i',相对速度为 v_{ir}。

令质点系对于点质心 C 的动量矩为

$$L_C = \sum M_C(m_i v_{ia}) = \sum(r_i' \times m_i v_{ia}) \tag{12-17}$$

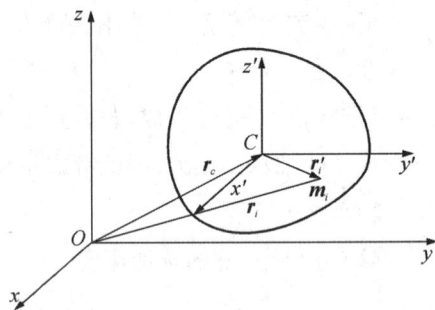

图 12-18　质点系相对质心的动量矩

由速度合成定理 $v_{ia} = v_C + v_{ir}$,

$$L_C = \sum(r_i' \times m_i v_{ia}) = \sum[r_i' \times m_i(v_C + v_{ir})] = \sum(r_i' \times m_i v_C) + \sum(r_i' \times m_i v_{ir})$$

由于 $\sum(r_i' \times m_i v_C) = \sum(m_i r_i') \times v_C = \mathbf{0}$,则上式又可写成 $L_C = \sum(r_i' \times m_i v_{ir})$,即

$$L_C = \sum(r_i' \times m_i v_{ia}) = \sum(r_i' \times m_i v_{ir})$$

从上述推导中可见,计算质点系对于质心的动量矩时,用质点相对于惯性参考系的绝对速度,或用质点相对于固连在质心上的平移参考系的相对速度,其结果是一样的。

质点系对固定点 O 的动量矩与对质心 C 的动量矩有什么关系?下面推导此关系式。

任一质点 m_i 对固定点 O 的矢径为 r_i,绝对速度为 v_{ia},则质点系对固定点 O 的动量矩为

$$L_O = \sum M_O(m_i v_{ia}) = \sum(r_i \times m_i v_{ia})$$

由图 12-18 可得各位置矢量之间的关系为

$$r_i = r_C + r_i'$$

则有

$$L_O = \sum (r_i \times m_i v_{ia}) = \sum [(r_C + r_i') \times m_i v_{ia}] = r_C \times \sum m_i v_{ia} + \sum (r_i' \times m_i v_{ia})$$

由质点系动量的计算式(12-3)，得 $\sum m_i v_{ia} = m v_C$，代入上式。有

$$L_O = r_C \times m v_C + \sum (r_i' \times m_i v_{ia})$$

式中，右端第二项为 $\sum (r_i' \times m_i v_{ia}) = L_C$，则得

$$L_O = r_C \times m v_C + L_C \tag{12-18}$$

对式(12-18)两边求导

$$\frac{\mathrm{d}}{\mathrm{d}t} L_O = \frac{\mathrm{d}}{\mathrm{d}t}(r_C \times m v_C + L_C) = \frac{\mathrm{d}r_C}{\mathrm{d}t} \times m v_C + r_C \times \frac{\mathrm{d}}{\mathrm{d}t}(m v_C) + \frac{\mathrm{d}L_C}{\mathrm{d}t}$$

因为 $\dfrac{\mathrm{d}r_C}{\mathrm{d}t} = v_C$，且 $v_C \times v_C = 0$；又 $\dfrac{\mathrm{d}}{\mathrm{d}t}(m v_C) = M a_C = \sum F_i^{(\mathrm{e})}$，上式可写成

$$\frac{\mathrm{d}}{\mathrm{d}t} L_O = r_C \times \sum F_i^{(\mathrm{e})} + \frac{\mathrm{d}L_C}{\mathrm{d}t} \tag{a}$$

又由质点系对定点 O 的动量矩定理

$$\frac{\mathrm{d}L_O}{\mathrm{d}t} = \sum M_O(F_i^{(\mathrm{e})}) = \sum (r_i \times F_i^{(\mathrm{e})})$$

将 $r_i = r_C + r_i'$ 代入，

$$\frac{\mathrm{d}L_O}{\mathrm{d}t} = \sum [(r_C + r_i') \times F_i^{(\mathrm{e})}] = r_C \times \sum F_i^{(\mathrm{e})} + \sum (r_i' \times F_i^{(\mathrm{e})}) \tag{b}$$

比较(a)、(b)两式，其左端相等，则右端也应相等，且 $\sum (r_i' \times F_i^{(\mathrm{e})}) = \sum M_C(F_i^{(\mathrm{e})})$，为质点系外力系对质心的主矩。于是得

$$\frac{\mathrm{d}L_C}{\mathrm{d}t} = \sum M_C(F_i^{(\mathrm{e})}) = \sum (r_i' \times F_i^{(\mathrm{e})}) \tag{12-19}$$

即，**质点系相对于质心的动量矩对时间的一阶导数等于作用于质点系的外力系对质心的主矩**。这个结论称为**质点系对于质心的动量矩定理**。该定理在形式上与质点系对于固定点的动量矩定理完全一样。

顺便指出，质系动量矩定理只有对固定点、质心以及一些满足一定条件下的点取矩时才有如上式的简单形式，对其他动点的动量矩定理都因有附加项而变得复杂。

如果外力系对质心的主矩为零，由式(12-19)知，相对于质心的动量矩是守恒的。如跳水运动员在离开跳板后，设不计空气阻力，则他在空中时除重力外，没有其他外力的作用，而重力对质心的矩为零，故相对于质心的动量矩是守恒的。当他离开跳板时，他的四肢伸直，其转动惯量较大。当他在空中时，把身体蜷缩起来，使转动惯量变小，于是得到较大的角速度，可以

翻几个跟斗。这种增大角速度的方法，常应用在花样滑冰、芭蕾舞、体操表演和杂技表演中。

第六节　刚体平面运动微分方程

在运动学中，我们将刚体的平面运动分解为随基点的平移和绕基点的转动。刚体的运动情况可由基点的运动方程和刚体绕基点的转动方程来描述。从运动学的观点看，基点的选择是任意的。现在从动力学的角度讨论刚体的平面运动，前节中已讨论过，质心运动定理把质心的运动与质点系所受外力的主矢联系起来，而相对质心的动量矩定理又把相对质心的转动与质点系所受外力的主矩联系起来。因此若选质心为基点，把刚体的平面运动分解为随质心的平移与绕质心的转动，随质心的平移用质心运动定理度量，相对质心的运动用相对质心的动量矩定理度量，这样就可以从动力学的角度描述刚体的平面运动。

在以质心 C 为坐标原点的平移动系 $Cx'y'z'$ 中，任意质点 m_i 对平面图形质心 C 轴的动量矩为 $L_C = r_i m_i v_{ir}$，且 $v_{ir} = r_i \omega$，刚体对平面图形质心 C 的动量矩为

$$L_C = \sum r_i m_i v_{ir} = \omega \sum m_i r_i^2$$

式中，$\sum m_i r_i^2 = J_C$，为刚体对通过质心 C 且与运动平面垂直的轴的转动惯量，ω 为平面运动刚体的角速度，则平面运动刚体对质心的动量矩为

$$L_C = J_C \omega \tag{12-20}$$

设刚体的质量为 m，质心在 C，所受外力有 $F_1, F_2, \cdots, F_n$ 等。由质心运动定理和相对于质心的动量矩定理，得刚体的**平面运动微分方程**

$$m\boldsymbol{a}_C = \sum \boldsymbol{F}^{(e)}, \quad \frac{\mathrm{d}}{\mathrm{d}t}(J_C \omega) = J_C \alpha = \sum M_C(\boldsymbol{F}_i^{(e)}) \tag{12-21}$$

或

$$m\frac{\mathrm{d}^2 \boldsymbol{r}_C}{\mathrm{d}t^2} = \sum \boldsymbol{F}^{(e)}, \quad J_C \frac{\mathrm{d}^2 \varphi}{\mathrm{d}t^2} = \sum M_C(\boldsymbol{F}_i^{(e)}) \tag{12-22}$$

应用时，应取投影式。在直角坐标中的投影式为

$$\left. \begin{array}{l} m\ddot{x}_C = ma_{Cx} = \sum F_x^{(e)} \\ m\ddot{y}_C = ma_{Cy} = \sum F_y^{(e)} \\ J_C \ddot{\varphi} = J_C \alpha = \sum M_C(\boldsymbol{F}_i^{(e)}) \end{array} \right\} \tag{12-23}$$

自然轴系中的投影式为

$$\left. \begin{array}{l} m\frac{\mathrm{d}v_C}{\mathrm{d}t} = ma_C^{\mathrm{t}} = \sum F_{\mathrm{t}}^{(e)} \\ m\frac{v_C^2}{\rho} = ma_C^{\mathrm{n}} = \sum F_{\mathrm{n}}^{(e)} \\ J_C \ddot{\varphi} = J_C \alpha = \sum M_C(\boldsymbol{F}_i^{(e)}) \end{array} \right\} \tag{12-24}$$

例 12-10　均质滚子质量为 m，半径为 R，在滚子的鼓轮上绕以绳索，已知水平力 F_T 沿着绳索作用，使滚子在粗糙的水平面上滚动，见图 12-19。鼓轮的半径为 r，滚子对质心轴 C 的回转半径为 ρ。试求滚子质心的加速度 a_C 和滚子所受的摩擦力。滚动摩擦不计。

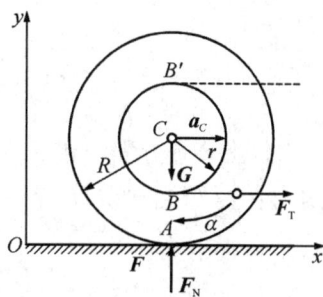

图 12-19　例 12-10 图

解：设水平面有足够的摩擦力，滚子沿水平面作纯滚动，滚子上作用的力有重力 $G=mg$，拉力 F_T，地面法向约束力 F_N 和滑动摩擦力 F，假定 F 指向左方。

滚子作平面运动，取坐标系，见图 12-19。假设 a_C 的指向和 α 的转向如图。根据约束条件，质心加速度 a_C 平行于轴 x，故 $a_{Cx}=a_C$，$a_{Cy}=0$，滚子的运动微分方程为

$$ma_C=F_T-F \tag{a}$$

$$0=F_N-G \tag{b}$$

$$m\rho^2\alpha=FR-F_T r \tag{c}$$

以上方程中未知量共有 4 个：a_C、α、F、F_N。注意在纯滚动时有运动学条件

$$a_C=R\alpha \tag{d}$$

这样，就有 4 个方程，可解 4 个未知量。为了求 a_C，可从式(a)解出 F 并和式(d)一起代入式(c)，得

$$m\rho^2\frac{a_C}{R}=(F_T-ma_C)R-F_T r$$

解出

$$a_C=\frac{F_T R(R-r)}{m(R^2+\rho^2)} \tag{e}$$

将式(e)代入式(a)，整理后得到

$$F=F_T\frac{\rho^2+Rr}{R^2+\rho^2}$$

例 12-11　图 12-20 所示均质杆 AB 长为 l，质量为 m，在铅垂平面内杆的两端分别与光滑的地板和墙接触，杆开始与墙的夹角为 φ_0，此时杆无初速地滑下。试求在杆开始滑动的瞬时，地板和墙对杆的约束力。

解：只要杆 AB 两端始终与地板和墙接触，则杆 AB 作平面运动。

取杆 AB 为研究对象，作受力图，并建立如图 12-20 所示的定系 Oxy。得平面运动微分方程，

$$m\ddot{x}_C=F_{NB} \tag{a}$$

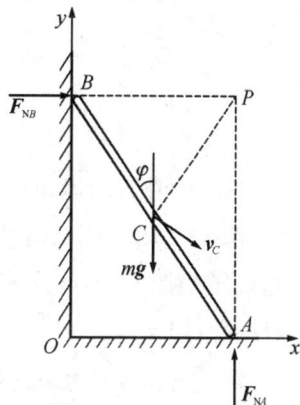

图 12-20　例 12-11 图

$$m\ddot{y}_C = F_{NA} - mg \tag{b}$$

$$\frac{1}{12}ml^2\ddot{\varphi} = F_{NA}\frac{l}{2}\sin\varphi - F_{NB}\frac{l}{2}\cos\varphi \tag{c}$$

以上 3 个方程中包含 5 个未知量 F_{NA}，F_{NB}，$\ddot{x}_C$，$\ddot{y}_C$ 及 $\ddot{\varphi}$，还必须寻找补充方程。由图 12 - 23 可知，质心 C 的坐标位置 x_C，y_C 与角 φ 之间满足

$$x_C = \frac{l}{2}\sin\varphi, \quad y_C = \frac{l}{2}\cos\varphi$$

将以上两式对时间求二阶导数，得

$$\ddot{x}_C = \frac{l}{2}\cos\varphi\ddot{\varphi} - \frac{l}{2}\sin\varphi\dot{\varphi}^2 \tag{d}$$

$$\ddot{y}_C = -\frac{l}{2}\sin\varphi\ddot{\varphi} - \frac{l}{2}\cos\varphi\dot{\varphi}^2 \tag{e}$$

将式(d)、(e)代入式(a)、(b)，并从式(a)、(b)、(c)中消去约束力 F_{NA} 和 F_{NB}，解得

$$\ddot{\varphi} = \frac{3g}{2l}\sin\varphi \tag{f}$$

当开始滑动的瞬时，杆的角速度 $\omega = \dot{\varphi} = 0$，即杆刚开始滑动时，杆的质心 C 的加速度为

$$\ddot{x}_C = \frac{l}{2}\cos\varphi_0\ddot{\varphi}_0$$

$$\ddot{y}_C = -\frac{l}{2}\sin\varphi_0\ddot{\varphi}_0$$

将式(f)代入以上两式，得

$$\ddot{x}_C = \frac{3g}{4}\sin\varphi_0\cos\varphi_0 \tag{g}$$

$$\ddot{y}_C = -\frac{3g}{4}\sin^2\varphi_0 \tag{h}$$

将式(g)及式(h)分别代入式(a)和式(b)，解得

$$F_{NB} = \frac{3}{4}mg\sin\varphi_0\cos\varphi_0$$

$$F_{NA} = \frac{1}{4}(4 - 3\sin^2\varphi_0)mg$$

本题中补充的运动学条件(d)、(e)是由分析法得到的，亦可由基点法得出。

例 12 - 12 长 l、质量为 m 的两均质杆 OA 和 AB 用铰链 O、A 连接，位于铅垂的平衡位置，如[图 12 - 21(a)]所示。今在杆 AB 的 B 端作用一已知水平力 F，试求力 F 作用瞬时两杆的角加速度。

解：先取 OA 为研究对象，受力图如[图 12 - 21(b)]所示。杆 OA 作定轴转动，设其角加速度为 α_{OA}，由刚体定轴转动的微分方程

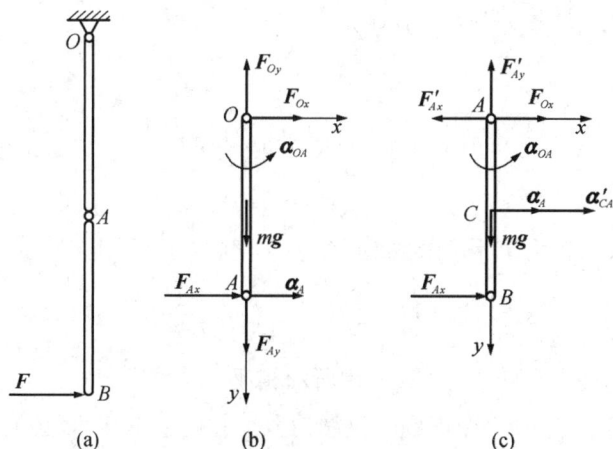

图 12 - 21 例 12 - 12 图

$$J_O \alpha_{OA} = \sum M_O(\boldsymbol{F})$$

得

$$\frac{1}{3}ml^2 \alpha_{OA} = F_{Ax} \tag{a}$$

再取杆 AB 为研究对象,受力图如[图 12 - 21(c)]所示。杆 AB 作平面运动,设其角加速度为 α_{AB},质心在点 C。由平面运动微分方程,推导得

$$ma_{Cx} = \sum F_x, \quad ma_{Cy} = \sum F_y, \quad J_C \alpha_{AB} = \sum M_C(F)$$

$$ma_{Cx} = F - F_{Ax} \tag{b}$$

$$ma_{Cy} = mg - F_{Ay} \tag{c}$$

$$\frac{1}{12}ml^2 \alpha_{AB} = F \cdot \frac{l}{2} + F_{Ax} \cdot \frac{l}{2} \tag{d}$$

以上 4 个方程中包括 6 个未知量 $\alpha_{OA}, F_{Ax}, F_{Ay}, a_{Cx}, a_{Cy}, \alpha_{AB}$,必须寻找补充方程方可求解。在力 $\boldsymbol{F}$ 作用的瞬时,两杆的角速度皆等于零,即

$$\omega_{OA} = \omega_{AB} = 0$$

所以点 A 的加速度

$$a_A = a_A^t = l\alpha_{OA}$$

方向垂直于 OA,如[图 12 - 21(b)]所示。

根据平面运动刚体上点的加速度合成定理,杆 AB 质心的加速度

$$\boldsymbol{a}_C = \boldsymbol{a}_A + \boldsymbol{a}_{CA}^t + \boldsymbol{a}_{CA}^n$$

式中

$$a_{CA}^n = \frac{l}{2}\omega_{AB}^2 = 0$$

$$a_{CA}^t = \frac{l}{2}\alpha_{AB}$$

方向垂直于 AC，如[图 12-21(c)]所示。

于是

$$a_{Cx} = a_A + a_{CA}^t = l\alpha_{OA} + \frac{l}{2}\alpha_{AB} \qquad (e)$$

$$a_{Cy} = 0 \qquad (f)$$

解式(a)、(b)、(d)、(e)，得力 F 作用的瞬时，角加速度为

$$\alpha_{OA} = -\frac{6F}{7ml}, \quad \alpha_{AB} = \frac{30F}{7ml}$$

负号表示 α_{OA} 的实际转向与图 12-21(b)中所示相反。

从上述例题可见，求解动力学问题时仅靠动力学方程是不够的，必须补充运动学特征量之间的关系式，而且这种关系式的建立往往成为解决问题的关键。

*第七节　陀螺的近似理论

具有旋转对称轴、并绕此轴上一固定点高速转动的刚体称为陀螺。在现代工程技术中各种陀螺仪器或装置获得了广泛的应用，如飞机、舰船、导弹、宇宙航行等的各种现代化导航系统中，都采用陀螺仪作为指示仪或稳定器的主要元件。在地下钻探、掘进、测量等领域中也要应用陀螺仪。此外，机械中高速自转的部件，如轮船上的汽轮机转子、飞机的螺旋桨、发动机的涡轮转子等，当它们的转轴在空间改变方向时，将会产生不可忽视的陀螺力矩和陀螺效应，研究陀螺的运动规律和特性，在工程技术中具有重要的意义。

设陀螺以角速度 ω 绕其对称轴 Oz' 转动，同时 Oz' 轴又以角速度 ω_e 绕空间一固定轴 Oz 转动，如图 12-22 所示。前一种运动称为自转，因此 Oz' 亦称自转轴，而 ω 称为**自转角速度**；后一种运动称为**进动**，ω_e 称为**进动角速度**。由第十章内容知，陀螺将以绝对角速度 ω_a 绕固定点 O 运动，且

$$\boldsymbol{\omega}_a = \boldsymbol{\omega}_e + \boldsymbol{\omega}$$

在陀螺的近似理论中，我们假设其自转角速度远远大于进动角速度，即 $\omega \gg \omega_e$，因此可近似地认为 $\omega_a \approx \omega$，即陀螺绕定点 O 运动的绝对角速度矢 $\boldsymbol{\omega}_a$ 与其对称轴 Oz' 相重合，其大小与自转角速度 ω 相等。这样在计算陀螺对定点 O 的动量矩 L_O 时，可略去由进动角速度 $\boldsymbol{\omega}_e$ 引起的那一部分动量矩，而将 L_O 近似地表示为

$$L_O = J_{z'}\omega \qquad (12-25)$$

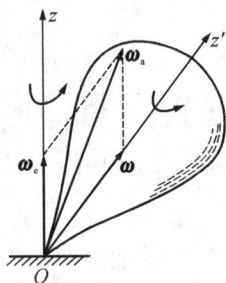

图 12-22　陀螺的近似理论

---

* 选读章节内容。

式中，$J_{z'}$ 是陀螺对其自身对称轴 Oz' 的转动惯量。

实际工程中的陀螺，都是绕自身对称轴作高速转动的刚体，其自转角速度 ω 高达每分钟 2 万～3 万 rad 以上，而进动角速度 ω_e 都很小。因此，在许多工程技术领域内，陀螺近似理论具有足够的精确性。

我们将应用动量矩定理来阐明陀螺运动的近似理论，这里首先介绍赖柴定理。

质点系动量矩定理的矢量表达式为

$$\frac{\mathrm{d}\boldsymbol{L}_O}{\mathrm{d}t} = \sum \boldsymbol{M}_O(\boldsymbol{F}_i^{(\mathrm{e})})$$

式中，$\boldsymbol{L}_O$ 代表质点系对于固定点 O 的动量矩，而 $\sum \boldsymbol{M}_O$ 代表作用在质点系上的所有外力对于同一点的矩的矢量和（主矩）。当刚体绕固定点 O 转动时，一般来说动量矩 $\boldsymbol{L}_O$ 的大小和方向都随时间而改变。因此，动量矩矢 $\boldsymbol{L}_O$ 的端点将在空间描出它的矢端曲线，见图 12-23。如将动量矩矢的端点 E 看作一个动点，由运动学可知它沿矢端曲线 ab 运动的速度 $\boldsymbol{u}$ 等于它的矢径对时间 t 的导数，而此处端点 E 的矢径就是 $\boldsymbol{L}_O$，故 $\boldsymbol{u} = \dfrac{\mathrm{d}\boldsymbol{L}_O}{\mathrm{d}t}$。因此，动量矩定理也可改写为

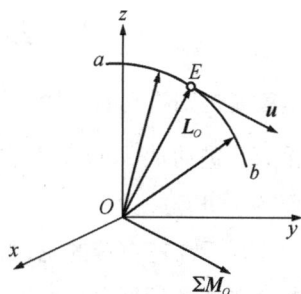
图 12-23

$$\boldsymbol{u} = \sum \boldsymbol{M}_O(\boldsymbol{F}_i^{(\mathrm{e})}) = \sum \boldsymbol{M}_O \tag{12-26}$$

即质点系（包括刚体）对于固定点 O 的动量矩矢 $\boldsymbol{L}_O$ 端点的运动速度 $\boldsymbol{u}$，等于作用于该质点系（或刚体）的所有外力对于同一点 O 的主矩，这称为**赖柴定理**。实际上式(12-26)是质点系动量矩定理的运动学解释。

下面用赖柴定理来分析陀螺运动的一些重要特性。

1. 陀螺的规则进动

设陀螺转子以大小不变的角速度 ω 绕其自转轴 Oz' 转动，同时又以大小和方向都不变的角速度 ω_e 绕固定轴 Oz 进动，并使进动轴 Oz 与自转轴 Oz' 之间保持不变的夹角 θ，见图 12-24，转子的这种定点运动称为**规则进动**。

陀螺转子作规则进动时，其瞬时角速度为

$$\omega_a = \omega_e + \omega \tag{a}$$

现在来求规则进动时作用在转子上的外力矩。由赖柴定理可知，作用在转子上的外力矩 $\sum \boldsymbol{M}_O$ 等于转子动量矩矢 $\boldsymbol{L}_O$ 端点 E 的速度 $\boldsymbol{u}$，即

$$\sum \boldsymbol{M}_O = \boldsymbol{u} = \boldsymbol{\omega}_e \times \boldsymbol{L}_O \tag{b}$$

由于对称，自转轴（即对称轴）Oz' 又称极轴，转子对 Oz' 的转动惯量 $J_{z'}$，称为**极转动惯**

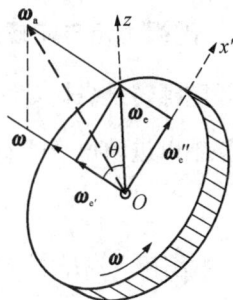
图 12-24　陀螺的规则进动

量。与对称轴相垂直的轴 Ox' 称为**赤道轴**,对应的转动惯量 $J_{x'}$ 称为**赤道转动惯量**。

将角速度矢 $\boldsymbol{\omega}_e$ 沿转子的自转轴 Oz' 和赤道轴 Ox' 分解,即 $\boldsymbol{\omega}_e = \boldsymbol{\omega}'_e + \boldsymbol{\omega}''_e$,其中沿 Oz' 轴

的分量 $\boldsymbol{\omega}'_e = \omega_e \cos\theta \dfrac{\boldsymbol{\omega}}{\omega}$,于是转子对固定点 O 的动量矩可写为

$$\boldsymbol{L}_O = J_{z'}(\boldsymbol{\omega} + \boldsymbol{\omega}'_e) + J_{x'}\boldsymbol{\omega}''_e = J_{z'}(\boldsymbol{\omega} + \boldsymbol{\omega}'_e) + J_{x'}(\boldsymbol{\omega}_e - \boldsymbol{\omega}''_e)$$

$$= \left[J_{z'} + (J_{z'} - J_{x'})\frac{\omega_e}{\omega}\cos\theta \right]\boldsymbol{\omega} + J_{x'}\boldsymbol{\omega}_e$$

将上式代入式(b),并考虑到 $\boldsymbol{\omega}_e \times \boldsymbol{\omega}_e = \boldsymbol{0}$,整理后得

$$\sum \boldsymbol{M}_O = \left[J_{z'} + (J_{z'} - J_{x'})\frac{\omega_e}{\omega}\cos\theta \right]\boldsymbol{\omega}_e \times \boldsymbol{\omega} \qquad (12-27)$$

这就是规则进动时作用在转子上的外力矩表达式。由式(12-27)可见,外力矩矢 $\sum \boldsymbol{M}_O$ 恒垂直于进动轴 $Oz(\boldsymbol{\omega}_e)$ 与自转轴 $Oz'(\boldsymbol{\omega})$ 所组成的平面,其指向与式(12-27)中方括号内数值的正负有关。

对于高速自转的陀螺,由于 $\omega \gg \omega_e$,式(12-27)中方括号内的第二项可以忽略不计,这时规则进动的外力矩可近似表示为

$$\sum \boldsymbol{M}_O = \boldsymbol{\omega}_e \times J_{z'}\boldsymbol{\omega} \qquad (12-28)$$

则外力矩的大小为

$$\sum M_O = J_{z'}\omega\omega_e \sin\theta \qquad (12-29)$$

因此,如已知外力矩,可以求出进动角速度的大小。由此可见,在同样外力矩作用下,进动角速度 ω_e 与自转角速度 ω 成反比;自转角速度愈大时,进动角速度就愈小,陀螺近似理论的精确度也就愈高。当陀螺的自转角速 ω 由于摩擦阻力的影响而逐渐减小时,进动角速度 ω_e 就会逐渐增大。

2. 陀螺力矩与陀螺效应

设陀螺转子绕其对称轴 Oz' 以角速度 $\boldsymbol{\omega}$ 高速自转,若转子受外力矩 $\sum \boldsymbol{M}_O$ 作用,则将迫使该轴以进动角速度 $\boldsymbol{\omega}_e$ 绕固定轴 Oz 转动,两轴的交点为固定点 O,根据赖柴定理有

$$\sum \boldsymbol{M}_O = \boldsymbol{u} = \boldsymbol{\omega}_e \times \boldsymbol{L}_O = \boldsymbol{\omega}_e \times J_{z'}\boldsymbol{\omega}$$

显然,外力矩 $\sum \boldsymbol{M}_O$ 的施力体必将受到陀螺的反作用力矩 $\boldsymbol{M}_G$ 作用。根据作用与反作用定律,有 $\boldsymbol{M}_G = -\sum \boldsymbol{M}_O$,从而得

$$\boldsymbol{M}_G = J_{z'}\boldsymbol{\omega} \times \boldsymbol{\omega}_e \qquad (12-30)$$

其大小为

$$M_G = J_{z'}\omega\omega_e \sin(\boldsymbol{\omega}, \boldsymbol{\omega}_e) \qquad (12-31)$$

而方向则垂直于自转角速度矢 $\boldsymbol{\omega}$ 与进动角速度矢 $\boldsymbol{\omega}_e$ 所组成的平面,并按右手法则确定指

向,即由 M_G 的末端向始端看,可由 $\boldsymbol{\omega}$ 经过的($\boldsymbol{\omega}$,$\boldsymbol{\omega}_e$)间较小的夹角按逆时针方向转到 $\boldsymbol{\omega}_e$,见图 12-25。

这个反作用力矩 M_G 称为**陀螺力矩**。它不是作用于陀螺本身,而是作用在对陀螺施加外力的物体(如轴承、支架等)上。工程中将由陀螺力矩引起的效应称为**陀螺效应**。

外力矩与进动之间以及进动与陀螺力矩及陀螺效应之间的关系可叙述为,只要高速转动的陀螺转子上有外力矩作用,就必然有相应的进动角速度;若转子有进动角速度,则多半会产生相应的陀螺力矩作用在对转子施加外力的其他物体上,这种效应就是陀螺效应。

陀螺力矩和陀螺效应不仅在陀螺装置中非常重要,而且在一股具有高速旋转部件的机器中也具有很重要的意义。只要高速旋转部件的自转轴发生进动(即在空间改变方向),就会产生陀螺力矩,出现陀螺效应。例如,现代舰船上汽轮机转子,或者飞机上涡轮发动机转子,都是以很高的转速在旋转,当舰船或飞机的运动方向改变,即对转子产生强迫进动时,就会出现陀螺效应,从而在转子轴的轴承上产生附加动压力,甚至导致转动轴发生弯曲变形或使轴承发生破坏。这种因陀螺力矩而在轴承上产生的附加动压力,称为**陀螺压力**。陀螺压力通过轴承传给舰船或飞机的机体,有时甚至会影响舰船或飞机航行的稳定性。

最后还应指出,在陀螺仪的实际运动中,进动角速度 ω_e 和角度 θ 不一定是常量,即不一定满足规则进动的条件。因此,还会有其他的反作用力矩出现。但是,这些反作用力矩在陀螺仪近似理论中常常可以忽略不计,因而陀螺力矩表达式(12-31)在工程技术中仍具有实用价值。

例 12-13　飞机发动机的涡轮转子对其转轴的转动惯量 $J=22$ kg·m²,转速 $n=10\ 000$ r/min,轴承 A、B 间的距离 $l=0.60$ m,见[图 12-26(a)]。若飞机以角速度 $\omega_e=0.25$ rad/s 在水平面内左盘旋,试求涡轮发动机转子的陀螺力矩及轴承 A、B 上的陀螺压力。

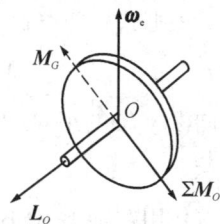

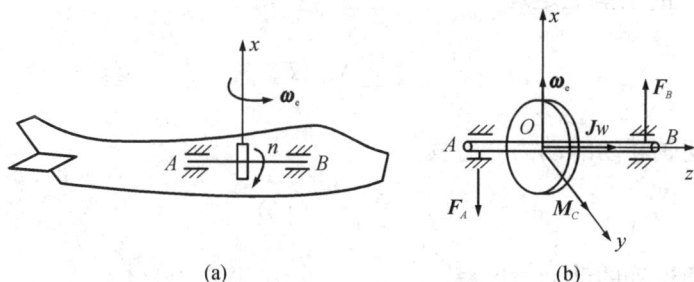

图 12-26　例 12-13 图

解:转子的自转角速度

$$\omega=\frac{2\pi n}{60}=\frac{2\pi\times10\ 000}{60}=1\ 047 \text{ rad/s}$$

根据式(12-31),陀螺力矩的大小

$$M_G = J_{z'}\omega\omega_e\sin90° = 22 \times 1\ 047 \times 0.25 = 5\ 759\ \text{N·m}$$

方向沿 y 轴的正向,见[图12-26(b)]。须注意,陀螺力矩不是作用在转子上,而是作用在轴承上。

作用在轴承 A、B 上的陀螺压力为

$$F_A = F_B = \frac{M_G}{l} = \frac{5\ 759}{0.60} = 9\ 598\ \text{N}$$

方向如图12-26(b)所示。

本章小结

1. 质点的动量矩

(1) 质点系对于点 O 的动量矩:

$$\boldsymbol{L}_O = \sum_{i=1}^{n} \boldsymbol{M}_O(m_i\boldsymbol{v}_i) = \sum_{i=1}^{n}(\boldsymbol{r}_i \times m_i\boldsymbol{v}_i)$$

(2) 平移刚体(质点)对于点 O 的动量矩:

$$\boldsymbol{L}_O = \boldsymbol{r}_C \times m\boldsymbol{v}_C$$

(3) 刚体绕 z 轴转动的动量矩:

$$L_z = J_z\omega$$

2. 对固定点 O 的动量矩定理

$$\frac{\mathrm{d}\boldsymbol{L}_O}{\mathrm{d}t} = \sum \boldsymbol{M}_O(\boldsymbol{F}_i^{(\mathrm{e})})$$

3. 对质心 C 的动量矩定理

$$\frac{\mathrm{d}\boldsymbol{L}_C}{\mathrm{d}t} = \sum \boldsymbol{M}_C(\boldsymbol{F}_i^{(\mathrm{e})})$$

4. 刚体绕定轴转动的动力学方程

$$J_z\alpha = \sum M_z(\boldsymbol{F}_i)$$

5. 刚体平面运动的动力学方程

$$m\boldsymbol{a}_C = \sum F^{(\mathrm{e})}, \quad J_C\alpha = \sum M_C(\boldsymbol{F}_i^{(\mathrm{e})})$$

6. 以高速自转的陀螺,有简单的近似解法

它的力学特性为:定轴性、进动性、陀螺效应。

习　题

12-1　质量为 m 的质点在 xOy 平面内运动,其运动方程为 $x=a\cos\omega t$, $y=b\sin2\omega t$, 其中 a、b 和 ω 为常量。求质点对原点 O 的动量矩。

12-2　质量为 m 的小球连在细线的一端,线的另一端穿过光滑平面上的小孔 O, 令小球在水平面上沿半径为 r 的圆作匀速运动,速度为 v_0。如将细线往下拉,使圆的半径缩小为 $r/2$, 问此时小球的速度和细线的拉力各是多少?

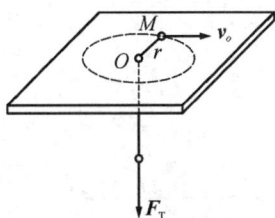

题 12-2 图

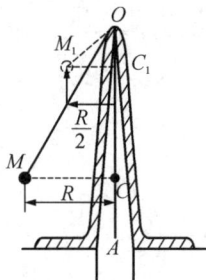

题 12-3 图

12-3　小锤 M 连于线 MOA 的一端,线的另一端穿过一铅垂小管。小锤绕管轴沿半径 $MC=R$ 作圆周运动,转速为 120 r/min, 今将线段 OA 慢慢向下拉,使外面线段缩短到长度 OM_1, 此时小锤作半径 $C_1M_1=\dfrac{1}{2}R$ 的圆周运动。求这时小锤的转速。

12-4　小球 A 质量为 m, 连接在长为 l 的杆 AB 上,并放在盛有液体的容器内。杆 AB 以初角速度 ω_0 绕铅垂轴 Oz 转动,即 $F_R=km\omega$, 其中 k 为比例常数。问经过多长时间角速度减为初角速度的一半? 杆 AB 的质量不计。

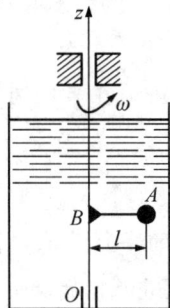

题 12-4 图

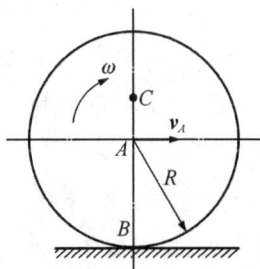

题 12-5 图

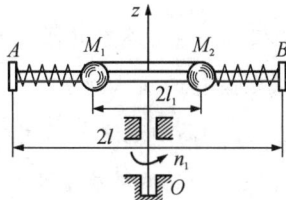

题 12-6 图

12-5　质量为 m 的偏心轮在水平面上作平面运动。轮子轴心为 A, 质心为 C, $AC=e$; 轮子半径为 R, 对轴心 A 的转动惯量为 J_A; C、A、B 三点在同一铅直线上。(1) 当轮子只滚不滑时,若 v_A 已知,求轮子的动量和对地面上 B 点的动量矩;(2) 当轮子又滚又滑时,若已知 v_A、ω, 求轮子的动量和对地面上 B 点的动量矩。

12-6 水平均质杆 AB，长 $2l=1.8$ m，质量 $m_{AB}=2$ kg，可绕铅垂的质心轴 Oz 转动。两球 M_1 和 M_2 质量各为 $m=5$ kg，固连于两个相同的弹簧的末端，可沿杆 AB 移动。今使杆以转速 $n_1=64$ r/min 绕 Oz 轴转动，且两球与轴对称，相距 $2l_1=0.72$ m。两球用细线连接，然后将细线割断，两球在弹性力和摩擦力作用下经若干次振动后，保持在新的位置上，相距 $2l_2=1.08$ m，求此时杆的转速 n_2。设两球可看成质点，不计弹簧质量。

12-7 水平杆以角速度 ω 绕铅垂轴 Oz 转动。杆上有用一细绳连接且质量分别为 $m_A=2$ kg 和 $m_B=0.5$ kg 的物体 A 和 B，两物体可以沿水平杆滑动，绳长为 $l=1$ m，已知当物块 A 离轴 Oz 的距离 $r_A=0.6$ m 时，它相对于水平杆的速度 $v_{Ar}=0.4$ m/s，方向沿轴 Ox，而此时水平杆绕轴 Oz 的角速度 $\omega=0.5$ rad/s，试求该瞬时水平杆的角速度 α。水平杆和细绳的质量以及轴承的摩擦均略去不计。

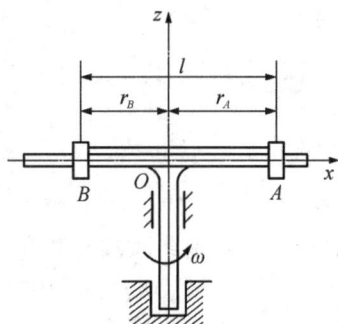

题 12-7 图

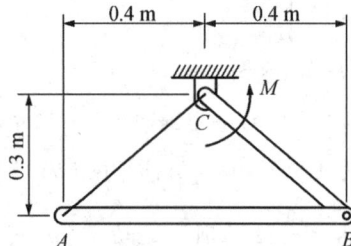

题 12-8 图

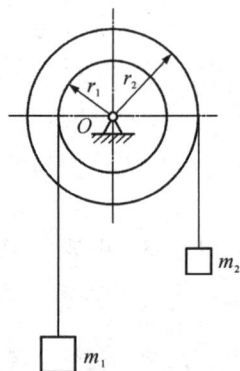

题 12-9 图

12-8 均质细长杆 AB 和均质细长杆 BC 在点 B 铰接，并由绳子 AC 相连。该装置可以在垂直平面内转动，受力为重力以及施加在杆 BC 上的力偶 M。已知 $m_{AB}=8$ kg，$m_{BC}=5$ kg，在题 12-8 图所示位置装置角速度为零，AC 中拉力为 $F_T=50$ N。求该装置的角加速度以及力偶 M 的大小。

12-9 质量为 m_1 和 m_2 的两重物，分别挂在两条绳子上，绳又分别绕在半径为 r_1 和 r_2 并装在同一轴的两鼓轮上。已知两鼓轮对于转轴 O 的转动惯量为 J_O，系统在重力作用下运动，求鼓轮的角加速度。

12-10 高炉运送矿石用的卷扬机如题 12-10 图所示。已知鼓轮的半径为 R，转动惯量为 J，矿斗和矿石总质量为 m，作用在鼓轮上的力偶的力偶矩为 M，轨道的倾角为 θ，设绳的质量和各处摩擦均忽略不计，求矿斗的加速度。

12-11 如题 12-11 图所示水平圆板可绕 z 轴转动。此时，在圆板上有一质点 M 作圆周运动，已知其速度的大小为常量，等于 v_0，质点 M 的质量为 m，圆的半径为 r，圆心到 z 轴的距离为 l，M 点在圆板的位置由 φ 角确定，如图所示。如圆板的转动惯量为 J，并且当点 M 离 z 轴最远在点 M_0 时，圆板的角速度为零。轴的摩擦和空气阻力略去不计，求圆板的角

速度与 φ 角的关系。

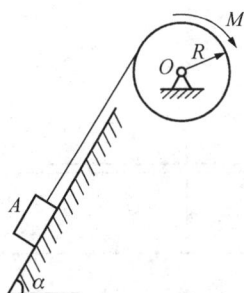
题 12-10 图

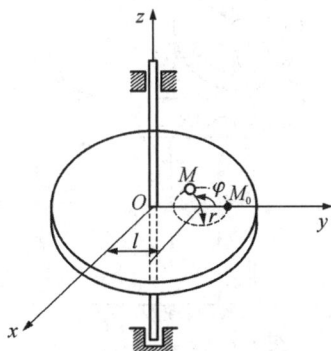
题 12-11 图

12-12　为求刚体对于通过重心 C 的轴 AB 的转动惯量,用两杆 AD、BE 与刚体牢固连接,并借两杆将刚体活动地挂在水平轴 DE 上,如题 12-12 图所示。轴 AB 平行于 DE,然后使刚体绕轴 DE 作微小摆动,求出振动周期 T。如果刚体的质量为 m,轴 AB 与 DE 间的距离为 h,杆 AD 和 BE 的质量忽略不计,求刚体对轴 AB 的转动惯量。

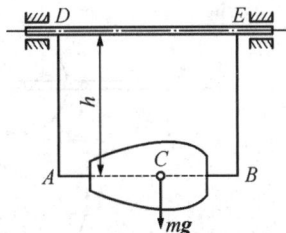
题 12-12 图

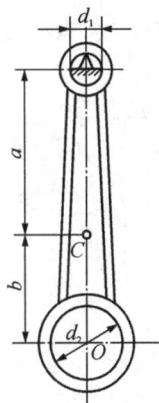
题 12-13 图

12-13　连杆的质量 $m=1.40$ kg,质心在点 C,$d_1=30$ mm,$d_2=70$ mm,$a=180$ mm,$b=120$ mm,测得连杆绕刃口支座作微振动的周期 $T=1.0$ s,试求连杆对于曲柄轴 O 的转动惯量。

12-14　为了测定半径 $r=0.5$ m 的飞轮的转动惯量,在缠于轮缘的绳上系一质量为 $m_1=8$ kg 的物块。由静止开始释放物块,自高度 $h=2$ m 处下落,观察到它下落时间为 $t_1=16$ s。为了从计算中消去轴承摩擦,又换用质量为 $m_2=4$ kg 的第二个物块,并观察到它下落时间为 $t_2=25$ s。设由于摩擦所引起的力偶矩为常量,求飞轮的转动惯量和轴承的摩擦力偶矩。

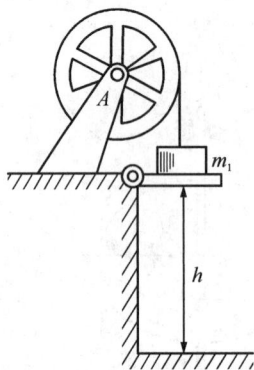

题 12-14 图

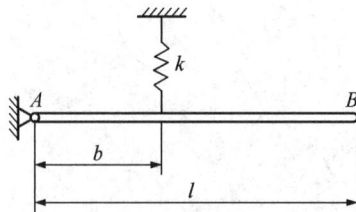

题 12-15 图

12-15 题 12-15 图所示结构中,有一长为 l、质量为 m 的均质杆 AB 用光滑铰链 A 和弹簧常数为 k 的弹簧支持,在水平位置处于平衡。若杆重不计,试求杆作微小振动时的周期。

12-16 一倒置的摆由弹簧常数都为 k 的两弹簧支持。设摆由半径为 r、质量为 m 的圆球和直杆组成,杆的质量不计。当摆从铅垂的平衡位置向左或向右有一微小偏移后,摆是否发生振动? 如果振动,求其振动的周期。

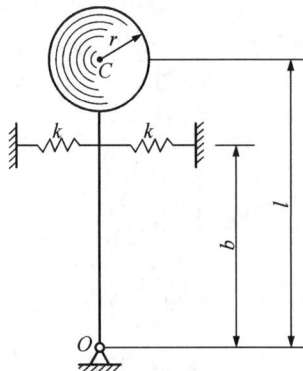

题 12-16 图

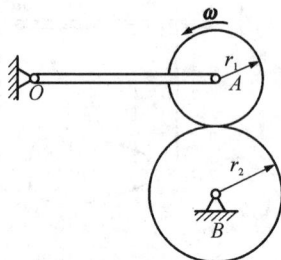

题 12-17 图

12-17 均质圆轮 A 质量为 m_1,半径为 r_1,以角速度 ω 绕杆 OA 的 A 端转动,此时将轮放置在质量为 m_2 的另一均质圆轮 B 上,其半径为 r_2,如题 12-17 图所示。轮 B 原为静止,但可绕其中心自由转动。放置后,轮 A 的重量由轮 B 支持。略去轴承的摩擦和杆 OA 的重量,并设两轮间的摩擦系数为 f。问自轮 A 放在轮 B 上到两轮间没有相对滑动为止,需经过多少时间?

12-18 绞车提升一质量为 m 的物块 A,主动轴上作用有不变的转矩 M,已知主动轴和从动轴部分对各自转轴的转动惯量分别为 J_1 和 J_2,传动比 $z_1:z_2=k$,鼓轮半径为 R,略去轴承摩擦及吊索重量,求重物 A 的加速度。

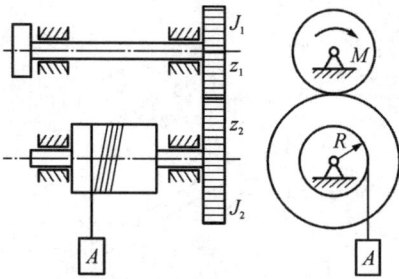
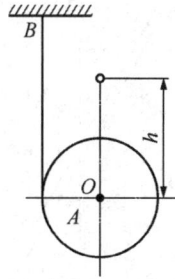
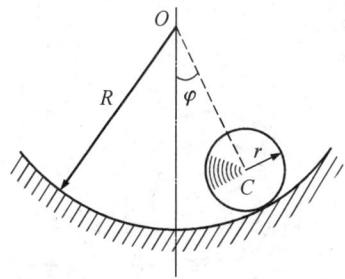

题 12－18 图　　　　　　题 12－19 图　　　　　　　题 12－20 图

12－19　均质圆柱体 A 的质量为 m，在外圆上绕以细绳，绳的一端 B 固定不动，如题 12－19 图所示。当 BC 铅垂时圆柱下降，其初速为零。求当圆柱体的轴心降落了高度 h 时轴心的速度和绳子的张力。

12－20　均质圆柱体半径为 r，重 P，在半径为 R 的固定圆柱面内滚动而不滑动。试求圆柱体在其平衡位置附近作微幅振动的运动微分方程。

12－21　如题 12－21 图所示，板的质量为 m_1，受水平力 F 作用，沿水平面运动，板与平面间的动摩擦因数为 f。在板上放一质量为 m_2 的均质实心圆柱，此圆柱对板只滚不滑。求板的加速度。

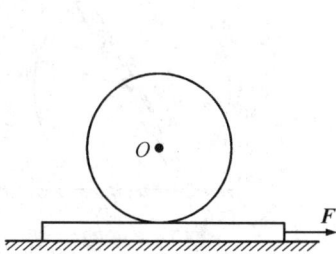
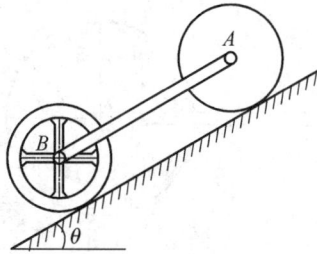
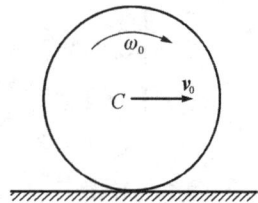

题 12－21 图　　　　　　题 12－22 图　　　　　　题 12－23 图

12－22　均质实心圆柱体 A 和薄铁环 B 的质量均为 m，半径都等于 r，两者用杆 AB 铰接，无滑动地沿斜面滚下，斜面与水平面的夹角为 θ，如题 12－22 图所示如杆的质量忽略不计，求杆 AB 的加速度和杆的内力。

12－23　半径为 r 的均质圆柱体的质量为 m，放在粗糙的水平面上，如题 12－23 图所示。设其质心 C 初速度为 v_0，方向水平向右，同时圆柱如图所示方向转动，其初角速度为 ω_0，且有 $r\omega_0 < v_0$。如圆柱体与水平面的摩擦因数为 f，问经过多少时间，圆柱体才能只滚不滑地向前运动，并求该瞬时圆柱体中心的速度。

12－24　绳子绕在鼓轮上，其上施加一水平拉力 $F＝200 \text{ N}$。鼓轮质量为 $m＝50 \text{ kg}$，$r＝60 \text{ mm}$，$R＝100 \text{ mm}$，回转半径 $\rho＝70 \text{ mm}$。已知 $f_s＝0.20$，$f_d＝0.15$。求轮心 C 的加速度和鼓轮的角加速度。

12－25　均质细杆 AB 质量为 m，长为 l，置于光滑的水平地板上，并与铅垂线成 $\theta＝30°$。设杆由该位置无初速地开始倒下。求杆开始滑动瞬间，地板对杆的约束力。

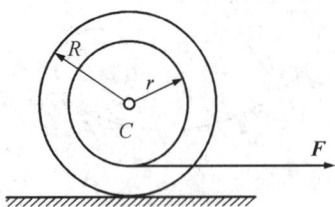
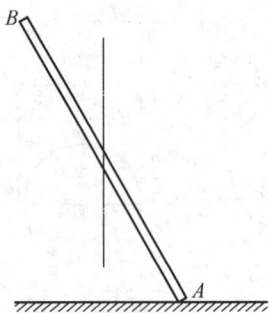
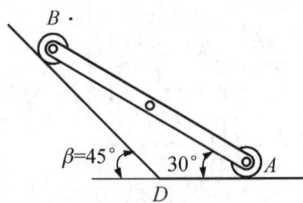

题 12-24 图　　　　　题 12-25 图　　　　　题 12-26 图

12-26　杆 AB 长 $l=1.2$ m，质量 $m=25$ kg，不计摩擦。杆在题 12-26 图所示位置无初速地释放。求杆的角加速度和 A、B 处的约束力。

12-27　均质圆柱体 A 和 B 的质量均为 m，半径为 r，一绳缠在绕固定轴 O 转动的圆柱 A 上，绳的另一端绕在圆柱 B 上，如题 12-27 图所示。摩擦不计。求圆柱体 B 下落时质心的加速度。

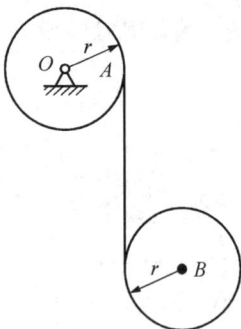
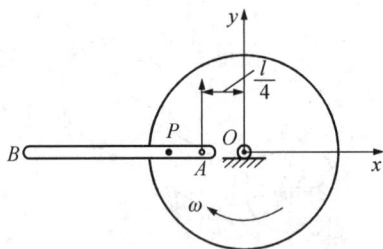
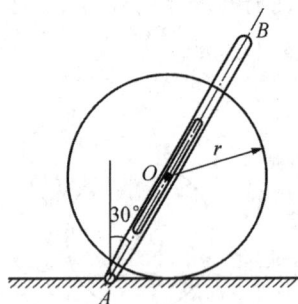

题 12-27 图　　　　　题 12-28 图　　　　　题 12-29 图

12-28　均质细杆 AB 重 W，长为 l，在 A 和 P 处用销钉连接在圆盘上，如题 12-28 图所示。设圆盘在铅垂平面内以匀角速度 ω 绕轴 O 转动。当杆 AB 处于水平位置的瞬时，销钉 P 突然被抽掉，因而杆 AB 可以绕点 A 自由转动。试求在销钉 P 被抽掉的瞬间，杆 AB 的角加速度与销钉 A 处的约束力。

12-29　绕点 A 转动的杆 AB 上有一导槽，套在沿水平面作纯滚动的轮子轴心 O 上，如题 12-29 图所示。已知：杆 AB 的质量 $m_1=24$ kg，质心在离点 A 为 80 mm 处，对轴 A 的回转半径为 $\rho_A=100$ mm；轮子的质量 $m_2=16$ kg，半径 $r=60$ mm，对轮的质心 O 的回转半径 $\rho_O=30$ mm。除轮子与地面有足够大的摩擦力外，其他各处的摩擦力皆略去不计，试求轮子在图示位置无初速开始运动时的角加速度。

12-30　一质量为 m_B 的物块固定在质量为 m 的圆环上，当 $\theta=90°$ 时系统从静止释放，圆环纯滚动。已知 $m=3m_B$，求该瞬时圆环的角加速度和点 B 加速度的水平及铅垂分量。

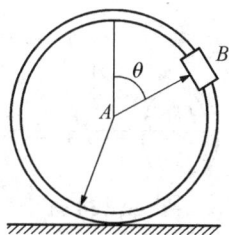

题 12-30 图

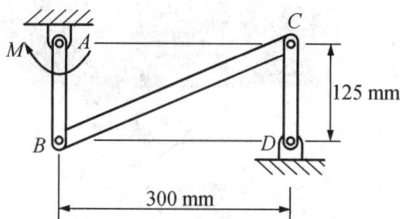

题 12-31 图

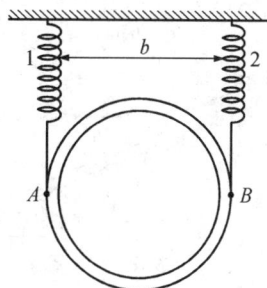

题 12-32 图

12-31　四连杆机构 $ABCD$ 由质量为 $3\,\text{kg}$ 的杆 BC 以及 $1.5\,\text{kg}$ 的杆 AB 及 CD 构成，已知题 12-31 图所示瞬时杆 AB 以顺时针转向的匀角速度 $\omega = 24\,\text{rad/s}$ 转动。求力偶 M 和 B 处的约束力。

12-32　一质量为 m 的直径为 b 的薄圆环由两根弹簧悬挂。如果弹簧 2 断裂，试求此瞬时点 A 和 B 的加速度。

12-33　均质杆 AB 质量为 m，铰接在质量亦为 m 的圆盘上，忽略摩擦，试求在水平力 P 作用于 B 端的瞬时点 A 和 B 的加速度。

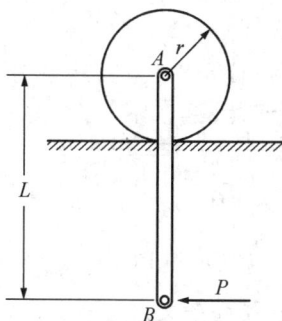

题 12-33 图

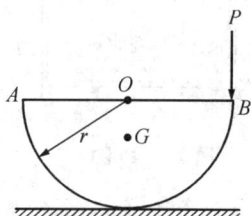

题 12-34 图

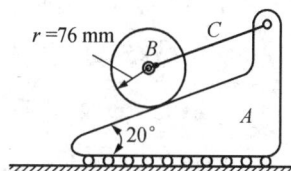

题 12-35 图

12-34　一均质半圆柱质量为 $m = 20\,\text{kg}$，半径为 $r = 0.25\,\text{m}$，在边缘 B 处作用力 $P = 130\,\text{N}$，如题 12-34 图所示。假设它只滚不滑，试求角加速度和不滑动所需的最小的摩擦因数。

12-35　质量 $m_B = 2.7\,\text{kg}$ 的圆柱 B 被绳索系在质量 $m_A = 1.8\,\text{kg}$ 的楔子 A 上，假设圆柱在楔子上只滚不滑，忽略楔子和地面间的摩擦，当绳索 C 被剪断瞬时，求楔子的加速度和圆柱的角加速度。

12-36　上题中，楔子置于倾角同为 $20°$ 的斜面上，其余条件同上，求楔子的加速度和圆柱的角加速度。

12-37　司机发动小车时乘客旁的车门是开着的（$\theta = 0°$），$m = 36\,\text{kg}$ 的车门的回转半径 $\rho = 0.3\,\text{m}$，质心距离旋转轴 $r = 0.6\,\text{m}$。已知司机维持一个恒定的加速度 $a = 1.8\,\text{m/s}^2$，求车门关闭时（$\theta = 90°$）的角速度。

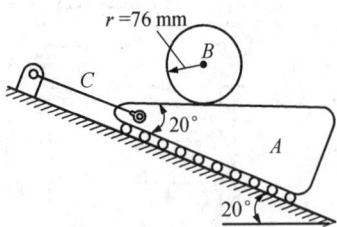

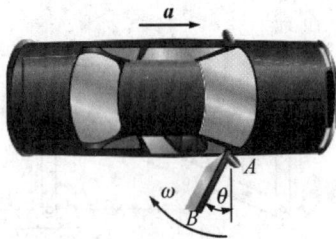

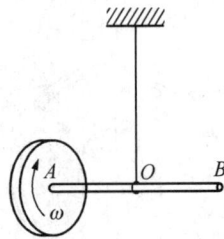

题 12-36 图　　　　　　　题 12-37 图　　　　　　　题 12-38 图

*12-38　均质细杆长 $AB=2l$，其中点 O 系在绳上，在杆的 A 端套有一个半径为 r 的均质实心圆盘，后者以匀角速度 ω 绕此杆轴线高速转动。设绳对扭转的阻力不计，试求杆与盘一起进动角速度。

*12-39　如图题 12-39 所示为万向支架上的均衡陀螺仪。已知转子的角速度 $\omega=628\ \text{rad/s}$，重量 $G=49\ \text{N}$，对其转轴 z 的回转半径 $\rho=0.1\ \text{m}$，当万向支架内环平面与水平面成 β 角，外环轴在铅垂位置时，在转子轴上的点 D 作用一个与轴相平行的冲击力 $F=9.8\ \text{N}$，$OD=b=0.2\ \text{m}$。求在冲击时间 $\tau=0.1\ \text{s}$ 内，自转轴 z 的转角。

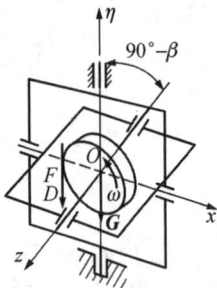

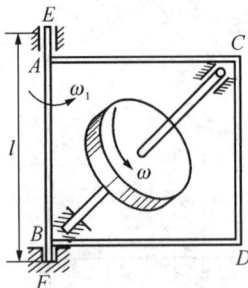

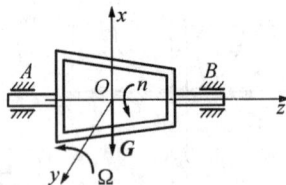

题 12-39 图　　　　　　　题 12-40 图　　　　　　　题 12-41 图

*12-40　正方形框架 $ABDC$ 以匀角速度 ω_1 绕铅垂轴转动，而转子又以匀角速度 ω 相对于框架绕对角线 BC 转动。已知转子是半径为 r、重为 G 的均质实心圆盘，距离 $EF=l$，求轴承 E 和 F 的陀螺压力。

*12-41　船舶上涡轮机的转子重 $G=39\ 200\ \text{N}$，对其转轴的回转半径 $\rho=0.6\ \text{m}$，转子转速 $n=3\ 000\ \text{r/min}$，且转轴平行于船舶的纵轴 z，而轴承 A、B 间的距离 $l=2\ \text{m}$，设船体绕横轴 y 发生俯仰摇摆，其振幅 $\varphi_0=\dfrac{\pi}{30}\ \text{rad}$，周期 $T=8\ \text{s}$。求在轴承 A 和 B 上的陀螺压力的最大值。

*12-42　在发电机的定子与基座之间安装有四根相同的弹簧，每边各两根，刚度均等于 k。转子以角速度 ω 绕水平轴转动。由于安装发电机的基座以角速度 ω_1 绕铅垂轴转动，产生了陀螺力矩。假设转子对其轴的转动惯量为 J，每边弹簧之间的轴向距离等于 l，求在此时因陀螺力矩的作用而引起的弹簧变形 δ。

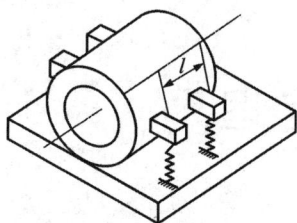

题 12－42 图

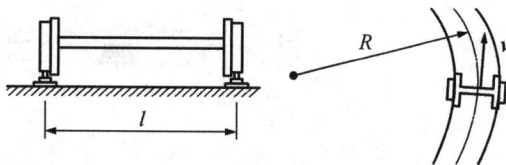

题 12－43 图

*12－43 火车的车轮轴共重 $G=13\ 700$ N,对转轴的回转半径 $\rho=\sqrt{0.55r}$,其中车轮的半径 $r=0.75$ m。火车以匀速 $v=20$ m/s 沿半径 $R=200$ m 的水平曲线轨道上行驶。如两轮之间的距离 $l=1.5$ m,求车轮对轨道的压力。

第十三章　动能定理

教学要求：

1. 理解和熟练计算功、动能、势能；
2. 熟练掌握动能定理、机械能守恒定律；
3. 掌握动力学普遍定理，并能熟练进行综合应用。

本章将用能量的方法研究物体的机械运动，讨论力的功、动能、功率和势能等的概念与计算，推导出动能定理并举例说明其应用，最后将综合应用动量定理、动量矩定理与动能定理解决一些较复杂的动力学问题。

第一节　力的功

设质点 M 在任意变力 F 作用下作曲线运动，力 F 在无限小位移 $\mathrm{d}r$ 中可视为常力，在一无限小位移中力作的功称为元功，以 δW 记之。于是有

$$\delta W = F \cdot \mathrm{d}r = F\cos(F, v) \cdot \mathrm{d}s \tag{13-1}$$

由于力 F 和元位移 $\mathrm{d}r$ 的解析表达式为

$$F = F_x i + F_y j + F_z k, \quad \mathrm{d}r = \mathrm{d}x i + \mathrm{d}y j + \mathrm{d}z k$$

则元功又可写成

$$\delta W = F \cdot \mathrm{d}r = F_x \mathrm{d}x + F_y \mathrm{d}y + F_z \mathrm{d}z \tag{13-2}$$

力在全路程上作的功等于元功之和，即

$$W = \int_{M_1}^{M_2} F \cdot \mathrm{d}r = \int_{M_1}^{M_2} (F_x \mathrm{d}x + F_y \mathrm{d}y + F_z \mathrm{d}z) \tag{13-3}$$

功是代数量，在国际单位制中其单位为 J(焦耳)或 N•m。

下面介绍计算几种常见力所作的功的方法。

1. 重力的功

设质点沿轨道由 M_1 运动到 M_2，如图 13-1 所示，其重力在直角坐标轴上的投影为

$$F_x = 0, \quad F_y = 0, \quad F_z = -mg$$

应用式(13-3)，重力作功为

$$W_{12} = \int_{M_1}^{M_2} F \cdot \mathrm{d}r = \int_{z_1}^{z_2} (-mg \, \mathrm{d}z) = mg(z_1 - z_2) \tag{13-4}$$

可见重力所作功仅与质点运动起讫位置的高度差有关,与轨迹的形状无关。质心下降,重力作正功;质心上移,重力作负功。

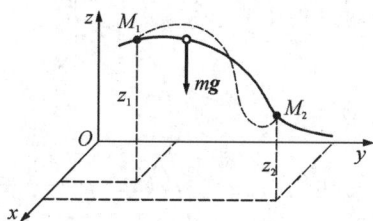

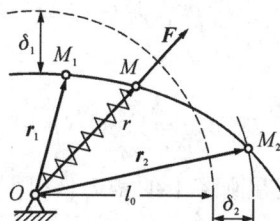

图 13-1 重力的功　　　　图 13-2 弹性力的功

2. 弹性力的功

设物体受到弹性力(或称恢复力)的作用,见图 13-2。在材料的弹性极限内,弹性力与抽象为弹簧的物体的变形成正比。设弹簧的压缩量或拉伸量为 δ,则弹性力的大小为 $F=k\delta$,式中 k 为比例常数,称为弹簧的刚度(或刚性)系数,单位是 N/m(牛/米)或 kN/m(千牛/米)。设 M_1、M_2 至固定点 O 的距离分别为 r_1、r_2,见图 13-2,质点在一般位置的矢径为 r,沿矢径方向的单位矢量为 r^0,变形为 $r-l_0$,则弹性力

$$\boldsymbol{F}=-k(r-l_0)\boldsymbol{r}^0$$

由式(13-4),弹性力在路程 M_1、M_2 中所作的功为

$$W_{12}=\int_{M_1}^{M_2}\boldsymbol{F}\cdot\mathrm{d}\boldsymbol{r}=\int_{r_1}^{r_2}-k(r-l_0)\boldsymbol{r}^0\cdot\mathrm{d}\boldsymbol{r}$$

因为

$$\boldsymbol{r}^0\cdot\mathrm{d}\boldsymbol{r}=\frac{\boldsymbol{r}}{r}\cdot\mathrm{d}\boldsymbol{r}=\frac{1}{2r}\mathrm{d}(\boldsymbol{r}\cdot\boldsymbol{r})=\frac{1}{2r}\mathrm{d}(r^2)=\mathrm{d}r$$

则

$$W_{12}=\int_{r_1}^{r_2}-k(r-l_0)\mathrm{d}r=\frac{k}{2}\left[(r_1-l_0)^2-(r_2-l_0)^2\right]$$

若用 δ_1、δ_2 分别表示质点在 M_1、M_2 时弹簧的伸长 r_1-l_0 和 r_2-l_0,则弹性力在路程 M_1、M_2 中所作的功为

$$W_{12}=\frac{k}{2}(\delta_1^2-\delta_2^2) \tag{13-5}$$

可见弹性力的功亦与路径无关。当 $\delta_1>\delta_2$,即初变形大于末变形时,弹性力作正功,反之为作负功。

3. 力矩或力偶的功

当刚体绕固定轴 z 有一微小转角 $\mathrm{d}\varphi$ 时,作用在刚体上的力 $\boldsymbol{F}$ 与力作用点处的轨迹切线之间的夹角为 θ,如图 13-3 所示,则力 $\boldsymbol{F}$ 在切线上的投影为 $F_t=F\cos\theta$;当刚体绕定轴转动时,转角 φ 与弧长 s 的关系为 $\mathrm{d}s=r\mathrm{d}\varphi$,式中 r 为力作用点到轴的垂直距离。力 $\boldsymbol{F}$ 的元功为

$$\delta W = \boldsymbol{F} \cdot \mathrm{d}\boldsymbol{r} = F_{\mathrm{t}} \cdot r \mathrm{d}\varphi$$

由于 $F_{\mathrm{t}}r$ 等于力 $\boldsymbol{F}$ 对于转轴 z 的力矩 $M_z(\boldsymbol{F})$，于是 $\delta W = M_z(\boldsymbol{F})\mathrm{d}\varphi$，力 $\boldsymbol{F}$ 在刚体从角 φ_1 到 φ_2 转动过程中作的功为

$$W_{12} = \int_{\varphi_1}^{\varphi_2} M_z(\boldsymbol{F}) \mathrm{d}\varphi \qquad (13-6)$$

如果作用在刚体上的是力偶，则力偶所作的功仍可用式(13-6)计算，其中 $M_z(\boldsymbol{F})$ 为力偶对转轴 z 的矩，也等于力偶矩矢 $\boldsymbol{M}$ 在 z 轴上的投影。

试导出平面运动刚体上力系作功的表达式。

4. 质点系内力的功

特别指出，质点系内力的主矢和主矩都为零，但它们的功的代数和是否为零应视具体情况而定。在图 13-4

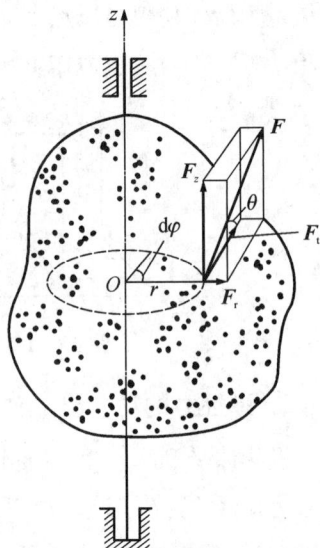

图 13-3　定轴转动刚体上力的功

中，质点 M_1、M_2 互相作用的力为 $\boldsymbol{F}_{12}$、$\boldsymbol{F}_{21}$，其元位移分别为 $\mathrm{d}\boldsymbol{r}_1$、$\mathrm{d}\boldsymbol{r}_2$，则这一对内力所作元功的代数和为 $\boldsymbol{F}_{12} \cdot \mathrm{d}\boldsymbol{r}_1 + \boldsymbol{F}_{21} \cdot \mathrm{d}\boldsymbol{r}_2 = F_{12}\,\mathrm{d}s_1\cos\theta + F_{21}\,\mathrm{d}s_2\cos\varphi$，在图示情况下，上式中每一项都为正，可见一般情况下内力的功的代数和不为零。在实际工程中，内力作功的例子很多。如气缸中的气体压力对内燃机来说是内力，正是由于内力作功，机器才能运转；刹车时，闸块与轮子间的摩擦力对于车子整体来说也是内力，正是由于内力作负功，才使车子减速或停止；人体的活动，内力作功也是必不可少的。

而对于刚体来说，由于其任意两点间的距离保持不变，刚体上两点的位移在此两点连线上的投影应该大小相等、方向相同，$\mathrm{d}s_1\cos\theta = \mathrm{d}s_2\cos\varphi$，而作用在这两点的相互间的内力却大小相等、方向相反，$\boldsymbol{F}_{12} = -\boldsymbol{F}_{21}$，如图 13-5 所示。故两点间互相作用的力在它们位移中所作功的代数和为 $F_{12}\,\mathrm{d}s_1\cos\theta - F_{21}\,\mathrm{d}s_2\cos\varphi = 0$，表明刚体的内力所作的功互相抵消。与此类似，被看作"不可伸长"的绳索、胶带、链条等柔性物体，其内力所作功的代数和也为零。

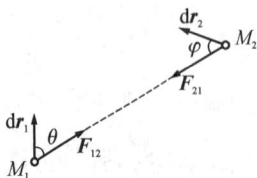

图 13-4　质点系内力

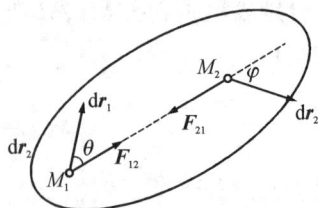

图 13-5　刚体内力

5. 理想约束力的功

对于光滑接触面，其约束力垂直于力作用点的位移，约束力不作功。又如光滑铰支座、固定端等约束，显然其约束力也不作功。**约束力作功等于零或作功之和等于零的约束称为理想约束**。如光滑铰链、刚性二力杆以及不可伸长的柔索等。作为系统内的约束时其中单

个的约束力不一定不作功,但一对约束力作功之和等于零也都是理想约束,如图 13-6 所示的铰链 C,铰链处相互作用的约束力 F 是 F' 等值反向的,它们在铰链中心的任何位移 dr 上作功之和都等于零。

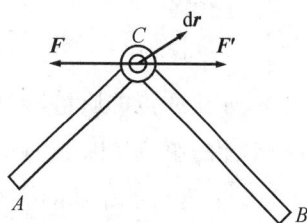

图 13-6　铰链 C

一般情况下,滑动摩擦力与物体的相对位移反向,摩擦力作负功,不是理想约束。但当轮子在固定面上作纯滚动时,接触点为瞬心,此时的滑动摩擦力也不作功。因此,不计滚动摩阻时,纯滚动的接触点也是理想约束。

例 13-1　质量 $m=10$ kg 的物块 P 搁在 $\theta=35°$ 的斜面上,并用刚度 $k=120$ N/m 的弹簧系住,见图 13-7,斜面的动摩擦因数 $f=0.2$。试计算物块由弹簧的原长位置 P_0 沿斜面运动到位置 P_1 时,作用于物块的各力在路程 $s=0.5$ m 上的功及合力的功。

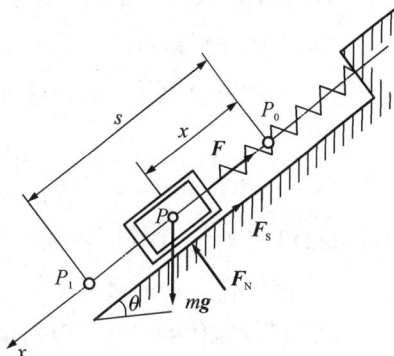

图 13-7　例 13-1 图

解:取坐标轴 x 沿斜面向下,原点为 P_0。作用于物块的力有:重力 mg,斜面法向约束力 F_N,摩擦力 F_s 及弹性力 F。当物块下滑时摩擦力 F_s 的方向沿斜面朝上,且 $F_s=fF_N$。弹性力 F 的方向也沿斜面朝上,大小为 $F=kx$。F_N 及 F_s 为常力,其功分别为

$$W_1=F_N\cos(F_N,v)s=F_N\cos90°s=0$$

$$W_2=F_s\cos(F_1,v)s=F_s\cos180°s=-fmg\cos\theta s$$

$$=-0.2\times(10\text{ kg})\times(9.8\text{ m/s}^2)\times\cos35°\times(0.5\text{ m})=-8\text{ J}$$

重力的功为

$$W_3=mgs\sin\theta=(10\text{ kg})\times(9.8\text{ m/s}^2)\times0.5\text{ m}\times\sin35°=28\text{ J}$$

弹性力 F 是变力,其功为

$$W_4=\frac{1}{2}k(0-s^2)=-\frac{1}{2}\times(120\text{ N/m})\times(0.5\text{ m})^2=-15\text{ J}$$

合力的功为各分力的功的代数和,即

$$W=W_1+W_2+W_3+W_4=5\text{ J}$$

第二节　动能定理

1. 动能

质点的动能等于它的质量乘以速度平方的一半,即

$$T = \frac{1}{2}mv^2 \tag{13-7}$$

式中,m 为质点的质量,v 为质点的速度大小。动能是一个恒为正值的标量。在国际单位制中,动能的单位是以 $kg \cdot (m/s)^2$、$N \cdot m = J$ 表示,故与功的单位一样,这也说明动能是物体由于运动而具有的作功的能力。

设质点系中任一质点的质量为 m_i,速度为 v_i,则质点系统的动能为各质点动能的和

$$T = \frac{1}{2}\sum m_i v_i^2 \tag{13-8}$$

对于刚体的动能,按照刚体的不同运动类型,可以写成不同的具体表达式。

（1）刚体作平移

同一瞬时平移刚体上各点速度相等,即 $v_i = v$,则动能为

$$T = \frac{1}{2}\left(\sum m_i\right)v^2 = \frac{1}{2}mv^2 \tag{13-9}$$

式中 $\sum m_i = m$ 为刚体的质量。

（2）刚体作定轴转动

定轴转动刚体的运动可以用角速度 ω 来描述,设其上任一质点到转轴的距离为 r_i,则该点的速度值为 $v_i = r_i\omega$,得动能

$$T = \frac{1}{2}\sum m_i(r_i\omega)^2 = \frac{1}{2}\left(\sum m_i r_i^2\right)\omega^2$$

由于 $\sum m_i r_i^2 = J_z$ 是刚体对转轴的转动惯量,则动能

$$T = \frac{1}{2}J_z\omega^2 \tag{13-10}$$

（3）刚体作平面运动

设平面运动刚体的瞬时角速度为 ω,由速度瞬心法,其上任一质点到瞬心 P 的距离为 r_i,则该点的速度值为 $v_i = r_i\omega$,得动能

$$T = \frac{1}{2}\sum m_i(r_i\omega)^2 = \frac{1}{2}\left(\sum m_i r_i^2\right)\omega^2$$

式中,$\sum m_i r_i^2 = J_P$ 是刚体对瞬心 P 的转动惯量,则其动能

$$T = \frac{1}{2}J_P\omega^2 \tag{13-11}$$

由于瞬心的位置不固定,J_P 一般是随时间而变的。

应用转动惯量的平行移轴定理

$$J_P = J_C + m\overline{PC}^2$$

式中,$\overline{PC}$ 为刚体质心到瞬心的垂直距离,有 $v_C = \overline{PC}\omega$,于是平面运动刚体的动能可表示为

$$T=\frac{1}{2}mv_C^2+\frac{1}{2}J_C\omega^2 \tag{13-12}$$

式(13-12)表明,平面运动刚体的动能等于随质心平移的动能与绕质心转动的动能之和。

2. 动能定理

设质点 M 质量为 m,受变力 F 作用(如质点所受力不止一个,则 F 代表这些力的合力),则由牛顿第二定律得

$$F=m\frac{dv}{dt}=m\frac{dv}{dr}\cdot\frac{dr}{dt}=mv\cdot\frac{dv}{dr}$$

式中,dr 为力 F 的元位移,则力 F 的元功为

$$\delta W=F\cdot dr=mv\cdot dv=d\left(\frac{1}{2}mv^2\right)$$

将上式两边积分,并考虑到质点在 M_1 时,速度为 v_1;质点在 M_2 时,速度为 v_2,得

$$\int_{v_1}^{v_2}d\left(\frac{1}{2}mv^2\right)=\int_{\widehat{M_1M_2}}F\cdot dr$$

即

$$\frac{1}{2}mv_2^2-\frac{1}{2}mv_1^2=W \tag{13-13}$$

式(13-13)表明,质点在某一段路程中动能的增量等于作用在质点上的力在该路段上对质点所作的功。此即为**质点的动能定理**。

动能定理是一个标量方程,动能和功都是标量,因而较便于运算,这是其优点。但动能只能反映速度的大小而不能反映速度的方向,这也是动能定理的不足之处。

质点系的动能定理与质点系动量定理或动量矩定理的推导过程一样,质点系的动能定理也是将质点的动能定理应用到质点系的每一个质点上然后相加而得。所不同的是,内力的作用对质点系动能的贡献一般不为零,即内力的功一般不互相抵消。设有 n 个质点组成的质点系,考虑任一质点 M_i,其质量为 m_i,速度为 v_i,由质点的动能定理有

$$d\left(\frac{1}{2}m_iv_i^2\right)=\delta W_i \quad (i=1,2,\cdots,n)$$

将这 n 个方程相加,即得

$$d\left(\sum\frac{1}{2}m_iv_i^2\right)=\sum\delta W_i$$

或

$$dT=\sum\delta W \tag{13-14}$$

式(13-14)为**微分形式的质点系的动能定理**,这表明质点系动能的微小变化,等于作用在质点系上所有力的元功之和。

设质点系由位置 M_1 到位置 M_2，将式(13-14)积分，得

$$T_2 - T_1 = \sum W_i \tag{13-15}$$

式(13-15)表明，在某一运动过程中，质点系动能的增量等于质点系所受的力在这一过程中所作功的代数和，这称为**质点系的动能定理**。

例 13-2 原长为 $l_0 = 40$ cm、刚度系数为 $k = 20$ N/cm 的弹簧，其一端固定在点 O，另一端与一重为 $G = 100$ N、半径为 $r = 10$ cm 的均质圆盘的中心 A 相连接。圆盘在铅垂平面内沿一弧形轨道作纯滚动，如图 13-8 所示。开始时 OA 在水平位置，此时 OA 的长度为 $l_1 = 30$ cm，速度为零。当 OA 运动到铅垂位置时，OA 的长度为 $l_2 = 35$ cm，求此时圆盘中心 A 的速度。不计弹簧的质量。

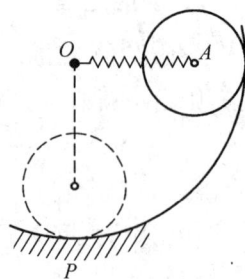

图 13-8 例 13-2 图

解： 要计算圆盘运动一段路程后的速度，应用动能定理求解最合适。

初始(OA 在水平位置)时圆盘静止，故圆盘的初动能为零，即 $T_1 = 0$。运动中，圆盘作平面运动，与轨道的接触点 P 是速度瞬心，故当 OA 运动到铅垂位置时，其动能为

$$T_2 = \frac{1}{2} J_P \omega^2 = \frac{1}{2}\left(\frac{G}{2g}r^2 + \frac{G}{g}r^2\right)\omega^2 = \frac{3G}{4g}r^2\omega^2$$

接着计算功，由于理想约束力不作功，因此只有弹簧的弹性力和重力作功。则

$$\sum W = Gl_2 + \frac{1}{2}k\left[(l_1 - l_0)^2 - (l_2 - l_0)^2\right]$$

应用动能定理，得

$$\frac{3G}{4g}r^2\omega^2 - 0 = Gl_2 + \frac{1}{2}k\left[(l_1 - l_0)^2 - (l_2 - l_0)^2\right]$$

于是，得圆盘中心 A 的速度为

$$v_A = r\omega = \sqrt{\frac{4g}{3G}\left\{Gl_2 + \frac{1}{2}k\left[(l_1 - l_0)^2 - (l_2 - l_0)^2\right]\right\}}$$

$$= \sqrt{\frac{4 \times 9.8 \text{ m/s}^2}{3 \times 100 \text{ N}}\left\{(100 \text{ N}) \times (0.35 \text{ m}) + \frac{1}{2} \times (20 \text{ N/m}) \times 10^2\left[(0.3 \text{ m} - 0.4 \text{ m})^2 - (0.35 \text{ m} - 0.4 \text{ m})^2\right]\right\}}$$

$$= 2.36 \text{ m/s}$$

例 13-3 送料机构的小车连同矿石的质量为 m_1，鼓轮质量为 m_2，半径为 r，对其转轴的回转半径为 ρ，轨道的倾角为 θ，如图 13-9 所示。在鼓轮上作用一不变力偶 M 将小车提升。试求小车由静止开始沿轨道上升路程为 s 时的速度及加速度。略去摩擦及绳索的质量。

解： 取整个系统为研究对象，小车、鼓轮可看成刚体。

在初始位置时系统静止的,故系统的初动能为零,即 $T_1=0$。当小车上升 s 时,其速度为 v,鼓轮的角速度为 ω,故系统的末动能等于小车动能和鼓轮动能之和,即

$$T_2=\frac{1}{2}m_1v^2+\frac{1}{2}J_0\omega^2=\frac{1}{2}m_1v^2+\frac{1}{2}m_2\rho^2\omega^2$$

以 $\omega=\dfrac{v}{r}$ 代入上式,整理得

$$T_2=\frac{1}{2}\left(m_1+m_2\frac{\rho^2}{r^2}\right)v^2$$

接着计算功,绳索看成是不可伸长的,不计摩擦,理想约束力 F_N、F_x、F_y 均不作功,m_2g 通过鼓轮转轴,不作功,因此只有不变力偶矩 M 和小车重力 m_1g 作功。设小车上升 s 时,鼓轮的转角为 φ,则

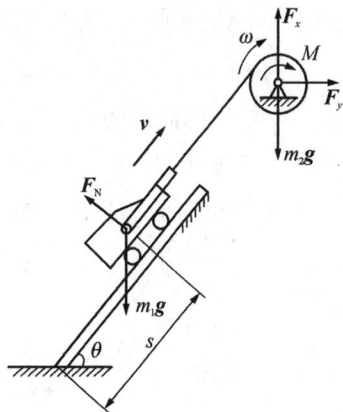

图 13-9 例 13-3 图

$$\sum W=M\varphi-m_1gs\sin\theta$$

由于绳索不可伸长,故 $s=r\varphi$,代入上式得

$$\sum W=M\frac{s}{r}-m_1gs\sin\theta=\left(\frac{M}{r}-m_1g\sin\theta\right)s$$

应用动能定理,得

$$\frac{1}{2}\left(m_1+m_2\frac{\rho^2}{r^2}\right)v^2=\left(\frac{M}{r}-m_1g\sin\theta\right)s$$

$$v^2=\frac{2(Mr-m_1gr^2\sin\theta)s}{m_1r^2+m_2\rho^2} \qquad (a)$$

于是,得速度为

$$v=\sqrt{\frac{2(Mr-m_1gr^2\sin\theta)s}{m_1r^2+m_2\rho^2}}$$

将式(a)两边同时对时间 t 求导,

$$2va=\left[\frac{2(Mr-m_1gr^2\sin\theta)}{m_1r^2+m_2\rho^2}\right]\frac{\mathrm{d}s}{\mathrm{d}t}$$

注意到 $\dfrac{\mathrm{d}s}{\mathrm{d}t}=v$,整理后得加速度为

$$a=\frac{Mr-m_1gr^2\sin\theta}{m_1r^2+m_2\rho^2}$$

由上述例题可见,由于理想约束力所作的元功之和均等于零,因此,对于具有理想约束的质点系,可取整个系统为研究对象,且只需计算所有主动力所作的功,动能定理中不包含约束力,这对于不需求出约束力的一类动力学问题显得特别方便。此外,通常应用动能定理先求出在任意瞬时速度(或角速度)的表达式,然后对时间求导得到加速度(角加速度),这是

应用动能定理求解动力学问题的另一个特点。

例 13-4 曲柄连杆机构[图 13-10(a)]中,曲柄 OA 的质量为 m_1,连杆 AB 的质量为 m_2,滑块 B 的质量为 m_3。已知:$AB=l$,$OO_1=a$。机构处于水平面内。曲柄受常值力偶 M 作用。略去摩擦。假定开始时曲柄 OA 与滑道平行,角速度等于零,求曲柄转完第一圈时滑块 B 的速度。曲柄和连杆都看作均质杆。

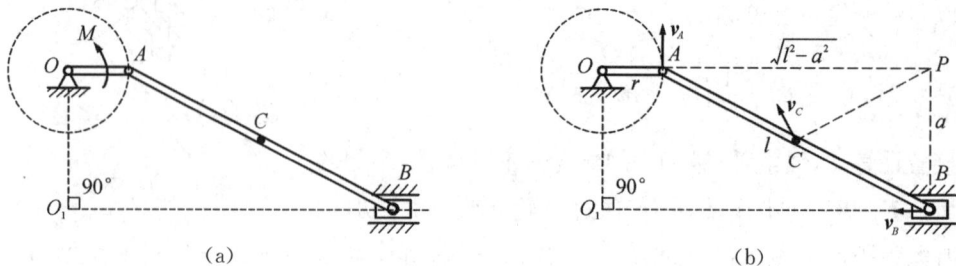

图 13-10 例 13-4 图

解: 分析机构各部分运动可知,曲柄 OA 作定轴转动,连杆 AB 作平面运动,滑块 B 作平移。运动开始时曲柄 OA 的角速度为零,整个系统处于静止,故系统的初动能为 $T_1=0$。

设曲柄转完第一圈时的角速度为 ω_{OA},连杆 AB 的角速度为 ω_{AB},其质心 C 的速度为 v_C,滑块 B 的速度为 v_B,则此时系统的动能为

$$T_2=\frac{1}{2}J_O\omega_{OA}^2+\frac{1}{2}m_2v_C^2+\frac{1}{2}J_C\omega_{AB}^2+\frac{1}{2}m_3v_B^2$$

式中,$J_O=\frac{1}{3}m_1(OA)^2$ 为曲柄 OA 对轴 O 的转动惯量,$J_C=\frac{1}{12}m_2l^2$ 为连杆 AB 对通过质心 C 并垂直图面的轴的转动惯量,则得

$$T_2=\frac{1}{2}\left(\frac{1}{3}m_1\right)v_A^2+\frac{1}{2}m_2v_C^2+\frac{1}{2}\left(\frac{1}{12}m_2l^2\right)\omega_{AB}^2+\frac{1}{2}m_3v_B^2$$

式中,v_A 为点 A 的速度。

由于连杆 AB 作平面运动,可求得其速度瞬心 P 的位置,见[图 13-10(b)]。分析连杆上 A、B、C 三点的速度,可得以下关系:

$$\frac{v_A}{AP}=\frac{v_C}{CP}=\frac{v_B}{BP}$$

由图 13-10 可见,$\triangle ABP$ 为直角三角形,故可求得 $AP=\sqrt{l^2-a^2}$。由于点 C 是直角三角形的斜边 AB 的中点,可以求得 $AC=BC=PC=\frac{l}{2}$。故上式可写成

$$\frac{v_A}{\sqrt{l^2-a^2}}=\frac{v_C}{\frac{l}{2}}=\frac{v_B}{a}$$

将上式代入 T_2,得

$$T_2=\frac{1}{6}m_1\frac{(l^2-a^2)}{a^2}v_B^2+\frac{1}{2}m_2\frac{l^2}{4a^2}v_B^2+\frac{1}{24}m_2l^2\frac{v_B^2}{a^2}+\frac{1}{2}m_3v_B^2$$

式中,杆 AB 的动能可直接对速度瞬心 P 写出,即 $\frac{1}{2}J_P\omega_{AB}^2=\frac{1}{2}\frac{m_2}{3}l^2\omega_{AB}^2$。

在曲柄转动一圈的过程中,只有力偶矩 M 作功,即

$$\sum W=M2\pi$$

又根据动能定理,可得

$$\frac{m_1(l^2-a^2)+m_2l^2+3m_3a^2}{6a^2}v_B^2-0=2M\pi$$

由此,得

$$v_B=\sqrt{\frac{12M\pi a^2}{m_1(l^2-a^2)+m_2l^2+3m_3a^2}}$$

例 13-5 均质圆盘的质量为 m_1,半径为 r,在圆心 A 与均质杆 OA 连接,见图 13-11。均质杆的质量为 m_2,杆长为 l,O 端为光滑铰支座。求 A 点在通过最低点时的速度。设已知物体系在图示位置由静止开始释放,并设:(1) 圆盘与杆焊接在一起,见[图 13-11(a)];(2) 圆盘与杆在 A 点用光滑销钉连接,见[图 13-11(b)]。

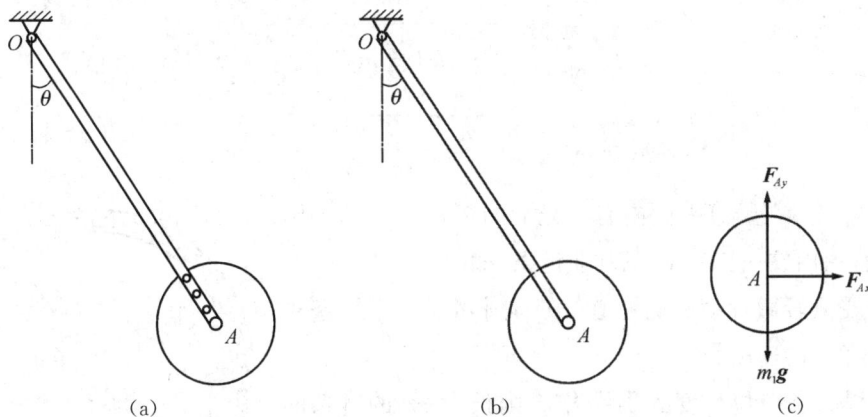

图 13-11 例 13-5 图

解:(1) 圆盘与杆焊接成为一个刚体,绕定轴 O 转动。在运动过程中只有重力作功,见[图 13-11(a)],故可应用动能定理求 A 点在通过最低点时的速度。有

$$T_1=0,\quad T_2=\frac{1}{2}J_O\omega^2=\frac{1}{2}\left(\frac{1}{3}m_2l^2+\frac{1}{2}m_1r^2+m_1l^2\right)\omega^2$$

$$\sum W=\left(m_1+\frac{1}{2}m_2\right)gl(1-\cos\theta)$$

根据动能定理可得

$$\frac{1}{2}\left(\frac{1}{3}m_2l^2+\frac{1}{2}m_1r^2+m_1l^2\right)\omega^2=\left(m_1+\frac{1}{2}m_2\right)gl(1-\cos\theta)$$

故

$$\omega = \sqrt{\frac{2\left(m_1+\dfrac{1}{2}m_2\right)gl(1-\cos\theta)}{\dfrac{1}{3}m_2l^2+\dfrac{1}{2}m_1r^2+m_1l^2}}$$

$$v_A = l\omega = \sqrt{\frac{6(2m_1+m_2)gl^3(1-\cos\theta)}{3m_1r^2+6m_1l^2+2m_2l^2}}$$

(2) 圆盘与杆在 A 点铰接,则杆绕定轴 O 转动,圆盘作平面运动。画圆盘的受力图,它只在质心 A 受铰链约束力与重力作用,见[图 13-11(c)]。由相对于质心的动量矩定理

$$J_A\alpha_A = \sum M_A(F) = 0,$$

知 ω_A =常量。又知运动开始时 $\omega_A=0$,故圆盘保持无转动,即作平移。

为求 A 点在通过最低点时的速度,可将圆盘与杆一起考虑,应用动能定理得

$$\frac{1}{2}\left(m_1l^2+\frac{1}{3}m_2l^2\right)\omega^2 = \left(m_1+\frac{1}{2}m_2\right)gl(1-\cos\theta)$$

得

$$\omega = \sqrt{\frac{2\left(m_1+\dfrac{1}{2}m_2\right)g(1-\cos\theta)}{m_1l+\dfrac{1}{3}m_2l}}$$

$$v_A = l\omega = \sqrt{\frac{3(2m_1+m_2)gl(1-\cos\theta)}{3m_1+m_2}}$$

例 13-6 在竖直平面内有一光滑的半径为 r 的半圆形管道,管道内放一长为 πr 的均质链条,如图 13-12 所示。链条由于受到轻微扰动而从管道口处向外滑出。求链条对应于任意角 θ 的速度。

解: 设链条单位长度的质量为 ρ,则长为 πr 的链条的总质量为 $\rho\pi r$。当链条滑出 $r\theta$ 长度时,这一段链条上作用的重力为 $\rho gr\theta$。当链条又滑出一个微段 $r\mathrm{d}\theta$ 时,整个链条的动能增量为 $\mathrm{d}T = \mathrm{d}\left(\dfrac{1}{2}\rho\pi rv^2\right)$,而作用在链条滑出部分的

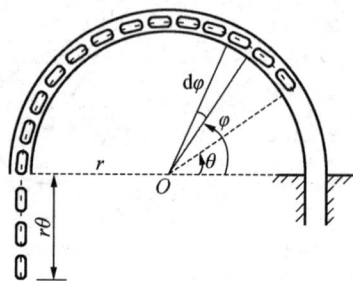

图 13-12 例 13-6 图

重力 $\rho gr\theta$ 在 $r\mathrm{d}\theta$ 位移过程中作的元功为 $\delta W_1 = \rho gr\theta \cdot r\mathrm{d}\theta$。作用在半圆管内剩下部分链条上的重力在 $r\mathrm{d}\theta$ 位移过程中作的元功可应用微元分析和积分的方法计算。

在半圆管内的链条上任取一微段长为 $r\mathrm{d}\varphi$,如图 13-12 所示。作用于微段上的重力为 $\rho gr\mathrm{d}\varphi$,这一重力在 $r\mathrm{d}\theta$ 位移中作的元功为 $-\rho gr^2\mathrm{d}\varphi[\sin(\varphi+\mathrm{d}\theta)-\sin\varphi]$。因此,作用在半圆管内链条上的重力所作的元功为

$$\delta W_2 = -\int_\theta^\pi \rho g r^2 \mathrm{d}\varphi \left[\sin(\varphi + \mathrm{d}\theta) - \sin\varphi \right]$$

$$= -\int_\theta^\pi \rho g r^2 \mathrm{d}\varphi \left(2\cos\frac{2\varphi + \mathrm{d}\theta}{2} \sin\frac{\theta}{2} \right)$$

$$= -\int_\theta^\pi 2\rho g r^2 \mathrm{d}\varphi \left(\cos\varphi\cos\frac{\mathrm{d}\theta}{2} - \sin\varphi\sin\frac{\theta}{2} \right) \sin\frac{\theta}{2}$$

$$= -\int_\theta^\pi \rho g r^2 \mathrm{d}\varphi \left(\cos\varphi\sin\mathrm{d}\theta - 2\sin\varphi\sin^2\frac{\theta}{2} \right)$$

若 $\mathrm{d}\theta$ 很小,上式可近似为

$$-\int_\theta^\pi \rho g r^2 \mathrm{d}\varphi \cos\varphi \mathrm{d}\theta = \rho g r^2 \sin\theta \mathrm{d}\theta$$

由于半圆管和链条为光滑接触,故约束力不作功。根据动能定理微分式(13 - 14)可得

$$\mathrm{d}\left(\frac{1}{2}\rho\pi r v^2 \right) = \rho g r^2 \theta \mathrm{d}\theta + \rho g r^2 \sin\theta \mathrm{d}\theta$$

积分上式,有

$$\int_0^v \mathrm{d}\left(\frac{1}{2}\rho\pi r v^2 \right) = \int_0^\theta \rho g r^2 \theta \mathrm{d}\theta + \int_0^\theta \rho g r^2 \sin\theta \mathrm{d}\theta$$

积分后,可得

$$\frac{1}{2}\rho\pi r v^2 = \frac{1}{2}\rho g r^2 \theta^2 + \rho g r^2 (1 - \cos\theta)$$

$$v = \sqrt{\frac{gr}{\pi}(2 - 2\cos\theta + \theta^2)}$$

第三节　功率　功率方程　机械效率

1. 功率

力在单位时间内所作的功,称为**功率**。它是衡量机器性能的一个重要指标。设在某一微小时间间隔 $\mathrm{d}t$ 内,力所作的元功为 δW,则功率 P 为

$$P = \frac{\delta W}{\mathrm{d}t} \tag{13 - 16}$$

因为 $\delta W = \boldsymbol{F} \cdot \mathrm{d}\boldsymbol{r}$,故功率可写成

$$P = \frac{\delta W}{\mathrm{d}t} = \boldsymbol{F} \cdot \frac{\mathrm{d}\boldsymbol{r}}{\mathrm{d}t} = \boldsymbol{F} \cdot \boldsymbol{v} = F_\mathrm{t} \cdot v \tag{13 - 17}$$

式中,v 是力 $\boldsymbol{F}$ 作用点的速度。由此可见功率等于切向力与力作用点速度的乘积。若功率 P 保持不变,F_t 与 v 将成反比。故机车前进时,要获得较大的牵引力,必须降低速度,如上坡时,由于需要较大的驱动力,这时驾驶员一般选用低速挡。因空气阻力随速度的大小或随

速度的平方甚至高次方成正比地增大,故提高车速时,阻力所消耗的功率增加很快。又如用机床加工零件时,切削力越大,切削速度越大,则要求机床的功率越大。每台机器能够输出的最大功率是一定的,因此用机床加工零件时,如切削力较大,则必须选择较小的切削速度,使两者的乘积不超过机床能够输出的最大功率。

作用在转动刚体上的力的功率为

$$P = \frac{\delta W}{\mathrm{d}t} = M_z \frac{\mathrm{d}\varphi}{\mathrm{d}t} = M_z \omega \qquad (13-18)$$

式中,M_z 是力对转轴 z 的矩,ω 是角速度。由此可知,作用于转动刚体上的力的功率等于该力对转轴的矩与角速度的乘积。

对于力偶,只要将上式中的 M_z 换成 M 即可。

功率的单位为功的单位除以时间单位。在国际单位制中,功率的单位为瓦特(W)(1 W=1 J/s)。在工程单位制中,功率的单位是公斤力·米/秒(kgf·m/s)。动力机械中常用马力(PS)为功率单位,其换算关系为

$$1 \text{ kgf·m/s} = 9.806\ 65 \text{ W}$$
$$1 \text{ PS} = 75 \text{ kgf·m/s} = 735.5 \text{ W}$$

2. 功率方程

将质点系动能定理的微分形式(13-14)两边同除以 $\mathrm{d}t$,可得

$$\frac{\mathrm{d}T}{\mathrm{d}t} = \sum \frac{\delta W_i}{\mathrm{d}t} = \sum P_i \qquad (13-19)$$

式(13-19)表明,质点系动能随时间的变化率,等于质点系所受力的功率之和,称为**功率方程**。

功率方程常用于研究机器的能量变化及其转化问题。由主动力作功或外部输入能量而产生的功率称为**输入功率**;用于克服摩擦力之类的有害阻力而损耗掉的功率称为**损失功率**,也称为无用功率;由机器输出可对外作功的功率称为**输出功率**,也称为有用功率。因此有

$$\frac{\mathrm{d}T}{\mathrm{d}t} = P_{输入} - P_{输出} - P_{损失} \qquad (13-20)$$

式(13-20)为机器的功率方程,当机器作加速运动时,$\frac{\mathrm{d}T}{\mathrm{d}t} > 0$,则有 $P_{输入} > P_{输出} + P_{损失}$;当机器匀速运动时,$\frac{\mathrm{d}T}{\mathrm{d}t} = 0$,则有 $P_{输入} = P_{输出} + P_{损失}$。

3. 机械效率

机器工作时,必须输入一定的功。由于存在摩擦力等各种阻力,又要消耗一部分功。无用的阻力所损耗的功率占的比例,是衡量机器性能的又一重要指标。当机器稳定运转时,输

入的功率应恰好等于输出功率与所损失的功率之和，即 $P_{输入} = P_{输出} + P_{损失}$。输出功率与输入功率之比定义为机械效率，以 η 表示。即

$$\eta = \frac{P_{输出}}{P_{输入}} \tag{13-21}$$

常将 η 写成百分数。要提高机械效率 η，必须设法减小无用功率 $P_{损失}$。

值得注意的是，机器启动需要相当大的功率，在这种情况下需要用到有效功率的概念，$P_{有效} = P_{输出} + \dfrac{\mathrm{d}T}{\mathrm{d}t}$，这时，有效功率与输入功率的比值为机器的机械效率。

$$\eta = \frac{P_{有效}}{P_{输入}} \tag{13-22}$$

例 13-7　龙门刨床（见图 13-13）的工作台和工件总质量为 1 500 kg，切削速度 $v = 30$ m/min，切削阻力 $F_z = 7\,840$ N，$F_y = 0.25F_z$。设工作台与平导轨间的滑动摩擦因数 $f = 0.1$，试求切削阻力和摩擦消耗的功率。如机床的机械效率为 0.75，机床主电动机在上述稳定工况下实际输出的功率是多少？

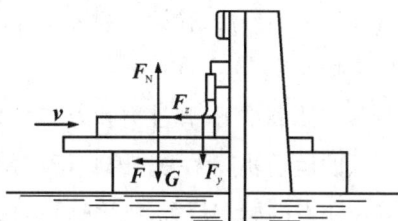

图 13-13　例 13-7 图

解：取工件及工作台为研究对象。作用在工件和工作台上的力有：重力 G，切削力 F_z 及 F_y，导轨约束力 F_N，摩擦力 F 以及驱动力。工件及工作台作水平直线平移，由平衡方程 $\sum F_y = 0$，可得

$$F_N = G + F_y = (1\,500\text{ kg}) \times (9.8\text{ m/s}^2) + (7\,840\text{ N}) \times 0.25 = 16\,660\text{ N}$$

故

$$F = fF_N = 0.1 \times (16\,660\text{ N}) = 1\,666\text{ N}$$

对工件及工作台来说，消耗功率的作用力只有 F_z 和 F，它们的功率分别为

$$P_1 = F_z v = (7\,840\text{ N}) \times \frac{30\text{ m/min}}{60\text{ s/min}} = 3\,920\text{ W}$$

$$P_2 = Fv = (1\,666\text{ N}) \times \frac{30\text{ m/min}}{60\text{ s/min}} = 833\text{ W}$$

式中，P_1 是机床的输出功率，P_2 则是机床损失功率的一部分。

根据机械效率的定义，有

$$\eta = \frac{P_{输出}}{P_{输入}} = \frac{P_1}{P_{输入}} = 0.75$$

式中，机床的输入功率 $P_{输入}$ 就是机床主电动机实际输出的功率，由上式可得

$$P_{输入} = \frac{P_1}{\eta} = \frac{3\,920\text{ W}}{0.75} = 5\,227\text{ W} \approx 5.23\text{ kW}$$

第四节　势力场与势能

1. 势力场

如果质点在空间中的任一位置,都受到这样一个力的作用,即它的大小和方向完全取决于质点的位置,则这部分空间称为力场。

例如,在地面附近的空间是重力场,这时质点只受到重力的作用,而重力的大小和方向完全决定于质点的位置。当质点离开地面较远时,质点受到万有引力的作用,引力的大小和方向也完全由质点位置决定,这部分空间称为万有引力场。又如,系在弹簧上的质点受到弹簧弹性力的作用,弹性力的大小和方向也由质点的位置决定,我们称弹性力所及的空间为弹性力场。

在计算重力、弹性力和万有引力的功时,其结果有一共同的特点,即这些力的功与其作用点的运动轨迹无关。因此,若力场中力的功不依赖于力的作用点的运动轨迹,而只依靠于其作用点的始末位置,则称这种力称为**有势力**。若力 F 为有势力,则此力场称为**势力场**。重力、弹性力、万有引力这三种力场都是势力场。

2. 势能

设质点在有势力 F 作用下,由 M 点沿任一轨迹运动至 M_0 点,则力 F 所作的功称为质点在 M 点的**势能**,记为 V,即

$$V = \int_M^{M_0} \boldsymbol{F} \cdot \mathrm{d}\boldsymbol{r} = \int_M^{M_0} (F_x \,\mathrm{d}x + F_y \,\mathrm{d}y + F_z \,\mathrm{d}z) \tag{13-23}$$

由于势能 V 与零势能位置 M_0 有关,因此它是相对的。谈到势能时,必须说明选用的 M_0。

M_0 位置选择不同,势能 V 可以差一常数,因此,势能可以为正、负或零,这与动能不同。势能的单位则与功或动能的单位一样。在国际单位制中,势能所用单位为焦(J)。

注意到由位置 1 运动至位置 2 的过程中,有势力作功为

$$W_{12} = \int_{M_1}^{M_2} \boldsymbol{F} \cdot \mathrm{d}\boldsymbol{r} = \int_{M_1}^{M_0} \boldsymbol{F} \cdot \mathrm{d}\boldsymbol{r} - \int_{M_2}^{M_0} \boldsymbol{F} \cdot \mathrm{d}\boldsymbol{r} = V_1 - V_2 \tag{13-24}$$

即有势力作功等于起始位置的势能与终了位置的势能之差。

下面介绍计算几种常见的势能。

(1) 重力势能

设 z 轴铅直向上,则重力在直角坐标轴上的投影为 $F_x = F_y = 0$, $F_z = -mg$,如 z_0 为零势能位置,则得任意位置处的重力势能为

$$V = \int_z^{z_0} (-mg) \,\mathrm{d}z = mg(z - z_0) \tag{13-25}$$

（2）弹性势能

设弹簧变形量 δ_0 为零势能位置，则得变形量为 δ 的弹性势能为

$$V=\frac{1}{2}k(\delta^2-\delta_0^2) \qquad (13-26)$$

如果以弹簧原长处为零势能位置，则可得弹性势能为

$$V=\frac{1}{2}k\delta^2 \qquad (13-27)$$

（3）万有引力势能

以 $r_0=\infty$ 处为零势能位置，万有引力为

$$\boldsymbol{F}=-f\frac{m_1m_2}{r^2}\cdot\frac{\boldsymbol{r}}{r}$$

式中，f 为引力常数，$\boldsymbol{r}$ 为引力中心 O 到质点的矢径。此时，在位置 M 处的万有引力势能可示为

$$V=\int_M^{M_0}\boldsymbol{F}\cdot\mathrm{d}\boldsymbol{r}=-\int_r^{r_0}f\frac{m_1m_2}{r^2}\boldsymbol{r}\cdot\mathrm{d}\boldsymbol{r}=-fm_1m_2\frac{1}{r} \qquad (13-28)$$

3. 机械能守恒定律

质点在有势力 $\boldsymbol{F}$ 作用下，由位置 M_1 运动至位置 M_2，设其在此两位置的动能分别为 T_1 及 T_2，则由动能定理知

$$T_2-T_1=W_{12}$$

由式(13-24)，可得

$$W_{12}=V_1-V_2$$

此时，上两式可写为

$$T_2+V_2=T_1+V_1=常量 \qquad (13-29)$$

式(13-29)表明，在有势力作用的情况下，质点的动能与势能之和为恒量。质点的动能与势能之和，称为机械能。这一规律可称为**机械能守恒定律**。有势力因此也称为保守力。势力场也称为保守力场。

应该强调，机械能守恒定理是在所有作用力都有势的情况下才成立。摩擦力作功时，它就不是有势力，物体的机械能不守恒。空气阻力也不是有势力，雨点从高处下落时，其机械能越来越小。

大量实验证实，自然界存在着更普遍的能量守恒和转化。机械能守恒只是能量守恒的一种特殊情况。物质运动中任何形式的能量，如机械能、热、光、电、磁、化学能等，在一定条件下都可以从一种形式转化成另一种形式，转化前后的总能量保持不变。例如，摩擦力作负功时，物体的机械能将减小，转化成热能；在火箭发射过程中，燃料燃烧使火箭动能增加，化学能最终转化成机械能；水流推动水力发电机发电，机械能变成电能；电能通过电动机带动

机械,电能又变成机械能……

例 13-8 已知地球平均半径 $R = 6\,371$ km,试应用机械能守恒定律求第二宇宙速度。

解: 第二宇宙速度即地球上的物体要脱离地球引力场所需的最小初速度。由于物体是在势力场中运动,可以用机械能守恒定律来计算。

设物体的质量为 m,初速度和末速度的大小分别为 v_1 和 v_2,距地球中心的相应距离分别为 r_1 和 r_2。由机械能守恒定律及万有引力场中的势能表达式,可得

$$\frac{1}{2}mv_2^2 + \left(\frac{-fm_1m}{r_2}\right) = \frac{1}{2}mv_1^2 + \left(\frac{-fm_1m}{r_1}\right)$$

式中,m_1 是地球的质量;f 为引力常数。

根据题意,$r_1 = R$(地球半径),$r_2 = \infty$,$v_1 = v_0$,$v_2 = 0$,代入上式得

$$v_0 = \sqrt{\frac{2fm_1}{R}}$$

又由于在地面上有 $mg = \dfrac{fm_1m}{R^2}$,故 $fm_1 = R^2 g$,于是第二宇宙速度为

$$v_0 = \sqrt{2gR} = 11.2 \text{ km/s}$$

例 13-9 地震仪由一个可绕水平轴 O 上下摆动并借助铅垂弹簧维持于水平稳定平衡位置的物理摆构成,其简化模型如图 13-14 所示,求系统在偏离其平衡位置某一微小角度 ϕ 时的势能,并研究摆的运动。已知摆的质量为 m,质心 A 到轴 O 的距离为 $OA = l$,摆对轴 O 的回转半径为 ρ,弹簧的刚度系数为 k,其质量略去不计。弹簧的连接点 B 到轴 O 的距离为 $OB = b$。摩擦略去不计。

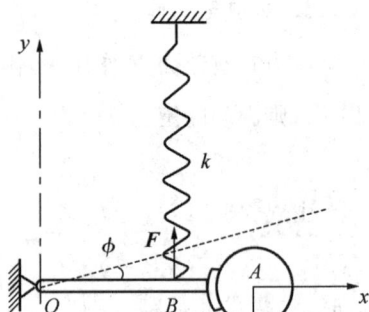

图 13-14 例 13-9 图

解: 以摆为研究对象,摆所受的能作功的力有重力 $\boldsymbol{P}$ 和弹性力 $\boldsymbol{F}$,都是有势力,故运动过程中系统的机械能守恒。

取水平平衡位置为重力和弹性力的零势能位置,即当 $\phi = 0$ 时,$V_0 = 0$。在水平平衡位置弹簧具有静变形 δ_{st},弹簧拉力 $F_{st} = k\delta_{st}$,由静力平衡条件有

$$Pl = F_{st}b = k\delta_{st}b$$

当摆由平衡位置摆过微小角度 ϕ 时,点 B 和点 A 的铅垂位移分别为 $y_B = b\phi$ 及 $y_A = l\phi$,故对应的重力 $\boldsymbol{P}$ 的势能为

$$V_P = Pl\phi = mgl\phi$$

对应的弹性力 $\boldsymbol{F}$ 的势能为

$$V_F = \frac{1}{2}k\left[(\delta_{st} - b\phi)^2 - \delta_{st}^2\right]$$

将 $\delta_{st}=\dfrac{Pl}{kb}$ 代入上式,得转过角 ϕ 时系统的总势能为

$$V=V_P+V_F=\frac{1}{2}kb^2\phi^2$$

此时,系统的动能为

$$T=\frac{1}{2}J_O\dot\phi^2=\frac{1}{2}m\rho^2\dot\phi^2$$

故机械能

$$T+V=\frac{1}{2}m\rho^2\dot\phi^2+\frac{1}{2}kb^2\phi^2=常量$$

对上式时间 t 求导,得

$$\ddot\phi+\frac{kb^2}{m\rho^2}\phi=0$$

故称上式为摆的微振动方程,表明摆的运动为简谐振动,其周期为 $\dfrac{2\pi\rho}{b}\sqrt{\dfrac{m}{k}}$。

本题亦可用定轴转动微分方程求解,请读者比较这两种方法。

例 13-10　图示系统由两根长度都是 l 的均质杆 AC 和 BC 组成,见[图 13-15(a)]。点 C 为光滑销钉,杆在铅垂平面内运动,点 A 和点 B 与光滑水平面接触。如果初始时点 C 离水平面的高度为 h,然后无初速释放,试求点 C 着地时的速度。

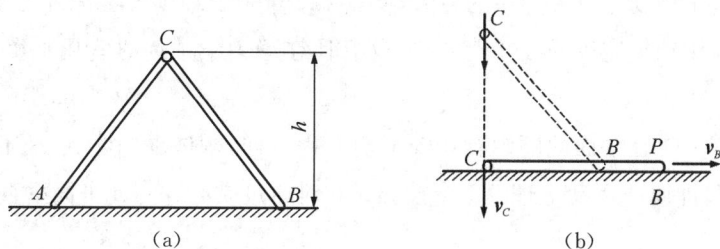

图 13-15　例 13-10 图

解:系统所受的约束力不作功,只有重力作功,系统机械能守恒。

取水平面 AB 为势能的零位置,则初始时系统的势能为

$$V_1=2\left(mg\frac{h}{2}\right)=mgh$$

式中,m 为杆的质量。由于初始时系统静止,故动能 $T_1=0$。

系统开始运动后,杆 AC 和杆 BC 的运动都是平面运动,由对称性可知销钉 C 必沿铅垂线运动。

研究杆 BC,当点 C 着地时见[图 13-15(b)],点 C 的速度 v_C 为铅垂向下,而点 B 的速度 v_B 则恒为水平方向,此时杆 BC 的速度瞬心 P 与点 B 重合,该瞬时系统的总动能为

$$T_2 = 2\left(\frac{1}{2}J_P\omega^2\right) = 2\left(\frac{1}{2} \times \frac{1}{3}ml^2\omega^2\right)$$

式中，ω 为杆 BC 在此瞬时的角速度见[图 13-15(b)]，有 $v_C = l\omega$。故得

$$T_2 = \frac{1}{3}ml^2\omega^2 = \frac{1}{3}mv_C^2$$

当点 C 着地时，系统的势能为 $V_2 = 0$。

根据机械能守恒定律，有

$$mgh + 0 = 0 + \frac{1}{3}mv_C^2$$

由此得

$$v_C = \sqrt{3gh}$$

这就是点 C 着地时的速度大小，其方向铅垂向下。

第五节　动力学普遍定理的综合应用

在动力学普遍定理中，质点系动量定理(其另一种形式为质心运动定理)和动量矩定理都是矢量式，在空间问题中它们各可有 3 个投影方程，在平面问题中则前者可有 2 个投影方程，后者可有 1 个投影方程。至于动能定理，则是标量式，只能提供 1 个方程。

质点系动量定理要考虑外力系的主矢，质点系动量矩定理则要考虑外力系的主矩，因此在什么条件下应用动量定理或动量矩定理，这好比在静力学中何时宜用平衡方程的投影式或力矩式一样。

正如刚体静力学在平面问题中有 3 个平衡方程一样，刚体动力学在平面问题中也可有3 个动力学方程，即质心运动定理的 1 个投影式和对通过质心并与此平面垂直的轴的动量矩定理方程式。

质点系动能定理不能在前述方程之外提供新的独立方程，但有时可首先应用它求出 1 个未知量，以方便问题的求解，或者说动能定理方程式的加入，就多出 1 个方程，它可用作校核。

如果在一般质点系的动力学问题中，内力所作功的代数和不为零，则质点系速度的改变与内力有关，而质点系动量定理和动量矩定理都不包含内力，则可用动能定理提供 1 个独立的方程。

和在静力学中求解物体系的平衡问题一样，在动力学中常常要将质点系分开考虑，求出所需的未知量，然后再考虑整个质点系，求出余下的未知量，或者将考虑各个部分质点和整个质点系中的多余方程用作校核。

在解题时，同静力学问题一样，应先分析一下未知量的数目和独立方程的数目(在正常情况下两者应相等)，然后再考虑求解的步骤。为进一步说明和理解综合应用动力学普遍定

理求解动力学问题的方法和步骤,再举几例。

例 13 - 11 均质直杆长为 $2l$,直立在粗糙的桌面上,下端 B
位于桌面的边缘。初始时杆静止不动,且 $\theta=0$。受到小扰动后
杆 AB 在铅垂平面 Bxy 内绕点 B 翻转,见图 13 - 16。试求杆
AB 离开桌面时的角度 θ 值和此时杆的角速度 ω。

解:取杆 AB 为研究对象,受力如图 13 - 17 所示。图中 F_N
为桌面的约束力,F_s 为摩擦力,G 为杆的重力。

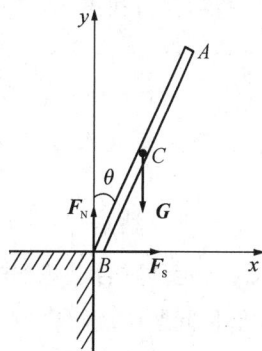

图 13 - 16 例 13 - 11 图

杆 AB 翻转离开桌面前的运动为绕点 B 的转动,离开桌面的
瞬时,杆与铅垂轴夹角为 θ。运动过程中只有重力 G 作功,因此
选用动能定理求杆 AB 的运动变化是合适的。

重力 G 的功为

$$W=Gl(1-\cos\theta)$$

开始时杆 AB 静止不动,因而初始动能 $T_0=0$。设杆 AB 翻转到角 θ 的位置时其角速度
为 ω,则此时动能为

$$T=\frac{1}{2}J_B\omega^2$$

式中,J_B 是杆 AB 绕轴 B 的转动惯量,且有

$$J_B=\frac{1}{3}\frac{G}{g}(2l)^2=\frac{4}{3}\frac{G}{g}l^2$$

根据动能定理得

$$\frac{1}{2}\times\frac{4}{3}\times\frac{G}{g}l^2\omega^2=Gl(1-\cos\theta)$$

解得

$$\omega^2=\frac{3g}{2l}(1-\cos\theta) \tag{a}$$

由推导结果可见,结果中仍包含未知量 θ,因此仅用动能定理不能求得 ω,还必须应用其
他的动力学定理联合求解。

当杆 AB 翻转 θ 角度时,杆要离开桌面。此时桌面的约束力 F_N 和摩擦力 F_s 均等于零,
杆 AB 仅受重力 G 的作用,故可应用质心运动定理建立此瞬时运动和力的关系。

质心运动方程在质心运动轨迹法向坐标轴上的投影为

$$\frac{G}{g}a_C^n=G\cos\theta$$

式中,a_C^n 为质心法向加速度,且 $a_C^n=l\omega^2$,故上式为

$$\frac{G}{g}l\omega^2=G\cos\theta \tag{b}$$

将式(a)和式(b)联立求解,得

$$\cos\theta=\frac{3}{5} \quad 或 \quad \theta=53.1°$$

$$\omega^2=\frac{3g}{5l} \quad 或 \quad \omega=\sqrt{\frac{3g}{5l}}$$

由推导结果可知,本题仅用动能定理或质心运动定理均不能完全求解,而必须综合应用这两个定理联合求解,并且还要根据题意作出杆 AB 在翻离桌面时桌面约束力为零的判断,才能使问题圆满解决。

例 13 - 12 图 13 - 17 所示半径为 R 的圆环以角速度 ω_0 绕铅直轴 AC 自由转动。圆环对铅直轴 AC 的转动惯量为 J。在圆环中的点 A 处放一质量为 m 的小球。设由于微小的干扰,小球离开点 A,试求当小球到达点 B 和点 C 时,圆环的角速度和小球的速度。

解: 首先分析系统的受力,系统所受的外力为重力和轴承处的约束力,因此可以应用动量矩定理分析圆环绕铅直轴转动的变化。

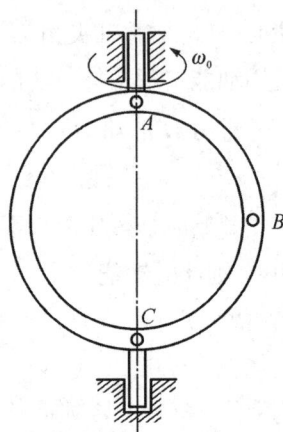

图 13 - 17 例 13 - 12 图

(1)求小球到达点 B 时圆环的角速度和小球的速度

由于系统的外力对铅直轴 AC 的力矩为零,系统对轴 AC 的动量矩守恒,即

$$J\omega_0=J\omega_1+mR\omega_1 R \tag{a}$$

式中,ω_1 为小球到达点 B 时的角速度,$R\omega_1=v_e$ 为小球此瞬时的牵连速度。由(a)可得

$$\omega_1=\frac{J\omega_0}{J+mR^2}$$

为求小球到达点 B 时的速度,可以选用动能定理,此时作用在系统上的所有的力只有重力作功,即

$$mgR=\frac{1}{2}J\omega_1^2+\frac{1}{2}m[(R\omega_1)^2+v_r^2]-\frac{1}{2}J\omega_0^2=\frac{1}{2}J\omega_1^2+\frac{1}{2}mv_B^2-\frac{1}{2}J\omega_0^2 \tag{b}$$

式中,v_B 为小球在点 B 时的绝对速度,v_r 为小球相对圆环的相对速度。由式(b)可得

$$v_B=\sqrt{\frac{2mgR-J\omega_0^2\left[\frac{J^2}{(J+mR^2)^2}-1\right]}{m}}$$

(2)求小球到达点 C 时圆环的角速度和小球的速度

设此时圆环的角速度为 ω_2,小球的速度为 v_C,再次应用动量矩守恒定理和动能定理可得

$$J\omega_0=J\omega_2 \tag{c}$$

$$mg\,2R=\frac{1}{2}J\omega_2^2+\frac{1}{2}mv_C^2-\frac{1}{2}J\omega_0^2 \tag{d}$$

解式(c)和(d),得

$$\omega_2=\omega_0,\quad v_C=\sqrt{4gR}$$

例 13-13　如[图 13-18(a)]所示,质量为 m_1、半径为 R 的鼓轮,对其质心水平轴的回转半径为 ρ。在鼓轮的半径为 r 的同心滚轴上绕有细绳,并受与水平面倾角 $\theta=30°$ 的常力 $\boldsymbol{F}_\mathrm{P}$ 的牵动,且 $F_\mathrm{P}=mg$。鼓轮轮缘上绕有细绳,绳水平地跨过质量为 m_2、半径为 r 的匀质滑轮 B,绳的另一端系有质量为 m 的重物 D,设绳子质量不计,且不可伸长,绳与滑轮 B 间无相对滑动,轴承 O 处的摩擦不计,而轮 A 在水平面上作纯滚动。若 $m_1=4m$,$m_2=m$,$R=2r$,$\rho=\sqrt{\frac{3}{2}}r$。试求:(1) 重物 D 的加速度;(2) 轴承 O 的约束力;(3) 固定水平面对轮 A 的约束力。

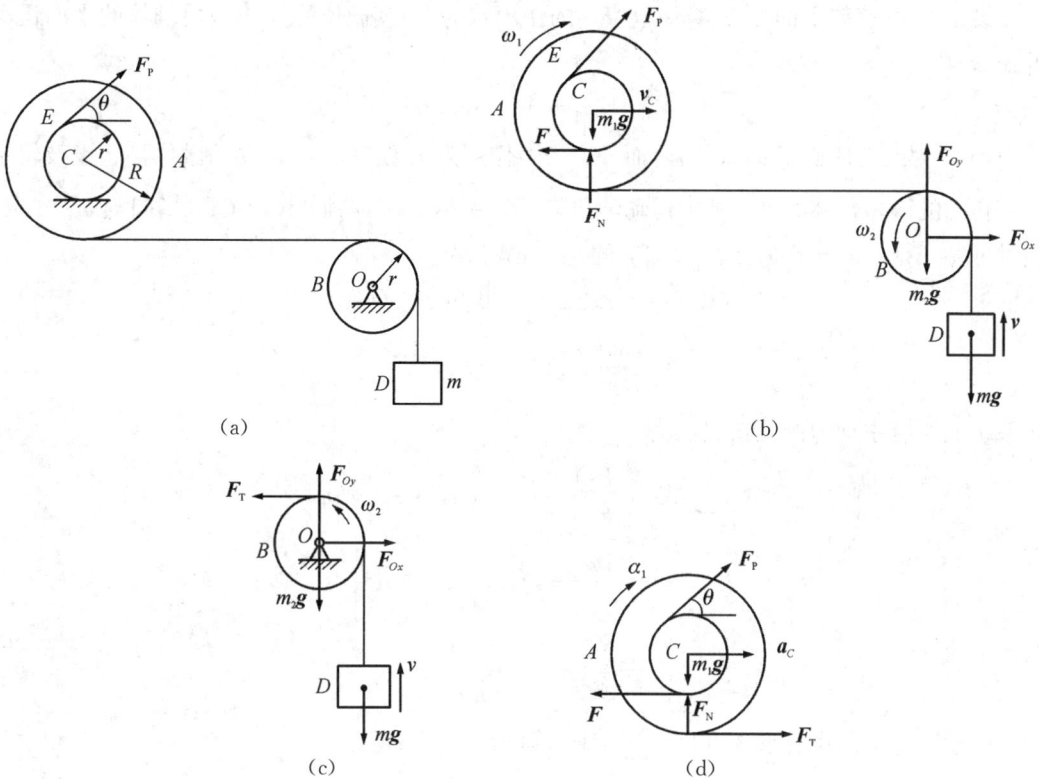

(a)　　　　　　　　　　　　(b)

(c)　　　　　　　　(d)

图 13-18　例 13-13 图

解:(1) 应用动能定理求重物 D 的加速度。取整个系统为研究对象,作受力图如[图 13-18(b)]所示。

设重物 D 的速度为 $\boldsymbol{v}$,加速度为 $\boldsymbol{a}$,则由运动学知,滑轮 B 及鼓轮 A 的角速度分别为

$$\omega_2=\frac{v}{r}, \quad \omega_1=\frac{v}{(R-r)}$$

故鼓轮 A 的质心 C 的速度为

$$v_C=r\omega_1=\frac{rv}{(R-r)}$$

则系统的动能为

$$T=\frac{1}{2}mv^2+\frac{1}{2}J_O\omega_2^2+\frac{1}{2}m_1v_C^2+\frac{1}{2}J_C\omega_1^2$$
$$=\frac{v^2}{4}\left[2m+m_2+2m_1\frac{r^2+\rho^2}{(R-r)^2}\right] \tag{a}$$
$$=\frac{23}{4}mv^2$$

由[图 13-18(b)]可知,作用于系统的主动力有 F_P,mg,m_1g 及 m_2g;约束力有 F_N,F,F_{Ox} 及 F_{Oy}。由于 m_1g 及 m_2g 和约束力均不作功,故计算作功的主动力为 F_P 及 mg。

设重物 D 有向上的微位移 ds,力 F_P 的作用点为 E,其微位移为 ds_P,由刚体的平面运动可知

$$ds_P=ds_C+ds_1$$

式中,ds_C 为鼓轮质心 C 的微位移,而 ds_1 为力作用点 E 绕质心 C 转动的微位移。设鼓轮绕质心转动的微角位移为 $d\varphi$,则由运动学可知,$ds_C=ds_1=rd\varphi$,而 $ds_1\perp\overrightarrow{CE}$,指向与 ω_1 一致。同时可知,$ds=(R-r)d\varphi$,因此力 F_P 的元功 δW_P 为

$$\delta W_P=\mathbf{F}_P\cdot d\mathbf{s}_P=F_Pds_1+F_P\cos\theta ds_C$$
$$=\frac{F_Prds}{R-r}(1+\cos\theta)$$

故系统上所有主动力的元功之和为

$$\sum\delta W=\frac{F_Prds}{R-r}(1+\cos\theta)-mgds$$
$$=\left[\frac{mgr}{r}\left(1+\frac{\sqrt{3}}{2}\right)-mg\right]ds$$
$$=\frac{\sqrt{3}}{2}mgds$$

由动能定理的微分形式 $dT=\sum\delta W_i$,可得

$$d\left(\frac{23}{4}mv^2\right)=\frac{\sqrt{3}}{2}mgds$$

由上式可得

$$\frac{23}{4}m2v\frac{dv}{dt}=\frac{\sqrt{3}}{2}mg\frac{ds}{dt}$$

整理后得重物 D 的加速度

$$a = \frac{\sqrt{3}}{23}g$$

(2) 求轴承 O 的约束力。取重物 D 及滑轮 B 作为研究对象,受力图如[图 13-18(c)]所示。系统受的主动力为 $m\boldsymbol{g}$、$m_2\boldsymbol{g}$,绳索的拉力 $\boldsymbol{F}_T$ 和轴承约束力 $\boldsymbol{F}_{Ox}$ 和 $\boldsymbol{F}_{Oy}$。

由对轴 O 的动量矩定理可知

$$\frac{\mathrm{d}}{\mathrm{d}t}(J_O\omega_2 + mvr) = F_T r - mgr$$

由上式解得

$$F_T = mg + \frac{1}{2}(m_2 + 2m)a = mg + \frac{3}{2}ma = \left(1 + \frac{3\sqrt{3}}{46}\right)mg$$

再根据动量定理可求得轴 O 的约束力,即

$$0 = F_{Ox} - F_T$$
$$ma = F_{Oy} - m_2 g - mg$$

整理后可得轴承 O 的约束力为

$$F_{Ox} = F_T = \left(1 + \frac{3\sqrt{3}}{46}\right)mg$$

$$F_{Oy} = (m + m_2)g + ma = \left(2 + \frac{\sqrt{3}}{23}\right)mg$$

(3) 求固定水平面对轮 A 的约束力。取轮 A 为研究对象,作出的受图如[图 13-18(d)]所示。应用质心运动定理可列出如下方程,即

$$m_1 a_{Cx} = F_P\cos\theta - F + F_T$$
$$m_1 a_{Cy} = F_N - m_1 g + F_P\sin\theta$$

由于 $a_{Cx} = a_C = a$,$a_{Cy} = 0$ 代入上式可求得水平面对轮 A 的法向约束力及轮与地面间的摩擦力分别为

$$F_N = m_1 g - F_P\sin\theta = \frac{7}{2}mg$$

$$F = F_P\cos\theta + F_T - m_1 a_{Cx} = \left(1 + \frac{9\sqrt{3}}{23}\right)mg$$

由计算结果可知,为使轮 A 滚而不滑,轮 A 与固定水平面间的静摩擦因数就满足

$$f \geqslant \frac{F}{F_N} = 0.48$$

本章小结

1. 力的功

$$W = \int_{M_1}^{M_2} \boldsymbol{F} \cdot \mathrm{d}\boldsymbol{r} = \int_{M_1}^{M_2} (F_x \, \mathrm{d}x + F_y \, \mathrm{d}y + F_z \, \mathrm{d}z)$$

重力的功：

$$W_{12} = mg(z_1 - z_2)$$

弹性力的功：

$$W_{12} = \frac{1}{2} k(\delta_1^2 - \delta_2^2)$$

力矩或力偶的功：

$$W_{12} = \int_{\varphi_1}^{\varphi_2} M_z \, \mathrm{d}\varphi$$

2. 功率

$$P = \frac{\delta W}{\mathrm{d}t} = \boldsymbol{F} \cdot \boldsymbol{v} = F_t \cdot v$$

力矩的功率：

$$P = M_z \omega$$

3. 质点系的动能

$$T = \frac{1}{2} \sum m_i v_i^2$$

平移刚体的动能：

$$T = \frac{1}{2} mv^2$$

定轴转动刚体的动能：

$$T = \frac{1}{2} J_z \omega^2$$

平面运动刚体的动能：

$$T = \frac{1}{2} mv_C^2 + \frac{1}{2} J_C \omega^2 = \frac{1}{2} J_P \omega^2$$

4. 动能定理

$$T_2 - T_1 = \sum W_i \quad \text{或} \quad \mathrm{d}T = \sum \delta W_i \text{（微分形式）}$$

功率方程：

$$\frac{\mathrm{d}T}{\mathrm{d}t}=\sum\frac{\delta W_i}{\mathrm{d}t}=\sum P_i$$

5. 势能

$$V=\int_{M}^{M_0}\boldsymbol{F}\cdot\mathrm{d}\boldsymbol{r}=\int_{M}^{M_0}(F_x\,\mathrm{d}x+F_y\,\mathrm{d}y+F_z\,\mathrm{d}z)$$

$$W_{12}=\int_{M_1}^{M_2}\boldsymbol{F}\cdot\mathrm{d}\boldsymbol{r}=V_1-V_2$$

重力势能：

$$V=mg(z-z_0)$$

弹性势能：

$$V=\frac{1}{2}k(\delta^2-\delta_0^2)$$

如果以弹簧原长处为零势能位置，则弹性势能：

$$V=\frac{1}{2}k\delta^2$$

万有引力势能：以 $r_0=\infty$ 处为零势能位置，则

$$V=-fm_1m_2\frac{1}{r}$$

6. 机械能守恒定律

$$T_2+V_2=T_1+V_1=常量$$

习 题

13-1 一对称的矩形木箱质量为 1 000 kg，宽 1.6 m，高 2 m。如果要使它绕棱边 E（转轴 E 垂直于图面）转动后翻倒，问在这一过程中重力何时作正功？何时作负功？总功是多少？人至少要对它作多少功？

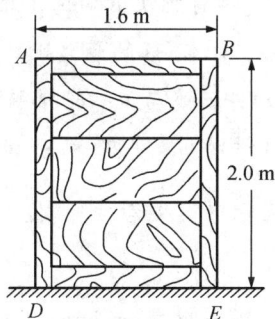

题 13-1 图

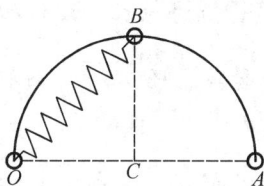

题 13-2 图

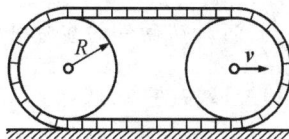

题 13-3 图

13-2 弹簧原长 $l_0=100$ mm,刚度 $k=4\,900$ N/m,一端固定在点 O,此点在半径 $R=100$ mm 的圆周上。当弹簧的另一端由 B 沿圆弧运动至点 A 时弹性力所作的功是多少?已知 $AC\perp BC$,OA 为直径。

13-3 题 13-3 图所示坦克的履带质量为 m,两个车轮的质量均为 m_1。车轮被看成均质圆盘,半径为 R,两车轮间的距离为 πR。设坦克前进速度为 v,试计算此质点系的动能。

13-4 计算下列质量同为 m 的物体的动能:(1)长为 l 的均质直杆以角速度 ω 绕轴 O 转动;(2)半径为 r、偏心距为 e 的圆盘以角速度 ω 绕轴 O 转动;(3)半径为 r 的均质圆轮在水平面上作纯滚动,质心的速度为 v;(4)长为 l 的均质直杆以角速度 ω 绕球铰 O 转动,杆与铅垂线夹角为 θ(常数)。

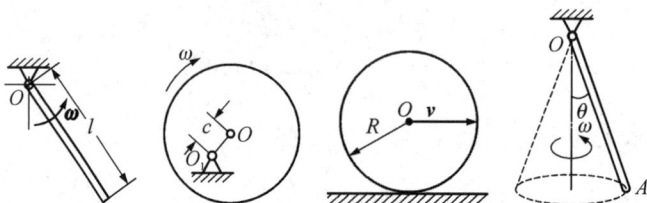
题 13-4 图

13-5 链条传动机构的大链轮以角速度 ω 转动,半径为 R,对转轴的转动惯量为 J_1;小链轮的半径为 r,对转轴的转动惯量为 J_2;链条质量为 m,试计算此系统的动能。

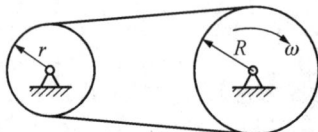
题 13-5 图

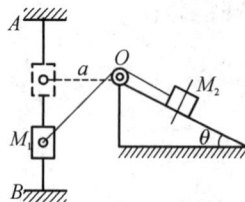
题 13-6 图

13-6 质量为 $m_1=1$ kg 的物块 M_1 可沿垂直杆 AB 移动,而质量 $m_2=3$ kg 的物块 M_2 可沿与水平面倾斜角 $\theta=30°$ 的斜面滑动,如题 13-6 图所示。两重物用不可伸长的绳连接,绳绕过小滑轮 O。不计绳的质量及各接触处的摩擦力。设初瞬时物块 M_1 位于距滑轮轴 O 最短距离 $a=0.5$ m 的位置,并自静止状态开始运动,求物块 M_1 下落的最大距离。

13-7 偏心轮 A 使从动件 D 作往复平移,弹簧 E 保证从动件始终与偏心轮接触,其刚度为 k。当从动件在极左位置时弹簧恰为原长。设偏心轮质量为 m,半径为 r,偏心距 $OO_1=\dfrac{r}{2}$,不计从动件的质量并略去摩擦,要使从动件由极左位置移至极右位置,偏心轮的初角速度至少应为多大?

13-8 题 13-8 图所示带式运输机的轮 B 受恒力偶 M 的作用,使胶带运输机由静止开始运动。若被提升物体 A 的质量为 m_1,轮 B 和轮 C 的半径均为 r,质量均为 m_2,并视为均质圆柱。运输机胶带与水平线成交角 θ,它的质量忽略不计,胶带与轮之间没有相对滑动。求物体 A 移动 s 距离时的速度和加速度。

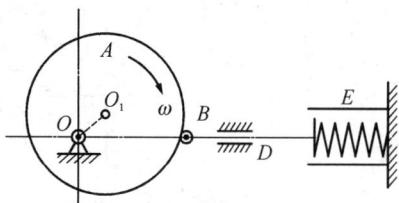

题 13-7 图

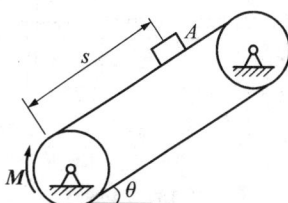

题 13-8 图

13-9　在一个矿石搅拌机中,一满桶矿石悬挂在一个沿着固定桥梁移动的吊车上。该吊车以 3 m/s 的速度移动后突然停止。计算该桶摆动的最大水平距离?

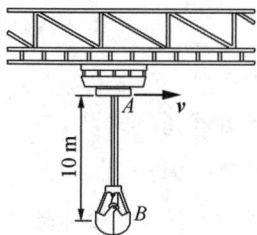

题 13-9 图

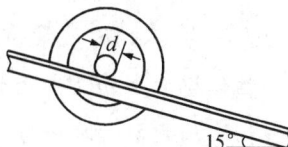

题 13-10 图

13-10　有一飞轮,轴的直径 $d=60$ mm,沿与水平面成 $15°$ 角的轨道滚下,开始时静止。如在 6 s 内滚动 3 m,试求飞轮对轮心的回转半径。

13-11　梁 AB 长 $l=3$ m,质量 $m=225$ kg,用两根缆索 BD、AC 连接于 D 和 C 处,缆索 BD 水平,AC 倾斜,梁 AB 静止时与水平线的倾角 $\theta=30°$。求切断缆索 BD 后,梁 AB 的 A 端打到墙上时的速度 v_A 为多大? 略去摩擦和缆索重量,梁可视为均质杆。已知:$h=3.4$ m,$d=2$ m。

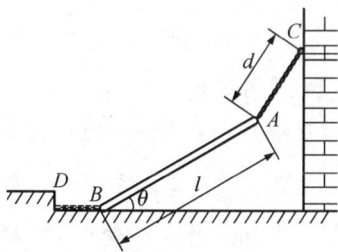

题 13-11 图

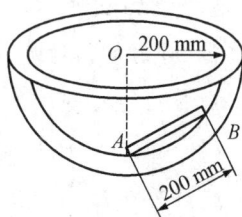

题 13-12 图

13-12　杆 AB 放在光滑球面的内表面上,杆由题 13-12 图所示位置从静止开始释放。求杆摆动到水平位置时杆的角速度。

13-13　长为 $2a$ 的均质杆 AB,A 端为铰链支座。开始时杆自水平位置无初速地释放。当杆 AB 运动到竖直位置时,A 端的铰链突然脱落。求在以后的运动中,杆的角速度和杆中心的运动轨迹。当杆的中心下降距离 h 后,杆一共转了几圈?

· 305 ·

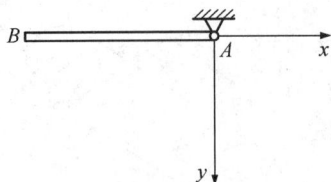

题 13-13 图

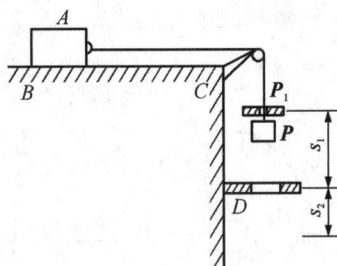

题 13-14 图

13-14 一重物 P 质量为 m,用一绳系住,另一重物 P_1 质量为 m_1,放在 P 之上。绳另一端跨过滑轮系在物体 A 上,物体 A 质量为 m_2,放在有摩擦的水平面上。使物体由静止而运动,当两重物下降了一段距离 s_1 通过环 D 时,重物 P_1 被挡住,重物 P 又下降了一段距离 s_2 才停止。已知:$m=m_1=0.1$ kg,$m_2=0.8$ kg,$s_1=0.5$ m,$s_2=0.3$ m,略去绳与滑轮的质量以及滑轮的摩擦,试求物体 A 与水平面间的滑动摩擦因数。

13-15 长为 l 的均质细杆,质量为 m_1,上端 B 靠在光滑的墙上,下端 A 和圆柱体的中心铰接。均质圆柱体质量为 m_2,半径为 R,放在粗糙的地面上,自题 13-15 图所示位置由静止开始作纯滚动。如果初瞬时杆与水平线的夹角为 $\theta=45°$,求该瞬时 A 点的加速度。

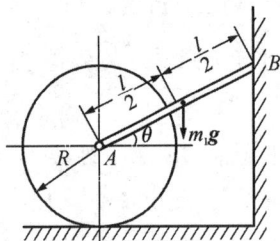

题 13-15 图

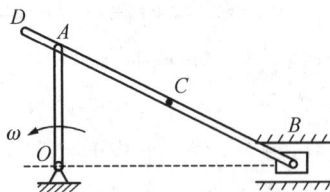

题 13-16 图

13-16 曲柄 OA 重 P_1,连杆 BD 重 P_2,$OA=r$,$AB=b$,$BD=l$。初瞬时,曲柄 OA 位于铅垂位置,如题 13-16 图所示。如曲柄的铅垂位置受微小扰动后,求曲柄在重力作用下在铅直平面内转过 $90°$ 时的角速度。设曲柄和连杆都是均质杆。

13-17 弯成直角的均质杆 AOB 重 $2P$,可在水平面 Oxy 内绕定轴 Oz 转动,同时带动由铰链连接的连杆 AA_1 和 BB_1 以及各重 G 的滑块 A_1 和 B_1 运动。已知 $OA=OB=AA_1=BB_1=b$,连杆为重 P 的均质杆。设杆 AOB 上作用一不变转矩 M,初始时杆 AOB 的角速度等于零,求它转过 N 转时的角速度。

13-18 长为 b、质量为 m_0 的两均质杆 AB 和 BC 在点 B 用铰链相连。杆 AB 的 A 端和固定铰链支座连接,杆 BC 在 C 处用铰链与一均质圆柱体连接。圆柱的质量为 m、半径为 r。在点 B 作用一铅垂力 F。A、C 两点处于同一水平线上,杆 AB 与水平线夹角为 θ。初始时系统静止不动,求系统运动到杆 AB 和杆 BC 均处于水平位置时杆 AB 的角速度 ω。设圆柱在水平面上滚动而无滑动。

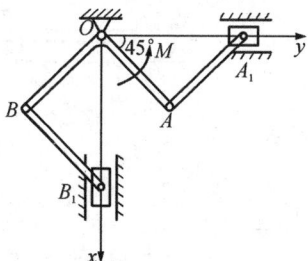

题 13-17 图

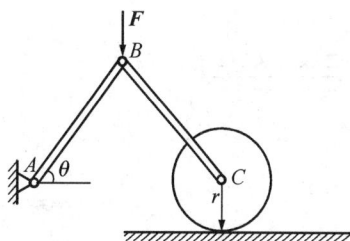

题 13-18 图

13-19 电动提升机构如题 13-19 图所示。启动时电动机的平均转矩为 M,小齿轮和联轴节等对轴 CD 的转动惯量为 J_2,大齿轮和鼓轮对轴 AB 的转动惯量为 J_1,鼓轮的半径为 R。已知齿轮的传动比 $\dfrac{\omega_2}{\omega_1}=i$,被提升的重物质量为 m,试求启动阶段重物的加速度。各处摩擦力不计。

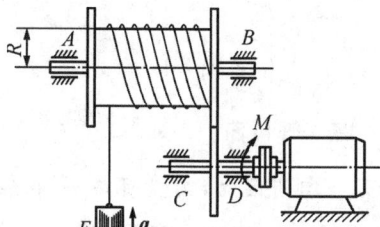

题 13-19 图

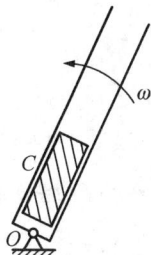

题 13-20 图

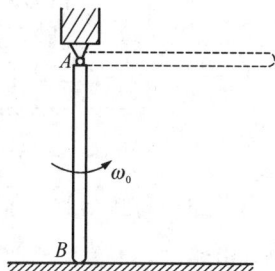

题 13-21 图

13-20 光滑细管,不计其质量,可以在水平面内绕固定点 O 自由转动。管内有一均质直杆,长为 $2a$,杆的中点 C 离点 O 的距离为 a,杆与管均是静止的。现给这个系统以一初始角速度 ω_0,试求杆在管内相对滑动的极限速度为多大?摩擦力不计。

13-21 均质杆 AB 长 $2a$,重 P,在 A 端用铰链挂起,另一端 B 恰好与水平地面接触,但无相互作用力。杆处于铅垂面内。今使杆具有初始角速度 ω_0,当杆绕 A 轴转到水平位置时,铰链 A 突然脱开,以后杆的运动只受重力作用的影响,问 ω_0 应为多大才能使杆落地时处于铅直位置?

13-22 铁链长 l,放在光滑桌面上,由桌边垂下一段长度 a,求铁链全部离开桌面时的速度。

13-23 弹簧两端各系以重物 A 和 B,A 和 B 放在光滑水平面上。A 物重 P_1,B 物重 P_2,弹簧的原长为 l_0,刚度为 k。先将弹簧拉长到 l 然后无初速地释放,问当弹簧回至原长时,两物体的速度各为多少?弹簧质量不计。

13-24 无重杆一端固连一重为 P_2 的小球 B,另一端用铰链接于棱柱体 A 上。棱柱体重 P_1,放在光滑水平面上。$AB=l$,略去摩擦和小球的半径。求杆摆至铅垂位置时小球 B 和物体 A 的速度。假定开始释放时杆处于水平位置,且系统保持静止。

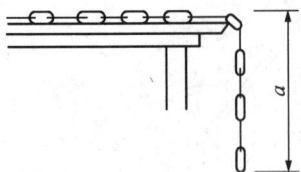

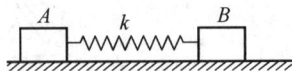

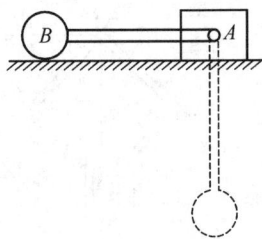

题 13－22 图　　　　　　　题 13－23 图　　　　　　　题 13－24 图

13－25　重为 G 的小球 A 放在铅垂的环形管内，管固定在支座上，支座放在光滑水平面上。管及支座的总质量为 P，管的半径为 R。假定开始时系统处于静止，球 A 处在管水平直径端点 A_0 处。试以角度 φ 表示支座在水平面上运动的速度。

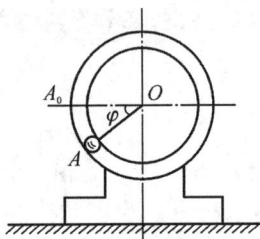

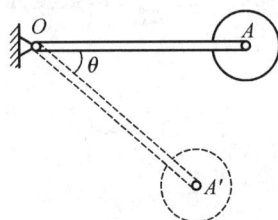

题 13－25 图　　　　　　　　　题 13－26 图

13－26　均质细杆 OA 可绕水平轴 O 转动，另一端有一均质圆盘，圆盘可绕 A 在铅直面内自由旋转，如题 13－26 图所示。已知杆 OA 长 l，质量为 m_1；圆盘半径 R，质量为 m_2。摩擦不计，初始时杆 OA 水平，杆和圆盘静止。求杆与水平线成 θ 角的瞬时，杆的角速度和角加速度。

13－27　质量为 $M=9$ kg 的支架被两个沿接触面只滚不滑的均质圆轮支撑，每个圆轮的质量 $m=6$ kg，半径 $r=80$ mm。已知系统初始静止，分别求出下列图中支架移动 $s=250$ mm 后的速度。

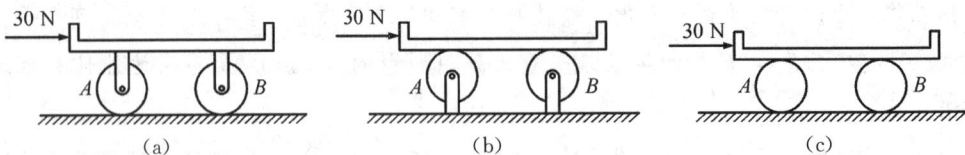

题 13－27 图

13－28　一质量为 m 的物块 B 固定在半径为 r、质量亦为 m 的圆环 A 上，圆环纯滚动。已知当 B 在环心 A 正下方时圆环的角速度是 $3\omega_1$，试用 g 和 r 表示当 B 在环心 A 正下方时圆环的角速度 ω_1。

13－29　一个半径为 240 mm、质量为 8 kg 的圆柱放在质量为 3 kg 的小车上。此时，一个大小 10 N 的力 P 作用于原本静止的系统上，作用时间长 1.2 s。已知圆柱在小车上只滚不滑，忽略小车轮子的质量，求下列情况下小车和圆柱中心的末速度。

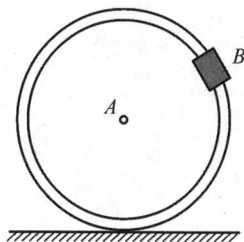

题 13-28 图

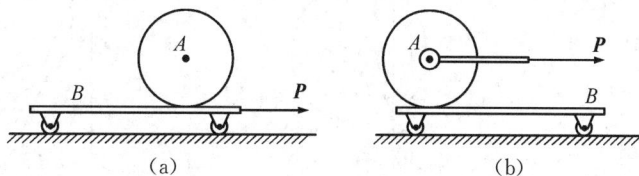

(a)　　　　　(b)

题 13-29 图

13-30　题 13-30 图所示三棱柱 A 沿三棱柱 B 光滑斜面滑动,A 和 B 的质量各为 m_1 与 m_2,三棱柱 B 的斜面与水平面成 θ 角。如开始时物系静止,忽略摩擦,求运动时三棱柱 B 的加速度。

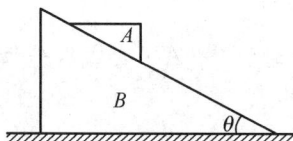

题 13-30 图

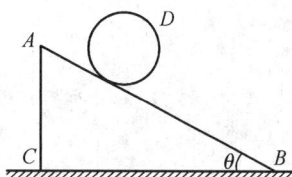

题 13-31 图

13-31　题 13-31 图所示三棱柱体 ABC 的质量为 M,放在光滑的水平面上,质量为 m、半径为 r 的均质圆柱体 D 由静止沿斜面向下纯滚动,如斜面的倾角为 θ,求三棱柱体的加速度。

13-32　均质细杆 AB 长 l,质量为 m,由直立位置开始滑动,上端 A 沿墙壁向下滑,下端 B 沿地板向右滑,不计摩擦。求细杆在任一位置 φ 时的角速度、角加速度和 A、B 处的约束力。

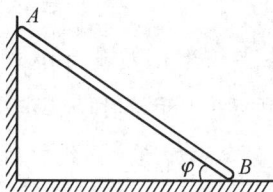

题 13-32 图

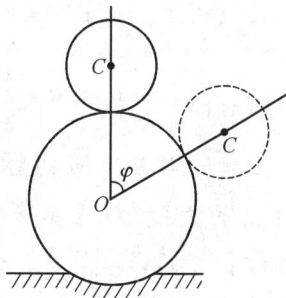

题 13-33 图

13-33　均质实心圆球 C,静止地放在另一个固定圆球 O 的顶端。如使球 C 在次位置受到微小扰动,则球将开始滚下。试证当两球的公共法线与竖直线所成的角 φ(如题 13-33 图所示)满足关系 $2\sin(\varphi-\varphi_f)=5\sin\varphi_f(3\cos\varphi-2)$ 时,球将开始滑动,式中 φ_f 为摩擦角。

13-34　半径为 r 的均质圆柱体,初始时静止在台边上,且 $\theta=0$,受到小扰动后无滑动地滚下。求圆柱体离开水平台面时的角度 θ 和此时的角速度 ω。

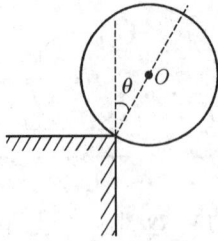

题 13-34 图

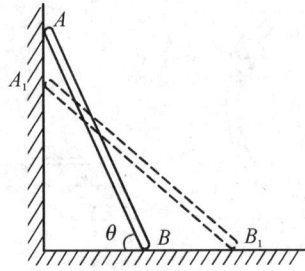

题 13-35 图

13-35 均质细杆长 l,B 端置于光滑水平面上,A 端则靠在光滑墙上,且杆与地面的倾角 θ。如杆自此位置由静止开始下滑,试证明当杆与地面的倾角为 $\arcsin\left(\dfrac{2}{3}\sin\theta\right)$ 时,杆将与墙分离。

13-36 上题中,杆与墙分离后,试求杆 AB 落地时(即杆 AB 变成水平位置)杆的角速度 ω_{AB}。

13-37 题 13-37 图所示质量为 m、半径为 r 的均质圆柱,开始时其质心位于与 OB 同一高度的点 C。设圆柱由静止开始沿斜面滚动而不滑动,当它滚到半径为 R 的圆弧 AB 上时,求在任意位置上对圆弧的正压力和摩擦力。

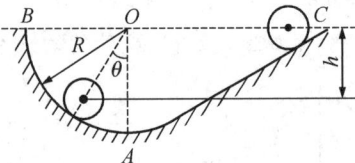

题 13-37 图

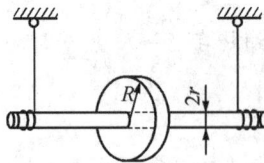

题 13-38 图

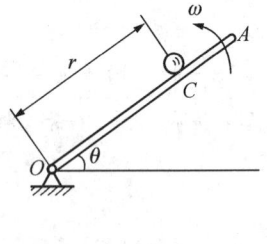

题 13-39 图

13-38 半径为 R、质量为 M 的均质圆盘,固连在半径为 r、质量为 m 的均质圆柱形轴上,并由绕在此轴上的两条直线挂起(如题 13-38 图所示)。开始时轴在水平位置,并且盘心至两线的距离相等,然后释放。求圆盘向下降落时,盘心的加速度和线中的张力。

13-39 均质直杆 OA,长为 l,在水平面上能绕固定轴 O 自由转动,并驱动一个在杆前的小球 C。球与杆的质量相同。开始时小球静止在杆前并离点 O 很近,同时杆以某一角速度旋转。假定所有接触都是光滑的,求当小球离开杆端 A 的瞬时,小球的绝对速度与杆所成的角度。

13-40 一细管在直圆柱上绕成螺旋形,圆柱可绕其铅垂对称轴自由转动(如题 13-39 图所示)。初始时系统静止,有一小球无初速度地从管的上端放入。已知:管子的质量为 m_1,螺距为 h,管子圈数为 n,小球质量为 m,圆柱半径为 r,不计圆柱质量,不计摩擦。当小球从管子的下端离开管子时,求圆柱的角速度和小球的绝对速度。

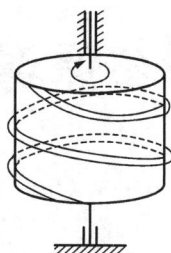

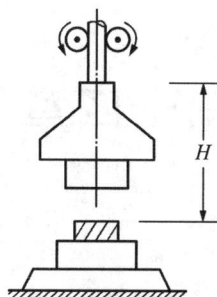

题 13－40 图　　　　　　　　题 13－41 图

13－41　夹板锤的质量 $m=250$ kg,由电动机通过提升装置带动。若在 $t=10$ s 内锤被提高 $H=2$ m,提升过程可近似认为是匀速提升,求锤头重力的功率。若传动效率 $\eta=0.7$,求电动机的输出功率。

13－42　在题 13－42 图所示车床上车削直径 $D=48$ mm 的工件,主切削力 $F_z=7.84$ kN。若主轴转速 $n=240$ r/min,电动机转速为 1 420 r/min。主传动系统的总效率 $\eta=0.75$,求机床主轴、电动机主轴分别受的力偶矩和电动机实际输出的功率。

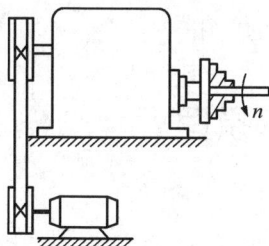

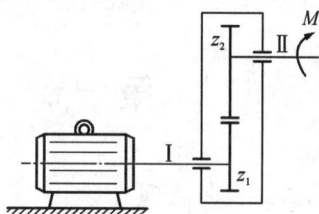

题 13－42 图　　　　　　　　题 13－43 图

13－43　单级齿轮减速箱的电动机的功率 $P=7.5$ kW,转速 $n=1$ 450 r/min。已知:齿轮的齿数 $z_1=20,z_2=50$,减速箱的机械效率 $\eta=0.9$,试求输出轴Ⅱ所传送的力偶矩和功率。

第十四章　达朗贝尔原理

教学要求：

1. 掌握达朗贝尔惯性力的概念；

2. 掌握刚体平移、对称刚体作定轴转动和平面运动时惯性力系的简化方法及计算；

3. 能应用动静法求解刚体平移、对称刚体作定轴转动和简单的平面运动时的动力学问题，并会综合应用；

4. 了解定轴转动刚体动约束力的概念及消除条件。

达朗贝尔原理是一种解决非自由质点系动力学问题的普遍方法，这种方法的特点是用静力学中研究平衡问题的方法研究动力学问题，因此又称为动静法。对于解决已知运动求约束力的问题显得特别方便，因而在工程中得到了广泛的应用。

第一节　达朗贝尔原理

1. 质点的达朗贝尔原理

设在惯性参考系 $Oxyz$ 中，质量为 m 的非自由质点在主动力 $\boldsymbol{F}$，约束力 $\boldsymbol{F}_N$ 的作用下沿图 14-1 所示的曲线运动，其加速度为 $\boldsymbol{a}$。据牛顿第二定律，有

$$m\boldsymbol{a} = \boldsymbol{F} + \boldsymbol{F}_N \tag{14-1}$$

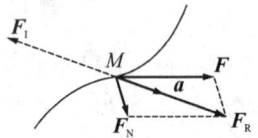

图 14-1　质点的达朗贝尔原理

或写成

$$\boldsymbol{F} + \boldsymbol{F}_N + (-m\boldsymbol{a}) = 0 \tag{14-2}$$

将 $(-m\boldsymbol{a})$ 用力的符号 $\boldsymbol{F}_I$ 表示，称为质点的**达朗贝尔惯性力**，简称为**惯性力**，即

$$\boldsymbol{F}_I = -m\boldsymbol{a} \tag{14-3}$$

则式(14-2)变为如下形式

$$\boldsymbol{F} + \boldsymbol{F}_N + \boldsymbol{F}_I = \boldsymbol{0} \tag{14-4}$$

式(14-4)表明，若假想地在运动质点上施加惯性力 $\boldsymbol{F}_I = -m\boldsymbol{a}$，则在形式上可以认为质点运动的任一瞬时，作用在质点上的主动力 $\boldsymbol{F}$、约束力 $\boldsymbol{F}_N$ 和虚拟的惯性力 $\boldsymbol{F}_I$ 在形式上构成一平衡力系，即将质点动力学问题从形式上转化为汇交力系的平衡问题。此即**质点的达朗贝尔原理**。

例 14‑1　球磨机滚筒以匀角速度 ω 绕水平轴 O 转动,内装钢球和需粉碎的物料,钢球被筒壁带到一定高度的 A 处脱离筒壁,然后沿抛物线轨迹自然落下,从而击碎物料,见[图 14‑2(a)]。设筒壁内径为 r,试求脱离处半径 OA 与铅垂线的夹角(脱离角)θ。

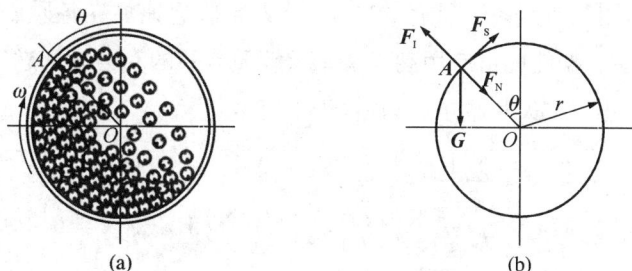

图 14‑2　例 14‑1 图

解:先研究随筒壁一起运动,但尚未脱离筒壁的某个钢球的运动,然后再研究钢球脱离筒壁的条件。

钢球未脱离筒壁时所受的力有重力 $\boldsymbol{G}$、筒壁的约束力 $\boldsymbol{F}_N$ 和摩擦力 $\boldsymbol{F}_s$,见[图 14‑2(b)]。此外,再对钢球加上法向惯性力 $\boldsymbol{F}_I$,由于钢球随筒壁作匀速圆周运动,因而只有法向惯性力,其大小为 $F_I=\dfrac{G}{g}r\omega^2$,方向背离轴心 O。钢球在这 4 个力的作用下,构成 1 个平衡力系,应用质点的达朗贝尔原理,列出沿法线方向的平衡方程

$$F_N+G\cos\theta-F_I=0$$

由此可得

$$F_N=G\left(\frac{r\omega^2}{g}-\cos\theta\right)$$

由上式可见,随着钢球的上升(即脱离角 θ 的减小)约束力 $\boldsymbol{F}_N$ 的值将逐渐减小。在钢球即将脱离筒壁时,约束力 $\boldsymbol{F}_N$ 将等于零,即 $F_N=0$,由此可求得脱离角 θ,即

$$\theta=\arccos\left(\frac{r\omega^2}{g}\right)$$

若 $\dfrac{r\omega^2}{g}=1$,即 $\theta=0°$,这说明钢球将不会脱离筒壁落下,使球磨机不能工作,此时滚筒的角速度为

$$\omega_1=\sqrt{\frac{g}{r}}$$

因此,要使球磨机正常运行,即钢球在一定高度自行落下,要求球磨机的角速度 $\omega<\omega_1$。

2. 质点系的达朗贝尔原理

考察由 n 个质点组成的非自由质点系,在质量为 m_i 的第 i 个质点上作用的力有内力 $\boldsymbol{F}_i^{(i)}$、外力 $\boldsymbol{F}_i^{(e)}$,其加速度为 $\boldsymbol{a}_i$,并在第 i 个质点上假想地加上惯性力 $\boldsymbol{F}_{Ii}=-m_i\boldsymbol{a}_i$,则根据质

点的达朗贝尔原理,有

$$\boldsymbol{F}_i^{(\mathrm{i})}+\boldsymbol{F}_i^{(\mathrm{e})}+\boldsymbol{F}_{\mathrm{I}i}=\boldsymbol{0} \qquad (i=1,2,\cdots)$$

质点系的每个质点都作这样的处理后,则整个质点系在形式上处于平衡。即质点系在运动的任一瞬时,作用于质点系上所有的内力、外力与假想地加在各质点上的惯性力,在形式上构成一平衡力系。据此即可应用动静法来求解质点系的动力学问题。由力系的平衡条件,力系向任一点简化的主矢和主矩均为零,于是有

$$\sum \boldsymbol{F}_i^{(\mathrm{i})}+\sum \boldsymbol{F}_i^{(\mathrm{e})}+\sum \boldsymbol{F}_{\mathrm{I}i}=\boldsymbol{0} \left.\begin{array}{l}\\\\\end{array}\right\}$$
$$\sum \boldsymbol{M}_O(\boldsymbol{F}_i^{(\mathrm{i})})+\sum \boldsymbol{M}_O(\boldsymbol{F}_i^{(\mathrm{e})})+\sum \boldsymbol{M}_O(\boldsymbol{F}_{\mathrm{I}i})=\boldsymbol{0}$$

由于各质点间的内力是成对出现的,且等值、反向、共线,所以 $\sum \boldsymbol{F}_i^{(\mathrm{i})}=\boldsymbol{0}$,$\sum \boldsymbol{M}_O(\boldsymbol{F}_i^{(\mathrm{i})})=\boldsymbol{0}$。于是上式可改写为:

$$\sum \boldsymbol{F}_i^{(\mathrm{e})}+\sum \boldsymbol{F}_{\mathrm{I}i}=\boldsymbol{0} \left.\begin{array}{l}\\\\\end{array}\right\}$$
$$\sum \boldsymbol{M}_O(\boldsymbol{F}_i^{(\mathrm{e})})+\sum \boldsymbol{M}_O(\boldsymbol{F}_{\mathrm{I}i})=\boldsymbol{0} \tag{14-5}$$

式(14-5)即为**质点系的达朗贝尔原理**:其指质点系在运动的任一瞬时,作用于质点系上所有的外力与假想地加在各质点上的惯性力,在形式上构成1平衡力系。

将式(14-5)投影到直角坐标轴上,可得6个平衡方程。

应当指出,由于各质点的惯性力并不是真正作用在各质点上,因而质点系也不真正处于平衡状态。只是引入惯性力后,可将质点系的动力学问题在形式上化为静力学问题来处理,以方便求解。

例14-2 已知飞轮的质量为 m,轮缘平均半径为 r,以匀角速度 ω 转动,试求飞轮轮缘内部因转动所受的拉力,见[图14-3(a)]。

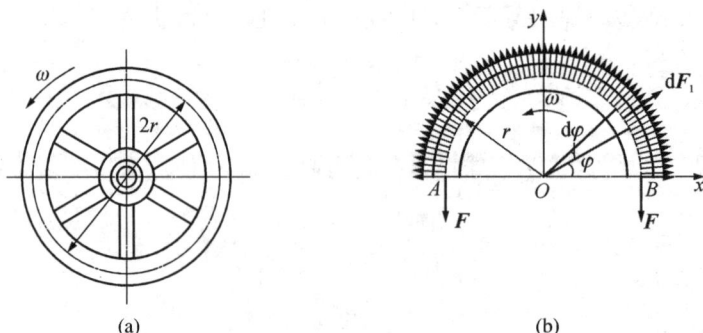

图14-3 例14-2图

解:为了便于计算,把飞轮看作一个半径为 r 的均质细圆环,并且不计轮辐的作用(这样设计的飞轮强度是偏安全的)。为了能显示出轮缘内部所受的拉力,选取半个轮缘作为研究对象。轮缘上各质点由于有相同的向心加速度 $r\omega^2$,故各质点的离心惯性力方向向外,沿

轮缘圆周均匀分布,各质点的重力与其惯性力相比较可以略去不计。由于对称,截面 A、B 处可认为只受相等的拉力作用,用 $\boldsymbol{F}$ 表示,半个轮缘受力如[图 14-3(b)]所示。

半径与轴 x 成角 φ 处轮缘上,长 $\mathrm{d}s = r\mathrm{d}\varphi$ 微小弧段的质量为

$$\mathrm{d}m = \frac{m}{2\pi}\mathrm{d}\varphi$$

这一微小弧段的惯性力的大小为

$$\mathrm{d}F_\mathrm{I} = r\omega^2 \mathrm{d}m = \frac{m}{2\pi}r\omega^2\mathrm{d}\varphi$$

方向沿该处的半径向外,由于整个惯性力系对称于轴 y,合力应沿轴 y 向上,其投影

$$F_{\mathrm{I}y} = \int_0^\pi \frac{m}{2\pi}r\omega^2\sin\varphi\,\mathrm{d}\varphi = \frac{mr\omega^2}{\pi}$$

根据达朗贝尔原理,二拉力与惯性力构成平衡力系。由平衡方程

$$\sum F_y = 0, \quad F_{\mathrm{I}y} - 2F = 0$$

得

$$F = \frac{F_{\mathrm{I}y}}{2} = \frac{mr\omega^2}{2\pi}$$

由此可见,飞轮轮缘内所受拉力与角速度的平方成正比。转速提高 1 倍,拉力将增至原来的 4 倍。因此,飞轮的转速一般是不允许超过额定转速的。

第二节　刚体惯性力系的简化

为了便于应用动静法解决刚体动力学问题,常需将刚体中各质点的惯性力所组成的惯性力系进行简化。本节讨论刚体运动时惯性力系的简化,并对简化的一般结果进行分析。

刚体的运动形式不同,惯性力系简化的结果也不同。首先讨论刚体惯性力系的主矢,以 $\boldsymbol{F}_{\mathrm{IR}}$ 表示惯性力系的主矢,则由质心的坐标公式,求二阶导数后,有

$$\boldsymbol{F}_{\mathrm{IR}} = \sum \boldsymbol{F}_{\mathrm{I}i} = -\sum m_i\boldsymbol{a}_i = -m\boldsymbol{a}_C \tag{14-6}$$

注意到式(14-6)对刚体作任意形式的运动均成立,所以对刚体作平移、定轴转动、平面运动均成立,由此得出结论,刚体平移、定轴转动和平面运动时惯性力系的主矢,大小等于刚体的总质量与质心加速度的乘积,方向与质心加速度的方向相反。

由静力学中任意力系简化理论知,主矢的大小和方向与简化中心的位置无关,主矩一般与简化中心的位置有关。对惯性力系的简化来说主矩不但与简化中心的位置有关,而且与刚体的运动形式有关。后面开始对刚体作平移、定轴转动、平面运动时惯性力系简化的主矩进行讨论。

主矢的大小和方向与简化中心的位置无关,但可否画在任意点处?

1. 刚体作平移

由于刚体作平移时,体内各点的加速度都相等,所以体内质量为 m_i 的任一质点的惯性力 $\boldsymbol{F}_{\mathrm{I}i} = -m_i \boldsymbol{a}$。显然,体内各质点的惯性力组成一同向平行力系。

任选一点 O 为简化中心,惯性力系的主矩为

$$\boldsymbol{M}_{\mathrm{I}O} = \sum \boldsymbol{r}_i \times \boldsymbol{F}_{\mathrm{I}i} = \sum \boldsymbol{r}_i \times (-m_i \boldsymbol{a}) = -\left(\sum m_i \boldsymbol{r}_i\right) \times \boldsymbol{a} = -\boldsymbol{r}_C \times m\boldsymbol{a}$$

式中,m 为刚体的总质量,$\boldsymbol{r}_C$ 为质心 C 对简化中心 O 的矢径。

若以质心 C 为简化中心,则 $\boldsymbol{r}_C = \boldsymbol{0}$,于是 $\boldsymbol{M}_{\mathrm{I}C} = \boldsymbol{0}$。由此得出结论,**刚体作平移时,惯性力系简化的结果是通过质心 C 的合力,其方向与加速度方向相反,大小等于刚体的质量与加速度大小的乘积。** 即

$$\boldsymbol{F}_{\mathrm{IR}} = -m\boldsymbol{a} \tag{14-7}$$

注意:刚体平移时的惯性力系是与重力系相似的平行力系,合重力作用在质心,故惯性力系简化为通过质心的合力,这与前节讨论内容所得的结论一样。

2. 刚体作定轴转动

本小节中仅讨论刚体有质量对称面且转轴垂直于该对称平面的情形。这种情形在实际工程中经常遇到。例如,机械中的胶带轮、齿轮、砂轮以及冲压机上的飞轮等。在此情形下,可先将刚体的空间惯性力系简化为对称平面内的平面力系,然后再向转动轴 z 与对称平面的交点 O 进行简化。

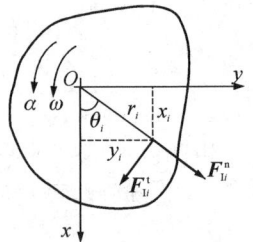

图 14-4 刚体的定轴转动

图 14-4 中的平面图形代表通过 O 点而垂直于转动轴 z 的刚体的对称平面。刚体的角速度为 ω,角加速度为 α,则质量为 m_i 的任一质点的惯性力 $\boldsymbol{F}_{\mathrm{I}i}$ 可分解为切向惯性力 $\boldsymbol{F}_{\mathrm{I}i}^{\mathrm{t}}$ 和法向惯性力 $\boldsymbol{F}_{\mathrm{I}i}^{\mathrm{n}}$。其大小分别为 $F_{\mathrm{I}i}^{\mathrm{t}} = m_i a_i^{\mathrm{t}} = m_i r_i \alpha$ 和 $F_{\mathrm{I}i}^{\mathrm{n}} = m_i a_i^{\mathrm{n}} = m_i r_i \omega^2$(这里,$r_i$ 表示任一质点到 O 点的距离);其方向分别与对应的加速度分量 $\boldsymbol{a}_i^{\mathrm{t}}$ 和 $\boldsymbol{a}_i^{\mathrm{n}}$ 的方向相反。

因为 $\boldsymbol{F}_{\mathrm{I}i}^{\mathrm{n}}$ 的作用线通过点 O,$\sum M_O(\boldsymbol{F}_{\mathrm{I}i}^{\mathrm{n}}) = 0$,惯性力系向点 O 简化的主矩

$$M_{\mathrm{I}O} = \sum M_O(\boldsymbol{F}_{\mathrm{I}i}^{\mathrm{t}}) = \sum r_i \times (-m_i r_i \alpha) = -\left(\sum m_i r_i^2\right)\alpha = -J_O \alpha \tag{14-8}$$

式(14-8)表明,刚体绕定轴转动时,其惯性力系向转动轴与对称平面的交点 O 简化,可得一作用在对称平面内并通过 O 点的惯性力系的主矢和一个对 O 点的惯性力系的主矩。惯性力系的主矢大小等于刚体的质量与质心加速度大小的乘积,方向与质心的加速度方向相反,作用于 O 点;惯性力系的主矩大小等于刚体对转动轴 z 的转动惯量与角加速度的乘积,转向与角加速度方向相反,即

$$\boldsymbol{F}_{\mathrm{I}O} = -m\boldsymbol{a}_C, \quad M_{\mathrm{I}O} = -J_O \alpha \tag{14-9}$$

负号表示 $\boldsymbol{F}_{\mathrm{I}O}$ 和 $M_{\mathrm{I}O}$ 的方向分别与 $\boldsymbol{a}_C$ 和 α 相反。

下面讨论几种特殊情况:

(1) 刚体作匀速转动且转轴不通过质心 C[图 14-5(a)],此时,$\alpha=0$,惯性力系对点 O 的主矩 $\boldsymbol{M}_{IO}=0$,而此时 $\boldsymbol{a}_C=\boldsymbol{a}_C^n$,所以惯性力系向 O 点简化的最后结果为一合力 $\boldsymbol{F}_{IO}=-m\boldsymbol{a}_C$,作用在 O 点,大小等于 $mr_C\omega^2$。

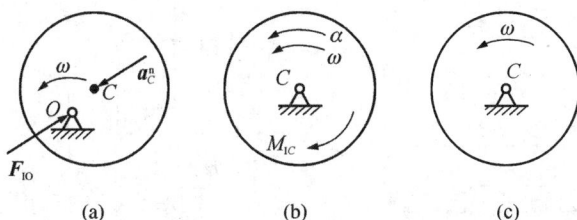

图 14-5　几种特殊情况

(2) 转轴通过质心 C,角加速度 $\alpha\neq0$ 见[图 14-5(b)],此时,$\boldsymbol{a}_C=\boldsymbol{0}$,简化结果是一个惯性力偶 $M_{IC}=-J_C\alpha$,其力偶矩大小等于 $J_C\alpha$,转向与 α 相反。

(3) 刚体匀速转动且转轴通过质心 C 见[图 14-5(c)],此时,$\boldsymbol{F}_{IC}=\boldsymbol{0}$,$M_{IC}=0$,说明刚体的惯性力系自成平衡。

3. 刚体作平面运动

仅讨论刚体具有质量对称平面且运动平面与质量对称平面平行的情形。这样,惯性力系可简化为在对称平面内的平面力系。按照平面运动分解的方法,取质心 C 为基点,刚体的平面运动分解为随质心 C 的平移和绕质心 C 的转动,则刚体作平面运动的惯性力系可分为两部分。第一部分是随质心 C 平移的惯性力系,可简化为通过质心的惯性力;第二部分是刚体绕质心 C 转动的惯性力系,可简化为一惯性力偶。综合起来,刚体作平面运动时惯性力系向质心 C 的简化结果为

$$\boldsymbol{F}_{IC}=-m\boldsymbol{a}_C, \quad M_{IC}=-J_C\alpha \tag{14-10}$$

由此可得结论,刚体作平面运动时,惯性力系向质心 C 简化的主矢,其大小等于刚体的质量与质心加速度大小的乘积,方向与质心加速度相反,作用线通过质心 C;惯性力系向质心 C 简化的主矩,其大小等于刚体对质心轴的转动惯量与角加速度的乘积,转向与角加速度方向相反,如图 14-6 所示。

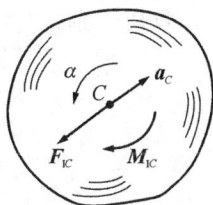

图 14-6　作平面运动

第三节　动静法应用举例

用动静法来求解动力学问题,关键是要根据刚体的不同运动形式,正确地加惯性力系的主矢和主矩。

例 14-3　图示矩形块质量 $m_1=100$ kg,置于平台车上,见[图 14-7(a)]。车质量为

$m_2 = 50\ \text{kg}$,此车沿光滑的水平面运动。车和矩形块在一起由质量为 m_3 的物体牵引,使之作加速运动。设物块与车之间的摩擦力足够阻止相互滑动,求能够使车加速运动而 m_1 块不翻倒的质量 m_3 的最大值,以及此时车的加速度大小。不计滑轮的质量和其余各处的摩擦。

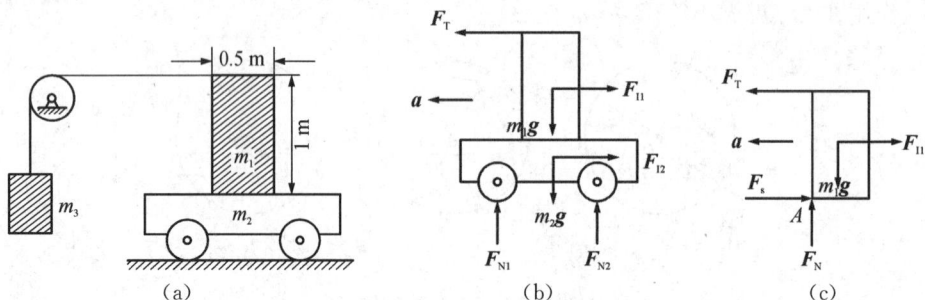

图 14-7　例 14-3 图(1)

解:取车与矩形块为研究对象,见[图 14-7(b)]。分析它们受力和运动,加惯性力,得

$$F_I = F_{I1} + F_{I2} = (m_1 + m_2)a = 150a$$

由动静法

$$\sum F_x = 0, \quad F_T - F_I = 0, \quad F_T = 150a$$

取矩形块为研究对象。欲求使车与矩形块一起加速运动而 m_1 块不翻倒的 m_3 最大值,应考虑在此时矩形块受车的约束力 $\boldsymbol{F}_N$ 已集中到左侧 A 点,见[图 14-7(c)],且矩形块惯性力 $F_{I1} = m_1 a$。由动静法,不翻倒的条件为

$$\sum M_A = 0, \quad F_T \times 1\ \text{m} - m_1 g \times \frac{0.5\ \text{m}}{2} - m_1 a \frac{1\ \text{m}}{2} = 0$$

将 $F_T = 150a$ 代入,解出

$$a = \frac{g}{4} = 2.45\ \text{m/s}^2$$

取物块为研究对象,惯性力 $F_{I3} = m_3 a$,见图 14-8。由动静法

$$F_T + m_3 a - m_3 g = 0$$

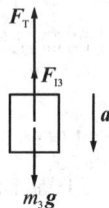

图 14-8　例 14-3 图(2)

$$m_3 = \frac{F_T}{g - a} = \frac{150\dfrac{g}{4}}{g - \dfrac{g}{4}} = 50\ \text{kg}$$

例 14-4　质量为 m、长为 l 的均质杆 AB 的一端 A 焊接于半径为 r 的圆盘边缘上,见 [图 14-9(a)]。若圆盘以角速度 ω、角加速度 α 绕轴 O 转动。试求图示瞬时杆 AB 焊接处 A 由于转动引起的约束力。

解:以杆 AB 为研究对象。杆 AB 质心 C 的加速度如图 14-9(a)所示。

将杆 AB 上的惯性力系向转轴 O 简化,得惯性力系主矢 $\boldsymbol{F}_I'$ 及 $\boldsymbol{F}_I''$ 和惯性力系主矩 $\boldsymbol{M}_I$,则

$$F_\text{I}^\text{t}=m\overline{OC}\alpha, \quad F_\text{I}^\text{n}=m\overline{OC}\omega^2, \quad M_\text{I}=J_O\alpha=(J_C+m\overline{OC}^2)\alpha \tag{a}$$

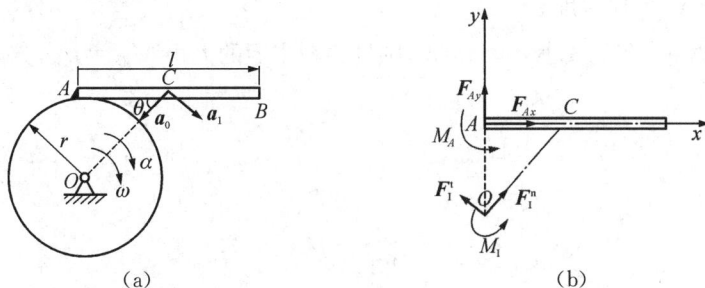

图 14-9　例 14-4 图

焊接处由于转动引起的作用力以 F_{Ax}，F_{Ay}，M_A 表示。应用达朗贝尔原理列出方程

$$\sum F_x=0, \quad F_{Ax}+F_\text{I}^\text{n}\cos\theta-F_\text{I}^\text{t}\sin\theta=0$$

$$\sum F_y=0, \quad F_{Ay}+F_\text{I}^\text{n}\sin\theta+F_\text{I}^\text{t}\cos\theta=0$$

$$\sum M_A=0, \quad M_A+M_\text{I}+F_\text{I}^\text{n}\cos\theta r-F_\text{I}^\text{t}\sin\theta r=0$$

将式(a)及 $\overline{OC}=\sqrt{r^2+(l/2)^2}$，$\overline{OC}\sin\theta=r$，$\overline{OC}\cos\theta=\dfrac{l}{2}$代入以上三式,得

$$F_{Ax}=mr\alpha-\frac{ml\omega^2}{2}$$

$$F_{Ay}=-\frac{ml\alpha}{2}-mr\omega^2$$

$$M_A=-\frac{ml^2\alpha}{3}-\frac{mlr\omega^2}{2}$$

本题,能否将杆 AB 上的惯性力系向质心 C 简化? 请读者自行求解。

例 14-5　质量为 m、半径为 r 的滑轮上绕有软绳,绳的一端固定于点 A,令滑轮自由下落,见[图 14-10(a)]。不计软绳的质量,试求轮心 C 的加速度和绳子的拉力。

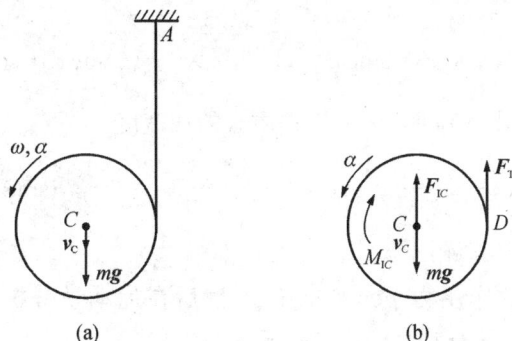

图 14-10　例 14-5 图

解：取滑轮为研究对象,见[图 14-10(b)]。滑轮上作用有重力 $m\boldsymbol{g}$、绳子的拉力 $\boldsymbol{F}_\text{T}$。

滑轮作平面运动,设其质心的加速度为 $\boldsymbol{a}_C$(垂直向下),角加速度为 α(逆时针方向)。且滚动的角速度 $\omega = v_C/r$,角加速度 $\alpha = a_C/r$。

滑轮的惯性力系主矢的大小 $F_{IC} = ma_C$,惯性力系主矩的大小 $M_{IC} = J_C\alpha$,方向如[图 14 - 10(b)]所示。

应用达朗贝尔原理可列出方程

$$\sum F_y = 0, \quad F_T + F_{IC} - mg = 0$$

$$\sum M_D = 0, \quad (mg - F_{IC})r - M_{IC} = 0$$

将 $\alpha = a_C/r$ 代入上式,联立求解上述两式,可得

$$a_C = \frac{2g}{3}, \quad F_T = \frac{mg}{3}$$

例 14 - 6　用动静法求解例 12 - 11 见[图 14 - 11(a)]中杆 AB 开始滑动时的角加速度。

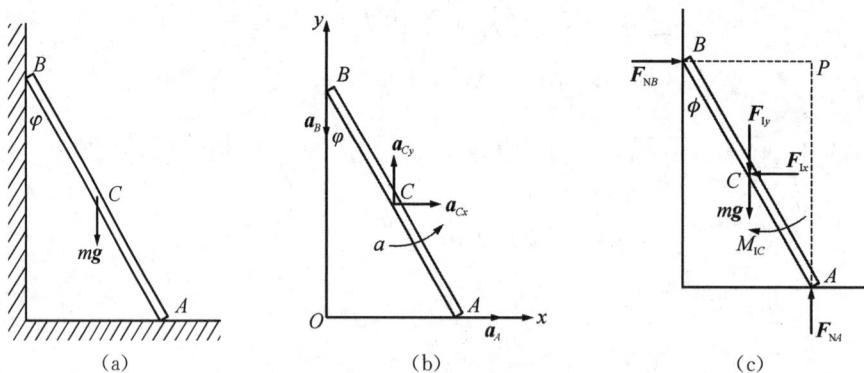

图 14 - 11　例 14 - 6 图

解:首先建立运动学关系。由例 12 - 11,有

$$x_C = \frac{1}{2}l\sin\varphi, \quad y_C = \frac{1}{2}l\cos\varphi \tag{a}$$

对式(a)求二阶导数,得

$$\ddot{x}_C = \frac{1}{2}l(\cos\varphi\,\ddot{\varphi} - \sin\varphi\,\dot{\varphi}^2), \quad \ddot{y}_C = -\frac{1}{2}l(\sin\varphi\,\ddot{\varphi} + \cos\varphi\,\dot{\varphi}^2)$$

又因开始运动瞬时,$\dot{\varphi} = 0$,且 $\ddot{\varphi} = \alpha$,则得质心的加速度

$$a_{Cx} = \ddot{x}_C = \frac{1}{2}l\alpha\cos\varphi, \quad a_{Cy} = \ddot{y}_C = -\frac{1}{2}l\alpha\sin\varphi \tag{b}$$

接着我们用动静法来求解。

分析杆 AB 的真实的作用力 $m\boldsymbol{g}$,$\boldsymbol{F}_{NA}$,$\boldsymbol{F}_{NB}$,然后在运动学分析的基础上施加惯性力。以质心 C 为简化中心,加上主矢 $\boldsymbol{F}_{Ix}$,$\boldsymbol{F}_{Iy}$,及主矩 M_{IC},有

$$F_{Ix} = ma_{Cx}, \quad F_{Iy} = ma_{Cy}, \quad M_{IC} = J_C\alpha$$

指向及转向如[图 14 - 11(c)]所示。将式(b)代入,得

$$F_{Ix} = \frac{m}{2} l\alpha\cos\varphi, \quad F_{Iy} = -\frac{m}{2} l\alpha\sin\varphi, \quad M_{IC} = \frac{m}{12} l^2\alpha \tag{c}$$

加上惯性力后就可以列平衡方程。由于平衡方程有多种形式,并且矩心的选取是任意的,故选 $\boldsymbol{F}_{NA}$ 和 $\boldsymbol{F}_{NB}$ 的交点 P 为矩心,有

$$\sum M_P = 0, \quad M_{IC} + F_{Ix}\frac{l}{2}\cos\theta - F_{Iy}\frac{l}{2}\sin\theta - mg\frac{l}{2}\sin\theta = 0 \tag{d}$$

将式(c)代入式(d),整理化简得

$$\alpha = \frac{3g}{2l}\sin\varphi$$

此外,还有两个方程可用来求 $\boldsymbol{F}_{NA}$ 与 $\boldsymbol{F}_{NB}$。

例 14 - 7 某涡轮机转子总质量 $m = 200$ kg,支承在止推轴承 A 和向心轴承 B 内,绕铅垂轴以转速 $n = 6\,000$ r/min 匀速转动,如图 14 - 12 所示。设转轴与转子的对称平面垂直,但其质心偏离转轴的距离 $e = 0.5$ mm,轴承间距 $AB = 2AD = h = 1$ m。试求两轴承的约束力。

解:以转子及转轴整体为研究对象,选取坐标如图 14 - 12 所示。为便于分析,设质心 C 处于 Ayz 平面内。

转子及转轴所受的外力有:重力 $\boldsymbol{G}$,轴承约束力 $\boldsymbol{F}_{Ax}$、$\boldsymbol{F}_{Ay}$、$\boldsymbol{F}_{Az}$ 及 $\boldsymbol{F}_{Bx}$、$\boldsymbol{F}_{By}$。

由于转子具有对称面,且转轴垂直于对称面,其惯性力系向轴与对称面的交点 D 简化,可得惯性力:主矢 $\boldsymbol{F}_{ID} = -m\boldsymbol{a}_C$,主矩 $M_I = -J_z\alpha = 0$。列平衡方程:

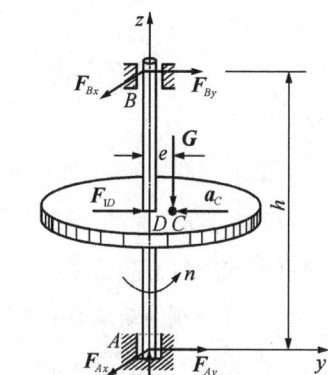

图 14 - 12 例 14 - 7 图

$$\sum F_x = 0, \quad F_{Ax} + F_{Bx} = 0 \tag{a}$$

$$\sum F_y = 0, \quad F_{Ay} + F_{By} + F_{ID} = 0 \tag{b}$$

$$\sum F_z = 0, \quad F_{Az} - G = 0 \tag{c}$$

$$\sum M_x = 0, \quad -F_{By}h - Ge - F_{ID}\frac{h}{2} = 0 \tag{d}$$

$$\sum M_y = 0, \quad F_{Bx}h = 0 \tag{e}$$

式中,$G = mg$,$F_{ID} = me\omega^2$,$\omega = \frac{\pi n}{30}$,联立求解上述各方程,则得轴承约束力

$$F_{Ax} = F_{Bx} = 0$$

$$F_{Ay} = \frac{mge}{h} - \frac{me\omega^2}{2} = -19\,738 \text{ N}$$

$$F_{By} = -\frac{mge}{h} - \frac{me\omega^2}{2} = -19\,740 \text{ N}$$

$$F_{Az}=mg=1\ 960\ \text{N}$$

由前述求得的 F_{Ay} 及 F_{By} 的结果可看出,约束力由两部分组成,等式右边第一项仅与重力有关,这部分称为**静约束力**;第二项则与惯性力有关,这部分称为**动约束力**。二者分别为

$$F'_{Ay}=-F'_{By}=\frac{mge}{h}=0.98\ \text{N}$$

$$F''_{Ay}=F''_{By}=-\frac{1}{2}me\omega^2=-19\ 739\ \text{N}$$

由已知条件可知,转子的偏心距 e 仅为 0.5 mm,但动约束力的值约为转子本身重量的 10 倍,是静约束力的近 2 万倍! 动约束力将使轴承加速磨损发热,激起转子的振动,造成许多不良后果,甚至导致设备破坏,这是不容忽视的。

第四节　绕定轴转动刚体的轴承动约束力

由上节讨论内容知道,刚体绕定轴转动,由于惯性力系不平衡,将在轴承处产生动约束力,特别是在高速的旋转机械中,由惯性力引起的轴承动约束力是不能忽视的。研究消除动约束力的条件有重要意义。

设任一刚体绕 AB 定轴转动,角速度为 $\boldsymbol{\omega}=\omega\boldsymbol{k}$,角加速度为 $\boldsymbol{\alpha}=\alpha\boldsymbol{k}$,取转轴上一点 O 为简化中心,建立定系 $Oxyz$。刚体上任一点的质量为 m_i,其加速度 $\boldsymbol{a}_i=\boldsymbol{\alpha}\times\boldsymbol{r}_i+\boldsymbol{\omega}\times\boldsymbol{v}_i$,可以求出,惯性力系的主矢 $\boldsymbol{F}_{IR}$ 为

$$\boldsymbol{F}_{IR}=F_{Ix}\boldsymbol{i}+F_{Iy}\boldsymbol{j}=m(x_C\omega^2+y_C\alpha)\boldsymbol{i}+m(y_C\omega^2-x_C\alpha)\boldsymbol{j} \tag{14-11}$$

注意到 $\boldsymbol{F}_{IR}$ 没有沿 z 方向的分量。惯性力系对点 O 的主矩 $\boldsymbol{M}_{IO}$ 为

$$\boldsymbol{M}_{IO}=M_{Ix}\boldsymbol{i}+M_{Iy}\boldsymbol{j}+M_{Iz}\boldsymbol{k}=(J_{zx}\alpha-J_{yz}\omega^2)\boldsymbol{i}+(J_{yz}\alpha+J_{zx}\omega^2)\boldsymbol{j}-J_z\alpha\boldsymbol{k} \tag{14-12}$$

式中,$J_{zx}=\sum m_iz_ix_i$,$J_{yz}=\sum m_iy_iz_i$,称其为对于 z 轴的**惯性积**。惯性积与转动惯量具有相同的量纲,所不同的是,惯性积是代数量,可正,可负,亦可为零。

设作用在刚体上的主动力系 $\boldsymbol{F}_1,\boldsymbol{F}_2,\cdots,\boldsymbol{F}_n$,轴承 A、B 处的约束力分别以 $\boldsymbol{F}_{Ax},\boldsymbol{F}_{Ay},\boldsymbol{F}_{Az},\boldsymbol{F}_{Bx},\boldsymbol{F}_{By}$ 表示,如图 14-13 所示。为求出轴承处的全约束力,建立坐标系如图所示,根据质点系的达朗贝尔原理,这形成一个平衡的空间任意力系,列出如下平衡方程:

$$\sum F_x=0,\quad F_{Ax}+F_{Bx}+F_{Rx}+F_{Ix}=0$$

$$\sum F_y=0,\quad F_{Ay}+F_{By}+F_{Ry}+F_{Iy}=0$$

$$\sum F_z=0,\quad F_{Az}+F_{Rz}=0$$

$$\sum M_x=0,\quad F_{Ay}\,OA-F_{By}\,OB+M_x+M_{Ix}=0$$

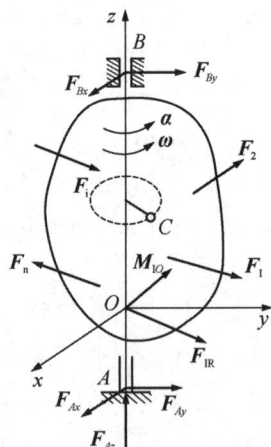

图 14-13　A、B 处的轴承约束力

$$\sum M_y = 0, \quad -F_{Ax}\,OA + F_{Bx}\,OB + M_y + M_{Iy} = 0$$

从以上 5 个方程解得轴承全约束力为

$$F_{Ax} = \frac{1}{AB}\left[(M_y - OB\,F_{Rx}) + (M_{Iy} - OB\,F_{Ix})\right]$$

$$F_{Ay} = -\frac{1}{AB}\left[(M_x + OB\,F_{Ry}) + (M_{Ix} + OB\,F_{Iy})\right]$$

$$F_{Az} = -F_{Rz}$$

$$F_{Bx} = -\frac{1}{AB}\left[(M_y + OA\,F_{Rx}) + (M_{Iy} + OA\,F_{Ix})\right]$$

$$F_{By} = \frac{1}{AB}\left[(M_x - OA\,F_{Ry}) + (M_{Ix} - OA\,F_{Iy})\right]$$

由于惯性力没有沿 z 轴方向的分量,所以止推轴承 B 沿 z 轴的约束力 F_{Bz} 与惯性力无关,而与 z 轴垂直的轴承约束力 $\boldsymbol{F}_{Ax}$、$\boldsymbol{F}_{Ay}$、$\boldsymbol{F}_{Bx}$、$\boldsymbol{F}_{By}$ 显然与惯性力系的主矢 $\boldsymbol{F}_{IR}$ 和主矩 $\boldsymbol{M}_{IO}$ 有关。由 $\boldsymbol{F}_{IR}$、$\boldsymbol{M}_{IO}$ 引起的轴承约束力称为动约束力,要使动约束力为零,必须有

$$F_{Ix} = F_{Iy} = 0 \quad M_{Ix} = M_{Iy} = 0$$

即要使轴承动约束力为零的条件是,惯性力系的主矢等于零,惯性力系对于 x 轴和 y 轴的主矩等于零。

由式(14-11)式(14-12)应有

$$x_C = y_C = 0, \quad J_{zx} = J_{yz} = 0$$

因此,要使惯性力系的主矢为零,必须转轴通过质心。而要使惯性力系对 x、y 轴的主矩为零,必须刚体对于转轴 z 的惯性积等于零。

由此得出结论,**刚体绕定轴转动时,避免出现轴承动约束力的条件是转轴过质心,刚体对转轴的惯性积等于零。**

如果刚体对过某点的 z 轴的惯性积等于零,则称此轴为过该点的惯性主轴。可以证明,过刚体上任一点都有 3 根相互垂直的惯性主轴。通过质心的惯性主轴称为中心惯性主轴。所以,上述结论又可叙述为,**避免出现轴承动约束力的条件是,刚体的转轴应是刚体的中心惯性主轴。**

设刚体的转轴通过质心,且刚体除受重力作用外,没有受到其他主动力作用,则刚体可以在任意位置不动,这种现象称为静平衡。当刚体的转轴为中心惯性主轴时,刚体转动时不出现轴承动约束力,这种现象称为动平衡。

事实上,由于材料的不均匀或制造误差安装误差等原因,都可能使定轴转动刚体的转轴偏离中心惯性主轴。为了避免出现轴承动约束力,确保机器运行安全可靠,在有条件的地方,可在专门的静平衡与动平衡试验机上进行静动平衡试验。再根据试验数据,可在刚体的适当位置附加或去掉一些质量,使其真正达到静动平衡。

本章小结

1. 质点的惯性力的大小等于质量与加速度的乘积,方向与加速度方向相反

$$F_{\mathrm{I}} = -ma$$

2. 质点的达朗贝尔原理

质点在主动力、约束力及惯性力作用下处于平衡,即

$$F + F_{\mathrm{N}} + F_{\mathrm{I}} = 0$$

3. 质点系的达朗贝尔原理

质系中每一质点在真实力与惯性力作用下处于平衡,则质点系的所有外力和惯性力在形式上形成一个平衡力系,有

$$\left. \begin{aligned} \sum F_i^{(e)} + \sum F_{\mathrm{I}i} = 0 \\ \sum M_O(F_i^{(e)}) + \sum M_O(F_{\mathrm{I}i}) = 0 \end{aligned} \right\}$$

4. 刚体上惯性力系的简化结果

(1) 刚体平移:作用于质心 C 的合力

$$F_{\mathrm{IR}} = -ma$$

(2) 刚体作定轴转动(刚体有垂直于转轴的对称面情况):向转轴 O 简化,得主矢与主矩为

$$F_{\mathrm{IR}} = -ma_C, \quad M_{\mathrm{I}O} = -J_O \alpha$$

向质心 C 简化,得主矢与主矩为

$$F_{\mathrm{IR}} = -ma_C, \quad M_{\mathrm{IC}} = -J_C \alpha$$

(3) 刚体作平面运动(刚体相对运动平面对称情况):向质心 C 简化,得主矢与主矩为

$$F_{\mathrm{IR}} = -ma_C, \quad M_{\mathrm{IC}} = -J_C \alpha$$

5. 刚体绕定轴转动时,会在轴承处引起动约束力

消除动约束力的条件是调整刚体的转轴使之成为刚体的中心惯性主轴。

习 题

14-1 设质点仅受重力作用而运动,试确定下列情况下质点惯性力的大小和方向。(1)铅垂下落;(2)铅垂上升;(3)沿抛物线运动。

14-2 试计算并在题14-2图上画出下列各刚体惯性力系在图示位置的简化结果。刚体可视为均质的,其质量为 m。

(1) 尺寸如[题14-2(1)图]所示的板,以加速度 a 沿水平面滑动;

（2）平行四边形机构中的连杆 AB，其曲柄以匀角速 ω 转动；

（3）长为 l 的细直杆，绕轴 O 以角速度 ω、角加速度 α 转动；

（4）半径为 R 的圆盘绕偏心轴 O 以角速度 ω、角加速度 α 转动；

（5）半径为 R 的圆柱，沿水平面以角速度 ω、角加速度 α 滚动而不滑动。

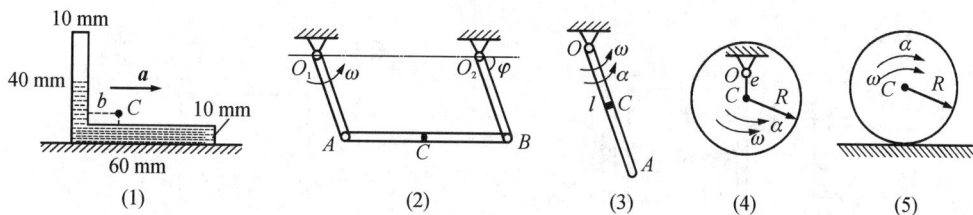

题 14-2 图

14-3　如题 14-3 图所示，物块 A 放在倾斜角为 θ 的斜面上，物块与斜面间的静摩擦因数为 f_s，如斜面向左加速运动，问加速度 a 为何值时，物块 A 不致沿斜面滑动？

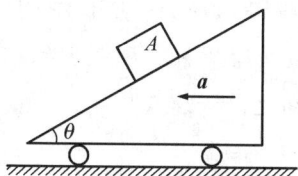

题 14-3 图

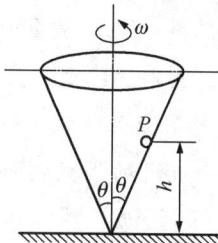

题 14-4 图

14-4　顶角为 2θ 的光滑空心圆锥内放一质量为 m 的小球 P，圆锥以匀角速度绕其自身铅垂轴转动，球与圆锥处于相对静止状态，求小球对圆锥的压力及高度 h。

14-5　设飞机爬高时以匀加速度 a 与平面成仰角 φ 作直线运动，已知装在飞机上的单摆的悬线与铅垂线所成的偏角为 θ，摆锤的质量为 m，试求此时飞机的加速度 a 和悬线中的张力 F_T。

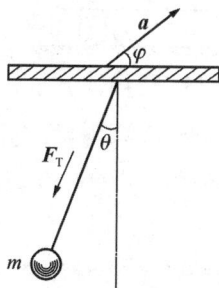

题 14-5 图

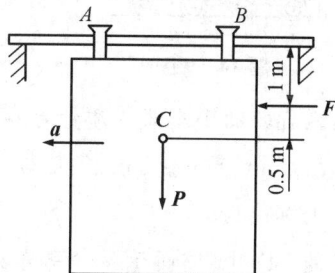

题 14-6 图

14-6　移动门重 $P=600$ N，其滑靴 A 和 B 可沿固定水平梁滑动。若动摩擦因数 $f=0.25$，欲使门的加速度为 $a=0.49$ m/s²，试求水平作用力 F 应有的值及梁在 A 和 B 处的约束力。

14-7 题14-7图所示小车加速度 a 的值超过一定数值时,加速度控制器中 OB 杆的接头 B 便和框架 E 脱开,切断控制电路,使车速降低。调节螺丝 D,改变弹簧压力,便能改变所限制的加速度值。若已知匀质杆 OB 的质量为 0.5 kg,弹簧压缩量为 5 mm,O 端铰接,且要求车的加速度 $a=10$ m/s^2 时,触点 B 刚好脱开,求弹簧的刚度系数。

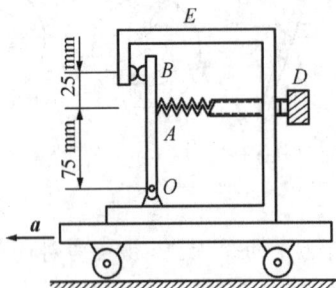

题14-7图

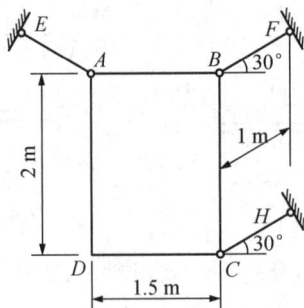

题14-8图

14-8 均质薄板 $ABCD$ 质量为 50 kg,用 3 根不可伸长的金属杆 AE、BF 和 CH 悬于题14-8图所示位置。若杆 AE 突然被除去,试求此瞬时平板的加速度和杆 BF、CH 的拉力。

14-9 某传送系统上安装了一系列铅垂隔板。均质杆 AB 长 $l=300$ mm,质量 $m=2.5$ kg,斜靠在两个相邻的隔板之间,已知系统有向左的加速度 $a=1.5$ m/s^2,试求杆的 C、B 处的约束力。

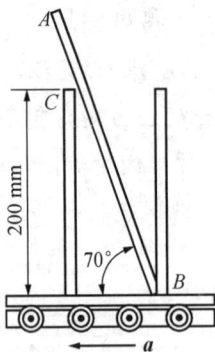

题14-9图

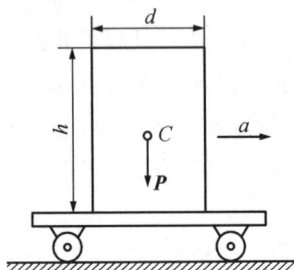

题14-10图

14-10 运送货物的小车载着质量为 m 的货箱如题14-10图所示。货箱可视为均质长方体,侧面宽 $d=1$ m,高 $h=2$ m,货箱与小车间的静摩擦因数 $f_s=0.35$,试求安全运送时所许可的小车最大加速度。

14-11 在题14-11图所示离心浇铸装置中,电动机带动支承轮 A、B 作同向转动,管模放在这两轮上,靠摩擦来转动。铁水注入后,由于惯性,铁水均匀地紧靠在管模的内壁上自动成形如图所示,从而可得质量密实的铸件。已知管模内径 $D=400$ mm,试求能自动成形的管模的最低转速 n。(提示:取管模内最高处的铁水质点为研究对象,求其不脱离管壁的条件)

14-12 正方形薄板 $ABED$ 边长为 b,重量为 P,可在铅垂平面内绕轴 A 转动。在其顶点 E 系一无重绳子 EH,使 AB 边在水平位置如题14-12图所示。如将绳 EH 剪断,求此瞬时板的角加速度及轴 A 处的约束力。

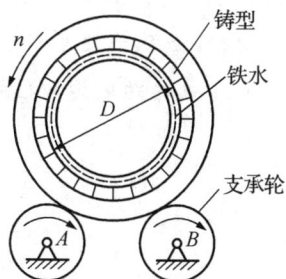

题14-11图

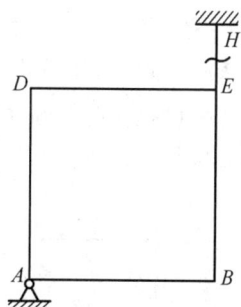

题14-12图

14-13 均质杆长 l,重 W,由铰链 A 和绳子支持如题14-13图所示。若连接点 B 的绳子突然断掉,试求支座 A 处的约束力和点 B 的加速度。

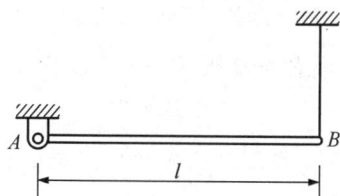

题14-13图

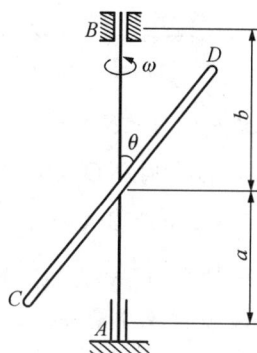

题14-14图

14-14 均质杆 CD 长 $2l$,重 P,以匀角速度 ω 绕铅垂轴 AB 转动。杆与铅垂轴成 θ 角,其重心在轴上,求轴承 A、B 处的约束力。轴尺寸如题14-14图所示。

14-15 两细长的均质杆长各为 a 和 b,互成直角地固结在一起,其顶点 O 则与铅直轴以铰链相连,此轴以匀角速度 ω 转动,求长为 a 的杆与铅垂线的偏角 φ 与 ω 的关系。

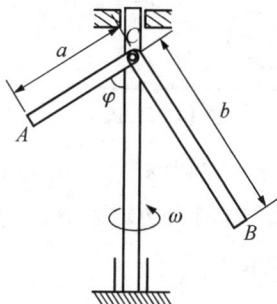

题14-15图

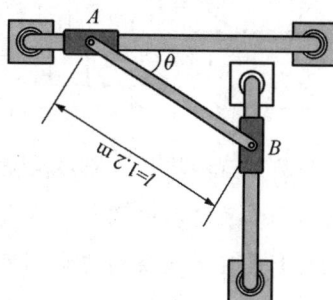

题14-16图

14-16 均质杆 AB 质量 $m=10\text{ kg}$，其两端连接质量不计的套筒（称滑块），套筒可以在固定杆上无摩擦地滑动。如果当 $\theta=25°$ 时从静止释放杆，试求释放瞬间杆的角加速度和 A、B 处的约束力。

14-17 均质细杆 AB 质量 $m=50\text{ kg}$，长 $l=2.5\text{ m}$，一端 A 搁在光滑水平面上，另一端 B 由无重绳子系在固定点 D，且 ABD 在同一铅直平面内，当绳子处于水平位置时，杆由静止开始落下。求在此瞬时杆的角加速度、绳子的拉力和 A 处的约束力。已知：绳 BD 长 $b=1\text{ m}$，D 点高出地面 $h=2\text{ m}$。

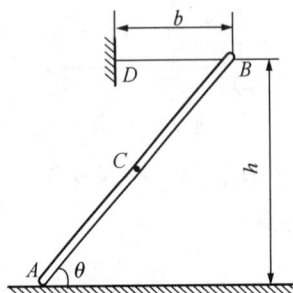
题 14-17 图

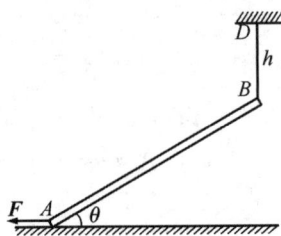
题 14-18 图

14-18 均质细杆 AB 质量 $m=45.4\text{ kg}$，长 $l=3.05\text{ m}$，下端 A 搁在光滑水平面上，上端 B 由无重绳子系在固定 D 点。绳 BD 长 $h=1.22\text{ m}$，当绳子铅直时，杆对水平面的倾角 $\theta=30°$，点 A 的速度 $v_A=2.44\text{ m/s}$，向左运动，点 A 的加速度 $a_A=0$。求在此瞬时杆的角加速度、绳子的拉力和须加在 A 端的水平力 F。

14-19 均质辊子质量 $m=20\text{ kg}$，被水平绳拉着沿水平面作纯滚动。绳子跨过滑轮 B，在另一端系有质量 $m_1=10\text{ kg}$ 的重物 A。求滚子中心 C 的加速度。滑轮和绳的质量以及水平面的滚阻都忽略不计。

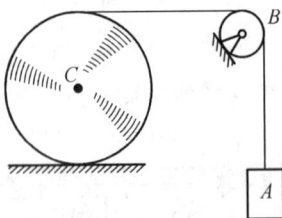
题 14-19 图

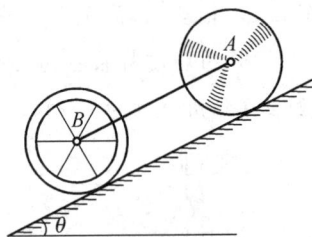
题 14-20 图

14-20 均质圆盘和均质薄圆环质量都是 m，外径相同，用细杆 AB 铰接于中心。设系统沿倾角 θ 的斜面作无滑动的滚动。求杆 AB 的加速度、杆的内力以及斜面对圆盘和圆环的约束力。细杆和圆环上辐条的质量都可以不计。滚阻不计。

14-21 试用动静法求解习题 13-21。

14-22 试用动静法求解习题 13-26。

14-23　试用动静法求解习题 13-30。

14-24　一辊子 A 沿倾角为 θ 的斜面向下作纯滚动,如题 14-24 图所示。滚子借一跨过滑轮 B 的绳子提升一质量为 m 的物体 E,同时带动滑轮 B 绕轴 O 转动。辊子和滑轮可看成均质圆盘,半径为 r,质量为 m_1。滑轮和辊子间无滑动。绳子质量不计,滚阻不计。试求:(1) 辊子 A 的质心的加速度;(2) CD 段绳子的拉力;(3) 轴承 O 处的约束力;(4) 辊子 A 受的摩擦力。

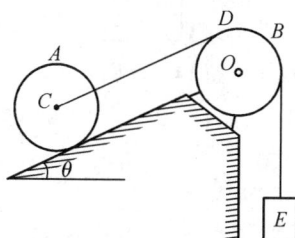

题 14-24 图

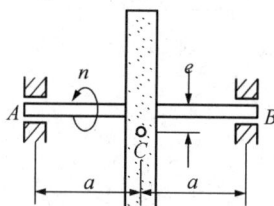

题 14-25 图

14-25　题 14-25 图所示质量为 20 kg 的砂轮,因安装不正,使重心偏离转轴 $e=0.1$ mm,试求当转速 $n=10\,000$ r/min 时,作用于轴承 A、B 的动约束力。

14-26　题 14-26 图所示磨刀砂轮 I 质量 $m_1=1$ kg,其偏心距 $e_1=0.5$ mm(在下),小砂轮 III 质量 $m_2=0.5$ kg,偏心距 $e_2=1$ mm(在上),电机转子 II 质量 $m_3=8$ kg,无偏心,转轴质量不计,转速 $n=3\,000$ r/min。求图示瞬时轴承 A、B 的动约束力。

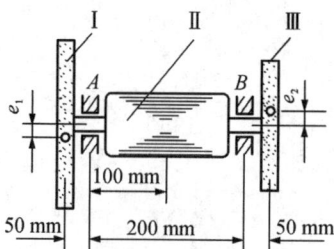

题 14-26 图

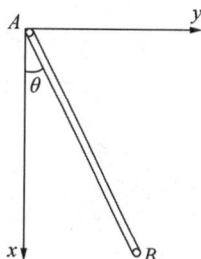

题 14-27 图

14-27　题 14-27 图所示均质细长杆 AB 长 l,质量为 m,杆与轴 x 成 θ 角,求杆在图示位置对轴 x 和轴 y 的惯性积 J_{xy}。

14-28　均质等厚薄板的尺寸如题 14-28 图所示,单位面积的质量为 $\rho=500$ kg/m^2。求其对轴 x、y 的惯性积 J_{xy}。

14-29　均质圆盘以匀角速度 ω 绕通过盘心的铅垂轴转动,圆盘平面的法线与转轴交成 $\theta=90°$ 角,如题 14-29 图所示。已知两轴承 A 和 B 与圆盘中心相距各为 m 和 n,圆盘的半径为 R,重为 P。求两轴承 A 和 B 的动约束力在图示 $Oxyz$ 坐标系上的投影。该坐标系与圆盘固结,轴 x 沿一直径方向,轴 y 与轴线重合。

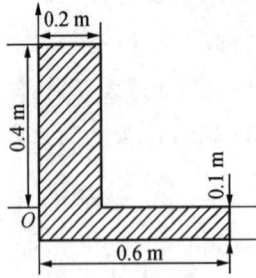

题 14－28 图

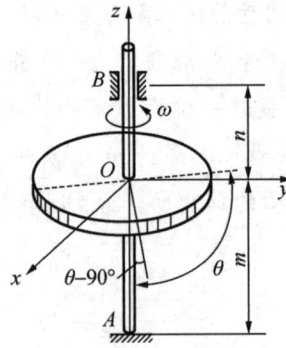

题 14－29 图

第十五章　机械振动基础

教学要求:

1. 掌握计算单自由度系统振动的固有频率。
2. 了解系统的幅频特性。
3. 了解临界转速、隔振的概念。
4. 了解建立二自由度系统振动微分方程的方法。
5. 了解主振型和主振动的概念,了解动力减振的概念。

第一节　概　述

振动是指一个状态改变的过程,即物体的往复运动。它是宇宙中普遍存在的一种现象,总体可分为宏观振动(如摆钟摆动、汽车颠簸、地震)和微观振动(如基本粒子的热运动、布朗运动)等。本章节只研究机械振动,它属于宏观振动,是自然界和工程中常见的物理现象。机械振动就是在一定条件下,振体在其平衡位置附近所作的往复运动。

在许多情况下,机械振动是有害的。各种机械设备都可能因为振动,影响加工精度和工件表面光洁度,使机械零部件加速磨损或破坏,甚至造成整机受损;振动与噪声的环境也使人感觉到不舒适,甚至影响人的身体健康;地震给人类带来重大经济损失甚至是人员的伤亡,因此,人们都希望通过一定手段去减小结构的振动或隔离振动。但是,另一方面,振动也可为人们所用。在实际工程中利用振动原理设计制造诸如振动压路机、振动捣实机、振动造型机、振动清砂机、振动筛及振动料斗等,为人们的生产生活带来便利,因而研究机械振动有着重要的实际意义。为了更好地利用对人们有利的振动,减小甚至消除不利振动,我们必须了解振动现象及其基本特征。

首先,我们从最简单的振动系统来了解振动现象。如图 15-1 所示的悬挂在弹簧上的物体在外界干扰下作往复运动,图中的振动物体 A 称为振体,其质量为 m,弹簧的刚度系数为 k。最简单的振动系统用 1 个独立坐标就能描述振体的运动规律,也就是说系统具有 1 个自由度,因此,这种振动系统称为**单自由度振动系统**。如果振动系统需要多个独立坐标才能确定振体的运动规律,则称为**多自由度振动系统**。

实际工程中的振动问题往往很复杂,为了便于探究,需要将

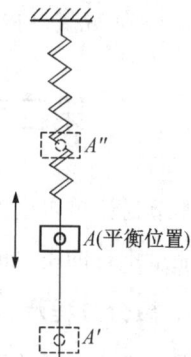

图 15-1　质量—弹簧系统

振动系统抽象和简化为**动力学模型**。例如,电动机和支承它的梁所组成的系统如[图15-2(a)]所示。与电动机相比,梁的质量较小而弹性较大时,可将梁的质量略去不计,梁在系统中仅起着弹簧的作用。将电动机看成一个集中质量,则系统简化成[图15-2(b)]所示的力学模型,称为质量—弹簧系统。显然,这是单自由度系统。实际系统的复杂程度和要求不同,简化的力学模型也因此而异,可以相应地简化为多自由度振动系统或者连续体振动系统。振动系统可大致分为线性振动系统和非线性振动系统,线性振动系统的振动特性满足线性叠加的规律,而非线性振动系统不满足其规律。

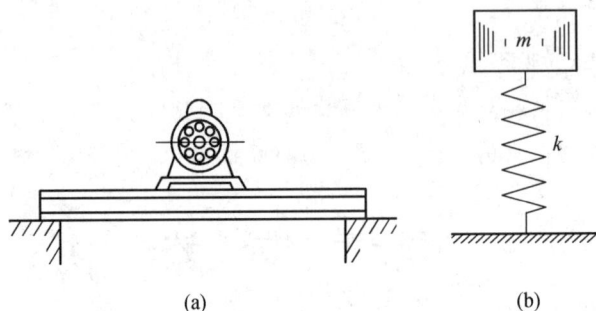

(a)   (b)

图15-2 振动的转化

  机械系统上没有外力作用,仅受系统内部弹性恢复力情况下所维持的振动,称为**自由振动**。若不存在阻尼,则系统保持机械能守恒,即振动将持续地进行下去;若存在阻尼,则系统的振动不断衰减,直至停止振动。阻尼是指阻碍物体的相对运动,并把运动能量转化为热能或其他可以耗散能量的一种作用。机械系统中的阻尼有多种形式,如黏性阻尼,结构阻尼等,其中黏性阻尼是最为常见的一种,其阻尼力与物体运动速度成正比,也称为比例阻尼,本书中的阻尼形式只考虑黏性阻尼。按是否考虑阻尼的影响,则自由振动可以分为**阻尼自由振动**和**无阻尼自由振动**。若机械系统受外界持续激励所产生的振动,称为**受迫振动**。根据系统所受外激励的类型不同,可将受迫振动分为**简谐振动**、**周期振动**、**非周期振动**、**随机振动**等。

  要理解机械振动的本质和规律,本章节中我们从最简单的单自由度振动系统作为起点,介绍单自由度系统线性振动,并以二自由度振动系统为例,进一步介绍多自由度系统的线性振动,作为研究复杂振动问题的基础。

第二节 单自由度系统的无阻尼自由振动

  本节讨论单自由度系统的无阻尼自由振动,即系统在起始时受到初始扰动后,靠系统本身的能量维持的系统的自由振动。

1. 微分方程及其解

图15-3所示的质量—弹簧系统中,设振体的质量为

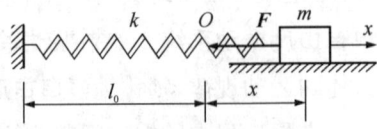

图15-3 质量—弹簧系统

m,弹簧的原长为 l_0,质量不计,弹簧的刚度系数为 k。不计振体与水平面间的摩擦,以平衡位置 O 为原点建立坐标轴 Ox。在任一瞬时,振体的坐标为 x,则弹簧的恢复力 $F=-kx$,式中负号表示恢复力 F 的方向恒与 x 方向相反。于是根据牛顿第二定律,振体的运动微分方程为

$$m\ddot{x}+kx=0 \tag{15-1}$$

引入参数 $\omega_0^2=k/m$,则式(15-1)可写为标准形式

$$\ddot{x}+\omega_0^2 x=0 \tag{15-2}$$

方程的通解为

$$x=A\sin(\omega_0 t+\theta) \tag{15-3}$$

式中,A 称为**振幅**;θ 称为**初相位**或**初相角**,由初始条件决定

$$A=\sqrt{x_0^2+\left(\frac{\dot{x}_0}{\omega_0}\right)^2},\quad \theta=\arctan\left(\frac{\omega_0 x_0}{\dot{x}_0}\right) \tag{15-4}$$

由此可见,振体在恢复力作用下的无阻尼自由振动是以平衡位置为中心的简谐运动,如图 15-4 所示。ω_0 称为系统的**固有角频率**(一般也称为**固有频率**),即

$$\omega_0=\sqrt{k/m} \tag{15-5}$$

此时,系统周期 T 和频率 f 分别为

$$T=2\pi/\omega_0,\quad f=1/T=\omega_0/2\pi \tag{15-6}$$

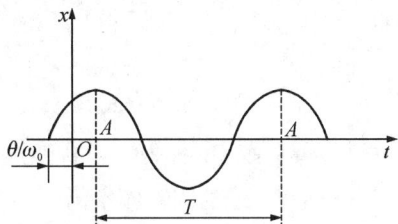

图 15-4　简谐运动

均由系统本身的物理性质决定,与初始条件无关。

例 15-1　两弹簧的刚度系数分别为 k_1 和 k_2,悬挂于弹簧上物体的质量为 m。试求下列情况下系统的固有频率:

(1) 两弹簧串联,见[图 15-5(a)];

(2) 两弹簧并联,见[图 15-5(b)]。

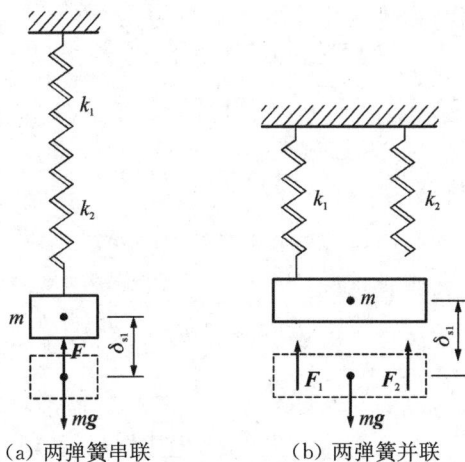

(a) 两弹簧串联　　　　(b) 两弹簧并联

图 15-5　例 15-1 图

解:(1)串联弹簧

两个弹簧所受的拉力大小都等于所悬挂物体的重量 mg,故两者的静伸长分别为

$$\delta_{st1}=\frac{mg}{k_1},\quad \delta_{st2}=\frac{mg}{k_2}$$

则两串联弹簧的总伸长 δ_{st} 应等于每个弹簧静伸长之和,即

$$\delta_{st}=\delta_{st1}+\delta_{st2}=mg\left(\frac{1}{k_1}+\frac{1}{k_2}\right)$$

若用 1 个刚度系数为 k_{eq} 的弹簧代替原来的 2 个串联弹簧,使 2 个系统在相等的重力 mg 作用下具有相同的静伸长 δ_{st},则有

$$\delta_{st}=\frac{mg}{k_{eq}}=mg\left(\frac{1}{k_1}+\frac{1}{k_2}\right)$$

于是,有

$$\frac{1}{k_{eq}}=\frac{1}{k_1}+\frac{1}{k_2}$$

即

$$k_{eq}=\frac{k_1k_2}{k_1+k_2}$$

所得弹簧常数 k_{eq} 称为两串联弹簧的**等效弹簧刚度系数**。

于是,系统的固有频率为

$$\omega_0=\sqrt{\frac{k_{eq}}{m}}=\sqrt{\frac{k_1k_2}{m(k_1+k_2)}}$$

(2)并联弹簧

物体在重力 mg 作用下作铅直运动,如[图 15-5(b)]所示。设静伸长为 δ_{st},两弹簧的拉力为 F_1,F_2,于是

$$F_1=k_1\delta_{st},\qquad F_2=k_2\delta_{st}$$

故

$$mg=F_1+F_2=(k_1+k_2)\delta_{st}$$

引入等效弹簧刚度系数,有

$$mg=k_{eq}\delta_{st}=(k_1+k_2)\delta_{st}$$

式中

$$k_{eq}=k_1+k_2$$

于是系统的固有频率为

$$\omega_0=\sqrt{\frac{k_{eq}}{m}}=\sqrt{\frac{k_1+k_2}{m}}$$

例 15-2 升降机罐笼,见[图 15-6(a)]的质量 $m=5\,100$ kg,以速度 $v=3$ m/s 匀速下

降,设钢索弹簧刚度系数 $k=4\ 000$ kN/m,钢索的重量不计。试求钢索上端突然卡住时,罐笼的运动方程和钢索的最大拉力。

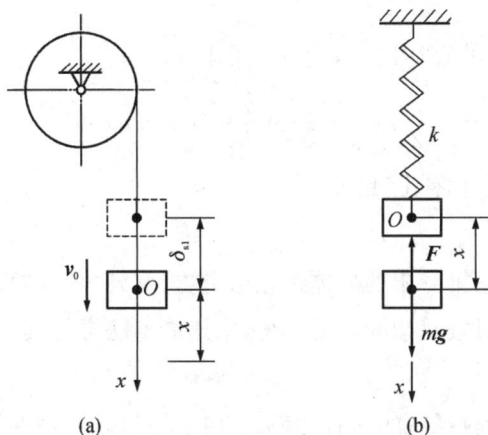

图 15-6　例 15-2 图

解：在罐笼匀速下降过程中,钢索上端突然被卡住时,由于罐笼的惯性和钢索的弹性使系统作自由振动。简化后的力学模型如图 15-6(b)所示。此时,系统固有频率为

$$\omega_0=\sqrt{\frac{k}{m}}=\sqrt{\frac{4\ 000\times10^3\ \text{N/m}}{5\ 100\ \text{kg}}}=28\ \text{rad/s}$$

当运动的初始条件为 $t=0$ 时,$x_0=0$,$v_0=3$ m/s,则振动的振幅及初相位分别为

$$A=\sqrt{x_0^2+\frac{v_0^2}{\omega_0^2}}=\frac{3}{28}\ \text{m}=0.107\ \text{m},\quad \theta=\arctan\frac{x_0\omega_0}{v_0}=0$$

罐笼自由振动的运动方程为

$$x=A\sin(\omega_0 t+\theta)=(0.107\ \text{m})\sin28t$$

钢索的最大拉力为

$$F_{\max}=k(\delta_{\text{st}}+A)=k\left(\frac{mg}{k}+A\right)=mg+kA=478\ \text{kN}$$

由上推解过程可知,当钢索未被卡住时,罐笼匀速下降,钢索的拉力等于罐笼的重量(即 50 kN),而当钢索被卡住(或紧急刹车)时,罐笼作自由振动,钢索最大拉力达到 478 kN,增加了近 10 倍,因此在设计时必须考虑这种突然因素的影响。

2. 计算固有频率的能量法

考察图 15-3 所示的质量—弹簧系统,系统中略去弹簧的质量,只考虑振体的质量。由于其恢复力是有势力,所以系统的机械能是守恒的,并可表示为

$$T+V=\text{常量}$$

设平衡位置为坐标原点,若振体运动到任意位置时 x 时,其速度为 $\dot{x}$,则系统的动能 $T=\dfrac{1}{2}m\dot{x}^2$,系统的势能 $V=\dfrac{1}{2}kx^2$。又由于系统的机械能守恒,总机械能对时间的一阶导数

等于零,即

$$\frac{\mathrm{d}}{\mathrm{d}t}(T+V)=0$$

将系统的动能和势能的表达式代入上式,可求得

$$\frac{\mathrm{d}}{\mathrm{d}t}\left(\frac{1}{2}m\dot{x}^2+\frac{1}{2}kx^2\right)=(m\ddot{x}+kx)\dot{x}=0$$

由于式中 $\dot{x}$ 不会恒等于零,因此有

$$m\ddot{x}+kx=0 \tag{15-7}$$

可以发现,采用能量法推导出的振体运动微分方程(15-7)与采用牛顿第二定律推导出的表达式(15-1)相同。对较复杂的振动系统,采用能量法推导其运动微分方程在大多数情况下更为方便。

同样可利用能量法计算系统的固有频率。在振动过程中,当振体到达平衡位置时,系统的势能为零,速度最大,即动能最大。此时,系统的机械能就等于最大动能,得

$$T_{\max}=\frac{1}{2}m\dot{x}_{\max}^2$$

当振体运动到极端位置 $x_{\max}$ 时,其速度为零,此时动能为零,而系统的势能达到最大值且等于全部机械能,即

$$V_{\max}=\frac{1}{2}kx_{\max}^2$$

根据机械能守恒 $T_{\max}=V_{\max}$,于是得

$$\frac{1}{2}m\dot{x}_{\max}^2=\frac{1}{2}kx_{\max}^2 \tag{15-8}$$

又由于自由振动中振体作简谐运动,其运动方程为

$$x=A\sin(\omega_0 t+\theta)$$

于是有

$$\dot{x}=A\omega_0\cos(\omega_0 t+\theta)$$

$x_{\max}$ 及 $\dot{x}_{\max}$ 分别为

$$x_{\max}=A, \quad \dot{x}_{\max}=A\omega_0 \tag{15-9}$$

代入式(15-8)得

$$\omega_0=\sqrt{\frac{k}{m}}$$

由上可知,利用能量法同样可以求得单自由度系统的固有频率。

例 15-3 测振仪如图 15-7 所示。已知惯性体质量为 m,其下端支承在刚度系数为 k_1 的弹簧上,下端铰接在 AOB 杠杆的点 B,杠杆与外壳之间用刚度系数为 k_2 的弹簧连接。设杠杆对点 O 的转动惯量为 J,两弹簧质量不计。试求系统的固有频率。

解：用能量法求系统的固有频率。设惯性体 m 振动时的最大速度为 $\dot{x}_{max}$，则杠杆的最大角速度为 $\dot{x}_{max}/b$，于是系统的最大动能为

$$T_{max} = \frac{1}{2}m\dot{x}_{max}^2 + \frac{1}{2}J\left(\frac{\dot{x}_{max}}{b}\right)^2$$

当系统在极端位置时，惯性体 m 的铅垂位置为 x_{max}，弹簧 k_2 的伸长为 cx_{max}/b，取系统平衡位置时势能为零，则系统的最大势能为

$$V_{max} = \frac{1}{2}k_1 x_{max}^2 + \frac{1}{2}k_2\left(\frac{cx_{max}}{b}\right)^2$$

根据机械能守恒，即 $T_{max}=V_{max}$，则有

$$\frac{1}{2}m\dot{x}_{max}^2 + \frac{1}{2}J\left(\frac{\dot{x}_{max}}{b}\right)^2 = \frac{1}{2}k_1 x_{max}^2 + \frac{1}{2}k_2\left(\frac{cx_{max}}{b}\right)^2$$

将简谐运动关系式(15-9)代入上式，可求得系统的固有频率

$$\omega_0 = \sqrt{\frac{k_1 + k_2\left(\dfrac{c}{b}\right)^2}{m + \dfrac{J}{b^2}}}$$

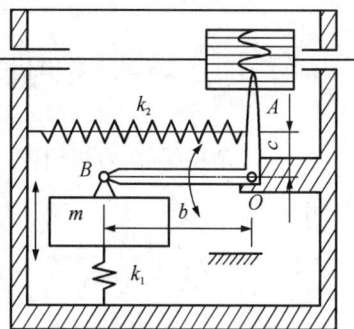

图 15-7　例 15-3 图

3. 其他类型单自由度振动系统

除了图 15-3 中所示的单自由度振动系统之外，工程中有许多结构在简化后都能够看作是单自由度振动系统。

（1）扭转振动

如图 15-8 所示匀质圆截面弹性直杆下端固连一水平匀质圆盘，圆盘被扭转一个角度后突然释放，圆盘将在水平面内作自由扭转振动。

设 φ 为圆盘的扭转角，J 为圆盘对转轴的转动惯量，k_t 为直杆的扭转刚度系数，其单位是 N·m/rad。

扭转角为 φ 时，作用于圆盘上的恢复扭矩 $M=-k_t\varphi$，式中负号表示恢复扭矩的符号恒与扭转角符号相反。根据刚体绕定轴转动的微分方程有

$$J\ddot{\varphi} = -k_t\varphi$$

令

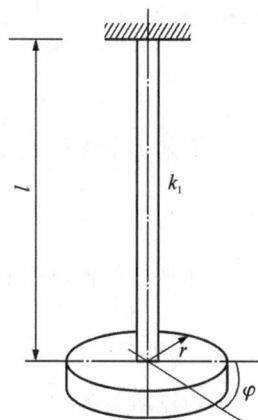

图 15-8　扭转振动

$$\omega_0^2 = \frac{k_t}{J}$$

可得

$$\ddot{\varphi} + \omega_0^2 \varphi = 0 \tag{15-10}$$

式(15-10)为圆盘自由扭转振动的微分方程。此方程与式(15-2)的形式相似,其解为

$$\varphi = \Phi \sin(\omega_0 t + \theta) \tag{15-11}$$

式中,Φ 为**角振幅**;θ 为初相位,它们由运动的初始条件决定。由此可知,系统扭转振动的固有频率为

$$\omega_0 = \sqrt{\frac{k_t}{J}} \tag{15-12}$$

(2) 摆振

例 15-4 倒置摆由质量为 m 的小球和长为 l 的刚杆 OA 组成。刚杆铰支于点 O 并以刚度系数为 k 的弹簧支承在铅垂平面内,如[图 15-9(a)]所示。刚杆和弹簧的质量忽略不计,试求系统的固有频率及摆在图示平面内能保持稳定的微幅振动的条件。

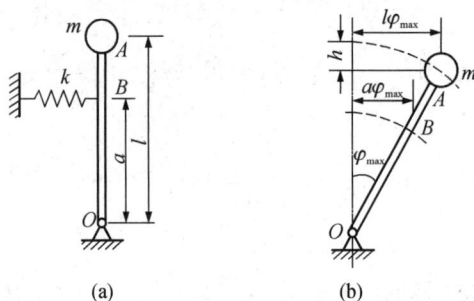

图 15-9 例 15-4 图

解:设系统作微幅振动,摆的角振幅为 φ_{max},此时弹簧的伸长近似为 $a\varphi_{max}$,如[图 15-9(b)]所示。摆球由其平衡位置的最高点下降的高度为

$$h = l(1 - \cos\varphi_{max}) \approx \frac{1}{2} l\varphi_{max}^2$$

取系统平衡位置为势能零点,则在振幅最大时系统的最大势能为

$$V_{max} = \frac{1}{2} ka^2 \varphi_{max}^2 - \frac{1}{2} mgl\varphi_{max}^2$$

在平衡位置时摆的最大角速度 $\dot{\varphi}_{max}$,则系统的最大的动能为

$$T_{max} = \frac{1}{2} J\dot{\varphi}_{max}^2 = \frac{1}{2} ml^2 \dot{\varphi}_{max}^2$$

根据机械能守恒,即 $T_{max} = V_{max}$,于是

$$\frac{1}{2} ml^2 \dot{\varphi}_{max}^2 = \frac{1}{2} ka^2 \varphi_{max}^2 - \frac{1}{2} mgl\varphi_{max}^2$$

由于 $\dot{\varphi}_{max} = \omega_0 \varphi_{max}$,由上式可解得系统的固有频率为

$$\omega_0 = \sqrt{\frac{g}{l}\left(\frac{ka^2}{mgl} - 1\right)}$$

由上计算结果可知,只有当 $ka^2>mgl$ 时 ω_0 才是实数,这时系统作稳定振动。

第三节 单自由度系统有阻尼自由振动

无阻尼自由振动是按照系统固有频率进行等幅度简谐振动,这种振动一旦发生,理论上将永远保持等幅度等周期运动,显然与自然界和工程中自由振动会随着时间推移出现衰减的现象不符,其原因是在自由振动分析过程中忽略了实际存在的各种阻力,如接触面的摩擦力、气体或液体介质的阻力和弹性材料内部分子间的内阻尼等的影响。在研究振动现象时,这些阻力我们通常称为**阻尼**。不同的阻尼有各自不同的性质,在线性振动范围内,当仅考虑阻尼力与速度的一次方成正比时,这种阻尼称为**黏性阻尼**。考虑阻尼时系统的自由振动称为阻尼自由振动,其力学模型如图 15-10 所示,与无阻尼自由振动力学模型相比增加了一个与弹簧并联的缓冲器 c,以表示黏性阻尼的存在。

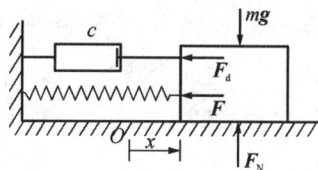

图 15-10 阻尼自由振动

黏性阻尼力 $\mathbf{F}_d$ 与振体速度方向相反,大小为 $F_d=c\dot{x}$。系数 c 称为黏阻系数,它取决于物体的形状、尺寸和润滑等物理性质。根据牛顿第二定律可列出振体的运动微分方程

$$m\ddot{x}+c\dot{x}+kx=0 \tag{15-13}$$

引入无阻尼固有频率 ω_0 和阻尼系数 δ,即

$$\omega_0=\sqrt{k/m}, \quad \delta=c/2m$$

于是(15-13)可写成

$$\ddot{x}+2\delta\dot{x}+\omega_0^2 x=0 \tag{15-14}$$

这是二阶常系数线性齐次微分方程。设它的解为 $x=e^{\lambda t}$,代入式(15-13),消去因子 $e^{\lambda t}$,得到特征方程 $\lambda^2+2\delta\lambda+\omega_0^2=0$,引入阻尼比 $\zeta=\delta/\omega_0$,解得特征方程根为

$$\lambda=-\zeta\omega_0\pm\omega_0\sqrt{\zeta^2-1}$$

根据阻尼的大小不同,其解有 3 种情况,列入表 15-1 中。

表 15-1 式(15-14)的特征根和特解

阻尼比	特征根	特解
$\zeta<1$	$\lambda=-\zeta\omega_0\pm i\omega_d$ ($\omega_d=\omega_0\sqrt{1-\zeta^2}$)	$e^{-\zeta\omega_0 t}\cos\omega_d t$, $e^{-\zeta\omega_0 t}\sin\omega_d t$
$\zeta=1$	$\lambda_1=-\lambda_2=-\omega_0$(重根)	$e^{-\omega_0 t}$, $te^{-\omega_0 t}$
$\zeta>1$	$\lambda=-\zeta\omega_0\pm\omega_0\sqrt{1-\zeta^2}=\lambda_{1,2}$	$e^{-\lambda_1 t}$, $te^{-\lambda_2 t}$

(1) 欠阻尼($\zeta<1$)

在欠阻尼情况下,方程(15-14)的通解为

$$x = A e^{-\zeta \omega_0 t} \sin(\omega_d t + \theta) \tag{15-15}$$

式中，$Ae^{-\zeta\omega_0 t}$ 和 θ 分别称为阻尼自由振动的振幅和初相角，由初始条件 x_0 和 $\dot{x}_0$ 确定：

$$A = \sqrt{x_0^2 + \left(\frac{\dot{x}_0 + \zeta\omega_0 x_0}{\omega_d}\right)^2} \tag{15-16}$$

$$\theta = \arctan\left(\frac{\omega_d x_0}{\dot{x}_0 + \zeta\omega_0 x_0}\right) \tag{15-17}$$

式中，$\omega_d = \omega_0\sqrt{1-\zeta^2}$ 称为**阻尼固有角频率**。由于阻尼的作用，振幅 $Ae^{-\zeta\omega_0 t}$ 随时间不断衰减，系统的振动不再是等幅的简谐振动，而是振幅被限制在曲线 $Ae^{-\zeta\omega_0 t}$ 内的衰减振动，如图 15-11 所示。

相邻两个振幅之比称为**衰减系数**：

$$\eta = \frac{A_1}{A_2} = \frac{Ae^{-\zeta\omega_0 t}}{Ae^{-\zeta\omega_0(t+T_d)}} = e^{-\zeta\omega_0 T_d} \tag{15-18}$$

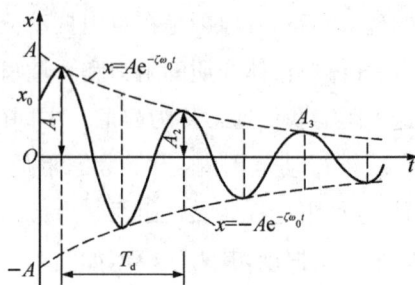

图 15-11　衰减振动

式中，T_d 为阻尼自由振动周期：

$$T_d = \frac{2\pi}{\omega_d} = \frac{2\pi}{\omega_0\sqrt{1-\zeta^2}} \tag{15-19}$$

T_d 比相应的无阻尼自由振动的周期 T 大，即 $T_d > T$。

由于衰减系数 η 与时间 t 无关，即任意两个相邻振幅之比均等于 η，因此有

$$\frac{A_1}{A_{k+1}} = \left(\frac{A_1}{A_2}\right)\left(\frac{A_2}{A_3}\right)\cdots\left(\frac{A_k}{A_{k+1}}\right) = \eta^k = e^{k\zeta\omega_0 T_d} \tag{15-20}$$

实际应用时常以**对数衰减率 Λ** 代替减缩系数 η，即

$$\Lambda = \ln\eta = \zeta\omega_0 T_d \tag{15-21}$$

（2）过阻尼（$\zeta > 1$）

在这种情况下，特征方程有两个实根，方程的通解为

$$x = C_1 e^{-\lambda_1 t} + C_2 e^{-\lambda_2 t} \tag{15-22}$$

所对应的 $x\text{-}t$ 曲线如图 15-12 所示。可以看出，由于存在较大的黏性阻尼，振体的运动已不再具有周期性。

（3）临界阻尼（$\zeta = 1$）

在这种情况下，特征方程有两个相等的负实根，方程的通解为

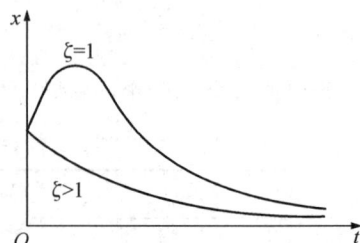

图 15-12　过阻尼的 $x\text{-}t$ 变化曲线

$$x = (C_1 + C_2 t)e^{-\omega_0 t} \tag{15-23}$$

这种运动也是非周期性的，如图 15-12 所示。这时阻尼的大小正好是系统在衰减过程中振动与不振动的分界线，称为**临界阻尼**。

例 15 - 5 设汽车的质量 $m = 2\,450$ kg，置于四个车轮的弹簧上可使每个弹簧的压缩量为 $\delta_{st} = 0.15$ m，为了减小振动，每个弹簧都装有一个减震器，测得在两次振动后振幅为原来的 1/10，即 $A_1/A_3 = 10$。试求：

(1) 振动的衰减系数 η 和对数衰减率 Λ；

(2) 阻尼系数 δ、阻尼比 ζ 和衰减振动的周期 T_d。

解：本题只考虑汽车的铅垂振动，故四个弹簧可看成一个等效弹簧，等效弹簧的刚度系数为

$$k = \frac{mg}{\delta_{st}} = \frac{(2\,450\ \text{kg}) \times (9.8\ \text{m/s}^2)}{0.15\ \text{m}} = 160\,000\ \text{N/m}$$

系统的无阻尼固有频率为

$$\omega_0 = \sqrt{\frac{k}{m}} = \sqrt{\frac{160\,000\ \text{N/m}}{2\,450\ \text{kg}}} = 8.08\ \text{rad/s}$$

(1) 求 η 和 Λ

已知：$A_1/A_3 = 10$ 及 $\dfrac{A_1 A_2}{A_2 A_3} = e^{2\zeta\omega_0 T_d}$，故衰减系数

$$\eta = e^{\zeta\omega_0 T_d} = \sqrt{10} = 3.16$$

对数衰减率

$$\Lambda = \zeta\omega_0 T_d = \ln\eta = 1.15 \tag{a}$$

(2) 求 δ、ζ 和 T_d

$$T_d = \frac{2\pi}{\omega_0\sqrt{1-\zeta^2}} \tag{b}$$

将式(a)和式(b)联立求解，可解得阻尼比 ζ 及衰减振动周期 T_d 和阻尼系数 δ 分别为

$$\zeta = 0.18\ \text{rad/s}, \quad T_d = 0.79\ \text{s}, \quad \delta = \zeta\omega_0 = 1.45\ \text{rad/s}$$

第四节　单自由度系统的受迫振动

在实际工程中，许多结构都会受到周围环境的干扰而产生振动的现象，例如，发动机会在偏心转子旋转产生的惯性力作用下产生振动；汽车在道路上行驶会由于路面不平而产生颠簸；高层建筑在地震或强风的作用下会产生摇晃；飞机在飞行过程中由于气流影响会出现抖动等。以上的这些振动现象中，结构除了受到自身恢复力作用之外，还受到持续不断的外部激振力的作用。系统在受外界持续激励所产生的振动，称为**受迫振动**。

激振力对振动系统的激励作用取决于力的大小及其随时间的变化规律。激振力的形式很多，按照其随时间的变化规律，一般可分为简谐激励、周期激励、非周期激励和随机激励等。本节将讨论简谐激励力作用下的单自由度系统受迫振动。

1. 微分方程及其解

设单自由度有阻尼振动系统受到一简谐激励力 $F(t)=F_0\sin\omega t$ 的作用,如图 15 - 13 所示。振体的质量为 m,弹簧刚度系数为 k,黏阻系数为 c。取振体的平衡位置 O 为 Ox 轴的坐标原点,则振体的运动微分方程为

$$m\ddot{x}+c\dot{x}+kx=F_0\sin\omega t \qquad (15-24)$$

由以上讨论可知,由于激振力的出现,使系统的运动微分方程变为非齐次方程。引入无阻尼固有角频率 ω_0、阻尼系数 δ 及静力偏移 B_0,即

$$\omega_0^2=\frac{k}{m}, \qquad \delta=\frac{c}{2m}, \qquad B_0=\frac{F_0}{k}$$

式中,B_0 称为静力偏移,表示激励力的最大值 F_0 静止地作用在弹簧上所引起的弹簧静变形。方程(15-24)可改写为

$$\ddot{x}+2\delta\dot{x}+\omega_0^2x=B_0\omega_0^2\sin\omega t \qquad (15-25)$$

上述二阶非齐次线性常微分方程的解 x,由齐次方程的通解 x_1 和非齐次方程的特解 x_2 两部分组成,即

$$x=x_1+x_2$$

通解 x_1 对应于阻尼自由振动,即衰减振动式(15-15)或衰减非周期运动式(15-22)及式(15-23),由于系统阻尼的效果,阻尼自由振动会随时间推移逐渐衰减直至消失,它只在振动开始后的一段时间内有意义,因此一般情况下可以不予考虑。将 x_1 对应的振动响应称为**瞬态响应**。系统受迫振动时主要考虑由于简谐激振力作用系统的响应,即应考虑微分方程的特解 x_2,将 x_2 对应的系统振动响应称为**稳态响应**。

设特解 x_2 为

$$x_2=B\sin(\omega t-\varphi) \qquad (15-26)$$

将特解代入式(15-25),引入频率比 $\lambda=\omega/\omega_0$,整理后得

$$[B(1-\lambda^2)-B_0\cos\varphi]\sin(\omega t-\varphi)+(2\zeta\lambda B-B_0\sin\varphi)\cos(\omega t-\varphi)=0$$

上式对任意时间 t 都应满足,因此 $\sin(\omega t-\varphi)$ 和 $\cos(\omega t-\varphi)$ 前的系数必须都等于零,故得

$$B(1-\lambda^2)-B_0\cos\varphi=0$$

$$2\zeta\lambda B-B_0\sin\varphi=0$$

由此可解得振幅和相位差分别为

$$B=B_0/\sqrt{(1-\lambda^2)^2+(2\zeta\lambda)^2} \qquad (15-27)$$

$$\varphi=\arctan[2\zeta\lambda/(1-\lambda^2)] \qquad (15-28)$$

由以上讨论可知,简谐激励作用下的受迫振动具有以下特点:

(1) 响应与激振力具有相同的频率。

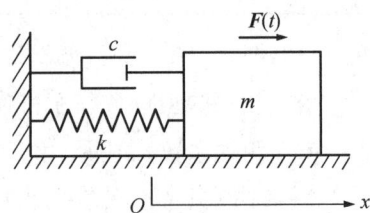

（2）振幅 B 和相位差 φ 均与初始条件无关,而取决于系统本身的参数及激振力的物理性质。

（3）振幅 B 的大小取决于 B_0,λ 和 ζ,即取决于激振力的幅值 B_0,激振力的角频率 ω 和系统的阻尼系数 δ。

频率与振幅的关系可以用幅频特性曲线表示,设 $\beta=B/B_0$,称 β 为**振幅放大因子**,此时式(15-27)可写为

$$\beta=1/\sqrt{(1-\lambda^2)^2+(2\zeta\lambda)^2} \tag{15-29}$$

对于不同的阻尼比 ζ 值,得到一系列 $\beta-\lambda$ 曲线,如图 15-14 所示。由幅频特性曲线可知:

① 若 $\lambda\ll1$,则 $\beta\approx1$;② 若 $\lambda\gg1$,则 $\beta\approx0$;③ 若 $\lambda\approx1$,则 β 急剧增大。由此可知,当激励力的频率远小于固有频率时,振幅接近于弹簧的静变形。当激励力的频率远大于固有频率时,振幅接近于零。

当激励力的频率接近固有频率,对于无阻尼($\zeta\approx0$)情况,即 $\omega=\omega_0(\lambda=1)$ 时,振幅 B 为无穷大,通常将这种情况称为**共振**。此时微分方程的特解为

$$x_2=-\frac{1}{2}B_0\omega_0 t\sin\omega_0 t \tag{15-30}$$

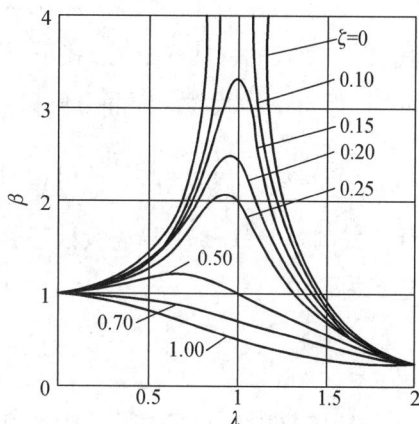

图 15-14　幅频特性曲线

式(15-30)表明,振幅将随时间线性增长。

对于有阻尼($\zeta\neq0$)情况,令 $\mathrm{d}\beta/\mathrm{d}\lambda=0$,可算出振幅为极大值时所对应的频率比 λ,即 $\lambda=\sqrt{1-2\zeta^2}$ 时,$\beta_{max}=1/(2\zeta\sqrt{1-2\zeta^2})$。由前述可知,当有阻尼情况振幅达到最大值时频率比 $\lambda<1$,即 $\omega_m<\omega_0$,表明振幅达到最大值时,对应的激励频率略小于固有频率,通常将 ω_m 称为**共振频率**。在共振区域附近,阻尼对减小振幅有明显作用。阻尼较小时,振幅较大且变化急剧;阻尼较大时,振幅较小且变化平缓。当阻尼比 $\zeta\geqslant\sqrt{2}/2$ 时,振幅已不再有最大值,共振现象也就不存在了。

共振时的振幅放大因子 β 反映了系统阻尼的强弱和共振峰的陡峭程度,因此也称为品质因数 Q,即

$$Q=\beta|_{\lambda=1}=\frac{1}{2\zeta} \tag{15-31}$$

（4）相位差 φ 是指响应与激励之间的相位差,φ 与激励频率的关系可用相频特性曲线表示。依据式(15-28)作出不同阻尼比 ζ 下的 $\varphi-\lambda$ 曲线,如图 15-15 所示。由图可知:① 若 $\lambda\ll1$,则 $\varphi=0$;② 若 $\lambda\gg1$,则 $\varphi=\pi$;③ 若 $\lambda=1$,则 $\varphi=\pi/2$。说明响应与激励在低频范围内同相,在高频范围内反相。在共振时,相位差为 $\pi/2$,且与阻尼无关,反映出共振时的另一重要特征。

下面举一个工程中激励力为惯性力所引起的受迫振动的例子。以图 15-2 所示的梁为例，设电机总质量为 m，转子偏心质量为 m_1，电机旋转的角速度为 ω，偏心距为 e，则电机转动时偏心质量引起惯性力在铅垂方向的投影为

$$F_{1y}=m_1 e\omega^2 \sin\omega t$$

于是梁在铅垂方向受迫振动的微分方程为

$$m\ddot{x}+c\dot{x}+kx=m_1 e\omega^2 \sin\omega t \qquad (15-32)$$

式(15-32)与式(15-24)形式上完全相同，只是式中的 F_0 以 $m_1 e\omega^2$ 代替。而静力偏移 B_0 为

$$B_0=\frac{m_1 e\omega^2}{k}=\left(\frac{m_1 e}{m}\right)\left(\frac{\omega}{\omega_0}\right)^2=b\lambda^2$$

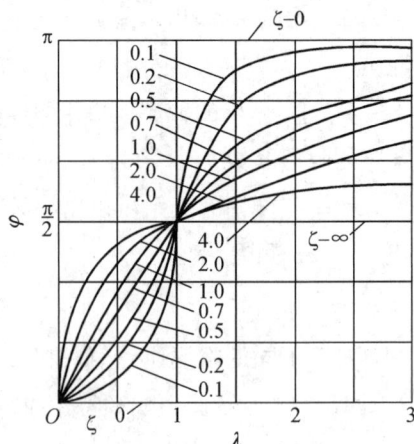

图 15-15 φ-λ 曲线

代入式(15-27)，令振幅放大因子 $\beta=B/b$，则得惯性力引起的受迫振动的幅频特性曲线表达式为

$$\beta=\frac{\lambda^2}{\sqrt{(1-\lambda^2)^2+(2\zeta\lambda)^2}} \qquad (15-33)$$

图 15-16 为不同的阻尼比 ζ 值对应的幅频特性曲线，由图可见：① 若 $\lambda\ll1$，则 $\beta\approx0$；② 若 $\lambda\gg1$，则 $\beta\approx1$；③ 若 $\lambda\approx1$，则 β 急剧增大。由前述可知，当激励惯性力的频率远小于固有频率时，振幅接近于零；若激励惯性力的频率远大于固有频率时，振幅不是趋近于零，而是趋向一定值 b；当激励惯性力的频率接近于固有频率时，振幅急剧增大而产生共振，即工程机械中转速与系统的固有频率重合时，设

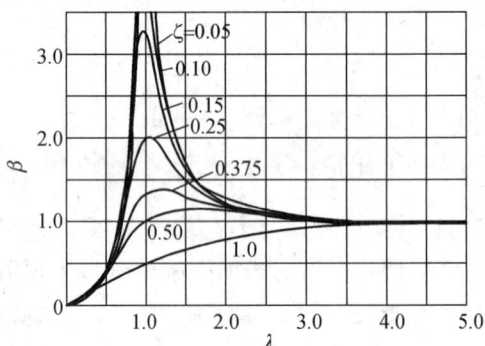

图 15-16 不同的阻尼比 ζ 对应的幅频特性曲线

备便发生共振，这一转速称为**临界转速**，显然，设备是禁止在临界转速附近运行的。

例 15-6 重为 $W=294$ N 的电动机安装在梁上，作铅垂方向振动，如图 15-17 所示。电动机以匀角速度 ω 运转，电机转子偏心重为 $G=5.88$ N，偏心距为 $e=15$ mm，梁的等效弹簧刚度系数 $k=294$ N/mm，不计梁的自重。试求：

(1) 电动机的临界转速；

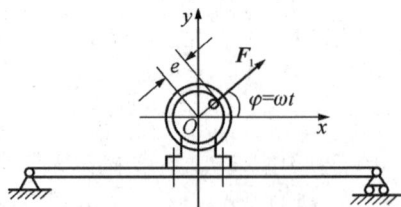

图 15-17 例 15-6 图

(2) 若电动机转速为 1 800 r/min，系统受迫振动振幅。

解：本题未考虑阻尼的影响，因此是系统单自由度无阻尼受迫振动。

（1）电动机临界转速

本题激振力为电机转子质量偏心引起的惯性力，惯性力在铅垂方向的大小为

$$F_{1y}=\frac{G}{g}e\omega^2\sin\omega t$$

激振力幅值为$\frac{G}{g}e\omega^2$，其频率等于电动机转动的角速度ω_0。当激振力频率等于系统固有频率时，系统发生共振，此时电机的转速即为临界转速。由此可知，系统的固有频率ω_0为

$$\omega_0=\sqrt{\frac{k}{m}}=\sqrt{\frac{kg}{W}}=\sqrt{\frac{(294\ \text{N/mm})\times(9\ 800\ \text{mm/s}^2)}{294\ \text{N}}}=99\ \text{rad/s}=945\ \text{r/min}$$

因此电动机的临界转速为 945 r/min。

（2）受迫振动振幅

当电动机转速 $n=1\ 800$ r/min 时，即电动机转动的角速度 $\omega=188.5$ rad/s。当不考虑阻尼的作用时，由式(15-27)可知振幅 B 为

$$B=\frac{B_0}{|1-\lambda^2|}$$

而

$$B_0=\frac{F_0}{k},\quad \lambda=\frac{\omega}{\omega_0}$$

由已知条件知，$F_0=\frac{G}{g}e\omega^2=319.78$ N，$B_0=1.088$ mm，$\lambda=1.904$，代入振幅 B 表达式，得

$$B=\frac{B_0}{|1-\lambda^2|}=0.414\ \text{mm}$$

于是，受迫振动的运动规律为

$$x_2=0.414\sin188.5t\ (\text{mm})$$

例 15-7　图 15-18 所示的振动系统中，弹簧刚度系数 $k=4.38$ N/mm，振体质量 $m=18.2$ kg，黏阻系数 $c=0.149$ N·s/mm，干扰力幅值 $F_0=44.5$ N，干扰力频率 $\omega=15$ rad/s。求振体受迫振动的运动方程。

解：由已知条件可先求得系统的无阻尼固有频率 ω_0：

$$\omega_0=\sqrt{\frac{k}{m}}=\sqrt{\frac{4\ 380\ \text{N/m}}{18.2\ \text{kg}}}=15.5\ \text{rad/s}$$

静力偏移

$$B_0=\frac{F_0}{k}=\frac{44.5\ \text{N}}{4.38\ \text{N/mm}}=10.16\ \text{mm}$$

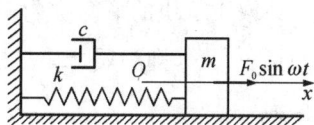

图 15-18　例 15-7 图

阻尼比

$$\zeta = \frac{c}{2m\omega_0} = \frac{0.149 \text{ N}\cdot\text{s/mm}}{2\times(18.2 \text{ kg})\times(15.5 \text{ rad/s})} = 0.264$$

频率比

$$\lambda = \frac{\omega}{\omega_0} = \frac{15 \text{ rad/s}}{15.5 \text{ rad/s}} = 0.967$$

振幅放大因子

$$\beta = \frac{B}{B_0} = \frac{1}{\sqrt{(1-\lambda^2)^2 + (2\zeta\lambda)^2}} = 1.94$$

受迫振动振幅

$$B = \beta B_0 = 1.94 \times 10.16 \text{ mm} = 19.7 \text{ mm}$$

相位差

$$\psi = \arctan\frac{2\zeta\lambda}{1-\lambda^2} = \arctan 7.86 = 1.44 \text{ rad}$$

故振体受迫振动的运动方程为

$$x_2 = B\sin(\omega t - \psi) = 19.7\sin(15t - 1.44)$$

式中，x_2 的单位为 mm；t 的单位为 s。

例 15-8 图 15-19 所示的惯性测振仪器由质量为 m 的质量快和刚度系数为 k 的弹簧组成。测振时将仪器框架固定在作铅垂振动的被测物体上，如图 15-19 所示。质量块与框架作受迫振动。设被测物体的振动规律为 $x' = a\sin\omega t$，试用受迫振动理论说明测振仪的测试原理。

解：因为测振仪的框架安装在被测物体上，故质量-弹簧系统受到位移干扰。由受迫振动理论知，若被测物体的振动频率 ω 比测振仪系统的固有频率 ω_0 大很多时，质量块就会由于惯性而几乎保持不动。测振仪的框架是随着被测物体运动

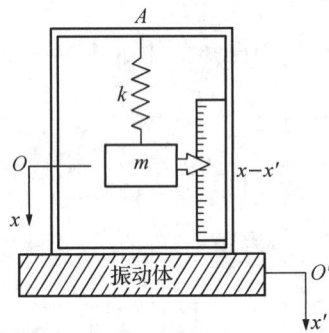

图 15-19 例 15-8 图

的，因此惯性质量 m 与框架之间的相对位移幅值 u 应很接近于被测物体的振幅。

取质量块的平衡位置 O 为坐标原点，其铅垂方向的位移为 x（对静止坐标系），则弹簧的伸长 $x-x'$，即为质量块与框架之间的相对位移。若略去阻尼不计，则质量块的运动微分方程为

$$m\ddot{x} + k(x - x') = 0$$

将 $\omega_0^2 = k/m$ 及 $x' = a\sin\omega t$ 代入，整理后得

$$m\ddot{x} + \omega_0^2 x = a\omega_0^2\sin\omega t \qquad\qquad (a)$$

设质量块的受迫振动方程为

$$x = B\sin\omega t \tag{b}$$

其振幅

$$B = \frac{B_0}{1-\lambda^2} = \frac{a}{1-\lambda^2} \tag{c}$$

于是,质量块与框架之间的相对运动为

$$x - x' = (B-a)\sin\omega t = u\sin\omega t \tag{d}$$

式中,u 为质量块与框架之间相对运动的振幅,可以记录在测振仪的记录纸上。由于实用上注重的是振幅的绝对值,即

$$|u| = |B-a| = \left|\frac{\lambda^2}{1-\lambda^2}\right| a$$

或

$$a = \left|\frac{1-\lambda^2}{\lambda^2}\right| |u| \tag{e}$$

由式(e)可知,当 $\lambda = \omega/\omega_0$ 足够大,即被测物体的频率 ω 比测振仪系统的固有频率足够大,或弹簧足够软时,则被测物体的振幅 a 就相当准确地和测振仪记录的相对运动振幅 u 值相等,即

$$a = |u| \tag{f}$$

这就是惯性测振仪的测试原理。

如果要测量被测物体的加速度,则也可用上述结构的测振仪进行测量,不同点在于仪器本身的固有频率高,仪器中的弹簧要硬。

若被测物体的运动方程仍是

$$x' = a\sin\omega t$$

则其加速度为

$$\ddot{x}' = -a\omega^2\sin\omega t$$

由式(e)可求的加速度最大值,即

$$a\omega^2 = |1-\lambda^2| \, |u| \, \omega_0^2 \tag{g}$$

若仪器有较高的固有频率 ω_0,则频率比 $\lambda = \omega/\omega_0$ 就很小,即 $1-\lambda^2 \approx 1$,式(g)可改写为

$$a\omega^2 = |u| \, \omega_0^2 \tag{h}$$

即在仪器中直接测得相对运动振幅 u 之后,再乘以仪器的固有频率 ω_0 的平方,就得到被测物体的最大加速度。

必须指出,这种加速度测量仪要求具有很高的固有频率(弹簧很硬),所以质量块的相对运动一般很小,必须用特殊的仪器才能记录下来。

例 15-9　图 15-20 所示的发动机的曲柄连杆机构中,曲柄 OA 长 r,连杆 AB 长 l,两者质量均不计。活塞 B 的质量为 m,发动机的总质量为 m_1。设发动机与地面间的连接关系

可用刚度系数 k 的弹簧和黏阻系数 c 的阻尼器进行简化。曲柄以匀角速度 ω 转动。若 $\lambda = r/l < 1$，只保留 λ 的一次项，试列出发动机沿铅垂方向的振动微分方程。

解：以发动机底边的静平面平衡位置 O_0 为原点建立 x 坐标轴。除活塞 B 以外的发动机部件的质量为 $m_1 - m$，其加速度为 $\ddot{x}$。计算活塞 B 的加速度 $\ddot{x}_B$ 时，引入辅助坐标 θ, φ，它们之间的关系为

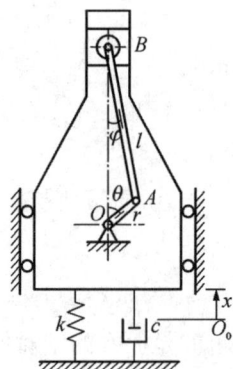

图 15 - 20　例 15 - 9 图

$$\left. \begin{array}{l} \sin\varphi = \lambda \sin\theta \\ \cos\varphi = (1 - \lambda^2 \sin^2\theta)^{\frac{1}{2}} \end{array} \right\} \tag{a}$$

由于 $\dot\theta = \omega$，故由式(a)第一式对时间求导数，得

$$\dot\varphi = \lambda\omega\cos\theta / \cos\varphi$$

而

$$x_B = x + r\cos\theta + l\cos\varphi$$

对时间求导数得

$$\dot{x}_B = \dot{x} - r\omega[\sin\theta + \lambda\sin2\theta/(2\cos\varphi)]$$

$$\ddot{x}_B = \ddot{x} - r\omega^2[\cos\theta + \lambda\cos2\theta/\cos\varphi + \lambda^3\sin^2 2\theta/(4\cos^3\varphi)] \tag{b}$$

将式(a)代入式(b)，并只保留 λ 的一次项，则得

$$\ddot{x}_B = \ddot{x} - r\omega^2(\cos\omega t + \lambda\cos2\omega t) \tag{c}$$

由于在铅垂方向上发动机的重力已与静弹簧力平衡，因此可不考虑。在发动机上还受有弹簧恢复力 F 和黏性阻尼 F_d，其大小为

$$F = kx, \qquad F_d = c\dot{x}$$

以发动机为研究对象，根据质心运动定理沿 x 轴方向的投影式，得

$$(m_1 - m)\ddot{x} + m[\ddot{x} - r\omega^2(\cos\omega t + \lambda\cos2\omega t)] = -kx - c\dot{x}$$

整理后得发动机沿铅垂方向的运动微分方程

$$m_1\ddot{x} + c\dot{x} + kx = mr\omega^2(\cos\omega t + \lambda\cos2\omega t)$$

上方程式表明，激振力包括两部分，其频率分别是曲柄转速 ω 的 1 倍和 2 倍，因此当曲柄转速接近固有频率或其一半时，系统均发生共振。应注意到式(c)忽略了 λ^2 以上项，而仅取了两项，若不略去 λ^2 以上项，则还有许多更高次共振的可能性，即曲柄转速接近固有频率的 $1/n(n = 3, 4, \cdots, i)$，都可能发生共振，但由于那些激振力的幅值很小，在一般情况下可以略去不计。

2. 减振与隔振的概念

为防止振动带来的危害及影响，工程结构上常常采取多种措施减振和隔振，主要有以下几种：

（1）减弱或消除振动　这是一种积极主动的措施。如果振动的原因是由于转动部件的偏心所引起的，可以通过提高动平衡精度等相关措施来减少不平衡所引起的法向惯性力。对往复式机器等也需注意减少惯性力。

（2）远离隔振　这是一种消极被动的保护措施。如精密仪器或设备要尽可能远离具有大型动力机械及振动大的设备，还要远离运输繁忙的公路或铁路等。

（3）提高及其本身的抗振能力　衡量机器结构抗振能力的主要指标是动刚度，动刚度在数值上等于机器结构产生单位振幅所需的动态力。动刚度越大，则机器结构在动态力作用下的振动量越小。

（4）避开共振区　根据实际情况尽可能改变系统的固有频率，或改变机器的工作转速，使及其不在共振区工作。

（5）适当增加阻尼　阻尼吸收系统振动的能量，使自由振动的振幅迅速衰减，对受迫振动的振幅也有抑制作用，在共振区域内效果尤为显著。

（6）采取隔振措施　用具有弹性的隔振器将振动的机器的振源与地基隔离，以减少振源通过地基影响周围的设备，这种隔振方式称为**主动隔振**。如果是将要保护的精密仪器与振动的地基隔离，使仪器或设备不受周围振源的影响，这种隔振方式称为**被动隔振**。

第五节　二自由度系统的自由振动

根据研究对象和目的不同，同一物体的振动可以简化为不同的振动模型；实际用于分析工程结构振动的力学模型往往包含不止一个自由度，可能是多个甚至无限个自由度。以研究汽车车身振动为例，如果只研究车身沉浮振动，可简化为一个上下平移的单自由度刚体系统；如果进一步研究车身沿行进方向的俯仰振动，那么必须考虑车身绕重心的转动自由度，此时可简化为一个两个自由度刚体系统；如果再要研究车身的左右晃动，那就要简化为多个自由度的模型了。本节以具有两个自由度的振动系统为例，也称为**二自由度系统**，初步讨论多自由度系统的振动规律，为学习更复杂系统的振动理论提供基础。先讨论如[图 15 - 21 (a)]所示的二自由度系统的无阻尼自由振动。两个物块质量各为 m_1 和 m_2，质量 m_1 和 m_2 分别与固定的刚度系数为 k_1 和 k_2 的弹簧连接，两质量之间用刚度系数为 k 的弹簧连接。假定物块只可以沿铅垂方向运动，空气阻力等忽略不计。取两物块离静平衡位置的位移分别为 x_1 和 x_2。两个物块受到的弹簧力如[图 15 - 21(b)]所示。根据牛顿第二定律，可列出下列两物块的运动微分方程：

$$\begin{cases} m_1\ddot{x}_1 = -k_1 x_1 + k(x_2 - x_1) \\ m_2\ddot{x}_2 = -k_2 x_2 - k(x_2 - x_1) \end{cases}$$

整理得

$$\begin{cases} m_1\ddot{x}_1+(k+k_1)x_1-kx_2=0 \\ m_2\ddot{x}_2+(k+k_2)x_2-kx_1=0 \end{cases} \qquad (15-34)$$

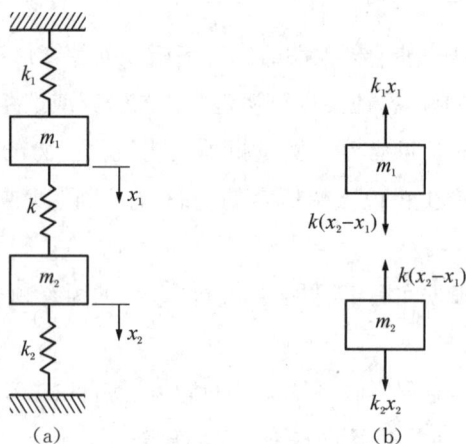

图 15 - 21　二自由度系统的自由振动

式(15-34)是一个二阶线性齐次微分方程组,存在如下特解的形式:

$$\begin{cases} x_1=A_1\sin(\omega t+\theta) \\ x_2=A_2\sin(\omega t+\theta) \end{cases} \qquad (15-35)$$

式中,A_1、A_2 是振幅;ω 为角频率;θ 为初相角。将式(15-35)代入式(15-34)得

$$\begin{cases} [(-m_1\omega^2+k+k_1)A_1-kA_2]\sin(\omega t+\theta)=0 \\ [-kA_1+(-m_2\omega^2+k+k_2)A_2]\sin(\omega t+\theta)=0 \end{cases} \qquad (15-36)$$

式(15-36)对任意时刻都成立,因此中括号中的系数项必须等于零,则有

$$\begin{cases} (-m_1\omega^2+k+k_1)A_1-kA_2=0 \\ -kA_1+(-m_2\omega^2+k+k_2)A_2=0 \end{cases} \qquad (15-37)$$

上式是关于振幅 A_1、A_2 的二元一次齐次代数方程组。当系统发生振动时,A_1、A_2 不恒为零,即方程组具有非零解,则方程组系数矩阵的行列式必须等于零,即

$$\begin{vmatrix} -m_1\omega^2+k+k_1 & -k \\ -k & -m_1\omega^2+k+k_1 \end{vmatrix}=0 \qquad (15-38)$$

此行列式称为**频率行列式**。展开行列式,可得如下代数方程

$$\omega^4-\left(\frac{k+k_1}{m_1}+\frac{k+k_2}{m_2}\right)\omega^2+\frac{k_1k_2+k_1k+k_2k}{m_1m_2}=0 \qquad (15-39)$$

式 15-39 称为系统的**频率方程**,是关于 ω^2 的一元二次代数方程,可解出它的两个根 ω_1^2 和 ω_2^2。定义较小的正数的根 ω_1 为第一阶固有频率;较大的正数的根 ω_2 为第二阶固有频率。可见,二自由度系统具有两个固有频率,这两个固有频率只与系统的质量和刚度等参数有关,而与振动的初始条件无关。

由于式(15-34)的特征方程存在两个不相等的实根,由微分方程理论,存在如下通解的形式:

$$\begin{cases} x_1 = A_{11}\sin(\omega_1 t+\theta_1)+A_{12}\sin(\omega_2 t+\theta_2) \\ x_2 = A_{21}\sin(\omega_1 t+\theta_1)+A_{22}\sin(\omega_2 t+\theta_2) \end{cases} \tag{15-40}$$

式中,A_{11}、A_{12}、A_{21}、A_{22}为振幅;θ_1、θ_2为相位,均为常数,由系统的初始条件确定;振幅 A_{ij} $(i,j=1,2)$的第一个下标对应自由度,第二个下标对应频率,如 A_{12} 表示质量 m_1 以频率为 ω_2 振动时的振幅。将两个频率 ω_1 和 ω_2 分别代入式(15-37),可解出对应于每个固有频率的两质量块的振幅比值,即对应 ω_1 的 A_{11}/A_{21} 和对应 ω_2 的 A_{12}/A_{22},如下

$$\begin{cases} \dfrac{A_{11}}{A_{21}}=\dfrac{k}{k+k_1-\omega_1^2 m_1}=\dfrac{k+k_2-\omega_1^2 m_2}{k}=\dfrac{1}{\gamma_1} \\ \dfrac{A_{12}}{A_{22}}=\dfrac{k}{k+k_1-\omega_2^2 m_1}=\dfrac{k+k_2-\omega_2^2 m_2}{k}=\dfrac{1}{\gamma_2} \end{cases} \tag{15-41}$$

式中,γ_1 和 γ_2 为比例常数。从式(15-41)可以看出,这两个常数只与系统的质量和刚度等参数有关。由此可见,对于一个二自由度系统,在对应固有频率处,两个自由度上的振动位移的振幅是定值。对应于第一阶固有频率 ω_1 的振动称为**第一主振动**,其运动规律为

$$\begin{cases} x_1 = A_{11}\sin(\omega_1 t+\theta_1) \\ x_2 = \gamma_1 A_{11}\sin(\omega_1 t+\theta_1) \end{cases} \tag{15-42}$$

对应于第二固有频率 ω_2 的振动称为**第二主振动**,其运动规律为

$$\begin{cases} x_1 = A_{12}\sin(\omega_1 t+\theta_1) \\ x_2 = \gamma_2 A_{12}\sin(\omega_1 t+\theta_1) \end{cases} \tag{15-43}$$

当系统在固有频率处作主振动时,两物块的振幅比 $\gamma_i(i=1,2)$ 为常数且作同相位($\gamma_i>0$)或反相位($\gamma_i<0$)的振动。对应第一阶固有频率 ω_1 的向量$\{1\ \ \gamma_1\}$可以表示该二自由度系统在该固有频率处的振动形状,称为**第一主振型**;对应第一阶固有频率 ω_1 的向量$\{1\ \ \gamma_2\}$则称为**第二主振型**。对于确定的二自由度系统,振幅比 $\gamma_i(i=1,2)$ 只与系统的参数有关的确定值,所以各阶主振型具有确定的形状,即主振型和固有频率一样都只与系统本身的参数有关,而与振动的初始条件无关,因此主振型也叫**固有振型**。由式(15-40)可知,二自由度系统的无阻尼自由振动是第一主振动与第二主振动的叠加。

例 15-10 如[图 15-21(a)]中的二自由度系统,令 $m_1=m_2=m$,$k_1=k_2=k$。已知初始条件:零时刻,物块 m_1 和 m_2 的位移分别为 1 和 0,速度均为 0。试求:系统的固有频率以及两物块的运动规律。

解:系统的频率方程为

$$\omega^4-\frac{4k}{m}\omega^2+\frac{3k^2}{m^2}=0$$

求解上式可得系统的两个固有频率为

$$\omega_1 = \sqrt{k/m}, \qquad \omega_2 = \sqrt{3k/m}$$

由此可以计算振幅比值常数 $\gamma_1 = 1$，$\gamma_2 = -1$，则两物块的位移可以表示为

$$\begin{cases} x_1 = A_{11}\sin(\omega_1 t + \theta_1) + A_{12}\sin(\omega_2 t + \theta_2) \\ x_2 = A_{11}\sin(\omega_1 t + \theta_1) - A_{12}\sin(\omega_2 t + \theta_2) \end{cases}$$

式中，A_{11}、A_{12}、θ_1、θ_2 为未知常数。

代入初始条件：当 $t=0$ 时，$x_1 = 1$，$x_2 = 0$，$\dot{x}_1 = \dot{x}_2 = 0$，可得：

$$\begin{cases} 1 = A_{11}\sin\theta_1 + A_{12}\sin\theta_2 \\ 0 = A_{11}\sin\theta_1 - A_{12}\sin\theta_2 \\ 0 = \omega_1 A_{11}\cos\theta_1 + \omega_2 A_{12}\cos\theta_2 \\ 0 = \omega_1 A_{11}\cos\theta_1 - \omega_2 A_{12}\cos\theta_2 \end{cases}$$

求解上式，可得：

$$\begin{cases} A_{11} = A_{12} = \dfrac{1}{2} \\ \theta_1 = m\pi/2, \quad \theta_2 = n\pi/2 \end{cases}$$

式中，m、n 为奇数。由于 m、n 取不等于 1 的奇数不会改变结果。因此可以得到两物块的运动规律表达式：

$$\begin{cases} x_1 = \dfrac{1}{2}\cos\sqrt{\dfrac{k}{m}}t + \dfrac{1}{2}\cos\sqrt{\dfrac{3k}{m}}t \\ x_2 = \dfrac{1}{2}\cos\sqrt{\dfrac{k}{m}}t - \dfrac{1}{2}\cos\sqrt{\dfrac{3k}{m}}t \end{cases}$$

例 15 - 11 将车辆简化为如图 15 - 22 中的二自由度系统，车重 $m = 1\,800$ kg，轮轴之间的距离为 3.6 m；车身质心 O 到的后轮轴和前轮轴的距离分别为 $L_1 = 2$ m 和 $L_2 = 1.6$ m；车身的回转半径为 $\rho_O = 1.4$ m，前后轮胎的弹性系数分别为 42 kN/m 和 48 kN/m。试求：(1) 系统的固有频率和振型；(2) 车身的运动规律 $x(t)$ 和 $\theta(t)$。

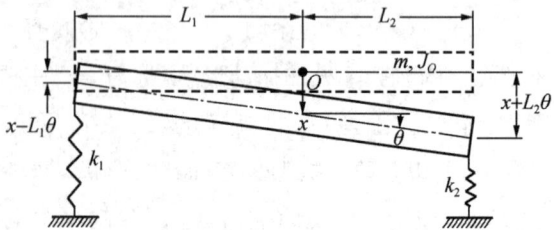

图 15 - 22 例 15 - 11 图

解：(1) 假设车身只存在较小幅度的振动，可得系统振动的微分方程：

$$\begin{cases} m\ddot{x} = -k_1(x - L_1\theta) - k_2(x + L_2\theta) \\ J_O\ddot{\theta} = k_1(x - L_1\theta)L_1 - k_2(x + L_2\theta)L_2 \end{cases}$$

式中，J_O 为车身的转动惯量，且 $J_O = m\rho_O^2$。重新整理上式可得：

$$\begin{cases} m\ddot{x} + (k_1 + k_2)x - (k_1 L_1 - k_2 L_2)\theta = 0 \\ J_O\ddot{\theta} - (k_1 L_1 - k_2 L_2)x + (k_1 L_1^2 + k_2 L_2^2)\theta = 0 \end{cases}$$

由上式可以得到系统的频率行列式：

$$\begin{vmatrix} -m\omega^2+k_1+k_2 & k_2L_2-k_1L_1 \\ k_2L_2-k_1L_1 & -J_O\omega^2+k_1L_1^2+k_2L_2^2 \end{vmatrix}=0$$

展开行列式，并求解频率方程可得系统的固有频率：

$$\omega_{1,2}^2=\frac{1}{2}\left[\frac{k_1+k_2}{m}+\frac{k_1L_1^2+k_2L_2^2}{J_O}\mp\sqrt{\left(\frac{k_1+k_2}{m}+\frac{k_1L_1^2+k_2L_2^2}{J_O}\right)-\frac{4k_1k_2(L_1+L_2)^2}{mJ_O}}\right]$$

代入数值可得系统的固有频率为：

$$\omega_1=6.83\text{ rad/s}, \qquad \omega_2=9.4\text{ rad/s}$$

再由下式求解

$$\frac{1}{\gamma_{1,2}}=\frac{k_1L_1-k_2L_2}{-m\omega_{1,2}^2+k_1+k_2}$$

可以求得振幅比值常数 $\gamma_1=-1/4.69$ m/rad, $\gamma_2=1/0.42$ m/rad。因此，对应第一阶固有频率 ω_1 的振型向量为 $\{1 \quad -1/4.69\}$，其中负号代表转角方向假设的正方向相反；当 $x=1$ m 时，$\theta=1/4.69$ rad；同理，对应第二阶固有频率 ω_2 的振型向量为 $\{1 \quad 1/0.42\}$。系统的两阶固有振型如图 15-23 中所示。从图中可以发现，固有振型中都存在与初始位置相同的点，这个点在该阶主振动中始终保持不动，称为**固有振型的节点**。

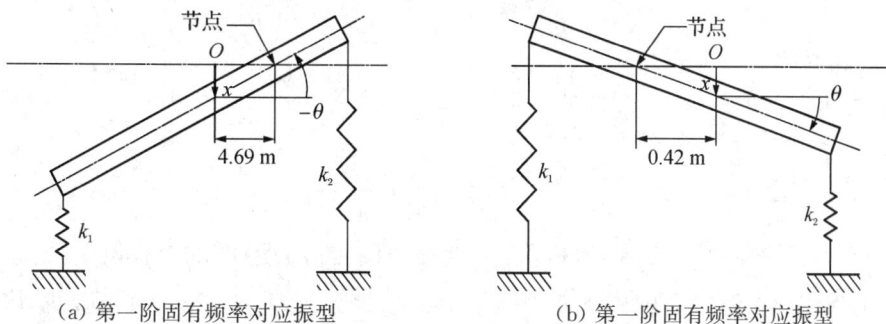

（a）第一阶固有频率对应振型　　　（b）第一阶固有频率对应振型

图 15-23　两阶固有振型

（2）将固有频率和振型数据代入系统振动的微分方程的通解中，可以得到车身的运动规律：

$$\begin{cases} x(t)=A_{11}\sin(6.83t+\theta_1)+A_{12}\sin(9.4t+\theta_2) \\ \theta(t)=-0.21A_{11}\sin(6.83t+\theta_1)+2.38A_{12}\sin(9.4t+\theta_2) \end{cases}$$

第六节　二自由度系统的受迫振动

本节只讨论二自由度系统在简谐激励下的无阻尼受迫振动。如图 15-24 中所示的二自由度系统，质量块 m_1 用弹性系数为 k_1 的弹簧悬挂在固定端，下方用弹性系数为 k_2 的弹

簧悬吊以质量为 m_2 的物块。假设 x_1 和 x_2 分别为两质量块离静平衡位置的位移,忽略空气阻力等影响,在质量块 m_1 上作用一简谐激振力 $F\sin\omega t$,系统将发生受迫振动。系统的运动微分方程为

$$\begin{cases} m_1\ddot{x}_1 = -k_1 x_1 - k_2(x_1 - x_2) + F\sin\omega t \\ m_1\ddot{x}_2 = -k_2(x_2 - x_1) \end{cases} \quad (15-44)$$

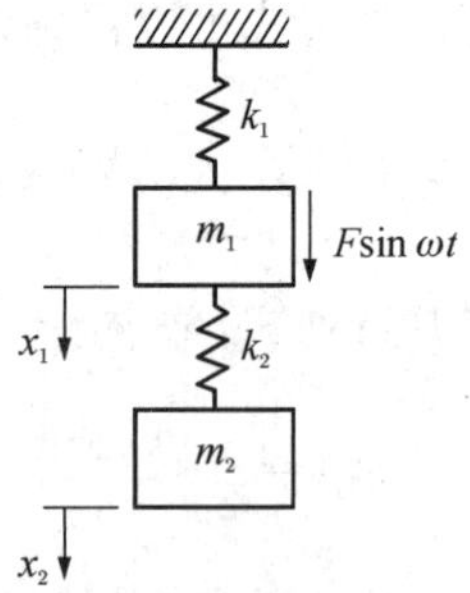

整理上式可得

$$\begin{cases} m_1\ddot{x}_1 + (k_1 + k_2)x_1 - k_2 x_2 = F\sin\omega t \\ m_1\ddot{x}_2 - k_2 x_1 + k_2 x_2 = 0 \end{cases} \quad (15-45)$$

图 15-24 受迫振动

式(15-45)为二阶非齐次线性常微分方程,与单自由度系统的受迫振动相似,其解应由齐次方程的通解和非齐次方程的特解两部分组成。其中齐次方程的通解就是上一节的自由振动,在阻尼作用下将很快衰减掉;因而一般只着重分析其特解,即受迫振动部分。设方程(15-45)的一组特解为

$$\begin{cases} x_1 = A_1 \sin\omega t \\ x_2 = A_2 \sin\omega t \end{cases} \quad (15-46)$$

式中,A_1 和 A_2 为分别表示 m_1 和 m_2 受迫振动振幅常数。将式(15-46)代入式(15-45)中得

$$\begin{cases} (-m_1\omega^2 + k_1 + k_2)A_1 - k_2 A_2 = F \\ -k_2 A_1 + (-m_2\omega^2 + k_2)A_2 = 0 \end{cases} \quad (15-47)$$

令

$$\lambda_1^2 = \frac{k_1}{m_1}, \qquad \lambda_2^2 = \frac{k_2}{m_2}, \qquad x_s = \frac{F}{k_1}$$

式中,$\lambda_i(i=1,2)$ 表示由质量块 m_i 和弹簧 k_i 组成的单自由度系统的固有频率;x_s 表示在质量块 m_1 上作用简谐激振力振幅 F 时的静位移。求解方程(15-47),可得到两物块受迫振动的振幅为

$$\begin{cases} A_1 = \dfrac{\left(1 - \dfrac{\omega^2}{\lambda_2^2}\right)k_1 k_2 x_s}{\Delta(\omega)} \\[4mm] A_2 = \dfrac{k_1 k_2 x_s}{\Delta(\omega)} \end{cases} \quad (15-48)$$

式中,$\Delta(\omega)$ 为该二自由度系统的频率行列式,

$$\Delta(\omega) = \begin{vmatrix} -m_1\omega^2 + k_1 + k_2 & -k_2 \\ -k_2 & -m_2\omega^2 + k_2 \end{vmatrix} = \left[\left(1 - \frac{\omega^2}{\lambda_2^2}\right)\left(1 + \frac{k_2}{k_1} - \frac{\omega^2}{\lambda_1^2}\right) - \frac{k_2}{k_1}\right]k_1 k_2$$

由式(15-46)和(15-48)可知,此振动系统中两个物体的受迫振动都是简谐运动,其频率都等于激振力的频率 ω。受迫振动的两个振幅由式(15-48)确定,它们都与激振力的大

小、激振力的频率和系统的参数有关。

下面分析受迫振动的振幅与激振频率之间的关系。

（1）当激振频率 $\omega \to 0$ 时，表示激振力的振幅 F 变化极其缓慢，趋向于恒定幅值的载荷作用。由式（15-46）和（15-48）可知，此时

$$x_1 = x_2 = x_s \tag{15-49}$$

与在质量块 m_1 上作用一个力幅为 F 的静力效果相同。

（2）系统的频率方程定义为

$$\Delta(\omega) = 0 \tag{15-50}$$

由此可解得系统的固有频率 ω_1 和 ω_2。当激振频率 $\omega = \omega_1$ 或 $\omega = \omega_2$ 时，由式（15-48）可知，振幅 A_1 和 A_2 都成无穷大，即系统发生共振。由此可见二自由度系统有两个共振频率。

（3）由式（15-48），有 $\dfrac{A_1}{A_1} = 1 - \dfrac{\omega^2}{\lambda_2^2}$，即该二自由度系统中两物块受迫振动的振幅之比与干扰力频率以及质量块 m_2 和弹簧 k_2 组成的单自由度系统的固有频率相关，不再是自由振动的主振型。当简谐激振力频率 ω 与物块 m_2 和弹簧 k_2 组成的单自由度系统的固有频率 λ_2 相等时，物块 m_1 的振幅为 0，即此时物块 m_1 保持不动，激振力输入物块 m_1 上的能量像是完全被质量块 m_2 和弹簧 k_2 组成的单自由度系统完全吸收，这种现象被称为**动力吸振**，或称**动力减振**。此时，物块 m_2 振动为

$$x_2 = -\frac{k_1}{k_2} x_s \sin\omega t \tag{15-51}$$

而作用于物块 m_1 上弹簧作用力等于

$$k_2 x_2 = -k_1 x_s \sin\omega t = -F \sin\omega t \tag{15-52}$$

刚好与物块 m_1 上的简谐激振力相互平衡。因此，假如一个单自由度的主结构受到单一频率的简谐激振力作用，通过在其上附加一个固有频率与简谐激振力频率相同的单自由度振子，可以有效地减小主结构的振动幅度；特别地，当激振频率跟主结构的固有频率相同时，会引起主结构的共振，通过附加振子可以改变系统的固有特性，有效避开共振频率。

前述由质量块 m_2 和弹簧 k_2 所构成的动力吸振器是无阻尼动力吸振器，由于这种吸振器的固有频率是固定的，它只能减小接近于频率 $\sqrt{k_2/m_2}$ 下的受迫振动，且只对于激振频率基本不变的激振力是有效的。当激振频率变动范围较宽时，常使用有阻尼的动力吸振器。这种吸振器是在主质量与吸振器质量之间，除了装有弹性元件外，还装有阻尼元件，如图 15-25 所示。它在吸振的同时，也靠阻尼元件在振动过程中吸收振动能量来达到减振的目的。

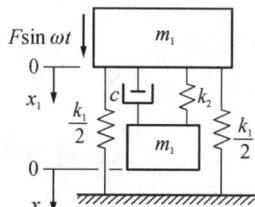

图 15-25　吸振器

例 15-12　装在梁上的机械设备如图 15-26 所示，由于设备中的转子不平衡，在

1 450 r/min 的转速下,设备发生剧烈的上下振动。为减小设备振动,在梁上安装一无阻尼动力吸振器。已知不平衡力的最大值 $F_A=117.7$ N,要求激振器质量的振幅不超过 $B=0.1$ m。试求吸振器弹簧系数 k 以及质量 m。

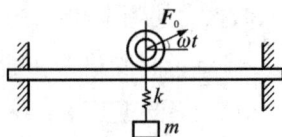

图 15-26 例 15-12 图

解:不平衡力的角频率为

$$\omega=2\pi\times\frac{1450}{60}=151.84 \text{ rad/s}$$

从本节分析知,当吸振器自身的固有频率 ω_0 与受迫振动频率 ω 相等时,减振器的减振效果最好,此时弹簧对机械设备的作用力与不平衡力互相抵消。弹簧的弹性力的最大值应该等于不平衡力的最大值 F_A。要使激振器的振幅不超过 0.1 m,弹簧的刚度系数

$$k\geqslant\frac{F_A}{B}=\frac{117.7 \text{ N}}{0.001 \text{ m}}=1.177\times10^5 \text{ N/m}$$

因此,取 $k=1.177\times10^5$ N/m 就能够满足设计要求。根据吸振器自身的固有频率 ω_0 与受迫振动频率 ω 相等准则,吸振器的质量为

$$m=\frac{k}{\omega^2}=\frac{1.177\times10^5 \text{ N/m}}{(151.84 \text{ rad/s})^2}=5.1 \text{ kg}$$

本章小结

1. 单自由度系统的无阻尼自由振动

运动微分方程(以质量—弹簧为例):

$$\ddot{x}+\omega_0^2 x=0$$

固有频率:

$$\omega_0^2=k/m$$

周期:

$$T=\frac{2\pi}{\omega_0}=2\pi\sqrt{\frac{m}{k}}$$

通解:

$$x=A\sin(\omega_0 t+\theta)$$

2. 单自由度系统的有阻尼自由振动

运动微分方程:

$$\ddot{x}+2\delta\dot{x}+\omega_0^2 x=0$$

当阻尼比 $\zeta=\delta/\omega_0<1$,$x=Ae^{-\zeta\omega_0 t}\sin[\sqrt{\omega_0^2-(\zeta\omega_0)^2}\,t+\theta]$,为衰减振动。

当 $\zeta\geqslant1$,运动不具有振动性质。

3. 单自由度系统的受迫振动

运动微分方程：

$$\ddot{x}+2\delta\dot{x}+\omega_0^2 x=B_0\omega_0^2\sin\omega t$$

稳态解：

$$x_2=B\sin(\omega t-\varphi)$$

振幅：

$$B=B_0/\sqrt{(1-\lambda^2)^2+(2\zeta\lambda)^2}$$

相位差：

$$\varphi=\arctan[2\zeta\lambda/(1-\lambda^2)]$$

式中，$\lambda=\omega/\omega_0$ 为频率比。

振幅放大因子：

$$\beta=1/\sqrt{(1-\lambda^2)^2+(2\zeta\lambda)^2}$$

对于不同的阻尼比 ζ 值，得到一系列 β—λ 曲线，称为幅频特性曲线。

当激振力的频率接近系统的固有频率时，发生共振。在共振区域附近，阻尼对减小振幅有明显作用

3. 二自由度系统的自由振动是第一主振动与第二主振动的叠加。

4. 二自由度系统的受迫振动有两个共振频率。

习　题

15-1　质量为 m 的均质杆 AB 水平放在两滑轮上，如题 15-1 图所示。两滑轮半径相同，以相同角速度 ω 方向转动，滑轮中心在同一水平线上，相距为 $2a$，杆与滑轮之间的摩擦因数为 f。试写出杆绕其平衡位置作微振动的运动微分方程，并求其周期。

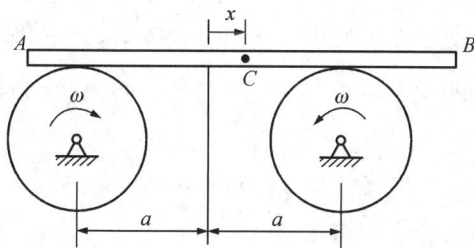

题 15-1 图

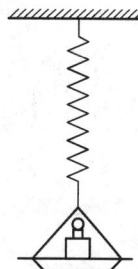

题 15-2 图

15-2　一质量未知的托盘悬挂在弹簧上，如题 15-2 图所示。当盘上放一质量为 m_1 的物体时，测得的周期为 T_1，如盘上放一质量为 m_2 的物体时，测得的周期为 T_2，求弹簧的

刚度系数。

15-3 题15-3图所示电动机重 P，安置在梁 OA 的 A 端，梁长为 l，O 端以固定铰链连接在墙上，B 处为一弹性支座。若支座 B 的弹性系数为 k，不考虑梁的重量和变形及其他阻力，试求电动机自由振动频率和支座 B 的位置 x 的关系。

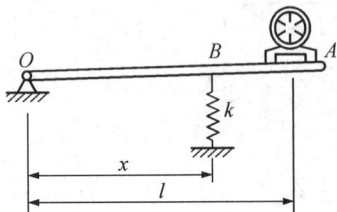
题15-3图

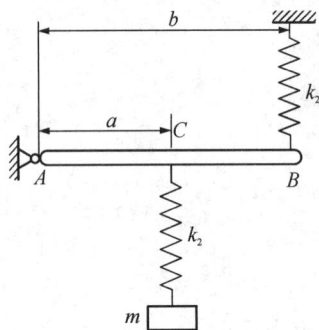
题15-4图

15-4 质量为 m 的物体悬挂如题15-4图所示，设杆 AB 质量不计，两个弹簧的弹簧刚度系数分别为 k_1 和 k_2，又 $AC=a$ 和 $AB=b$。求物体自由振动的频率。

15-5 质量为 m 的小车，在题15-5图所示光滑的斜面上由高度 h 处从静止开始滑下与缓冲器相碰，碰后就挂在缓冲器的钩上运动。已知斜面的倾角为 θ，缓冲器的质量不计，弹簧的刚度系数为 k，求小车在缓冲器上自由振动的周期和振幅。

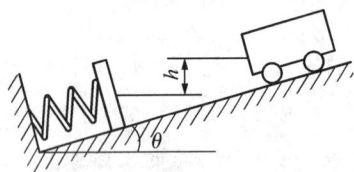
题15-5图

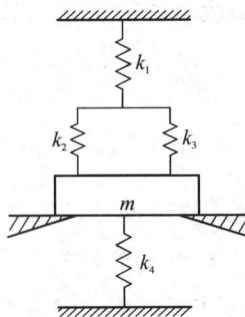
题15-6图

15-6 一质量为 $m=50$ kg 的物块支承在图题15-6所示位置时，弹簧均不受力。各弹簧质量不计，刚度系数分别为 $k_1=100$ N/cm 和 $k_2=k_3=50$ N/cm，$k_4=200$ N/cm。试问：

(1) 若将支承缓慢撤去，物块将下落多少距离？

(2) 若将支承突然撤去，物块又将下落多少距离？

(3) 试给出支承突然撤去后物体的运动规律。

15-7 一质量为 10 kg 的物体挂在弹簧上，在润滑油中振动。测得振动周期为 0.5 s。求在黏性流体中的振动的减缩系数。

15-8 测得弹簧—质量系统在空气中(不计阻力)的振动周期为 0.4 s,在黏性流体中的周期为 0.5 s。该系统在黏性流体中振动 4 次后振幅减少为原有振幅的 1/10。求黏阻系数 c。

15-9 带有黏性阻尼的弹簧—质量系统,作自由振动时测得振动周期为 1.8 s,相邻两振幅之比为 4.2:1。求此系统的自由振动角频率。

15-10 一精密仪器重 4 kN。为使它不受地面振动的影响,在仪器的下面装有 4 个弹簧。设地面的振动方程为 $y=0.1\sin 30t$(其中 t 以 s 计,y 以 cm 计),试列出仪器的运动微分方程。要使仪器的振幅小于 0.01 cm,每隔弹簧的弹簧刚度系数应为多少? 不计阻力。

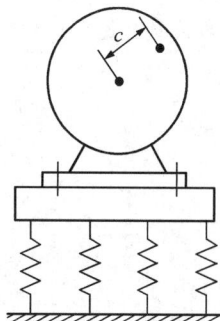

15-11 如题 15-11 图所示,一电动机安装在由螺旋弹簧支承的平台上。电动机和平台的总质量 $m=100$ kg,弹簧的总刚度系数 $k=70$ N/cm。电动机轴上有一偏心质量为 1 kg,偏心距离 $e=10$ cm。电动机转速 $n=2\,000$ r/min。试求系统的微振动方程,并求平台的振幅。

题 15-11 图

15-12 试写出题 15-12 图所示系统的振动微分方程,并求其稳态振动的解。

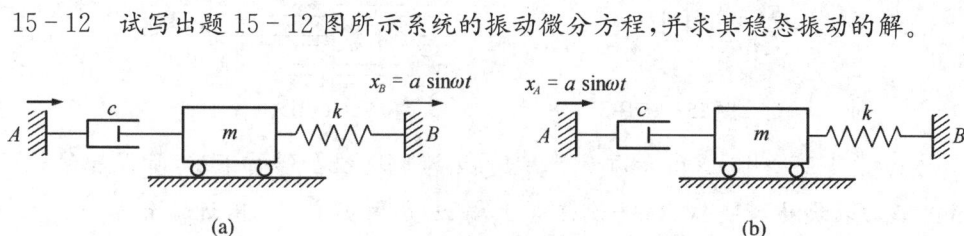

题 15-12 图

15-13 均质细杆 OA 长 l,质量为 m,受已知力偶矩 $M=M_0\sin\omega t$ 作用,绕水平轴 O 作微幅摆动,如题 15-13 图所示。设平衡时杆处于水平位置。杆的 A 点支撑在刚度系数为 k_1 的弹簧上,B 点支撑在刚度系数为 k_2 的弹簧上,忽略弹簧质量及各种阻力。

(1) 若已知弹簧刚度系数为 k_1 和 k_2,试用能量法求系统的固有频率;

(2) 若已知弹簧刚度系数为 k_1,问选择 k_2 等于多少时才能使杆发生共振?

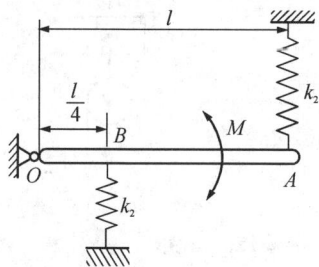

题 15-13 图

题 15-14 图

15-14 一电动机的质量 $m=30$ kg,安装在刚性系数 $k=294$ kN/m 的水平梁上,如题 15-14 图所示。转子上有一偏心质量为 $m_1=0.2$ kg,距转轴 $e=13$ mm。若电动转子的

角速度 $\omega = 90$ rad/s,试求电动机受迫振动的振幅,并求电动机的临界转速。梁的质量略去不计。

15-15 曲柄长 a,以匀角速度 ω 转动,带动滑道作铅垂简谐运动,其规律为 $O_1C = a\sin\omega t$,如题15-15图所示。物块 M 挂在弹簧 AB 上,弹簧上端固连在滑道上。设物块重 4 N,弹簧的刚度系数为 40 N/m,若 $a = 20$ mm,$\omega = 7$ rad/s,求物块 M 的受迫振动规律和曲柄的临界转速。

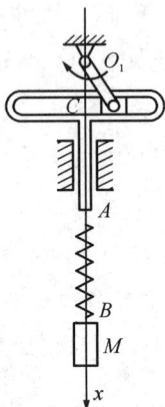
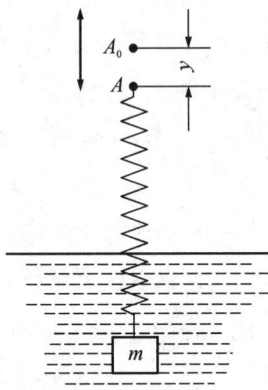

题 15-15 图   题 15-16 图

15-16 题15-16图所示质量 $m = 5$ kg 的物块挂在弹簧下端,量得静伸长 $\delta_{st} = 10$ mm。现把物块浸入液体中,并使弹簧上端 A 在固定点 A_0 附近沿铅垂直线按 $y = 0.05\sin5\pi t$(其中 t 以 s 计,y 以 m 计)规律作简谐运动。设液体阻力与物块速度成正比,且当 $v = 1$ m/s 时阻力 $F = 15.7$ N,试求物块受迫振动的振幅 B。

15-17 如图15-17所示双摆在图示平面内作微振动,试用 θ_1、θ_2 或 x_1、x_2 作广义坐标,写出系统的振动微分方程,并求出固有圆频率。

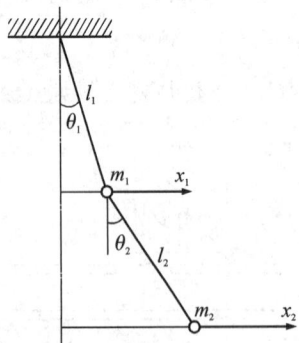
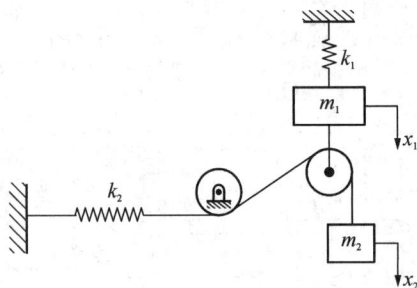

题 15-17 图   题 15-18 图

15-18 试写出如图15-18所示系统的频率方程,滑轮的质量忽略不计。

15-19 某振动筛简化为图15-19所示系统。已知:减振架重 $W_1 = 6\ 700$ N,槽体重 $W_2 = 18\ 700$ N,减振弹簧刚度 $K_1 = 7\ 392$ N/cm,$K_2 = 5\ 760$ N/cm。若在槽体上作用一激振

力 $F = F_0 \sin \omega t$，其中 $F_0 = 50\,000$ N。直接带动激振器的转速 $n = 735$ rad/min。试求传到地基上的力的最大值是多少？

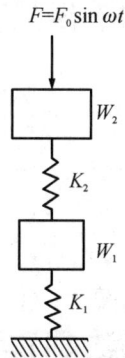
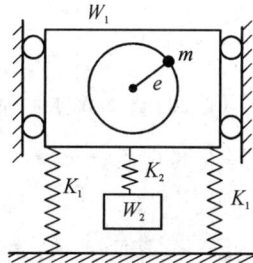

题 15-19 图　　　　　　题 15-20 图

15-20　一机器系统如题 15-20 图所示。已知机器重 $W_1 = 90$ kg,减震器重 $W_2 = 2.25$ kg,若机器上有一偏心块重 0.5 kg,偏心距 $e = 1$ cm,机器转速 $n = 1\,800$ rad/min。试求：

（1）减振器的弹簧刚度 K_2 多大,才能使机器振幅为零;

（2）此时减振器的振幅 B_2 为多大;

（3）若使减振器的振幅 B_2 不超过 2 mm,应如何改变减振器的参数?

第十六章　虚位移原理

教学要求:

1. 介绍了约束、广义坐标等分析力学的基本概念;
2. 了解虚位移原理及其应用。

第一节　分析力学的基本概念

1. 约束

限制质点或质点系位置和运动的条件称为约束。约束条件的数学表达式称为**约束方程。**约束可从不同角度给予分类。

(1) 几何约束和运动约束

限制质点系在空间的几何位置的约束称为**几何约束。**例如,质点受到固定曲面(图 16 - 1)约束,约束方程为

$$f(x,y,z)=0$$

单摆(图 16 - 2)的约束方程为

$$x^2+y^2=l^2$$

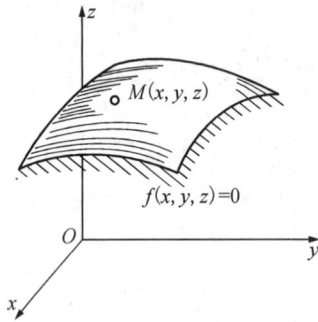

图 16 - 1　几何约束　　　　图 16 - 2　单摆

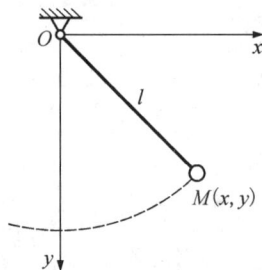

曲柄连杆机构(图 16 - 3),可简化为 A、B 两点通过固定铰链、不可伸长且不计质量的两杆件和滑道等约束组成的质点系。约束方程为

$$x_A^2+y_A^2=r^2,(x_B^2-x_A^2)+(y_B^2-y_A^2)=l^2,\quad y_B=0$$

上述例子中各约束都是限制质点系的几何位置,因此都是几何约束。

限制质点系运动的运动学条件,称为**运动约束**。其约束方程中含有坐标对时间的导数。例如,图 16-4 所示半径为 r 的车轮在水平面上作纯滚动时,车轮受到几何约束 $y_C=r$,同时受到运动约束:$v_C=r\omega$。设 x_C 和 φ 分别为点 C 的坐标及车轮的转角,则约束方程可改写为:$\dot{x}_C=r\dot{\varphi}$。此约束方程虽然是微分形式,但它可积分为有限形式:$x_C-x_{C0}=r(\varphi-\varphi_0)$,式中 x_{C0} 和 φ_0 分别表示初始位置时点 C 的坐标及车轮的转角。

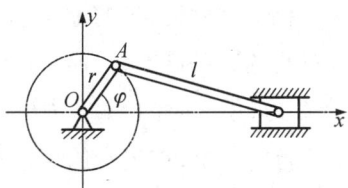

图 16-3 曲柄连杆机构

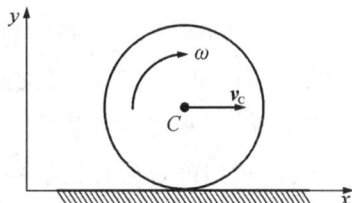

图 16-4 车轮受到几何约束

（2）定常和非定常约束

若约束方程中都不显含时间 t,则称为**定常约束（或稳定约束）**。若约束方程中显含时间 t,则称为**非定常约束（或不稳定约束）**。例如,图 16-5 所示由质点和绳子构成的单摆,质点 M 可绕固定点 O 在平面 Oxy 内摆动,摆长 $l(t)$ 随时间不断变短,设单摆原长为 l_0,拉动绳子的速度大小 v_0 为常数。这时绳子对质点的限制条件是:质点 M 必须在以点 O 为圆心,以 $l(t)=l_0-v_0t$ 为半径的圆周上运动。若以 (x,y) 表示质点 M 的坐标,则其约束方程为

图 16-5 定常和非定常约束

$$x^2+y^2=(l_0-v_0t)^2$$

由上式可见,约束方程中显含时间,为非定常约束。

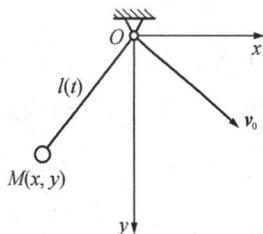

（3）双面约束和单面约束

约束方程是等式的约束称为**双面约束**。约束方程为不等式的约束称为**单面约束**。如图 16-2 所示的单摆,借助于不可伸长的柔索或刚杆都可实现质点 M 沿圆周运动。但是柔索只能限制质点 M 向圆周外运动,而不能限制向圆内运动,其约束方程应为不等式

$$x^2+y^2\leqslant l^2$$

而刚杆限制质点 M 只能作圆周运动,约束方程为等式。

（4）完整约束和非完整约束

如果运动约束方程不能积分为有限形式,这类约束称为**非完整约束**。当约束方程中虽包含坐标对时间的导数,但能积分为有限形式时,实质上相当于把运动约束化为了几何约束。几何约束和约束方程能积分为有限形式的运动约束称为**完整约束**。受完整约束的质点系称为**完整系统**。

本章只讨论双面的完整约束。

$$f_k(\boldsymbol{r}_1,\boldsymbol{r}_2,\cdots,\boldsymbol{r}_n,t)=0 \quad (k=1,2,\cdots,s) \tag{16-1}$$

2. 虚位移

在某瞬时,质点或质点系在约束允许的条件下,假想产生的任意无限小的位移为质点或质点系的**虚位移**。虚位移可以是线位移,也可以是角位移。为了区别于实位移,虚位移用对坐标的变分 $\delta r,\delta x,\delta y,\delta z,\delta\varphi$ 等表示,其计算同微分相似。

对虚位移的唯一限制,就是要符合质点系的约束条件。为此,给定的虚位移必须是无限小量。虚位移是假想的位移,不需经历时间$(\delta t\equiv0)$,只与约束条件有关,而实位移是质点系在一定时间内真正实现的位移,它除了与约束条件有关外,还与时间、主动力以及运动的初始条件有关;虚位移视约束情况可以有多个,实位移只能为一个;在定常约束的条件下实位移为众多虚位移中的一个,对于非定常约束,某个瞬时的虚位移是将时间固定"冻结"后,约束所允许的虚位移,而实位移是不能"冻结"时间的,所以这时实位移不一定是虚位移中的一个。

3. 理想约束

力在虚位移上所作的元功称为**虚功**。若约束力在质点系中各质点任意虚位移上虚功之和为零的约束称为**理想约束**。可表示为

$$\sum\boldsymbol{F}_{\mathrm{N}i}\cdot\delta\boldsymbol{r}_i=0$$

在式中,$\boldsymbol{F}_{\mathrm{N}i}$ 为第 i 个质点受到的约束力;$\delta\boldsymbol{r}_i$ 为第 i 个质点的虚位移。

在动能定理一章中分析过的光滑固定面约束、光滑铰链、无重刚杆、不可伸长的柔索、固定端等约束为理想约束,现从虚位移上元功角度看这些约束也为理想约束。在图 16-5 所示变长度摆中的约束虽为非定常约束,但绳的约束力 $\boldsymbol{F}_\mathrm{T}$ 在虚位移 $\delta\boldsymbol{r}$ 上虚功 $\boldsymbol{F}_\mathrm{T}\cdot\delta\boldsymbol{r}=0$,可见仍属于理想约束。

第二节　虚位移原理

拉格朗日于 1764 年提出**虚位移原理**又称**虚功原理**。虚位移原理叙述为:**具有完整、定常、理想约束的质点系保持平衡的充分必要条件是作用于系统上的所有主动力在任意虚位移中的虚功之和为零。**即

$$\sum\delta W_F=\sum\boldsymbol{F}_i\cdot\delta\boldsymbol{r}_i=0 \tag{16-2}$$

式中,$\boldsymbol{F}_i$ 为第 i 个质点上受的主动力;$\delta\boldsymbol{r}_i$ 为第 i 个质点的虚位移。

必要性的证明:如果质点系保持平衡,则式(16-2)成立。设质点系处于静止平衡状态,第 i 个质点受到的约束力为 $\boldsymbol{F}_{\mathrm{N}i}$,第 i 个质点上受的主动力为 $\boldsymbol{F}_i$,由第 i 个质点平衡条件得

$$\boldsymbol{F}_{\mathrm{N}i}+\boldsymbol{F}_i=\boldsymbol{0}$$

质点系在虚位移 $\delta\boldsymbol{r}_i$ 上的总虚功为

$$\sum (\boldsymbol{F}_{Ni} + \boldsymbol{F}_i) \cdot \delta \boldsymbol{r}_i = 0$$

因理想约束有

$$\sum \boldsymbol{F}_{Ni} \cdot \delta \boldsymbol{r}_i = 0$$

从而式(16-2)成立,必要性得证。

充分性的证明采用反证法。假设满足式(16-2)对质点系在主动力和约束力作用下由静止开始运动,则各质点的合力 $\boldsymbol{F}_{Ni} + \boldsymbol{F}_i$ 方向和实位移 $\mathrm{d}\boldsymbol{r}_i$ 方向相同,故有

$$\sum (\boldsymbol{F}_{Ni} + \boldsymbol{F}_i) \cdot \mathrm{d}\boldsymbol{r}_i > 0$$

由于质点系受定常约束,实位移为所有虚位移中的一个。取此实位移为虚位移 $\delta \boldsymbol{r}_i = \mathrm{d}\boldsymbol{r}_i$,则

$$\sum_{i=1}^{n} (\boldsymbol{F}_{Ni} + \boldsymbol{F}_i) \cdot \delta \boldsymbol{r}_i > 0$$

在理想约束条件下上式化为

$$\sum_{i=1}^{n} \boldsymbol{F}_i \cdot \delta \boldsymbol{r}_i > 0$$

上式和假设式(16-2)相矛盾,充分性得证。

将第 i 个质点上受的主动力为 $\boldsymbol{F}_i$ 和虚位移 $\delta \boldsymbol{r}_i$ 分别向 x、y、z 轴投影,虚位移原理可表示为

$$\sum (F_{xi}\delta x_i + F_{yi}\delta y_i + F_{yi}\delta y_i) = 0 \qquad (16-3)$$

应该指出,虽然应用虚位移原理的条件是质点系应具有理想约束,但也可以用于有摩擦、有弹性联系的情况,只要把摩擦力、弹性力当作主动力,在虚功方程中计入其所作的虚功即可。

例 16-1 如[图 16-6(a)]所示曲柄式压榨机,已知受水平力 F_P 作用,两杆长均为 l,各物体自重不计,求图示倾角为 θ 而平衡时被压榨物体所受的压力。

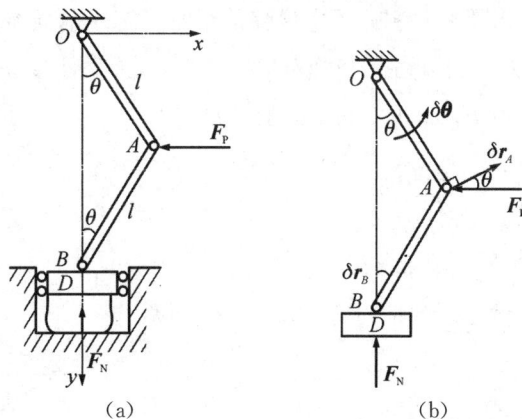

图 16-6 例 16-1 图

解:这是一个单自由度系统,下面用两种方法求解。

解法 1　分析法

在[图 16-6(a)]中建立定系 Oxy，取 θ 为广义坐标。则有

$$x_A = l\sin\theta, \quad y_B = 2l\cos\theta$$

对上式进行变分得

$$\delta x_A = l\cos\theta\delta\theta, \quad \delta y_B = -2l\sin\theta\delta\theta \tag{a}$$

由虚位移原理得

$$-F_P\delta x_A - F_N\delta y_B = 0 \tag{b}$$

联解式(a)、(b)得

$$F_N = \frac{1}{2}F_P\cot\theta$$

按照作用与反作用定律，物体所受压力大小和上式相同，方向相反。

解法 2　虚速度法

A、B 点虚位移如[图 16-6(b)]所示。因 AB 杆不可伸长，故 A、B 点虚位移在 AB 连线上投影必相等，可得几何关系：

$$\delta r_B\cos\theta = \delta r_A\cos(90° - 2\theta) \tag{c}$$

由虚位移原理得

$$-F_P\delta r_A\cos\theta + F_N\delta r_B = 0 \tag{d}$$

可解得同样的结果。

其实，假想虚位移 $\delta \boldsymbol{r}_A$ 和 $\delta \boldsymbol{r}_B$ 是在时间 $\mathrm{d}t$ 内发生，这时把 $v_A = \dfrac{\delta \boldsymbol{r}_A}{\mathrm{d}t}$ 和 $v_B = \dfrac{\delta \boldsymbol{r}_B}{\mathrm{d}t}$ 称为虚速度，虚位移的关系转换成虚速度(或虚角速度)间的关系。

由速度投影定理得

$$v_B\cos\theta = v_A\cos(90° - 2\theta) \tag{e}$$

可见，式(e)与式(c)作用相同。此法分析虚位移关系时可运用前面所学的运动学知识。

例 16-2　平面机构中，已知各杆与弹簧原长均为 l，弹簧刚度系数为 k，不计摩擦和各杆件重量。试求平衡时，力 F_P 与角度 θ 之间的关系。

解：这是单自由度系统，建立定系 Cxy 如图 16-7 所示，以 θ 为广义坐标，弹簧的弹性力

$$F = F' = k\Delta = k(2l\cos\theta - l) \tag{a}$$

将非理想约束弹簧解除，代之以弹性力 $\boldsymbol{F}$ 和 $\boldsymbol{F}'$，并将其看作主动力，由虚位移原理得

$$-F_P\delta y_A - F\delta x_B + F'\delta x_D = 0 \tag{b}$$

式中

$$y_A = 2l\sin\theta, \quad x_B = l\cos\theta, \quad x_D = -l\cos\theta$$

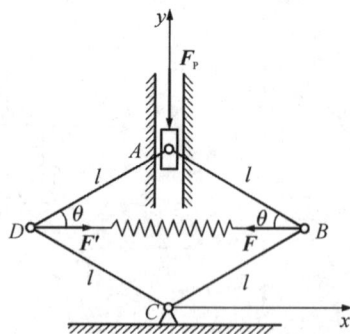

图 16-7　例 16-2 图

$$\delta y_A = 2l\cos\theta\,\delta\theta, \quad \delta x_B = -l\sin\theta\,\delta\theta, \quad \delta x_D = l\sin\theta\,\delta\theta \tag{c}$$

将式(a)、(c)代入式(b),约去 $\delta\theta$ 并化简后,得

$$F_P = kl(2\sin\theta - \tan\theta)$$

例 16 - 3　如[图 16 - 8(a)]所示静定梁中已知 F、a、$M = Fa$。求 C 处约束力、A 处约束力偶。

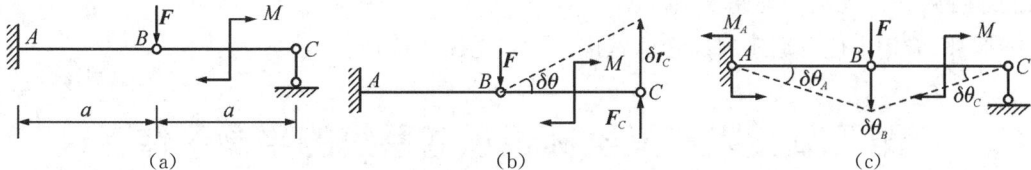

图 16 - 8　例 16 - 3 图

解:(1) 求解 C 处约束力 F_C

这是静定梁结构,不可能产生虚位移。为了求解 C 处约束力,可先解除 C 处约束,以约束力 $\boldsymbol{F}_C$ 代之,此时的系统中将产生[图 16 - 8(b)]所示的虚位移。由几何关系得

$$\delta r_C = a\,\delta\theta$$

由虚位移原理得

$$-M\delta\theta + F_C\delta r_C = 0$$

解得

$$F_C = \frac{M}{a} = F$$

(2) 求解约束力偶矩 M_A

解除固定端 A 处转动部分约束,以固定铰代替,A 处加上约束力偶矩 M_A,此时的系统中将产生[图 16 - 8(c)]所示的虚位移。

由几何关系得

$$\delta r_B = a\,\delta\theta_A, \quad \delta\theta_A = \delta\theta_C$$

由虚位移原理得

$$-M_A\delta\theta_A + F\delta r_B - M\delta\theta_C = 0$$

解得

$$M_A = 0$$

用虚位移原理求解结构的平衡问题时,首先需解除某支座约束或部分约束而代之以约束力,使结构变为机构,把约束力当作主动力,然后用虚位移原理求解。若需求多个约束力,则需要一个一个地解除约束用虚位移原理求解,这样求解往往不如用平衡方程求解方便。

由以上例题可见,用虚位移原理求解机构的平衡问题,关键是找出各虚位移之间的关系,一般可采用下列三种方法建立各虚位移之间的关系。

(1) 建立坐标系,选定合适的自变量,写出各有关点的坐标,对各坐标进行变分运算,确

定各虚位移之间的关系,此法为分析法;

(2)设机构某处产生虚位移,作图给出机构各处的虚位移,直接按几何关系,确定各有关虚位移之间的关系,此法为几何法;

(3)设某处产生虚速度,计算各相关点的虚速度。计算各虚速度时,可采用运动学中各种方法,如点的合成运动方法、刚体平面运动的基点法、速度投影定理、瞬心法及写出运动方程再求导数等。此法为虚速度法。

此外,应用虚位移原理时应该注意虚功作正功还是负功。

第三节　以广义坐标表示的系统的平衡条件

质点系中各质点在空间中的位置的集合称为质点系的**位形**。确定一自由质点在空间的位置在直角坐标系中需要 3 个独立的坐标。由 n 个质点组成的自由质点系各质点在空间的位置需要用 $3n$ 个独立的坐标,如果质点系受到 s 个完整约束,则此非质点系中只有 $N=3n-s$ 个独立的坐标。确定质点系的位形的独立坐标称为质点系的**广义坐标**,一般记作 q_1, $q_2,\cdots,q_N$。

在完整系统中广义坐标的数目 N 称为自由度。例如,在空间自由运动的质点,其直角坐标 (x,y,z) 就是描述运动的 3 个独立参量,可选为广义坐标,空间中的自由质点有 3 个自由度;而平面中运动的自由质点有 2 个自由度。作平面运动的刚体,其广义坐标为 (x_C,y_C,φ),自由度为 3。在图 16 - 3 所示的曲柄连杆机构中,如果用直角坐标 (x_A,y_A,x_B,y_B) 描述质点系的位形,由于需满足 3 个约束方程,因此 4 个坐标中仅有 1 个是独立变量,故系统的自由度数为 1。当选定曲柄的转角 φ 为广义坐标,则可完全确定质点系的位形。各质点的位置通过以下方程可以确定

$$x_A=r\cos\varphi, \quad y_A=r\sin\varphi, \quad x_B=r\cos\varphi+\sqrt{l^2-r^2\sin^2\varphi}, \quad y_B=0$$

可见,这里广义坐标 φ 比用直角坐标表示更为方便。

一般地,由 n 个质点组成的完整系统,如果自由度数为 N,则可选 N 个广义坐标 $q_1,q_2,\cdots,q_N$ 来确定质点系的位形,其表达式为

$$x_i=x_i(q_1,q_2,\cdots,q_N), \quad y_i=y_i(q_1,q_2,\cdots,q_N),$$
$$z_i=z_i(q_1,q_2,\cdots,q_N) \quad (i=1,2,\cdots,n) \tag{16 - 4}$$

将上式中各项函数分别进行变分,得

$$\left.\begin{array}{l} \delta x_i=\dfrac{\partial x_i}{\partial q_1}\delta q_1+\dfrac{\partial x_i}{\partial q_2}\delta q_2+\cdots+\dfrac{\partial x_i}{\partial q_N}\delta q_N=\displaystyle\sum_{j=1}^{N}\dfrac{\partial x_i}{\partial q_j}\delta q_j \\[4mm] \delta y_i=\dfrac{\partial y_i}{\partial q_1}\delta q_1+\dfrac{\partial y_i}{\partial q_2}\delta q_2+\cdots+\dfrac{\partial y_i}{\partial q_N}\delta q_N=\displaystyle\sum_{j=1}^{N}\dfrac{\partial y_i}{\partial q_j}\delta q_j \\[4mm] \delta z_i=\dfrac{\partial z_i}{\partial q_1}\delta q_1+\dfrac{\partial z_i}{\partial q_2}\delta q_2+\cdots+\dfrac{\partial z_i}{\partial q_N}\delta q_N=\displaystyle\sum_{j=1}^{N}\dfrac{\partial z_i}{\partial q_j}\delta q_j \end{array}\right\} \quad (i=1,2,\cdots,n) \tag{16 - 5}$$

或写成矢量形式

$$\delta \boldsymbol{r}_i = \frac{\partial \boldsymbol{r}_i}{\partial q_1}\delta q_1 + \frac{\partial \boldsymbol{r}_i}{\partial q_2}\delta q_2 + \cdots + \frac{\partial \boldsymbol{r}_i}{\partial q_N}\delta q_N = \sum_{j=1}^{N}\frac{\partial \boldsymbol{r}_i}{\partial \boldsymbol{q}_j}\delta q_j \qquad (i=1,2,\cdots,n)$$

$$(16-6)$$

广义坐标的变分称为**广义虚位移**。由式(16-6)可见,系统中各质点的虚位移 δx_i、δy_i、δz_i 是 N 个广义虚位移 $\delta q_1,\delta q_2,\cdots,\delta q_N$ 的线性函数。

将式(16-6)代入虚位移原理式(16-2),可得

$$\sum_{i=1}^{n}\delta W_F = \sum_{i=1}^{n}\boldsymbol{F}_i \cdot \delta \boldsymbol{r}_i = \sum_{i=1}^{n}\boldsymbol{F}_i \cdot \left(\sum_{j=1}^{N}\frac{\partial \boldsymbol{r}_i}{\partial q_j}\delta q_j\right) = \sum_{j=1}^{N}\left(\sum_{i=1}^{n}\boldsymbol{F}_i \cdot \frac{\partial \boldsymbol{r}_i}{\partial q_j}\right)\delta q_j = 0$$

或简写为

$$\sum_{j=1}^{N}Q_j \cdot \delta q_j = 0 \qquad (16-7)$$

式中各广义坐标变分前的系数

$$Q_j = \sum_{i=1}^{n}\boldsymbol{F}_i \cdot \frac{\partial \boldsymbol{r}_i}{\partial q_j} = \sum_{i=1}^{n}\left(F_{ix}\frac{\partial x_i}{\partial q_j} + F_{iy}\frac{\partial y_i}{\partial q_j} + F_{iz}\frac{\partial z_i}{\partial q_j}\right) \quad (j=1,2,\cdots,N) \quad (16-8)$$

称为对应于广义坐标 q_j 的广义力。

由于广义坐标变分 δq_j 的任意性,因此要使方程(16-7)恒能满足,必须有

$$Q_j = 0 \quad (j=1,2,\cdots,N) \qquad (16-9)$$

故**具有定常、双面、理想约束的完整系统,平衡的充要条件是所有的广义力等于零**。这就是以广义坐标表示的系统的平衡条件。

在使用式(16-9)时,必须首先学会计算广义力。可以按定义式(16-8)计算,但更简便的是通过虚功计算。注意到广义坐标 $q_1,q_2,\cdots,q_N$ 是完全独立的,因此可取一组特殊的虚位移,即令 $\delta q_1 \neq 0$,而 $\delta q_2 = \delta q_3 = \cdots = \delta q_N = 0$,这样就可求出所有主动力对应于广义虚位移 δq_1 所作的虚功之和,并以 $\sum \delta W_F^{(1)}$ 表示,所以有 $\sum \delta W_F^{(1)} = Q_1 \delta q_1$,由此求得

$$Q_1 = \frac{\sum \delta W_F^{(1)}}{\delta q_1} \qquad (16-10)$$

用同样的方法可求得 $Q_j(j=2,3,\cdots,N)$。

广义力的量纲可以从下述事实来考虑,即广义力与广义虚位移的乘积为功的量纲。则当 δq_j 的量纲是长度时,广义力 Q_j 的量纲是力的量纲;而当 δq_j 的量纲是角度时,广义力 Q_j 的量纲是力偶的量纲。

例 16-4　均质杆 AB、BD 长度分别为 $2a$、$2b$,重量分别为 $\boldsymbol{P}_1$、$\boldsymbol{P}_2$,用铰链 B 连接,A 端为固定铰链,D 端作用水平力 $\boldsymbol{F}$,如[图 16-9(a)]所示。求平衡时两杆与铅垂线的夹角。

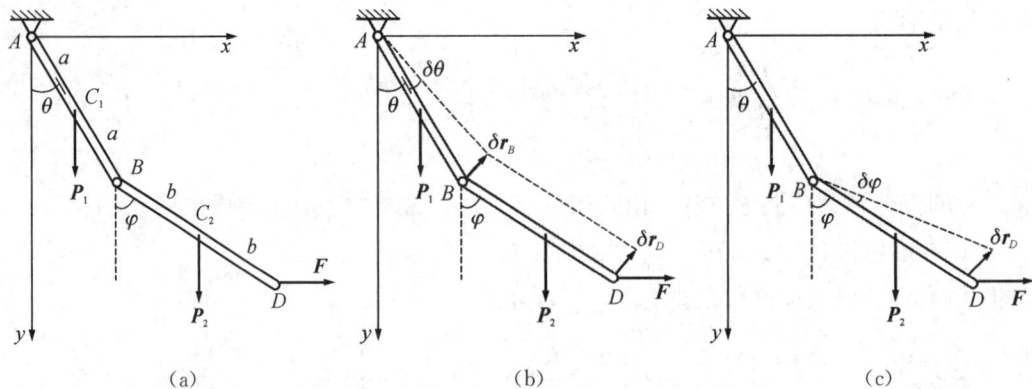

图 16 - 9　例 16 - 4 图

解：杆 AB 和 BD 的位置可由点 B、D 的 4 个坐标 x_B, y_B, x_D, y_D 确定,但两杆长度确定,可得两个约束方程

$$x_B^2 + y_B^2 = 4a^2, \quad (x_B - x_D)^2 + (y_B - y_D)^2 = 4b^2$$

因此系统有二自由度,取 θ 和 φ 为广义坐标。

解法 1　虚位移原理

由虚位移原理式(16 - 2),有

$$\sum \delta W_F = P_1 \delta y_{C1} + P_2 \delta y_{C2} + F \delta x_D = 0 \tag{a}$$

$$y_{C1} = a\cos\theta, \quad y_{C2} = 2a\cos\theta + b\cos\varphi, \quad x_D = 2a\sin\theta + 2b\sin\varphi \tag{b}$$

$$\delta y_{C1} = -a\sin\theta\delta\theta, \quad \delta y_{C2} = -2a\sin\theta\delta\theta - b\sin\varphi\delta\varphi, \quad \delta x_D = 2a\cos\theta\delta\theta + 2b\cos\varphi\delta\varphi \tag{c}$$

将式(c)代入式(a),整理得

$$(-P_1 a\sin\theta - 2P_2 a\sin\theta + 2Fa\cos\theta)\delta\theta + (-P_2 b\sin\varphi + Fb\cos\varphi)\delta\varphi = 0$$

由于 $\delta\theta$、$\delta\varphi$ 彼此独立,所以

$$-P_1 a\sin\theta - 2P_2 a\sin\theta + 2Fa\cos\theta = 0, \quad -P_2 b\sin\varphi + Fb\cos\varphi = 0 \tag{d}$$

解得

$$\tan\theta = \frac{2F}{P_1 + 2P_2}, \quad \tan\varphi = \frac{2F}{P_2}$$

解法 2　广义力

令 $\delta\theta \neq 0, \delta\varphi = 0$,得到系统的一组虚位移,如[图 16 - 9(b)]所示,$\delta r_B = \delta r_D = 2a\,\delta\theta$,则对应于 θ 的广义力为

$$Q_\theta = \frac{\sum \delta W_F^{(\theta)}}{\delta\theta} = \frac{-P_1 a\sin\theta\delta\theta - 2P_2 a\sin\theta\delta\theta + 2Fa\cos\theta\delta\theta}{\delta\theta}$$

$$= -P_1 a\sin\theta - 2P_2 a\sin\theta + 2Fa\cos\theta$$

同理,令 $\delta\theta = 0, \delta\varphi \neq 0$,得到系统的另一组虚位移,如[图 16 - 9(c)]所示,$\delta r_B = 0, \delta r_D = 2a\,\delta\varphi$,则对应于 φ 的广义力为

$$Q_\varphi = \frac{\sum \delta W_F^{(\varphi)}}{\delta \varphi} = \frac{-P_2 b \sin\varphi \delta\varphi + 2Fb\cos\varphi\delta\varphi}{\delta\varphi} = -P_2 b\sin\varphi + 2Fb\cos\varphi$$

由 $Q_\theta = 0, Q_\varphi = 0$ 得到平衡条件(d)，求得结果同上。

第四节　势力场中质点系的平衡条件与稳定性

当主动力为有势力时，主动力与势能 V 的关系为

$$\boldsymbol{F}_i = -\left(\frac{\partial V}{\partial x_i}\boldsymbol{i} + \frac{\partial V}{\partial y_i}\boldsymbol{j} + \frac{\partial V}{\partial z_i}\boldsymbol{k}\right) \qquad (16-11)$$

用广义坐标表示势能函数 $V = (q_1, q_2, \cdots, q_N)$，将式(16-10)代入广义力的表达式(16-7)，可将广义力用势能表示为

$$Q_j = \sum_{i=1}^n \boldsymbol{F}_i \cdot \frac{\partial \boldsymbol{r}_i}{\partial q_j} = -\sum_{i=1}^n \left(\frac{\partial V}{\partial x_i}\frac{\partial x_i}{\partial q_j} + \frac{\partial V}{\partial y_i}\frac{\partial y_i}{\partial q_j} + \frac{\partial V}{\partial z_i}\frac{\partial z_i}{\partial q_j}\right) = -\frac{\partial V}{\partial q_j} \quad (j=1,2,\cdots,N)$$

$$(16-12)$$

即广义力等于势能对相应广义坐标的偏导数的负值。由广义力表示的平衡条件可写成

$$\frac{\partial V}{\partial q_j} = 0 \quad (j=1,2,\cdots,N) \qquad (16-13)$$

即势力场中质点系的平衡条件是势能对各个广义坐标的偏导数分别等于零。或

$$\delta V = 0 \qquad (16-14)$$

即在平衡位置上主动力的势能有驻值。

对于单自由度系统，系统势能可表示为 $V=(q)$，平衡时由式(16-13)可得 $\dfrac{\mathrm{d}V}{\mathrm{d}q}=0$，由此可求出平衡位置。若有 $\dfrac{\mathrm{d}^2V}{\mathrm{d}q^2}>0$，势能有极小值，系统的平衡是稳定的；若有 $\dfrac{\mathrm{d}^2V}{\mathrm{d}q^2}<0$，势能有极大值，系统的平衡是不稳定的；若 $\dfrac{\mathrm{d}^2V}{\mathrm{d}q^2}=0$，需根据 $\dfrac{\mathrm{d}^3V}{\mathrm{d}q^3}$ 的正负，判断系统稳定性，以此类推，若所有高阶项均为零，则平衡位形是中性的。

例 16-5　在图 16-10 所示机构中，曲柄 AB 和连杆 BC 为均质杆，具有相同的长度和重量 P_1。滑块 C 的重量为 P_2，可沿倾角为 θ 的导轨 AD 滑动。设约束都是理想的，求系统在铅垂面内的平衡位置。

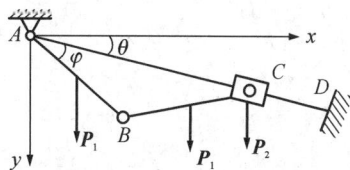

图 16-10　例 16-5 图

解：建立坐标系 Axy 如图示，设 $AB=BC=l$。取 φ 为广义坐标。

解法 1　虚位移原理

由虚位移原理

$$P_1\delta y_1+P_1\delta y_2+P_2\delta y_C=0 \tag{a}$$

坐标及对坐标的变分为

$$y_1=\frac{l}{2}\sin(\theta+\varphi),\quad y_2=2l\cos\varphi\sin\theta+\frac{l}{2}\sin(\varphi-\theta),\quad y_C=2l\cos\varphi\sin\theta$$

$$\delta y_1=\frac{l}{2}\cos(\theta+\varphi)\delta\varphi,\quad \delta y_2=\left[-2l\sin\varphi\sin\theta+\frac{l}{2}\cos(\varphi-\theta)\right]\delta\varphi,$$

$$\delta y_C=-2l\sin\varphi\sin\theta\delta\varphi \tag{b}$$

式(b)代入式(a),得

$$\left\{P_1\left[\frac{l}{2}\cos(\theta+\varphi)-2l\sin\varphi\sin\theta+\frac{l}{2}\cos(\varphi-\theta)\right]-2P_2l\sin\varphi\sin\theta\right\}\delta\varphi=0$$

因 $\delta\varphi\neq0$,故有

$$\tan\varphi=\frac{P_1}{2(P_1+P_2)}\cot\theta$$

解法2　势能表示的平衡条件

以过 Ax 的水平面为重力零势能面,则系统的势能为

$$V=P_1\frac{l}{2}\sin(\theta+\varphi)+P_1\left[2l\cos\varphi\sin\theta+\frac{l}{2}\sin(\varphi-\theta)\right]+P_2 2l\cos\varphi\sin\theta$$

由

$$\frac{dV}{d\varphi}=0,\quad P_1\left[\frac{l}{2}\cos(\theta+\varphi)-2l\sin\varphi\sin\theta+\frac{l}{2}\cos(\varphi-\theta)\right]-2P_2l\sin\varphi\sin\theta=0$$

结果同上。

例16-6　图16-11所示机构中,均质杆 AB 长 $l=0.6$ m,质量 $m=10$ kg,弹簧刚度 $k=200$ N/m。当 $\theta=0°$ 时,弹簧为原长。求杆的平衡位置。

解:系统具有单自由度,选 θ 为广义坐标。弹簧零势能位置选在弹簧原长处,重力零势能位置选在过 B 的水平位置,则势能为:

$$V=\frac{1}{2}kl^2(1-\cos\theta)^2+\frac{1}{2}mgl\cos\theta$$

$$\frac{dV}{d\theta}=\left[kl^2(1-\cos\theta)-\frac{1}{2}mgl\right]\sin\theta=0$$

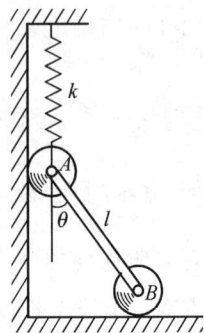

图16-11　例16-6图

由 $\sin\theta=0$,得 $\theta_1=0$;由 $kl^2(1-\cos\theta)-\frac{1}{2}mgl=0$,得 $\theta_2=\arccos\left(1-\frac{mg}{2kl}\right)=53.8°$。即系统有两个平衡位置。由势能的二阶导数,判断稳定性

$$\frac{d^2V}{d\theta^2}=kl^2(\cos\theta+\sin^2\theta-\cos^2\theta)-\frac{1}{2}mgl\cos\theta$$

当 $\dfrac{\mathrm{d}^2V}{\mathrm{d}\theta^2}\Big|_{\theta_1}=-29.4<0,\dfrac{\mathrm{d}^2V}{\mathrm{d}\theta^2}\Big|_{\theta_2}=46.9>0$,由此得 $\theta_1=0$ 为不稳定平衡位置,而 $\theta_2=$

$\arccos\left(1-\dfrac{mg}{2kl}\right)=53.8°$为稳定平衡位置。

本章小结

1. 分析力学的基本概念

约束　限制质点或质点系运动的条件称为约束。约束条件的数学表达式称为约束方程。几何约束和约束方程能积分为有限形式的约束统称为完整约束。受完整约束的质点系称为完整系统。

虚位移　在某瞬时,质点或质点系在约束允许的条件下,假想产生的任意无限小的位移为质点或质点系虚位移。建立各虚位移之间的关系可用分析法、几何法、虚速度法等。

理想约束　约束力在质点系中各质点任意虚位移上虚功之和为零的约束称为理想约束。

2. 虚位移原理

具有完整、定常、理想约束的质点系保持平衡的充分必要条件是作用于系统上的主动力在任意虚位移中的虚功之和为零。即

$$\sum\delta W_F=\sum \boldsymbol{F}_i\cdot\delta\boldsymbol{r}_i=0,\quad \sum(F_{xi}\delta x_i+F_{yi}\delta y_i+F_{yi}\delta y_i)=0$$

3. 以广义坐标表示的系统的平衡条件

广义坐标　确定质点系的位形的独立坐标称为质点系的广义坐标,一般记作 q_i。

自由度　在完整系统中广义坐标的数目称为自由度,一般记作 N。

具有定常的、双面、理想的完整系统,平衡的充要条件是所有的广义力等于零。这就是以广义坐标表示的系统的平衡条件

$$Q_j=\sum_{i=1}^n \boldsymbol{F}_i\cdot\dfrac{\partial \boldsymbol{r}_i}{\partial q_j}=0\quad(j=1,2,\cdots,N)$$

4. 势力场中质点系的平衡条件与稳定性

势力场中质点系的平衡条件是势能对各个广义坐标的偏导数分别等于零

$$\dfrac{\partial V}{\partial q_j}=0\quad(j=1,2,\cdots,N)$$

对于单自由度系统,系统势能可表示为 $V=(q)$,平衡时可得 $\dfrac{\mathrm{d}V}{\mathrm{d}q}=0$,由此可求出平衡位置。若有 $\dfrac{\mathrm{d}^2V}{\mathrm{d}q^2}>0$,系统的平衡是稳定的;若有 $\dfrac{\mathrm{d}^2V}{\mathrm{d}q^2}<0$,系统的平衡是不稳定的。

习　题

16-1　题 16-1 图所示为一台秤结构，杠杆 COA 取水平位置时，要求力 **F** 与 **P** 间的关系完全与物体在秤台 FD 上的位置无关。设 GE∶GH=3，试求 CO/BO 及 F/P 应为多少？

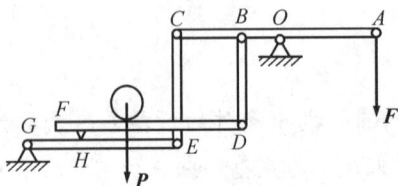

题 16-1 图

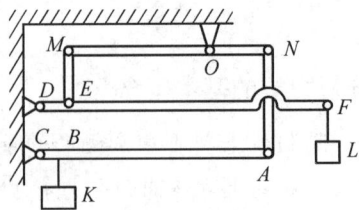

题 16-2 图

16-2　如题 16-2 图所示，重物 K 与 L 用杠杆系统相连而处于平衡状态。已知 CB/CA=1/10，ON/MO=1/3，DE/DF=1/10，试求两物重量之间的关系。

16-3　题 16-3 图所示机构中，当曲柄 OC 绕轴 O 摆动时，滑块 A 沿曲柄自由滑动，从而带动杆 AB 在铅垂导槽 K 内移动。已知：OC=a，OK=l，转角 φ，在点 C 垂直于曲柄作用一力 **F**$_1$，而在点 B 沿 BA 作用一力 **F**$_2$。求机构平衡时，力 **F**$_1$ 和 **F**$_2$ 的大小关系。各杆重不计。

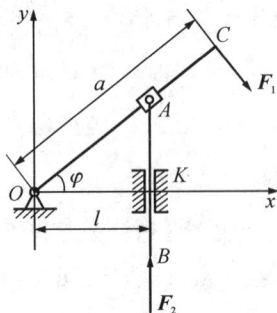

题 16-3 图

16-4　求题 16-4 图所示各式滑轮系统在平衡时 F/P 的值。摩擦力及绳索质量不计。

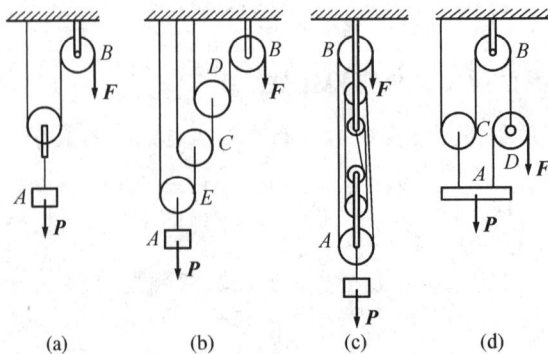

(a)　　　(b)　　　(c)　　　(d)

题 16-4 图

16-5　题16-5图所示机构中,曲柄OA上作用一力偶,力偶矩为M。另一滑块D上作用一水平力F,有关尺寸和角度如图示,各杆重均不计。求当机构在图示位置平衡时F和M的关系。

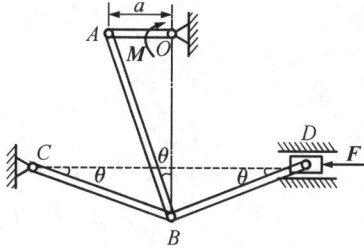
题16-5图

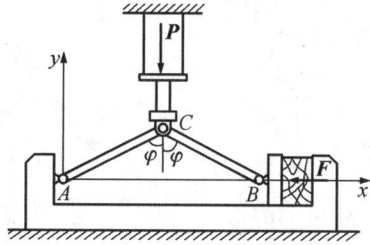
题16-6图

16-6　题16-6图所示压榨机的空气压力筒加在压头C上的铅垂推力是P,杆AC和BC长度相等。求在B处产生的水平压榨力F与角φ间的关系。

16-7　一铰接六边形$ABCDEG$,此六边形由六根相同的均质杆组成;每杆重为P,且六杆同在一铅垂平面内。六边形的边AB固定于水平位置,而其余各边的位置对AB的中垂线成对称。问欲使该机构能保持平衡,应在杆ED中点向上作用多大的铅垂力F?

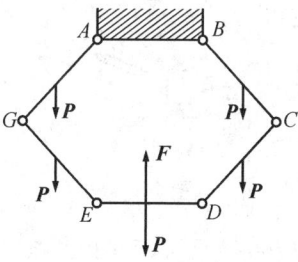
题16-7图

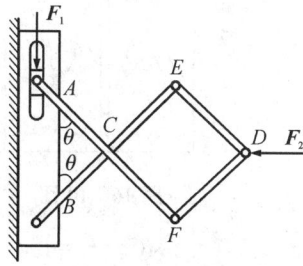
题16-8图

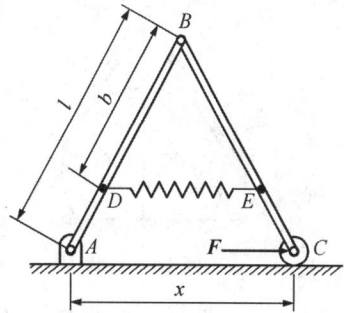
题16-9图

16-8　题16-8图所示机构中,杆BCE、ACF、DE、FD用铰C、F、D、E连接如图所示。B为铰链,A处与滑块铰接,点D上作用水平力F_2。求保持机构平衡的力F_1的大小。图中$AC=BC=EC=FC=DE=DF=l$,杆重不计。

16-9　题16-9图所示两等长杆AB和BC在点B铰接,在杆的D和E两点水平连一弹簧,弹簧的刚度系数为k,当距离$AC=a$时,弹簧内拉力为零。如在点C作用一水平力F,杆系处于平衡。设$AB=l$,$BD=b$,杆重不计。求AC距离x。

16-10　滑块D活套在光滑直杆AB上,与另一滑块铰接,该滑块可沿光滑铅直槽滑动。已知$\theta=0°$位置时弹簧不受力,弹簧刚度系数$k=5\ kN/m$,求在θ位置时,为维持平衡应加力偶矩M的大小。

16-11　题16-11图所示系统中两弹簧AB及BC的刚度系数均为k,除连接点C的两杆长度为l外,其余各杆长度均为$2l$,不考虑各杆的重量和变形。当未加F力时弹簧不受力,且 $\theta=\theta_0$,求平衡位置角 θ 的正弦值。

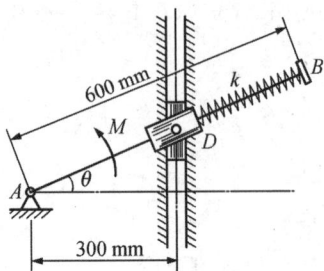

题 16-10 图

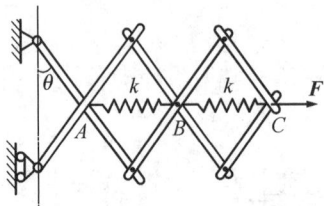

题 16-11 图

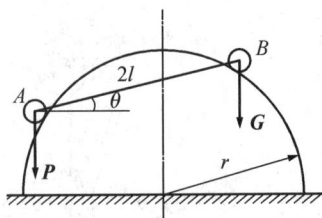

题 16-12 图

16-12　在半径为 r 的铅直半圆环上穿两个重为 P 及 G 的小球,此两球用长为 $2l$ 的不可伸长的绳索连接。不计摩擦。试求平衡时绳索 AB 与水平线所夹的角 θ 的正切值。

16-13　两均质直杆以铰链 A 铰接并分别跨于一光滑的固定圆柱上。圆柱的半径为 r,杆长为 $2a$,试求平衡时杆与铅垂线的夹角 θ。

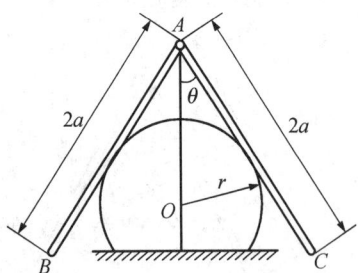

题 16-13 图

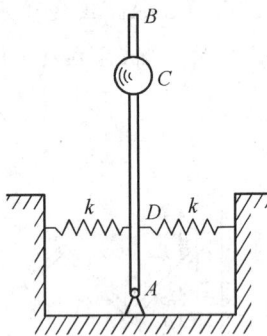

题 16-14 图

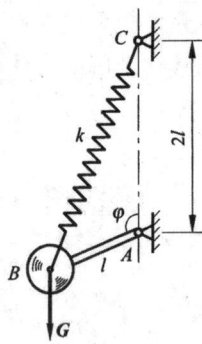

题 16-15 图

16-14　题 16-14 图所示的倒摆系统中,$AC=h=450$ mm,$AD=l=200$ mm,球与杆总重 $G=3$ kN,重心在 C。两弹簧的刚度系数均为 k,当杆竖直时弹簧不受力。求使系统的铅直位置成为稳定平衡位置所需弹簧的刚度系数。假定弹簧能受压,且杆只能在铅直平面内摆动。

16-15　杆 AB 可在铅直面内绕 A 端转动,在 B 端连有重 G 的锤 B,并用刚度系数为 k 的弹簧 BC 系在固定点 C 上,AC 为铅垂线。当 $\varphi=0$ 时,弹簧不受力。求杆的平衡位置。杆重不计。

16-16　题 16-16 图所示菱形四边形铰链机构的各杆都长 l,由顶点 A 悬挂住。在铰链 C、D 处各有重 G 的球。又在 A、B 间有刚度系数是 k 的弹簧,当 $\varphi=45°$ 时弹簧中无力作用,且弹簧能受压。求机构的平衡位置。设 $G<2lk\left(1-\dfrac{1}{\sqrt{2}}\right)$,杆的重量不计。

16-17　三杆长均为 l,在杆 OA 作用有一力偶矩 M。A、B 铰链上各作用有铅直向下的力 F_1、F_2,在滑块 C 上作用有水平力 F_3,不计杆重及摩擦,试求系统平衡方程。

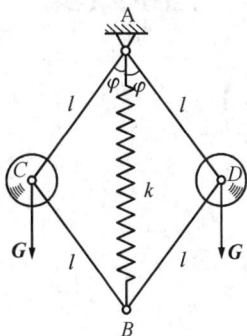

题 16－16 图

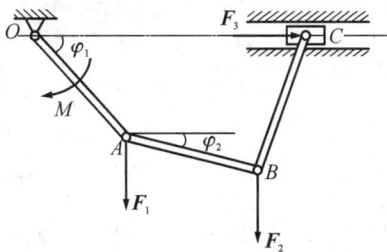

题 16－17 图

16－18　试求组合梁在 A、D、G 处的约束力。已知 $P_1=800$ N，$P_2=600$ N，其他尺寸如题 16－18 图所示。

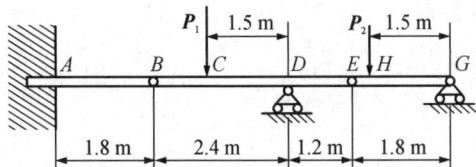

题 16－18 图

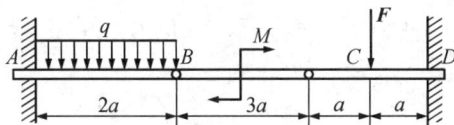

题 16－19 图

16－19　题 16－19 图所示的组合梁上作用有载荷：$q=2$ kN/m，$F=5$ kN，$M=6$ kN·m，梁的尺寸：$a=2$ m。试用虚位移原理求固定端 A 的约束力。（提示：分别单独解除固定端的三种约束，并代之以适当形式的支座及约束力。）

16－20　试求平面桁架杆 BD 的内力。已知 $AB=BC=AC=a$，$AD=DC=\dfrac{a}{\sqrt{2}}$，载荷为 P。

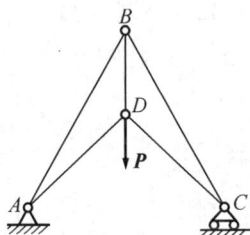

题 16－20 图

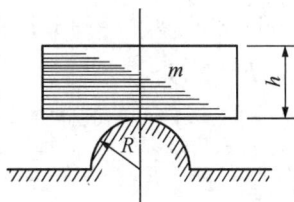

题 16－21 图

16－21　一个质量为 m 的均质重物置于固定圆柱体的顶面上，如题 16－21 图所示。证明：如果 $h=2R$，平衡是不稳定的。假定在任意扰动下物块只倾斜而无滑动。

习题答案(部分)

第二章

2-1 (1) $F_A = 2F$ (2) $F_A = \sqrt{3}F$ (3) $F_A = F$

2-2 $F_R = 161$ N, $\angle(F_R, P_1) = 29°44'$

2-3 $F_A = 5\,000$ N, $F_{BC} = 5\,000$ N(压力)

2-4 (a) $F_2/F_1 = 5.67$ (b) $F_2/F_1 = 2.84$

2-5 (a) $F_{AB} = 414$ N(压力), $F_{AC} = 3\,146$ N(压力)

       (b) $F_{AB} = 2\,732$ N(拉力), $F_{AC} = 5\,278$ N(压力)

2-6 $F_A = 1\,075$ N

2-7 $\theta = \arccos\left(\dfrac{2a}{l}\right)^{\frac{1}{3}}$

2-8 $F_A = 0.707P$, $F_B = P$, $F_C = P$, $F_D = 0.707P$

2-9 $P = 81.8$ kN

2-10 $\dfrac{F_1}{F_2} = 0.612$

2-11 $F_A = F_B = 750$ N

2-12 (1) $F_T = 2P/3$, $F_C = 0.577P$ (2) $F_T = 0.586P$, $F_C = 0.414P$

2-13 (1) $F_{Bx} = 666.7$ N, $F_{By} = -586.7$ N, $F_D = 942.8$ N(拉力)

       (2) $F_{Bx} = -666.7$ N, $F_{By} = 746.7$ N, $F_D = 942.8$ N(压力)

2-14 $M_2 = 3$ N·m, $F = 5$ N

2-15 $F_E = 1\,000$ N, $F_A = 1\,000$ N, $F_D = 1\,414$ N(压力)

2-16 $M = 60$ N·m

2-17 (1) $M_2 = 1\,000$ N·m   (2) $M_2 = 2\,000$ N·m

2-18 $F_A = \dfrac{\sqrt{2}M}{l}$

第三章

3-1 $F'_{Rx} = 2\,100$ N, $F'_{Ry} = -500$ N, $M_O = 10$ N·m

3-2 $F_R = 466.5$ N, $d = 4.59$ cm

3-3 合力 $\boldsymbol{F}_R = -(400 \text{ N})\boldsymbol{j}$, $OC = 420$ mm

3-4 $F=48.1$ kN, $F_{Ox}=-44.4$ kN, $F_{Oy}=68.5$ kN

3-5 $F_x=-20$ kN, $F_y=100$ kN, $M=130$ kN·m

3-6 (a) $F_B=\dfrac{1}{2}\left(3F+\dfrac{M}{a}\right)$, $F_A=-\dfrac{1}{2}\left(F+\dfrac{M}{a}\right)$

(b) $F_{RB}=\dfrac{1}{2}\left(3F+\dfrac{M}{a}-\dfrac{1}{2}qa\right)$, $F_{RA}=-\dfrac{1}{2}\left(F+\dfrac{M}{a}-\dfrac{5}{2}qa\right)$

3-7 $F_A=8$ kN, $M_A=21$ kN·m

3-8 $F_O=385$ kN, $M_O=1\,626$ kN·m

3-9 $F_a=53.3$ kN(压力), $F_b=70.7$ kN(拉力), $F_c=83.3$ kN(压力)

3-10 $F_{Ax}=-\dfrac{W}{\pi}$, $F_{Ay}=W$, $F_B=\dfrac{W}{\pi}$

3-11 $F_{Ex}=-90$ kN, $F_{Ey}=200$ kN, $M_E=180.0$ kN·m

3-12 $F_{Ax}=-4.67$ kN, $F_{Ay}=-47.7$ kN, $F_B=22.4$ kN(拉力)

3-13 $P=37.9$ N, $F_B=373$ N

3-14 $x_{min}=3.5$ m, $P_{3max}=35$ kN

3-15 (1) 380 kN$\leqslant G\leqslant400$ kN

3-17 $F_1/F=15.9$

3-18 $M=286$ kN·m, $F_B=176$ kN, $F_{Ox}=176$ kN, $F_{Oy}=-3\,150$ kN

3-19 $G/P=b/a$

3-20 $F_2=\dfrac{b}{a}F_1$

3-21 $W_{min}=2P\left(1-\dfrac{r}{R}\right)$

3-22 $W_{min}=0$

3-23 $F_A=53.75$ kN, $M_A=205$ kN·m, $F_B=6.25$ kN

3-24 $F_{Ax}=104$ kN, $F_{Ay}=60$ kN, $M_A=220$ kN·m, $F_C=120$ kN

3-25 $F_{Ax}=-\dfrac{P}{4}\left(1-\dfrac{r}{a}\right)$, $F_{Ay}=\dfrac{P}{4}\left(3+\dfrac{r}{a}\right)$, $M_A=\dfrac{P}{2}(3a+r)$, $F_{Dx}=\dfrac{P}{4}\left(1-\dfrac{r}{a}\right)$,

$F_{Dy}=\dfrac{P}{4}\left(1-\dfrac{r}{a}\right)$

3-26 $F_{Ax}=-P/2$, $F_{Ay}=0$, $M_A=PR$

3-27 $F_T=231$ N, 杆 AC、BC 作用于销钉 C 的力 $|F_{Cx}|=231$ N, $|F_{Cy}|=250$ N

3-28 $F_{Ax}=1\,200$ N, $F_B=1\,050$ N, $F_{Ay}=150$ N, $F_{BC}=-1\,500$ N

3-29 $F_{DE}=-561$ N, $F_{Cx}=-795$ N, $F_{Cy}=216$ N

3-30 $F_{Cx}=9$ kN, $F_{Cy}=20$ kN, $F_B=9$ kN, $F_{Ax}=-18$ kN, $F_{Ay}=-20$ kN

3-31 $F_{Bx}=-700$ N，$F_{By}=-200$ N，$F_{Ex}=700$ N，$F_{Ey}=500$ N

3-32 $F_{Ax}=-13$ kN，$F_{Ay}=-4$ kN，$F_{Bx}=36$ kN，$F_{By}=6$ kN，$F_{Ex}=-23$ kN，
$F_{Ey}=-2$ kN

3-33 $F_{Ax}=-23$ kN，$F_{Ay}=10$ kN；$F_{Cx}=23$ kN，$F_{Cy}=10$ kN

3-34 $F_{Ax}=-F$，$F_{Ay}=-F$；$F_{Bx}=-F$，$F_{By}=0$；$F_{Dx}=2F$，$F_{Dy}=F$

3-36 $F_A=\dfrac{\sqrt{2}}{2}(P-Q)$，$F_B=P+Q$，$F_C=-(P+Q)$，$F_D=\dfrac{\sqrt{2}}{2}(P-Q)$，$F_E=\sqrt{2}F$，
$F_{Ax}=F-6qa$，$F_{Ay}=2F$，$M_A=5Fa+18qa^2$

3-37 $M=-148.6$ N•m

3-38 $F_A=\dfrac{P}{15}$，$F_D=\dfrac{2P}{15}$，$F_H=\dfrac{4P}{15}$，$F_E=\dfrac{8P}{15}$

3-39 $F_{AB}=F_{DF}=2.29$ kN，$F_{AC}=F_{EF}=-2.29$ kN，$F_{BC}=F_{DE}=-0.600$ kN，
$F_{BD}=2.21$ kN，$F_{BE}=F_{EH}=0$，$F_{CE}=-2.21$ kN，$F_{CH}=F_{EJ}=-1.200$ kN

3-40 $F_1=-1.08F$，$F_2=0.93F$，$F_3=0$，$F_4=-1.08F$，$F_5=0.5F$，
$F_6=0.075F$，$F_7=-F$，$F_8=0.81F$，$F_9=-0.93F$

3-41 $F_1=-2.60F$，$F_2=0.43F$，$F_3=2.38F$

3-42 $F_4=21.83$ kN，$F_5=16.73$ kN，$F_7=-20$ kN，$F_{10}=-43.64$ kN

3-43 $F_{AB}=0.43P$

3-44 $F_1=-\dfrac{4}{9}P$，$F_2=-\dfrac{2}{3}P$，$F_3=0$

3-45 $F_{Ax}=-333.3$ N，$F_{Ay}=1\,000$ N，$M_A=3\,500$ N•m

第四章

4-2 $F_1=26$ kN，$F_2=20.9$ kN

4-3 $F_s=15$ N

4-4 向左时 $F_C=250$ N，向右时 $F_C=204.5$ N

4-5 $f_s=0.223$

4-6 $f_s=0.8$

4-7 $l\geqslant167$ mm

4-8 $H\geqslant0.6$ m

4-9 $r=31.6$ mm

4-10 距 A 端为 $l\sin(60°-\varphi)\cos(30°+\varphi)$，距 B 端为 $l\sin(30°-\varphi)\cos(60°+\varphi)$；
或距 B 端为 $l\sin(30°+\varphi)\cos(60°-\varphi)$，距 A 端为 $l\sin(60°+\varphi)\cos(30°-\varphi)$

4-11 $x_{\max}=\dfrac{1}{2}\left(\dfrac{b}{\tan\varphi}\right)$

4-12 $F_{min}=280$ N

4-13 $e{\leqslant}f_s r$

4-14 $F=377$ N

4-15 $F_N=4.32$ kN

4-16 $F_N=2.7G$, $f_{min}=0.185$

4-17 $b_{max}=110$ mm

4-18 当 $\tan\theta>f_s$ 时,$\dfrac{Wa}{b(\sin\theta+f_s\cos\theta)}{\leqslant}F{\leqslant}\dfrac{Wa}{b(\sin\theta-f_s\cos\theta)}$;

当 $\tan\theta{\leqslant}f_s$ 时,$F{\geqslant}\dfrac{Wa}{b(\sin\theta+f_s\cos\theta)}$

4-19 $\theta_{max}=28.1°$

4-20 (1) 平衡 (2) $F=1.443$ kN

4-21 (1) 112.5 N (2) 8.81 mm

4-22 (1) A 轮不转,$F_{min}=107$ N,立柜不会翻倒;

(2) B 轮不转,$F_{min}=250$ N,立柜不翻倒条件:$h{\leqslant}\dfrac{a}{2f}$;

(3) 两轮均不转,$F_{min}=300$ N,立柜不翻倒条件:$h{\leqslant}\dfrac{a}{2f}$

4-23 $F_A=F_B=72.2$ N

4-24 $F_{min}=720$ N

4-25 $F_{max}=113$ N

4-26 (1) $F_{min}=\dfrac{F\delta}{r}$ (2) $M_2=\dfrac{F\delta}{2ar}(ar+b\delta)$(前轮),$M_1=\dfrac{F\delta}{2ar}(ar-b\delta)$(后轮)

4-27 $M_f=G(R\sin\theta-r)$,$F_s=G\sin\theta$,$F_N=P-G\cos\theta$

4-28 (1) $f_s{\geqslant}\dfrac{\delta}{R}$ (2) $P_{max}=\left(\sin\theta+\dfrac{\delta}{R}\cos\theta\right)G$,$P_{min}=\left(\sin\theta-\dfrac{\delta}{R}\cos\theta\right)G$

4-29 (1) $F_{Tmax}=2.41$ N (2) $M_f=0.012$ N·m,$F_s=2.21$ N

第五章

5-1 $F_A=F_B=-26.4$ kN(压力),$F_C=33.5$ kN(拉力)

5-2 $F_A=F_B=5.51$ kN,$F_C=10.1$kN

5-3 $F_A=-298$ N(压力),$F_B=F_C=149$ N(拉力)

5-4 $F_1=F_2=-2.5$ kN(压力),$F_3=-3.54$ kN(压力),$F_4=F_5=2.5$ kN(拉力),$F_6=-5$ kN(压力)

5-5 $F_{DE}=49.1$ N,$F_{DF}=277.5$ N

5-6 $F_x=354$ N,$F_y=-354$ N,$F_z=-866$ N,$M_x=-259$ N·m,$M_y=967$ N·m,

$M_z = -500$ N•m

5 - 7 (1) $M_x = 14.14$ N•m (2) $\boldsymbol{M}_O = (14.14\boldsymbol{i} - 22.80\boldsymbol{j} + 3.54\boldsymbol{k})$ N•m

5 - 8 $\boldsymbol{M}_A = (7.50\boldsymbol{i} - 6.00\boldsymbol{j} - 10.39\boldsymbol{k})$ N•m

5 - 9 $M_{AB}(\boldsymbol{F}) = Fa\sin\varphi\sin\theta$

5 - 10 $\boldsymbol{M}_A = (-7.68\boldsymbol{i} + 28.8\boldsymbol{j} + 28.8\boldsymbol{k})$ N•m

5 - 11 $M_{OA} = \sqrt{2}Pa$

5 - 12 (1) $\boldsymbol{M}_A = (aP/\sqrt{2})(\boldsymbol{i} + \boldsymbol{j} + \boldsymbol{k})$ (2) $M_{AB} = aP/\sqrt{2}$ (3) $M_{AG} = -aP/\sqrt{6}$

(4) $d = a/\sqrt{6}$

5 - 13 $M_x(F_1) = 0$, $M_y(F_1) = -447$ N•m, $M_z(F_1) = 0$;

$M_x(F_2) = 561$ N•m, $M_y(F_2) = -374$ N•m, $M_z(F_2) = 0$

5 - 14 $M_x = -17.6$ N•m, $M_y = -8$ N•m, $M_z = -20.8$ N•m

5 - 15 $M = 2M_e$, $\theta = 60°$

5 - 16 $F_C = 133$ N

5 - 17 $F = 25$ N, $\theta = 143°$

5 - 18 $\boldsymbol{F}'_R = (-48.0\boldsymbol{i} - 68.5\boldsymbol{j} + 54.8\boldsymbol{k})$ N, $\boldsymbol{M}_A = (164\boldsymbol{i} - 932\boldsymbol{j} - 1021\boldsymbol{k})$ N•m

5 - 19 $\boldsymbol{F}'_R = (-821\boldsymbol{i} - 561\boldsymbol{j} + 411\boldsymbol{k})$ N, $\boldsymbol{M}_O = (561\boldsymbol{i} - 821\boldsymbol{j})$ N•m

5 - 20 $\boldsymbol{F}'_R = (-100\boldsymbol{i} - 300\boldsymbol{j} + 746\boldsymbol{k})$ N, $\boldsymbol{M}_O = (1\,200\boldsymbol{i} - 1\,093\boldsymbol{j})$ N•m

5 - 21 $\boldsymbol{F}'_R = (-420\boldsymbol{i} - 50.0\boldsymbol{j} - 250\boldsymbol{k})$ N, $\boldsymbol{M}_A = (30.8\boldsymbol{j} - 22.0\boldsymbol{k})$ N•m

5 - 22 $F_1 = 4$ kN, $F_2 = 4$ kN, $F_3 = 12$ kN

5 - 23 $F_A = 1\,238$ N, $F_B = 638$ N, $F_D = 1\,125$ N

5 - 24 $a_{max} = 350$ mm

5 - 25 $M = 3.86$ kN•m, $F_{Ay} = F_{By} = -2.6$ kN, $F_{Az} = F_{Bz} = 14.8$ kN

5 - 26 $F_{Ax} = 4\,017$ N, $F_{Az} = -1\,460$ N; $F_{Bx} = 7\,890$ N, $F_{Bz} = -2\,872$ N

5 - 27 $F_3 = 2F_4 = 4\,000$ N; $F_{Ax} = -6\,375$ N, $F_{Az} = -1\,296$ N; $F_{Bx} = -4\,125$ N,

$F_{Bz} = -3\,900$ N

5 - 28 $F_t = 2\,000$ N, $F_z = 640$ N, $F_r = 340$ N, $F_{Ax} = 2\,670$ N, $F_{Ay} = -325$ N,

$F_{Cx} = -670$ N, $F_{Cy} = -15$ N, $F_{Cz} = 10\,640$ N

5 - 29 $M_e = 2Fa$, $F_{Dx} = 0$, $F_{Dy} = -2F\left(1 + \dfrac{b}{c}\right)$, $F_{Ex} = 0$, $F_{Ey} = \dfrac{2b}{c}F$

5 - 30 $F_{DE} = 667$ N, $F_{Kx} = -667$ N, $F_{Kz} = -100$ N, $F_{Mx} = 133$ N, $F_{Mz} = 500$ N

5 - 31 $F_T = 343$ N, $F_{Ax} = 49.0$ N, $F_{Ay} = 73.5$ N, $F_{Az} = 98.0$ N, $F_{Bx} = 245$ N,

$F_{Ay} = 73.5$ N

5 - 32 $F_{Ax} = 100$ N, $F_{Ay} = 23.5$ N, $F_{Az} = -1.1$ N, $F_{By} = -34.3$ N, $F_{Bz} = 32.3$ N,

$F_E = 21.7$ N

5 - 33 $F_1 = F_2 = F_3 = \dfrac{2M}{3a}$, $F_4 = F_5 = F_6 = -\dfrac{4M}{3a}$

5 - 34 $F_1 = F_2 = -1\ 670$ N, $F_3 = 1\ 670$ N, $F_4 = F_5 = 0$, $F_6 = -664$ N

5 - 35 $F_B = \dfrac{1}{2}(P + G)$, $F_{Ax} = 0$, $F_{Ay} = -\dfrac{1}{2}(P + G)$, $F_{Az} = P + \dfrac{G}{2}$

5 - 36 $\tan\theta = \dfrac{f_s a}{\sqrt{l^2 - a^2}}$

5 - 37 (a) $x_C = 110$ mm, $y_C = 0$ (b) $x_C = 51$ mm, $y_C = 101$ mm

(c) $x_C = 511.2$ mm, $y_C = 430$ mm (d) $x_C = 90.7$ mm, $y_C = 35.7$ mm

5 - 38 $x_C = -\dfrac{r_1 r_2^2}{2(r_1^2 - r_2^2)}$

5 - 39 $h = \dfrac{r}{\sqrt{2}}$

5 - 40 $d = 450$ mm

5 - 41 $x_C = 202$ mm

5 - 42 $x_C = 23.7$ mm, $y_C = 0$, $z_C = 25.2$ mm

5 - 43 $x_C = 71.4$ mm, $y_C = 135.7$ mm, $z_C = 142.9$ mm

第六章

6 - 3 $\dfrac{(x-a)^2}{(b+l)^2} + \dfrac{y^2}{l^2} = l$，椭圆

6 - 4 $x_C = (l - R)\sin\omega t$, $y_C = (l + R)\cos\omega t$, $\dfrac{x_C^2}{(l-R)^2} + \dfrac{y_C^2}{(l+R)^2} = 1$，椭圆，当 $l = R$ 时，

$x_C = 0$, $y_C = 2R\cos\omega t$，轨迹与 y 轴重合

6 - 5 $x_B = r\cos\omega t + l\sqrt{1 - \left(\dfrac{r}{l}\right)^2 \sin^2\omega t}$, $y_C = r\sin\omega t + l\sqrt{1 - \left(\dfrac{r}{l}\right)^2 \cos^2\omega t}$

6 - 6 $x_M = l\cos\omega t$, $y_M = (l - 2b)\sin\omega t$, $\dfrac{x_M^2}{l^2} + \dfrac{y_M^2}{(l-2b)^2} = 1$，椭圆

6 - 7 $s = r\arccos\left(\dfrac{r - ut}{r}\right)$

6 - 8 $\boldsymbol{r} = [10t\boldsymbol{i} + (100 - 4.9t^2)\boldsymbol{j}]$ m, $y = (100 - 0.049x^2)$ m

6 - 9 $\boldsymbol{r} = 10t\boldsymbol{i} + (100 - 4.9t^2)\boldsymbol{j}$ m, $y = 100 - 0.049x^2$

6 - 10 $x = l\sin\omega t / 3 + \cos\omega t$, $v = l\omega(3\cos\omega t + 1)/(3 + \cos\omega t)^2$,

$a = l\omega^2(3\cos\omega t - 7)\sin\omega t/(3 + \cos\omega t)^3$

6 - 11 $y = l\tan kt$, $v = lk/\cos^2 kt$, $a = 2lk^2\tan kt\sec^2 kt$,

$$\theta = \frac{\pi}{6}\text{时,} \quad v = \frac{4}{3}lk, \quad a = \frac{8\sqrt{3}}{9}lk^2$$

$$\theta = \frac{\pi}{3}\text{时,} \quad v = 4lk, \quad a = 8\sqrt{3}lk^2$$

6－12 $v = -\dfrac{u}{y}\sqrt{y^2+b^2}, \quad a = -u^2b^2/y^3$

6－13 $x = (0.3\cos4t - 0.1\cos12t)$ m, $y = (0.3\sin4t - 0.1\sin12t)$ m,

$\boldsymbol{v} = [1.2(\sin12t - \sin4t)\boldsymbol{i} + 1.2(\cos4t - \cos12t)\boldsymbol{j}]$ m/s,

$\boldsymbol{a} = [(14.4\cos12t - 4.8\cos4t)\boldsymbol{i} + (14.4\sin12t - 4.8\sin4t)\boldsymbol{j}]$ m/s²

6－14 $x_D = b^2 - c^2/2r$（常数）, $y_D = \dfrac{b^2-c^2}{2r}\tan\dfrac{\omega t}{2}$, $v_D = 0.50$ m/s, $a_D = 0.289$ m/s²

6－15 $v = u\sqrt{1+\dfrac{p}{2x}}, \quad a = \dfrac{u^2}{4x}\sqrt{2p/x}$

6－16 $s = b\arctan\dfrac{ut}{l}$, 当 $\varphi = \dfrac{\pi}{4}$ 时, $v_C = bu/2l$

6－17 $v = 4\pi R/T, \quad a = \dfrac{4\pi R}{T^2}\sqrt{16\pi^2+1}, \quad \angle(\boldsymbol{a},\boldsymbol{n}) = 4.56°$

6－18 $a = 4.56$ m/s², $\angle(\boldsymbol{a},\boldsymbol{n}) = 23.7°$

6－19 $t = 30$ s, $v_A = 1.80$ m/s, $v_B = 2.70$ m/s, $a_A = 3.24$ m/s², $a_B = 7.29$ m/s²

6－21 $v = ak, \quad v_r = -ak\sin kt$

6－22 $a = 0.78$ m/s²

6－23 $a_B = 5.37$ m/s², $\angle(\boldsymbol{a}_B,\boldsymbol{n}) = 12.25°$

6－24 $a = 2v^2/l$

6－25 $\rho = b + 2c\cos\omega t, \quad \varphi = \omega t, \quad \rho = b + 2c\cos\varphi$, 螺旋线

6－26 $\theta = 200t, \quad \rho(\rho - 0.76\cos200t) = 0.266$

第七章

7－1 $v_A = 0.86$ m/s

7－2 $n = 159$ r/min

7－3 $v_M = 9.42$ m/s, $a_M = 444$ m/s²

7－4 $v_0 = 0.707$ m/s, $a_0 = 3.33$ m/s²

7－5 $\omega = \dfrac{v}{h}\cos^2\theta, \quad \alpha = -2\dfrac{v^2}{h^2}\sin\theta\cos^3\theta$

7－6 $\varphi = \arctan\dfrac{v_0 t}{b}, \quad \omega = \dfrac{bv_0}{b^2+v_0^2t^2}, \quad \alpha = -\dfrac{2bv_0^3t}{(b^2+v_0^2t^2)^2}$

7 - 7 $\varphi_1 = \arctan \dfrac{r\sin\omega t}{b + r\cos\omega t}$, $\omega_1 = \dfrac{r(b\cos\omega t + r)}{b^2 + r^2 + 2br\cos\omega t}\omega$

7 - 8 $\omega = 0.2t$ rad/s, $\alpha = 0.2$ rad/s^2

7 - 9 $a_B = 1.2$ m/s^2, $\omega = 1.73$ rad/s, $\alpha = 5.2$ rad/s^2

7 - 10 $a_{C_1} = 4r\omega_0^2$

7 - 11 $\alpha = 30.4$ rad/s^2, $N = 60.4$ r

7 - 12 $v = 31.7$ m/s, $a = 2\,010$ m/s^2

7 - 13 $v_C = 9.95$ m/s，点 C 的轨迹同点 A 或 B，为一以 r 为半径的圆

7 - 14 $\alpha = \dfrac{bv^2}{2\pi r^3}$

7 - 15 $y = 2\pi R\,\dfrac{z_1}{z_2}t^2$，$v = 4\pi R\,\dfrac{z_1}{z_2}t$，$a = 4\pi R\,\dfrac{z_1}{z_2}$

7 - 16 $\alpha_2 = 5\,000\pi(100 - 5t)^{-2}$ (rad/s^2)，$a_B = 592.2$ m/s^2

7 - 17 $t = 8.9$ s，$\omega_1 = 26.7$ rad/s，$\omega_2 = 44.6$ rad/s

7 - 18 $\alpha_2 = \dfrac{b\omega_1^2}{2\pi r_2}\left(\dfrac{r_1^2}{r_2^2} + 1\right)$

第八章

8 - 1 $r = \dfrac{v}{\omega}\varphi$，阿基米德螺旋线

8 - 2 $(x' - 40)^2 + y'^2 = 1\,600$（圆），$(x + 40)^2 + y^2 = 1\,600$（圆）

8 - 3 $x' = 0$，$y' = \sqrt{l^2 + r^2 + 2lr\cos\omega t}$，$\theta = \arctan \dfrac{r\sin\omega t}{l + r\cos\omega t}$

8 - 4 $v_r = 33.5$ m/s

8 - 5 $v_{Mx} = 0.52$ m/s，$v_{My} = -1.86$ m/s

8 - 6 $v_r = 3.98$ m/s，当 $v_B = 1.04$ m/s 时，v_r 与传送带 B 相垂直

8 - 7 $v_{a1} = 0.545$ m/s，$v_{a2} = 1.07$ m/s

8 - 8 $v_A = \dfrac{blu}{x^2 + b^2}$（$\perp OA$）

8 - 9 $v = \dfrac{h}{\sin\varphi^2}\omega$

8 - 10 $v_M = \dfrac{1}{\sin\theta}\sqrt{v_1^2 + v_2^2 - 2v_1 v_2\cos\theta}$

8 - 11 $v = 1.26$ m/s，$a = 27.5$ m/s^2

8 - 12 $v = 0.10$ m/s，$a = 0.346$ m/s^2

8 - 13 $v_a = 0.09$ m/s，$v_r = 0.157$ m/s，$a_a = 0.09$ m/s^2，$a_r = 0.173$ m/s^2

8－14　$v_M = u/\sin\varphi$，$a_M = u^2/r\sin^3\varphi$

8－15　$v = 0.173$ m/s，$a = 0.05$ m/s²

8－16　$v_{AB} = e\omega\cos\theta$，$a_{AB} = e\alpha\cos\theta - e\omega^2\sin\theta$

8－17　(a) $\omega_2 = 1.5$ rad/s，$\alpha_2 = 0$　(b) $\omega_2 = 2$ rad/s，$\alpha_2 = -4.62$ rad/s²

8－18　$v_B = 0.592$ m/s，$a_B = 11.3$ m/s²

8－19　$a_a = 2.88$(m/s²)，$\angle(\boldsymbol{a}_a, \boldsymbol{i}) = 236.3°$

8－20　$\omega_O = 2$ rad/s，逆时针转向，$\alpha_O = 8$ rad/s²，顺时针转向

8－21　$v_{AB} = \dfrac{2\sqrt{3}\,e\omega}{3}$，$a_{AB} = -\dfrac{2}{9}e\omega^2$

8－22　$\omega_1 = \omega/2$，$\alpha_1 = \sqrt{3}\,\omega^2/12$

8－23　$v_{C'} = v_A\sin\theta$，$a_{C'} = \dfrac{v_A^2}{2r}\sqrt{1 + 3\sin^2\theta}$

8－24　速度：$v_\rho = \dot{\rho}$，$v_\varphi = \rho\dot{\varphi}$；加速度：$a_\rho = \ddot{\rho} - \rho\dot{\varphi}^2$，$a_\varphi = 2\dot{\rho}\dot{\varphi} + \rho\ddot{\varphi}$

8－25　$v_M = r\omega$，$a_M = \dfrac{\sqrt{21}}{3}r\omega^2$

8－26　$v_M = r\omega$，$a_M = -\dfrac{\sqrt{3}}{3}r\omega^2$

8－27　$v_r = 0.866v$，沿 AC，$a_r = v^2/4b$，沿 AC 方向

8－28　$\omega_2 = 0.75$ rad/s，$\alpha_2 = 4.56$ rad/s²

8－29　$a_C = 51$ m/s²

8－30　$v_E = 7.07$ m/s($\perp AB$)，$a_E = 141.4$ m/s²(沿 EA 方向)，$\rho = 0.354$ m

8－31　$v_r = 94$ km/h(向上)，$\boldsymbol{a}_r = (-1191\boldsymbol{i} + 151\boldsymbol{j})$ km/h²

8－32　$v_M = \omega\sqrt{4c^2 + b^2 + 4bc\cos\omega t}$，$a_M = \omega^2\sqrt{16c^2 + 8bc\cos\omega t + b^2}$

8－33　$a = \dfrac{1}{R}\left[v_r^4 + R^4\omega^4\cos^2\varphi + 2\omega^2 v_r^2(1 + \sin^2\varphi)R^2\right]^{1/2}$

8－34　$a_a = 0.356$ m/s²，$\cos(\boldsymbol{a}_a, \boldsymbol{i}) = 0.974$，$\cos(\boldsymbol{a}_a, \boldsymbol{j}) = 0.112$，$\cos(\boldsymbol{a}_a, \boldsymbol{k}) = -0.195$

8－35　$\boldsymbol{v}_a = (0.12\boldsymbol{i} - 0.052\boldsymbol{j} + 0.03\boldsymbol{k})$ m/s，$\boldsymbol{a}_a = (-0.034\,6\boldsymbol{i} - 0.05\boldsymbol{j} + 0.017\,3\boldsymbol{k})$ m/s²

8－36　$v_A = \sqrt{c^2 + \varphi_0^2\omega^2(l_0 - ct)^2\cos^2\omega t}$，

　　　$a_A = \varphi_0\omega\cos\omega t\sqrt{(l_0 - ct)^2\varphi_0^2\omega^2\cos^2\omega t + [2c + (l_0 - ct)\omega\tan\omega t]^2}$

8－37　$\boldsymbol{v}_M = [(0.1\omega_2 - 0.12\omega_1)\boldsymbol{i} - 0.707u\boldsymbol{j} + 0.707u\boldsymbol{k}]$ m/s

　　　$\boldsymbol{a}_M = [(1.414u\omega_1 + 2\omega_2 u - 0.12\dot{\omega}_1)\boldsymbol{i} + (0.2\omega_1\omega_2 + 0.070\,7\omega_2^2 - 0.707\dot{u} - 0.12\omega_1^2)\boldsymbol{j}$

　　　　　$+ (0.707\dot{u} - 0.070\,7\omega_2^2)\boldsymbol{k}]$ m/s²

第九章

9 - 1 $\omega = \dfrac{2 v_0}{r} \sin^2 \dfrac{\theta}{2}$

9 - 2 $\dot{\theta} = -\dfrac{b \dot{x}_A}{b^2 + x_A^2}$, $\ddot{\theta} = \dfrac{b}{b^2 + x_A^2} \left(\dfrac{2 b x_A \dot{x}_A^2}{b^2 + x_A^2} - \ddot{x}_A \right)$

9 - 3 $v_A = 4.26$ m/s, $\omega_{AB} = 23.1$ rad/s

9 - 4 $\omega_{AB} = \omega_{O_1B} = 1.73$ rad/s

9 - 5 $\omega_1 = \sqrt{3}\, \omega_0$

9 - 6 $v = 2.34$ m/s, $\omega_{O_1C} = 3.9$ rad/s

9 - 7 $\theta = 0°$时, $\omega_{AB} = 6.07$ rad/s, $v_B = 0$;

   $\theta = 90°$时, $\omega_{AB} = 0$, $v_B = 9.72$ m/s

9 - 8 $v_M = \dfrac{b r \omega \sin(\theta + \varphi)}{a \cos\theta}$

9 - 9 $\omega_{AB} = 1.28$ rad/s, $v_B = 160$ mm/s

9 - 10 $\omega_{AB} = 6.88$ rad/s, $v_B = 1.54$ m/s

9 - 11 $\omega_{AB} = 0.58$ rad/s, $v_B = 518$ m/s

9 - 12 $\omega_{EF} = 1.333$ rad/s, $v_F = 0.462$ m/s

9 - 13 $\omega_{OB} = 3.75$ rad/s, $\omega_I = 6$ rad/s

9 - 14 $\omega_B = 24$ rad/s, $\omega_A = 200$ rad/s

9 - 15 $\omega_2 = 4$ rad/s, $v_C = 400$ mm/s, $\omega_{CD} = 1$ rad/s

9 - 16 $\omega_O = \omega_{AB} = 0.4$ rad/s

9 - 17 $\omega_{AB} = \omega_{DE} = 0.338$ rad/s, $v_E = 78.8$ mm/s

9 - 18 $\omega_{AB} = 2$ rad/s, $\alpha_{AB} = 16$ rad/s², $a_B = 5.66$ m/s²

9 - 19 $a_A = 1\,132$ mm/s², $a_B = 1\,709$ mm/s², $a_C = 3\,444$ mm/s²

9 - 20 $a_P = 0.96$ m/s², $a_Q = 4.8$ m/s²

9 - 21 $a_C = 3\,150$ m/s², $a_{C'} = 2\,100$ m/s²

9 - 22 $a_C = \dfrac{\sqrt{2}}{2} r \omega_0^2$, $\alpha_{CD} = \dfrac{1}{2} \omega_0^2$

9 - 23 $v_B = 0.52$ m/s, $a_B = 0.05$ m/s²

9 - 24 $v_B = 0.52$ m/s, $a_B = 0.05$ m/s²

9 - 25 $\alpha_{BD} = \alpha_{ED} = \omega_0^2$

9 - 26 $a_C = 9.6$ m/s²

9 - 27 $v_B = 0$, $v_C = 1$ m/s, $a_B = 17.07$ m/s², $a_C = 10$ m/s²

9 - 28 $v_I = 1.26$ m/s, $a_I = 2.79$ m/s²

9 - 29 $v_C=0.84$ m/s, $a_C=0.63$ m/s^2

9 - 30 $\omega_{BC}=8$ rad/s, $v_C=1.87$ m/s, $\alpha_{BC}=138.6$ rad/s^2, $v_C=47.5$ m/s^2

9 - 31 $\alpha_{BO}=24.44$ rad/s^2, $a_O=20.67$ m/s^2, $\alpha_O=68.89$ rad/s^2

9 - 32 $a_A=40$ m/s^2, $\alpha_A=200$ rad/s^2, $\alpha_{AB}=43.3$ rad/s^2

9 - 33 $v_C=r\omega$, $a_C=0$

9 - 34 $\omega_{AB}=0.32$ rad/s, $\alpha_{AB}=0.21$ rad/s^2

9 - 35 $\omega_B=10$ rad/s, $\alpha_B=-20.66$ rad/s^2

9 - 36 $v_P=628$ mm/s, $a_P=2.48$ m/s^2

9 - 37 $\omega_{MN}=\omega_0\dfrac{\sqrt{b^2-a^2}}{4a}\sin 2\theta$

9 - 38 $v_r=\dfrac{l\sin\varphi}{\sqrt{e^2+l^2+2el\cos\varphi}}e\dot\varphi$

9 - 39 $v_r=77.2$ mm/s, $\omega_H=0.559$ rad/s

9 - 40 $v_r=\dfrac{2\sqrt{3}}{3}b\omega_0$

9 - 41 $v_C=\sqrt{3}R\omega_0$, $\omega_{O_1B}=\dfrac{R}{r}\omega_0$

9 - 42 $v_r=934$ mm/s

9 - 43 $\alpha_{AC}=2.87$ rad/s^2, $a_r=545.3$ mm/s^2

9 - 44 $\omega_{O_1}=6.19$ rad/s, $\alpha_{O_1}=78.17$ rad/s^2

9 - 45 $v_C=\dfrac{2\sqrt{3}}{3}r\omega_0$, $a_C=\dfrac{2}{3}r\omega_0^2$

9 - 46 $a_A=677$ mm/s^2

9 - 47 $\alpha_3=0.29$ rad/s^2, $a_r=65$ mm/s^2

第十章

10 - 1 $F_T=m(r\alpha+gf\cos\theta+g\sin\theta)$

10 - 2 $\theta_{max}=42.7°$

10 - 3 $F_1=mg\cos\varphi_0$, $F_2=mg(\varphi_0^2+1)$

10 - 4 (a) $\sqrt{\dfrac{k_1k_2}{m(k_1+k_2)}}$ (b) $\sqrt{\dfrac{k_1+k_2}{m}}$

10 - 5 $F_{AM}=\dfrac{ml}{2}\left(\omega^2+\dfrac{g}{a}\right)$, $F_{BM}=\dfrac{ml}{2}\left(\omega^2-\dfrac{g}{a}\right)$

10 - 6 0.065 9 m

10 - 7 (1) $F_A=2.37$ kN (2) $F_A=0$

10 - 8 $v_{\max} = \sqrt{r f_s g}$

10 - 9 $F_{\max} = 3.14 \text{ kN}$, $F_{\min} = 2.74 \text{ kN}$

10 - 10 (1) $F_{T1} = 263.2 \text{ N}$ (2) $F_{T2} = 176.6 \text{ N}$

10 - 11 (1) $f_s = 0.577$ (2) $a_A = 4.9 \text{ m/s}^2$, $a_B = 9.8 \text{ m/s}^2$

10 - 12 $F_T = \dfrac{m r^4 \omega^2 x^2}{(x^2 - r^2)^{\frac{5}{2}}}$

10 - 13 $v_1 = v_0 \Big/ \sqrt{1 + \dfrac{k v_0^2}{g}}$

10 - 14 $t_1 = \dfrac{3m}{2k}(v_0)^{\frac{2}{3}}$, $s = \dfrac{3m}{5k}(v_0)^{\frac{5}{3}}$

10 - 15 $v = 6.47 \text{ km/s}$, $t = 19 \text{ min}$

10 - 17 (1) $\varphi = 120°$, $v = 1.57 \text{ m/s}$ (2) $y = \sqrt{3}\,x - 1.6 x^2$, 抛物线

10 - 18 $y = \dfrac{eA}{m k^2}\Big(\cos\dfrac{kx}{v_0} - 1\Big)$

10 - 19 $x = \dfrac{m v_0}{k}(1 - e^{-\frac{k}{m}t})$, $y = \dfrac{mg}{k}\Big[t - \dfrac{m}{k}(1 - e^{-\frac{k}{m}t})\Big]$

10 - 20 $a = g\tan\theta$, $\theta_{\max} = \arctan\dfrac{a + f_s g}{g - f_s a}$

10 - 21 $\tan\varphi = \dfrac{a + l\sin\varphi}{g}\omega^2$, $F_T = mg\Big[\cos\varphi + \dfrac{\omega^2}{g}(a + l\sin\varphi)\sin\varphi\Big]$

10 - 22 $y = \dfrac{\omega^2}{2g}x^2$（抛物线）, $F_N = mg\sqrt{1 + \dfrac{2\omega^2}{g}y}$

10 - 23 $\cos\theta = \dfrac{g}{l\omega^2}\Big(\omega > \sqrt{\dfrac{g}{l}}\Big)$

10 - 24 $x = -\dfrac{1}{2}a t^2$, $z = h - \dfrac{1}{2}g t^2$, $az - gx - ah = 0$, $l = \dfrac{a}{g}h$

10 - 25 $a_r = 11.83 \text{ m/s}^2$, $F_N = 4.49 \text{ N}$, $x = 5.91 t^2$

10 - 26 $v_r = [v_{r0}^2 + 2r(g + a)(\cos\varphi - \cos\varphi_0)]^{\frac{1}{2}}$, $F_N = m[v_{r0}^2 + (g + a)(3\cos\varphi - 2\cos\varphi_0)]$

10 - 27 $\varphi = \dfrac{A p^2}{l(k^2 - p^2)}\Big(\sin pt - \dfrac{p}{k}\sin kt\Big)$, 其中 $k = \sqrt{\dfrac{g}{l}}$

10 - 28 $v_r = \omega\sqrt{\rho^2 - \rho_0^2}$

10 - 29 $x = \operatorname{ch}\omega t$, $F_N = 2ma\omega^2 \operatorname{sh}\omega t$, $t = \dfrac{1.31}{\omega}$

10 - 30 (1) $x = 0.1e^{\pi t} - 0.31 e^{-\pi t} - 0.5\sin\pi t$ (2) $x = 0.93 \text{ m}$, $F_N = 0.61 \text{ N}$

10 - 31 $\ddot{x} + 97.5 x = 0.125$

10 - 32 两岸高度差为 37 mm

第十一章

11 - 2 (1) $p=\dfrac{1}{2}(m_1+2m_2)(r_1+r_2)\omega$ (2) $p=0$

11 - 3 $\begin{cases} x_C=\dfrac{(m_1+2m_2+2m_3)l\cos\omega t+2m_3l}{2(m_1+m_2+m_3)} \\ y_C=\dfrac{m_1+2m_2}{2(m_1+m_2+m_3)}l\sin\omega t \end{cases}$, $\begin{cases} p_x=-\dfrac{(m_1+2m_2+2m_3)}{2}l\omega\sin\omega t \\ p_y=\dfrac{m_1+2m_2}{2}l\omega\cos\omega t \end{cases}$

11 - 4 $\begin{cases} x_C=Ml\cos\omega t \\ y_C=Ml\sin\omega t \end{cases}$,式中,$M=\dfrac{5m_1+4m_2}{2(3m_1+2m_2)}$, $p=\dfrac{1}{2}(5m_1+4m_2)l\omega$

11 - 5 $I_x=-11$ N·s, $I_y=4$ N·s

11 - 6 $I=5.66$ N·s

11 - 7 $I=16.56$ kN·s, $F_N^*=1\,656$ kN

11 - 8 $u=13.7$ km/h

11 - 9 $v=0.8$ m/s

11 - 10 $\Delta v=0.42$ m/s

11 - 11 $\Delta l=\dfrac{m_2}{m_1+m_2}\dfrac{uv_0\sin\theta}{g}$

11 - 12 $F=142$ N

11 - 13 $F_O=(m_1+m_2+m_3+m_4)g+\dfrac{1}{2}(m_1-2m_2+m_3)a$

11 - 14 $F_x=30$ N

11 - 15 $F_x=636$ N, $F_y=1\,129$ N

11 - 16 $F_x=\rho q_V(v_1+v_2\cos\theta)$ N

11 - 17 (1) $F_N=166$ N (2) $F_N=144$ N

11 - 18 (1) $F_N=277.7$ N (2) $F_N=623.7$ N

11 - 19 $\Delta x=\dfrac{m_1+m_2}{m_1+m_2+m}a$(向左)

11 - 20 $x=\dfrac{m_2}{m_1+m_2}l\sin(\varphi_0\sin kt)$

11 - 21 $\Delta x=\dfrac{m}{M+m}(a-b)$(向左)

11 - 22 $\Delta x=37.8$ mm

11 – 23 $\dfrac{(x_A - l\cos\varphi_0)^2}{l^2} + \dfrac{y_A^2}{4l^2} = 1$

11 – 24 $F_{Ox\max} = F + \dfrac{1}{2}(m_1 + 2m_2)r\omega^2$

11 – 25 $F_x = -\dfrac{Q+P}{g}e\omega^2\cos\omega t$, $F_y = -\dfrac{Q}{g}e\omega^2\sin\omega t$

11 – 26 $F_O^t = ml\alpha - F$, $F_O^n = m(g + l\omega^2)$

11 – 27 $F_y = G_1 + G_2 + G_3 + \dfrac{r\omega^2}{2g}\left[(G_2 + 2G_3)\cos\omega t + 2G_2\dfrac{r}{l}\cos 2\omega t\right]$

11 – 28 $a_M = \dfrac{\sin\theta\cos\theta}{3 + \sin^2\theta}g$, $F_N = \dfrac{12mg}{3 + \sin^2\theta}$

[*]**11 – 29** $v = 60$ m/s

[*]**11 – 30** $P = rv(gt + v)$, $F_N = rv(l - vt)$

[*]**11 – 31** $v = \dfrac{m_0}{m_0 + qt}v_0$, $a = -\dfrac{m_0 q v_0}{(m_0 + qt)^2}$

[*]**11 – 32** $m = m_0 e^{-\frac{a}{u}t}$

[*]**11 – 33** $v = 179$ m/s

[*]**11 – 34** $x = \dfrac{v_r}{\mu}[(1 - \mu t)\ln(1 - \mu t) + \mu t] - \dfrac{1}{2}gt$, 当 $t = 10$ s 时，$x = 545$ m

第十二章

12 – 1 $L_O = 2abm\omega\cos^3\omega t$

12 – 2 $v = 2v_0$, $F_T = \dfrac{8mv_0^2}{r}$

12 – 3 $n = 480$ r/min

12 – 4 $t = \dfrac{l}{k}\ln 2\sqrt{b^2 - 4ac}$

12 – 5 (1) $p = \dfrac{R+e}{R}mv_A$, $L_B = \left[J_A - me^2 + m(R+e)^2\right]\dfrac{v_A}{R}$

(2) $p = m(v_A + e\omega)$, $L_B = (J_A + meR)\omega + m(R+e)v_A$

12 – 6 $n_2 = 34$ r/min

12 – 7 $\alpha = -0.5$ rad/s²

12 – 8 $\alpha = 17.3$ rad/s², $M = 36.9$ N·m

12 – 9 $\alpha = \dfrac{m_1 r_1 - m_2 r_2}{J_O + m_1 r_1^2 + m_2 r_2^2}g$

12 – 10 $a = \dfrac{MR - mgR^2\sin\theta}{J + mR^2}$

12 - 11 $\omega = \dfrac{mlv_0(1-\cos\varphi)}{J+m(l^2+r^2+2lr\cos\varphi)}$

12 - 12 $J_{AB} = mgh\left(\dfrac{T^2}{4\pi^2}-\dfrac{h}{g}\right)$

12 - 13 $J_O = 0.034\ 7\ \text{kg·m}^2$

12 - 14 $J = 1\ 060\ \text{kg·m}^2$, $M_f = 6.024\ \text{N·m}$

12 - 15 $T = 2\pi\dfrac{l}{b}\sqrt{\dfrac{m}{3k}}$

12 - 16 $T = 2\pi\sqrt{\dfrac{2mr^2+5ml^2}{5(2b^2k-mgl)}}$

12 - 17 $t = \dfrac{\omega r_1}{2fg\left(1+\dfrac{m_1}{m_2}\right)}$

12 - 18 $a = \dfrac{R(Mk-mgR)}{mR^2+k^2J_1+J_2}$

12 - 19 $v = \dfrac{2}{3}\sqrt{3gh}$, $F_T = \dfrac{1}{3}mg$

12 - 20 $\ddot{\varphi}+\dfrac{2g}{3(R-r)}\varphi = 0$

12 - 21 $a = \dfrac{F-f(m_1+m_2)g}{m_1+\dfrac{m_2}{3}}$

12 - 22 $F_T = \dfrac{1}{7}mg\sin\theta$(压力), $a = \dfrac{4}{7}g\sin\theta$

12 - 23 $t = \dfrac{v_0-r\omega_0}{3fg}$, $v = \dfrac{2v_0+r\omega_0}{3}$

12 - 24 $a_C = 2.53\ \text{m/s}^2$, $\alpha = 18.94\ \text{rad/s}^2$

12 - 25 $F_{NA} = \dfrac{4}{7}mg$

12 - 26 $\alpha = 2.33\ \text{rad/s}^2$, $F_A = 137\ \text{N}$, $F_B = 110\ \text{N}$

12 - 27 $a = \dfrac{4}{5}g$

12 - 28 $\alpha = \dfrac{3g}{2l}$, $F_{Ax} = \dfrac{3W}{4g}l\omega^2$, $F_{Ay} = \dfrac{W}{4}$

12 - 29 $\alpha = 34.1\ \text{rad/s}^2$

12 - 30 $\alpha = \dfrac{g}{8r}$, $a_{Bx} = \dfrac{g}{8}$, $a_{By} = -\dfrac{g}{8}$

12－31　$M=15\ \text{N·m}$，$F_{Bx}=120\ \text{N}$，$F_{By}=88.2\ \text{N}$

12－32　$a_A=0$，$a_B=g$

12－33　$a_A=\dfrac{2P}{5m}$，$a_B=\dfrac{16P}{5m}$

12－34　$\alpha=40\ \text{rad/s}^2$，$f_{\min}=0.38$

12－35　$a_A=1.95\ \text{m/s}^2$，$\alpha_B=45.5\ \text{rad/s}^2$

12－36　$a_A=5.00\ \text{m/s}^2$，$\alpha_B=41.21\ \text{rad/s}^2$

12－37　$\omega=2.19\ \text{rad/s}$

˚12－38　$\omega_e=\dfrac{2gl}{r^2\omega}$

˚12－39　$\varphi=0.006\,24\ \text{rad}$

˚12－40　$F_E=F_F=\dfrac{\sqrt{2}Gr^2\omega\omega_1}{4gl}$

˚12－41　$F_{A\max}=F_{B\max}=18.6\ \text{kN}$

˚12－42　$\delta=\dfrac{J\omega\omega_1}{2kl}$

˚12－43　$F_N=6\,850\pm2\,169\ \text{N}$

第十三章

13－1　$1\,960\ \text{J}$，$2\,744\ \text{J}$

13－2　$W=-20.3\ \text{J}$

13－3　$T=mv^2+\dfrac{3}{2}m_1v^2$

13－4　(4) $T=\dfrac{P}{6g}l^2\omega^2\sin^2\theta$

13－5　$T=\dfrac{\omega^2}{2}\left[J_1+J_2\left(\dfrac{R}{r}\right)^2+mR^2\right]$

13－6　$1.2\ \text{m}$

13－7　$\omega_0=2\sqrt{\dfrac{k}{3m}}$

13－8　$v=\sqrt{\dfrac{2(M-m_1gr\sin\theta)}{r(m_1+m_2)}s}$，$a=\dfrac{M-m_1gr\sin\theta}{r(m_1+m_2)}$

13－9　$2.99\ \text{m}$

13－10　$0.113\ \text{m}$

13－11　$v_A=0.99\ \text{m/s}$

13－12　$\omega=3.69\ \text{rad/s}$

13-13 $\omega = \sqrt{\dfrac{3g}{2a}}$，$x^2 = 3ay$，$\dfrac{1}{2\pi}\sqrt{\dfrac{3h}{a}}$（转）

13-14 $f_s = 0.2$

13-15 $a_A = \dfrac{3m_1 g}{4m_1 + 9m_2}$

13-16 $\omega = \sqrt{\dfrac{3bg(P_1 b + P_2 l)}{r(P_1 b^2 + P_2 l^2)}}$

13-17 $\omega = \sqrt{\dfrac{6\pi g MN}{b^2(5P + 6G)}}$

13-18 $\omega = \sqrt{\dfrac{3(F + m_0 g)\sin\theta}{m_0 b}}$

13-19 $a = \dfrac{R(iM - Rmg)}{J_1 + i^2 J_2 + mR^2}$

13-20 $\dfrac{2}{3}\sqrt{3}\,a\omega$

13-21 $\omega_0 = \dfrac{1}{2}\sqrt{\dfrac{g}{a}}\left[\dfrac{(2k+1)^2\pi^2}{(2k+1)\pi + 2}\right]^{1/2}$，$\qquad k = 0, 1, 2, \cdots, i$

13-22 $v = \sqrt{\dfrac{g(l^2 - a^2)}{l}}$

13-23 $v_A = (l - l_0)\sqrt{\dfrac{kgP_2}{P_1(P_1 + P_2)}}$，$v_B = (l - l_0)\sqrt{\dfrac{kgP_1}{P_2(P_1 + P_2)}}$

13-24 $v_A = \sqrt{\dfrac{2glP_2^2}{P_1(P_1 + P_2)}}$，$v_B = \sqrt{\dfrac{2glP_1}{P_1 + P_2}}$

13-25 $v = \sqrt{\dfrac{2gRG^2\sin^3\varphi}{(P + G)(P + G\cos^2\varphi)}}$

13-26 $\omega = \sqrt{\dfrac{(6m_2 + 3m_1)g\sin\theta}{(m_1 + 3m_2)l}}$，$\alpha = \dfrac{3g(2m_2 + m_1)}{2l(m_1 + 3m_2)}\cos\theta$

13-27 (a) 0.745 m/s (b) 1.000 m/s (c) 1.054 m/s

13-28 $\omega_1 = \sqrt{\dfrac{g}{3r}}$

13-29 (a) $v_B = 2.12$ m/s, $v_A = 0.706$ m/s (b) $v_B = 0.706$ m/s, $v_A = 1.235$ m/s

13-30 $a_B = \dfrac{m_1 \sin 2\theta}{2(m_2 + m_1 \sin^2\theta)}g$

13-31 $a = \dfrac{m\sin 2\theta}{3M + m + 2m\sin^2\theta}g$

13 - 32 $\omega = \sqrt{\dfrac{3g}{l}(1 - \sin\varphi)}$, $\alpha = \dfrac{3g}{2l}\cos\varphi$, $F_A = \dfrac{9}{4}mg\cos\varphi\left(\sin\varphi - \dfrac{2}{3}\right)$,

$$F_B = \dfrac{mg}{4}\left[1 + 9\sin\varphi\left(\sin\varphi - \dfrac{2}{3}\right)\right]$$

13 - 34 $\theta = \arccos\theta\,\dfrac{4}{7}$, $\omega = \sqrt{\dfrac{4g}{7r}}$

13 - 36 $\omega_{AB} = \sqrt{\dfrac{3g\sin\theta}{l}\left(1 - \dfrac{\sin^2\theta}{9}\right)}$

13 - 37 $F_N = \dfrac{7}{3}mg\cos\theta$, $F = \dfrac{1}{3}mg\sin\theta$

13 - 38 $a = \dfrac{2(M+m)r^2 g}{M(2r^2 + R^2) + 3mr^2}$, $F_T = \dfrac{2(M+m)(mr^2 + MR^2)}{2[M(2r^2 + R^2) + 3mr^2]}g$

13 - 39 $\tan\theta = \dfrac{1}{2}$, $\theta = 26.6°$

13 - 40 $\omega = \dfrac{\mu u}{r}\cos\theta$, $v = u\sqrt{1 - \mu(2 - \mu)\cos^2\theta}$, 其中, $\mu = \dfrac{m}{m_1 + m}$, $u = \sqrt{\dfrac{2gnh}{1 - \mu\cos^2\theta}}$

13 - 41 490 W, 0.7 kW

13 - 42 $M_{主} = 188$ N·m, $M_{电} = 42.5$ N·m, $P_{电} = 6.31$ kW

13 - 43 $M = 111$ N·m, $P = 6.75$ kW

第十四章

14 - 3 $g\tan(\theta - \varphi_f) \leqslant a \leqslant g\tan(\theta + \varphi_f)$

14 - 4 $F_N = \dfrac{mg}{\sin\theta}$, $h = \dfrac{g}{\omega^2}\cot^2\theta$

14 - 5 $a = \dfrac{g\sin\theta}{\cos(\theta + \varphi)}$, $F_T = \dfrac{mg\cos\varphi}{\cos(\theta + \varphi)}$

14 - 6 $F = 180$ N, $F_A = 232.5$ N, $F_B = 367.5$ N

14 - 7 0.667 N/mm

14 - 8 $a = 8.49$ m/s², $F_B = 175.2$ N, $F_C = 69.8$ N

14 - 9 $F_C = 3.43$ N, $F_B = 24.4$ N

14 - 10 $a_{max} = 0.35g$

14 - 11 $n = 67$ r/min

14 - 12 $\alpha = \dfrac{3g}{4b}$, $F_{Ax} = \dfrac{3}{8}P$, $F_{Ay} = \dfrac{5}{8}P$

14 - 13 $F_A = \dfrac{W}{4}$, $a_B = \dfrac{3}{2}g$

14 - 14 $F_A = F_B = \dfrac{Pl^2\omega^2}{6(a+b)g}\sin 2\theta$（指向水平，组成逆时针转向力偶）

14 - 15 $\omega = \sqrt{\dfrac{3(b^2\cos\varphi - a^2\sin\varphi)}{(b^2-a^2)\sin 2\varphi}g}$

14 - 16 $\alpha = 11.11\ \mathrm{rad/s^2}$，$F_A = 37.7\ \mathrm{N}$，$F_B = 28.2\ \mathrm{N}$

14 - 17 $\alpha = 3.53\ \mathrm{rad/s^2}$，$F_T = 176\ \mathrm{N}$，$F_A = 358\ \mathrm{N}$

14 - 18 $\alpha = 1.85\ \mathrm{rad/s^2}$，$F_T = 321\ \mathrm{N}$，$P = 64\ \mathrm{N}$

14 - 19 $a_C = 2.8\ \mathrm{m/s^2}$

14 - 20 $a_{AB} = \dfrac{4}{7}g\sin\theta$，$F_{AB} = \dfrac{1}{7}mg\sin\theta$（压），$F_{NC} = mg\cos\theta$，$F_C = \dfrac{4}{7}mg\sin\theta$，

$\qquad F_{ND} = mg\cos\theta$，$F_D = \dfrac{2}{7}mg\sin\theta$

14 - 24   (1) $a = \dfrac{m_1\sin\theta - m}{2m_1 + m}g$

$\qquad$ (2) $F_{CD} = \dfrac{3m + (2m+m_1)\sin\theta}{2(2m_1+m)}m_1 g$

$\qquad$ (3) $F_{Ox} = \dfrac{3m + (2m+m_1)\sin\theta}{2(2m_1+m)}m_1 g\cos\theta$，

$\qquad F_{Oy} = \dfrac{m_1}{2(2m_1+m)}\{4m_1 + 6m + [5m + (2m+m_1)\sin\theta]\sin\theta\}g$

$\qquad$ (4) $F_A = \dfrac{m_1\sin\theta - m}{2(2m_1+m)}m_1 g$

14 - 25 $F_A = F_B = 1\ 098\ \mathrm{N}$

14 - 26 $F_A = F_B = 74\ \mathrm{N}$（组成顺时针转向力偶）

14 - 27 $J_{xy} = \dfrac{ml^2}{6}\sin 2\theta$

14 - 28 $J_{xy} = 1.2\ \mathrm{kg\cdot m^2}$

14 - 29 $F_{Ay} = -F_{By} = \dfrac{PR^2\omega^2}{8g(m+n)}\sin 2\theta$

第十五章

15 - 1 $\ddot{x} + \dfrac{fg}{a}x = 0$，$T = 2\pi\sqrt{\dfrac{a}{fg}}$

15 - 2 $k = \dfrac{4\pi^2(m_1 - m_2)}{T_1^2 - T_2^2}$

15 - 3 $\omega = \dfrac{x}{l}\sqrt{\dfrac{kg}{P}}$

15 - 4 $f=\dfrac{b}{2\pi}\sqrt{\dfrac{k_1k_2}{(k_1a^2+k_2b^2)m}}$

15 - 5 $T=2\pi\sqrt{\dfrac{m}{k}}$ ，$A=\sqrt{\dfrac{mg}{k}\left(\dfrac{mg}{k}\sin^2\theta+2h\right)}$

15 - 6 (1) 1.96 cm (2) 3.92 cm

(3) $x=1.96\sin\left(10\sqrt5\,t-\dfrac{\pi}{2}\right)$ ，式中，t 以 s 计，x 以 cm 计。

15 - 7 $\eta=111.32$

15 - 8 $c=23$ N·s/m

15 - 9 $\omega_d=3.40$ rad/s

15 - 10 $\ddot{x}+\omega_0^2x=0.1\omega_0^2\sin30t$ ，$k<83.5$ N/cm

15 - 11 $m\ddot{x}+kx=m_1l\omega^2\sin\omega t$ ，$B=0.042$ m

15 - 12 (a) $m\ddot{x}+c\dot{x}+kx=ka\sin\omega t$ ，$x=B_1\sin(\omega t-\varphi_1)$

(b) $m\ddot{x}+c\dot{x}+kx=ca\omega\cos\omega t$ ，$x=B_2\sin(\omega t-\varphi_2)$

式中，$B_i=B_{i0}/\sqrt{(1-\lambda^2)^2+(2\zeta)^2}$ ，$\varphi_i=\arctan[2\zeta\lambda/(1-\lambda^2)]$ ，

$B_{i0}=\begin{cases}\eta & (i=1)，\lambda=\omega\sqrt{\dfrac{m}{k}}\\[2mm]\dfrac{ca\omega}{k} & (i=2)，\zeta=\dfrac{c}{2\sqrt{mk}}\end{cases}$

15 - 13 (1) $\omega_0=\sqrt{\dfrac{3k_2+48k_1}{16m}}$ (2) $k_2=\dfrac{16(m\omega^2-3k_1)}{3}$

15 - 14 $B=0.412$ mm，$n=945$ r/min

15 - 15 $x=40\sin7t$ ，式中，t 以 s 计，x 以 mm 计；$n=95.5$ r/min

15 - 16 $B=66.7$ mm

15 - 17 $\omega_{1,2}=\sqrt{\dfrac{g}{l}(2\mp\sqrt2)}$

15 - 18 $\omega^4-\left(\dfrac{k_1}{m_1}-\dfrac{k_2}{m_1}-\dfrac{k_2}{2m_2}\right)\omega^2+\dfrac{k_1k_2}{2m_1m_2}=0$

15 - 19 $F_{max}=730$ N

15 - 20 (1) $K_2=81.5$ kg/cm (2) $B_2=2.2$ mm (3) $K_2=89.7$ kg/cm，$W_2=2.48$ kg

第十六章

16 - 1 $\dfrac{CO}{BO}=3$ ，$\dfrac{F}{P}=\dfrac{OB}{OA}$

16 - 2 $\dfrac{P_{\mathrm{L}}}{P_{\mathrm{K}}}=\dfrac{1}{300}$

16 - 3 $F_1=\dfrac{F_2 l}{a}\sec^2\varphi$

16 - 4 (a) $F=\dfrac{P}{2}$ (b) $F=\dfrac{P}{8}$ (c) $F=\dfrac{P}{6}$ (d) $F=\dfrac{P}{5}$

16 - 5 $F=\dfrac{M}{a}\cot 2\theta$

16 - 6 $F=\dfrac{P}{2}\tan\varphi$

16 - 7 $F=3P$

16 - 8 $F_1=\dfrac{3}{2}F_2\cot\theta$

16 - 9 $x=a+\dfrac{Fl^2}{kb^2}$

16 - 10 $M=450\,\dfrac{\sin\theta(1-\cos\theta)}{\cos^3\theta}$

16 - 11 $\sin\theta=\sin\theta_0+\dfrac{5F}{8kl}$

16 - 12 $\tan\theta=\dfrac{l(G-P)}{(P+G)\sqrt{r^2-l^2}}$

16 - 13 $\dfrac{\cos\theta}{\sin^3\theta}=\dfrac{a}{r}$，$\theta$ 由该方程确定

16 - 14 $k=1.69\text{ N/mm}$

16 - 15 $\varphi=0°$时，为不稳定平衡位置

$\varphi=180°$时，当$\dfrac{a}{2kl}=\lambda\geqslant\dfrac{2}{3}$为稳定平衡

当$\lambda<\dfrac{2}{3}$为不稳定平衡

$\varphi=\arccos\dfrac{5-(1-\lambda)^{-2}}{4}$为不稳定平衡位置

16 - 16 $\varphi=0°$不稳定，$\varphi=\arcsin\left(\dfrac{G}{2lk}+\dfrac{1}{\sqrt{2}}\right)$稳定

16 - 17 $(F_1+F_2)\cos\varphi_1-F_3\sin\varphi_1-2F_3\lambda\sin\varphi_1\cos\varphi_1-2F_3\lambda\sin\varphi_1\cos\varphi_2-\dfrac{M}{l}=0$，

$F_2\cos\varphi_2-F_3\sin\varphi_2-2F_3\lambda\cos\varphi_1\sin\varphi_2-2F_3\lambda\sin\varphi_2\cos\varphi_2=0$，

式中，$\lambda = [1-(\sin\varphi_1+\sin\varphi_2)^2]^{-1/2}$

16-18 $F_A=250$ N, $M_A=450$ N·m, $F_D=1\,050$ N, $F_G=100$ N

16-19 $M_A=12$ kN·m, $F_{Ax}=0$, $F_{Ay}=7$ kN

16-20 $F_{BD}=\dfrac{\sqrt{3}}{\sqrt{3}-1}P$(拉力)

参考文献

[1] 南京工学院,西安交通大学.理论力学:上册,下册[M].2版.北京:高等教育出版社,1986.

[2] 东南大学理论力学教研室.理论力学[M].3版.北京:高等教育出版社,2015.

[3] 周志红.理论力学[M].北京:人民交通出版社,2009.

[4] 陈建平,范钦珊.理论力学[M].3版.北京:高等教育出版社,2017.

[5] 哈尔滨工业大学理论力学教研室.理论力学—Ⅱ[M].9版.北京:高等教育出版社,2023.

[6] 范钦珊.工程力学教程:Ⅰ,Ⅱ,Ⅲ[M].北京:高等教育出版社,1998

[7] 洪嘉振,杨长俊.理论力学[M].3版.北京:高等教育出版社,2001.

[8] 谢传锋.动力学(Ⅰ)(Ⅱ)[M].北京:高等教育出版社,1999.

[9] 李俊峰.理论力学[M].北京:清华大学出版社,2001.

[10] 王铎.理论力学解题指导及习题集:上册,下册[M].北京:高等教育出版社,1964.

[11] 贾书惠,张怀瑾.理论力学辅导[M].北京:清华大学出版社,1997.

[12] 浙江大学理论力学教研室.理论力学[M].2版.北京:高等教育出版社,1983.

[13] 郝桐生.理论力学[M].2版.北京:人民教育出版社,1982.

[14] 贾书惠.理论力学教程[M].北京:清华大学出版社,2004.

[15] MERIAM J L,KRAIGE L G. Engineering mechanics:Statics[M]. 3th ed. New York: John Wiley & Sons Inc.,1992.

[16] MERIAM J L, KRAIGE L G. Engineering mechanics:Dynamics[M]. 3th ed. New York: John Wiley & Sons Inc.,1992.

[17] BEER F P,JOHNSTON Jr E R. Vector mechanics for engineer:Statics[M]. 9th ed. Boston:McGraw Hill,2008.

[18] BEER F P,JOHNSTON Jr E R. Vector mechanics for engineer:Dynamics[M]. 9th ed. Boston:McGraw Hill,2008.